VOIE

MATÉRIEL ROULANT

ET

EXPLOITATION TECHNIQUE

DES

CHEMINS DE FER

OUVRAGE SUIVI D'UN APPENDICE SUR LES **TRAVAUX D'ART**

Paris. — Imprimé par E. Thunot et Cᵉ, 26, rue Racine

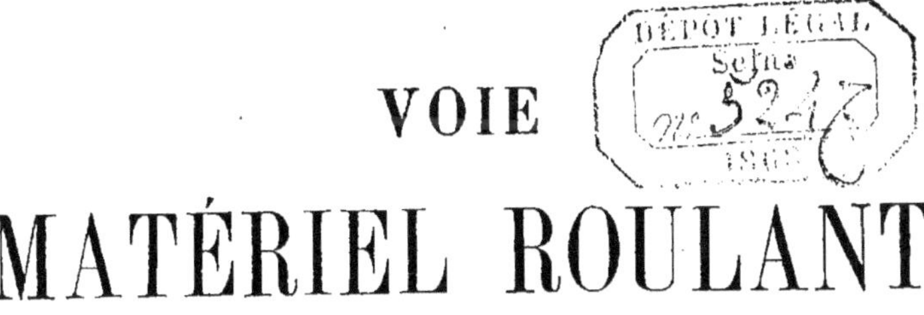

VOIE
MATÉRIEL ROULANT

ET

EXPLOITATION TECHNIQUE

DES

CHEMINS DE FER

OUVRAGE SUIVI D'UN APPENDICE SUR LES **TRAVAUX D'ART**

PAR

M. CH. COUCHE,

Inspecteur Général des mines, Professeur du cours de construction et de chemins de fer à l'École des mines.
Directeur du contrôle des chemins de fer de Paris à la Méditerranée.

TOME PREMIER.

PARIS.
DUNOD, ÉDITEUR,
SUCCESSEUR DE Vve DALMONT,
Précédemment Carilian-Gœury et Victor Dalmont,
LIBRAIRE DES CORPS IMPÉRIAUX DES PONTS ET CHAUSSÉES ET DES MINES,
Quai des Augustins, n° 49.

1867-1868

VOIE
MATÉRIEL ROULANT

ET

EXPLOITATION TECHNIQUE

DES

CHEMINS DE FER

OUVRAGE SUIVI D'UN APPENDICE SUR LES **TRAVAUX D'ART**

Paris. — Imprimé par E. Thunot et Ce, 26, rue Racine.

VOIE

MATÉRIEL ROULANT

ET

EXPLOITATION TECHNIQUE

DES

CHEMINS DE FER

OUVRAGE SUIVI D'UN APPENDICE SUR LES **TRAVAUX D'ART**

PAR

M. C. COUCHE,

Ingénieur en chef des mines, Professeur du cours de construction et de chemins de fer à l'École des mines

Ingénieur en chef du contrôle des chemins de fer (Réseau de l'Est).

TOME Ier. — Ier FASCICULE.

PARIS.

DUNOD, ÉDITEUR,

SUCCESSEUR DE Vve DALMONT,

Précédemment Carilian-Gœury et Victor Dalmont,

LIBRAIRE DES CORPS IMPÉRIAUX DES PONTS ET CHAUSSÉES ET DES MINES,

Quai des Augustins, n° 49.

—

1867

VOIE

MATÉRIEL ROULANT

ET

EXPLOITATION TECHNIQUE

DES

CHEMINS DE FER

OUVRAGE SUIVI D'UN APPENDICE SUR LES TRAVAUX D'ART

LIVRE PREMIER.

VOIE.

CHAPITRE PREMIER.

LARGEUR DE LA VOIE.

§ I.—Lignes principales.

1. Sur la plupart des chemins de fer de l'Europe, la voie, en alignement droit, a à peu près 1m,44 de largeur dans œuvre.

En France, les limites 1m,44 et 1m,45 sont imposées, pour les grandes lignes, par le cahier des charges. La cote adoptée dans le début était 1m,50 d'axe en axe, de sorte que la cote dans œuvre variait avec la largeur du champignon; sur quelques lignes, d'ailleurs, cette cote a été légèrement accrue afin d'augmenter le *jeu de la voie*, dont l'expérience avait démontré l'insuffisance eu égard à la cote de calage des roues sur les essieux. Ainsi, tandis que la largeur de bord en bord est seulement 1m,445 sur le réseau du Nord, elle est 1m,45 sur ceux de la Méditerranée, d'Orléans, de l'Ouest, etc.

Malgré la faiblesse de l'écart, l'uniformité absolue, tant de la largeur de voie que du calage des roues sur les essieux, serait préférable, d'autant plus qu'à cet écart s'ajoute nécessairement une certaine tolérance pratique au sabotage (sur l'Ouest français par exemple, elle est de 0m,004).

Dans leur réunion à *Dresde*, en 1865, les ingénieurs des chemins de fer allemands ont adopté pour cote normale 1m,436.

Le chiffre adopté en France n'était pas le résultat d'une discussion dont les éléments manquaient. On l'avait tout simplement emprunté à l'Angleterre, qui avait précédé la France dans l'établissement des voies rapides; et l'Angleterre elle-même l'avait pris par imitation. C'était, en effet, la voie ordinaire des véhicules circulant sur les routes.

L'assimilation était un peu hasardée, mais grâce à l'indépendance qui existe dans certaines limites, sur les chemins de fer, entre la largeur de la voie et celle des véhicules, plusieurs années s'écoulèrent sans que la dimension adoptée fût sérieusement attaquée. Les ingénieurs semblaient reconnaître qu'ils avaient été bien servis par le hasard, ou plutôt qu'ils avaient été guidés à leur insu par une sorte de pressentiment instinctif des éléments de la question.

Mais, plus tard, la construction du chemin de *Londres* à *Bristol* fut le signal d'une vive réaction. Un ingénieur, portant un nom illustré par son père, et investi déjà par ses talents et ses travaux d'une légitime autorité personnelle, M. *Brunel*, dénonça l'insuffisance de la *jauge* adoptée, les entraves de tout genre qu'elle mettait selon lui à la vitesse, à la puissance de trafic, en un mot au progrès. De nombreux adhérents se rangèrent à son avis; la voie de 2m,13 s'étendit rapidement, elle atteignit *Bristol* et *Gloucester*, *Exeter* et *Plymouth*, *Birmingham* et la Mersey, en face de *Liverpool*. Mais en même temps la voie de 1m,44 se développait elle-même comme par enchantement; d'autres lignes, celle des *Eastern Counties*, par exemple, adoptaient d'autres largeurs auxquelles elles eurent, du reste, le bon esprit de renoncer quelques années plus tard; si bien que l'Angleterre se trouva bientôt posséder un réseau, magnifique déjà, mais formé d'éléments disparates, — sept voies différentes, — au détriment de sa puissance industrielle et commerciale. Quant à l'Irlande, son isolement lui permettant de prendre une cote à sa fantaisie, elle choisissait 1m,680.

Tant que les divers systèmes, et notamment les deux extrêmes, se développèrent chacun chez soi, sans autre communauté que celle du point de départ, *Londres*, où l'on ne sentait pas encore la nécessité de relier les diverses lignes entre elles, tout alla bien; c'est seulement lorsque les deux largeurs se rencontrèrent pour la première fois, à *Gloucester*, c'est-à-dire en 1844, que le commerce et l'industrie commencèrent à s'émouvoir. Dans un *meeting* des manufacturiers, à *Birmingham*, de vives protestations s'élevèrent contre la discontinuité (*break of gauge*), et le directeur de la ligne, à voie large, de *Bristol* à *Gloucester*, M. *Wyndham Harding* n'hésita pas à reconnaître dans la nécessité de rompre charge un inconvénient de la plus haute gravité (*a serious evil, a commercial evil of the first magnitude*) (*).

On chercha à rendre le transbordement plus simple et plus expéditif en l'opérant en masse au moyen de caisses rendues indépendantes des châssis, et qui passaient de l'un à l'autre. Le promoteur de la voie large, M. *Brunel*, établit dans ce but, à la gare de *Paddington*, ses premiers appareils hydrauliques; mais cette tentative n'eut, en définitive, pas de succès; quelques essais faits pour approprier le matériel roulant à la circulation sur les deux voies en eurent moins encore, de sorte qu'en dehors du transbordement pur et simple, il ne resta que la solution encore appliquée aujourd'hui sur quelques sections du Great Western, et sur le chemin de fer métropolitain de *Londres*, celle du troisième rail; solution évidente mais coûteuse, compliquée, imparfaite, et qui exclut d'ailleurs à peu près complétement les trains de nature mixte, c'est-à-dire comprenant à la fois des véhicules des deux largeurs; cette combinaison exigerait en effet deux rails intérieurs pour que l'effort de traction fût dirigé suivant l'axe de chaque véhicule.

2. L'agitation dont le *meeting* de *Birmingham* avait donné le signal gagna le parlement. M. *Cobden*, à la chambre des communes, lord *Dalhousie*, à la chambre des pairs, réclamèrent une enquête; elle fut ordonnée en 1845, et confiée à MM. *Airy*, astronome royal, *Barlow*, professeur à l'académie de *Woolwich*, et *Smith*, colonel au corps des ingénieurs.

Cette enquête précise, nette, sans divagations, — comme on sait les

(*) Dans un rapport fait en commun avec M. *J. M' Connell*, le même ingénieur définissait ainsi *la rupture de largeur* : « *a commercial evil, which would alone neutralize* « *half benefits of the railway system.* »

faire en Angleterre, mit les deux systèmes en présence. La voie étroite sortit victorieuse de cet examen contradictoire. Tout en reconnaissant que sa rivale laissait plus de latitude aux constructeurs de machines, l'enquête constata que la cote de 1m,44 n'excluait nullement le progrès, qu'elle le rendait seulement un peu plus difficile, et que l'art pouvait triompher de ces difficultés, comme le prouvaient d'ailleurs les résultats obtenus par les partisans de la voie étroite. On reconnut également que celle-ci était mieux en harmonie avec les conditions ordinaires du trafic des marchandises, la capacité des wagons liée jusqu'à un certain point à la largeur de la voie, répondant mieux dans ce système que dans l'autre aux convenances commerciales et à l'utilisation du matériel roulant.

3. La longue période qui s'est écoulée depuis cette remarquable enquête n'a point affaibli la valeur des arguments qui tranchèrent alors la question en faveur de la voie étroite. Des arguments nouveaux sont même venus s'ajouter aux premiers. Ainsi, en reportant très-souvent tout le mécanisme et presque toujours les organes de la distribution et de l'alimentation à l'extérieur des machines, les constructeurs ont affranchi la voie étroite d'un des principaux reproches qu'on lui adressait; et l'expérience a réduit à sa juste valeur un autre grief, la prétendue insuffisance de la voie ordinaire au point de vue de la stabilité des machines montées sur de grandes roues. Sans parler des locomotives *Crampton*, dans lesquelles la hauteur du centre de gravité est indépendante du diamètre des roues motrices, les constructeurs anglais ont adopté depuis longtemps un diamètre de 2 mètres et au delà, 3 mètres même dans certains cas, au lieu de la prétendue limite de 1m,60 environ, qu'il serait, disait-on, dangereux de dépasser. D'un autre côté, en présence des difficultés de tracés qu'il faut aborder aujourd'hui, la réduction des rayons des courbes est devenue une impérieuse nécessité, et on peut évidemment admettre une limite d'autant plus petite que la voie est plus étroite. M. *Brunel* lui-même, au surplus, avait reconnu que la petite largeur était mieux appropriée aux lignes très-contournées; aussi, lorsqu'il réussissait, non sans opposition, à appliquer au Great Western la voie de 2m,13, cela ne l'empêchait pas d'établir avec la voie de 1m,44 le chemin de *Taff Vale* (Pays de Galles).

4. Il ne s'agit pas, assurément, d'attribuer à ce chiffre de 1m,44 environ, des propriétés spéciales. Reconnaissons même, si l'on veut, qu'il y aurait eu quelques avantages, et fort peu d'inconvénients à l'augmenter quelque peu. Mais, du moins, aucune objection vraiment grave ne s'élève contre lui. La France qui pendant longtemps ne s'est guère pressée de mettre la main à l'œuvre, et qui justifiait son attitude expectante par le désir de profiter des progrès de ses voisins, comme de leurs fautes, a fini par faire ce qu'elle eût fait quelques années plus tôt, c'est-à-dire par suivre simplement l'exemple des premiers chemins de fer construits en Angleterre. — Elle a ensuite regagné vivement le temps perdu, et quand même des faits nouveaux seraient venus lui prouver ensuite qu'elle avait eu tort, il eût été trop tard pour réparer sa faute; mais elle n'en est pas à regretter le parti qu'elle a pris.

5. Parmi les États européens qui ont adopté une voie plus large, quelques-uns sont revenus aujourd'hui à la cote ordinaire, les autres persistent dans le parti qu'ils ont pris. — Sans doute la détermination des premiers a été dictée moins par une conviction tardive des avantages de la voie étroite, que par le désir de sortir de l'isolement dans lequel ils s'étaient placés. — Le duché de Bade, avec sa voie de 1m,60, plus tard la Hollande avec sa voie calquée sur celle du Great-Western, se trouvaient exclus du transit, qui pouvait facilement éviter le territoire peu étendu de ces États. Mais, d'un autre côté, si de grands États, comme la Russie, comme l'Espagne ont adopté des largeurs plus grandes, c'est surtout si ce n'est uniquement pour des motifs auxquels le point de vue technique ou commercial était complétement étranger. Ce qu'on a voulu, dans les deux cas, c'est une largeur autre que celle du grand réseau continental. Ne voulant pas de la même largeur, mieux valait, sans contredit, l'augmenter que la réduire.

La Russie s'est contentée d'une augmentation de 0m,08 (5 pieds anglais = 1m,523 de bord en bord), presque insignifiante aux yeux des partisans de l'élargissement. Quant à l'Espagne, elle a été plus loin: (1m,736 de bord en bord), mais ce qui prouve qu'on n'avait pas en vue de s'affranchir des prétendues sujétions de la voie étroite, c'est que le matériel roulant est établi exactement dans les mêmes conditions que le nôtre. La force des machines les plus puissantes, à huit roues couplées, n'est pas plus grande ; les waggons, à quatre roues, reçoivent comme chez nous un chargement de 10 tonnes au plus; comme chez nous, le nombre des places est de 24 dans les voitures à voyageurs de première classe, de 40 dans les voitures de deuxième classe, de 50 dans celles de troisième classe. Sur les chemins de *Madrid* à *Saragosse* et *Alicante*, les caisses à voyageurs sont plus larges il est vrai; on a même essayé d'utiliser cet excédant en ajoutant dans les voitures de première classe une cinquième place par banquette. Mais cette tentative a échoué devant l'opposition des voyageurs. Il ne reste donc d'autre avantage que l'augmentation de l'espace attribué à chaque voyageur : avantage d'une certaine valeur sans doute, mais qui n'est nullement la conséquence de la largeur de la voie. Ce qui empêche en France de faire les caisses plus larges, ce n'est pas l'insuffisance de la largeur de voie, les caisses pouvant, sans inconvénient, déborder en dehors des rails plus qu'elles ne font; c'est l'insuffisance de l'entrevoie, et des accotements dans les souterrains.

6. La diversité des voies existe aussi au delà de l'Océan, sans qu'on puisse lui assigner des motifs sérieux. Le célèbre pont suspendu du *Niagara*, qui relie le réseau des États-Unis à lui-même et aux chemins du Canada, porte sur son tablier supérieur 3 rails correspondant à deux largeurs de voies. Le chemin de l'Érié, par exemple, a la voie de 1m,83; les chemins des États-Unis ont six largeurs, comprises entre 1m,83 et 1m,44; celle-ci est néanmoins à peu près générale.

Au Canada, il y a deux largeur, 1m,68 et 1m,44.

Dans l'Inde anglaise, la voie a 1m,68 (5 pieds 6 pouces) d'axe en axe. Au Chili, le chemin de *Valparaiso* à *Santiago* a également la voie de 1m,68. Au Brésil, on avait d'abord adopté la même cote; depuis on lui a substitué 1m,60. Il est difficile de comprendre la portée de cette réduction de 0m,08.

On conçoit d'ailleurs que les ingénieurs anglais qui ont construit ces lignes aient adopté une cote un peu supérieure à 1m,44, mais il est singulier que le défaut d'uniformité dont on avait si bien fait ressortir les inconvénients dans la Métropole, se soit reproduit dans une des possessions anglaises les plus importantes, l'Australie. La voie a 1m,44 dans la Nouvelle-Galles du Sud et 1m,60 dans la Victoria. On le regrettera le jour, peu éloigné peut-être, où le réseau de *Sydney* sera relié à celui de *Melbourne*.

§ II. — Lignes secondaires.

7. Si la largeur des voies du grand réseau français est, depuis longtemps déjà, définitivement fixée, il n'en est pas de même pour les lignes secondaires dites : d'intérêt local. La question a été souvent agitée dans ces derniers temps, et elle est encore pendante. Mais il ne s'agit plus d'augmentation : c'est entre la largeur courante et une largeur réduite que le débat s'engage.

La question de chemins secondaires est également à l'étude en Prusse. Le gouvernement a émis l'avis que la circulation réciproque du matériel entre ces lignes et les lignes principales doit être possible. Dans leur réunion à *Dresde*, les ingénieurs allemands se sont prononcés à l'unanimité dans le même sens.

En posant ce principe de l'uniformité de la voie, on se réserve sans contredit d'y déroger dans certains cas déterminés. Mais ces exceptions devront être justifiées par les circonstances locales, par la nature et la faiblesse du trafic probable, par l'importance de l'économie réalisée par la réduction de la largeur de voie.

8. En France, la commission d'enquête instituée en 1861, a posé le principe contraire (*). Elle a accepté résolûment le transbordement comme la règle générale, parce qu'elle a tenu compte seulement du prix de la manutention proprement dite ; c'est-à-dire à peu près 0f,40 par tonne en moyenne. — Ce chiffre n'est certainement pas négligeable ; il l'est d'autant moins, que d'après la destination même des chemins dont il s'agit, il grèvera surtout des matières d'une faible valeur (minerais, amendements, matériaux de construction, houille), et parcourant des distances peu considérables. Ce chiffre, d'ailleurs, est loin de donner la mesure des conséquences économiques de la discontinuité des transports. Il laisse de côté l'influence de cette discontinuité sur l'étendue et les aménagements des gares, sur les chômages du matériel plein et vide, et par suite sur l'effectif nécessaire. Il néglige enfin le temps perdu par les matières transportées. — Si d'ailleurs comme on le suppose, il était possible de pousser assez loin l'économie dans l'établissement de la voie des chemins secondaires pour que

(*) Enquête sur l'exploitation et la construction des chemins de fer, page 144.— 1863.

cette voie fût incapable de supporter le matériel roulant des grandes lignes, la réduction systématique de la largeur pourrait être justifiée. Mais c'est de chemins à locomotives qu'il s'agit; ces locomotives, devant remorquer des trains assez lourds, souvent sur de fortes pentes, seront plus lourdes que les wagons les plus chargés des grandes lignes; et la voie assez solidement constituée pour supporter les unes, pourra d'autant mieux recevoir les autres qu'à poids égal une locomotive fatigue plus la voie qu'un wagon.

Avec un réseau secondaire à largeur réduite, enchevêtré dans le réseau principal, on se trouverait un jour dans une situation assez analogue à celle dont l'Angleterre était menacée par les progrès simultanés des deux voies rivales.

9. L'Inde anglaise offre un exemple tout récent des inconvénients que présente en général la discontinuité entre les lignes principales et les voies secondaires, et de la résolution avec laquelle les Anglais, une fois la faute reconnue, savent la réparer. Les compagnies concessionnaires des grandes lignes se sont entendues pour adopter une largeur un peu plus grande que celle du réseau de la Grande-Bretagne; on s'est arrêté comme en Irlande, à la cote de 1m,68; mais on avait adopté pour un des réseaux secondaires (*Indian Branch Railway*) une largeur réduite, 1m,22 (4 pieds), et c'est ainsi que la première ligne a été exécutée; mais malgré l'économie avec laquelle cette ligne a été construite, et dont une certaine part revient à la faible largeur de voie, la cote de 1m,68 est appliquée au reste du réseau. La ligne exploitée elle-même, va être mise à cette largeur, et cela après deux ans et demi seulement d'exploitation.— Sans doute les inconvénients du transbordement n'ont pas seuls conduit la compagnie à prendre un parti aussi radical. Elle y a été déterminée aussi par le développement imprévu du trafic, par la nécessité de mettre tous les éléments en harmonie avec cette activité, par l'espoir légitime d'être indemnisée par cela même des sacrifices qu'elle s'impose. Mais il n'en est pas moins vrai que les mêmes circonstances peuvent se présenter ailleurs, et que cet enseignement quoique venant de loin, ne doit pas être perdu.

10. Encore une fois, d'ailleurs, ce qui paraît dangereux, c'est un système absolu. Il y a assurément beaucoup de lignes qui, placées à tout jamais en dehors du trafic général, doivent borner leurs prétentions à desservir des intérêts purement locaux; le tout est d'apprécier sainement ce que l'avenir leur réserve. Pour de telles lignes, l'économie peut et doit être poussée jusqu'à ses dernières limites.

Il convient de citer ici quelques exemples de ces chemins modestes, sur lesquels nous ne reviendrons pas dans le cours de cet ouvrage.

Un des plus remarquables, à cause de la petitesse de sa voie ($0^m,61$) est le chemin dit de *Festiniog*, qui réunit *Dinas* à *Portmadoc* (Pays de Galles). Construit il y a plus de trente ans pour transporter aux petits ports voisins les produits des ardoisières des environs de *Dinas* et pour apporter de la houille aux carrières, il avait été établi avec une grande économie. Sa longueur est de 21 kilomètres, l'inclinaison des rampes atteint 0,0167; le rayon des courbes descend jusqu'à $40^m,25$. La surélévation du rail extérieur, calculée pour une vitesse de 13 kilomètres, est de $0^m,063$.

Jusqu'à 1863, la traction à la remonte était faite par des chevaux qui, à la descente, prenaient place dans des wagons spéciaux. Le trafic croissant, on songea à remplacer les chevaux par des locomotives, et M. *England* réussit à construire des machines qui circulent sans encombre, sur cette voie si étroite, à la vitesse de 16 kilomètres, reduite à 10 kilomètres dans les courbes les plus roides seulement. — En présence de ce succès, on voulut aller plus loin, et organiser sur cette ligne un service auquel ses créateurs n'avaient guère songé, c'est-à-dire un service de voyageurs. — On les admit d'abord sans rétribution, à titre d'essai, et aujourd'hui le transport des voyageurs fonctionne régulièrement. Il y a cinq trains quotidiens dans chaque sens, le dimanche excepté.—A la descente, qui se fait par la gravité, le train est divisé en trois fractions séparées : d'abord les wagons chargés et les wagons vides, puis, à quelque distance, la machine, tender en avant, puis à quelque distance encore les voitures à voyageurs.

Le rail, à double champignon, pesant $14^k,87$ par mètre est fixé par des coussinets en fonte sur des traverses en sapin. — Les locomotives, à quatre roues couplées de $0^m,61$ de diamètre, à écartement d'essieux de $1^m,52$, à cylindres extérieurs de $0^m,20$ de diamètre et $0^m,30$ de course, portent une partie de leur eau dans des caisses installées autour de la chaudière. Le reste de l'approvisionnement est porté par un petit tender à quatre roues; la machine garnie pèse $7^{to},5$; elle remorque à la remonte 50 tonnes brutes machine et tender non compris, à la vitesse de 16 kilomètres.

Les voitures à voyageurs, à quatre roues de $0^m,36$ de diamètre, et à écartement de $1^m,22$, ont $3^m,05$ de long et $1^m,90$ de large. Un diaphragme longitudinal sépare deux banquettes recevant 12 voyageurs assis dos à dos. La charge est ainsi concentrée sur l'axe et la stabilité plus grande. La hauteur du plancher au-dessus des rails est de $0^m,23$ seulement; il y a à chaque bout deux portes, et un seul tampon. La largeur des véhicules n'était pas limitée seulement par l'écartement si faible des rails, mais aussi par des obstacles très-rapprochés de la voie.

Le transport des voyageurs n'est jusqu'à présent que toléré sur le chemin de *Festiniog*, une disposition légale encore en vigueur, et que l'exemple de ce chemin déterminera peut-être à rapporter, fixant $1^m,44$ pour la largeur minimum des chemins à voyageurs.

Aussi est-ce avec cette largeur, c'est-à-dire avec la dimension ordinaire, qu'ont été établis les petits chemins d'Écosse, dont on a fait souvent ressortir, dans ces derniers temps, la construction et l'exploitation économiques. Si l'on avait pu prévoir qu'un jour viendrait où la locomotive circulerait sur le chemin de *Festiniog* et remorquerait des voyageurs, on n'aurait pas osé, à coup sûr, adopter une voie de $0^m,61$. Cependant, — et c'est là surtout le côté intéressant de cet exemple, — cette voie en miniature suffit; elle permet au chemin de fer de satisfaire, avec une vitesse convenable et une sécurité complète, aux exigences imprévues du trafic. On doit y regarder à deux fois avant d'engager l'avenir, et de condamner une ligne à l'isolement. Mais quand cet isolement est dans la nature des choses, quand on l'accepte enfin, à tort ou à raison, il ne faut pas hésiter à profiter largement des bénéfices de la réduction de la voie, et surtout en terrains accidentés, à cause de la réduction corrélative du rayon des courbes.

11. Un des plus anciens chemins à voie étroite est celui d'*Anvers* à *Gand* (chemin du *pays de Waes*). Aboutissant à la *Tête-de-Flandres*, séparée d'*Anvers* par son port, et nécessairement isolée ainsi du réseau belge à une de ses extrémités, cette ligne avait peu de chose à perdre à un isolement complet, qui lui laissait d'ailleurs sa liberté, et lui permettait de se faire petite et modeste, comme les intérêts qu'elle devait desservir. Pour l'ingénieur qui l'a construite, M. *de Ridder*, il s'agissait surtout, d'ailleurs, de montrer par un spécimen à très-petite largeur, réduit aux deux tiers de la voie ordinaire (1 mètre), que le chemin de fer était encore un instrument sérieux, assez puissant, pouvant suffire à des exigences moyennes de vitesse et de trafic; et il faut, en passant, rendre à M. *de Ridder* cette justice : qu'il avait réussi, il y a près de vingt-cinq ans, à constituer de toutes pièces un système complet, plein de détails ingénieux, de progrès réels; que, par exemple, ses petites locomotives ne brûlaient que de la houille depuis longtemps, à l'époque où l'emploi de la houille dans les locomotives était encore réputé presque impossible. Cette ligne est, du reste, l'unique exemple en Belgique, d'un chemin à voie étroite transportant des voyageurs.

12. MM. *Thirion*, directeur des travaux du réseau central d'Orléans, et *Bertera*, ingénieur en chef des mines, ont publié (*) des renseignements intéressants sur un petit embranchement de 7 kilomètres qui met en communication les minières de *Mondalazac* et la station de *Salles-la-Source* (Aveyron). La voie a 1m,10 dans œuvre, les rails à patin, éclissés, pèsent 16k,5 par mètre, et sont posés sur des traverses en chêne espacées de 0m,75; des wagons portant 3to,8 et des locomotives à deux essieux couplés espacés de 1m,40, pesant un peu plus de 9 tonnes, circulent facilement dans des courbes de 60 et même de 40 mètres de rayon.

La discussion des conditions économiques et techniques de l'établissement et de l'exploitation de cette petite ligne a été pour MM. *Thirion* et *Bertera* le point de départ d'une étude plus générale, faite en vue des chemins de fer départementaux. Ils concluent que « les chemins « de fer à petite section sont appelés à rendre des services dans un « certain nombre de cas où l'établissement de la grande voie n'est « pas possible. Il convient, » ajoutent-ils, « de laisser le choix aux « intéressés, l'administration conservant d'ailleurs son droit absolu « d'accueillir ou de refuser les autorisations. » Énoncée ainsi en termes géneraux, cette opinion paraît parfaitement fondée. — Entre la voie constituée comme celle des lignes principales et l'absence de chemins de fer, entre *tout* et *rien*, il y a place pour des degrés intermédiaires. Mais lorsque la discussion tranchera la question en faveur d'une largeur réduite, conviendra-t-il d'adopter la cote de 1m,20 d'axe en axe proposée par les auteurs? — Dans leur étude sur l'établissement d'un chemin de fer dans la vallée de la Saulx (**), ils

(*) *Observations sur le projet de loi des chemins de fer départementaux.* — Paris, 1865. Dunod.
(**) *Observations sur le projet de loi des chemins de fer départementaux* (brochure citée, *suprà*), page 22.

adoptent cette largeur, ainsi qu'un rail de 21 kilogrammes, « afin de « donner aux machines une puissance supérieure à celle des ma- « chines de *Mondalazac.* »

Une réduction de $1^{m},50$ à $1^{m},20$, c'est-à-dire de un cinquième seulement, est-elle vraiment motivée? Avec des rails de 21 kilog., une voie bien établie peut incontestablement recevoir les wagons des grandes lignes. Pourquoi donc renoncer à la continuité quand il suffit pour réserver l'avenir d'augmenter la voie de $0^{m},30$, sans augmenter le poids du rail ? La réduction de $0^{m},30$ seulement aurait à coup sûr très-peu d'influence sur le prix du terrain et du matériel ; quant au point de vue des courbes, ou bien le bénéfice d'une réduction aussi faible serait bien mince, ou bien s'il était déjà notable en raison de la difficulté du terrain, ce serait presque toujours alors un motif pour pousser plus loin la réduction de largeur, et réaliser ainsi une économie beaucoup plus grande. L'argument capital invoqué en faveur de la voie, relativement large, qu'on propose, semble peu fondé; quand il s'agit de machines à petite vitesse et par suite à petites roues, leur puissance est, dans des limites assez larges, indépendante de la largeur de voie, parce que le diamètre du corps cylindrique de la chaudière peut alors excéder notablement l'écartement intérieur des roues. — Nous aurons, au surplus, à revenir plus tard sur ce point en traitant des locomotives.

13. La Norwége possède deux chemins à voyageurs à voie étroite : $1^{m},067$: l'un de 39 kilomètres, de *Grundsett* à *Hamar;* l'autre, de 48 kilomètres, de *Trondhjem* à *Stören.* Le premier a des rampes de 0,014 et des courbes de 305 mètres; l'autre, des rampes de 0,028 et des courbes de 214 mètres. Les locomotives pèsent environ 14 tonnes. Le gouvernement paraît, du reste, disposé à adopter cette même largeur pour le réseau norwégien.

14. L'idée de poser des rails sur les accotements des routes de diverses classes se présente naturellement, mais les conditions de leur tracé en plan et en profil se prêtent assez rarement à cette transformation; aussi elle a reçu jusqu'à présent fort peu d'applications. Si, cependant comme cela est probable, l'avenir lui en réserve quelques-unes, l'adoption d'une voie réduite pourra être souvent non-seulement justifiée, mais même imposée par suite de la largeur restreinte de la zone concédée. C'est ainsi que la cote $1^{m},10$ a été adoptée pour la traversée provisoire du mont Cenis, avec application du rail central, système qui sera examiné plus tard. La petitesse du rayon de plusieurs courbes était d'ailleurs, dans ce cas, un argument de plus en faveur d'une largeur réduite.

Il y a en Westphalie dans le cercle de *Siegen*, une petite ligne établie en partie sur une route, intéressante à ce titre, et aussi par la petitesse de la largeur de la voie: c'est celle de *Broelthal*. Elle va de *Hennef*, station du chemin de fer de *Cologne* à *Giessen*, à *Ruppichterof;* sa longueur est de 19$^{\text{kilom.}}$,7; entre *Waarth* et *Ruppichterof*, la voie est posée sur la route. On redoutait ce voisinage, mais aucun accident n'a eu lieu. Les chevaux circulent, sans s'effrayer, à côté de la locomotive.

La voie a seulement 0^{m},816 de largeur, condition imposée par la faible largeur de la route ; les traverses, longues de 1^{m},256, sont espacées d'axe en axe de 0^{m},47. L'épaisseur du ballast ne dépasse pas 0^{m},21; le rail à patin pèse 10$^{\text{kilog.}}$,43 le mètre, les joints sont éclissés et munis de plaques.

L'inclinaison maximum des rampes est de 0,0125; le rayon des courbes descend jusqu'à 37^{m},7 près du pont de *la Sieg*, à *Allner.*

La traction est faite par une machine à 6 roues couplées, portant son approvisionnement, et à cylindres de 0^{m},286 de diamètre et 0^{m},34 de course; elle pèse, garnie, 12 tonnes également réparties sur les 3 paires de roues.

Les wagons pesant 2to,5 reçoivent une charge de 5 tonnes; les essieux et les bandages sont en acier puddlé. La largeur extérieure des wagons était primitivement limitée à 1^{m},413; depuis, l'administration a consenti à la porter à 1^{m},88 c'est-à-dire à 2,4 fois la largeur de la voie.

Le capital est rémunéré, avec un tarif égal au tiers seulement du prix de transport sur la route.

On avait prédit à cette petite ligne un avenir fâcheux, en se fondant sur l'exemple de quelques chemins à voie étroite établis en Silésie, et dont la situation est peu prospère. Mais ceux-ci ont coûté cher; leur profil accidenté rend leur exploitation coûteuse, tandis que le chemin de *Broelthal* a été établi avec beaucoup d'économie, et présente une pente constante dans le sens de la plus forte charge.

15. Si les chemins à bon marché, caractérisés par la petite largeur de la voie, peuvent avoir leur raison d'être dans certaines parties relativement peu favorisées des contrées riches et industrieuses dans leur ensemble, ils sont surtout à leur place quand il s'agit de ces contrées lointaines, encore à l'état de nature, sur lesquelles la civilisation étend chaque jour sa propagande intéressée, mais bienfaisante. — Si d'abondantes richesses minérales ne permettent pas à l'industrie de naître et de se développer rapidement, si le sol, couvert de forêts et de pâturages, ne produit guère que des bestiaux et des bois, le trafic est pour longtemps hors d'état de rémunérer un capital considérable; la vitesse serait d'ailleurs un luxe aussi inutile que coûteux, et des chemins de fer rudimentaires sont le meilleur instrument de transformation de ces contrées primitives. A l'avantage de l'économie ils joignent celui d'une action plus prompte à cause de la rapidité de leur exécution. Tel est le cas des chemins que l'Angleterre exécute dans la région nord-est de l'Australie, la *Queen's-land*, vaste contrée qui s'étend de la Nouvelle-Galles au détroit de Torrès, et dont la capitale est *Brisbane*. J'emprunte quelques détails sur ce sujet au rapport publié en 1865 par M. *Fitzgibbon*, ingénieur en chef des chemins de fer dont il s'agit.

La question est de mettre à peu de frais l'intérieur en relation avec le littoral, pour apporter des bestiaux aux ports, et rapporter les divers objets de consommation à une population clair-semée, et qui ne pourra, de longtemps, se grouper en centres importants. De chaque port partira une ligne qui pénétrera plus ou moins dans l'intérieur. La voie a une largeur de 1m,067 permettant facilement un mouvement journalier de 200 tonnes de marchandises et 400 voyageurs dans chaque sens, à la vitesse de 25 à 30 kilomètres.

D'après M. *Fitzgibbon*, le prix ne dépassera pas 93.000 francs par kilomètre dans les conditions ordinaires, et 155.000 dans les parties les plus difficiles. Il constate qu'avec la voie ordinaire de 1m,44, la dépense eût été beaucoup plus élevée dans les parties accidentées. Une courbe de 100m,6 de rayon avec la voie de 1m,069 équivaut d'après lui comme résistance à une courbe de 160 mètres de rayon avec la voie ordinaire de 1m,44; or la substitution du premier rayon au second a permis d'éviter beaucoup de tranchées, de tunnels, de viaducs, et l'auteur n'estime pas à moins des deux tiers l'économie qu'on a pu réaliser ainsi sur les travaux des sections difficiles, sans rendre l'exploitation plus onéreuse.

16. On peut, en somme, avoir d'excellentes raisons pour adopter une voie réduite. Mais il faut alors que la réduction en vaille la peine ; lorsqu'une largeur de 1 mètre environ paraîtra trop faible, il sera bien plus sage, en général, de prendre la voie normale de 1m,45 que de s'exposer aux inconvénients de la réduction sans en avoir les avantages. Les premiers sont constants ; les seconds deviennent insignifiants si la réduction l'est elle-même. Il faut donc réduire, ou beaucoup, ou pas du tout. Sauf le cas de l'isolement certain, — soit forcé, soit volontaire, — qui n'est pas en discussion, une largeur telle que 1m,20 est difficile à justifier.

CHAPITRE II.

FORME DES RAILS SUR SUPPORTS DISCONTINUS.

§ I. — Discussion générale de leur forme. — Comparaison des types : symétriques, à champignons inégaux, et à patin.

17. Comme beaucoup de problèmes pratiques très-simples en apparence, celui de la construction d'une voie bien appropriée à sa destination est en réalité fort difficile. Les conditions dans lesquelles les éléments sont placés échappant à une définition rigoureuse, l'intensité des actions mécaniques auxquelles ils sont soumis n'est pas susceptible d'une appréciation exacte; de sorte que l'expérience, longtemps prolongée, peut seule prononcer sur la valeur d'un système, à moins qu'il ne soit décidément mauvais. On conçoit donc, jusqu'à un certain point, que les ingénieurs même les plus convaincus de l'imperfection des solutions ordinaires, aient mieux aimé pendant longtemps s'en tenir à elles que de tenter des expériences à long terme, et de courir la chance de trouver pis en cherchant mieux.

C'est ainsi qu'en France on s'était à peu près borné jusqu'à ces dernières années, sauf quelques tentatives malheureuses, à appliquer un mode de construction dont le principal titre était d'avoir presque exclusivement prévalu en Angleterre, et qui y prévaut encore, malgré tous ses inconvénients. Quant à ses améliorations, elles se réduisaient, ou peu s'en faut, à l'accroissement des équarrissages; expédient onéreux, et insuffisant. Ce n'est pas seulement en augmentant le poids des essieux, par exemple, qu'on a réussi à un degré déjà très-satisfaisant à se mettre en garde contre leur rupture; c'est aussi et surtout en perfectionnant leur fabrication et leur forme. D'ailleurs l'addition de quelques kilogrammes au poids de chaque essieu ne tire pas à conséquence; mais il n'en est pas de même pour une unité qui, comme le mètre courant de rail, se reproduit à l'infini.

Tout ce qui tient à l'établissement de la voie a été étudié en Allemagne surtout avec une véritable prédilection, et avec plus de suite et de méthode que partout ailleurs, sans en excepter l'Angleterre.

A première vue, on est souvent plus disposé, en matière de chemins de fer, à chercher des modèles en Angleterre qu'en Allemagne. Il faut bien le dire, cependant : la voie classique jusqu'à présent en Angleterre, la voie à coussinets, est le résultat de l'imitation. Ce qu'on fait aujourd'hui, ce n'est pas que cela soit bon ou jugé tel, c'est surtout parce qu'on le faisait hier, parce que les constructeurs et les usines ont des habitudes prises, auxquelles il est plus simple de se conformer; tandis qu'en Allemagne l'uniformité, plus générale encore, à laquelle on est arrivé, est le résultat d'une longue série d'expériences faites contradictoirement, et sur la plus grande échelle comme parcours et comme temps.

Quand on songe que les chemins de fer, dans leur état de développement complet, remontent à plus de trente ans; que trois ou quatre modes de construction, à peine, étaient en présence presque dès l'origine, on s'étonne que l'expérience n'ait pas fixé depuis longtemps toutes les incertitudes sur leur valeur relative. — S'il en est ainsi, c'est d'abord parce qu'il y a peu de temps qu'on s'est décidé, en France surtout, à recourir au seul mode de comparaison vraiment concluant, c'est-à-dire à l'application des divers systèmes sur une même ligne. C'est aussi, parce que les circonstances ont été pendant longtemps peu favorables à une comparaison complète de la valeur pratique et économique des divers systèmes. Une telle comparaison exige une période assez prolongée d'état permanent, et cette condition n'était pas remplie. Les progrès de la vitesse avec ses exigences, le poids toujours croissant des machines, ont introduit successivement des conditions nouvelles; les voies, devenues trop faibles, ont été remaniées avant le temps, pour rétablir, de plus ou moins loin, l'équilibre nécessaire entre la voie, le matériel, la vitesse; la nouveauté de plusieurs lignes importantes, et ces transformations successives des plus anciennes, expliquent jusqu'à un certain point cette absence prolongée d'idées arrêtées sur tout ce qui se rattache à la constitution de la voie, et pourquoi on est encore réduit, ou peu s'en faut, à des conjectures sur la dépréciation de ses éléments, pour un état donné du tracé, du matériel, de la vitesse et du trafic.

« ... On n'avait jusqu'à présent, sur la question si importante et si com-
« plexe de l'usure des voies, que des données incertaines..... Aujourd'hui,
« nous pouvons nous rendre compte, sinon exactement, au moins d'une ma-
« nière approximative, de la durée des matériaux des voies dans les condi-

« tions diverses de circulation où se trouvent placées les différentes sec-
« tions de notre réseau, et nous pensons que le moment viendra bientôt
« de fixer le chiffre des prélèvements annuels qu'il y aura lieu d'affecter à
« la dépréciation des voies, afin de prévenir les brusques variations qu'a-
« mène dans le chiffre des dépenses le mode de règlement suivi jusqu'à
« ce jour. »

Ainsi s'exprimait le rapport présenté, en avril 1866, à l'assemblée générale des actionnaires du réseau de *Paris* à la Méditerranée. Cette question de la durée, dont on ne fait encore qu'entrevoir la solution, est nécessairement un des éléments de la comparaison complète des divers systèmes; et tant qu'il n'est pas bien connu, les partisans d'un système peuvent soutenir qu'il a l'avantage sous ce rapport, sans prouver qu'ils ont raison mais aussi sans qu'on puisse leur prouver qu'ils ont tort. Mais si un type de voie est à la fois plus économique d'établissement, plus sûr, d'un entretien plus facile que les autres, — avantages qui suffiraient pour lui assurer la préférence, — on ne peut guère douter qu'à ces avantages il réunisse celui d'une moindre dépréciation des matériaux.

Quant à la forme du rail, l'accord si complet auquel les ingénieurs allemands ont été conduits, par une discussion constamment guidée par l'observation des faits, constituait assurément une forte présomption en faveur du système qui a rallié chez eux à peu près toutes les opinions. Après avoir essayé, sous toutes les formes, le rail symétrique, le rail à champignons inégaux, le rail en ∩, le rail américain ou *Vignole*, posé sur longrines, puis sur traverses, c'est à ce dernier mode de construction qu'ils se sont depuis longtemps arrêtés presque unanimement. Il faudrait être bien exigeant en fait de preuves pour refuser de voir là tout au moins une grande probabilité en faveur de la supériorité du rail *Vignole*.

En dépit de l'expérience laborieusement acquise presque sous leurs yeux, les ingénieurs chargés en France de l'établissement des voies n'ont guère fait d'abord que tourner dans le même cercle, quittant le rail symétrique pour le rail à simple champignon, ou réciproquement; augmentant ou diminuant le rayon au roulement, l'épaisseur au corps; modifiant, en un mot, les détails à peu près au hasard, et produisant, surtout pour les coussinets, une incroyable variété de types, entre lesquels le plus habile eût été, à coup sûr, fort embarrassé de faire un choix motivé. Il eût mieux valu s'occuper un peu moins d'améliorer le coussinet, et un peu plus de discuter sa raison d'être. Aujourd'hui, la question a fait un pas décisif. Devant les résultats de la grande application faite sur le chemin de fer du Nord, il a fallu se rendre à l'évidence. Si quelques ingénieurs persistent encore à donner la préférence au rail à deux champignons, il n'est plus permis, du moins, de représenter la voie *Vignole* comme défectueuse, instable, impropre à la circulation à grande vitesse, comme bonne tout au plus, en un mot pour les lignes secondaires. Cette voie est, dès à présent, adoptée exclusivement sur deux des grands réseaux français, l'Est et le Nord. Elle figure déjà pour un contingent très-important sur les autres : *Orléans*, réseau central; Méditerranée, *Paris* à *Lyon* par le Bourbonnais, *Toulon* à *Nice*, etc., etc.; et le moment approche sans doute où le rail à coussinet aura complétement disparu. Une étude du réseau allemand, faite en 1853, ne m'avait laissé aucun doute à cet égard (*). Les dissidences sont maintenant chaque jour moins nombreuses; le rail à coussinets qui avait pour lui, en France, il y a douze ans, une majorité énorme, presque l'unanimité, voit tous les jours s'éclaircir le nombre de ses partisans. Mais la minorité qui lui est restée fidèle est certainement convaincue; on ne peut lui contester ni l'intelligence ni la compétence; son opinion doit donc être discutée.

18. *Comparaison des résistances du rail à coussinets et du rail Vignole.*—Les rails posés sur des appuis discontinus sont soumis à des efforts qui tendent : 1° à les faire glisser vers l'extérieur de la voie; 2° à les écraser, et à détruire leur surface de roulement; 3° à les fléchir et à les rompre.

La forme générale du rail dérive de cette dernière considération; comme pour tous les solides chargés transversalement, son profil doit avoir pour type le rectangle évidé, ou le double T équivalent; cette concentration du métal vers les extrémités de la section permet en même temps sinon répartir les pressions exercées par les jantes, au moins de consolider convenablement la zone très-étroite sur laquelle on est dans la nécessité de concentrer ces pressions. Quant à la stabilité de rotation du rail, on peut, ou la comprendre parmi les conditions auxquelles il doit satisfaire surtout par lui-même, en faire un des éléments de la détermination de sa forme, ou bien fixer celle-ci sans

(*) Les observations faites à cette époque ont été publiées dans le travail intitulé : *Travaux d'art et voie des chemins de fer allemands*. Cet ouvrage étant épuisé depuis longtemps, j'ai reproduit dans celui-ci des faits qui paraissent avoir conservé de l'intérêt, et des observations que l'expérience acquise depuis cette époque a confirmées.

s'inquiéter de la stabilité, en laissant à des intermédiaires le soin d'y pourvoir.

Dans le premier cas, la forme de la partie inférieure résulte de la double condition d'assurer au rail par lui-même une stabilité suffisante sur ses appuis, et de répartir le métal d'une manière favorable à la résistance transversale. Dans le second cas, la forme dérive de cette condition unique : que la distribution du métal soit la plus favorable, tant à la résistance transversale qu'aux actions qui engendrent l'usure au contact des roues.

Le rail *Vignole* ou américain d'une part, le rail à deux champignons de l'autre, résultent des deux manières d'envisager la question ; et quand on adopte le second type, on lui donne une forme symétrique ou une forme non symétrique, suivant les idées qu'on admet sur les conditions les plus avantageuses, soit pour la résistance transversale, soit pour la résistance à l'usure, ou bien encore suivant le degré d'importance relative qu'on attribue à ces deux genres de résistances.

19. *Résistance.—Description de l'appareil.*—J'examinerai d'abord le côté le mieux étudié de la question, la résistance transversale.

Les recherches les plus complètes sont encore celles que le gouvernement prussien a fait exécuter en 1851, sous la direction de M. *Weishaupt.*

Dès 1849, on ne contestait guère en Prusse, la supériorité du rail américain, sous le rapport de l'économie d'établissement, de la facilité d'entretien, et à plusieurs égards, de la stabilité et de la sûreté de la voie. On craignait seulement que ces avantages fussent achetés au prix d'une diminution de la résistance transversale du rail. Aussi, quoique le gouvernement eût déjà, à la suite d'une enquête prolongée, adopté le rail américain pour le chemin de l'Est (de *Berlin* à *Kœnigsberg*), et quoique la section de *Dirschau* à *Kœnigsberg* fût la seule pour laquelle on pût revenir sur la décision prise, se décida-t-on en 1849 à remettre la question à l'étude. Les ingénieurs des chemins de l'État, et ceux des lignes concédées furent consultés ; une majorité considérable se prononça de nouveau en faveur du type précédemment adopté ; mais en présence d'abstentions nombreuses et de doutes persistants, le gouvernement prescrivit un supplément d'instruction et des expériences spéciales sur le point controversé, la résistance transversale.

Ces expériences ont été exécutées à *Berlin*, dans les ateliers d'un constructeur, enlevé depuis à l'industrie dans laquelle il avait acquis une juste renommée, M. *Börsig* père. Il n'est pas inutile de rappeler leurs principaux résultats; par la précision et la puissance de l'appareil adopté, par leur nombre et leur caractère méthodique, elles se placent au premier rang des recherches de ce genre (*) (Pl. I, *fig.* 1 à 4).

Le tronçon de rail soumis à l'essai était chargé au moyen d'un levier en fonte; il s'appuyait sur deux couteaux en acier α, α, espacés de $0^{m},942$, et ajustés sur deux supports en fonte *f*, *f*, *fig.* 3. Le levier, mobile autour d'un couteau *aa*, portait, au 1/10ᵉ de sa longueur, un grain d'acier *b*, incrusté dans la fonte, et qui pressait le rail.

Il est indispensable, dans les recherches de ce genre, que la pression s'exerce suivant une direction rigoureusement constante, la verticale. Les résultats ne seraient, sans cela, nullement comparables. Il faut donc que le levier s'abaisse parallèlement à lui-même à mesure que le solide fléchit, c'est-à-dire que le couteau *aa* descende à chaque instant d'une quantité égale à la flèche. On s'était contenté d'abord d'engager l'extrémité recourbée du levier dans une chape surmontant une vis *v*, à laquelle on pouvait imprimer un mouvement longitudinal au moyen d'un manchon formant écrou, et d'une collerette dentée *c* (*fig.* 3) engrenant avec une vis sans fin horizontale, munie d'une manivelle *m*. Au repos, le levier était soutenu à un bout par la goupille *d*, et suspendu à l'autre au crochet *e*. Pour opérer graduellement la mise en charge, on soulevait le plateau *f* au moyen d'une poulie; et on l'abaissait de même après l'avoir chargé. Les petites flèches, amplifiées par une aiguille dans le rapport de 1 : 10, étaient lues sur un arc gradué en divisions de $2^{mill.},6$. Les grandes flèches étaient mesurées directement au moyen d'une règle munie d'un vernier. On augmentait successivement les charges jusqu'à la rupture, et on mesurait après chaque addition de poids, la flèche sous la charge, puis la flèche permanente. Mais dès que la charge dépassait une certaine limite, variable avec la nature du fer, il devenait très-difficile, malgré le mouvement de rappel de l'axe *a* du levier, de combattre la tendance du rail au renversement latéral; la vis *v*, dépourvue de guides à la partie supérieure, obéissait trop faci-

(*) Voyez : *Untersuchungen über die Tragfähigkeit verschiedener Eisenbahn-schienen*, par *Th. Weishaupt*. Berlin, 1852.

lement à cette tendance. Après de longs tâtonnements, on compléta l'appareil par des flasques F, F formant coulisse, et destinées à empêcher le déversement de la vis *v* (*fig.* 2, 3 et 4); cela suffisait pour les fers durs; mais pour les fers mous, la tendance au gauchissement reparaissait encore, et il fallait, pour la combattre, retourner le rail bout pour bout.

L'expérience indiqua également un vice dans la disposition de l'axe du levier; quand on abaissait le plateau *p* pour appliquer la charge, le grain d'acier *h* ne revenait pas toujours, à la suite du petit mouvement de bascule du levier, s'appliquer exactement par son milieu sur le couteau *aa*. Il fallait alors un tâtonnement minutieux pour rétablir cette coïncidence, et avec elle le rapport normal des longueurs des bras. On s'est affranchi de cette difficulté en maintenant le grain *h* constamment appliqué contre le couteau, dans toutes les positions que prend le levier lorsqu'il n'agit pas; condition remplie en remplaçant la goupille fixe *d* par une autre mobile *d'* (*fig.* 2), qu'un contre-poids P tend constamment à soulever. Il suffisait, du reste, — et cela eût été plus simple, d'échanger entre elles la position du couteau *a*, et celle du grain sur lequel il s'appuie.

Un autre effet troublait les résultats : le grain *b*, appliqué immédiatement sur le rail, finissait par s'y enfoncer comme un coin, surtout pour les fers mous, ce qui pouvait modifier gravement les conditions de la rupture. La pénétration des appuis, naturellement beaucoup moins prononcée, était cependant assez notable pour qu'il fallût la mesurer et la déduire de la flèche observée. On a complétement éliminé cette cause d'erreur par l'interposition de petites plaques d'acier de 9^{mill},8 d'épaisseur.

La charge due au levier avec son plateau s'élevait à 2.920 kilogrammes; on procédait par additions successives de 50 kilogrammes d'abord, puis 250, pour revenir à 50 kil. seulement quand on approchait de la rupture. Il y a en effet une première période dans laquelle l'état d'équilibre est rapidement atteint, de sorte qu'on peut sans perdre trop de temps procéder d'abord par degrés rapprochés; mais ensuite l'équilibre s'établit avec beaucoup de lenteur, et l'expérience deviendrait fort longue si l'on ne forçait pas les doses, jusqu'à ce que des symptômes de rupture prochaine avertissent qu'il convient de les réduire de nouveau.

Cet appareil, dont les détails étaient bien étudiés, pourrait servir de modèle dans le cas où il s'agirait de faire une série d'expériences sur la résistance des matériaux de construction. Le plateau et les poids pourraient d'ailleurs être remplacés par une caisse à eau jaugée.

20. 1° *Résistance aux efforts verticaux.* — Le rail à champignons inégaux porte en lui-même, comme tous les solides non symétriques fléchis transversalement, un moyen bien simple et souvent employé de contrôler, au point de vue de la résistance, le principe de sa forme ; il suffit de comparer les charges de rupture dans les deux positions, directe et inverse. Si elles sont égales, le profil est défectueux, car cette égalité prouve celle des résistances élémentaires (extension et compression), et celle-ci conduit à la symétrie. Si les résistances à la rupture diffèrent, la dissymétrie est, par ce seul fait, justifiée en principe ; il faut seulement ne pas la pousser trop loin, il faut surtout se garder de l'appliquer à contre-sens.

Or, d'après les expériences de M. *Weishaupt*, d'accord en cela avec d'autres antérieures, c'est ce qui aurait lieu pour les rails à champignons inégaux. Les résistances à la rupture ont toujours été notablement plus petites dans la position normale (ou le gros champignon en haut) que dans la position inverse.

Par exemple, le rail à champignons très-inégaux de Westphalie (Pl. II, *fig.* 18), s'est brisé :

Dans la position normale, sous une charge de 15.900 kilog., et avec une flèche de 0^{m},1425.

Dans la position inverse, sous une charge de 10.000 kilog., et avec une flèche de 0^{m},1505.

Ainsi, l'inégalité des deux champignons admise (et elle devrait l'être d'après cette expérience même, qui prouve l'inégalité des résistances élémentaires), ce n'est pas en haut que devrait se trouver l'excès de métal, mais en bas.

Sans doute, les causes de désorganisation auxquelles le champignon supérieur est spécialement soumis, excluent un tel mode de répartition ; mais ce qu'il importe de constater pour le moment, c'est que, si le renflement plus prononcé du champignon supérieur est motivé, ce n'est nullement au point de vue de la résistance transversale.

On sait d'ailleurs que dans les ruptures souvent partielles de rails en service, soit à petit champignon inférieur, soit même symétriques, c'est presque toujours la partie inférieure qui cède ; d'où résulte, pour les barres de cette forme et pour les fers à rails à champignons, l'infériorité habituelle de la résistance à l'extension.— Ce fait prouve aussi, remarquons-le en passant, qu'une portée de rail chargée ne peut en général être considérée comme encastrée invariablement sur ses appuis, car s'il en était ainsi, le sens des efforts longitudinaux changeant aux points d'inflexion, la rupture partielle aurait lieu à peu près indifféremment en haut ou en bas.

Les expériences de ce genre, faites sur des rails appartenant à l'autre catégorie de profils non symétriques, c'est-à-dire sur des rails américains, ont conduit à un résultat différent qui s'explique facilement. Quoique les rails essayés contiennent les uns un peu plus et les autres un peu moins de métal au pied qu'à la tête, c'est toujours dans la position directe que la résistance est la plus grande. L'influence de la quantité de métal est donc masquée par une autre, celle de la forme; et en effet le pied, ainsi aminci, résiste bien à la traction, mais fort mal à la pression; il est donc tout simple — tant que les aires de la tête et du pied diffèrent peu (ce qui a toujours lieu dans ce type de rail), — que la plus grande résistance corresponde, quel que soit le sens de cette différence, à la position dans laquelle la partie amincie du profil travaille par extension.

La série d'expériences suivante mérite d'être reproduite, parce qu'elle met en évidence la rapidité avec laquelle la résistance décroît quand on réduit successivement, en partant de l'égalité des deux renflements, celui qui est soumis à l'extension. Au lieu de comparer entre eux des rails de profils différents, mais qui auraient différé aussi par la nature du fer, on préféra opérer sur des rails d'un seul type (celui de l'Est prussien), qu'on comparait à eux-mêmes après avoir plus ou moins tronqué le pied (Pl. III, *fig.* 10). Chaque rail était coupé en trois tronçons qu'on chargeait jusqu'à la rupture, l'un sans modification, les deux autres après avoir ramené leurs formes à être à peu près celles de deux types à simple champignon.

	centim.
Hauteur du rail.	11,75
Largeur du pied intact.	10,44
— du champignon.	5,66
— du corps.	1,63

TABLEAU N° 1.

PROVENANCES.	POIDS du mètre courant.	CHARGE correspondante à l'apparition d'une déformation permanente.	CHARGE correspondante à la rupture.	FLÈCHE correspondante à l'apparition d'une déformation permanente.	FLÈCHE correspondante à la rupture.	Rapport des charges correspondantes à l'origine de la déformation permanente, et à la rupture.	Rapport des flèches correspondantes à l'origine de la déformation permanente, et à la rupture.	STRUCTURE DE LA CASSURE.	OBSERVATIONS.
	kilogr.	tonnes.	tonnes.	mill.	mill.				
1. Usine de Laura (Silésie).	32,62	9,20	30,80	1,8	80,9	1 : 3,34	1 : 44,9	A gros grains, plus fin vers le bord.	
	27,82	6,95	23,80	1,8	63,9	1 : 3,34	1 : 35,6		
	27,45	6,50	23,15	2,0	57,4	1 : 3,55	1 : 28,7		
2. Usine de Piedbœuf, à Röthe-Erde.	32,98	6,50	»	1,4	»	»	»	. . . .	(a)
	27,83	5,15	»	1,4	»	»	»		
	27,61	4,70	18,64	1,1	»	1 : 3,95	»	A nerf.	
3. Usine de Piepenstock et Comp., à Hörde.	32,99	8,30	»	1,7	»	»	»	. . . .	(b)
	27,80	8,30	»	1,7	»	»	»		
	27,85	6,50	»	1,6	»	»	»		
4. Usine de Eberhard et Hösch, à Düren. . .	32,65	11,45	»	2,3	»	»	»	. . . .	(c)
	27,80	6,95	»	1,6	»	»	»		
	27,59	6,05	19,55	1,4	86,1	1 : 3,23	1 : 61,5	Nerf dans une partie du pied, grain fin partout ailleurs.	
5. Usine de Jacobi, Haniel et Huyssen, à Sterkerade.	32,49	8,30	28,55	1,6	138,1	1 : 3,43	1 : 86,3	Nerf au pied, grain fin dans le reste.	
	27,50	6,05	20,90	1,4	169,6	1 : 3,45	1 : 121,1	Grain moins fin, nerf dans le pied et au sommet.	
	27,59	7,40	20,45	1,7	183,1	1 : 2,78	1 : 105,9	Nerf presque partout.	(d)

(a) Sous une charge de $26^{to},75$, le rail fléchit de 140 millim. sans se rompre.
(b) Sous une charge de $24^{to},5$, flèche de 74 millim. sans rupture.
(c) Sous une charge de $28^{to},5$ métriques, flèche de 142 millim. sans rupture.
(d) Sous les dernières charges, la couverture se détache la soudure cédant.

Suite du tableau précédent.

PROVENANCES.	POIDS du mètre courant.	CHARGE correspondante à l'apparition d'une déformation permanente.	CHARGE correspondante à la rupture.	FLÈCHE correspondante à l'apparition d'une déformation permanente.	FLÈCHE correspondante à la rupture.	Rapport des charges correspondantes à l'origine de la déformation permanente, et à la rupture.	Rapport des flèches correspondantes à l'origine de la déformation permanente, et à la rupture.	STRUCTURE DE LA CASSURE.	OBSERVATIONS.
	kilogr.	tonnes.	tonnes.	mill.	mill.				
6. Usine de Michiels et Comp., à Eschweileraue.	32,67	8,75	27,65	1,6	103,1	1 : 3,15	1 : 64,4	Nerf, sauf quelques parties à grain au milieu du corps et de la tête.	
	28,10	7,40	21,35	1,7	133,1	1 : 2,88	1 : 78,3		
	27,60	6,95	20,00	1,6	148,8	1 : 2,88	1 : 80,5		
7. Usine de Königshütte (Silésie).	32,56	9,20	28,10	1,8	91,4	1 : 3,05	1 : 50,7	Gros grain à l'intérieur, grain plus fin vers les bords, un peu de nerf dans le pied.	
	28,05	7,40	21,80	1,7	112,2	1 : 2,94	1 : 65,8		
	27,64	5,60	21,35	1,4	114,8	1 : 3,81	1 : 82,0		
8. Usine de Michiels et Comp., à Eschweileraue.	32,76	8,75	29,00	1,7	109,6	1 : 3,30	1 : 64,4	Nerf, sauf une partie de la tête.	
	26,54	5,15	19,10	1,5	109,6	1 : 3,71	1 : 73,9	Nerf presque partout.	
	24,69	4,25	15,50	1,4	63,9	1 : 3,64	1 : 45,2	Nerf au sommet, grain dans tout le corps.	
9. Usine de Königshütte.	33,38	9,65	30,80	2,0	138,3	1 : 3,19	1 : 69,1	Grain fin aciéreux, nerf dans une partie du pied.	
	26,71	5,60	20,45	1,5	110,9	1 : 3,64	1 : 73,9	Grain fin, nerf dans la partie inférieure du corps.	
	24,70	3,80	16,40	1,4	96,6	1 : 4,31	1 : 69,0	Grain fin, nerf d'un côté du corps. . . .	(e)
10. Usine de Laura. . . .	32,56	8,30	30,80	1,7	87,4	1 : 3,71	1 : 51,4	Grain fin, très-fin sur les bords et au pied.	
	31,17	7,85	28,10	1,6	103,1	1 : 3,57	1 : 64,4	Grain fin, très-fin au corps.	
	29,30	6,95	24,05	1,6	49,6	1 : 3,46	1 : 31,0		
11. Usine de Piedbœuf, à Röthe-Erde.	33,46	6,95	26,75	1,4	»	1 : 3,84	»	Nerf, cassure légèrement cristalline au milieu de la tête.	
	31,92	6,50	25,85	1,4	98,7	1 : 3,97	1 : 70,5		
	30,02	5,60	23,60	1,2	93,9	1 : 4,21	1 : 78,2		

(e) Le renflement inférieur est presque entièrement enlevé.

Dans toutes ces expériences, faites sur des fers de natures très-diverses, jamais le champignon n'a cédé le premier, même dans les rails dont on avait laissé le pied intact. C'est toujours le déchirement de celui-ci qui a donné le signal de la rupture.

L'influence de la réduction plus ou moins prononcée du pied sur la résistance est résumée dans le tableau suivant :

TABLEAU N° 2.

PROVENANCES.	AIRES. (L'aire du rail non tronqué étant prise pour unité.)	CHARGES PRODUISANT une déformation permanente sensible.	la rupture.
		(Les charges correspondantes au rail non tronqué étant prises pour unité.)	
1. Laura	1,000 0,850 0,840	1,000 0,775 0,700	1,000 0,770 0,750
2. Röthe-Erde	1,000 0,846 0,837	1,000 0,792 0,723	» » »
3. Hörde	1,000 0,971 0,844	1,000 1,000 0,783	» » »
4. Düren	1,000 0,851 0,843	1,000 0,607 0,528	» » »
5. Sterkerade	1,000 0,848 0,846	1,000 0,891 0,729	1,000 0,716 0,732
6. Eschweileraue	1,000 0,860 0,844	1,000 0,846 0,794	1,000 0,772 0,723
7. Königshütte	1,000 0,860 0,849	1,000 0,804 0,609	1,000 0,775 0,760
8. Eschweileraue	1,000 0,811 0,756	1,000 0,585 0,485	1,000 0,660 0,534
9. Königshütte	1,000 0,809 0,752	1,000 0,589 0,393	1,000 0,663 0,532
10. Laura	1,000 0,957 0,899	1,000 0,945 0,844	1,000 0,912 0,780
11. Röthe-Erde	1,000 0,967 0,911	1,000 0,928 0,805	1,000 0,964 0,882

La résistance à la rupture décroît donc beaucoup plus rapidement que l'aire ou le poids, résultat qui prouve d'une manière directe la supériorité du rail à base plate — à sections sensiblement égales de la tête et du pied — sur le rail à simple champignon. Si, comme on le prétend souvent, cette dernière forme était plus favorable à la résistance; si, en d'autres termes il y avait dans le cas de la répartition égale un excès inutile de métal à la base, l'enlèvement de cet excès n'affecterait pas sensiblement la résistance. Or, on voit que, dès qu'on affaiblit le pied même d'une faible quantité, la résistance est réduite.

On peut, il est vrai, contester l'assimilation du rail tronqué après coup, à un rail à simple champignon qui sortirait du laminoir immédiatement sous cette forme. On exagère un peu, en effet, l'infériorité de celle-ci à cause de la résistance plus grande des parties qui ont éprouvé l'action directe des appareils d'étirage. — Mais si le mode d'expérimentation indiqué laisse subsister une cause d'erreur, cette cause est du moins peu importante, et agit dans un sens connu et constant.

On est donc fondé à conclure, en ayant égard seulement à la résistance transversale, que le pied doit renfermer au moins autant de métal que la tête.—L'égalité des résistances du fer à l'extension et à la compression, longtemps admise comme à peu près exacte, a été contestée depuis les expériences de M. *Hodgkinson* qui tendraient à assigner à la seconde une valeur un peu plus faible; mais il est clair que l'égalité peut fort bien avoir lieu pour les fers en barres, et non pour d'autres solides tels que les tubes en tôle par exemple, à cause de la forme défavorable des parties comprimées et de leur tendance à fléchir isolément au lieu de céder seulement par écrasement; c'est ainsi que l'uniformité de répartition du métal peut très-bien n'être pas fondée dans certaines poutres en tôle, abstraction faite des joints des feuilles qui travaillent par traction, sans cesser de l'être pour les rails.

21. Examinons maintenant, toujours au point de vue spécial de la résistance transversale du rail dans la position directe, l'influence de la forme du renflement inférieur, à égalité de section.

Le rail *Vignole* peut être regardé comme dérivant du rail symétrique par un simple aplatissement du champignon inférieur.

La hauteur diminuant un peu, la résistance transversale tend par cela seul à diminuer aussi. Mais cet effet peut être compensé en tout ou en partie par le rapport plus favorable du contour à l'aire du pied, et, par suite, par l'accroissement de sa résistance moyenne par unité de section.

La comparaison n'a pu être faite, comme dans les expériences citées plus haut, dans des conditions d'identité absolue du fer. Les rails comparés différaient de nature en même temps que de forme. Mais les expériences ont été assez multipliées pour dégager l'influence des différences de formes, si elle était réelle, de celle des différences de nature du fer.

On a opéré sur les rails suivants :

A base plate.	*Symétriques.*
Est prussien.	Westphalie.
Stargard à Posen.	Berlin-Anhalt (d'origine anglaise).
Berlin à Hambourg.	Berlin-Potsdam-Magdebourg.
Thuringe.	
Basse-Silésie et la Marche.	

D'après M. *Weishaupt*, chacune des deux formes aurait un avantage spécial : la première, celui de résister un peu mieux à la rupture ; la seconde, celui de ne contracter qu'un peu plus tard une déformation permanente. Mais, à vrai dire, les différences observées n'ont nullement le caractère d'une loi ; la conséquence à déduire des chiffres observés, c'est moins cette propriété spéciale que M. *Weishaupt* attribue à chaque forme, que l'équivalence pratique, à peine masquée, çà et là, par les hasards de l'expérience.

Ce qui le prouve, au surplus, c'est que des différences à peu près du même ordre se sont manifestées parfois entre des rails de même type, et même de profils presque identiques. Ainsi,

La rupture avait lieu (*), pour un rail de *Berlin-Anhalt*, symétrique, sous une charge de	18to,15
Et pour un rail de Westphalie, symétrique.	15to,95
Tandis que la déformation permanente devenait sensible pour le premier, sous une charge de.	4to,70
Et pour le second.	6to,05

Il est impossible de rattacher à l'influence de la forme des divergences qui affectent au même degré les rails de même profil ; on doit

(*) *Untersuchungen über*, etc., p. 14 et 15.

donc admettre que, sous le rapport de la résistance transversale, les deux formes vont de pair; et c'est dès lors dans l'examen des autres conditions, qu'il faut chercher des motifs de préférence.

22. *Déformation permanente.* — On a constaté fréquemment en Allemagne l'existence d'une légère flèche, sur des rails qui étaient dans l'origine parfaitement droits. Une altération permanente, même très-légère, de la forme, a été souvent regardée comme l'indice d'une désorganisation intérieure destinée à croître graduellement sous l'action répétée des efforts qui l'ont produite, et comme devant ainsi aboutir fatalement, tôt ou tard, à la rupture. On sait cependant depuis longtemps qu'il n'en est pas nécessairement ainsi pour la fonte, pour laquelle on peut sans danger admettre une légère déformation permanente; tout indique que le fer est dans le même cas, et que pour l'une comme pour l'autre, l'exagération de la charge commence seulement quand l'élasticité est altérée dans le sens rigoureux de ce mot, c'est-à-dire à partir du point où les flèches croissent plus rapidement que les charges. Or l'établissement d'un nouvel état d'équilibre, dont la déformation permanente est l'indice, n'implique nullement, dans certaines limites, une *altération de l'élasticité;* de sorte qu'il y a quatre périodes à distinguer dans les effets que produit successivement l'application d'une charge croissante :

1° Aucune déformation sensible, appréciable par les moyens ordinaires, ne persiste après l'enlèvement de la charge.

2° La flèche permanente apparaît; la forme est modifiée, mais l'élasticité ne l'est pas encore, c'est-à-dire que la constance du rapport entre les flèches sous charge et les charges elles-mêmes se maintient.

3° L'élasticité elle-même est altérée; les flèches cessent d'être proportionnelles aux charges, et croissent de plus en plus rapidement.

4° La rupture a lieu.

En soumettant de nouveau à la même succession de charges croissantes des rails auxquels elles avaient fait prendre une légère flèche permanente, M. *Weishaupt* a constaté en effet que le solide repasse exactement par les mêmes formes. Il ne prenait, par les applications subséquentes des mêmes charges, que des flèches totales égales à celles qu'elles avaient produites la première fois: les flèches dues à la charge étaient donc un peu inférieures, puisqu'elles étaient diminuées de la flèche préexistante du solide à l'état libre: de sorte que, rigoureusement parlant, *l'application d'une charge capable de modifier l'état moléculaire du corps le rend, dans certaines limites, plus roide qu'avant.* Mais, quoique distincts en réalité, le point où la déformation permanente devient appréciable et celui où commence l'altération de l'élasticité, sont assez près de se confondre dans le fer pour qu'on puisse, en pratique, admettre, comme on le fait, qu'ils se confondent réellement.

Toutefois d'après les expériences de M. *Weishaupt*, conformes en cela à celles bien antérieures de M. *Wertheim*, le premier phénomène se produirait, pour les rails, sous des charges relativement plus faibles qu'on ne le suppose ordinairement, de sorte qu'une très-légère altération de la forme devrait être regardée comme souvent inévitable. Mais on n'a pas à s'en préoccuper, puisque, d'une part, elle ne constitue pas nécessairement par elle-même une prédisposition à la rupture, et que de l'autre elle n'augmente nullement la flèche totale sous la charge, et n'a dès lors aucune influence appréciable sur la force centrifuge des charges en mouvement.

Du rapprochement ci-dessous :

FLÈCHE SOUS CHARGE correspondant à l'origine de la déformation permanente.	FLÈCHE SOUS CHARGE correspondant à la rupture.	STRUCTURE DU FER.
millimètres.	millimètres.	
1,8	80,9	Gros grain.
1,6	138,1	Nerf et grain fin.
1,6	103,1	Nerf.
1,8	91,1	Gros grain, plus fin aux bords.
1,7	109,6	Nerf.
2,0	138,0	Grain fin aciéreux.
1,7	87,4	Grain fin.

des observations de flexions faites sur les rails non tronqués ressortent deux faits assez remarquables : 1° la flèche sous charge, à laquelle correspond une altération permanente du profil longitudinal, varie peu, malgré les différences de nature du fer; 2° la flèche de rupture varie beaucoup plus, mais sans que ces variations aient le moindre rapport avec la texture dominante du fer. On sait depuis longtemps qu'il en est de même du coefficient d'élasticité; cet élément n'est pas constant, mais ses écarts sont à peu près indépendants des autres propriétés mécaniques et physiques du métal. Je me borne à signaler en passant ces deux conséquences, déduites d'un nombre d'observations trop restreint pour mériter qu'on s'y arrête davantage.

23. *Influence de la température.* — On sait que les ruptures de rails, ainsi que les ruptures d'essieux et de bandages, sont en général plus fréquentes en hiver qu'en été. Beaucoup de personnes attribuent ce fait à l'influence immédiate du froid, qui rendrait le fer plus cassant. Des expériences bien connues prouvant que la résistance de ce métal croît d'abord, lorsque la température s'élève à partir de sa valeur moyenne dans les climats tempérés, — 10° environ, — on doit supposer en effet que cette résistance décroît lorsque la température s'abaisse au-dessous de ce point; mais l'accroissement, d'une part, semblait trop lent pour que le décroissement, de l'autre, put, à moins d'un changement brusque assez peu probable, avoir une influence sensible et se manifester par des ruptures plus fréquentes.

Jusqu'à présent d'ailleurs l'opinion d'après laquelle la résistance du fer serait notablement affectée par des variations aussi peu étendues de l'échelle thermométrique ne reposait guère que sur le fait même des ruptures plus fréquentes; mais pour les rails ce fait ne prouvait rien, parce qu'une cause évidente pouvait suffire pour l'expliquer, au moins jusqu'à preuve du contraire. Il est tout simple que les rails se brisent plus facilement lorsque le sol, durci par la gelée, est moins compressible, et rend les chocs plus violents. Ce n'est pas nécessairement la constitution intime du métal qui a été altérée, ce sont les conditions extérieures, celles des appuis, qui sont modifiées. Un fait que j'ai plusieurs fois constaté venait à l'appui de cette opinion : ce n'est pas toujours pendant les froids les plus intenses qu'on observe les ruptures; c'est surtout lorsque le froid, modéré, se prolonge depuis longtemps; c'est souvent aussi au moment où le dégel succède brusquement à un froid intense et prolongé. Cette dernière influence s'explique également; pendant le froid, l'entretien a été suspendu. Le dégel rendant aux éléments leur liberté, les traverses mal bourrées se tassent inégalement; la voie, en un mot, est mauvaise, et les rails se trouvent dans des conditions aussi défavorables, si ce n'est plus, que celles qui résultaient de la dureté des réactions pendant la gelée (*).

(*) En janvier 1861, on trouva, sur la petite ligne de *Thann* à *Mulhouse*, 132 rails fraîchement cassés. On savait que ces rails, de 25 kilogrammes seulement, supportés par des traverses espacées de 0m,80, étaient trop faibles pour des machines de 31 tonnes,

Mais si les observations de ruptures de rails en service ne paraissent pas de nature à trancher affirmativement la question, il est impossible de ne pas tenir grand compte des résultats d'expériences spéciales faites récemment. Deux compagnies françaises, celle de *Paris*-Méditerranée et celle du Midi, ont même jugé ces résultats assez concluants pour fixer, en raison de la température au moment de l'essai, l'intensité du choc auquel les rails doivent résister, et pour modifier en conséquence leurs cahiers des charges. Ce point a trop d'intérêt pour que nous négligions de mettre sous les yeux du lecteur les faits qui ont paru résoudre ainsi une question très-controversée.

D'après le cahier des charges du réseau de *Paris*-Méditerranée, chaque moitié d'un rail, brisé au milieu par une charge statique, doit être posée sur deux appuis espacés de $1^{m},10$, et supporter, sans se rompre, le choc d'un mouton de 200 kilog. tombant de $1^{m},50$; les supports, en fonte, doivent reposer sur une enclume en fonte de 10.000 kilogrammes au moins, établie elle-même sur un massif de maçonnerie de 1 mètre d'épaisseur et de $3^{mq},3$ de base.

Parmi les usines qui concourent à l'approvisionnement de ce vaste réseau, les unes remplissaient facilement la condition indiquée, les autres n'y réussissaient pas toujours. La rupture avait lieu assez souvent sous une hauteur de chute notablement inférieure au chiffre stipulé. Les ingénieurs du matériel de la voie firent le relevé d'un grand nombre d'essais opérés dans les usines de la seconde classe : 1° pendant les trois mois d'hiver; 2° pendant les trois mois d'été de plusieurs années, et on trouva que la hauteur de chute déterminant la rupture était, en moyenne, de $0^{m},40$ plus considérable pour la seconde période que pour la première. C'est ainsi que la compagnie et les usines furent conduites d'un commun accord à substituer à la hauteur con-

de sorte qu'une cause aggravante peu intense avait pu suffire pour que la limite de résistance fût atteinte, et même dépassée. Cette cause était un léger *plat* sur un des bandages de la machine, dont le dernier passage avait produit les ruptures.

On jugea utile de soumettre les rails à des essais par le choc. Le mouton pesait 605 kilogrammes; les appuis étaient espacés de $0^{m},80$. Dans une première série d'expériences faites à une température de — 5 degrés, la rupture eut lieu sous des chutes de $0^{m},30$ à $0^{m},32$.

Dans une deuxième série, à la température de + 6 à + 12 degrés, la hauteur de chute s'éleva à $0^{m},50$ et même à $0^{m},70$. Mais on ne pouvait voir encore dans ces chiffres la confirmation de l'influence de la température sur la résistance du fer, un appareil provisoire étant par cela même plus sensible aux variations d'élasticité du sol, sur lequel il est simplement posé.

stante de 1m,50 une hauteur moindre pour les basses températures, et une hauteur plus grande pour les températures élevées. Les chiffres auxquels on s'est arrêté sont :

Au-dessous de 0°	1m,30
De 0 à 20	1m,50
Au-dessus de 20	1m,70

Si les faits ne peuvent être mis en doute, une objection se présente à première vue contre les conséquences qu'on en a tirées. On conçoit que, toutes choses égales d'ailleurs, des barres soient plus cassantes lorsqu'elles ont été fabriquées en hiver que lorsqu'elles ont été fabriquées en été. Exposées en sortant du laminoir, sur le sol d'un atelier ouvert à tous les vents, elles se refroidissent beaucoup plus rapidement en hiver, et éprouvent ainsi une sorte de trempe. Or les épreuves de réception suivant de très-près la fabrication, les rails essayés en hiver ont été fabriqués en hiver ; si, comme l'expérience le prouve, ils sont plus cassants, ne serait-ce pas, non par ce qu'il fait froid au moment de l'épreuve, mais par ce qu'il faisait froid au moment de la fabrication ?

On comprend que la distinction n'est point indifférente ; peut-être, en effet, ne s'agirait-il plus d'une propriété fâcheuse par suite de laquelle la résistance au choc suivrait toutes les variations de la température, mais simplement de l'action nuisible d'une basse température au moment de la fabrication ; action à laquelle les barres pourraient être soustraites par des précautions très-simples.

21. Mais des expériences spéciales faites les unes à *la Villette* sous la direction de M. *Ledru*, ingénieur en chef de la Compagnie de l'Est, les autres au *Creusot* par M. *Couard*, ancien élève des Écoles polytechnique et des mines, prouvent la réalité de l'influence exercée par la température au moment de l'épreuve : influence directe, immédiate sur la constitution même du fer, car les conditions d'établissement des supports, installés sur d'épais massifs en maçonnerie, ou mieux encore sur un gros bloc de fonte, ne permettent plus de faire intervenir l'état du sol, plus ou moins durci par la gelée.

Je reproduis textuellement la note que M. *Ledru* a bien voulu me remettre :

« J'ai fait établir à la Villette un mouton d'épreuve construit très-soli-« dement, afin de pouvoir faire faire des expériences exactement compa-« rables sur les rails des divers types.

« Ce mouton est établi dans les conditions prescrites par la plupart des « cahiers des charges : Poids du mouton, 300 kilogr. Appuis espacés de $1^m,10$, « reposant, par l'intermédiaire d'un fort châssis en bois de chêne, sur une « pierre de taille de $1^m,25$ avec lit de béton de $0^m,50$ d'épaisseur.

« Chaque rail soumis à l'épreuve a été coupé en deux parties égales, dont « l'une a été essayée en été (température à l'ombre + 26° à + 29°), et l'autre « pendant l'hiver (— 5° à — 8°).

« Les rails provenant de la même usine (*Styring*) appartiennent aux trois « types principaux du réseau de l'Est.

Rails à double champignon symétrique de.	$37^k,50$
Rails à champignons inégaux de.	$35^k,50$
Rails *Vignole* de.	$35^k,00$

« Nous avons fait deux séries d'expériences :

« Dans la première, les hauteurs de chute du mouton augmentaient suc- « cessivement de $0^m,25$, à partir de $0^m,25$.

« Dans la seconde, les rails ont été soumis à des volées successives de « cinq coups de $0^m,25$, cinq coups de $0^m,30$, et ainsi de suite, en augmen- « tant les hauteurs de 5 en 5 centimètres.

« Deux rails différents ont été soumis à chaque épreuve. Ils ont donné « des résultats très-concordants.

« Les résultats moyens sont consignés dans les deux tableaux ci-après « qui donnent la succession des flèches observées, les hauteurs de rup- « ture, et dans les courbes représentatives des flèches. » (Pl. I, *fig.* 6 et 7.)

PREMIÈRE SÉRIE.

Épreuves au choc en faisant varier la hauteur de chute du mouton de 25 en 25 centimètres.

ÉPREUVES FAITES PENDANT L'HIVER					ÉPREUVES FAITES PENDANT L'ÉTÉ				
Température.	TYPE et longueur du rail.	MARQUE de fabrique.	Hauteurs de chute du mouton.	Flèches permanentes.	Température.	TYPE et longueur du rail.	MARQUE de fabrique.	Hauteurs de chute du mouton.	Flèches permanentes.
			mètres.	mètres.				mètres.	mètres.
— 6°	PS à double champignon de 3 mètres	Styring-Wendel octobre 1863	0,250	0,0000	+ 26°	PS à double champignon de 3 mètres	Styring-Wendel octobre 1862	0,250	0,0001
			0,500	0,0006				0,500	0,0007
			0,750	cassé				0,750	0,0023
								1,000	0,0050
								1,250	cassé
— 5°	PM à simple champignon de 3 mètres	Styring-Wendel mars 1862	0,250	0,0002	+ 29°	PM à simple champignon de 3 mètres	Styring-Wendel mars 1863	0,250	0,0002
			0,500	0,0015				0,500	0,0019
			0,750	0,0041				0,750	0,0050
			1,000	0,0085				1,000	0,0096
			1,250	cassé				1,250	0,0160
								1,500	0,0237
								1,750	0,0328
								2,000	0,0443
								2,250	0,0503
								2,500	0,0626
								2,750	cassé
— 8°	Vignole de 3 mètres	Styring-Wendel février 1861	0,250	0,0001	+ 26°	Vignole de 3 mètres	Styring-Wendel février 1863	0,250	0,0001
			0,500	0,0006				0,500	0,0011
			0,750	0,0022				0,750	0,0035
			1,000	0,0057				1.000	0,0072
			1,250	0,0101				1,250	0,0121
			1,500	0,0167				1,500	0,0185
			1,750	cassé				1,750	0,0261
								2,000	0,0351
								2,250	0,0455
								2,500	cassé

P. S. rail de *Paris* à *Strasbourg*. — P. M. rail de *Paris* à *Mulhouse*.

DEUXIÈME SÉRIE.

Epreuves au choc en faisant varier la hauteur de chute du mouton de 5 en 5 centimètres, et en donnant une série de cinq coups à chaque hauteur.

ÉPREUVES FAITES PENDANT L'HIVER					ÉPREUVES FAITES PENDANT L'ÉTÉ				
Température.	TYPE et longueur du rail.	MARQUE de fabrique.	Hauteurs de chute du mouton.	Flèches (*) permanentes.	Température.	TYPE et longueur du rail.	MARQUE de fabrique.	Hauteurs de chute du mouton.	Flèches (*) permanentes.
			mètres.	mètres.				mètres.	mètres.
— 6°	PS à double champignon de 3 mètres	Styring-Wendel octobre 1862	0,250	0,0001	+ 26°	PS à double champignon de 3 mètres	Styring-Wendel octobre 1862	0,250	0,0003
			0,300	0,0004				0,300	0,0005
			0,350	0,0006				0,350	0,0008
			0,400	cassé au 1er coup				0,400	0,0014
								0,450	cassé au 1er coup
— 5°	PM à simple champignon de 3 mètres	Styring-Wendel avril 1863	0,250	0,0005	+ 29°	PM à simple champignon de 3 mètres	Styring-Wendel avril 1863	0,250	0,0005
			0,300	0,0011				0,300	0,0015
			0,350	0,0018				0,350	0,0027
			0,400	0,0029				0,400	0,0046
			0,450	0,0046				0,450	0,0074
			0,500	0,0071				0,500	0,0110
			0,550	0,0101				0,550	0,0149
			0,600	0,0144				0,600	0,0227
			0,650	cassé au 1er coup				0,650	0,0300
								0,700	0,0382
								0,750	cassé au 5e coup
— 8	Vignole de 3 mètres	Styring-Wendel février 1863	0,250	0,0003	+ 26°	Vignole de 3 mètres	Styring-Wendel février 1863	0,250	0,0002
			0,300	0,0006				0,300	0,0005
			0,350	0,0011				0,350	0,0011
			0,400	0,0020				0,400	0,0021
			0,450	0,0031				0,450	0,0036
			0,500	0,0043				0,500	0,0058
			0,550	0,0072				0,550	0,0080
			0,600	cassé au 1er coup				0,600	0,0120
								0,650	0,0146
								0,700	0,0190
								0,750	cassé au 2e coup

(*) Flèches observées après une série de cinq coups à la même hauteur de chute du mouton.

« Si l'on compare seulement les hauteurs de rupture, en hiver et en été, « on forme le tableau suivant :

	1re SÉRIE.		2e SÉRIE.	
	Hiver.	Été.	Hiver.	Été.
Double champignon symétrique.	0m,75	1m,25	1er coup de 0m,40	1er coup de 0m,45
Simple champignon	1 ,25	2 ,75	1er coup de 0 ,65	5e coup de 0 ,75
Vignole.	1 ,75	2 ,50	1er coup de 0 ,60	2e coup de 0 ,75

« ..... Ces chiffres prouvent d'une manière certaine que la température « a une grande influence sur la résistance des rails au choc, et que les plus fréquentes ruptures de rails qui ont lieu en hiver ne tiennent pas « seulement au durcissement, par la gelée, du sol sur lequel reposent les « traverses en hiver. Je crois cependant qu'il faut attribuer surtout les ruptures de rails en hiver aux tassements inégaux des traverses imparfaitement enchâssées dans une croûte superficielle solidifiée, sans que la « gelée permette de les bourrer. C'est surtout après plusieurs gels et dégels « successifs que les ruptures sont fréquentes et non pas pendant les « grands froids continus. »

Paris, le 26 juin 1866.

25. Dans l'appareil d'essai du *Creusot*, les supports en fonte, espacés aussi de 1m,10 reposent suivant les prescriptions citées (23) du cahier des charges de *Paris*-Méditerranée, sur une masse en fonte de 10 tonnes. Le mouton ne pèse que 200 kilog. En général, les résultats obtenus par des appareils différents ne sont comparables que s'ils ont été tarés par des essais assez multipliés sur des barres identiques. On admet que le mouton de 200 kilog. du *Creusot* équivaut, en raison de la masse considérable et de la très-faible compressibilité du support commun des appuis, à un mouton de 300 kilog. tombant sur un massif de maçonnerie et de béton, comme dans l'appareil de *la Villette*, par exemple; mais peu importe pour la question qui nous occupe.

Voici la marche des expériences faites par M. *Couard* :

Les rails essayés étaient à double champignon, et de 5 mètres de longueur. Ils étaient cassés d'abord, par une charge statique, en deux parties de 2m,50; chacun de ces tronçons était ensuite cassé au mouton, en été, à 1 mètre de distance de la première fracture. La moyenne des hauteurs de chute déterminant la rupture, donnait la résistance en été.

Les bouts de 1^{m},50 étaient mis en réserve, et cassés de même en hiver. Les masses des barres soumises au choc étaient donc dans le rapport de 1,67 : 1, au lieu d'être égales comme dans les essais de *la Villette*. Une correction était dès lors nécessaire pour éliminer l'influence de cette inégalité, évidemment défavorable à la moindre masse. Une série spéciale d'expériences a été faite dans ce but; les deux tronçons de 2^{m},50 et de 1^{m},50 étaient rompus à la même température.

La température observée était toujours celle du rail lui-même. On la mesurait au moyen d'un thermomètre à planchette métallique, posé sur le rail, recouvert de laine, et dont on relevait l'indication au bout d'une heure.

1° *Essais préliminaires.* Au premier coup, le mouton tombait de 1^{m},50 ; la hauteur de chute croissait ensuite de 10 en 10 centimètres jusque la rupture; la chute initiale de 1^{m},50 était d'ailleurs trop forte pour les barres de 1^{m},50 puisque les rails n°s 2 (les deux tronçons), 3 (un tronçon), et 10 (les deux tronçons), cassés dès le premier coup, auraient probablement cédé à un choc moindre.

1° Expériences préliminaires, faites à la même température sur des barres de 2m,50 et de 1m,50, pour la correction des masses.

NUMÉROS des rails.	HAUTEURS produisant la rupture des barres de 1m,50. (Hauteur initiale 1m,50.)	MOYENNES.	HAUTEURS produisant la rupture des barres de 2m,50. Hauteur initiale de 1m,50	MOYENNES.	RAPPORT des secondes hauteurs aux premières.	OBSERVATIONS.
	mètres.	mètres.	mètres.	mètres.		
1	1,80 1,70	1,75	1,60 1,60	1,60	0,912	Moyenne des 11 rapports de la dernière colonne : 0,899, soit 0,9.
2	1,90 2,00	1,95	1,50 1,50	1,50	0,770	
3	1,60 1,60	1,60	1,50 1,60	1,55	0,965	
4	1,70 2,00	1,85	1,60 2,00	1,80	0,970	
5	1,90 1,90	1,90	1,70 1,80	1,75	0,920	
6	2,10 1,70	1,90	1,70 1,60	1,65	0,870	
7	2,20 2,70	2,45	1,70 2,20	1,95	0,795	
8	1,80 1,70	1,75	1,60 1,60	1,60	0,915	
9	1,90 1,80	1,85	1,80 1,80	1,80	0,970	
10	1,90 1,70	1,80	1,50 1,50	1,50	0,835	
11	1,80 1,60	1,70	1,60 1,70	1,65	0,970	

Les tronçons de 2m,50, essayés en été, seront donc ramenés à la longueur 1m,50 des tronçons essayés en hiver, en multipliant par 0m,9 les hauteurs de chute déterminant la rupture des premiers.

2° *Expériences*. Dans les expériences suivantes, la hauteur de chute initiale a été réduite, en hiver, à 1m,30 et même à 1m,10 pour certaines barres supposées fragiles. Cette précaution était bonne; mais la réduction aurait dû s'étendre à toutes les barres, et aussi bien en été qu'en hiver. Avec des points de départ différents, les résultats ne sont plus exactement comparables. Ainsi les rails 10 à 15 essayés en été n'auraient probablement pas atteint les hauteurs de rupture indiquées si les chocs, au lieu de commencer par la hauteur de 1m,50, avaient débuté dès 1m,10, comme cela a eu lieu pour six des tronçons similaires essayés en hiver. De même, le 1er tronçon n° 7 et le 2e tronçon n° 8 de la 2e série (hiver) se sont brisés l'un et l'autre sous une hauteur de 1m,70; le second était donc en réalité plus résistant, puisqu'il avait été plus ou moins énervé par les chocs antérieurs, de 1^{m},30 et de 1^{m},40, auxquels le premier n'a point été soumis.

Comme dans les essais préliminaires, la hauteur de chute croissait de 0^{m},10 à chaque coup.

II° Expériences faites en hiver et en été. — Résultats bruts pour l'hiver. Résultats bruts, et chiffres ramenés à la longueur de 1^{m},50, pour l'été.

Numéros des rails.	ESSAIS DU MOIS D'AOUT 1864.				ESSAIS DU MOIS DE FÉVRIER 1865.				DIFFÉRENCE des deux tempéra-tures.
	Hauteurs de ruptures observées. (Hauteur initiale, 1^{m},50.)	Moyennes.	Tempéra-ture.	Hauteurs corrigées.	Hauteurs de chutes initiales.	Hauteurs de ruptures observées.	Moyennes.	Tempéra-ture.	
(1)	(2)	(3)	(4)	(5)	(6)	(7)	(8)	(9)	
	mèt.	mèt.	degrés.	mèt.	mèt.	mèt.	mèt.	degrés.	degrés.
1	4,00 3,30	3,65	+ 36	3,30	1,50 1,50	1,70 1,90	1,80	— 6	42
2	2,90 3,10	3,00	+ 39	2,70	1,50 1,50	1,50 1,70	1,60	— 6	45
3	3,70 3,90	3,80	+ 30	3,43	1,50 1,50	1,90 1,90	1,90	— 6	36
4	3,50 3,50	3,50	+ 32	3,15	1,50 1,50	1,70 1,90	1,80	— 6	38
5	2,50 2,70	2,60	+ 39	2,35	1,50 1,50	1,50 1,50	1,50	— 6	45
6	3,90 3,30	3,60	+ 29	3,25	1,30 1,50	1,70 1,90	1,80	— 6	35
7	2,50 1,70	2,10	+ 34	1,90	1,50 1,30	1,70 1,30	1,50	— 6	40
8	3,10 3,30	3,20	+ 46	2,88	1,50 1,30	1,50 1,70	1,60	— 6	52
9	2,70 3,50	3,10	+ 36	2,79	1,50 1,50	1,70 1,90	1,80	— 6	42
10	3,10 3,70	3,40	+ 36	3,06	1,50 1,10	1,70 1,50	1,60	— 7	43
11	4,50 4,10	4,30	+ 36	3,87	1,50 1,10	1,70 1,30	1,50	— 7	43
12	2,10 2,70	2,40	+ 40	2,16	1,30 1,10	1,30 1,30	1,30	— 7	47
13	2,50 2,30	2,40	+ 38	2,16	1,30 1,10	1,30 1,30	1,30	— 7	45
14	2,70 2,70	2,70	+ 35	2,43	1,30 1,30	1,50 1,50	1,50	— 7	42
15	2,90 3,50	3,20	+ 35	2,88	1,10 1,10	1,50 1,30	1,40	— 7	42

Les essais 2, 5, 7, 8, 12 et 13 doivent à la rigueur être rejetés, car une ou deux des barres ont cassé dès le premier choc à $1^m,50$ et elles auraient peut-être cédé sous hauteur de chute moindre. Mais ces expériences, comme celles de la *Villette*, font ressortir l'action très-prononcée de faibles écarts de température sur la résistance des rails au choc.

26. A ces résultats il convient de joindre le renseignement suivant, dont je dois la communication à M. l'ingénieur des mines *Lan*, directeur de la société des forges de *Commentry* et *Châtillon* :

« Un lot de 10 ou 12 tonnes de rails à double champignon de *Paris-Lyon* « qui avait été rebuté il y a quelques mois pour défaut de résistance au « mouton, a été représenté ces jours-ci (juin 1866) au contrôleur, et les rails, « qui à 10 ou 12° avaient cassé à $1^m,45$ ou $1^m,50$, ont résisté à $1^m,63$ par une « température de 29 à 30°. Déjà plusieurs fois on m'avait signalé des faits « analogues, mais l'occasion ne s'était pas présentée pour moi de les con- « trôler. Je l'ai fait cette fois de manière à ne pas douter de l'influence de « la température sur la résistance au choc.

« .... Les écarts de température auxquels se rapportent les essais précé- « dents sont déjà assez considérables ; mais si j'en crois les renseignements « qui m'ont été fournis par nos divers chefs de fabrication, c'est quand la « température descend au-dessus de 10° pour se rapprocher de 0°, ou des- « cend plus bas, que les résistances diminuent rapidement.

L'influence d'une faible variation de température sur la résistance au choc est de même, ainsi que M. *Lan* le fait remarquer, hors de toute contestation pour les plaques de blindage. Aussi les cahiers des charges de la marine de l'État admettent-ils expressément que dès que la température de l'air atteint 0° ou au-dessous, les plaques seront *flambées* au moment d'être soumises au tir du boulet.

27. L'action dont il s'agit ne peut donc plus être contestée ; mais il serait intéressant de savoir si elle affecte également les fers de diverses provenances, ou si elle n'est pas très-faible, nulle même pour un certain nombre.

Il serait intéressant aussi d'assigner l'élément sur lequel agissent les variations de température. Est-ce la résistance du métal à la rupture par traction ou par compression ? est-ce le coefficient d'élasticité et par suite la flèche sous le choc ? est-ce l'une et l'autre ?

Dans les deux séries d'essais de *la Villette*, les flèches mesurées ont été constamment plus grandes, pour une même suite de chocs, en été qu'en hiver ; c'est seulement pour le rail *Vignole* essayé dans la deuxième série que les différences sont faibles, et même inverses au début. Le fer paraît donc devenir plus roide quand la température s'abaisse; mais les flèches permanentes ont seules été observées, et quoique les flèches totales aient probablement suivi une marche analogue, leur mesure eût été plus concluante.

Des observations de charges de rupture et de flèches statiques, à des températures extrêmes, résoudraient la question. Il est à désirer qu'elles soient faites. M. l'ingénieur en chef *Chaperon*, directeur de la construction et de la voie du réseau de *Paris* à la Méditerranée, à qui j'exprimais ce désir, m'a communiqué les observations suivantes de flexions :

Rail *Vignole* de 6 mètres de longueur posé sur deux couteaux espacés de 1 mètre. :

	FLÈCHE SOUS UNE CHARGE DE			
	13.506 kilog.		20.000 kilog.	
	millimètres.		millimètres.	
Juillet 1865 (moyenne)	2,26	moyennes. 2,247	3,62	moyennes. 3,58
Août . . . . . . id.	2,18		3,38	
Septembre . . . id.	2,30		3 75	
Décembre . . . id.	2,10	2,06	3,67	3,45
Janvier 1866 (moyenne)	1,90		3,37	
Février . . . . . id.	2,13		3,20	
Mars . . . . . . id.	2,10		3,46	

D'après ces résultats, trop peu nombreux il est vrai, la roideur du métal serait à peu près indépendante des variations de la température de l'atmosphère, et leur influence sur la résistance au choc tiendrait surtout dès-lors à des variations corrélatives de la cohésion elle-même. Les expériences déjà anciennes de l'Institut de Franklin ont bien établi cette corrélation (*), mais elles ont été faites surtout à des températures relativement élevées (jusqu'à 714°) et quelques-unes seulement à 0°; elles ne conduisent, dans les limites qui nous intéressent, à aucune conclusion bien nette. Des expériences spéciales seraient donc nécessaires.

Au surplus, cette sensibilité de la résistance des rails aux variations de température est heureusement peu inquiétante. Rien ne le prouve mieux que l'incertitude qui a régné jusqu'à ces derniers temps sur la réalité du fait, et l'absence de toute préoccupation à ce sujet. Il ne paraît même pas que l'attention ait été éveillée par de fréquentes ruptu-

(*) Voir le résumé de ces expériences dans le *Traité de l'exploitation des Mines*, par M. *Combes*, t. I, p. 483 et suivants.

tures sur les chemins de fer où, comme en Russie, les rails se trouvent soumis à des températures beaucoup plus basses que dans nos climats tempérés.

28. 2° *Résistance aux efforts horizontaux.* — Cette résistance n'a qu'une importance secondaire; un rail remplissant les autres conditions peut être regardé comme satisfaisant par cela même à celle-ci, pourvu qu'il soit convenablement fixé sur ses supports; il n'était cependant pas sans intérêt d'étudier aussi sous ce rapport le rail *Vignole*, ne fût-ce que pour ne pas laisser le champ libre aux objections.

Le rail était posé de champ; le levier, pressant seulement le bord du champignon, sollicitait le rail à peu près comme le font les boudins des roues; seulement la disposition des appuis était plus favorable à la résistance latérale qu'elle ne l'est dans la réalité, surtout pour le rail *Vignole*, qui n'est pas maintenu latéralement par des joues de coussinets.

La conséquence saillante et jusqu'à un certain point imprévue de ces expériences, est l'uiformité persistante de la flexion dans toute l'étendue d'une même section transversale, malgré la position extrême du point d'application de la charge; pour mieux dire, le profil transversal se déforme plus ou moins, mais sans cesser d'être symétrique relativement à son axe primitif. Un rail du chemin de Basse-Silésie-et-la-Marche (Pl. II, *fig.* 20), ayant seulement 0m,014 d'épaisseur au corps, n'indiquait encore, sous une charge de 4.700 kilogrammes, aucune tendance de la part du pied à rester en arrière relativement à la tête. La solidarité de la tête et du pied, très-persistante, sous l'action des effets verticaux, subsiste donc aussi sous des pressions horizontales même fort élevées; fait qui suffit pour établir immédiatement la supériorité du rail américain sur le rail à champignon, quant à la résistance dont il s'agit, la disposition des appuis étant supposée la même; car l'aplatissement du pied augmente le moment d'inertie relativement à l'axe vertical.

Le rail symétrique du chemin de Westphalie, qui a très-sensiblement la même section que le rail à large base de *Berlin* à *Potsdam*, a pris, en effet, sous la même charge (2.850 kilog.), une flèche plus grande dans le rapport 1,7 : 1.

Pour ce même rail de Westphalie et le rail de l'Est prussien, les sections sont :: 1 : 1,13, et les roideurs :: 1 : 3,15.

La déformation permanente commençait, pour le rail de l'Est, sous une charge de 2.920 kilogrammes, égale à 1/3 de celle qui produisait le même effet, en agissant dans le sens de la hauteur du rail. Voici un exemple de la marche suivie, à partir de ce point, par les flèches sous charge et permanentes :

CHARGES.	FLÈCHES	
	sous la charge.	permanentes.
tonnes.	millimètres.	millimètres.
2,92	2,5	0,05
3,35	2,9	0,10
3,80	3,4	0,20
4,25	3,9	0,60
4,70	4,6	0,68
5,25	5,7	»
5,60	8,1	0,81

Il est très-remarquable que la symétrie de la section transversale persiste, que toute la section fléchisse ainsi en masse, sous des charges considérables, appliquées d'une manière si défavorable. On doit tenir compte de ces faits dans la détermination de l'épaisseur du corps; pourvu que le métal ne soit pas trop ductile, on peut adopter pour la nervure une cote assez faible sans nuire à la solidarité des renflements extrêmes, même dans les conditions les plus désavantageuses de l'application des efforts.

29. Le rail *Vignole* a donc, comme résistance, une incontestable supériorité sur le rail à champignons non symétrique; et il est, sous ce rapport, tout au moins l'équivalent du rail symétrique.

Mais la résistance n'est qu'une des faces de la question; voyons les autres.

Rappelons d'abord les autres arguments qu'on peut faire valoir en faveur de chacune des trois formes :

1° Le rail à double champignon a une propriété caractéristique, celle de pouvoir être retourné *sens dessus dessous*, et d'utiliser ainsi deux surfaces de roulement au lieu d'une.

2° Le profil à petit champignon inférieur sacrifie une partie de la résistance transversale, mais il consolide la région qui subit l'action immédiate des bandages, et qui s'altère seule notablement, quand le rail est assez fort; il permet, de plus, de réduire le poids du coussinet.

3° Le titre le plus saillant du rail *Vignole* est la suppression du coussinet.

Paye-t-on trop cher cet avantage en renonçant à la faculté du retournement? Telle est surtout la question à laquelle se réduit, en définitive, la comparaison de ce rail et du rail symétrique. Il est vrai que le premier n'est pas comme le second maintenu latéralement par des appuis; mais les expériences citées (28), et bien plus la longue pratique du vaste réseau allemand prouvent que ce rail ne tend nullement à se déjeter sous l'action des efforts horizontaux; de sorte que, pourvu qu'il soit bien fixé par le pied, il n'a aucun besoin d'être appuyé plus haut.

Mettons donc dans la balance, d'une part, les avantages du retournement, de l'autre, ceux de la suppression du coussinet.

30. *Du retournement du rail symétrique.* — Le retournement sens dessus dessous est condamné par un grand nombre d'ingénieurs. Le champignon qui a éprouvé des altérations assez graves pour devenir impropre au roulement ne peut plus, dit-on, s'adapter convenablement au coussinet, et le rail manque de stabilité. D'autres ont vu un danger dans le changement de sens des efforts auxquels le rail a été soumis pendant longtemps, comme si le métal contractait des habitudes qu'on dût se garder de changer! A l'apui de ce scrupule on a invoqué le passage du fer à l'état cristallin surtout dans le champignon supérieur, qui deviendrait ainsi très-peu propre à résister à l'extension. Bref, le retournement serait aujourd'hui, à entendre ses adversaires, une pratique définitivement condamnée.

Il n'en est rien; aujourd'hui, comme il y a vingt ans, le retournement est en vigueur sur tous les chemins à rails symétriques. Ce qu'il a de vrai, ce n'est pas que le retournement soit mauvais en lui-même, c'est seulement qu'on a souvent surfait sa valeur, et qu'on en a quelquefois abusé. Le personnel de l'entretien peut se laisser aller à tirer parti d'un rail dont le champignon supérieur est déformé et affaibli outre mesure; on a alors des inclinaisons déréglées, des rails mal assujettis, des ruptures même, en un mot des inconvénients de tout genre. Il arrive quelquefois alors que la réaction s'opère, et qu'on proscrit l'opération elle-même, au lieu de chercher simplement à en régler l'usage. C'est ce qui est arrivé, par exemple, au chemin du Taunus (de *Wiesbaden* à *Francfort*). Beaucoup de rails étaient gravement détériorés par un service de quinze ans; on essaya d'en tirer parti en les retournant et appliquant des éclisses aux joints; mais de nombreuses ruptures eurent lieu pendant l'hiver de 1853. Vérification faite, il se trouva que tous les rails brisés étaient des rails retournés. — Sans entrer pour le moment dans la question du changement de l'état moléculaire du fer, il est certain qu'on n'avait nullement besoin de faire intervenir cette cause pour expliquer les ruptures observées. Outre la profonde altération du champignon supérieur, ces rails portaient à la partie inférieure l'empreinte très-marquée de chaque coussinet. On peut jusqu'à un certain point compter sur l'action des bandages pour effacer peu à peu ces irrégularités, quand elles ne sont pas trop prononcées, mais ce n'était pas le cas au chemin du Taunus; et la profondeur des impressions était par elle-même une cause de rupture très-grave, par les chocs qu'elle entraînait.

Appliqué avec réserve, le retournement est irréprochable; il faut seulement en exclure rigoureusement, aussi bien que les rails dont le champignon supérieur est trop avarié, ceux dont le champignon inférieur n'est pas exempt lui-même d'altérations locales assez graves, par suite du martelage des coussinets, dont la cause sera indiquée plus loin (39).

M. *Bernard*, ancien élève de l'École des mines, ingénieur des lignes du Nord-belge, résume en ces termes, dans une note qu'il a bien voulu me remettre, les résultats de ses observations sur ce sujet :

« Quand un rail peut être retourné sens dessus dessous, la durée du nou-
« veau champignon est d'environ un quart moindre que la durée du pre-
« mier. Si l'on tient compte de ce que beaucoup de rails (comme ceux de
« 31k,25 de la ligne de *Namur* à *Liége*) sont aplatis au point de ne pouvoir
« caser le champignon retourné dans le coussinet, et de ce que d'autres ne
« peuvent y être convenablement coincés parce qu'ils ont perdu tout un
« côté, on arrive à ce résultat que l'on ne peut guère coter la valeur du nou-
« veau champignon qu'à la moitié de celle de l'ancien. »

Dans une note autographiée en 1859 (*), M. *Délerue*, ingénieur en chef de la voie au chemin de fer de Paris à la Méditerranée, a fait ressortir par des chiffres l'importance du retournement : il y avait à cette époque, dans le réseau Nord (*Paris* à *Lyon*), plus de 17 p. 100 des rails retournés. Le retournement est donc, sans contredit, une propriété très-utile du rail symétrique. On comprend qu'on attache beaucoup de prix à cette faculté, mais non qu'on aille jusqu'à la regarder encore aujourd'hui, comme balançant, et au delà, les avantages de la suppression des coussinets; ce qu'on comprend moins encore, c'est que ceux qui, à tort ou à raison, se sont laissés toucher par les objections

(*) Note sur la question de la voie à adopter pour les sections nouvelles.

adressées au retournement et renoncent au profil symétrique, persistent cependant dans l'emploi d'un rail à coussinets, comme on l'a fait sur les chemins du *Taunus*, et plus tard sur les chemins de *Lyon-Méditerranée*, de *Mulhouse*, de *Rhône-et-Loire*, et comme on le fait encore maintenant en Belgique et sur les lignes du *Lombard*.

31. Les motifs qui ont déterminé la compagnie des chemins de la Lombardie et de l'Italie centrale à adopter ce profil, sont résumés dans une note que M. *Montegazze*, ingénieur de ces lignes, a bien voulu m'adresser, et dont je reproduis une grande partie.

« Milan, 17 février 1865

« La seule raison sérieuse qu'on donne pour préférer le rail *Vignole* à « notre rail, est que le premier est plus économique, parce qu'il dispense « de coussinets et que sa première pose coûte un peu moins cher.

« Il faudrait donner au rail *Vignole* le même champignon supérieur, la « même épaisseur de tige verticale, et la même hauteur qu'au rail à cous- « sinets. Aujourd'hui surtout que l'on veut faire des chemins à courbes de « petit rayon et à fortes pentes, et que le poids des machines tend à aug- « menter, ainsi que la distance des essieux extrêmes, on a une forte cause « d'usure sur le champignon supérieur, et surtout une usure latérale. Il « faut donc un champignon supérieur assez large pour que les roues por- « tent sur une largeur de 40 millimètres au moins après peu de temps de « service, et épais latéralement pour résister à la friction des boudins; et « nous estimons que notre rail à coussinets est un minimum dans les « nouvelles conditions des tracés.

« Toutes ces conditions étant les mêmes pour un rail *Vignole*, il est in- « contestable qu'à cause de son patin il sera plus lourd au moins de 4 ki- « logrammes par mètre courant que notre rail à champignons inégaux. « La symétrie des champignons ne nous a jamais préoccupés, car un bon « champignon supérieur bien soudé et en bon fer peut s'user de plus de « 10 millimètres, et dans cet état le retournement du rail est impossible ; « au point de vue de la résistance verticale, nous pensons que cette sy- « métrie est inutile dès qu'on dépasse le poids de 36 kilogrammes.

« La faible économie qu'on ferait en employant le rail *Vignole* par la « suppression des coussinets mise en regard des 4 kilogrammes d'excédant « de fer, n'est pas, à notre avis, une raison pour le faire adopter, si l'on « considère :

« 1° Que dans une voie *Vignole*, la pression énergique et latérale des « boudins des roues, poussant le rail vers l'extérieur, il n'y a qu'un clou « pour résister, tandis que dans notre système l'action des 2 clous est rendue « solidaire par l'intermédiaire du coussinet. Cette seule considération suf- « firait, à notre avis, pour repousser le rail *Vignole*, surtout dans les courbes ; « je sais que, pour remédier à cet inconvénient, on peut poser des selles, « ou plaques de fond en fer qui pèsent de 3 à 4 kilogrammes; mais dans ce

« cas l'économie résultant de la suppression des coussinets est diminuée et « devient presque illusoire ;

« 2° Que l'éclissage de notre rail est bien autrement énergique et rigide « que celui des rails *Vignole* à cause de la faible hauteur qu'on peut donner « à leurs éclisses;

« 3° Que, dans l'obligation où l'on est de courber les rails (dans les courbes « des changements et croisements), le rail à champignons inégaux se prête « parfaitement à la flexion, et donne une voie régulière, tandis que le rail « *Vignole*, dont la courbure est difficile, donne des voies polygonales. En « outre, les efforts pour courber les rails altèrent sensiblement leur patin, « car les allongements des fibres latérales d'un rail *Vignole* qui a 110 milli- « mètres de largeur de patin sont presque doubles, que pour le petit cham- « pignon inférieur de nos rails, qui n'a que 56 millimètres de largeur;

« 4° Que le remplacement des rails à coussinets est beaucoup plus facile « et rapide, et peut être fait sans toucher aux clous, tandis que dans la « voie *Vignole*, il faut arracher les clous et reboucher les trous des tra- « verses;

« 5° Que le prix des traverses tendant toujours à s'élever, il faut être de « plus en plus tolérant dans leurs dimensions; avec des coussinets, une « traverse peut être employée pourvu qu'elle ait 0^{m},15 de largeur en haut : « avec le rail *Vignole* il y aurait bientôt pénétration dans le bois, avec cette « faible largeur. Il faut donc pour ce dernier au moins 0^{m},20 à 0^{m},22 de « largeur des traverses, et cette seule raison compense, dans une grande « fourniture, la petite différence de prix de revient des métaux.

« Pour tous ces motifs, nous ne voyons aucun avantage qui plaide en « faveur du rail *Vignole*, et nous concluons, aujourd'hui comme autrefois, « que le rail à champignons inégaux est plus solide, de plus facile fabri- « cation avec des fers durs, donne une voie mieux tracée, maintenant inva- « riablement son écartement, et enfin plus économique si l'on tient compte « de l'entretien et de tous les éléments qui composent la voie, c'est-à-dire « des traverses. Nous ajouterons en outre que la voie avec rails à coussinets « étant plus recouverte de ballast que la voie *Vignole*, est moins secouée « par les trains, et que le ballast qui couvre les traverses concourt effica- « cement à leur conservation.

« Comme question de pose, il n'est pas inutile de faire observer que dans « la voie *Vignole* toutes les traverses exigent une entaille convenablement « inclinée pour faire la place du rail : travail que nous n'avons à faire que « pour la seule traverse du joint (nos coussinets étant à base horizontale), « et que pratiquement on obtient difficilement avec exactitude, même avec « des calibres, ce qui fait que le patin repose mal ou que l'écartement de « la voie est altéré. »

32. Ces arguments ne sont pas nouveaux; ils tendent surtout, d'ailleurs, à justifier la conservation du rail à coussinet en général, et ils passent légèrement sur le fait particulier dont il importait de faire ressortir les avantages, si méconnus s'ils sont réels : la forme non symétrique du rail.

1° D'abord, le point de départ, c'est-à-dire la nécessité d'augmenter de 4 kilogrammes le poids par mètre du rail *Vignole* pour lui donner une assiette suffisante, est purement gratuit. La question du rapport entre la hauteur du rail et la largeur du patin sera, au surplus, traitée plus loin (44 et nos suivants).

2° Le rail *Vignole* ayant, à poids égal, le corps aussi haut (et souvent plus) que le rail à champignon, on ne voit pas pourquoi l'éclissage du premier serait « bien autrement énergique » que celui du second.

3° Le rail à patin est sans contredit, plus difficile à courber que l'autre. Si c'est un défaut, c'est aussi et surtout une qualité puisque la roideur transversale du rail le rend plus propre à résister aux pressions horizontales des boudins, pressions dont M. *Montegazze* se préoccupe à juste titre par suite de la petitesse du rayon des courbes.

Les courbes de petit rayon sont d'ailleurs assez multipliées certes, sur le réseau allemand, par exemple sur le chemin de *Vienne* à *Trieste*, et nulle part cependant la difficulté de courber les rails n'a constitué une objection contre la forme adoptée, nulle part on n'a remarqué que l'opération du cintrage (sur laquelle nous reviendrons plus-tard) ait pour effet de prédisposer le rail à la rupture, par suite de la fatigue du métal vers les bords du patin.

4° La facilité avec laquelle un rail pouvait être enlevé a été pendant longtemps une objection sérieuse contre la voie à coussinets. L'application des éclisses, qui rend l'opération moins facile et plus longue, est sous ce rapport une garantie contre les actes de malveillance, et tout ce qu'on peut dire, c'est qu'elle fait disparaître l'objection. Mais on ne peut pas aller jusqu'à adresser le reproche contraire au rail *Vignole*. Si en effet l'extraction des clous exige un peu de temps et présente quelques inconvénients, rien n'empêche d'employer les tire-fonds (59 et nos suivants).

5° L'expérience a amplement prononcé sur la prétendue nécessité d'augmenter, avec le rail *Vignole*, la largeur de la traverse, sous peine de pénétration du patin dans le bois. Comme on le verra bientôt (39) cette objection se trompe d'adresse; il s'agit là en réalité, d'un défaut très-grave du rail à coussinet, défaut imputé, par une fausse assimilation, au rail *Vignole* qui en est exempt quand les attaches, — crampons ou tire-fonds — sont bien posées.

6° Quant à l'objection tirée de la plus grande épaisseur du ballast dans la voie à coussinets, on peut parfaitement la retourner contre celle-ci, et faire valoir en faveur de la voie *Vignole* l'économie, souvent notable, qui résulte du moindre cube du ballast. Si la voie *Vignole* n'avait pas fait surabondamment ses preuves de stabilité, même aux plus grandes vitesses, comme sur le Nord français, sur le chemin de *Cologne* à *Minden*, etc., l'observation de M. *Montegazze* serait fondée. Mais comme cette stabilité ne peut plus être mise en question, la moindre épaisseur du ballast au-dessus du plan d'appui des traverses est, sans contestation possible, un avantage acquis à la voie *Vignole*. Reste, il est vrai, l'influence de l'épaisseur de la couche de ballast, supérieure aux traverses, sur leur conservation. Mais le sens de cette influence est très-controversé. On sait que sur plusieurs chemins de fer, en Allemagne et en Suisse, on laisse la face supérieure des traverses complétement découverte, et cela, bien moins en vue d'économiser encore une mince tranche du ballast que parce que leur exposition partielle à l'air a paru prolonger leur durée. Le doute qui subsiste encore sur ce point, le désaccord des observations, semblent du reste s'expliquer en partie par la diversité des conditions locales.

33. Si l'on n'envisage que la question restreinte de la valeur relative des deux profils de rails à coussinets, symétrique et non symétrique, la préférence généralement donnée au premier, paraît très-fondée, malgré l'opinion contraire des ingénieurs de la compagnie de l'Italie centrale. Cette forme est plus favorable à la résistance; et il semble incontestable que le métal doit être aussi bien utilisé, au point de vue de l'usure, si ce n'est mieux, avec deux surfaces de roulement qu'avec une seule, malgré la réserve qu'il convient d'apporter dans l'usage du retournement. On conçoit donc que le rail symétrique puisse être mieux approprié aux lignes placées très-loin des centres de production, et qui ne peuvent qu'à grands frais tirer parti des rails hors de service; si la forme symétrique prolonge réellement la durée du rail, cette considération peut même alors dominer toutes les autres. C'est ainsi, par exemple, que le rail à champignons égaux a été adopté pour la plupart des chemins de l'Inde orientale, par des ingénieurs favorablement disposés, sans doute, pour cette forme en elle-même, mais moins absolus cependant sur ce point que la plupart des ingénieurs des chemins anglais. Quoique placés dans des conditions analogues, puisqu'ils tirent encore d'Angleterre la plus grande partie de leurs rails, les ingénieurs des États-Unis ne voient cependant pas dans cette situation un motif suffisant pour adopter le profil symétrique. Pour utiliser plus complétement le métal, ils débitent en tronçons les rails de rebut qui ne présentent (et c'est le plus grand nombre) que des avaries locales. Les tronçons sains, soudés, puis coupés à la longueur normale, donnent des rails capables d'un très-long service (*).

Quant à l'inégalité des champignons, on a beau y regarder de près, on n'aperçoit en sa faveur que deux arguments : une légère économie sur le poids des coussinets, et la possibilité d'employer du fer nerveux pour le champignon inférieur. Les partisans de la forme dont il s'agit insistent médiocrement sur ces deux avantages; cela se conçoit; car ils conduisent tout droit au rail à patin.

Le rail à champignons inégaux a été parfois adopté dans des circonstances qui ne permettent pas à ses rares partisans de se prévaloir de ces exemples. Tel est le cas en Bavière. Lorsqu'on a reconnu la nécessité d'augmenter le poids des rails, on a voulu conserver les coussinets du rail primitif, symétrique, et l'on a été conduit ainsi à appliquer toute l'augmentation de section au champignon supérieur et au corps, sans modifier le champignon inférieur.

34. La note de M. *Délerue*, citée plus haut (30), avait pour but d'établir la supériorité du rail symétrique sur le rail *Vignole.* Dans ce travail, M. *Délerue* posait en principe « qu'on est obligé de donner « au rail *Vignole*, pour assurer sa stabilité, moins de hauteur qu'au « rail ordinaire, » réduction qui serait au détriment de la résistance aux efforts verticaux.— Les profils usuels, que nous examinerons plus loin (46, 47), prouvent que cette réduction n'est nullement nécessaire; au surplus, quand il s'agit de la stabilité du rail, sa hauteur ne peut être envisagée d'une manière absolue, indépendamment de sa largeur au patin.

Comme M. *Montegazze*, M. *Délerue* pense que « le rail *Vignole* ne « reposant pas sur la traverse par une base aussi large que la base « d'un coussinet, a plus de tendance à s'imprimer dans le bois. »

« Une autre raison, » ajoute-t-il, « c'est que, au passage des trains, ce

(*) M. *Riggenbach*, ingénieur du matériel et de la traction du Central-Suisse, vient d'organiser à *Olten* un atelier de réparation des rails, sur le modèle de ceux qu'il a vus récemment fonctionner en Amérique.

« rail tend à se renverser à l'extérieur, à tel point que, *sur certaines lignes*, « les crampons intérieurs sont soulevés. Cette tendance au renversement « fait porter tout le poids sur le bord extérieur du pied du rail, lequel tend « alors fortement à entrer dans le bois. Sur une voie à coussinets, la ten- « dance au renversement est considérablement diminuée, et le coussinet « tend davantage à glisser, et non à tourner autour de l'arête extérieure; « il en résulte beaucoup plus de fixité; aussi sur les anciennes lignes de « *Versailles* et *Saint-Germain*, trouvait-on, au bout de quinze ans de pose, « des coussinets qu'on pouvait arracher à la main, sans que cet état de « choses eût occasionné des déraillements. Un rail *Vignole*, au contraire, « placé sur des traverses pourries, n'offrirait aucune stabilité (*).»

Personne, à coup sûr, ne contestera cette dernière assertion. Mais ce qui ne paraît pas moins incontestable, c'est qu'avec des traverses pourries, le rail à coussinet et le rail *Vignole* se valent, et méritent une égale défiance. Si la situation dont parle M. *Délerue* a pu se prolonger pendant un certain temps sans suites fâcheuses, c'est qu'il s'agissait de petites lignes parcourues à faible vitesse, et il n'y a aucun motif de croire que cette situation eût été plus grave avec le rail *Vignole*. Personne d'ailleurs, et M. *Délerue* moins que tout autre, ne prétendra que le coussinet permette de conserver impunément les traverses pourries; de sorte que le fait cité ne constitue un argument ni pour ni contre.

Quant à la répartition de la charge sur le patin du rail *Vignole*, il est certain qu'elle cesse d'être uniforme dès que la poussée des mentonnets fait intervenir une composante horizontale. La pression par unité de surface a alors sa valeur maxima à l'arête extérieure. Mais le tout est de savoir dans quelles limites s'opère en réalité cette concentration de pression. D'après M. *Délerue*, le moment de renversement dû à la poussée des mentonnets va, en fait, jusqu'à l'emporter sur le moment de stabilité dû à la charge verticale, de sorte que le rail tourne autour de l'arête extérieure du patin, en soulevant les crampons intérieurs. Il est regrettable que les lignes sur lesquelles ces effets auraient été observés ne soient pas explicitement indiquées. Le glissement transversal du rail a été observé dans certains cas, mais le renversement jamais, du moins que je sache. Il pourrait se produire, sans doute, avec d'autres proportions, mais il ne se produit pas avec les rails en usage, même les plus

(*) Note autographiée, page 11.

élancés. Il est donc difficile de voir dans l'objection dont il s'agit autre chose qu'un grief théorique.

35. Le rail à coussinets est jusqu'à présent presque exclusivement employé en Angleterre, et les conditions défavorables dans lesquelles le rail *Vignole* a été mis en œuvre sur le chemin de *Londres* à *Douvres* par *Chatam* (41), et sur le Métropolitain, (47, 127) sont peu propres à détruire les préjugés dont il est l'objet. — Une longue habitude, et l'intérêt qu'ont les fonderies à se ménager une part dans l'établissement des voies, ne sont sans doute pas étrangers à la préférence acquise jusqu'à présent au rail à coussinets.

36. Là, du moins, c'est le rail symétrique qui domine. Il n'en est pas de même en Belgique. Ce pays offre l'exemple de la fidélité la plus persistante au rail à champignons inégaux. L'administration du réseau de l'État a fait, en 1863, un essai de rails symétriques de 38 kilogrammes; antérieurement, en 1860, le succès du rail *Vignole* du Nord-Français l'avait décidée à appliquer ce même type sur une assez grande échelle (Pl. II, *fig.* 5); mais ces essais n'ont abouti qu'à reprendre le type primitif, non symétrique, de 34 kilogrammes (*fig.* 3), sans qu'on puisse assigner avec certitude les motifs de cette détermination; car les ingénieurs paraissaient généralement favorables au rail *Vignole*.

L'exemple de l'État belge a entraîné jusqu'à présent la plupart des compagnies concessionnaires, qui conservent le modèle non symétrique de 34 kilogrammes. Il n'y a que deux exceptions : l'une, qui va de soi, s'applique aux lignes du Nord-Belge exploitées par la compagnie du Nord français. Celle-ci a naturellement adopté exclusivement en Belgique le rail qui lui donne de si bons résultats en France (Pl. III, *fig.* 13). L'autre compagnie dissidente est celle du Luxembourg, qui avait, elle aussi, pris d'abord le rail *officiel* de 34 kilogrammes. Ce rail, dont la durée a été seulement de sept à huit ans en moyenne, a été complétement abandonné et remplacé par un rail *Vignole* dont le poids a été porté à 40 kilogrammes en raison des nombreuses rampes de $0^m,016$ que présente cette ligne (Pl. II, *fig.* 22).

37. *Inconvénients des coussinets.* — Les coussinets forment un article de dépense important. Au prix actuel, il s'agit de plus de 8.000 fr. par kilomètre de double voie. L'inutilité de cette dépense serait déjà un argument bien suffisant, mais elle n'est pas le seul, loin de là. Les coussinets sont fragiles; un simple déraillement partiel suffit souvent pour les briser par centaines (*) ; ils peuvent par cela même déterminer des ruptures d'attelage et transformer en un accident grave un fait qui, sans eux, serait inoffensif.

Tant que l'expérience n'avait pas prononcé, on pouvait voir dans les gros coins en bois qu'exigent les rails à champignons, un élément essentiel de la bonté de la voie, et tenir à opposer un corps compressible aux efforts appliqués aux rails par les mentonnets des roues ; mais on sait aujourd'hui que si cette interposition est en effet nécessaire, c'est uniquement dans l'intérêt du coussinet lui-même, pour protéger sa joue extérieure contre les chocs (**). En effet, on n'a compromis, en écartant du même coup le corps fragile et le corps compressible, ni la liaison des autres éléments de la voie, ni la douceur de la locomotion. Si la compressibilité des coins n'est pas un argument sérieux, il est clair que les graves inconvénients de cet accessoire et ceux du coussinet ne sont rachetés par aucun avantage ; car, sauf la présence du coin et le fait très-grave du défaut d'unité, le système à coussinets et le système américain reviennent, en somme, au même, le pied du rail s'attachant ou pouvant s'attacher sur ses supports, exactement comme son équivalent, la semelle du coussinet. Il n'y a qu'une seule différence : c'est qu'avec le coussinet les deux attaches s'opposent au glissement transversal du rail, tandis que pour le rail sans coussinets, l'attache extérieure subit seule cet effort ; mais il est facile, pour peu qu'on y tienne, de rétablir à très-peu de frais la solidarité des attaches ; solidarité plutôt apparente que réelle, d'ailleurs, dans bien des cas, en ce qui concerne la simultanéité de leur résistance. Nous reviendrons sur point en examinant la pose des courbes.

Quant à la tendance du rail au renversement, il est certain que si l'on voulait donner au rail à large base la même stabilité *théorique* qu'au rail serré dans des coussinets, c'est-à-dire conserver le même

---

(*) Un exemple, entre mille. Le 5 mars 1866, la machine du train-poste de *Mulhouse à Paris* déraillait de ses roues d'arrière près de *Rolampont* (Haute-Marne). Un garde, dont l'attention était éveillée par un bruit inaccoutumé et par le soulèvement des pierres du ballast, faisait inutilement le signal d'arrêt au mécanicien, qui, ne remarquant rien d'anormal dans l'allure de sa machine, continuait sa marche, et s'arrêtait enfin à *Rolampont*.— 1.235 coussinets étaient brisés, et cette série de ruptures commençait à un rail cassé, soit par le train-poste lui-même, soit par le train précédent, et qui était l'origine du déraillement.

(**) Il ne paraît même pas que les ruptures de joues de coussinets fussent plus fréquentes, soit sur les voies à coins en bois placés à l'intérieur, soit sur celles où le rail, à simple champignon, était serré par une clavette en fer

rapport entre la demi-largeur et la hauteur totale, on se trouverait entraîné à distribuer le métal d'une manière très-peu favorable à la résistance aux efforts verticaux. Mais les considérations d'après lesquelles on fixe le rapport dont il s'agit pour le rail à coussinet, sont complétement étrangères à la stabilité proprement dite ; la largeur du creux du coussinet, surtout pour le rail symétrique, l'épaisseur à la base des nervures qui consolident les joues, le diamètre des trous des chevilles et l'épaisseur à donner à leur pourtour, conduisent pour la semelle à une largeur totale bien plus grande que celle qu'exigerait la stabilité.

L'inutilité complète d'un rapport aussi grand entre les bras de levier de stabilité et de renversement, est établie d'une manière autrement concluante que l'évaluation fort incertaine des efforts horizontaux, c'est-à-dire par l'observation même des voies à rails *Vignole*. On n'a jamais remarqué, même avec les rails dans lesquels ce rapport est le plus défavorable, que les attaches placées sur le bord intérieur du patin fussent plus sujettes à s'arracher que celles qui fixent la semelle du coussinet. Le rail possède donc par lui-même, malgré le rapport plus grand de la hauteur à la demi-largeur de sa base, une stabilité suffisante pour que la résistance longitudinale des attaches intérieures ne soit jamais mise gravement en jeu. Cela se conçoit. En admettant même qu'une roue soustraite pour un instant à une partie de sa charge normale par suite des oscillations de la machine, et pressant le rail par son boudin, tende par cela même à le renverser, elle tendra aussi immédiatement à empêcher ce mouvement, qui ne peut s'effectuer sans que la roue se soulève. Nous reviendrons, du reste, plus bas (59) sur la disposition des attaches.

38. Sur quelques chemins à deux voies, sur l'Ouest français, par exemple, l'axe des coussinets est placé, au sabotage, à $0^{m},03$ environ de l'axe de la traverse, et celle-ci doit être posée dans la voie de telle sorte que le premier axe soit *à l'amont* du second. Cette disposition a pour objet d'empêcher le déversement de la traverse, qui tend généralement à prendre une position d'équilibre inclinée dans le sens de la marche des trains. Quelques ingénieurs ont conclu de là que, même sur les voies non éclissées, les roues n'exercent aucun choc contre le bout du rail d'*aval*. C'est une erreur manifeste ; il suffit pour s'en convaincre d'observer ce qui se passe sous l'action d'un train marchant lentement. Quand on se contente d'examiner la voie *au repos*, il semble en effet que le bout du rail d'*aval* est protégé par la dénivellation qui est alors *descendante;* mais elle n'en est pas moins *ascendante* à l'instant où une roue atteint le joint, la traverse s'inclinant du côté de la charge, avant que celle-ci l'ait atteinte, pour s'incliner ensuite en sens contraire, c'est-à-dire toujours vers la charge, quand celle-ci l'a dépassée. Si c'est cette inclinaison qu'on observe en définitive, c'est tout simplement parce que c'est le dernier effet produit. Il a effacé le premier; mais celui-ci ne s'est pas moins produit pour cela.— L'utilité du sabotage *excentrique*, au point de vue de la stabilité des traverses, paraît donc au moins contestable.

39. Parmi les inconvénients des coussinets un des plus grands, auquel j'ai fait allusion plus haut, a servi de base à une accusation fort injuste contre le rail *Vignole*. Malgré leur large semelle, les coussinets, pénètrent promptement dans le bois, surtout s'il s'agit d'essences tendres. On est parti de là pour prédire que le même effet se produirait inévitablement, et bien plus rapidement avec le rail *Vignole*, bien moins large que le coussinet, et que l'interposition d'une plaque métallique serait indispensable pour protéger la traverse. L'exemple du réseau allemand sur lequel on n'applique de plaques qu'au joint (si ce n'est dans les courbes de petit rayon) et surtout l'exemple du Nord français, sur lequel il n'y a pas de plaques du tout, — pas même au joint, — devraient avoir depuis longtemps fait justice d'une accusation fondée sur une observation incomplète et inexacte de ce qui se passe dans la voie à coussinets.

Dans la plupart des coussinets, on s'est attaché à profiler le bas de la joue intérieure exactement suivant la forme du champignon, afin que, lorsque celui-ci est engagé dans la cavité de la joue sous l'action de la pression horizontale exercée par le coin, la base du rail soit, par cela même, en contact avec la semelle du coussinet. Mais cette coïncidence exacte suppose, dans les formes des rails et des coussinets, une précision, une uniformité bien difficiles à réaliser ou du moins à conserver. Il faut que la chambre du coussinet puisse recevoir des champignons plus ou moins déformés, sans quoi le retournement du rail symétrique serait trop fréquemment impossible. On a donc souvent renoncé à replier complétement la joue intérieure sur le champignon, qu'elle ne presse plus, dès lors, sur la semelle. Le nouveau coussinet de l'Ouest français, par exemple (Pl. I, *fig.* 5), est dans ce cas. Il ne prétend pas, — et à très-juste titre, — à une coïncidence parfaite, à laquelle la pratique se refuse. Le coin ne doit donc pas seulement serrer le rail contre la joue intérieure du coussinet, il doit ou plutôt il devrait aussi maintenir le champignon inférieur en contact avec le fond du creux. Mais comment compter sur l'efficacité d'un moyen de serrage qui subit non-seulement toutes les actions mécaniques auxquelles la voie est soumise, mais aussi l'influence de variations atmosphériques incessantes, et qui exigerait en permanence, pour ainsi dire, la main de l'homme pour combattre ces causes perturbatrices? Que le soleil darde, que l'air humide se dessèche, et le coin, en supposant qu'il fût serré avant ce changement, ne l'est plus après. Dès lors, en dépit de la courbure souvent donnée vers le haut à la joue extérieure du coussinet et de l'élasticité du coin, celui-ci ne presse plus la base du rail contre la semelle. Il en est de même si le coin, serrant le corps du rail, est déformé et excorié sur sa face inférieure; le coussinet et le rail peuvent alors se séparer, et ils se séparent en effet pour peu que la traverse, moins bourrée que ses voisines, se dérobe. Dans cette situation, une roue de machine atteignant le rail au droit du coussinet, le premier est brusquement chassé contre le second. Le coussinet transmet ce choc au bois, et cette série de chocs, incessants, violents malgré la petitesse de la hauteur de chute, désorganise le bois. En fait, on doit s'estimer heureux si le contact intime entre le pied du rail et le coussinet a lieu pour la moitié des appuis. Ainsi s'expliquent à la fois le maculage des entailles des traverses, celui des rails aux portées (fait qui est, comme on sait, un des principaux obstacles à un usage plus étendu du retournement), et la fréquence de la rupture des semelles des coussinets, tant qu'on ne s'est pas décidé à leur donner une épaisseur en apparence fort exagérée ($0^m,05$ environ), et qui le serait en effet si ces semelles n'avaient, comme cela devrait être, qu'à supporter une simple charge, au lieu de subir des chocs incessants.

Que le rail, maintenu constamment en contact avec ses appuis, ne puisse plus avoir indépendamment d'eux une vitesse acquise, et tous ces effets disparaissent.

Or c'est précisément cette condition, presque impossible à remplir avec le coussinet et le coin, qui est tout naturellement satisfaite avec le rail *Vignole*, pourvu, bien entendu, que la pose soit bien faite, que les têtes saillantes des attaches maintiennent le patin exactement appliqué sur l'entaille; il n'y a plus alors de chocs. Ainsi s'explique ce fait que, toutes choses égales d'ailleurs, le patin s'imprime beaucoup moins dans le bois que ne le fait le coussinet malgré sa plus grande surface d'appui sur la traverse.

40. Citons aussi, comme un inconvénient à porter au compte du coussinet et du coin, leur inefficacité contre l'entraînement longitudinal des rails. L'examen de ce point trouvera naturellement sa place (105) à la suite de la discussion des divers modes d'attache, et de la consolidation des joints.

41. Le rail *Vignole* a été appliqué sur le chemin cité plus haut (35) de *Chatam*, mais d'une manière bizarre. Le rail s'appuie sur une forte semelle en fonte, munie de rebords; des tasseaux en fer serrés par des boulons maintiennent le patin appliqué sur cette espèce de coussinet rudimentaire. C'est évidemment une complication gratuite, dirigée contre un danger chimérique. Si on n'avait en vue que la solidarité des deux attaches pour la résistance au glissement transversal du rail dans les courbes, une simple bande de tôle suffisait pour atteindre le but.

Une disposition analogue a été appliquée, mais seulement aux joints, en Bavière, où l'on trouve des échantillons de tous les modes de pose connus, si ce n'est cependant les longrines.

42. On a fait valoir, comme une conséquence très-utile de la suppression du coussinet, la plus grande longueur d'appui du rail sur la traverse. Quelques ingénieurs ont pensé qu'il en résultait à la fois une compensation de la moindre largeur du patin, comparée à celle du coussinet, et une réduction de la longueur effective de la travée, à égalité d'écartement d'axe en axe des traverses. Ce n'est pas là qu'il faut chercher les véritables avantages du rail *Vignole*, et l'explication de son succès. Le rail s'applique bien sur toute la largeur de la traverse, mais on n'est nullement fondé pour cela à regarder la pression comme uniformément répartie sur toute la surface, et la longueur de la portée effective du rail comme réduite à la distance de bord en bord des traverses. Ce serait attribuer à celles-ci une stabilité latérale qu'elles sont loin de posséder. Elles tournent autour de leur axe longitudinal, en s'inclinant vers la charge, et cet effet doit même être plus prononcé dans ce système qu'avec le coussinet, qui transmet la charge à peu près dans le plan moyen de la traverse, à moins qu'on ne s'écarte à dessein de cette condition (37). On pouvait donc, jusqu'à preuve du contraire, craindre qu'il y eût là une cause spéciale d'instabilité pour la voie *Vignole*, ou tout au moins un surcroît de charge pour l'entretien. Il n'en est point ainsi. Mais si les traverses se comportent si bien sous l'action immédiate des rails, sans être protégées par une plaque métallique, c'est au contact intime des deux surfaces qu'on le doit, et non à la longueur d'appui ; et quand les traverses se maculent, sans que cela tienne à la nature par trop tendre du bois, ou à l'exagération de la charge par roue, c'est que l'entretien pèche, c'est que la condition capitale du contact entre le rail et le bois, n'est pas remplie.

43. On ne peut, en somme, contester au rail *Vignole* une économie considérable d'établissement et d'entretien proprement dit ; une résistance à la rupture au moins égale, ou plus grande à coup sûr, suivant qu'on prend pour terme de comparaison le rail symétrique ou le rail à champignons inégaux ; une sécurité plus complète, et une stabilité pour la rotation équivalente en pratique à celle du rail à coussinets. Il n'y a qu'un point sur lequel on ne puisse se prononcer encore avec certitude : la durée du service.

Le champignon du rail américain devant naturellement être identique à ceux du rail symétrique de même poids, on peut soutenir, non sans quelque apparence de raison, que le second fera un service plus prolongé que le premier, puisque celui-ci devra être remplacé quand il suffira de retourner l'autre. En admettant cet avantage, il ne saurait entrer en balance, même sous le rapport purement économique, avec ceux que possède le rail *Vignole*. Il est bien moindre en effet qu'il ne semble au premier abord ; car le champignon inférieur du rail symétrique se dégrade aussi, au droit des coussinets, par la cause qui vient d'être analysée (39) ; sans compter que la destruction du champignon supérieur est nécessairement, par cela même, plus rapide que pour l'autre type.

Dans l'esprit des ingénieurs qui auraient pu être tentés de l'appliquer en France, le rail *Vignole* est resté longtemps sous le coup d'un essai tenté, il y a de longues années, au chemin de ***Saint-Germain.*** Une application prolongée, faite peu à peu sur une immense échelle, avec un succès si facile à constater, n'avait pu détruire l'impression produite par un essai isolé, incomplet et devenu depuis insignifiant par le seul fait de l'ancienneté de sa date. Des préventions fondées sur un argument si peu valable conspiraient avec l'habitude, et avec une espèce d'indifférence systématique à l'égard des chemins de fer allemands, regardés d'abord chez nous comme des voies ferrées d'un ordre en quelque sorte inférieur, calquées sur celles du Nouveau-Monde.

C'était un préjugé, injuste en lui-même, fâcheux par ses conséquences. Les voies de la Prusse, du Hanovre, de la Saxe, etc., peuvent être citées parmi les meilleures qui existent. Leur excellent état tient sans doute en partie à des causes locales, au nombreux personnel d'entretien, à l'activité modérée du trafic; mais le principe même de leur construction y entre certainement pour une grande part.

Rappelons en terminant cette discussion, — car en pareille matière c'est toujours à l'observation directe qu'il faut en revenir, — que si le rail à deux champignons est complétement délaissé en Allemagne, c'est à bon escient. Le rail symétrique a été expérimenté largement sur un grand nombre de lignes; le rail à champignons inégaux l'a été lui-même sur les chemins de ***Dusseldorf*** à ***Elberfeld***, de ***Berlin*** à ***Potsdam***, de ***Westphalie***, etc... L'un et l'autre ont disparu pour faire place au rail américain, et l'on ne retrouve plus guère le coussinet qu'en Bavière, et sur la ligne de ***Potsdam*** à ***Magdebourg***. Il perd tous les jours du terrain en France, il est repoussé en Espagne, en Russie, en Hollande, et il commence à être mis en question en Angleterre.

Le rail à patin est depuis longtemps fort en usage dans ce pays, pour les voies de terrassement. Il y porte même le nom de : rail des entrepreneurs (*contractors' rail*). Cette application, qui devait appeler l'attention sur lui, semble au contraire l'avoir discrédité, en le reléguant au rang d'un instrument imparfait, bon seulement pour les voies provisoires.

Sans insister davantage sur la supériorité amplement démontrée, selon moi, du rail ***Vignole***, je passe à l'examen des proportions qu'il convient de lui donner.

§ II. — Des proportions du rail à large base.

44. Aujourd'hui, sur les grandes lignes, le poids du mètre de rail varie peu; si ce n'est en Angleterre où il atteint 40 et même 46 kilogrammes (London and North-Western), il est généralement compris entre 35 et 38 kilogrammes. Ce dernier chiffre n'est guère dépassé que sur les rampes de 0,016 au moins comme celles du Luxembourg (35), et encore cherche-t-on, alors, à lutter contre la rapide destruction des rails plutôt par l'emploi d'un métal plus résistant que par l'augmentation du poids. Mais cette uniformité approchée est loin de s'étendre au profil.

Pour régler les proportions du rail à coussinets, on donne aux deux champignons, des sections et un écartement appropriés au poids du matériel roulant; et il suffit ensuite de donner au corps une épaisseur assez grande pour assurer la solidarité de flexion des champignons, et pour que le corps lui-même ne s'affaisse pas au droit des appuis. La résistance aux efforts tranchants verticaux s'ensuit amplement; et il en est de même pour la roideur dans le sens horizontal, d'autant plus que le rail est soutenu par les joues des coussinets. Quant à la stabilité de rotation, on n'a pas non plus à s'en préoccuper, parce qu'elle est largement assurée, malgré l'épaisseur considérable de la semelle du coussinet, par la grande largeur qu'elle exige.

Il n'en est pas de même pour le rail *Vignole;* les aires sensiblement égales du champignon et du pied, ainsi que la largeur de celui-ci, étant données, il faut adopter pour le corps une épaisseur assez grande et une hauteur assez limitée pour ne compromettre ni la solidarité des deux renflements, ni la stabilité de rotation du rail. Les expériences citées prouvent que le premier risque est fort lointain; quant au second point, c'est seulement par tâtonnement qu'on peut fixer la limite de hauteur à laquelle il convient de s'arrêter, pour une argeur donnée de la base.

Il est évident, d'ailleurs, que le rapport dont il s'agit ne peut être invariable. S'il y a une vérité élémentaire, quoiqu'elle ait été souvent méconnue dans la pratique, c'est que tous les éléments mécaniques d'un chemin de fer ont entre eux des relations étroites et doivent être déterminés corrélativement. S'il est évident que le poids des rails doit dépendre du poids des machines et de la vitesse; le profil des bandages, les épaisseurs relatives de la jante et du mentonnet, du tracé en plan, et de l'écartement des essieux rigides, il n'est pas moins certain que le rapport de la hauteur totale du rail à la largeur de sa base doit dépendre aussi des deux derniers éléments. La surélévation fait équilibre à la force centrifuge; mais les courbes n'en imposent pas moins aux rails des efforts horizontaux très-considérables, par suite du parallélisme des essieux.

La relation dont il s'agit est, du reste, nettement accusée, surtout sur les chemins allemands. En avançant du nord au sud, on remarque que les profils élancés dominent d'abord, et que les rails deviennent ensuite de plus bas en plus bas pour passer enfin à une forme décidément *ramassée.* Les limites entre lesquelles la hauteur varie sont actuellement 130millim,8 et 108 millimètres.

On peut citer, comme placés aux deux extrémités de l'échelle, d'une part les rails (nouveau modèle) du chemin de *Cologne* à *Minden*, et de l'Est (Pl. II, *fig.* 9), et de l'autre le rail du chemin du Nord autrichien, et l'ancien rail du Semring (*fig.* 14). Cette réduction graduelle de la hauteur était, jusqu'à un certain point, la conséquence naturelle du tracé, c'est-à-dire de la configuration du sol : généralement plat vers le nord, accidenté dans le sud. Mais ce fait tient aussi en partie à ce que, en matière de chemins de fer, c'est du nord au sud que le progrès a marché en Allemagne. Les profils bas à tige épaisse, usités autrefois, ont fait place presque partout à des profils plus ou moins élancés. On voit par exemple, en comparant le premier rail à large base du chemin de *Leipzig* à *Dresde* (Pl. IV, *fig.* 33) à ceux de l'Est prussien et de *Cologne* à *Minden*, combien on est loin aujourd'hui, dans le nord de l'Allemagne, des proportions primitivement adoptées. Il en est de même en Autriche (chemin du Sud, Pl. II, *fig.* 14 et 16; chemin de l'État, Pl. V, *fig.* 33), sur le Central-suisse (*fig.* 10), etc... Le rail si trapu de *Bilbao* à *Tudela* (Espagne) (Pl. II, *fig.* 26), dont les proportions se rapprochent beaucoup de celles de l'ancien rail du Semring, est une exception sur les chemins d'origine récente.

15. La largeur du pied a été, d'abord, limitée surtout par des considérations de fabrication. Son refroidissement de plus en plus rapide, à mesure qu'il s'amincit en passant par les cannelures des cylindres, et surtout la grande profondeur de la partie de ces cannelures qui profile le pied, ont été pendant un certain temps une source de difficultés assez sérieuses; aussi les usines ne sont-elles pas arrivées sans quelque peine à obtenir des rails à bords inférieurs bien sains, sans criques ni déchirures. Si du reste on tenait à faire disparaître, par l'élargissement plus prononcé du pied, l'infériorité purement théorique du rail américain sous le rapport de la stabilité, il faudrait, indépendamment de la question de fabrication, augmenter la quantité de métal attribuée au pied; car il y a évidemment un minimum d'épaisseur au-dessous duquel les bords du pied cesseraient de fléchir solidairement avec le reste de la section.

C'est effectivement ce que M. *Weishaupt* a constaté en soumettant à la presse à levier des rails du chemin de Basse-Silésie et de la Marche, de *Berlin* à *Hambourg*, et de l'Est; dans la position directe (Pl. II, *fig.* 20), la section transversale du pied finit par devenir, au milieu, convexe vers le bas, parce que la flexion de ses bords est en retard sur celle du reste de la section. Dans la position inverse, la section du pied devient concave vers le bas (*fig.* 6 et 7), parce que ses bords, n'étant pas soutenus par le corps, cèdent, pour leur compte, d'abord à l'action immédiate de la charge, puis et surtout à l'effort de compression longitudinal auquel ils résistent mal par suite de leur forme même; ils fléchissent, ainsi, plus que le corps, au lieu de fléchir moins, comme dans le premier cas. Cette courbure du pied ne s'est manifestée, il est vrai, d'une manière sensible que sous des charges très-considérables, et pour des rails fabriqués avec des fers à nerf et ductiles. Mais comme c'est précisément cette nature de fer qu'on recherche souvent pour le pied, il faut se garder de compromettre, par son amincissement excessif, la solidarité de flexion, et par suite la résistance transversale.

Le même motif doit imposer aussi une certaine réserve en ce qui concerne la réduction de l'épaisseur du corps. Cette épaisseur était de 16 millimètres dans les rails de l'Est prussien, expérimentés par M. *Weishaupt*. Il y aurait, selon lui, avantage à la réduire à 13 millimètres tout en allongeant un peu le corps, et à répartir entre la tête et le pied l'excédant de métal; mais une réduction admissible pour des fers durs pourrait avoir des inconvénients pour des fers mous; et il semble difficile d'assigner au corps une épaisseur indépendante de la nature du fer, pour laquelle on n'a pas toujours le choix. Quoiqu'il soit tout naturel de concentrer surtout le métal dans la tête et dans le pied, il faut prendre garde de pousser trop loin l'amincissement du corps, et de l'exposer ainsi à s'affaisser sous la charge. Il ne faut pas oublier, d'ailleurs, que si les efforts d'extension et de compression sont nuls dans la nappe des fibres neutres, c'est là que l'effort de glissement, ou tranchant atteint au contraire son maximum, de sorte qu'un étranglement trop prononcé au milieu de la tige pourrait, s'il coïncidait avec un défaut de soudure, déterminer des disjonctions plus ou moins graves.

46. Le profil du rail a été depuis plusieurs années l'objet d'une discussion approfondie et constamment guidée par l'observation, de la part des ingénieurs d'une ligne qui passe, à bon droit, pour une des mieux exploitées du continent, celle de *Cologne* à *Minden*. Ce chemin en est aujourd'hui au moins à son quatrième profil de rails, et ce qu'il y a de remarquable, c'est que les plus récents, loin d'avoir, comme c'est presque toujours le cas, pour caractère essentiel une augmentation de poids, sont au contraire notablement plus légers que le second, quoique le nombre des traverses soit resté le même.

		Hauteur.	Largeur du pied.	Rapport de la hauteur à la demi-largeur.	Épaisseur du corps.	Largeur du champignon.	Poids du mètre courant.
		cent.	cent.		cent.	cent.	kilogr.
Cologne à Minden.	1er type.	9,55	10,07	1,89	1,63	5,45	28,31
	2e type. .	11,09	9,58	2,31	1,96	6,08	35,76
	3e type. .	12,40	9,14	2,71	1,41	5,87	32,40
	4e type. .	13,00	10,00	2,60	1,30	5,90	(a)

(a) Ce poids, dont l'indication exacte manque, doit différer très-peu de celui du type n° 3.

On voit que les ingénieurs du chemin de *Minden* n'ont pas craint de faire marcher de front : l'augmentation de la hauteur, la réduction de largeur du pied, celle de l'épaisseur du corps, et en somme, pour le troisième type, celle du poids. Les expériences qui ont précédé ces transformations successives méritaient sans doute le reproche inévitable de ne reproduire que fort incomplétement les conditions du service des rails; mais c'est moins dans les résultats des expériences peu prolongées d'ailleurs auxquelles ils se sont livrés, que dans l'observation attentive et prolongée de leur voie, que ces ingénieurs ont puisé les éléments de ces transformations, et la conviction de leur succès, conviction parfaitement justifiée jusqu'à ce jour par les faits.

47. M. *Weishaupt* avait proposé comme conclusion de ses recherches les deux profils suivants, bons à citer, non comme des modèles de proportions applicables à tous les cas, mais comme des exemples d'une répartition bien étudiée pour les chemins à courbes de grand rayon :

	HAUTEUR.	LARGEUR du pied.	RAPPORT de la hauteur à la demi-largeur.	LARGEUR du champignon.	ÉPAISSEUR du corps.	POIDS du mètre courant.
	cent.	cent.		cent.	cent.	kilogr.
N° 1.	11,80	9	2,62	5,6	1,3	»
N° 2.	13,10	9	2,91	5,6	1,5	33,15

Ces profils, établis en partant de l'égalité des résistances élémentaires, ne donnent cependant pas de part et d'autre de l'axe horizontal passant par le centre de gravité, des moments d'inertie tout à fait égaux. Il y a une différence de $\frac{1}{10}$ environ en faveur de la partie supérieure, différence destinée à compenser d'avance l'usure du champignon. Le rapport des aires est à très-peu près le même que celui des moments.

Le rapport 2,91 de la hauteur à la demi-largeur est peut-être excessif; mais cet exemple prouve du moins combien les hommes compétents, en Allemagne, se préoccupaient peu, il y a déjà quinze ans, d'une des objections auxquelles le rail américain est encore en butte de la part de quelques ingénieurs : la tendance au renversement; et l'expérience a donné pleinement raison aux premiers. La détermination du profil doit d'ailleurs être discutée dans chaque cas, en tenant compte de tous les éléments qui lui sont propres. Cette discussion, toujours nécessaire, l'est encore plus pour le rail *Vignole* que pour le rail à deux champignons, qui n'a pas à satisfaire par lui-même à des conditions aussi multipliées. Il serait au surplus fort inutile de décrire ici de nombreuses formes de rails; il suffit de faire ressortir la tendance actuelle, et ses motifs. Certaines formes, d'ailleurs, même parmi les mieux étudiées, pèchent en quelque point : il est difficile, par exemple, d'admettre que le rail si élancé de *Cologne* à *Minden*, et le rail si trapu de *Bilbao* à *Tudela* (Pl. II, *fig.* 26), soient l'un et l'autre parfaitement motivés par la nature des choses; peut-être a-t-on attaché une importance trop exclusive à la résistance verticale, dans un cas, à la résistance horizontale et surtout à la stabilité de rotation, dans l'autre.

Dans l'état actuel de la question, le rail n° 1 de M. *Weishaupt* et celui du Nord français (Pl. III, *fig.* 13) adopté depuis par plusieurs lignes, paraissent avoir des proportions très-convenables pour les chemins à grandes courbes. Le profil adopté depuis la fin de 1863, par l'Est français (Pl. III, *fig.* 12) mérite aussi d'être signalé, d'autant mieux que les modifications apportées au rail primitif ont été suggérées par l'expérience. Sans parler de la partie du tracé qui intéresse spécialement l'éclissage (82, 83), (et qui a été d'ailleurs conservée pour que le nouveau rail pût être substitué à l'ancien dans les remplacements partiels), les bords du champignon ont été mieux soutenus, l'épaisseur du corps a été réduite de 18 millimètres à 15, et les ailes du patin ont été rapprochées de l'horizontale pour améliorer la portée des têtes des tirefonds. En somme, le poids a été diminué (35 kilogrammes par mètre au lieu de 36) tout en augmentant un peu la résistance verticale. Le rapport de la hauteur à la demi-largeur est 2,38 au nord, 2,42 à l'Est; il est donc très-rassurant. Rien n'indique même jusqu'ici qu'on doive regretter la hardiesse, en apparence exagérée, du troisième type de la ligne de *Minden*, sur laquelle la vitesse est cependant aussi grande que chez nous.

Le rail déjà cité de la ligne de *Chatam*, est très-peu élancé. Mais la largeur de la base relativement à la hauteur, est bien plus exagérée encore sur un autre chemin anglais auquel le rail *Vignole* a été également appliqué, le Metropolitain de *Londres*. Ce profil a été arrêté toujours sous l'empire de la même préoccupation, celle d'empêcher la pénétration du fer dans le bois. Mais ici le danger était réel, car le rail est posé sur longrines, et comme on avait sous les yeux l'exemple peu rassurant du *Great Western*, sur lequel le maculage des longrines est très-prononcé malgré la grande largeur du rail en ∩, on comprend que les ingénieurs aient voulu se mettre en garde contre le même effet. Je reviendrai du reste sur ce point en traitant des supports longitudinaux (127).

48. *Rails des États-Unis.* — Si l'on jette un coup d'œil de l'autre côté de l'Océan, on trouve une singulière diversité dans les proportions du profil ainsi que dans le poids des rails en usage aux États-Unis. Toutefois, ce qui domine en général, c'est la légèreté et les formes ramassées. Sur le chemin de *New-York* à *Érié*, le poids a été graduellement augmenté de près de 50 p. 100 (de 55 à 75 livres par yard), et d'après M. *A. Holley* (*), les rails les plus lourds ont été presque invariablement les plus mauvais. Sur le chemin de *Camden* à *Amboy*, on est revenu à un rail de $0^m,114$ de haut, qui fait un bon service, après avoir employé, sans succès, un rail de $0^m,178$.

D'après l'auteur cité, les rails légers, à tige très-courte, ne sont pas seulement de meilleure qualité, avantage dû à une compression plus énergique du métal, à un rapport plus favorable entre le périmètre et l'aire de la section; ils seraient, en outre, mieux appropriés à l'état des voies américaines, état généralement imparfait, par suite de l'épaisseur insuffisante et de la qualité médiocre du ballast, des dimensions trop grêles des traverses, et d'un entretien négligé. On conçoit en effet qu'un rail flexible peut se modeler en quelque sorte sur les inégalités de ses supports, et qu'une telle situation, évidemment inadmis-

(*) *American and European railway practice*, in-4. — New-York, 1861.

sible sur nos chemins à grande vitesse, peut être acceptable sur les chemins des États-Unis où la vitesse est faible, et où d'ailleurs le matériel roulant, par sa disposition spéciale, se plie mieux que le nôtre aux ondulations du profil de la voie. Ce parti pris d'une grande flexibilité peut seul expliquer les formes trapues, à gros champignon, à corps très-courts, si répandus sur les chemins dont il s'agit et qui portent le nom de rail *en poire* (*pear head*) (Pl. VI, *fig.* 10 et 11).

§ III. — Du bombement du champignon.

49. Le bombement du champignon de roulement est encore à peu près général. Toutefois, le rayon est généralement de 0m,200, chiffre auquel il a été porté, par exemple, dans le nouveau rail *Vignole* de l'Est français (47), tandis qu'il était seulement 0m,098 dans le précédent; il ne s'abaisse guère aujourd'hui au-dessous de 0m,15 et presque jamais au-dessous de 0m,13, limite inférieure fixée en Allemagne par la réunion de *Dresde* (*); mais on est descendu souvent beaucoup plus bas (jusqu'à 0m,06, en Angleterre), et quelques ingénieurs le feraient encore s'ils ne craignaient d'accélérer beaucoup l'usure des bandages.

Il semble cependant que rien ne justifie l'importance qu'on attache si généralement, en Angleterre surtout, à la courbure de la surface de roulement. Les premiers rails anglais avaient le champignon plat, et large (0m,06); cette forme ayant donné nécessairement de très-mauvais résultats, on a un peu légèrement condamné le profil à surface de roulement plate, tandis que le mal était seulement dans l'exagération de longueur de la ligne droite. Si un bombement prononcé est utile, c'est parce qu'il réduit la portée du bandage à une zone assez étroite de la région moyenne du champignon, parce qu'il élimine ainsi les glissements que produirait la conicité du bandage si cette surface était plus large, et surtout parce qu'il soustrait à l'action immédiate de la charge les parties latérales, en porte-à-faux, du champignon. Cette seconde condition doit être remplie non-seulement quand les bandages sont neufs, mais aussi quand leur profil est déjà un peu altéré, tant par l'usure proprement dite que par le refoulement du métal vers l'extérieur. Si le champignon est trop plat, le bourrelet ainsi formé ap-

---

(*) *Technische Vereinbarungen*, etc., 1866, art. 12.

plique la charge vers le bord extérieur du champignon, et le rail se désorganise beaucoup plus rapidement que si cette application avait lieu vers le bord intérieur, parce que dans le premier cas la force pousse vers le vide, tandis que dans le second elle est dirigée vers l'intérieur du rail. Tel est le motif qui s'oppose très-souvent au retournement horizontal du rail, le bord extérieur étant trop déformé pour être placé à l'intérieur de la voie et soumis à l'action des mentonnets.

Mais pour combattre cette cause de destruction, que l'entretien des bandages doit d'ailleurs contenir dans des limites assez étroites, il n'est nullement nécessaire d'augmenter la courbure de la région moyenne du champignon; on peut même la faire tout à fait plate, pourvu qu'elle ne soit pas trop large, et que la courbure des surfaces avec lesquelles elle se raccorde soit assez prononcée; ce qu'il faut, en un mot, c'est que les bords *fuient* rapidement.

Dans le rail à champignons inégaux ($36^k,25$) de la Méditerranée, par exemple, une tangente de $0^m,01$ se raccorde de chaque côté, avec une anse de panier, dont les rayons successifs sont : $0^m,0715$, $0^m,016$ et $0^m,012$. Dans le rail symétrique d'*Orléans*, un arc de $0^m,091$ de rayon, sous-tendant un angle de 30° (corde, 0,046) se raccorde de chaque côté avec un arc de $0^m,009$ de rayon. La flèche d'un arc de $0^m,091$ et $0^m,01$ de longueur est $0^{mill},137$. Il suffit de superposer ces deux profils pour s'assurer que, quand la coïncidence est établie au milieu, elle a lieu aussi pour les bords; de sorte que, dans les deux rails, les parties en porte-à-faux se dérobent à peu près également à l'action des bandages. Le premier profil est donc préférable au second, car il répartit les pressions plus également, sans cependant exagérer la largeur de la zone de contact, et tout en ménageant les renflements latéraux, dont la fonction spéciale est de constituer la résistance transversale du rail. Si le rayon moyen s'abaisse, par exemple, jusqu'à $0^m,06$, la flèche s'élève à $0^{mill},21$; on ne protége alors les bords du rail qu'en surchargeant la région moyenne par une concentration excessive des pressions; concentration qui n'est nullement nécessaire pour dérober les bords à l'action directe des bandages, et qui doit même conduire bientôt à un résultat tout opposé, en accélérant l'usure ou pour mieux dire l'écrasement de la région intermédiaire.

Il suffit, du reste, d'observer l'irrégularité des altérations qu'éprouve bientôt le profil des champignons, même dans les rails de bonne qualité, pour être convaincu de l'insignifiance de plusieurs détails dont on se préoccupe souvent. Poussée à un point trop minutieux, la détermination du meilleur tracé théorique devient un problème oiseux; il n'y a qu'une seule condition vraiment essentielle, c'est de combiner une largeur de contact et une flèche du champignon suffisantes. Si cette condition n'est pas remplie, les bandages ne tardent pas, malgré leur chanfrein de fabrication, à porter sur le bord extérieur du champignon, dont la destruction est alors bien plus rapide que celle du bord intérieur, malgré l'action des mentonnets, et qu'il est facile d'observer sur les rails dont la flèche de bombement est trop faible, quels que soient les détails de leur tracé.

50. Le même effet pourrait aussi résulter, avec des rails trop plats, d'un léger excès d'inclinaison (55); considération dont il serait bon de tenir compte dans l'établissement de la voie sur les chemins à tracé très-contourné et par suite à roues très-coniques. Si la flèche du champignon n'était pas suffisante, la circulation du matériel appartenant aux chemins à courbes de rayons plus grands, et par suite à roues moins coniques, serait très-nuisible pour les rails, à cause de l'excès de leur inclinaison sur la conicité des bandages; peut-être conviendrait-il alors de ne donner au rail qu'une inclinaison un peu inférieure à la conicité du matériel de la ligne elle-même, car il faut s'attacher surtout à empêcher les bandages de porter sur le bord extérieur.

Ce désaccord, entre l'inclinaison et la conicité, existe partiellement au Semring, par exemple. La conicité des roues des machines spécialement affectées au service de cette section, est plus grande que celle des wagons, qui circulent sur tout le réseau, et c'est sur la plus petite que l'inclinaison des rails a été réglée.

51. Un profil étudié avec beaucoup de soin en 1856, celui du chemin de l'Est prussien dit: ***Normal Profil*** ou ***rail ministériel*** (Pl. II, *fig.* 9), a été depuis modifié dans le sens des observations qui précèdent, et adopté en 1863 pour les chemins hollandais, sauf une légère surépaisseur donnée au corps. L'expérience a prouvé que le rail primitif, longtemps en faveur en Prusse, remplit, en effet, les conditions essentielles de résistance et de stabilité; mais on a reconnu qu'il convenait de supprimer la courbure au sommet, non-seulement pour répartir également la charge, sans exagérer toutefois la largeur de la zone de contact, mais aussi en vue d'assurer, au laminage, une compression plus énergique du métal dans cette région. — Sous ce dernier rapport, l'influence de la suppression de la courbure au sommet paraît faible. Quels que soient les détails du profil final, le rôle des cannelures finisseuses, dans lesquelles le rail passe de champ, est toujours secondaire quant à la compression du métal dans la région du roulement. Sans doute, la hauteur du rail croît légèrement à chaque cannelure (de 1 à 2 millimètres), et cela aux dépens de la compression dans ce sens; mais ce fait est à peu près indépendant du rayon de courbure au roulement. Ce qu'il y a de vrai, c'est que la courbure s'effaçant par l'usage (surtout sur les sections ou les freins agissent fréquemment), et cela aux dépens des bandages, il semble naturel d'adopter de prime abord une forme plus durable; on peut disserter, et encore dans certaines limites seulement, sur la largeur qu'il convient de donner à la zone de contact, mais ce qui ne paraît guère contestable, c'est qu'il convient de la faire plate.

Toutefois la courbure prévaut en général. Il y a même sur quelques chemins allemands une certaine tendance à la faire plus prononcée, contrairement à l'exemple cité tout à l'heure. Ainsi, le rayon au roulement est seulement de 0^{m},1242 dans le nouveau type de rail étudié en Autriche, pour l'application de l'acier *Bessemer*. (Pl. II, fig. 12). Par contre, le rail du *Gebirg's-Bahn* (*) silésien (Pl. V, *fig.* 28) présente une tangente de 0^{m},03, raccordée de chaque côté avec un quart de circonférence ayant pour rayon 0^{m},014. La longueur de la droite paraît un peu trop grande.

52. M. *Daelen* a proposé récemment, en Allemagne (Pl. II, *fig.* 18), un rail dont le champignon, tout à fait plat, est élargi, terminé par une arête vers l'extérieur en vue d'augmenter la surface de contact, et donne l'inclinaison. La symétrie et par suite le retournement horizontal sont ainsi sacrifiés; et, au lieu de l'avantage théorique qu'on recherche, cette forme entraînerait des inconvénient de tout genre, amplement prouvés par l'expérience du premier rail de *Paris* à *Saint-Germain* qui avait une forme analogue.

53. On est placé, pour la largeur de la zone de portée des roues, entre

(*) En Prusse on appelle : *chemins de montagnes*, des lignes qui, ailleurs, seraient considérées comme ayant simplement des inclinaisons moyennes. Sur les lignes principales de ce réseau secondaire de Silésie, les pentes ne dépassent pas 0,01; c'est seulement sur un embranchement, celui de *Dittersbach* à *Waldenburg*, qu'elles atteignent 0,014. Les courbes ont 750^{m} de rayon en général, et ne descendent que par exception à la moitié de ce chiffre.

deux écueils. Trop grande, elle met en jeu les effets nuisibles de la conicité, et ceux plus graves encore des défauts du sabotage ou de l'entretien, d'une inclinaison trop forte ou trop faible des rails. Trop petite, elle aboutit à une concentration des pressions sur une surface tellement réduite que le métal se désorganise et s'écrase au contact des roues. Il est difficile d'assigner dans chaque cas la limite atteinte par ces pressions, et la part qui leur revient dans les altérations des champignons des rails. Mais il est certain que ces altérations ne proviennent pas seulement : 1° de la tension des fibres extrêmes du rail considéré comme solide fléchi transversalement; 2° des glissements des jantes dus à la solidarité des roues enrayées et des roues couplées des machines; 3° de la pression tangentielle des roues motrices; 4° du patinage; 5° des pressions et des glissements des mentonnets et du glissement transversal des jantes dans les courbes, mais aussi de l'action immédiate de la charge sur les points d'application de la concentration même des pressions sur des surfaces très-petites, — et d'autant plus petites que le diamètre des roues est plus réduit. — Sous ce rapport, un rail lourd, rigide, souffre plus qu'un rail léger, parce que celui-ci, plus flexible, embrasse un arc plus grand de la roue, et répartit ainsi la pression — fort inégalement il est vrai, — sur une aire plus étendue.

51. A défaut d'une évaluation précise, impossible en présence d'actions si complexes, l'exagération fréquente, à ce point de vue, de la charge sur rails a été prouvée d'une manière irrécusable par l'écrasement des bandages; fait heureux, car ici il n'y a pas cette complication qui rendait le doute possible pour le rail. C'est cette rapide destruction des bandages, bien plus que celle des rails, qui a ouvert les yeux des ingénieurs du matériel et les a déterminés à renoncer enfin à des charges abusives en multipliant, au besoin, les points d'appui des machines. La voie a profité ainsi d'un bienfait qui ne s'adressait pas à elle.

On peut admettre que des rails de bonne qualité, pesant 36 à 37 kilogrammes par mètre, peuvent supporter sans désorganisation du métal une charge de 10 à 11 tonnes par essieu, limite qu'on s'efforce ordinairement de ne pas dépasser, si ce n'est pour les machines à roues libres, les exigences de l'adhérence forçant à aller fort au delà pour elles. — Ainsi, dans l'opinion des ingénieurs du Nord français, leur voie n'est pas surchargée aujourd'hui, les rails de 37 kilog. peuvent suffire au travail qui leur est imposé.

§ IV. — De l'inclinaison et de la conicité.

55. La conicité des bandages et sa conséquence immédiate, l'inclinaison des rails, datent presque de l'origine des chemins de fer; leur utilité a été mise récemment en question, et même formellement contestée. Ce point a trop d'intérêt pour que nous ne nous y arrêtions pas un instant.

Il ne s'agit pas, bien entendu, de la circulation en courbes; sous ce rapport, les avantages de la conicité sont trop évidents, pour être niés. Aussi a-t-on cherché à la conserver dans les courbes roides tout en la supprimant dans les alignements droits et dans les courbes de grand rayon. C'est seulement au point de vue du parcours en ligne droite qu'elle doit être envisagée en ce moment. Elle a alors pour but de combattre, dans certaines limites, les causes multiples qui tendent à faire prendre aux essieux une position oblique relativement à la voie et à maintenir l'un ou l'autre des mentonnets des deux roues conjuguées appliqué contre le bord du rail. La réalité de son influence dans ce sens ne peut guère être mise en doute, même abstraction faite de l'expérience; mais on ne peut pas davantage nier, au moins en principe, ses inconvénients, car l'utilité de ses effets résulte de l'inégalité des rayons du roulement des deux roues solidaires, et cette inégalité entraîne nécessairement des oscillations de l'essieu de part et d'autre de sa position moyenne, normale à la voie et horizontale; oscillations amplifiées, pour la caisse, par le jeu des ressorts de suspension. C'est précisément pour cela que la conicité et par suite l'inclinaison du rail ne doivent pas, tant qu'il s'agit seulement de l'alignement droit, dépasser une certaine limite. Utiles jusque-là, elle deviennent nuisibles au delà; c'est une question de mesure.

56. Il n'y a ni conicité ni inclinaison du rail sur la petite ligne de *Paris* à *Sceaux*, mais c'était une conséquence toute naturelle de l'indépendance des roues, qui est un des caractères du matériel articulé imaginé par feu M. Arnoux.

On avait cru devoir poser sans inclinaison les rails à supports métalliques du système *M'Connell*, essayé sur le chemin de *Bristol* à *Exeter* et décrit plus bas. Mais on a reconnu plus tard la nécessité de réparer cette faute. Il est vrai que le matériel qui circulait sur ces rails non inclinés avait les bandages coniques. On s'est contenté d'ailleurs d'une inclinaison un peu inférieure à la conicité : $\frac{1}{24}$ au lieu de $\frac{1}{20}$, chiffre adopté, pour les grandes lignes, en Angleterre comme en France.

Les ingénieurs d'une des dernières grands lignes construites en Autriche, celle de l'Ouest (de *Vienne* à *Salzbourg*), étaient arrivés à la conviction que la conicité est inutile. Son inutilité admise, il était facile de lui faire un procès en règle et de la condamner comme décidément nuisible, ne fût-ce qu'au point de vue du bombement, considéré comme défavorable à la répartition des pressions entre les roues et les rails, et comme dérivant d'ailleurs uniquement de la conicité.

Mais cette dernière manière de voir est elle-même au moins très-contestable. Théoriquement, sans doute, avec des bandages cylindriques la surface de roulement du champignon pourrait et devrait être plane et large; mais si l'on tient compte des déformations inévitables des bandages et des légers écarts de la position du rail relativement à la verticale, on reconnaît que cette large surface de roulement, bonne pour un état de perfection théorique, ou au moins passager, doit être en réalité très-mauvaise, et cela précisément au point de vue de la répartition des pressions. En croyant augmenter la longueur de la zone de contact, on arriverait très-souvent au résultat contraire, et, ce qui est plus grave encore, à appliquer la charge sur la partie du rail qui est le moins en état d'y résister, c'est-à-dire sur le bord du champignon, et surtout du champignon extérieur. Ces effets sont indépendants de la conicité; sans elle comme avec elle, il est nécessaire de les prévenir. Or le seul moyen, c'est de maintenir à coup sûr, quelles que soient les altérations des formes et les irrégularités de la pose, la zone de contact dans la région moyenne du champignon, au droit du corps du rail, c'est-à-dire de donner de la flèche au champignon. Le bombement, tel qu'il a été défini plus haut, paraît donc tout aussi nécessaire avec le rail vertical et les jantes cylindriques qu'avec le rail incliné et les jantes coniques.

L'opinion contraire à la conicité seulement ayant prévalu au chemin de l'Ouest autrichien, on adopta le rail vertical, mais bombé, et les jantes coniques (ou plutôt cylindro-coniques, comme on le verra plus tard). Mais le résultat n'a pas, tant s'en faut, répondu à l'attente des auteurs de cette expérience. Au lieu d'osciller autour de la position moyenne, de cette situation d'équilibre à laquelle la conicité tend toujours à les ramener, les roues exercent librement, ou du moins sans autre obstacle que le frottement transversal, les impulsions de leurs mentonnets contre les rails. Les traverses se débourrent, la voie se dérègle, et en somme bien loin d'être atténuées, les exigences de l'entretien et sans doute aussi les résistances et l'usure sont aggravées. Dans les courbes, lorsqu'elles sont parcourues dans un seul sens, les traverses se placent obliquement à l'axe de la voie, défaut qu'on a cherché à combattre, sur la section à double voie, en s'assujettissant à y faire prendre périodiquement aux trains tantôt la droite, tantôt la gauche. En somme, on a reconnu la nécessité de ramener la voie et le matériel de la ***West-Bahn*** aux conditions ordinaires. Tel est le résultat final de cette expérience très-intéressante d'ailleurs, et qui aura abouti à confirmer la justesse des vues des premiers constructeurs de chemins de fer, et à mettre dorénavant hors de toute contestation la nécessité d'une certaine inclinaison du rail.

57. La conicité a été également rejetée sur un chemin de fer déjà cité de l'Inde anglaise (*Indian Branch railway*), remarquable d'ailleurs par plusieurs dispositions ingénieuses qui seront décrites plus loin et dont je dois la communication à l'obligeance de ***M. Ed. Wilson***, ingénieur en chef de cette ligne. Le rail, à patin, a $0^m,057$ de largeur au champignon ; celui-ci est formé d'une droite de $0^m,048$ raccordée par deux congés avec deux bords également rectilignes, et verticaux (Pl. IX, *fig.* 1, 2, 3). Les inconvénients constatés en Autriche ne paraissent pas s'être manifestés jusqu'à présent sur le chemin indien. Mais sur celui-ci la vitesse est faible, elle ne dépasse pas 40 kilomètres à l'heure ; on conçoit dès lors que la suppression de la conicité n'ait pas d'effet bien sensible, car il est clair que c'est essentiellement une question de vitesse.

58. La question de la conicité a été examinée à diverses reprises par les ingénieurs allemands dans leurs réunions annuelles. Ici, le principe même n'a jamais été attaqué, mais la majorité a été amenée à conclure que dans certains cas on avait dépassé la limite, tandis que dans d'autres on était resté notablement en deçà. Ainsi, en 1859, la réunion de *Trieste* avait adopté comme inclinaison minimum $\frac{1}{20}$, chiffre au-dessous duquel elle n'avait d'ailleurs jamais été réduite jusque-là en Allemagne. Quelques observations ont conduit depuis plusieurs ingénieurs à regarder cette valeur comme généralement trop faible ; la voie tendrait plus à s'élargir qu'avec une inclinaison plus prononcée. Par contre, l'inclinaison de $\frac{1}{16}$, adoptée sur plusieurs lignes, sur celle de ***Cologne à Minden*** entre autres, a été jugée trop forte: elle tendrait, par suite de son excès même, à croître encore par l'usage. En somme, l'inclinaison de $\frac{1}{17}$ a semblé être celle qui tend le mieux à se maintenir sans altération, et qui, à ce titre, mériterait la préférence pour les grandes lignes. Mais la réunion de 1865, qui du reste ne paraît pas avoir discuté la question, s'est bornée à reproduire la recommandation de 1859, c'est-à-dire à indiquer $\frac{1}{20}$ comme limite inférieure (*).

Cette limite n'a même pas été acceptée par tout le monde. Ainsi l'inclinaison a été réduite à $\frac{1}{24}$ sur le ***Gebirgs-Bahn*** de Silésie; (elle a d'ailleurs été entièrement supprimée, dans les gares et aux changements et croisements de cette ligne). Mais la petitesse de l'inclinaison était, dans ce cas, la conséquence presque nécessaire du profil du rail. Avec sa large surface de roulement (51) une inclinaison et par suite une conicité plus grandes exagéreraient les glissements aux jantes. Une pente très-faible était aussi et plus encore, une nécessité pour le rail de M. ***Daelen*** (52), qui a adopté également $\frac{1}{24}$. On se trouve toujours en face de cette dépendance des éléments, qui ne permet de les déterminer et de les juger que corrélativement.

§ V. Modes d'attache des rails sur les traverses.

59. Le coussinet est fixé aux traverses au moyen de chevilles ou de tire-fonds (Ouest français) en fer, insérés dans la semelle.

Le patin du rail *Vignole* pourrait être fixé exactement de la même manière; on l'a même fait quelquefois, soit sur toutes les traverses, soit seulement sur celles du joint (*Londres* à *Chatam;* chemin belge du Luxembourg) (Pl. IV, *fig.* 21). Mais en appliquant les attaches extérieurement au patin, on a le triple avantage de supprimer les trous, de donner à la résistance longitudinale, dans le cas où elle serait mise en jeu par la tendance au renversement, son bras de levier maximum, et de se réserver une liberté complète pour le mode de répartition des traverses; une encoche au moins doit seulement être ménagée de chaque côté dans le bord du patin, pour empêcher le déplacement longitudinal du rail (105).

(*) *Technische Vereinbarungen*, 1866, etc., art. 15.

La fonction essentielle des attaches est de s'opposer au glissement transversal du rail, mais elles doivent aussi, comme on l'a vu (39), maintenir le patin intimement appliqué contre la traverse et empêcher ainsi le *claquement*, destructeur du bois. Il faut donc qu'elles soient pourvues d'une tête saillante, et très-solide.

On emploie des crampons et des tire-fonds; aujourd'hui on les galvanise assez généralement, surtout quand les traverses sont préparées au sulfate de cuivre. Quant aux chevilles en bois, même comprimé, tantôt pleines, tantôt creuses avec âme en fer, qui ont été pendant longtemps assez en usage en Angleterre pour fixer les coussinets, elles manquaient de solidité, quoiqu'on eût souvent la précaution d'en placer deux à l'extérieur. Le ***Board of Trade*** (ministère du commerce) a invité les compagnies anglaises à s'abstenir de leur emploi. En France la ligne de ***Montereau*** à ***Troyes*** qui les avait appliquées a dû y renoncer bientôt, malgré son tracé favorable et la légèreté des machines qui y circulaient jusqu'à l'époque où elle a été comprise presque entièrement dans la grande ligne de ***Paris*** à ***Mulhouse***.

Les crampons sont toujours unis (non barbelés) et souvent terminés en bas, lorsque la traverse n'est pas percée à fond, par un biseau normal aux faces latérales de la tête; cette forme est moins sujette que toute autre à faire fendre le bois, parce que l'ouvrier est forcé de placer le tranchant transversalement aux fibres : condition souvent éludée pour les attaches à tête circulaire, telles que les chevilles de coussinets, terminées ainsi *en fermoir*, comme celles du réseau d'***Orléans***, par exemple. Une petite entaille faite sur la tête, indique toutefois, la direction du tranchant; elle ne rend pas la position de celui-ci obligatoire, mais elle permet de la contrôler.

Le corps est parfois une pyramide renversée, à faces peu inclinées, formant queue d'hironde (exemple : Ouest suisse Pl. V, *fig.* 36), mais on a généralement renoncé à cette forme, quoique des expériences faites en Hanovre aient montré, comme on devait s'y attendre, qu'elle augmente la résistance à l'arrachement. Mais comme celle-ci est déjà plus que suffisante avec la forme prismatique, il conviendrait plutôt de donner un peu de conicité au crampon pour réduire sa résistance aux efforts longitudinaux, sans diminuer sa résistance aux efforts transversaux. Ce n'est guère que sur une mauvaise voie que la résistance à l'arrachement peut être mise gravement en jeu. Si une traverse mal bourrée se dérobe sous la charge, le rail fléchit beaucoup, et en se redressant, il rappelle brusquement la traverse, qui résiste par son inertie et par son poids. Si ces effets se reproduisaient souvent, les crampons et les vis se relâcheraient, mais sur une voie bien ballastée et bien entretenue, ce cas ne peut se présenter qu'accidentellement, à la suite de gelées prolongées.

Les faces intérieures de la tête et du corps, raccordées par un congé arrondi, font un angle plus ou moins obtus, afin que la tête s'applique exactement sur le patin, quand l'axe du crampon a été enfoncé normalement, à la base du rail, c'est-à-dire avec une inclinaison de $\frac{1}{16}$ à $\frac{1}{24}$ sur la verticale (55 à 58).

Quelquefois cependant l'angle dont il s'agit étant droit, les crampons sont enfoncés obliquement, et convergent. Cette disposition est vicieuse sous le rapport de la résistance, soit au glissement, soit au renversement du rail; elle met en jeu la tension de la cheville dans le premier cas, et l'augmente dans le second; elle est d'ailleurs d'une exécution plus difficile; l'insuffisance de l'inclinaison du crampon serait surtout un défaut grave, car c'est principalement par le collet et non par le bord que le crochet doit s'appuyer sur le patin, sous peine d'exposer à se rompre.

On a employé assez souvent des chevilles à tête polygonale symétrique transformées par la torsion en vis, à pas très-allongé et peu saillant. Ces vis étaient enfoncées comme les crampons, à coups de masse, et sans trous percés d'avance. En Hanovre, cependant, on prescrivait de percer des amorces pendant les grandes chaleurs, à cause de la prédisposition des traverses à se fendre. Les vis étaient placées verticalement, leur large tête et la tige étant raccordées par un congé profilé exactement suivant le bord du patin.

Ces vis ont sur les crampons l'avantage d'une extraction plus facile; on peut les retirer par rotation, comme si elles avaient été mises en place de même. Mais l'expérience a été peu favorable à cette sorte de terme moyen entre le crampon et la vis à bois proprement dite. L'enfoncement d'une vis doit nécessairement désorganiser les fibres ligneuses; il faudrait que la cheville tournât, sous l'action des chocs, en pénétrant dans le bois. On m'a souvent affirmé qu'il en était ainsi. J'ai cependant observé fréquemment le contraire en ***Bavière*** et en ***Prusse***, où ce système a été fort en faveur. La rotation se produirait peut-être, si l'enfoncement était fait avec plus de ménagement.

60. Aujourd'hui, le crampon enfoncé à coups de marteau, et la vis à bois, introduite par rotation au moyen d'une clef, dans un trou de tarière, d'un diamètre un peu inférieur à celui du corps de la pièce (61), sont seuls en usage, si ce n'est aux joints, où les boulons sont assez souvent appliqués (64, 85). Pendant assez longtemps les ingénieurs ont été à peu près d'accord pour donner la préférence aux crampons, avec les traverses en chêne, et aux vis avec les autres essences. Mais aujourd'hui la vis est souvent préférée, même avec les traverses en chêne. Le Nord et l'Est français, par exemple, l'appliquent exclusivement aujourd'hui après avoir d'abord fait usage du crampon (Pl. V, *fig.* 14 et 15). Rarement on a abandonné le tire-fond pour revenir au crampon. Tel est cependant le cas pour les voies *Vignole* de l'État belge, ainsi que pour le Semring.

Dans les bois tendres, les crampons prennent facilement du jeu. Dans le bois dur, ce n'est pas le défaut mais au contraire l'excès de résistance à l'arrachement qu'on leur reproche (59); s'il ne s'agissait que de cette résistance, il suffirait de réduire ou la longueur ou l'équarissage du crampon, mais on réduirait du même coup la résistance aux efforts horizontaux, et celle-ci est souvent insuffisante, au moins dans les courbes. Un autre grief contre les crampons, grief beaucoup moins grave, du reste, et qu'on a exagéré, c'est la possibilité de la rupture de la tête. Comme on l'a vu (39), il est indispensable que celle-ci s'applique sur le patin, afin de maintenir le patin lui-même appliqué sur la traverse. Quand on approche du contact, un coup mal mesuré peut détacher la tête; et si le poseur, trop en garde contre ce risque, s'arrête trop tôt, la solidarité du rail et de la traverse est imparfaite, le *claquement* a lieu, et croît rapidement. Avec le tire-fond, la condition du contact est remplie à coup sûr, sans la moindre difficulté. Mais il a surtout sur le crampon l'avantage d'être plus facile à extraire. Il est clair que l'enfoncement du tire-fond au marteau doit être rigoureusement interdit; sur le Nord français, on a rendu toute fraude impossible en faisant saillir sur la tête du tire-fond, une petite pointe aiguë qui doit rester intacte, et dont l'altération trahirait le poseur fautif (Pl. V, *fig.* 14). Sur l'Est le même but est atteint au moyen d'un caractère en relief (E) qui protége la tête (*fig.* 15).

61. *Résistance à l'arrachement.* — On a fait sur le même chemin plusieurs expériences comparatives sur la résistance des crampons et des tire-fonds. On a procédé par arrachement, tandis que c'est surtout la résistance aux efforts transversaux qu'il eût été intéressant de constater, rien n'autorisant à conclure de la première résistance à la seconde. Il est néanmoins utile de faire connaître les résultats de ces essais, dont je dois la communication à M. *Ledru*, ingénieur en chef de la compagnie de l'Est.

« Chaque pièce a été enfoncée une première fois, puis soumise à la traction au moyen d'un levier dont le grand bras était chargé de poids ; on « a obtenu les résultats indiqués à la colonne n° 1. Sous cette première « épreuve la pièce était sortie du trou de 5 millimètres (un arrêt limitant « la course du levier) ; on l'enfonçait de nouveau et on recommençait l'é- « preuve, qui donnait les résultats indiqués à la colonne n° 2, et ainsi de « suite en suivant toujours la même marche.

« Dans les traverses en chêne, au moment où l'on arrive à la charge ex- « trême, les pièces se soulèvent très-lentement. Dans le hêtre préparé, le « même résultat a lieu seulement jusqu'à un soulèvement de 2 à 3 milli- « mètres ; mais la dernière période s'accélère beaucoup. Dans le sapin pré- « paré, au contraire, le soulèvemeut de la pièce a lieu tout le temps avec « une assez grande rapidité et même brusquement vers la fin des 5 mil- « limètres de course. Dans le charme préparé, les tire-fonds se soulèvent de « 1 à 1 millimètre 1/2 sous des charges indiquées à la colonne des obser- « vations, puis ils restent stationnaires, et il faut arriver à une charge de « beaucoup supérieure pour les soulever complétement, et avec moins de « rapidité que dans le chêne.

« On trouve dans la série des colonnes du n° 2 au n° 6 quelques chiffres « qui n'ont pas de proportions décroissantes régulières. Cela tient au ser- « rage des pièces qu'il était difficile de faire toujours d'une manière régu- « lière.

« Les diamètres des *avant-trous*, comme on le voit, n'influent pas, dans « certaines limites, d'une manière sensible sur la résistance des pièces. « La longueur engagée dans le bois a seule donné des différences assez « considérables. On remarquera cependant d'après les résultats obtenus « de tire-fonds que pour les types *Vignole*, celui avec filets de l'Ouest en- « foncé dans un trou de 14 millimètres donne généralement plus de résis- « tance à l'arrachement.

« Les essais faits sur une traverse en bouleau, ont donné des résultats « peu satisfaisants. D'après le tableau, on voit en effet que les tire-fonds « des différents modèles sont, comme résistance à l'arrachement et pour « les chiffres les plus élevés, toujours d'au moins 1.500 kil. inférieurs aux « résultats trouvés pour le chêne, le hêtre et le charme.

« Le bouleau, quoique serré, n'a pas d'élasticité ni de ténacité. Quand « on perce des trous, il n'appelle pas la tarière, sur laquelle il faut constam- « ment appuyer pour la faire mordre ; les copeaux se mettent en poussière. « En outre, lorsqu'on enfonce les tire-fonds pour la troisième fois, on peut « les faire tourner indéfiniment.

« Ce bois ne peut donc pas donner de bons résultats dans les voies *Vi- gnole*, et quoiqu'un peu supérieur, il faut le ranger dans la catégorie « des bois trop tendres comme le sapin. »

Tableau des essais sur l'arrachement de tirefonds et crampons enfoncés dans des traverses de différentes espèces de bois.

ESSENCES des bois.	DÉSIGNATION des tirefonds et crampons.	Diamètre des trous.	Longueur engagée dans le bois.	FORCES PRODUISANT les arrachements successifs. N° 1.	N° 2.	N° 3.	N° 4.	N° 5.	N° 6.	OBSERVATIONS.
		mill.	mill.	kil.	kil.	kil.	kil.	kil.	kil.	
Chêne	Tirefond Vignole (filet de l'Est), 150^mill de long sur 19^mill de diam.	15	85	3.708	2.268	1.332	1.152	»	»	Le poids du levier et du plateau équivaut à 1.000 kilogrammes. Les forces indiquées dans les colonnes 1 à 6 sont obtenues en multipliant par 40 les poids mis sur le plateau, ajoutant les 1.000 kilogrammes du plateau et du levier, et retranchant $\frac{1}{10}$ pour les frottements.
	Id. *id.*	14	85	4.032	3.132	1.800	1.476	»	»	
	Tirefond Vignole (filet de l'Ouest), 135^mm sur 19.	14	85	4.068	3.240	2.016	1.440	»	»	
	Id. *id.*	13	85	3.924	2.952	1.764	1.512	»	»	
	Tirefond Vignole (filet de l'Ouest), 145^mm sur 19.	15	85	3.852	2.592	1.656	1.188	»	»	
	Id. *id.* *id.*	14	85	3.924	3.132	2.160	1.512	»	»	
	Id. *id.* *id.*	13	85	3.852	3.204	2.376	1.584	»	»	
	Tirefond pour coussinets (filet de l'Est), 150^mm sur 19.	15	100	4.932	3.456	2.556	1.548	»	»	
	Id. *id.*	14	100	4.212	3.024	2.016	1.476	»	»	
	Tirefond pour coussinets (filet de l'Ouest), 140^mm sur 19.	14	100	5.184	3.924	2.772	1.800	1.332	»	
	Id. *id.*	13	100	4.428	3.312	2.268	1.512	1.116	»	
	Tirefond Vignole non fileté.	15	85	3.492	2.916	2.664	2.520	2.376	2.340	
	Crampon modèle de Lyon, avec chanfrein sur les arêtes, 190^mm sur 19.	15	110	4.176	3.636	3.240	3.168	3.096	2.952	
	Tirefond Vignole nouveau modèle à pointe.	15	105	4.572	3.888	2.844	1.728	»	»	
Hêtre préparé	Tirefond Vignole (filet de l'Est).	15	85	3.816	2.520	1.656	1.260	»	»	
	Id. *id.*	14	85	3.924	2.664	1.800	1.332	»	»	
	Tirefond Vignole (filet de l'Ouest).	14	85	4.104	2.808	2.232	1.368	»	»	
	Id. *id.*	13	85	4.068	2.988	1.764	1.332	»	»	
	Tirefond Vignole (filet de l'Est), âme de 14 millim.	15	85	3.924	2.988	2.016	1.152	»	»	
	Id. *id.* *id.*	14	85	3.960	3.096	1.908	1.116	»	»	
	Id. *id.* *id.*	13	85	3.708	3.024	2.052	1.260	»	»	
	Tirefond pour coussinets (filet de l'Est).	15	100	4.464	3.240	2.016	1.512	»	»	
	Id. *id.*	14	100	4.320	3.168	2.088	1.584	»	»	
	Tirefond pour coussinets (filet de l'Ouest).	14	100	5.112	3.960	2.880	2.340	2.304	»	
	Id. *id.*	13	100	5.184	4.032	2.304	1.764	1.296	»	

Suite du Tableau précédent.

ESSENCES des bois.	DÉSIGNATION des tirefonds et crampons.	Diamètre des trous.	Longueur engagée dans le bois.	FORCES PRODUISANT les arrachements successifs. N° 1.	N° 2.	N° 3.	N° 4.	N° 5.	N° 6.	OBSERVATIONS.
		mill.	mill.	kil.	kil.	kil.	kil.	kil.	kil.	
Hêtre préparé. . . . (*Suite.*)	Tirefond Vignole non fileté.	15	85	3.672	2.772	2.628	2.520	2.412	2.304	
	Crampon modèle de Lyon.	15	110	4.572	4.104	3.600	3.600	3.222	3.222	
	Tirefond Vignole (modèle du Nord).	14	85	3.816	2.556	1.224	»	»	»	
	Id. *id.*	13	85	4.140	2.988	1.944	1.080	»	»	
	Chevillette de l'Est.	15	125	4.860	4.140	3.708	3.708	3.600	3.420	
	Crampon de l'Est.	15	120/75	2.664	2.520	2.232	2.160	2.160	2.052	
Charme préparé. .	Tirefond Vignole (filet de l'Est).	15	85	4.572	3.132	2.160	1.476	»	»	Desserrés entre 3.060kil et 3.420kil.
	Id. *id.*	14	85	4.608	3.240	2.268	1.512	»	»	
	Tirefond Vignole (filet de l'Ouest).	14	85	4.680	3.708	2.988	1.800	1.260	»	Desserrés entre 3.420kil et 3.780kil.
	Id. *id.*	13	85	4.644	3.504	2.880	1.692	1.332	»	
	Tirefond Vignole (filet de l'Ouest), âme de 14 mill.	15	85	4.032	3.492	1.692	1.512	»	»	Desserrés entre 3.060kil et 3.420kil.
	Id. *id.* *id.*	14	85	4.356	3.744	2.520	1.728	1.296	»	
	Id. *id.* *id.*	13	85	4.320	3.240	2.376	1.548	»	»	
	Tirefond pour coussinets (filet de l'Est).	15	100	5.760	3.528	2.268	2.052	1.908	»	Desserrés entre 4.320kil et 4.500kil.
	Id. *id.*	14	100	5.400	3.456	2.160	1.728	1.476	»	
	Tirefond pour coussinets (filet de l'Ouest).	14	100	5.706	3.564	2.088	1.800	1.512	»	
	Id. *id.*	13	100	5.040	4.320	2.412	1.944	1.584	»	
	Tirefond Vignole non fileté.	15	85	2.484	2.304	2.304	2.232	2.196	2.160	
	Crampon modèle de Lyon.	15	110	3.348	3.096	3.060	2.988	2.988	2.952	
Sapin préparé. . .	Tirefond Vignole (filet de l'Est).	15	85	2.124	1.224	630	»	»	»	
	Id. *id.*	14	85	2.268	1.368	702	»	»	»	
	Id. *id.*	13	85	1.800	1.152	558	»	»	»	
	Tirefond Vignole (filet de l'Ouest).	14	85	2.628	1.728	900	»	»	»	
	Id. *id.*	13	85	2.376	1.584	882	»	»	»	

Suite du Tableau précédent.

ESSENCES des bois.	DÉSIGNATION des tirefonds et crampons.	Diamètre des trous.	Longueur engagée dans le bois.	FORCES PRODUISANT les arrachements successifs N° 1.	N° 2.	N° 3.	N° 4.	N° 5.	N° 6.	OBSERVATIONS.
		mill.	mill.	kil.	kil.	kil.	kil.	kil.	kil.	
Sapin préparé. . . (*Suite.*)	Tirefond Vignole (filet de l'Ouest), âme de 14 mill.	15	85	2.340	1.404	900	»	»	»	
	Id. *id.* *id.*	14	85	2.484	1.584	882	»	»	»	
	Id. *id.* *id.*	13	85	2.340	1.548	774	»	»	»	
	Tirefond pour coussinets (filet de l'Est).	15	100	2.736	1.620	1.008	»	»	»	
	id. *id.*	14	100	2.880	1.692	774	»	»	»	
	Id. *id.*	13	100	2.160	1.512	702	»	»	»	
	Tirefond pour coussinets (filet de l'Ouest).	14	100	3.024	1.836	1.080	»	»	»	
	Id. *id.*	13	100	2.772	2.052	1.080	»	»	»	
	Tirefond Vignole non fileté.	15	85	1.296	972	936	846	846	846	
	Id. *id.*	14	85	1.368	1.008	810	810	810	810	
	Crampon modèle de Lyon.	15	110	2.052	1.764	1.584	1.512	1.512	1.476	
	Id.	14	110	2.160	1.800	1.656	1.584	1.584	1.548	
	Crampon de l'Est.	13	121	1.512	2.088	1.404	1.332	1.296	1.296	
Bouleau	Tirefond Vignole (filet de l'Est).	15	85	2.412	1.656	1.008	»	»	»	
	Id. *id.*	14	85	2.592	1.800	1.080	»	»	»	
	Tirefond Vignole (filet de l'Ouest).	14	85	2.736	1.872	1.044	»	»	»	
	Id. *id.*	13	85	2.808	1.980	1.116	»	»	»	
	Tirefond Vignole (filet de l'Ouest), âme de 14 mill.	15	85	2.664	2.052	1.152	»	»	»	
	Id. *id.* *id.* . . .	14	85	2.484	1.908	1.044	»	»	»	
	Id. *id.* *id.* . . .	13	85	2.556	2.016	1.188	»	»	»	
	Tirefond pour coussinets (filet de l'Est).	15	100	3.240	2.304	1.440	»	»	»	
	Id. *id.*	14	100	3.204	2.340	1.512	»	»	»	
	Tirefond pour coussinets (filet de l'Ouest).	14	100	3.312	2.412	1.476	»	»	»	
	Id. *id.*	13	100	3.348	2.556	1.620	»	»	»	
	Tirefond Vignole non fileté.	15	85	1.620	2.584	1.332	1.296	1.260	»	
	Crampon modèle de Lyon.	15	110	2.304	2.052	1.944	1.872	1.836	»	

Il résulte de ces essais que la résistance du crampon ou du tire-fond *non fileté*, est beaucoup moins réduite que celle du tire-fond par des arrachements successifs. Le premier a souvent perdu beaucoup moins à une cinquième et même à une sixième extraction, que le tire-fond à une troisième. Ce fait a, au surplus, peu d'utilité dans le cas qui nous occupe. Il n'a d'ailleurs rien d'imprévu, le tirefond une fois arraché laissant nécessairement les filets ligneux désorganisés et le trou agrandi, tandis que le frottement, qui constitue la résistance du crampon, est peu modifié. Quant au premier arrachement, le tire-fond ne parait pas avoir d'avantage notable sur le crampon dans le chêne et dans le hêtre, c'est-à-dire dans les bois durs. Mais l'avantage est assez marqué dans le sapin, et surtout dans le charme et le bouleau.

62. S'il y avait quelque chose de réel dans la tendance du rail au renversement, elle aurait dû conduire les ingénieurs qui affirment cette tendance à adopter, avec les bois tendres, la vis pour l'intérieur de la voie, lors même que le crampon leur paraît préférable pour l'extérieur. Les deux attaches subissant en effet, dans cette hypothèse, des efforts bien distincts, surtout longitudinaux pour les unes, transversaux pour les autres, il serait naturel que leur constitution respective fût en rapport avec ces conditions différentes. Or, en admettant, ce qui n'est nullement démontré, que les vis se relâchent plus rapidement que les crampons sous l'action des efforts transversaux, on ne peut guère contester que les premières soient plus propres à résister à un premier arrachement avec les bois tendres. C'est cependant toujours, si ce n'est parfois aux joints, le même mode qui est appliqué, en dedans et en dehors indistinctement, dans les courbes les plus roides comme en alignement droit; et comme il eût été tout simple de chercher à augmenter la résistance à l'arrachement, là où cette résistance eût été mise réellement en jeu, on peut citer ce fait comme prouvant indirectement que la prétendue tendance au renversement n'est nullement fondée sur l'observation.

63. *Tendance à l'arrachement des attaches, aux joints non éclissés.* — Il y a sans doute des points où la tendance à l'arrachement des attaches, — vis ou crampons, — est manifeste : ce sont les extrémités des rails, lorsqu'ils ne sont pas éclissés; mais cette tendance affecte également l'extérieur et l'intérieur. Elle résulte, en effet, non de la tendance du rail à se renverser, mais des vibrations transversales, du *fouette-*

ment vertical du bout du rail, fouettement qui, dès qu'il a produit le relâchement des attaches, détruit rapidement la traverse de joint, par cela même que la condition du contact n'est plus remplie précisément au point où elle est plus indispensable encore que partout ailleurs.

On a donc reconnu bientôt, avec le rail *Vignole*, la nécessité : 1° de constituer plus solidement les attaches au joint ; 2° de protéger le bois contre les vibrations des extrémités des rails par une sorte de bouclier métallique.

C'était remédier tant bien que mal aux inconvénients, au lieu de chercher, comme on le fait universellement aujourd'hui avec un succès presque complet, à supprimer la cause elle-même, c'est-à-dire la discontinuité des rails. L'éclissage fait rentrer les attaches du joint dans les mêmes conditions que les attaches intermédiaires, et réduit à bien peu de chose, si ce n'est à rien, l'utilité des moyens indirects.

Ceux-ci sont cependant encore employés très-souvent, en Allemagne, concurremment avec les éclisses.

64. Le complément le plus usité consiste dans l'application d'une plaque en fer qui remplit cette triple fonction : elle protége les traverses ; elle rend les quatre attaches solidaires ; elle saisit, entre des épaulements latéraux, les patins des deux rails consécutifs, et rend ainsi beaucoup moins imparfaite la coïncidence de leurs champignons en plan.

Les premières plaques, ordinairement en fonte, portaient deux saillies triangulaires sur lesquelles s'appuyaient les bouts biseautés des patins, et destinées à empêcher l'entraînement longitudinal (105). On a supprimé, depuis, ces épaulements.

Sur quelques lignes, au Semring entre autres, les plaques donnent l'inclinaison au rail. Sur la même section, on a placé aussi, au milieu, une plaque de largeur moindre ; addition faite surtout en vue des courbes, et peut-être aussi pour fournir un repère de plus pour l'inclinaison et donner plus de précision au sabotage.

Sur quelques sections du chemin bavarois (*Kempten* à *Lindau*, *Bamberg* à *Aschaffenbourg*), on a essayé de remplacer la plaque de joint par deux plaques de fonte tout à fait indépendantes, sortes de coussinets rudimentaires placés côte à côte sur la traverse de joint. Le rail est maintenu, à l'intérieur, par un petit repli du coussinet ; à l'extérieur, par la large tête de la cheville. Cette disposition, combinée avec des éclisses, présente une complication que celles-ci rendaient parfaitement inutile.

On a appliqué simultanément les plaques, les crampons et les vis au renouvellement des voies du chemin de fer badois, renouvellement combiné avec la réduction de la largeur, ramenée de 1^{m},60 à la cote ordinaire. Chaque joint a reçu une plaque, quatre crampons, et quatre chevilles tordues en vis. On s'explique peu d'ailleurs, l'emploi des crampons et des vis, dans des conditions identiques, et la position des dernières, insérées dans un œil percé dans le patin au lieu d'être appliquées sur ses bords.

Sur la ligne de *Stargard-Cöslin-Colberg*, ouverte en 1859, les rails, du profil dit *ministériel prussien*, s'appuient au joint sur une plaque munie d'épaulements qui enchassent exactement les patins; il y a, à l'extérieur, deux crampons, et à l'intérieur deux boulons traversant la plaque, et appliquant sur les patins, les uns, leurs têtes, les autres, leurs écrous. Les têtes de boulons, en forme de crosses, s'engagent dans une rainure ménagée sur la face inférieure de la traverse, et s'opposent ainsi à la rotation lors du serrage des écrous. (Pl. VI, *fig*. 19 et 20).

65. On a été, sur plusieurs lignes, jusqu'à appliquer au joint du rail *Vignole* un véritable coussinet, nécessairement fort large, avec coin en bois. Cette malencontreuse combinaison de deux modes qui s'excluent a été appliquée, à titre d'essai, sur les chemins de *Brunswick* à *Lunebourg*, de la Hesse-Électorale, de *Saarbrücke*, etc. On a même, sur le chemin du Main au Weser, enchéri encore sur cette complication en ajoutant au coussinet, dans les courbes de très-petit rayon, une sorte d'armature en fer reliant le bord extérieur du rail au bord intérieur du coussinet, et destinée à suppléer le coin en cas de chute, et accessoirement à soulager la joue extérieure du coussinet.

66. Au chemin de *Saarbrücke*, on s'est proposé, comme on l'avait déjà fait sur une section de la ligne de *Stargard* à *Posen*, de prévenir les conséquences du relâchement et de la chute du coin ordinaire, en lui substituant un coin double, composé de deux parties réunies par un boulon, et formant ainsi queue d'hironde (Pl. VI, *fig*. 10 et 11).

L'expérience n'a pas tardé, heureusement, à faire justice de toutes ces complications, et à arrêter les ingénieurs dans la voie fausse où ils s'engageaient.

Les vis et les crampons, ainsi que les boulons, beaucoup moins usités, traversent ordinairement la plaque de joint et sont placés deux à deux, comme pour les traverses intermédiaires, sur une ligne oblique au rail pour éviter de fendre la traverse.

Quoique le ressaut qui se forme au joint (37) fût déjà moins prononcé pour les rails *Vignole*, munis de plaques et de boulons, que pour les rails à champignons simplement serrés par des coins, il y a longtemps qu'on a reconnu la nécessité d'assurer une coïncidence plus exacte des bouts. On a commencé par replier la plaque de joint sur les rebords extérieurs des patins en appliquant sur ce repli les têtes des crampons, placés alors en dehors de la plaque (chemin de *Berlin* à *Stettin*). Le repli de la plaque a été ensuite remplacé par une plate-bande rapportée, serrée sur les patins par des boulons à écrous supérieurs, remplaçant eux-mêmes les crampons. Ces appendices, sortes d'éclisses horizontales, ont été placés alors des deux côtés; on les a fait tantôt très-courts, fixés par un seul boulon placé exactement dans le joint; tantôt plus longs, avec deux ou même trois boulons de chaque côté. Ces dispositions constituaient déjà un perfectionnement réel; il est inutile de les décrire en détail, mais il convenait de les mentionner, ne fût-ce que pour rappeler combien l'étude de l'appropriation du rail *Vignole* a été complète et variée, et par quelle longue série d'essais on en arrive aux combinaisons bien plus pratiques qui prévalent aujourd'hui.

L'appendice horizontal a été d'ailleurs combiné quelquefois avec l'éclisse, par exemple sur le chemin de *Berlin* à *Francfort* (Pl. IV, *fig.* 4 et 5, *Grenoble* à *Saint-Lambert*, Pl. V, *fig.* 5), et tout récemment sur le *Gebirgs' Bahn* (*fig.* 28 et 29).

67. La moindre longueur des portées extrêmes compense, et souvent au delà, le désavantage de leur situation sous le rapport de la résistance transversale, mais elle laisse subsister les inconvénients de l'indépendance des rails consécutifs; la grande flèche, sous la charge, le ressaut au joint, les vibrations, le *fouettement* des bouts libres, persistent; ils sont seulement atténués; le seul moyen efficace de les éliminer est la solidarité des rails, transformés en une file continue, indéfinie, dont les éléments conservent seulement, dans le sens de la longueur, le degré de liberté que réclament les variations de température.

Sans cette dernière condition, la plaque de joint, boulonnée sous le patin du rail américain, offrirait un moyen très-satisfaisant de rétablir la continuité; elle fonctionnerait comme un couvre-joint, placé de la manière la plus favorable au rétablissement de la résistance transversale; point également essentiel, que le joint soit ou non en porte-à-faux (74); elle serait peut être, sous ce rapport, préférable aux éclisses elles-mêmes. Cet assemblage a été essayé sur le chemin de l'Est prussien. Il donnait de bons joints et possèdait une grande résistance, à condition que les rails fussent jointifs. Dans une expérience faite au moyen de la presse à levier (19), la rupture a eu lieu sous une charge de 13tonnes,7, environ moitié de celle sous laquelle se brisait le rail continu. Mais comme il est nécessaire de laisser, au moins de distance en distance, du jeu entre les rails (121) et d'ovaliser les trous des boulons, la plaque cesse alors de remplir le rôle d'un véritable couvre-joint, et l'assemblage perd beaucoup de sa résistance, tant que les sommets des champignons ne viennent pas s'appliquer l'un contre l'autre; les éclisses sont d'ailleurs plus simples, et surtout elles assurent beaucoup mieux l'affleurement exact des bords des champignons, ce qui est le point essentiel.

CHAPITRE III.

ÉTABLISSEMENT DE LA CONTINUITÉ AUX JOINTS AU MOYEN DES ÉCLISSES; TRAVAIL DU FER DANS LES RAILS, DANS LES ÉCLISSES, ET DANS LEURS BOULONS.

§ I. — Détermination des sections de rupture et des efforts moléculaires du rail dans les portées intermédiaires et dans les portées extrêmes, avec ou sans éclisses.

68. Les rails se prêtent très-bien, par leur forme générale, à l'assemblage bout à bout au moyen d'armatures latérales. Ces moises, logées dans les deux gorges du rail, fléchissent avec lui en vertu des pressions réparties, sur toute leur longueur mais fort inégalement, par les renflements supérieur et inférieur. Le bout du rail soumis à la charge entraîne dans sa flexion le rail conjugué, par l'intermédiaire des éclisses, avant que celui-ci soit atteint par la roue, et le prépare ainsi à recevoir, à son tour, la charge sans choc violent.

Tel est le principe des éclisses. Leur emploi, presque général aujourd'hui quand le profil du rail s'y prête, date déjà de loin : elles ont été appliquées pour la première fois en Europe, en 1847, sur le chemin de *Dusseldorf* à *Elberfeld*, et même antérieurement, à ce qu'il paraît, aux États-Unis.

Quels que soient les détails de construction de l'assemblage des rails, les joints sont toujours des sections de moindre résistance du système rendu continu. La position du joint relativement aux appuis, pour un espacement donné de ceux-ci, n'est donc pas indifférente, comme elle le serait si la résistance était uniforme. Examinons d'abord l'influence de cette position.

Le joint, section de moindre résistance, ne doit pas coïncider avec les sections de rupture, c'est-à-dire avec celles auxquelles correspond, dans l'hypothèse de l'uniformité de constitution du solide, un maximum des efforts moléculaires. Or, la position des sections de rupture dépend essentiellement des conditions dans lesquelles le rail est placé sur ses appuis.

On est dans l'usage d'admettre l'encastrement des portées intermédiaires. Avec les éclisses, on doit l'admettre aussi au même titre pour les portées extrêmes, car elles réalisent incomplétement, sans doute, mais au même degré que la continuité absolue elle-même, l'invariabilité de la tangente sur les appuis extrêmes.

Il faut donc déterminer la position des sections de rupture, dans un solide supposé encastré aux deux bouts, et soumis à l'action d'une charge mobile.

a étant la longueur du solide (Pl. VIII, *fig.* 5), I moment d'inertie de sa section relativement à l'axe horizontal passant par le centre de gravité, *l* une position quelconque de la charge mobile P relativement à l'extrémité A, ρ le rayon de courbure en un point quelconque, μ le moment de rupture en B, π l'effort tranchant au même point (ou, puisque la travée est supposée unique, la réaction verticale de l'appui B), on a, en négligeant comme on le fait ordinairement, la force centrifuge de la charge et l'inertie du rail :

Entre A et M,

$$(1)\quad \frac{\mathrm{EI}}{\rho} = \mathrm{P}(l-x) - \pi(a-x) + \mu, \quad x \text{ étant compris entre o et } l;$$

et entre M et B,

$$(2)\quad \frac{\mathrm{EI}}{\rho} = -\pi(a-x) + \mu, \quad x \text{ étant compris entre } l \text{ et } a;$$

remplaçant ρ par sa valeur approchée $\dfrac{1}{\frac{d^2y}{dx^2}}$, intégrant deux fois, et exprimant que pour $x = a$, l'équation différentielle du premier ordre donne $\dfrac{dy}{dx} = 0$, et l'équation en quantités finies, $y = 0$, on a, entre π et μ les deux équations ;

$$\frac{\pi a^2}{2} = \mu a + \frac{\mathrm{P}l^2}{2}, \quad \text{et} \quad \frac{\pi a^3}{3} = \frac{\mu a^2}{2} + \frac{\mathrm{P}l^2 a}{2} - \frac{\mathrm{P}l^3}{6},$$

d'où

$$\pi = \mathrm{P}\frac{l^2}{a^2}\left(3 - \frac{2l}{a}\right), \quad \mu = \frac{\mathrm{P}l^2}{a} - \frac{\mathrm{P}l^3}{a^2},$$

et reportant dans (1) :

$$\frac{\mathrm{EI}}{\rho} = \mathrm{P}\left(l - 2\frac{l^2}{a} + \frac{l^3}{a^2}\right) - \mathrm{P}x\left(1 - \frac{3l^2}{a^2} + \frac{2l^3}{a^3}\right).$$

La plus grande valeur numérique de $\dfrac{1}{\rho}$ correspond à l'une des valeurs extrêmes de x, c'est-à-dire à

$$x = \text{o, qui donne } \frac{1}{\rho'} = \frac{\mathrm{P}l}{\mathrm{EI}}\left(1 - \frac{2l}{a} + \frac{l^2}{a^2}\right)$$

on

$$x=l, \text{ qui donne } \frac{1}{\rho''}=\frac{-2Pl^2}{EI.a}\left(1-\frac{2l}{a}+\frac{l^2}{a^2}\right);$$

d'où, abstraction faite du signe, relatif seulement au sens de la courbure, $\frac{1}{\rho'}:\frac{1}{\rho''}::1:\frac{2l}{a}$, et, par suite, R′ et R″ désignant les efforts moléculaires développés dans les fibres extrêmes de ces sections supposées égales, et à cause de $\frac{EV}{\rho'}=R'$, $\frac{EV}{\rho''}=R''$, V étant la demi-hauteur du rail, $R':R''::\frac{a}{2}:l$.

La section de rupture, de A et M, est donc en A tant que $l<\frac{a}{2}$, et en M quand $l>\frac{a}{2}$. Mais comme la section de rupture du segment MB est alors en B, la section la plus dangereuse est toujours *à l'encastrement le plus voisin de la charge*. Elle passe d'un encastrement à l'autre à l'instant où la charge se trouve au milieu.

l_1 désignant la distance de la charge à l'extrémité la plus rapprochée, l'effort correspondant $R_1=\frac{VPl_1}{I}\left(1-\frac{2l_1}{a}+\frac{l_1^2}{a^2}\right)$ est maximum pour $\frac{l_1}{a}=\frac{1}{3}$, valeur qui convient, puisque l_1 est comprise entre 0 et $\frac{a}{2}$; et ce maximum est : $R_{max.}=\frac{4}{27}\cdot\frac{VPa}{I}$.

L'une des sections extrêmes est donc, dans toutes les positions de la charge, celle qui fatigue le plus (il y a, seulement, égalité entre les efforts développés dans ces deux sections, et dans celle du milieu, à l'instant où la charge atteint celle-ci) ; c'est à l'instant où la charge passe au tiers de la longueur que l'effort est maximum, et c'est à l'encastrement le plus voisin qu'il se développe.

Ainsi, quand on pose en principe qu'il y a encastrement, la conséquence devrait être de placer le joint, section de moindre résistance, en porte-à-faux au milieu, et non sur un appui, car cette dernière position est, théoriquement, la plus défavorable de toutes.

C'est parce qu'ils se contentent de considérer une charge appliquée au milieu de la portée, que les ingénieurs regardent comme indifférent, au point de vue de la fatigue théorique du joint, de le placer soit sur un appui, soit au milieu; l'effort maximum, à égalité de section, est en réalité $\frac{4}{27} \cdot \frac{VPa}{I}$ dans un cas, et $\frac{1}{8} \cdot \frac{VPa}{I}$ dans l'autre; la différence n'est donc nullement négligeable.

69. *Travail du fer dans les rails.* — Pour le rail à double champignon de 36 kil. du Nord français, on a, l'unité étant le mètre :
$I = 0{,}000.009.618.700$, | $V = 0^m{,}0675$, | $a = 0^m{,}90$, d'où $R = 934{,}7P$.
Pour le rail *Vignole* du Bourbonnais :

$I = 0{,}000.009.300$, | $V = 0^m{,}065$, | $a = 1^m$, d'où $R = 1034{,}4P$.

Pour le nouveau rail *Vignole* de l'Est :

$I = 0{,}000.007.962$ | $V = 0^m{,}060$ | $a = 1^m{,}125$ d'où $R_2 = 1255{,}9P$.

(La valeur $a = 1^m{,}125$ ne s'applique, sur le réseau de l'Est, qu'aux lignes parcourues par des trains à vitesse et à charge modérées. Le rail, de 6 mètres, repose alors sur six traverses; les deux travées du milieu ont $1^m{,}125$; les deux suivantes $1^m{,}075$, et les deux extrêmes, $0^m{,}80$. Sur les lignes à grande vitesse et à grand trafic (*Paris-Strasbourg*, *Paris-Mulhouse*, *Frouard-Forbach*, *Strasbourg-Bâle*), le nombre des traverses est porté à 7.)

Pour une charge statique sur rails de 13^{t} par essieu, $P = 6.500$ kil., d'où : $R = 6$ kil., 08, $R_1 = 6$ kil., 72 et $R_2 = 8^{kil}{,}16$ par millimètre quarré.

Mais, dans l'hypothèse admise, ces chiffres peuvent être accidentellement dépassés d'une manière très-notable, non-seulement par suite des conditions variables de la résistance des appuis et de la répartition des charges sur les travées voisines, mais aussi par suite de l'état de mouvement lui-même, qui fait intervenir, abstraction faite des chocs : 1° les surcharges périodiques dues aux roues motrices munies de contre-poids excédant l'équilibre vertical, et à l'effort des bielles motrices; 2° les pressions des mentonnets sur les rails, et 3° les écarts parfois très-considérables de la répartition réelle, au bout d'un certain temps, relativement à la répartition normale, réglée sur les bascules. Mais, si on néglige toutes ces causes aggravantes, on fait, par contre, une hypothèse très-défavorable, heureusement inexacte — celle de la concentration des charges sur un seul point (53). — L'effort dû à une même charge verticale dépend d'ailleurs d'un élément variable, l'espacement des essieux des machines, espacement qui influe sur les conditions dans lesquelles les travées se trouvent successivement placées. Prenons, par exemple, le rail *Vignole*, sur 7 traverses, et la machine à 8 roues couplées (ancienne *Engerth* découplée) de l'Est. Si on fait glisser le second profil sur le premier (Pl. VIII, *fig.* 1) on voit que la situation la plus favorable du rail a lieu dans une position relative telle que **1**, chaque roue étant très rapprochée d'un appui ; et que la plus défavorable a lieu dans la position 2, la roue C étant au milieu d'une travée de $0^{m},90$, et les travées voisines n'étant pas chargées. Le rapprochement des traverses est certainement très-utile, mais un peu moins cependant qu'on le supposerait au premier abord, parce que les essieux des machines étant alors beaucoup plus espacés que les appuis, le rapprochement de ceux-ci a pour effet de laisser plus souvent les travées livrées pour ainsi dire à elles-mêmes, en les éloignant encore plus des conditions de l'encastrement. Tout ce qu'on peut dire de cette hypothèse ordinairement admise de l'encastrement, — même abstraction faite du défaut de fixité des appuis, — c'est qu'elle se réalise à peu près, mais passagèrement, et seulement pour certains modes d'application des charges, dont la symétrie approchée peut seule empêcher l'inclinaison transversale des supports, et maintenir à peu près l'horizontalité de la tangente à *l'élastique*, sur les appuis. Ainsi, l'encastrement d'une portée aux deux bouts est à peu près admissible, quand elle est franchie par les roues du milieu d'une machine à essieux assez rapprochés pour que les deux portées contiguës supportent les roues extrêmes, et quand la répartition du poids de la machine ne s'écarte pas trop de l'égalité. Tel est le cas, par exemple, pour certaines machines à 6 roues couplées, de petit diamètre et très-rapprochées. Mais on est loin de l'encastrement quand la portée est franchie par une roue extrême. Il faudrait, en un mot, traiter le rail comme une poutre continue, dont les travées, très-petites, ne sont chargées qu'en un seul point, tracer les moments de rupture correspondant à des hypothèses variées, et s'assurer que le maximum n'excède pas le moment de résistance du rail, calculé pour un effort déterminé dans les fibres extrêmes. Mais les résultats obtenus par l'application de cette méthode, si utile pour le calcul des ponts, seraient sans intérêt ici par suite de la compression variable et indéterminée des appuis. Autant vaut, dès lors, se contenter d'une méthode sommaire.

70. Lorsque deux travées contiguës seulement sont chargées, on peut supposer l'encastrement sur l'appui intermédiaire; mais sur les deux autres appuis, l'hypothèse de la liberté du solide est moins éloignée de la réalité que celle de l'encastrement; elle est d'ailleurs plus défavorable, il y a donc peu d'inconvénient à l'adopter; elle est même nécessaire pour les portées extrêmes du rail, lorsque la continuité au joint n'est pas rétablie par des éclisses.

Il suffit évidemment (Pl. VIII, *fig.* 6) alors de faire dans les équations (1) et (2) du n° 68, $\mu=0$, d'où, a' étant la longueur de la travée dans ces nouvelles conditions :

$$\pi=\frac{3}{2}\,\mathrm{P}\,\frac{l^2}{a'^2}\left(1-\frac{l}{3a'}\right).$$

et reportant dans l'équation finie déduite de (1):

$$\frac{\mathrm{EI}}{\rho}=\mathrm{P}l\left(1-\frac{3}{2}\frac{l}{a'}+\frac{1}{2}\frac{l^2}{a'^2}\right)-\mathrm{P}x\left(1-\frac{3}{2}\frac{l^2}{a'^2}+\frac{1}{2}\frac{l^3}{a'^3}\right)$$

le maximum absolu a lieu pour l'une des limites de x, c'est-à-dire pour

$$x=0,\quad \text{d'où (3)}\quad \frac{\mathrm{EI}}{\rho'}=\mathrm{P}l\left(1-\frac{3}{2}\frac{l}{a'}+\frac{1}{2}\frac{l^2}{a'^2}\right)$$

ou pour

$$x=l,\quad \text{d'où (4)}\quad \frac{\mathrm{EI}}{\rho''}=\mathrm{P}l\left(-\frac{3}{2}\frac{l}{a'}+\frac{2l^2}{a'^2}-\frac{1}{2}\frac{l^3}{a'^3}\right)$$

(3) Est maximum pour $\frac{l}{a'}=0{,}422$, et ce maximum est: $\frac{\mathrm{EI}}{\rho'}=0{,}1928\,\mathrm{P}a'$.

(4) Est maximum pour $\frac{l}{a'}=0{,}634$, et ce maximum est: $\frac{\mathrm{EI}}{\rho''}=0{,}108\,\mathrm{P}a'$.

Le plus grand effort a donc lieu à l'encastrement, à l'instant où la charge est à la distance 0,422 a', et sa valeur est $\mathrm{R}=\frac{\mathrm{EV}}{\rho'}=0{,}1928\,\frac{\mathrm{VP}a}{\mathrm{I}}$.

Si l'on supposait la travée simplement posée aux deux bouts, la section de rupture coïnciderait constamment avec le point d'application de la charge; l'effort maximum aurait lieu à l'instant où la charge atteindrait le milieu, et par suite en ce point même; et sa valeur serait $\mathrm{R}=0{,}25\,\frac{\mathrm{VP}a'}{\mathrm{I}}$

Mais cette hypothèse ne peut être à peu près justifiée que pour le cas d'une portée extrême, non éclissée, et de la portée contiguë non chargée.

71. Revenons à la position du joint, en porte-à-faux, ou sur une traverse. Placé en porte-à-faux, le joint ne peut être qu'au milieu ou à très-peu près, à cause de la longueur des éclisses, presque égale à la longueur très-réduite de la travée; il s'agit donc simplement de comparer les valeurs des efforts maximum développés d'une part sur les appuis, de l'autre au milieu, quand le système passe, sous l'action d'une charge mobile, successivement par les états d'encastrement complet, partiel ou nul, par suite de sa liaison avec les portées contiguës et diversement chargées.

1° Cherchons la position de la charge à laquelle correspond, dans le cas de l'encastrement aux deux bouts, l'effort maximum des fibres dans la section du milieu.

On a, de A en M (Pl. VIII, *fig.* 5),

$$\text{(5)} \qquad \frac{\mathrm{EI}}{\rho} = \mathrm{P}l\left(1 - \frac{2l}{a} + \frac{l^2}{a^2}\right) - \mathrm{P}x\left(1 - \frac{3l^2}{a^2} + \frac{2l^3}{a^3}\right),$$

et de M en B,

$$\text{(6)} \qquad \frac{\mathrm{EI}}{\rho} = \mathrm{P}l\left(-\frac{2l}{a} + \frac{l^2}{a^2}\right) - \mathrm{P}x\left(-\frac{3l^2}{a^2} + \frac{2l^3}{a^3}\right).$$

Pour $x = \frac{a}{2}$, (5) donne $\frac{\mathrm{EI}}{\rho} = \mathrm{P}\left(l - \frac{a}{2} - \frac{l^2}{2a}\right)$ et (6') $\frac{\mathrm{EI}}{\rho} = \frac{-\mathrm{P}l^2}{2a}$.

C'est la première expression qui convient si le segment AM comprend le milieu, c'est-à-dire si l=au moins $\frac{a}{2}$, et la seconde si l=au plus $\frac{a}{2}$. Or, elles prennent respectivement leur plus grande valeur numérique, l'une pour la plus petite, et l'autre la plus grande des valeurs de l qui leur conviennent, c'est-à-dire pour la limite commune des deux séries de ces valeurs, ou $l = \frac{a}{2}$; et la valeur correspondante de R est :

$$\mathrm{R}_{max.} = 0{,}125\,\frac{\mathrm{VP}a}{\mathrm{I}}.$$

2° On trouve de même que, dans le cas de l'encastrement à un seul bout, l'effort maximum au milieu correspond à l'application de la charge en ce point même, et a pour valeur :

$$\mathrm{R}_{max.} = \frac{5}{32}\,\frac{\mathrm{VP}a}{\mathrm{I}}.$$

3° On sait d'ailleurs que, pour un solide simplement posé aux deux bouts, l'effort maximum au milieu correspond à l'application de la charge en ce point même, et a pour valeur :

$$R_{max.} = 0,25 \frac{VPa}{I}.$$

72. Le tableau suivant résume ces résultats :

dans la section	EFFORT MAXIMUM DÉVELOPPÉ — DANS LE CAS OU LE SOLIDE EST — encastré aux deux bouts.		encastré à un seul bout.		posé aux deux bouts.	
	Position de la charge.	Valeur du maximum.	Position de la charge.	Valeur du minimum.	Position de la charge.	Valeur du maximum.
extrême.	Au tiers de la longueur.	$R = 0,148 \frac{VPa}{I}$.	Aux 0,422 de la longueur.	$R = 0,1924 \frac{VPa}{I}$.	Quelconque.	$R = 0$.
du milieu.	Au milieu.	$R = 0,125 \frac{VPa}{I}$.	Au milieu.	$R = 0,156 \frac{VPa}{I}$.	Au milieu.	$R = 0,25 \frac{VPa}{I}$.

Si donc on exclut l'hypothèse de la liberté de la portée aux deux bouts, l'effort des fibres extrême atteindra au droit des appuis, $0,1924 \frac{VPa}{I}$, et au milieu, seulement $0,156 \frac{VPa}{I}$. Le joint devra donc alors être placé de préférence en porte-à-faux, au moins sous le rapport de la résistance. Mais si on admet que la portée peut se trouver, à un instant donné, à peu près dans les conditions d'un solide posé aux deux bouts, le joint appuyé est préférable puisque la limite que l'effort maximum peut alors y atteindre est seulement $0,1924 \frac{VPa}{I}$ au lieu de $0,25 \frac{VPa}{I}$.

On voit aussi que le chiffre $\frac{2}{3}$, ordinairement pris comme rapport théorique des longueurs des portées extrême et intermédiaire, pour les rails à joints non consolidés, n'est pas exact; il réalise l'égalité de fatigue dans la section de rupture, seulement sous l'action d'une charge appliquée au milieu, et non l'égalité des efforts maximum sous l'action d'une charge mobile. En admettant, comme on le fait ordinairement, l'encastrement aux deux bouts pour la portée intermédiaire de longueur a, et à un bout seulement pour la portée extrême de longueur a', le rapport est donné par la condition $0,148\,a = 0,1924\,a'$, d'où $\frac{a'}{a} = 0,762$. Si l'expérience a conduit à assigner souvent à ce rapport, avant l'application des éclisses, une valeur beaucoup plus petite, c'est qu'il s'agissait moins, en pratique, d'égaliser les efforts que d'atténuer le ressaut au joint; effet que la réduction de la portée extrême réalise par plusieurs motifs évidents.

Tels sont les résultats auxquels conduit la théorie admise par les ingénieurs du service de la voie. Il faut, si on veut l'invoquer, ne lui attribuer que ce qu'elle donne effectivement. La considération de l'état statique peut d'ailleurs être regardée comme suffisante en elle-même, quand il s'agit plutôt de la comparaison des efforts que de leurs valeurs absolues; mais, à vrai dire, on ne saurait compter beaucoup sur le secours du calcul en semblable matière. Si les déductions de la théorie des solides élastiques sont tous les jours vérifiées par la pratique des constructions proprement dites, c'est que là, du moins, outre qu'on n'a pas en général à se préoccuper de l'inertie des masses, les points considérés comme fixes le sont en réalité, ou à très-peu près; tandis que les appuis des rails possèdent une compressibilité, fort utile sans doute, indispensable même, mais très-variable d'un appui à l'autre, d'un jour à l'autre, même, et qui met le calcul à peu près en défaut.

73. Si, du reste, cette compressibilité est précieuse au point de vue des chocs, elle est, d'un autre côté, défavorable à la résistance statique du rail, par le seul fait de la répartition des pressions qui s'opère quand les deux appuis entre lesquels la charge est comprise, viennent à céder un peu. Si, par exemple, on considère quatre appuis seulement, on a pour l'effort moléculaire maximum, sous une charge appliquée au milieu :

1° En supposant que les deux appuis entre lesquels la charge est comprise sont parfaitement inflexibles et supportent seuls la charge : $R = \frac{VPa}{4I}$;

2° En supposant que ces deux appuis fléchissent, de sorte que chacun d'eux supporte seulement $\frac{P}{2} - p$, la charge p, variable suivant le degré de compressibilité du ballast et l'élasticité du rail, étant reportée sur l'appui suivant :

$$R' = \frac{Va}{2I}\left(\frac{P}{2} + p\right); \quad \text{donc } R' - R = \frac{Vap}{2I}.$$

La compressibilité des appuis a d'ailleurs pour effet, lors même qu'elle ne s'écarte pas trop de l'uniformité à charge égale, d'éloigner beaucoup de la réalité l'hypothèse de l'encastrement, à cause de l'inclinaison des éléments de la portée au droit des deux appuis qui cèdent sous la charge comprise entre eux.

On a été quelquefois jusqu'à admettre que chaque traverse peut se dérober complétement sous la charge; mais une hypothèse aussi défavorable n'est nullement nécessaire; elle ne répond à aucune éventualité réelle, sur les voies convenablement entretenues. Si l'on croyait néanmoins devoir l'accepter, la conséquence nécessaire serait de rejeter la position du joint sur un appui, position la plus défavorable de toutes, puisque le joint serait alors sujet à devenir tantôt le milieu, tantôt l'extrémité, c'est-à-dire dans tous les cas la section la plus fatiguée d'une portée de longueur double.

§ II. Joints en porte-à-faux du rail Vignole sur les chemins de fer d'Allemagne.

74. — Avec le rail à deux champignons, le porte-à-faux du joint éclissé va de soi, les éclisses se conciliant mal avec le coussinet de joint, qui d'ailleurs devrait être fort élargi. On a essayé d'employer un coussinet à une seule joue, fort allongée, remplaçant jusqu'à un certain point l'éclisse extérieure. Cette disposition paraît inférieure à celle que j'ai remarquée sur le chemin de *Rome* à *Naples;* ici les deux éclisses subsistent, les deux boulons intermédiaires traversent la joue unique du coussinet qui a la longueur ordinaire, et dont la joue intérieure est représentée seulement par une très-petite saillie de la semelle.

Avec le rail *Vignole*, il semble tout naturel de laisser le joint sur un appui. Ce point ne pouvait même être mis en question tant qu'il s'est agi d'éclisser des voies existantes; le rail *Vignole* a même, dans ce cas, un avantage de plus sur le rail à champignon, puisque le premier dispense du coûteux remaniement des traverses qu'exige le second. — On a suivi pendant longtemps, en Allemagne comme ailleurs, les mêmes errements pour la pose des voies *Vignole* éclissées de prime-abord, mais depuis quelques années le joint en porte-à-faux a été prôné par plusieurs ingénieurs allemands. Divers essais ont été faits; les résultats ont paru satisfaisants, et aujourd'hui ce mode de pose compte d'assez nombreux partisans. Il ne peut donc être passé sous silence.

Le premier essai, qui remonte à 1856, a été fait sur le chemin gallicien de *Charles-Louis*, entre les stations de *Bochnia* et de *Stocwina*. On observa bientôt une flèche permanente des portées de joint, et, au bout de six ans, l'expérience était abandonnée. On la renouvelait en 1858 sur le chemin de *Küfstein* à *Innsprück*, près de la station de *Brixlegg;* là aussi les résultats furent si médiocres que, dès 1860, on revenait à la traverse à joint. D'après les renseignements que j'ai recueillis sur les lieux en 1865, cet insuccès tiendrait à l'exagération de la portée de joint, excès aggravé par la présence de plusieurs courbes, dont une de 285 mètres de rayon.

Le résultat a été tout différent sur la ligne de *Lübeck* à *Buchen*, où l'expérience remonte aussi à l'année 1858. Mais ici les éclisses ont une longueur de $0^m,457$ pour un espacement de traverses de $0^m,406$ seulement de bord en bord (Pl. IV, *fig.* 19 et 20). — Stabilité plus grande des traverses, relâchement moindre des boulons d'éclisses, joints plus doux, entretien plus facile, tels sont les avantages qui ressortiraient d'une pratique de plus de sept ans. On n'avait, dans l'origine, *suspendu* les joints qu'en alignement droit; en 1865, on a étendu la modification aux courbes sans qu'il en soit résulté le moindre inconvénient, mais les rayons ne descendent pas, en pleine voie, au-dessous de 900 mètres. Tout récemment on a appliqué le porte-à-faux concurremment avec le joint appuyé, aux courbes les plus roides, celles des changements de voie, pour réduire les sujétions de pose qui résultent de l'inégalité des développements, lorsque les joints des deux files de rails doivent se correspondre deux à deux sur une même traverse.

Une application faite en 1861, sur la section de *Cologne* à *Bingen*, avec des portées de joint de $0^m,628$, a conduit les ingénieurs du chemin Rhénan à déclarer que la mesure est bonne et qu'elle doit être généralisée, mais pourvu que le profil du rail ne soit pas trop aigu. Cette restriction ne peut être fondée qu'au point de vue des dangers plus graves que peut entraîner la rupture d'un boulon ou d'une éclisse avec le joint suspendu ; car toutes choses égales d'ailleurs, les pièces du joint travaillent en somme au moins autant, sur un appui qu'en porte-à-faux (68).

Les joints placés en porte-à-faux il y a plus de six ans sur plusieurs points du chemin de la Westphalie, se sont parfaitement comportés.

En 1861, les joints furent mis en porte-à-faux sur une longueur de 500 mètres environ près de la station de ***Niederau***, ligne de ***Leipsig*** à ***Dresde***; les intervalles sont : entre les traverses contre-joints, 0m,60 (d'axe en axe); entre chaque traverse contre-joint et sa voisine, 0m,84; entre deux intermédiaires, 1m,12. Le rail repose immédiatement sur le bois.

Ici encore l'expérience a paru favorable au porte-à-faux; les bouts des rails se maintiennent plus sains, les traverses voisines du joint sont plus stables qu'avec la pose ordinaire. Mais il faut tenir compte de la grande longueur des éclisses, qui se prolongent jusqu'aux traverses et même un peu au-dessus d'elles. Quoi qu'il en soit, cet essai surtout éveilla l'attention de la Réunion des ingénieurs allemands, qui reconnut l'utilité de renouveler et de varier l'expérience.

Déjà tentée antérieurement, puis abandonnée sur la ligne du Main au Neckar, elle y fut reprise en 1863, et cette fois sur une grande échelle. On se félicite du résultat; l'allure des trains paraît plus douce, l'usure des rails moindre; mais ici aussi les éclisses empiètent de 2 à 3 centimètres sur les traverses contre-joints.

D'après un essai, qui date de 1864 seulement, sur le chemin de la haute Silésie (***Breslau-Posen-Glogau-Stargard-Posen***), les ingénieurs de cette ligne pensent que le porte-à-faux donne des joints plus doux, et peut avoir quelques avantages, mais seulement en alignement droit.

Une application faite à la même époque sur le chemin de l'Ouest-Saxon, a conduit jusqu'ici à une opinion décidément favorable, sans restriction à l'égard des courbes.

L'expérience encore plus récente, il est vrai (1865), faite sur le chemin de la basse Silésie et de la Marche, mais seulement en alignement droit, a également réussi. Un des motifs qu'on fait valoir sur cette ligne en faveur du porte-à-faux, c'est que la traverse de joint est plus disposée que les autres à se débourrer parce qu'elle sautille pour peu que l'éclissage soit relâché; elle se dérobe alors plus ou moins complétement sous les charges, de sorte que la portée de joint — la plus faible — se trouve ainsi devenir en même temps la plus longue. — Cet argument a peu de valeur; il est fondé sur un fait possible, sans doute, mais qu'un entretien soigné peut et doit éviter.

On n'a pas été moins satisfait sur le chemin de fer du ***Nord*** de l'*empereur **Ferdinand*** (Autriche) ; seulement le rail très-bas ($0^{m},079$) et les éclisses très-courtes se prêtent assez mal à la modification, les traverses contre-joints devant être rapprochées au point de rendre le bourrage très-difficile.

Les avantages ont paru assez prononcés sur le chemin d'***Aix*** à ***Dusseldorf***, pour que la question d'une application en grand ait été mise récemment à l'étude.

Une section de l'Est-Saxon a été modifiée depuis peu ; c'est une des plus satisfaisantes sous tous les rapports. Seulement le porte-à-faux n'a pas été étendu aux courbes de petit rayon.

Une expérience a été faite aussi sur le chemin du Palatinat. La portée de joint a $0^{m},60$ d'axe en axe. Il n'y a de plaques que dans les courbes, seulement dans la file extérieure et sur les deux traverses voisines des contre-joints.

C'est sur les chemins du Holstein que la modification dont il s'agit a reçu l'application la plus étendue. Essayée d'abord sur un tronçon de 1.600 mètres environ près de la station de ***Neumunster*** (ligne d'***Altona*** à ***Kiel***), avec portées de joint de $0^{m},61$ et éclisses de $0^{m},46$, elle a donné des résultats tels qu'on l'a adoptée pour les nouvelles lignes, celles de ***Neumunster*** à ***Newstadt***, de ***Kiel*** à ***Ascheberg***, et d'***Altona*** à ***Blanken***. A ***Neumunster*** comme à ***Niederau***, on a constaté que les éléments de la voie sont plus stables, qu'elle exige des bourrages moins fréquents, particulièrement dans la région du joint.

Le Hanovre se rallie à l'opinion des partisans de la modification, mais l'application qu'il en a faite est encore trop récente pour qu'il se prononce formellement.

D'après la société du chemin à mines de ***Grätz*** à ***Göflach*** (Styrie), les chocs, très-sensibles avec le joint appuyé, le sont beaucoup moins avec le joint suspendu. Cette observation peut avoir de l'intérêt pour les chemins purement industriels, comme celui dont il s'agit, leur entretien étant nécessairement moins soigné que celui des grandes lignes.

Les ingénieurs de plusieurs chemins : ***Magdebourg-Cöthen-Balle-Leipzig***, ***Saarbrücke***, ***Trèves***, ***Rhein-Nahe***, ***Est***, ***Cologne-Minden***, ***Wilhelm***, ***Thuringe***, réservent leur opinion, par suite de l'origine encore trop récente de leurs observations.

D'autres, en petit nombre, sont décidément contraires à la mesure, mais ils la condamnent *à priori*, sans l'avoir expérimentée. Ainsi, le chemin de Mecklenbourg admet parfaitement le porte-à-faux pour le rail à coussinets, mais il ne voit aucun motif pour l'appliquer au rail *Vignole*, le joint, point faible, étant mieux placé sur son appui.

Berlin à Hambourg est du même avis. Le chemin de Nassau repousse plus formellement encore l'application dont il s'agit, surtout en courbes, « le simple relâchement des boulons pouvant causer un déraillement. »

Sous cette forme, l'objection n'est pas fondée, car elle est indépendante de la position du joint ; si les joints étaient relâchés au point que le rail d'aval fît saillie à l'intérieur de la voie, un déraillement pourrait avoir lieu aussi bien avec une traverse au joint qu'avec le porte-à-faux.

75. En somme, parmi les chemins déjà nombreux qui ont étudié cette question à l'ordre du jour en Allemagne, une grande majorité semble acquise, jusqu'ici, à une modification en faveur de laquelle on n'invoque cependant aucun argument vraiment décisif.

On ne peut mettre en doute des résultats généraux d'observations prolongées ; mais les avantages qu'on signale tiennent-ils bien à la position du joint en porte-à-faux ? ne sont-ils pas au moins en partie la conséquence de la réduction de la longueur de la portée, qui atténue les inconvénients d'un éclissage défectueux ? Si, en effet, les bouts des rails se détériorent moins, si les traverses se débourrent moins, c'est-à-dire si ces deux effets se produisent avec le joint sur un appui, n'est-ce pas parce qu'un éclissage imparfait n'assure pas suffisamment, dans ce cas, la continuité des deux portées extrêmes, plus longues, et n'élimine pas le ressaut comme il le devrait ? Si le joint en porte-à-faux était réellement préférable en lui-même au joint appuyé, s'il donnait dans les mêmes conditions d'entretien, plus de stabilité à la voie, plus de durée aux rails, ce fait ressortirait de lui-même sur les lignes qui ont à la fois les deux modes de pose, sur le Nord français par exemple, qui a le rail à champignons, avec joint *suspendu*, et le rail *Vignole*, avec joint appuyé. Or le second se comporte tout aussi bien que le premier.

On peut cependant, comme on l'a vu (68), faire valoir, en faveur de celui-ci, un léger avantage indiqué il y a longtemps (*) : c'est de réduire un peu, même à égalité de longueur de la portée, le travail

(*) *Travaux d'art et voie des chemins de fer d'Allemagne*, page 223.

des éclisses et par suite la flexion au joint. On peut jusqu'à un certain point expliquer ainsi les faits observés sur les chemins allemands cités tout à l'heure, et dont les ingénieurs de ces chemins ne paraissent pas avoir cherché ou du moins assigné la cause.

Aux avantages qu'ils déclarent avoir constatés, ils en ajoutent un autre : c'est qu'avec le porte-à-faux on est affranchi de la condition d'avoir des traverses de deux catégories : les unes, plus larges et surtout beaucoup plus longues, pour les joints, les autres, pour les appuis intermédiaires.

Ce n'est guère qu'en Allemagne qu'on s'impose cette sujétion de deux longueurs différentes (133) ; on se borne généralement ailleurs à placer aux joints des traverses plus larges, plus régulières, et on s'en trouve bien. Et comme les partisans du joint suspendu reconnaissent qu'il faut placer en contre-joint des traverses droites, régulières, sans quoi leur rapprochement rendrait le bourrage difficile, on ne voit pas que ce système puisse, sous le rapport des traverses, revendiquer aucun avantage.

76. Le joint en porte-à-faux, combiné avec le rail *Vignole*, existe aussi en Angleterre, sur la ligne de *Chatam*. Mais là, comme on l'a vu, l'ingénieur a tenu à s'écarter le moins possible, pour la pose du rail *Vignole*, des errements suivis pour le rail à deux champignons. La position du joint en porte-à-faux paraît donc n'être aussi qu'une affaire d'imitation. On a essayé également aux États-Unis de poser le rail *Vignole* avec le joint en porte-à-faux (Pl. VI, *fig.* 12, 13 et 14) ; mais cette position était la conséquence de la forme même du rail, trop bas pour recevoir l'éclissage ordinaire. On voulait donner aux éclisses le complément de hauteur nécessaire en les prolongeant, comme on l'a proposé depuis en Europe, au-dessous des rails (104). De là le porte-à-faux.

A tout prendre, on peut regarder comme à peu près indifférent, au point de vue de la résistance, de placer le joint au milieu ou à l'extrémité d'une portée de longueur donnée. — La sécurité paraît être aussi à peu près désintéressée dans la question, les ruptures d'éclisses étant très-rares ; mais si on avait quelques motifs de se défier de leur solidité, il vaudrait mieux les placer sur un appui, cette position devant atténuer les conséquences de leur rupture. Le porte-à-faux d'un usage si général en Angleterre a été cependant attaqué de l'autre côté du détroit entre autres par M. *Brunlees*, qui s'est prononcé pour le joint appuyé avec coussinet-éclisse remplaçant nécessairement l'éclisse, puisqu'il s'agit du rail à deux champignons (*).

77. Quant au rapport des portées extrêmes et intermédiaires, il était déterminé, avant l'application des éclisses, surtout par la condition de réduire le ressaut et le *fouettement* des rails (67). On avait été conduit ainsi à donner à la portée extrême une longueur notablement moindre que celle qui correspondrait à l'égalité de fatigue du rail dans les deux portées. — Avec les éclisses, l'inégale répartition des traverses ne doit plus avoir d'autre objet que de compenser plus ou moins complétement l'infériorité de résistance du joint, soit appuyé, soit en porte-à-faux. — Nous reviendrons sur ce point après avoir examiné l'assemblage en lui-même.

§ III. — Éclissage. Nombre et disposition des boulons.

78. La disposition des éclisses a été, en Allemagne surtout, l'objet d'essais très-variés. Leur fonction essentielle étant d'assurer la coïncidence exacte des bouts des rails, il est nécessaire de les entretoiser assez près du joint. C'est ainsi que l'éclisse à trois boulons, dont un au joint même, a paru à quelques ingénieurs plus propre à réaliser l'affleurement exact des extrémités des rails. On comptait sur l'action immédiate du corps même du boulon intermédiaire, engagé à la fois dans les encoches ménagées dans les deux rails, pour les maintenir exactement en regard l'une de l'autre. — Mais c'était méconnaître une des conditions les plus essentielles d'un bon éclissage, c'est-à-dire la liberté du corps des boulons, qui doivent subir uniquement un effort de traction, et être soustraits à tout contact du corps des rails. L'étendue de la portée du corps du rail sur celui du boulon n'avait d'ailleurs rien de constant, par suite de l'excès de longueur donné aux demi-trous pour la dilatation du rail ; d'un autre côté, avec quatre boulons, la flexion horizontale du segment intermédiaire des éclisses rachète, au moins en partie, la petite dénivellation qui existe souvent, les profils des rails n'étant pas rigoureusement identiques. — Cet utile effet disparaît quand le segment intermédiaire devient nul.

De plus, si l'on suppose l'encastrement sur chaque appui, seulement même comme un état transitoire et périodique, il est peu

(*) Voir : *Railway accidents. Institution of civil engineers. Minutes of proceedings*, tome 21 (1861-62), page 348.

logique d'affaiblir l'éclisse au milieu, c'est-à-dire précisément dans la partie la plus fatiguée, — dans le cas du joint appuyé, — de la portée même supposée également résistante partout. Le trou du boulon enlève, il est vrai, du métal qui travaille peu; mais cette réduction de section serait plus grave si le boulon du milieu avait, comme cela devrait être, un diamètre plus fort que les deux extrêmes.

L'assemblage à trois boulons, adopté d'abord en Hanovre, y a fonctionné pendant plusieurs années, sans qu'on y remarquât de graves défauts. Les boulons espacés d'axe en axe de 0m,157 ont tous trois 22mill.,6 de diamètre; égalité qui constitue une disproportion évidente. On a reconnu, avec le temps, que le passage des joints était plus sensible sur les chemins hanovriens que sur les voies étrangères éclissées à quatre boulons. Aussi cet assemblage a-t-il été adopté en 1862, et l'allure des trains est décidément meilleure sur les nouvelles sections auxquelles il a été appliqué.

Sans doute ce résultat ne doit pas être attribué uniquement au quatrième boulon; une bonne part doit revenir au rail lui-même, plus haut et plus lourd, aux éclisses, plus longues (0m,480) et probablement aussi à la suppression des plaques du joint primitif, qui contribuaient incontestablement à la dureté du joint; mais ces plaques étaient peut-être motivées, d'un autre côté, avec de courtes éclisses, réunies par trois boulons seulement. — L'inclinaison des portées, tant du champignon que du patin, est de 45°. Les intervalles des trous, de centre en centre, sont respectivement 0m,112 (trous intermédiaires) et 0m,132.

Un essai fait sur le chemin de *Berg*, en Prusse, a conduit également à reprendre les quatre boulons. On s'explique peu l'adoption récente par deux compagnies françaises, *Orléans*, et la Méditerranée (Pl. V, *fig.* 16 à 25), d'une disposition condamnée déjà par des observations comparatives très-prolongées, et qui ne procure d'ailleurs qu'une insignifiante économie.

79. On a quelquefois, pour maintenir les écrous serrés, ajouté des contre-écrous soit à tous les boulons, soit seulement à ceux ou à celui du milieu. Cette addition, comme celle des clavettes (Pl. IV, *fig.* 19 et 20), est superflue; malgré les vibrations auxquelles ils sont soumis, les écrous, sauf le cas de rupture, se desserrent fort peu, à moins que l'inclinaison des filets ne soit trop forte; la rouille d'ailleurs ne tarde pas à les souder. C'est plutôt contre les obstacles que cette soudure opposerait au serrage qu'il importe de se mettre en garde en empêchant le boulon de tourner avec l'écrou, et en prévenant la rouille elle-même par le graissage. D'après M. *Bernard*, les écrous se desserrent beaucoup moins lorsqu'on prend la précaution de les graisser au moment de la pose, et de recommencer de temps à autre pour les préserver de la rouille; leurs ruptures, très-fréquentes dans l'origine, sont devenues aussi beaucoup plus rares, ce qui tient sans doute à ce que le desserrage était dû soit à la corrosion des filets, soit à des efforts excessifs appliqués, antérieurement, aux écrous soudés par la rouille.

80. On a essayé à diverses reprises de substituer aux boulons des rivets, mais ceux-ci ne tardaient pas à se relâcher. Quoique la question pût être regardée comme définitivement tranchée, surtout par une longue pratique sur le chemin de la *Thuringe*, l'expérience a été faite de nouveau sur le chemin de *Francfort* à *Hanau*, mais sans donner de meilleurs résultats. Pour accepter la rivure, avec les sujétions qu'elle entraîne, il faudrait qu'elle fût en elle-même bien supérieure aux boulons. Or, c'est précisément le contraire qui a lieu. Sans compter d'ailleurs le vice capital, le relâchement, il arriverait sans doute souvent qu'une pose faite sans précaution, avec un rivet trop chaud, aurait pour effet de réduire le jeu entre le rail et le corps du rivet.

Les boulons qui entretoisent les éclisses ne doivent, je le répète, avoir aucun effort transversal à subir. Ce sont de simple tirants, que l'excès de hauteur des trous percés dans les rails doit préserver de toute pression exercée par ceux-ci.

Cette condition capitale a été parfois singulièrement méconnue. On s'est attaché sur quelques chemins allemands par exemple, à ovaliser horizontalement les trous des rails pour assurer aux mouvements de dilatation et de contraction la liberté nécessaire, — en faisant l'axe vertical égal tout juste au diamètre du boulon. C'était se donner beaucoup de mal pour obtenir un très-mauvais résultat. Sous la charge, en effet, le corps du rail venait s'appliquer sur le boulon, le faisait fléchir, s'y imprimait peu à peu, et le détruisait. Il est donc indispensable de réserver non-seulement le jeu horizontal pour la dilatation, mais aussi le jeu vertical pour la flexion et les irrégularités de la pose. Ce qu'il y a de mieux, — ce qu'on fait du reste aujourd'hui presque partout,—c'est de percer le trou circulaire, et dépassant largement le diamètre du boulon, afin de préserver le corps de celui-ci des atteintes du rail. Le diamètre des trous a été successivement en croissant, en partie, il est vrai, par suite de l'augmentation du diamètre des boulons eux-mêmes. Au réseau central d'*Orléans*, par exemple, le diamètre actuel des trous est de 0m,033 au lieu de 0m,022, chiffre adopté il y a plusieurs années. Quant aux trous des éclisses, on les effile souvent vers les extrémités du diamètre horizontal, pour y engager des ergots dont les boulons sont munis et qui ont pour objet d'empêcher leur rotation quand on serre les écrous. Mais on atteint plus simplement le but au moyen d'une rainure dans l'éclisse, disposition qui n'a même pas le léger inconvénient qu'on lui attribue d'exiger deux types d'éclisses. (Pl. V, *fig.* 6, 8 et 9.)

81. Les écrous des boulons d'éclisses sont presque partout à l'intérieur de la voie; en France, la petite ligne de *Sceaux* fait seule exception à cette règle; c'est en Allemagne seulement qu'on trouve les écrous à l'extérieur sur un assez grand nombre de lignes. La première disposition est évidemment la meilleure, surtout lorsque les traverses sont garnies de ballast, la face interne du rail devant toujours être maintenue dégagée. Mais même avec les traverses à nu, il convient de placer les écrous à l'intérieur; la vérification de leur serrage est alors plus facile et plus prompte, surtout s'ils sont non hexagonaux, mais à quatre pans. On doit alors recommander aux poseurs et aux cantonniers de les mettre *à l'équerre*, et de les ramener à cette position. En suivant l'axe de la voie, le cantonnier embrasse d'un coup d'œil, à droite et à gauche, les lignes horizontales des côtés supérieurs, et voit de suite les points où ces lignes sont brisées par suite de la rotation d'un écrou, à moins qu'elle ne soit précisément de 90°. Le cantonnier resserre l'écrou et le remet d'équerre en le serrant un peu plus ou un peu moins, et en employant au besoin de petites rondelles.

§ IV. Profil du rail au point de vue de l'éclissage.

82. Beaucoup de rails se refusent à un éclissage solide par suite de l'inclinaison trop faible, sur la verticale, des faces inférieures du champignon. Celui-ci agit alors sous la charge comme un coin très-aigu, fausse les éclisses, et impose aux boulons une tension excessive. — Un léger bombement et au besoin un accroissement d'épaisseur de l'éclisse peuvent atténuer le premier inconvénient, mais on n'a guère de prise sur le second, le diamètre des boulons étant nécessairement limité.

On s'accorde généralement aujourd'hui à accepter, comme une

condition dominante de la détermination du profil du rail, celle d'être éclissable. Mais on est loin de s'entendre sur le degré d'acuité que peut atteindre l'angle des deux faces de portée, sans que le rail cesse d'être sûrement éclissable. Tandis qu'on n'a pas craint de descendre à 73° sur l'Est prussien, à 75° sur la *Cologne* à *Minden*, on s'est arrêté à 82° sur le Bourbonnais (rail symétrique de *Nevers* à *Roanne*); à 83° sur l'*Orléans* et *Paris* à *Lyon;* à 90° sur l'Est français (rail *Vignole*); à 91° (haut) et 106° (bas) (rail à champignons inégaux du même chemin); à 95° sur l'Ouest (rail symétrique); à 118° sur le Luxembourg belge; à 122° ou 123° sur le Nord français (Pl. III, *fig.* 13), le Midi, l'Ouest suisse, le chemin dit : de l'État, en Autriche, le *Saragosse*, le Mein au Neckar; à 127° sur le Bourbonnais (rail *Vignole* de *Moret* à *Nevers*); à 159° en Autriche pour le rail (projeté) en acier *Bessemer* (Pl. II, *fig.* 12), etc. (*).

Le rail symétrique de *Paris* à *Strasbourg* a l'angle de 68°. Aussi ce profil, déterminé seulement en vue de la résistance du rail, a-t-il été regardé comme n'admettant pas l'éclissage proprement dit. Il en est de même pour les rails de l'Ouest, de *Paris* à *Lyon* et de *Paris* à *Mulhouse*, qui se prêteraient cependant très-bien à l'application des éclisses, si ce n'est peut-être celui de *Mulhouse* à cause de la surface d'appui insuffisante qu'elles trouveraient sur les faces du petit champignon.

Il ne paraît pas douteux qu'on a été trop hardi sur l'Est prussien, trop timide au contraire sur le Bourbonnais (rail de *Moret* à *Nevers*) et dans l'étude du rail *Bessemer* autrichien.

Il y a deux conditions à remplir : 1° une répartition du métal favorable à la résistance du rail; 2° la solidité de l'éclissage. Si l'angle est par trop ouvert, les parties en porte-à-faux des champignons n'étant plus raccordées avec le corps par un épaulement, ne sont plus soutenues. Le rail est sacrifié, et sans profit réel pour l'éclissage, la tension des boulons étant assez réduite sans que les portées se rapprochent ainsi de l'horizontale.

Avec un angle trop aigu, cette tension est trop forte sans que le rail y gagne rien, les porte-à-faux latéraux étant convenablement épaulés avec une inclinaison moins faible. S'il fallait choisir entre les deux exagérations, celle de l'Est prussien paraîtrait préférable, car la forme du

(*) Pour les profils dépourvus de cotes, les angles ont été pris simplement au rapporteur. Ils ne sont donc pas rigoureusement exacts; mais l'approximation suffit pour l'objet que nous avons en vue.

rail est incontestablement meilleure en elle-même, et l'éclissage, après tout, résiste, l'expérience est là. Mais une inclinaison de 100 à 120 degrés paraît concilier très-convenablement les deux conditions; le travail des boulons n'a rien d'excessif, et au point de vue du rail lui-même, il n'y a aucun motif sérieux pour réduire l'angle au dessous de cette limite.

83. Il est clair d'ailleurs que la nécessité d'une limite supérieure de l'angle s'applique seulement au renflement supérieur, c'est-à-dire au champignon de roulement; pour le pied, petit champignon du rail non symétrique ou patin du rail *Vignole*, — les portées peuvent se rapprocher beaucoup plus de l'horizontalité.

D'après M. *Perdonnet*, l'égalité des inclinaisons serait nécessaire :

« Pour que l'éclisse ordinaire atteigne efficacement son but, il faut » dit-il (*), « que le profil du rail satisfasse aux deux conditions suivantes » :
« Les surfaces d'épaulement doivent d'abord, être planes et symétriques.
« Cette condition est nécessairement remplie pour les rails à double cham-
« pignon symétrique; mais pour les rails à simple champignon du type
« à coussinet, ou du type *Vignole*, il faut qu'ils aient été étudiés spéciale-
« ment en vue de l'éclissage, pour présenter la symétrie voulue des surfa-
« ces d'épaulement. »

En posant ainsi en principe cette nécessité de la symétrie, M. *Perdonnet* y voit une objection contre l'éclisse simple à laquelle il préfère le coussinet-éclisse, pour les rails à coussinets, et surtout à champignons inégaux. Quand le principe serait fondé, il s'en faudrait encore, et de beaucoup, que la préférence fût justifiée; mais s'il paraît assez naturel de donner aux portées du haut en bas des inclinaisons égales, comme on l'a fait souvent, il n'y a aucun inconvénient au point de vue de l'éclissage, à ouvrir beaucoup plus l'angle des portées inférieures, comme on l'a fait non moins souvent, en vue d'une répartition du métal mieux appropriée aux fonctions différentes des deux renflements. (Est français, 1er et 2e types, Pl. III, *fig.* 12; *Grenoble* à *Saint-Rambert*, Pl. V, *fig.* 5; *Gebirg's-Bahn*, *fig.* 28; Central suisse, Pl. II, *fig.* 10, etc., etc.) Pour parler plus exactement, l'inconvénient (si c'en est un) se réduit à la forme non symétrique de l'éclisse, qui s'ajusterait mal si elle était posée sens dessus dessous; mais avec un repère bien visible, que portent toujours les éclisses de ce genre, une

---

(*) *Traité élémentaire des chemins de fer*, 3e édition, tome II, page 39.

erreur de pose est impossible. Tel est, par exemple, l'objet du petit bourrelet *b*, *b* que portent l'éclisse du ***Gebirg's-Bahn*** de Silésie, sur sa face interne (Pl. V, *fig.* 28), et celle de l'Est français sur sa face externe (Pl. V, *fig.* 30), et qui doit être placé en bas sur la première ligne et en haut sur la seconde.

Les portées des éclisses ne sont pas toujours planes. Dans le rail du Semring par exemple (Pl. II, *fig.* 15), et dans celui de ***Vienne*** à ***Raab*** (Pl. V, *fig.* 35), cette surface est cylindrique. Dans le rail du chemin autrichien (***Staat's-Bahn***, Pl. V, *fig.* 34), le profil de la portée est formé d'une droite inclinée de 61° sur la verticale, ayant seulement 0m,004 de longueur, et tangente à un arc de cercle ayant 0m,022 de rayon. Sur l'Est français, les épaulements du champignon sont rectilignes et inclinés à 45°, mais ceux du pied sont des arcs de cercle de 0m,020 de rayon (Pl. V, *fig.* 30). Cette forme parait défectueuse; le contact s'établit sur des éléments plus ou moins inclinés sur la verticale suivant que la tension initiale du boulon est plus ou moins grande, de sorte que la tension due à une même charge dépend du serrage préexistant. Le travail du boulon est donc très-incertain.

§ V. Modifications de l'éclissage.

84. Lorsque, à tort ou à raison, l'angle du champignon est regardé comme trop aigu, on n'a plus le choix qu'entre deux solutions : modifier en conséquence le profil du rail, dans la région occupée par les éclisses; ou bien, s'il s'agit du rail à coussinets, renoncer à l'éclisse proprement dite, et recourir à un des expédients indiqués plus bas (93 et 95).

L'influence, évidente d'elle-même, de l'obliquité des portées de l'éclisse sur la résistance du joint a été évaluée en chiffres par plusieurs expériences de M. *Weishaupt.*

Deux bouts de rails, réunis par des éclisses à quatre boulons, formaient une travée de 0m,942 qui a été soumise à l'action de la presse à levier (19); la flèche a varié de 9 à 13 millimètres sous des charges de 2.750 à 3.050 kilogrammes, et la charge de rupture de 4.270 à 5.390 kilogrammes. Les éclisses commençaient à se gauchir dès que la charge atteignait 2.000 à 2.500 kilogrammes. L'expérience a été faite ensuite avec des éclisses de même section, mais rectangulaires, et logées dans des refouillements de même forme ménagés aux collets du champignon et du pied. On a, en même temps, rapproché un peu les boulons intermédiaires pour combattre plus efficacement la tendance des éclisses au flambage, tendance déjà atténuée du reste par leur forme, mais prononcée surtout au milieu. Ces modifications ont eu pour effet d'élever la charge de rupture à 6.500 kilogrammes et même à 6.970 kilogrammes, soit un accroissement de 50 p. 100.

C'est à la suite de ces expériences que la disposition dont il s'agit, déjà essayée d'ailleurs en Wurtemberg, fut adoptée pour le renouvellement de l'ancienne voie de *Berlin* à *Francfort-sur-l'Oder ;* mais on ne tarda pas à l'abandonner parce qu'on jugea plus simple de limiter les efforts développés dans l'assemblage par un rapprochement (insuffisant d'ailleurs) des traverses contre-joints, que d'augmenter la résistance de l'assemblage lui-même par un travail d'ajustage qui n'est pas exempt d'inconvénients.

C'est surtout, en effet, vers les bouts que la soudure du rail est imparfaite. Il semble peu convenable d'*écroûter* le fer dans cette région, et précisément aux portées des éclisses, c'est-à-dire aux points où il importe le plus de laisser à la surface toute sa dureté.

L'éclissage avec entailles a été cependant adopté récemment en France pour les voies du réseau central d'*Orléans* dont le rail ne diffère guère du rail *ministériel* prussien (Pl. II, *fig.* 9) que par l'angle, un peu moins aigu, des faces du champignon, et par le corps, un peu moins grêle. L'opération, faite sur les deux faces à la fois, au moyen de machines à fraiser, est facile et peu coûteuse; aussi l'objection n'est-elle pas là. Mais l'expérience montrera si l'éclissage n'a pas perdu d'un côté plus qu'il n'a pas gagné de l'autre. Avec la disposition ordinaire, l'inclinaison des portées rachète les légères irrégularités de forme des rails et des éclisses, celles-ci, rappelées plus ou moins par le serrage des boulons, étant toujours amenées au contact des champignons. Il n'en est pas de même avec une inclinaison nulle, ou très-faible. Le contact ne peut s'établir que par la précision absolue des formes, précision assez facile, il est vrai, à obtenir par un travail d'ajustage.

Il est certain d'ailleurs qu'un rail peut être parfaitement éclissable, avec son profil courant, sans qu'il faille pour cela sacrifier aucune des autres conditions essentielles qu'il doit remplir. On conçoit peu, dès lors, qu'on adopte un profil décidément inéclissable, entraînant comme conséquence nécessaire, le remaniement des bouts.

85. Sur le *Gebirg's-Bahn* de Silésie, on a tenu, tout en agissant sur la tête même du boulon pour empêcher sa rotation, à n'avoir qu'un seul type d'éclisses pour l'extérieur et pour l'intérieur de la voie.

Elles portent donc indistinctement sur leur face externe deux épaulements *e*, *e* (Pl. V, *fig.* 28) formant la rainure dans laquelle s'engage la tête oblongue du boulon, qui ne peut dès lors tourner. Quant à l'écrou, à 6 pans, il tourne librement entre ces saillies.

Le diamètre des trous des éclisses est un peu plus fort que celui des boulons, (0^m,024 et 0^m,022), afin de racheter les légères irrégularités que présentent la forme du rail et celle des éclisses.

Quant aux trous du rail, assez grands pour éviter tout contact entre le corps et les boulons, on les a fait légèrement elliptiques (0^m,03 sur 0^m,028).

Il importe, pour empêcher le flambage de l'éclisse dans sa région moyenne, que les deux boulons du milieu ne soient pas trop écartés; d'un autre côté, il faut que le trou extérieur du rail soit placé assez loin de son extrémité pour que le corps ne se fende pas horizontalement sous l'effort des éclisses. Cette distance a été fixée à 0^m,039, ce qui, avec une épaisseur de 0^m,0152 au corps, donne une section horizontale de 593 millimètres quarrés.

On a accumulé dans ce joint des pièces nombreuses : plaque de joint; couvre-joints latéraux *l*, *l*, appliqués sur les patins; bandes de feutre goudronné *f*, *f*, interposées entre le couvre-joint d'une part, la plaque de joint et le rail de l'autre, pour racheter les petites inégalités d'épaisseur et assurer le double contact; plaque inférieure *i*, *fig.* 28 et 29, sur laquelle s'appuient les têtes des deux boulons à écrou supérieur qui relient le tout. Ces tôles inférieures sont munies d'un rebord *r* contre lequel s'applique une des faces de la tête hexagonale du boulon, et qui s'oppose à sa rotation. Au lieu de simples trous, ces tôles sont percées de rainures *m*, *m*, qui se prêtent aux positions variables du boulon par suite de l'élargissement de la voie en courbes, et qui permettent d'ailleurs d'enlever la plaque sans enlever les boulons.

Le feutre goudonné n'est mis en place qu'après coup, lorsque la voie est bien bourrée et réglée. Le poseur doit être muni d'eau chaude pour ramollir le feutre.

Ce joint, sur lequel nous reviendrons au sujet de la pose en courbes, est étudié avec beaucoup de soin, mais il ramène à des complications dont il semble que l'expérience avait fait définitivement justice.

86. Comme on l'a vu (79) la crainte du desserrage des écrous a suggéré tantôt de simples mesures de détail, telles que l'addition déjà citée d'un contre-écrou, ou celle d'une clavette, comme sur les chemins du *Holstein*, de *Lübeck* à *Büchen* (Pl. IV, *fig.* 19 et 20), tantôt des modifications ingénieuses, celle par exemple que la *Permanent way company* de *Londres*, a patronnée, sans parvenir à la répandre. (Pl. V, *fig.* 31.) Les boulons sont remplacés par des vis à filets inverses *v*, *v*, semblables aux tendeurs des attelages des voitures, et terminées de chaque côté par un carré. Les éclisses, à trous taraudés, forment écrous. M. *E. Wilson* a adopté cette disposition pour les voies du chemin de l'Inde déjà cité (57). Ce mode est ingénieux assurément, mais il exige une précision et une rigoureuse exactitude des formes, qui paraissent difficiles à réaliser. Si les trous taraudés des éclisses ne se correspondent pas exactement, la vis tend à se fausser, et cesse de travailler dans les conditions normales.

La pose ne présente pas, du reste, de difficultés en elle-même. On commence par engager d'un tour les quatre vis dans une des éclisses, on passe les vis dans les trous des rails, on présente la seconde éclisse, et avec une clef ordinaire, on serre successivement les quatre vis en les tournant seulement d'un demi-tour à la fois, jusqu'à ce que les éclisses soient en contact avec les rails. On complète alors le serrage au moyen d'un levier à fourches, L, saisissant à la fois les deux carrés de chacune des vis (*fig.* 31).

87. On a même tenté, en Angleterre, de supprimer complétement les boulons en remplaçant les éclisses moisantes par une sorte de manchon en acier trempé *m*, *m* (*spring clip*) (Pl. VI, *fig.* 15 à 18), enveloppant le champignon inférieur et le corps des deux rails contigus, sur lesquels il est emmanché de force, et qu'il serre par son élasticité. On ne peut donner à cette lame élastique qu'une faible épaisseur, sous peine de rendre sa pose trop difficile ; et pour peu que le champignon du rail soit aigu, des tirants paraissent être le moyen le plus simple et le plus sûr de détruire la poussée considérable à laquelle l'éclisse est soumise.

88. Dans l'origine, les éclisses, profilées suivant la forme de la gorge du rail, devaient s'appliquer exactement sur son corps. Cette forme était doublement vicieuse ; d'une part, on ne pouvait pas toujours, même en serrant les boulons outre mesure, assurer le contact des éclisses et des champignons, contact qui est la condition essentielle. D'un autre côté, on était conduit ainsi à donner à l'éclisse un profil renflé au milieu de la hauteur, et par suite très-peu favorable à sa résistance transversale. On lui donne ordinairement aujourd'hui une épaisseur à peu près constante, qui, avec ou sans bombement (Pl. IV, *fig.* 1, 3 et suiv., *fig.* 18, 20 et 22, Pl. V, *fig.* 2), laisse entre elle et le corps du rail un *dégagement* indispensable pour garantir sa coïncidence exacte avec les bords du champignon. Quelquefois l'éclisse est renflée vers les bords intérieurs, afin d'augmenter sa résistance à la flexion, et sa surface de portée sur le rail (*Cologne* à *Minden*, Pl. IV, *fig.* 14; *Lübeck* à *Büchen*, *fig.* 20; Nord de l'Espagne, *fig.* 14 et 38; Méditerranée, Pl. V, *fig.* 18, 22, 23, 25).

La section transversale uniforme de l'éclisse a été critiquée; il conviendrait en effet que son moment de résistance augmentât, dans chaque moitié, depuis l'extrémité jusqu'au trou intermédiaire, et fût constante à partir de là, les sections comprises entre les deux boulons du milieu étant, en ce qui concerne les efforts verticaux, sollicitées par un couple. Mais la hauteur de l'éclisse étant nécessairement constante, c'est seulement sur son épaisseur qu'on pourrait agir. M. *W. Bridges Adams* a proposé une éclisse se rapprochant ainsi de la forme d'égale résistance, mais cette complication n'aboutirait qu'à une économie de matière insignifiante; elle aurait d'ailleurs l'inconvénient d'augmenter, à égalité de travail maximum dans l'éclisse, sa flexibilité, et par suite celle du joint.

89. Au chemin de *Lübeck* à *Büchen*, on a employé, au lieu d'éclisses moisantes, une armature simple placée extérieurement, fort épaisse, et munie d'une saillie qui portait sa section au même chiffre que celle du rail (Pl. IV, *fig.* 15 et 16). Les expériences comparatives de rupture faites sur cet assemblage et sur d'autres, à éclisses doubles ordinaires, ont constaté en faveur du premier un avantage assez considérable; mais cette supériorité est la conséquence des dimensions et non, tant s'en faut, celle du principe.

Au reste, le but qu'on se proposait en renonçant à la symétrie de la consolidation n'était pas tant d'augmenter la résistance que de parer au défaut de serrage de l'un des deux rails, quand ils n'ont pas exactement la même épaisseur, et d'obtenir plus de précision dans la coïncidence des bouts; effet que cet éclissage unilatéral réalise du reste moins bien que l'autre, et que rien n'autorisait, ce semble, à lui attribuer.

Cette disposition n'est motivée que dans un seul cas : c'est lorsqu'il s'agit de raccorder entre eux des rails de profils différents. Indépendamment de sa plus grande section transversale, l'éclisse unique doit être formée de deux moitiés de profils différents, s'adaptant chacune au rail qui doit la recevoir. (Exemple : chemin de l'État, en Autriche, Pl. V, *fig.* 33.)

§ VI. Consolidation des joints dans les voies à coussinets.

90. Tout en regardant le coussinet comme ayant fait son temps, sa combinaison avec les éclisses n'en a pas moins une grande importance actuelle pour les lignes en exploitation ; il faut tirer le meilleur parti possible de leurs voies, et y introduire, sous le rapport de la sécurité, de l'économie d'entretien, toutes les améliorations qu'elles comportent.

Quatre solutions se présentent pour la consolidation des joints des rails à deux champignons :

1° Éclissage ordinaire, avec coussinet de joint assez large pour recevoir les éclisses et le coin ;

2° Éclissage ordinaire, avec joint en porte-à-faux ;

3° Éclisses-cornières.

4° Coussinet-éclisse.

91. *Premier mode.*—Il a été appliqué d'abord à la ligne de *Dusseldorf* à *Elberfeld*, sur laquelle on a pu, grâce à l'addition des éclisses, prolonger de plusieurs années le service des rails, à champignons inégaux, devenus beaucoup trop faibles pour le matériel roulant. Le coin en bois a été remplacé par une clavette en fer, afin de diminuer la largeur du coussinet.

Le coussinet au joint a été également conservé sur le chemin du Taunus ; sa largeur a permis d'y adapter un coin en bois en fraisant les têtes des boulons d'éclisses.

92. *Deuxième mode.*—On ne trouve en Allemagne, sur les voies, fort peu nombreuses d'ailleurs, en rails à deux champignons, aucun exemple du joint placé en porte-à-faux. Cette disposition est, au contraire, générale en Angleterre, ce qui a suffi pour qu'elle prévalût en France.

C'est du reste sans discussion, et en quelque sorte tout naturellement, qu'on a adopté en Allemagne et en Angleterre ces deux solutions différentes du même problème. Les éclisses ont été appliquées d'abord à des voies déjà existantes. Pour le rail américain, tout se réduisait à poser les éclisses, sans rien changer à la disposition des supports ; il était tout simple de profiter de cette faculté. C'est aussi à certains égards la simplicité qui a conduit, en Angleterre, à placer en porte-à-faux le joint du rail à champignons, car on était dispensé ainsi d'ajouter des coussinets spéciaux ; il est vrai qu'il fallait, en revanche, modifier la répartition des traverses, opération coûteuse, mais du moins exempte des retards qu'entraîne souvent une fourniture de coussinets spéciaux. Quelquefois aussi on a été conduit à une addition assez coûteuse, celle d'une nouvelle traverse. Ce cas s'est présenté en France au chemin du Nord, pour l'application des éclisses aux rails de 6 mètres, posés sur 7 traverses.

La consolidation, proprement dite, a coûté, sur ce chemin, 4f,84 par joint, savoir :

	kil.	fr.
Éclisse extérieure à rainure	4,64	
— intérieure	4,84	
	9,48	
A 397f,50 la tonne		3,768
4 boulons à rondelles pesant	1,65	
A 650 francs		1,072
		4,840

Soit, avec des rails de 6 mètres, 3.226 francs par kilomètre de chemin à double voie.

S'il s'agit de consolider une voie existante, il faut ajouter la dépense de démontage et de remaniement complet de la voie, et de forage des trous sur place. Cette dépense ne s'élève pas à moins de 1.800 francs par kilomètre à deux voies, soit, en tout, plus de 5.000 francs, le nombre des traverses restant le même. On ferait donc un fort mauvais calcul si, en posant une voie, on ajournait à une autre époque la pose, adoptée en principe, des éclisses avec le joint en porte-à-faux.

Les *fig.* 21 à 29, Pl. VI, représentent le rail et l'éclissage en porte-à-faux du chemin français du Midi, sur lequel des applications malheureuses du rail en ∩ sur longrines (120 et suiv.) et du rail *Barlow* ont abouti simplement à reprendre le rail à coussinets. Le rapport des travées, de joint (0m,60) et intermédiaire (0m,98), est réduit à 0,61, et la longueur des éclisses est portée à 0m,54 ; ce qui place le joint dans des conditions très-favorables de résistance et de stabilité.

93. *Troisième mode. — Éclisses-cornières.* — L'idée de supprimer le coussinet de joint, sans aucun remaniement des traverses, en prolongeant jusqu'au bas du rail l'éclisse convenablement infléchie et lui donnant par l'addition d'une base assez large, la stabilité qui manque au rail, est assurément fort naturelle ; elle a été appliquée, dès l'année 1850, à une section du chemin de Westphalie (Pl. IV, *fig.* 29 et 30). Deux flasques ou cornières en fer, boulonnées sur les rails dont elles suivent à peu près les contours latéraux, se replient à angle droit sur la traverse, à laquelle chacune d'elles est fixée par deux boulons ;

elles pèsent 4^k,68 la pièce. Il n'y a pas de plaque de joint; on a pensé qu'avec un mode de liaison qui supprime entièrement le *claquement*, et qui assure d'ailleurs à la surface d'appui une étendue considérable, le bois n'avait aucun besoin d'être protégé par une plaque métallique. Cet assemblage s'est, en effet, bien comporté. Sa résistance à la rupture est, en outre, considérable; il n'a cédé, dans les conditions déjà indiquées pour les autres, que sous une charge de 12.350 kilogr., environ moitié de la charge de rupture du rail. D'ailleurs les boulons seuls étaient rompus, et les cornières à peine déjetées. Ce mode d'application des éclisses aux rails à champignon inférieur paraît, à certains égards, préférable aux deux précédents, et surtout au second, quand il s'agit de consolider une voie déjà posée.

Les éclisses-cornières ont été appliquées également sur le chemin Rhénan, mais on a cru devoir ajouter une large plaque de joint à épaulements latéraux, entre lesquels les cornières sont enchâssées.

Cette addition, inutile dans ce cas, eût été au contraire le complément indispensable d'une disposition essayée aussi sur le chemin de Westphalie pour des rails à simple champignon, c'est-à-dire du remplacement pur et simple du coussinet de joint par des éclisses sans patin, affleurant la base du rail, et maintenues seulement entre deux crampons enfoncés jusqu'à la tête dans la traverse. Cette tentative n'a pas réussi, et ne pouvait pas réussir. Le défaut de largeur de la surface d'appui était d'autant plus manifeste que rien ne garantissait ici l'application exacte des rails et de leur armature sur la traverse de joint. Les conditions de résistance des boulons, et par suite des éclisses elles-mêmes, étaient d'ailleurs totalement changées, les premiers étant exposés à travailler transversalement, lorsque l'assemblage fléchit, par suite de la portée à peu près nulle des éclisses sur le petit champignon, presque rudimentaire.

94. En appliquant aux joints les éclisses-cornières, on n'a d'abord rien changé aux appuis intermédiaires. Mais plusieurs ingénieurs ont pensé que le mode appliqué avec succès aux uns devait convenir également aux autres. Pour une voie déjà construite, cette transformation serait une dépense à peu près en pure perte, car les coussinets intermédiaires sont loin de donner prise à des critiques aussi graves que ceux des joints; mais la question présentait en elle-même un certain intérêt. On a donc remplacé par des fers d'angle tous les coussinets d'une section du chemin de Westphalie : les cornières conjuguées, pesant 1k,87 l'une, étaient fixées au rail par un même rivet, et à la traverse chacune par une vis à bois ; la rivure était faite *pleine*, de sorte que les traverses devaient nécessairement ou empêcher ou suivre les légères variations de longueur du rail ; condition qui, au surplus, ne serait guère modifiée par l'introduction d'un jeu (121), à moins d'admettre un certain relâchement des rivets. C'est seulement à l'assemblage avec les cornières de joint, assemblage opéré, comme on l'a dit, au moyen de boulons, que les trous du rail avaient du jeu.

Le succès de cette expérience a été complet, tant en Westphalie que sur la ligne de *Brunswick* à *Oschersleben*, à laquelle le même mode a été appliqué en 1853. Ce mode présente, comparativement aux coussinets, l'avantage de l'économie et de la sécurité à coup sûr, et probablement celui d'un meilleur service, d'une locomotion plus douce, d'un entretien plus simple ; aussi a-t-on été jusqu'à se demander si cette forme, ainsi affranchie du coussinet, ne devait pas reprendre l'avantage sur le rail américain.

Quelques ingénieurs, en Prusse, n'ont pas hésité à se prononcer pour l'affirmative. Cette opinion avait quelque chose de spécieux, mais elle n'a pas résisté à un examen plus approfondi. Sans doute la disposition dont il s'agit concilie les avantages propres au rail américain et au rail symétrique : c'est-à-dire d'une part la stabilité *propre* et la suppression du claquement ; de l'autre, la faculté du retournement. Celle-ci cesse même d'être sujette aux restrictions que lui impose l'emploi du coussinet ; le retournement est toujours praticable, quel que soit l'état d'usure ou d'écrasement du champignon supérieur ; et le champignon inférieur donne en même temps pour le roulage une surface parfaitement saine, exempte du maculage que produisent les coussinets.

Ces avantages sont réels ; l'expérience du chemin de Westphalie a pu contribuer à porter le dernier coup au coussinet, mais non réhabiliter en même temps le rail à champignons.

Il y a, ici comme en tout, mais à un haut degré, le chapitre des inconvénients. Avec les coussinets, le retournement est la chose la plus simple ; avec les cornières, il comprend non-seulement la dépose et la pose des vis à bois, mais aussi la section du rivet et la pose d'un nouveau ; cela devient en un mot toute une opération. D'un autre côté, en supposant le trou du rivet percé exactement, et sans aucun jeu, au milieu de la hauteur dans le rail neuf, il ne sera plus au milieu quand le champignon supérieur sera usé et aplati : de sorte qu'après le retournement, les cornières porteront seules sur la traverse, et le rail non. L'usure est d'ailleurs trop irrégulière pour qu'on puisse lui faire approximativement sa part d'avance, en perçant le trou un peu au-dessous du milieu. L'entretien d'une voie semblable entraînerait, en un mot, une sujétion difficilement admissible, si ce n'est tout au plus pour les lignes à faible trafic sur lesquelles on peut prendre son temps, par exemple pour retourner un rail. Il vaut mieux renoncer au retournement que de l'acheter à ce prix.

Comparé au rail *Vignole*, le rail à cornières est une complication tout au moins hasardée. On admet que les deux types de rails, à champignons et américain, doivent avoir le même poids ; on grève donc l'établissement de toute la dépense qu'entraînent les fers d'angle intermédiaires, et la plus-value des éclisses-cornières des joints ; et cela pour se ménager la faculté d'un retournement, très-praticable sans doute en ce qui touche l'état du rail lui-même, mais aussi très-délicat et minutieux. L'avantage pécuniaire est, en somme, au moins très-douteux, même en attribuant au retournement une valeur *actuelle* exagérée, et en poussant l'économie à ses dernières limites pour les accessoires qu'exige le rail à champignons. Il semble donc peu logique d'emprunter ainsi à des intermédiaires la stabilité que le rail peut si facilement posséder par lui-même, grâce à une simple modification de sa forme. Le rail *Vignole*, avec des éclisses ordinaires au joint, concilie mieux que tout autre l'économie d'établissement, la sécurité, la simplicité de l'entretien.

L'éclisse-cornière se retrouve, mais appliquée au rail *Vignole*, dans cette collection de tous les *spécimens* que présentent les voies bavaroises. Les deux flasques sont reliées entre elles par quatre boulons et fixées à la traverse par trois crampons, deux à l'extérieur, un à l'intérieur. (Sections de *Munich* à *Rosenheim*, et de *Rosenheim* à *Küfstein.*) Il est difficile d'expliquer cet essai autrement que par le parti pris de ne rien condamner *à priori*, de tout expérimenter.

95. *Quatrième mode. — Coussinets-éclisses.* — Comme forme, le coussinet-éclisse n'est pas autre chose que l'éclisse prolongée, renforcée par une semelle, comme celle que représentent les *fig.* 12 à 14, Pl. VI, mais il fonctionne d'une tout autre manière, et exclut la position du joint en porte-à-faux. Le but principal du prolongement inférieur n'est plus de diminuer la disproportion qui existe, avec l'éclisse proprement dite, entre sa section et celle du rail, mais de réduire la tension à laquelle les boulons seraient soumis par suite de l'acuité trop grande, ou supposée telle, du champignon. On obtient ce résultat en plaçant l'éclisse sur un appui; on oppose ainsi à la poussée le frottement de sa semelle sur la traverse (et au besoin la résistance des attaches). On a généralement aussi en vue dans ce système de réduire les pressions sur les portées de l'éclisse, et par suite la poussée elle-même. Les semelles se prolongeant sous le rail, et étant supposées en contact avec lui, la charge doit se partager entre les portées supérieures et les semelles, et celles-ci étant horizontales, la pression qu'elles supportent ne donne lieu à aucune poussée. On a quelquefois renoncé systématiquement à appuyer le rail sur la semelle, et laissé à dessein un certain jeu entre eux (Pl. VI, *fig.* 5); mais la tension des boulons n'est plus diminuée alors que du frottement des semelles sur la traverse, et les joues des coussinets-éclisses sont soumises à toute la charge, à laquelle il paraît préférable de les soustraire.

Si les coussinets-éclisses emboîtent exactement le rail, sans jeu, le partage des pressions doit effectivement s'opérer, ne fût-ce que par la compression et la flexion verticales des joues, mais dans une mesure très-variable, et qu'on ne peut assigner; de sorte qu'on manque de base pour déterminer les proportions des éléments. — Le rôle de chacun d'eux est beaucoup plus net avec l'éclissage proprement dit; le coussinet-éclisse est d'ailleurs plus cher. On le trouve en Italie sur le chemin de l'Italie centrale (Pl. VI, *fig.* 1 à 4, ligne de ***Bologne*** à ***Pistoïa***) et en France sur quatre des grands réseaux : Est, ***Paris***-Méditerranée (*fig.* 32 à 36), ***Orléans***, Ouest (*fig.* 5 à 9). Il est appliqué : sur les deux premiers aux deux types de rails à champignons, symétrique et non symétrique; sur les deux autres, au premier type seulement. — La longueur des flasques est de $0^m,37$ sur les trois premières lignes et de $0^m,40$ sur la dernière; elles sont reliées entre elles par quatre boulons (et quelquefois, à tort, par trois seulement, *fig.* 33 à 35) de 19 à 20 millim. de diamètre, et à la traverse, par trois crampons ou tire-fonds, deux extérieurs et un intérieur. L'inclinaison étant donnée au rail par le dévers de la portée sur la traverse, les deux flasques sont identiques; chacune d'elles est donc percée de trois trous, lorsque, comme sur l'Ouest, les tire-fonds sont insérés dans les ailes horizontales au lieu de s'appuyer simplement sur leurs bords. Mais alors on n'utilise que le trou intermédiaire à l'intérieur de la voie, et les deux trous extrêmes à l'extérieur.

Avec le coussinet-éclisse comme avec le rail ***Vignole***, les tire-fonds paraissent préférables aux crampons, trop difficiles à arracher (59, 60).

Il convient de placer les écrous à l'intérieur, comme avec les éclisses, et pour les mêmes motifs (81). Quelquefois cependant, sur la ligne du Bourbonnais, par exemple, on prescrit de les placer extérieurement, afin qu'ils ne puissent être rencontrés par les boudins des roues, creusées à la jante. Cette prescription, du reste, n'est pas rigoureusement suivie; ainsi, entre *Nevers* et *Saint-Germain-des-Fossés*, les deux positions ont été appliquées indifféremment.

Sans doute, on n'a rien de mieux à faire que d'adopter le coussinet-éclisse quand le profil du rail repousse décidément l'éclisse véritable, mais l'expérience prouve, on l'a vu (82), que celle-ci peut être appliquée en toute sécurité à des profils beaucoup plus aigus qu'on ne le croit souvent; qu'elle n'est nullement incompatible avec une bonne distribution, sous les autres rapports, du métal dans le profil du rail; et dès lors, en dehors du cas de la consolidation des joints d'un rail préexistant, décidément trop aigu, on ne voit pas de motifs qui puissent conduire à préférer l'éclisse-cornière à l'éclisse simple pour le rail symétrique, et moins encore, cela va sans dire, pour le rail *Vignole*. On la trouve cependant sur le chemin de *Brunswick*, mais cet exemple est le seul. Quant au rail à champignons inégaux, sa forme est parfois tellement vicieuse, ou en d'autres termes la disproportion des deux champignons est parfois tellement exagérée, que la portée inférieure de l'éclisse ordinaire se réduirait presque à rien. Tel est le cas pour le rail déjà cité (de 28 kilog.) du chemin de *Rome* à *Naples*. Avec les profils de ce genre, le coussinet-éclisse peut être préférable à l'éclisse ordinaire. Mais ce qui vaut infiniment mieux encore, c'est un profil purement et simplement éclissable.

96. Parmi les tentatives ayant pour objet de réaliser à la fois la suppression des coussinets et la continuité aux joints, on peut citer comme se rattachant à la disposition appliquée en Westphalie, un des nombreux projets conçus par M. *Adam*. Son rail est pourvu également d'une base rapportée, et fixée aux traverses. Seulement, cette base est composée de deux cales en bois, réunies par un boulon qui traverse le corps du rail; celui-ci est engagé dans la traverse d'une quantité égale à la demi-épaisseur du champignon, ce qui a l'avantage de raccourcir le bras de levier de renversement, et surtout de soustraire les attaches aux efforts transversaux.

97. *Mode proposé par M. Barberot.* — On ne peut, aujourd'hui surtout, songer à attribuer dans les voies un rôle essentiel à des pièces de bois d'une très-petite section, sujettes à se fendre et à se détériorer d'autant plus rapidement que l'étendue relative de leurs surfaces est plus grande. C'est ainsi que l'expérience n'a pas confirmé les espérances qu'avait fait concevoir une disposition ingénieuse due à un ingénieur français, M. *Barberot* (Pl. VI, *fig.* 37 et 38). Le rail, engagé par le champignon inférieur dans une rainure, était arc-bouté par deux courtes contre-fiches en bois *c*, *c*, butant contre des épaulements formés par les parois d'une large entaille ménagée dans la traverse. Cet assemblage était serré au moyen d'une vis à bois *v*, *v*, traversant normalement chacune des contre-fiches qu'elle pressait par l'intermédiaire d'une chape en fer *p*.

Les conditions essentielles semblaient ainsi devoir être satisfaites : plus de coussinet; plus de coin; plus de maculage du rail, même au joint, et par suite faculté d'appliquer le retournement beaucoup plus largement avec le rail symétrique; plus de ressaut, des contre-fiches plus larges, pressant à la fois au joint les deux rails; plus de pénétration du rail dans la traverse, malgré la petitesse de la surface de contact, à cause de la coïncidence parfaite du fer et du bois constamment pressés l'un contre l'autre; plus de relâchement des attaches, les cales en bois debout donnant un serrage qui n'est pas, comme celui des coins à fibres parallèles au rail, influencé par les variations de la température et l'état hygrométrique de l'air; enfin les chocs, les efforts latéraux sont supportés par les contre-fiches, pièces courtes, travaillant dans le sens de leur longueur, et ces efforts ne réagissent pas sensiblement sur les tire-fonds, dont la seule fonction est de maintenir, par leur tension, le rail exactement appliqué sur la traverse.

Tels sont, du moins, les avantages qu'il semblait naturel d'attribuer à ce système, et qui en effet ont paru être confirmés d'abord par les applications faites en France, sur les lignes de l'Est, du Nord et de l'Ouest; mais, plus tard, les inconvénients se sont fait sentir, notamment le relâchement des joints. C'est que le seul moyen efficace de supprimer les effets de la tendance au *fouettement* des bouts des rails, c'est de supprimer la cause elle-même, c'est d'établir la continuité, comme le font les éclisses. Dès que le bout du rail peut se séparer, si peu que ce soit, de la traverse, le mal fait des progrès rapides; d'un côté, parce que les mouvements vibratoires du rail, d'abord très-faibles, relâchent les tire-fonds, et augmentent ainsi d'amplitude, de l'autre, parce que le rail s'imprimant dans le bois, augmente aussi par cela même la grandeur du jeu. — L'entretien est impuissant, surtout si la vitesse des trains est considérable, à combattre ces effets; il semble cependant qu'ils auraient pu être au moins atténués par la substitution de boulons à écrous aux tire-fonds.

Quand même, au surplus, l'expérience aurait été tout à fait favorable au système, son application aurait toujours été restreinte au rail à deux champignons, car on ne verrait pas, même alors, de motifs pour l'étendre, ainsi qu'on l'a fait sur la ligne de *Beuzeville* à *Fécamp*, à un rail qui, comme le *Vignole*, est stable par lui-même. Aujourd'hui, en présence du fait bien établi que l'action des contre-fiches, serrées par des tire-fonds, ne peut en aucune manière remplacer celle des éclisses, c'est seulement pour les supports intermédiaires du rail à champignons qu'on pourrait songer peut-être à utiliser l'idée de M. *Barberot*, et encore serait-il prudent de ne le faire que sur les lignes parcourues à faible vitesse; mais, en présence des progrès du rail *Vignole*, les chances d'applications nouvelles du système paraissent bien limitées, et cela d'autant plus que la tendance est à exclure complétement le bois des voies de chemins de fer, bien loin de lui faire une part plus large dans leur établissement.

98. Si le rail très-bas usité en Amérique est, en raison de sa flexibilité, approprié aux conditions généralement défectueuses des supports, du ballastage, et de l'entretien de la voie, et au mode de construction du matériel roulant, il a par contre le grave inconvénient d'être à peu près in-éclissable, faute de place pour les éclisses. Aussi d'après M. *Holley*, ce mode de consolidation, avec boulons à clavettes, essayé dès l'année 1843 par M. H. *Barr*, de *Newcastle* (Delaware), aurait-il été bientôt abandonné.—L'éclissage devient absolument impossible si à la faible hauteur totale du rail se joint, comme dans le rail piriforme (*pear head*, Pl. VI, *fig.* 10, 11 et 12), la forme allongée du champignon qui réduit le corps presque à rien. Ainsi s'explique le fait qu'on applique encore en Amérique les expédients auxquels on recourt bien rarement en Europe, depuis l'application des éclisses. La plaque de joint, munie de chaque côté d'un repli qui emboîte les bords des deux patins consécutifs, est le moyen le plus répandu. Elle ne supprime pas le *claquement* et le *ressaut*, mais elle les limite. — Rien ne prouve mieux, d'ailleurs, sa médiocre efficacité que la grande longueur qu'elle atteint parfois, car elle est, sur quelques lignes, posée sur les deux traverses contre-joint, très-rapprochées il est vrai.

99. C'est l'imperfection des joints qui paraît avoir surtout suggéré, aux États-Unis, les rails dits : continus (*continuous rails*) essayés sous diverses formes :

La *fig.* 32, Pl. V, représente un de ces rails d'assemblage, formé de deux flasques *f*, *f*, réunies à chaque joint par trois boulons, et d'une tête *t* serrée entre les mâchoires élargies des flasques. Ce rail présente ainsi un exemple d'une disposition souvent tentée en Amérique, essayée maintenant, comme on le verra plus loin, en Allemagne, et qui a pour but de soumettre à l'action des roues une pièce distincte, qu'on peut remplacer indépendamment du reste. Les trois éléments sont, cela va sans dire, à joints croisés.

Outre leur complication, toutes les dispositions de ce genre ont un vice capital : c'est de substituer à un solide unique un assemblage de pièces distinctes dont la solidarité est imparfaite, qui fléchissent isolément en glissant les unes sur les autres, et qui n'offrent en somme, à égalité de section, qu'une résistance très-réduite. — L'idée de rendre amovible la partie qui s'use seule et d'assurer ainsi au reste du solide mixte une durée en quelque sorte indéfinie, est assurément séduisante ; mais il paraît bien difficile de la réaliser sans lui sacrifier la condition capitale de la simplicité et, tout compte fait, l'économie.

§ VII. Travail du fer dans les éclisses et dans leurs boulons.

100. 1° *Éclisses.* — Avec les éclisses, qui rendent les courbes continues, les portées extrêmes du rail sont dans les mêmes conditions extérieures que les autres, et l'égalité des efforts maximum développés dans les rails et dans les éclisses, exigerait qu'on eût $\frac{a'}{a} = \frac{I'V}{IV'}$, I étant le moment d'inertie de la section du rail, I' celui des deux éclisses, V et V' les demi-hauteurs respectives. Mais, tandis que l'expression $\frac{I'V}{IV'}$ est toujours inférieure à 0,25, le rapport $\frac{a'}{a}$, avec le joint appuyé, atteint et dépasse souvent 0,8. Au chemin central de Suisse, par exemple, pour lequel on a employé des rails de trois longueurs différentes, $\frac{a'}{a} = 0{,}767$; 0,823 ; et 0,878. Les traverses sont même également espacées sur une partie du chemin du Main au Neckar, et sur le chemin Badois. Ici l'on a compté simplement sur l'excès de largeur de la traverse de joint, pour réaliser la réduction de la portée. On s'est, en général, peu préoccupé des efforts développés dans les éclisses, surtout avec le joint sur un appui. Leur section paraît, du reste, rigoureusement suffisante; mais ce n'est pas une raison pour négliger les moyens simples d'améliorer la résistance de l'assemblage, et d'atténuer ainsi la disproportion des efforts développés dans le rail et dans les éclisses.

La situation est ordinairement un peu meilleure avec le joint en porte-à-faux. Au chemin du Nord, par exemple, on a :

Pour le rail :

$$\frac{I}{V} = 0,000.142.500;$$

Pour les éclisses :

$$\frac{I'}{V'} = 0,000.032.500;$$

D'où :

$$\frac{a'}{a} = 0,228;$$

Tandis qu'on a fait :

$$a = 0^m,90, \quad a' = 0^m,60, \quad \frac{a'}{a} = 0,67.$$

Rapport à peu près égal à celui qu'on avait adopté pour la voie sans éclisses ($a = 1^m,14$, $a' = 0,79$, $\frac{a'}{a} = 0,69$).

La disproportion des efforts est donc moins grande que pour beaucoup de voies *Vignole*, dont les joints reposent sur un appui ; mais comme elle peut avoir des conséquences plus graves, peut-être estelle encore exagérée.

Il faudrait, pour la racheter en partie, augmenter un peu la section des éclisses. Il est vrai que celles-ci sont fabriquées avec du fer de meilleure qualité, et surtout moins cassant, que les rails ; mais il faut se garder cependant d'employer, pour éviter les ruptures, des fers trop mous, qui ne tarderaient pas, en se déformant, à produire une flexion permanente au joint. En général, les barres pour éclisses ne sont soumises, tout au plus, qu'à des essais sommaires ; la vérification porte sur la forme, bien plus que sur la qualité du fer. Le cahier des charges de l'Est français stipule simplement que « les barres devront « présenter une cassure blanche, à nerf ou à grain fin, » et il ajoute : « il sera fait des essais spéciaux pour reconnaître la qualité du fer ». Sur le réseau d'*Orléans*, au contraire, on s'est très-justement préoccupé aussi de la qualité, et le cahier des charges prescrit des épreuves précises et très-sévères, qu'il est utile de faire connaître :

. . . .

Art. 5. — Les barres destinées à la fabrication des éclisses seront classées avec soin, dans l'usine, en séries provenant de la fabrication d'un ou de plusieurs jours. Les agents préposés à la réception choisiront dans chaque série un certain nombre de barres, 1 p. 100 au plus qui devront être soumises aux épreuves suivantes :

Première épreuve. — Deux barres assemblées, placées de champ, reposant sur deux points d'appui espacés de 1m,10, devront supporter pendant cinq minutes, au milieu de l'intervalle des points d'appui, et sans conserver de flèche sensible après l'épreuve, une charge produisant sur la section la plus fatiguée une tension maxima de 20 kilog. par millimètre carré.

Deuxième épreuve. — Les mêmes barres, dans la même position, supporteront pendant cinq minutes une charge produisant sur la section la plus fatiguée une tension maxima de 50 kilog. par millimètre carré.

On augmentera ensuite la pression jusqu'à la rupture.

Troisième épreuve. — Chacune des moitiés des barres cassées, assemblées deux à deux, placée de champ sur deux supports espacés de 1m,10, devra supporter sans se rompre le choc d'un mouton de 300 kilog. tombant de 1 mètre de hauteur sur les barres, au milieu de l'intervalle des points d'appui.

Dans ce dernier cas, les deux supports seront en fonte et reposeront, par l'intermédiaire d'un châssis en bois de chêne, sur un massif de maçonnerie de 1 mètre d'épaisseur au moins.

Quatrième épreuve. — Enfin, il sera fait des essais spéciaux pour reconnaître si les fers sont parfaitement soudés dans l'intérieur des barres.

Si, du reste, on venait à reconnaître, malgré cette juste sévérité dans la réception, que les éclisses sont trop faibles relativement aux rails, la première chose à faire serait de les soulager un peu aux dépens de ceux-ci, en profitant de la faible marge qui reste souvent encore pour le rapprochement des traverses contre-joint.

101. 2° *boulons* (*). — Théoriquement, la tension des boulons est nulle avec des éclisses à section rectangulaire, ou même avec des

(*) On a donné des déterminations inexactes de ces efforts. Ainsi, dans un mémoire sur les éclisses à appendice inférieur essayées sur le Bourbonnais (*Annales des mines*, tome XIV, page 299) M. *Desbrière*, ancien élève des écoles polytechnique et des mines, s'est proposé de calculer la tension des boulons des éclisses ordinaires, dans l'hypothèse d'une travée unique, c'est-à-dire sans tenir compte des réactions des travées contiguës à celle du joint. D'après M. *Desbrière*, les deux composantes verticales Q et R des pressions exercées par chaque rail sur les faces supérieure et inférieure de la demi-éclisse correspondante seraient inégales, la première serait la plus grande. — L'égalité de ces deux forces est évidente; l'éclisse entière étant en équilibre, suivant la verticale, sous les réactions seules des rails, et tout étant symétrique de part et d'autre de son milieu sous l'action d'une charge appliquée au milieu de la travée, il faut bien, quelle que soit l'hypothèse faite sur les conditions dans lesquelles cette travée est placée sur ses appuis, qu'on ait : $2R = 2Q$.

portées d'une inclinaison telle que les poussées horizontales des rails soient équilibrées par le frottement dû à la charge.

1° Considérons d'abord le joint en porte-à-faux (Pl. VIII, *fig.* 2 et 3). Le milieu de l'éclisse occupant le milieu de la travée a', l'effort y est maximum lorsque la charge P est appliquée à ce point. π étant la résultante des pressions verticales appliquées de chaque côté par le rail sur chacune des deux portées supérieure et inférieure de l'éclisse supposées d'abord horizontales, d la distance des points d'application des forces π, $-\pi$, I' le moment d'inertie total des deux éclisses, ρ' leur rayon de courbure en M, on a $\frac{EI'}{\rho'} = 2\pi d$.

La travée a' étant supposée encastrée horizontalement aux deux bouts, ses points d'inflexion sont au quart et aux trois quarts de sa longueur; il n'y a dans ces section qu'un effort tranchant $\frac{P}{2}$, et l'on a $\frac{EI'}{\rho'} = \frac{Pa'}{8'}$, d'où $\pi = \frac{Pa'}{16d}$.

Les réactions entre le rail et l'éclisse, rapportées à l'unité de surface, ont leur valeur maximum en M pour la portée supérieure, et en H pour la portée inférieure. L'éclisse étant supposée placée dans son logement sans aucun jeu, les pressions se répartissent sur toute la longueur de chaque portée, et en admettant la proportionnalité des impressions aux efforts, la somme des réactions sera mesurée, pour chaque portée, par une aire d'impression triangulaire $\alpha\beta\gamma$, $\delta\varepsilon\zeta$; les résultantes π passeront donc au 1/3 et aux $\frac{2}{3}$ de la demi-longueur l de l'éclisse à partir du milieu, d'ou : $d = \frac{1}{3}\,l$, et $\pi = \frac{3}{16}\,\frac{Pa'}{l}$.

Il y a donc déjà, sous le rapport de l'intensité des réactions, un grand avantage à employer de longues éclisses. Soient : $a' = 0^{m},60$, $l = 0^{m},225$, on a $\pi = 0,51$ P, et pour P $= 6.500$ kilog., $\pi = 3.315$ kilog.

Les faces de portée faisant avec la verticale un angle α, la résultante 2π, dirigée suivant l'axe du rail, donne sur chacune d'elles une composante normale $t = 2\pi\frac{\cos\alpha}{\sin 2\alpha} = \frac{\pi}{\sin\alpha}$ qui donne elle-même verticalement une composante π, et horizontalement une composante $\frac{\pi}{\tan\alpha}$. (Pl. VIII, *fig.* 3.)

f étant le coefficient du frottement, celui-ci introduit une composante horizontale $-f\frac{\pi}{\sin\alpha}\sin\alpha = -f\pi$. La force qui produit la tension τ de chaque boulon est donc : $\pi\left(\frac{1}{\text{tang}}-f\right)$, et h étant la hauteur moyenne de l'éclisse, on a pour l'équilibre de rotation de celle-ci autour du point O, $\tau\frac{h}{2}=\pi\left(\frac{1}{\text{tang}\,\alpha}-f\right)h$, ou $\tau = 2\pi$ $\left(\frac{1}{\text{tang}\,\alpha}-f\right)=\frac{3}{8}\frac{Pa'}{l}\left(\frac{1}{\text{tang}\,\alpha}-f\right)$, tension à laquelle s'ajoute celle préexistante due au serrage.

Pour le rail symétrique du Nord, tang $\alpha = 1{,}14$ à peu près. On a d'ailleurs $a' = 0^m{,}60$, $l = 0^m{,}225$, d'où admettant $f = 0{,}2$, $\tau =$ 0,680 P = 4.420 kilog. pour P = 6.500 kilog. Les boulons ayant $0^m{,}019$ de diamètre, soit 283 millimètres quarrés de section, la tension par millimètre quarré atteindrait $15^k{,}6$.

Les boulons intermédiaires ne doivent pas être trop rapprochés du milieu de l'éclisse, pour éviter de l'affaiblir dans cette partie. Il convient, d'un autre côté, qu'ils soient assez rapprochés des résultantes des poussées du rail, aussi bien vers les extrémités que dans la région moyenne.

Dans la plupart des rails à champignons inégaux, et dans plusieurs rails du type *Vignole*, les portées du haut et du bas ont, comme je l'ai déjà dit (83), des inclinaisons différentes. Les deux poussées et par suite les tensions des deux boulons, l'extrême et l'intermédiaire, sont alors différentes aussi. C'est, naturellement l'angle des portées du patin qui est le plus ouvert, et, par suite, avec le joint en porte-à-faux, la tensions des boulons extrêmes est un peu moindre que celle des boulons intermédiaires.

102. 2° *Joint sur un appui.*—Dans ce cas, le moment de rupture dans l'éclisse est maximum à l'instant où la charge est appliquée au tiers de la longueur de la portée (68) ; l'effort maximum, au milieu des éclisses, est $R = \frac{4}{27}\frac{V'Pa'}{I'} = \frac{EV'}{\rho'}$. D'où pour le moment de rupture : $\frac{EI'}{\rho'} = \frac{4}{27}$ Pa'; donc $\frac{4}{27}Pa' = 2\pi d = \frac{2}{3}\pi l$, d'où $\pi = \frac{6}{27}\frac{Pa'}{l}$. Les tensions des boulons sont donc entre elles, toutes choses égales d'ailleurs :: $\frac{3}{16} : \frac{6}{27}$

ou :: 1 : 1,185, suivant que le joint est en porte-à-faux ou sur un appui ; ou en d'autres termes, il faudrait que les portées fussent entre elles dans le rapport inverse pour que les boulons fussent également tendus.

Remarquons en passant que lorsque les portées inférieures font entre elles un angle plus grand que les portées supérieures, c'est le boulon extrême qui est le plus tendu, contrairement à ce qui a lieu dans le cas du porte-à-faux.

103. *Pression maximum, par unité de surface, entre le rail et l'éclisse.* — La somme des réactions normales entre le rail et l'éclisse, est, sur chacune des portées : $\frac{\pi}{\sin\alpha} = \frac{6}{27}\frac{Pa'}{l\sin\alpha}$.

e étant la largeur de la portée, R la valeur maximum de la pression rapportée à l'unité de surface, ces réactions sont exprimées aussi par : $\frac{Rel}{2}$, d'où $R = \frac{12}{27}\frac{Pa'}{el^2\sin\alpha}$.

Au chemin de l'Est français, par exemple, on a pour le rail *Vignole* (portée du champignon) : $\alpha = 45°$; $l = 0^m,225$; $e = 0^m,012$; $a' = 0^m,80$ d'où $R = 821P$, et pour $P = 6.500$ kilogr., $R = 5.366.500$ kilogr., soit $5^k,37$ par millimètre quarré : charge très-modérée, mais qui est bien dépassée si un éclissage défectueux, des boulons relâchés, concentrent les pressions sur des longueurs moindres, et font, de plus, intervenir des chocs.

104. Le calcul donne pour les efforts développés dans les pièces de l'éclissage des valeurs très-considérables, et qui semblent, au premier abord, difficiles à concilier avec la rareté des ruptures ; et cela d'autant plus que, comme nous l'avons déjà fait remarquer, au sujet des rails (69), nous avons négligé beaucoup d'influences évidemment aggravantes. Mais d'un autre côté, le point de départ du calcul, c'est-à-dire l'hypothèse de la concentration de la charge sur un seul élément du rail, tend lui-même à exagérer très-notablement les efforts ; les charges se répartissent en réalité sur une longueur très-appréciable, et surtout dans les travées auxquelles appartient le joint, par cela même qu'elle fléchissent plus.

Quelques ingénieurs, pour augmenter la résistance de l'éclisse placée en porte-à-faux, l'ont prolongée inférieurement ; elle s'infléchit sur le champignon inférieur, et se replie même au-dessous de lui. On a même été jusqu'à ajouter encore, à la suite du double pli, un appendice vertical. La première forme a été adoptée par M. *Wilson* pour l'éclissage en porte-à-faux du rail *Vignole* sur le ***Branch Railway*** indien. La seconde, déjà employée aux États-Unis (Pl. VI, *fig.* 12, 13, 14), a été essayée avec le rail symétrique, sur la ligne de ***Paris*** à ***Lyon*** par le Bourbonnais.

Sans doute, on augmente beaucoup aussi la section de l'éclisse; mais l'expérience prouve que cet accroissement n'est pas indispensable, car les ruptures des éclisses ordinaires sont très-rares, même sans qu'il soit nécessaire de réduire la longueur de la portée du joint au point de rendre le bourrage trop difficile. Si d'ailleurs on jugeait à propos d'augmenter la section de l'éclisse dans une certaine mesure, il vaudrait beaucoup mieux augmenter un peu son épaisseur, en conservant sa forme, que de concentrer ainsi vers le bas tout le métal ajouté. L'axe neutre se trouve en effet reporté ainsi vers la partie inférieure, de sorte que les trous des boulons, qu'on ne peut déplacer également, se trouvent alors interrompre des fibres soumises à des efforts longitudinaux notables, lorsque l'éclisse fléchit, et affaiblissent dès lors celle-ci dans la partie supérieure qui est déjà la plus faible, abstraction faite de cette cause.

§ VIII. **Du déplacement longitudinal des rails.**

105. *Ses causes.* — Les roues des véhicules ne tendent pas seulement à déplacer les rails par glissement transversal, et à élargir ainsi la voie; elles tendent aussi à leur imprimer un déplacement longitudinal, et cette tendance doit, comme la première, être détruite par les attaches.

Si l'on considère un train cheminant, avec une vitesse uniforme, sur un palier en alignement droit, on voit que les deux files de rails occupées par le train sont sollicitées, suivant leur longueur, par deux forces horizontales opposées : 1° l'effort tangentiel des roues motrices; 2° l'effort tangentiel des roues simplement porteuses, tant de la machine que des véhicules, effort égal à la réaction qui détermine leur rotation.—La première force tend à faire reculer le rail auquel elle est appliquée; la seconde, à faire avancer ceux sur lesquels elle agit. Ces deux forces sont à peu près égales, la première dépassant la seconde de la résistance de l'air appliquée directement au moteur; tandis que l'une est concentrée sur un rail, sur deux au plus, l'autre est répartie sur toute la longueur du train remorqué. Mais la première elle-même ne peut pas en général déterminer l'entraînement des rails, car il faudrait pour cela que l'effort tangentiel des roues sur le rail fût plus grand que le frottement de celui-ci sur ses supports. Or, dans le cas même où l'effort tangentiel, par suite du calage des roues, s'élèverait jusqu'à sa limite, le frottement, il atteindrait à peine le frottement du rail sur ses appuis, dont le coefficient est au moins aussi grand, et qui est dû à la même charge, à une charge un peu supérieure même puisqu'il y a en plus le poids du rail.—Comme à ce frottement dû à la charge s'ajoute celui qui provient, suivant le système de la voie, soit des coins, soit de la pression des têtes des crampons ou des tire-fonds, on doit en conclure que les rails ne peuvent pas glisser sur leurs appuis, sous l'action des jantes des roues, même calées, fût-ce même les roues motrices, qui, sous l'action de la contre-vapeur, agissent comme si elles étaient calées et tendent alors, comme les roues portantes, à entraîner les rails dans le sens de la marche. — Les rails peuvent moins encore glisser en entraînant avec eux les traverses, car les conditions du frottement des traverses sur le ballast, et du ballast sur lui-même, sont encore plus favorables à la stabilité, et à l'action de ce frottement s'ajoute celle de la *butée* du ballast, que les traverses devraient refouler devant elles.

On conçoit que ces conditions pourraient être modifiées par la mobilité des éléments du ballast, si leur forme leur permettait de *rouler* au lieu de *glisser* les uns sur les autres. Mais c'est l'entraînement des supports eux-mêmes que cette cause tendrait à faciliter, et l'expérience prouve qu'en général les choses ne se passent pas ainsi ; les traverses ne se déplacent pas.

En pente et dans les limites pratiques de l'inclinaison, toujours extrêmement inférieure à l'angle du frottement des divers éléments de la voie sur eux-mêmes, l'entraînement des rails par la même cause est également impossible, la valeur maximum de la réaction tangentielle des roues, c'est-à-dire le frottement, atteignant au plus la valeur du frottement du rail sur ses appuis, et les autres résistances s'ajoutant encore à ce frottement.

En courbe, une cause spéciale d'entraînement intervient. Si le matériel roulant est trop rigide, si les essieux sont trop écartés en raison du rayon de la courbe, le rail extérieur est incessamment sollicité par les impulsions des mentonnets de la roue antérieure, et le rail intérieur par le mentonnet de la roue d'arrière. Abstraction faite de cette cause, une vitesse notablement différente de celle à laquelle correspond la surélévation (174), tend aussi à produire l'entraînement. Trop grande, elle presse les mentonnets contre le rail extérieur; trop faible, elle les presse contre le rail intérieur.

En fait, si l'on ne s'oppose pas à ce mouvement par une précaution spéciale, les rails marchent dans le même sens que les trains, et cela non-seulement en courbe mais aussi en alignement droit; souvent même c'est en alignement que l'entraînement est le plus prononcé. C'est qu'en effet il y a là, comme en courbe du reste, deux causes générales : le léger ressaut qui se forme aux joints, devant les roues, et la flexion des rails. Les roues impriment aux bouts des rails, et au plan légèrement incliné que forme incessamment devant elles la flexion des travées, des impulsions d'autant plus énergiques que la vitesse est plus grande. L'influence de la flexion est, en réalité, très-faible, car si elle fait intervenir, de la part de la roue gravissant le petit plan incliné, une composante horizontale qui tend à pousser le rail en avant, elle fait naître aussi, de la part de l'appui, une réaction contraire; de sorte qu'on peut négliger cette cause, lorsque la nature du ballast et le volume des traverses permettent de considérer celles-ci comme fixes; et il en est ordinairement ainsi.

L'influence de la vitesse explique la faiblesse relative de l'entraînement des rails dans les courbes de petit rayon; elles sont parcourues avec une vitesse réduite, et cette réduction compense, et au delà, en général, l'action aggravante des mentonnets. Cette influence de la vitesse explique aussi ce fait, que la tendance à l'entraînement est très-faible sur les pentes très-inclinées, tandis qu'elle est en général très-prononcée sur les pentes d'une inclinaison moyenne. C'est que sur les unes on prend des mesures sévères pour assurer la descente à une vitesse très-faible, tandis que sur les autres les mécaniciens peuvent sans danger marcher vite, et ils en profitent pour regagner du temps perdu, sans que la consommation s'en ressente; et même à vitesse égale, le rail cède plus facilement aux impulsions des roues sur une pente que sur palier.

106. *Moyens de combattre la tendance à l'entraînement.* — L'entraînement étant dû surtout à la dénivellation au joint, l'éclissage, qui a singulièrement atténué le second inconvénient, a dû par cela même réduire le premier. — C'est en effet ce que l'expérience prouve; depuis qu'on éclisse les voies, qu'on les entretient mieux, l'entraînement a beaucoup diminué, quoique la vitesse ait généralement augmenté. Ainsi, c'est surtout pour combattre le déplacement des rails, contre lequel le serrage des coins était tout à fait impuissant, qu'on s'est hâté d'appliquer des éclisses à la rampe d'*Étampes* (ligne d'*Orléans*) dont l'inclinaison est de 0,008.

L'influence de l'éclissage ne se borne pas, d'ailleurs, à atténuer la cause du mal ; il agit aussi, et très-efficacement, en restreignant la liberté du rail, qui ne peut obéir aux impulsions des roues qu'en surmontant une nouvelle résistance, le frottement dû à la tension des boulons.

L'éclissage laisse cependant encore quelque chose à faire sous ce rapport ; on n'a pas tardé à le reconnaître sur les lignes, celles à grande vitesse surtout, dont les ingénieurs avaient cru que l'éclissage suffirait pour combattre l'entraînement (Nord français, pente de *Chantilly* à *Creil*; chemin de *Rome* à *Naples*, pente de *Velletri;* etc.) Il en sera de même de quelques autres lignes, celle de *Madrid* à *Alicante*, par exemple, où l'on n'a pris aucune mesure pour arrêter le rail *Vignole*, substitué au rail *Brunel* qui n'a fait qu'un très-court service.

107. Avec le rail *Vignole*, rien de plus simple que d'achever de détruire cette tendance. Il suffit de faire buter le patin contre un ou au besoin contre plusieurs arrêts, de sorte qu'il ne pourrait glisser sans entraîner une ou plusieurs traverses.

C'est naturellement au moyen des attaches du rail sur la traverse qu'on réalise la solidarité dans ce nouveau sens ; il suffit de pratiquer dans le patin deux encoches opposées, ou plus, dans lesquelles s'engage le corps des crampons ou des tire-fonds. (Pl. IV, *fig.* 37; Pl. V, *fig.* 19.)

Ici encore on trouve une de ces preuves, qu'on rencontre à chaque pas, de l'infériorité du rail à coussinets comparé au rail *Vignole.* Avec le premier, cette solidarité pour le glissement longitudinal entre lui et ses supports, auxquels il n'est rattaché que par un intermédiaire d'un serrage aussi capricieux que le coin, ne peut être établie que par l'addition d'une pièce spéciale. Aussi, parmi les arguments en faveur du coussinet-éclisse, ses partisans font-ils valoir l'avantage qu'il possède de se prêter à cette liaison, les patins des coussinets-éclisses pouvant être munis d'encoches aussi bien que le patin du rail *Vignole.* Cet avantage, que ce système partage, du reste, avec l'éclisse-cornière, est réel ; mais s'il peut être un motif de préférer le coussinet-éclisse à l'éclisse ordinaire, pour la consolidation du rail à deux champignons, cette préférence même fait ressortir à la charge de celui-ci un inconvénient, puisqu'on reconnaît alors qu'il exclut le mode de consolidation le plus simple, le plus net et le plus économique.

Cette exclusion, au surplus, n'est point absolue, loin de là, puisque l'éclissage ordinaire est de beaucoup le plus répandu même sur les voies à coussinets. L'entraînement y est faible, grâce à la suppression presque totale du ressaut par un bon éclissage, mais il est plus prononcé qu'avec le rail *Vignole*, et l'entretien s'en ressent. De sorte qu'en somme, quel que soit le mode adopté pour la consolidation des joints, on aboutit toujours à constater une infériorité du rail à coussinet. Ajoutons qu'avec le rail *Vignole* l'obstacle à l'entraînement, c'est-à-dire l'attache engagée dans l'encoche, agit immédiatement sur le rail, tandis qu'avec le coussinet-éclisse, il agit sur le rail par l'intermédiaire du frottement dû à la tension des boulons, et, si ce frottement est insuffisant, par l'intermédiaire du corps même des boulons, qui dès lors travaillent transversalement.

Si le rail à double champignon n'a, au joint, ni éclisses ni coussinets-éclisses, l'entraînement peut devenir intolérable, surtout pendant la sécheresse, par suite de l'amplitude du ressaut, et de la liberté du rail, gênée seulement par les coins. Aussi a-t-on été conduit, sur le réseau de l'Ouest, à appliquer au rail un goujon d'arrêt A (Pl. V, *fig.* 37) qui bute contre la joue intérieure d'un coussinet intermédiaire. Le chemin de l'Est vient de recourir au même expédient sur les voies de la ligne de *Reims* à *Givet*, qui n'ont reçu que partiellement des coussinets-éclisses.

Il suffit en général, presque toujours même, si l'éclissage est bien fait, d'établir la solidarité de chaque rail avec un seul de ses appuis. Avec le rail *Vignole* à joint appuyé, on peut choisir, pour cette liaison, soit l'une des traverses extrêmes, soit une traverse intermédiaire. On reproche quelquefois à la seconde disposition, qui est la plus usitée, d'affaiblir le rail; mais comme les ruptures ne sont pas plus fréquentes au droit des encoches qu'ailleurs, les deux positions peuvent être regardées comme équivalentes en fait. C'est d'ailleurs naturellement la position extrême qu'on adopte, lorsqu'il s'agit de voies auxquelles on n'avait pas appliqué d'abord de moyens d'arrêt. Tel est le cas du rail *Vignole* du Nord français. Il a suffi, sans toucher aux attaches, de faire deux petites entailles dans le patin au bout d'*aval* de chaque rail, et d'y enfoncer deux *coins d'arrêt c*, *c* (Pl. V, *fig.* 12 et 13) sur lesquels le rail vient buter. On peut même ne mettre d'abord qu'un seul coin, sauf à poser le second plus tard si le premier est un peu relâché.

108. *Influence nulle des pentes très-fortes.* — On redoutait beaucoup, dans l'origine, l'entraînement des rails sur les fortes pentes du Semring, et pour le combattre, on avait cru devoir entretoiser les traverses par de fortes longrines inférieures, qui avaient, du reste, été appliquées à la voie montante comme à l'autre. L'expérience a conduit plus tard à mettre en doute l'utilité de cette complication, fort gênante pour l'entretien. Aujourd'hui les longrines ont disparu, et les rails, entravés, bien entendu, comme à l'ordinaire par des encoches, cheminent extrêmement peu. Ce résultat est tout simple, la vitesse étant nécessairement faible sur les pentes de 0,025 de ce remarquable passage. La roideur des courbes [de 190 mètres (*)] et la rigidité des machines pouvaient inspirer quelques craintes, mais leur influence sur la translation des rails, encochés à un bout et en un point intermédiaire, est également atténuée par la lenteur nécessaire de la marche.

L'entraînement est également nul ou très-peu sensible sur la rampe de 0,027 ***du Hauenstein*** (Central-Suisse), sur la ligne de ***Steïerdorf*** à ***Orawitza*** (Banat) malgré ses nombreuses courbes de 114 mètres de rayon, et sur celle de ***Busalla*** à ***Pontedecimo*** (ligne de ***Turin*** à ***Gênes***) dont l'inclinaison atteint 0,035; il s'agit cependant ici d'une voie à rails à champignons et à éclisses ordinaires; on est redevable de l'immobilité du rail surtout à la vitesse, d'autant plus faible que l'inclinaison est plus grande, et ensuite au rayon modéré des courbes, qui ne descend pas au-dessous de 400 mètres.

Sur le Luxembourg belge, on a cru devoir faire des encoches sur tous les appuis. Les attaches sont des crampons sur les traverses intermédiaires et des tire-fonds aux joints, qui sont munis de plaques, quoique les traverses soient en chêne (Pl. IV, *fig.* 21).

C'est par suite des nombreuses pentes de cette ligne (35) qu'on a cru devoir rendre ainsi le rail solidaire avec tous ses appuis; mais les exemples précédents prouvent que cette précaution est un peu exagérée.

109. L'expérience ayant prouvé que les traverses en bois durs, tels que le chêne, le hêtre, n'ont nullement besoin d'être protégées par des plaques de joint, quelques ingénieurs ont pensé qu'il con-

(*) Ces courbes seront ramenées au rayon minimum de 208 mètres (110 klaft.), à l'exception de celle d'*Eichberg*.

venait néanmoins de conserver celles-ci, pour combattre plus sûrement l'entraînement des rails; les trous de la plaque déterminant rigoureusement la position des crampons ou tire-fonds, et garantissant ainsi leur insertion dans les entailles du rail. L'addition d'une plaque au milieu a été recommandée au même titre, lorsque c'est en ce point que le rail est entaillé. La recommandation peut être, jusqu'à un certaint point, motivée dans le second cas; les entailles devant avoir peu de profondeur ($0^m,005$) pour ne pas affaiblir sensiblement le rail, il peut arriver que des poseurs négligents engagent trop peu les crampons. Mais, au bout du rail, rien ne limite la profondeur de l'encoche, et on est toujours sûr que le coin d'arrêt, même posé sans attention, s'y engage plus qu'il n'est nécessaire. —L'arrêt *par bout* est d'ailleurs tout aussi efficace que l'arrêt en un point intermédiaire, et comme deux coins d'arrêt sont beaucoup plus économiques que la plaque de joint et même que la plaque de milieu, ces appendices sont tout à fait inutiles, si ce n'est dans le cas, que nous examinerons plus loin (181) et d'un autre point de vue, des courbes de petit rayon.

Après avoir été pendant longtemps presque incontestée en Allemagne, l'utilité de la plaque de joint y est aujourd'hui mise en question, et même niée absolument. Dans l'enquête faite par la Réunion de *Dresde*, les chemins de *Berlin* à *Hambourg*, de *Lübeck* à *Buchen*, de Hanovre, de Westphalie, de Brunswick, se sont prononcés formellement en faveur de la suppression. Le chemin de *Lübeck* à *Buchen* s'appuie sur l'expérience de treize années d'exploitation; pendant cette longue période, il a constaté que, grâce à un robuste éclissage, les rails ne pénètrent pas dans les traverses, même en sapin.

CHAPITRE IV.

VOIES SUR LONGRINES.

§ I. Discussion de leur principe.

110. On reproche au rail à champignon, et non sans quelques motifs, le porte-à-faux de ses renflements extrêmes; si l'inclinaison des rails est déréglée ou le profil des bandages altéré, les bords du champignon supportent la charge, se déforment et s'écrasent. Il y aurait, sous ce rapport, un incontestable avantage à substituer au double T, type du rail à champignon, le rectangle évidé qui est son équivalent théorique.

C'est à cette forme que revient le rail en ∩; il dérive du rail américain en concevant le corps et le pied fendus au milieu, et chaque moitié reportée à l'aplomb du bord du champignon.

On accroît ainsi, en même temps, la stabilité de rotation du rail; mais c'est un avantage purement nominal. Un grand empatement est même un inconvénient pour un rail qui, comme celui-ci, n'admet que des supports longitudinaux, c'est-à-dire d'une largeur limitée; il a, en effet, bien trop de tendance à se déformer en s'ouvrant pour qu'il suffise de le soutenir seulement de distance en distance, même en multipliant les appuis outre mesure.

L'incompatibilité qui existe entre le rail en ∩ et les supports discontinus semble si évidente, que l'expérience pouvait passer pour superflue. Elle a cependant été faite à diverses reprises (en Irlande, où le poids du rail a été porté jusqu'à 45 kilogrammes par mètre; en Allemagne, sur les lignes de *Magdebourg* à *Berlin*, de *Magdebourg-Cœthen-Halle-Leipzig* (Pl. II, *fig.* 29), de Basse-Silésie et de la Marche, du duché de Bade).

Le rail de *Berlin* à *Magdebourg* pesait 20^{k},86 le mètre. Les traverses étaient espacées de 0^{m},94. Essayé à la presse, il éprouvait une déformation permanente sous une charge de 1.950 kilogrammes, et se rompait sous une charge de 6.050 à 7.850 kilogrammes. La charge par roue motrice s'élevant sur ce chemin à 4.250 kilogrammes, il n'est pas étonnant que l'insuffisance de cette voie se soit bientôt manifestée. Le rail était d'ailleurs beaucoup trop léger, mais sa forme exagérait sa faiblesse.

La continuité des supports étant le complément indispensable du rail en ∩, cette forme ne peut être jugée en elle-même, et comparée aux autres, abstraction faite de la disposition des appuis. Le rail en ∩ exclut les traverses; le rail *Vignole* admet également les traverses et les longrines; quant au rail sur coussinets, si rien n'empêche de disposer ses supports longitudinalement, il est clair qu'il n'y gagnerait rien non plus, à moins d'engager dans la longrine toute l'épaisseur de la semelle du coussinet ou de remplacer celui-ci par des cornières. La valeur du principe même de la continuité des supports est donc un des éléments essentiels de l'appréciation du rail en ∩.

111. A première vue, ce principe a les apparences en sa faveur. Soumis successivement en tous les points de leur longueur à l'action des mêmes forces, les rails devraient, autant que possible, être partout dans les mêmes conditions extérieures. Mais les solutions de continuité aux joints excluent cette uniformité absolue; car la compressibilité du ballast fait intervenir la flexion, et le rayon de courbure varie d'une section à l'autre, suivant sa position relativement aux joints, à moins que la discontinuité ne soit rachetée assez complétement : pour les rails, par des armatures telles que les éclisses, et pour les longrines, par leur mode d'assemblage entre elles ou avec les traverses placées aux joints.

Dans les voies à supports transversaux, les traverses, espacées de $0^m,90$ d'axe en axe, ont $2^m,50$ de longueur et souvent plus. Le développement des supports transversaux excède donc de près de 39 p. 100 celui de la double file de rails ou des supports longitudinaux, et l'excès s'élèverait à près de 74 p. 100 pour les voies de $2^m,13$, comme celles du Great-Western, en admettant la même saillie à peine suffisante, de $0^m,50$ en dehors des rails. L'équarrissage des traverses est déjà considérable, et qu'il soit ou non suffisant pour les longrines, on ne peut guère songer en général à le dépasser pour celles-ci. Les entretoises qu'exige la liaison des longrines ne rachètent pas la différence, même pour la voie étroite, du moins avec l'espacement ordinairement adopté; de sorte que, sous le rapport de l'économie du bois, l'avantage semblerait appartenir plutôt aux longrines qu'aux traverses. Il est certain, d'ailleurs, que la continuité des appuis permet de faire subir au poids du rail, toutes choses égales d'ailleurs, une réduction sensible, mais qu'on a souvent exagérée. On s'explique peu dès lors, au premier abord, la préférence presque universellement acquise aux traverses; et cependant, s'il y a un point bien établi, c'est la légitimité de cette préférence.

112. D'abord, à n'envisager que les frais d'établissement des supports, une réduction même notable du cube de bois n'impliquerait nullement celle de la dépense. La régularité de la forme, condition secondaire pour les traverses, est au contrare indispensable pour les longrines. Celles-ci doivent être droites et régulières presque à l'égal du rail, et exemptes de fentes, surtout vers les bords, qui doivent recevoir les attaches; il faut, en un mot, des bois de choix. La main-d'œuvre change aussi de nature : au lieu de matériaux bruts ou grossièrement équarris et d'une élaboration simple, expéditive, à la portée de tous les ouvriers, il faut presque des bois de charpente mis en œuvre par des charpentiers. Il est probable que les voies sur longrines ont péché souvent par le défaut de soins dans les détails d'exécution, mais cela ne justifie pas le principe. C'est, au contraire, un de ses inconvénients, de réclamer dans l'exécution un degré de précision et des soins peu en harmonie avec la nature même du travail, et dont la pose sur traverses est affranchie.

On lui reproche aussi, non sans raison, de rendre l'asséchement de la voie plus difficile.

Mais le vice capital, originel, des longrines, celui qui a fini par décourager la plupart de leurs partisans, c'est leur instabilité. La longrine est, en quelque sorte, en équilibre instable. Sa tendance au déversement et au glissement transversal ne peut être combattue que par la liaison des deux files parallèles; liaison difficile à réaliser complétement, même par des moyens qui enlèvent à la voie le caractère de simplicité, de facile indépendance des éléments, si précieux pour l'entretien.

On peut objecter que les éclisses aussi altèrent assez gravement ce caractère, et que cela n'a pas empêché leur application de se généraliser; mais là, du moins, les avantages sont clairs, incontestables; l'argument ne serait valable, d'ailleurs, que si les longrines dispensaient de l'emploi des éclisses, ce qui n'est pas. Les éclisses seraient tout aussi nécessaires avec les longrines qu'avec les traverses, et si l'on n'en applique pas aux rails en ∩, ce n'est pas que cela soit inutile, c'est que cette forme s'y refuse. Nous reviendrons du reste sur ce point.

113. *Conception vicieuse du rail mixte.* — La première condition de succès pour un système, c'est d'être conséquent avec lui-même, de ne pas renier son principe; les partisans des voies sur longrines les ont cependant présentées presque toujours comme une simple variété de voies ordinaires sur traverses; elles n'en diffèrent, suivant eux, que par la nature mixte du rail, et par l'espacement beaucoup plus grand des traverses, conséquence naturelle de la plus grande roideur du rail composé, soulagé d'ailleurs entre les appuis par la réaction du ballast.

Le pis est précisément qu'il y a quelque chose de vrai dans cette façon d'envisager les voies sur longrines les plus répandues, celles à traverses inférieures; c'est à la fois une définition et une critique. Cette conception d'une sorte de rail mixte, moitié bois, moitié fer, ne soutient guère l'examen. On comprend les premiers rails de ce genre, formés d'un simple bande de fer plat, clouée ou vissée sur une longrine. Là, du moins, chacun des éléments avait des fonctions distinctes, appropriées à sa nature et à sa forme. La longrine résistait à la flexion, la bande de fer au frottement; l'association était logique. Mais la superposition de deux solides, dont chacun doit apporter son contingent de résistance transversale, n'est fondée que quand on peut, par des moyens simples, réaliser entre eux une liaison complète, faire de l'ensemble l'équivalent d'un solide d'une seule pièce fléchissant en masse. Or on a beau multiplier les attaches, au grand détriment de la longrine, le fer et le bois se refusent à une pareille solidarité. Le seul fait des variations de température développe dans le système des tiraillements continuels qui disloquent les attaches, détruisent les longrines, et cela d'autant mieux qu'ils agissent, tantôt dans un sens, tantôt en sens contraire. Tout ce qu'on peut demander aux attaches, — crampons, vis ou boulons, — c'est de remplir avec les longrines le même rôle qu'avec les traverses, ni plus ni moins, sans viser à une solidarité qui se détruirait bientôt par ses propres effets. Les deux éléments fléchissent alors chacun pour son compte; il se produit à la surface de contact des glissements relatifs perpétuels, qu'il faut bien accepter, favoriser même, car ils sont d'autant moins nuisibles qu'ils s'opèrent plus librement.

On peut, il est vrai, opposer à cette manière de voir un exemple bien connu, celui du Great-Western. Au lieu de crampons ou de chevilles placés extérieurement au rail, et s'appuyant seulement sur les bords du rail sans gêner la dilatation, ***Brunel*** persistait à employer des vis à bois très-rapprochées, insérées dans la patin sans jeu sensible. On avait été conduit en Allemagne à renoncer à cette disposition, avant de renoncer au rail lui-même; les vis se relâchaient et s'arrachaient. Avec des boulons à écrous l'effet était plus lent, mais le mal subsistait. Objectera-t-on que la voie du Great-Western est bonne néanmoins? Mais si la voie du Great-Western est bonne, ce n'est pas à cause du système, et spécialement du mode d'attache, c'est malgré eux. C'est parce que les longrines sont d'un très-fort équarissage, les rails très-lourds, la charge par essieu sagement limitée, l'entretien soigné et probablement aussi dispendieux. J'ai, d'ailleurs, constaté que le relâchement des vis est général, non-seulement aux joints, mais presque partout.

114. Si, du reste, la pose sur longrines s'est si peu répandue en France, ce n'est pas que le système y ait été étudié et jugé à l'époque où on s'en préoccupait en Allemagne et en Angleterre. On ne songeait alors en France qu'au rail à coussinets, qui se perpétuait sous l'influence d'une cause aussi puissante que l'eût été la conviction de sa supériorité, l'habitude. Aussi n'a-t-on vu la pose sur longrines apparaître que plus tard, comme conséquence et comme une des formes de la réaction qui s'opérait enfin contre la voie à coussinets. Mais cette expérience était aussi inutile que tardive, car il suffisait alors, pour savoir à quoi s'en tenir, de jeter les yeux sur les résultats si concluants des applications tentées en Allemagne.

C'est précisément parce que la continuité des supports est spécieuse, parce qu'elle a été à ce titre adoptée dès l'origine et essayée sous bien des formes, toujours avec un très-médiocre succès, qu'on devait tout au moins s'en défier. Qu'on puisse avoir une bonne voie sur longrines, cela ne fait pas une question; peut-être même ce mode de disposition des éléments serait-il susceptible, pourvu qu'on ne regardât pas à la dépense, d'un degré de perfection auquel l'autre n'atteindrait pas; mais ce que l'ensemble des faits ne permet pas d'admettre, c'est que la continuité soit favorable à l'économie de l'entretien proprement dit, et à la conservation des éléments de la voie; l'exemple déjà cité du Great-Western est, je le répète, médiocrement concluant, et cela pour deux raisons : d'une part, l'excès de largeur de cette voie crée en faveur des longrines un argument tout spécial ; de l'autre, la continuité n'a pas été prise là pour elle-même ; elle n'était que la conséquence nécessaire de la préférence systématique donnée par M. ***Brunel*** au rail en ∩, préférence que nous discuterons bientôt.

§ II. **Exemples.**

115. En Amérique, on a débuté, comme en Allemagne, par les longrines. C'est même en vue de leur application que le rail américain a été primitivement adopté, de préférence au rail à deux champignons. Mais partout aujourd'hui, et depuis longtemps, les longrines ont disparu au delà de l'Océan, tandis que partout aussi le rail a été conservé. Acceptée d'abord uniquement en vue des avantages qu'on attribuait aux longrines, cette forme est unanimement préférée aujourd'hui pour les avantages qui lui sont propres.

116. Même revirement dans le duché de Bade. Mais ici la question a passé par des phases diverses, assez instructives pour qu'il convienne de les rappeler, quoique ce soit déjà de l'histoire ancienne. Mais si jamais système a été condamné en pleine connaissance de cause, c'est dans une circonstance où l'observation des faits a dû triompher à la fois d'idées préconçues, et d'habitudes prises de longue date.

Le rail en ∩ adopté pour la première section (de ***Manheim*** à ***Heidelberg***) avait $0^m,156$ de largeur ; il était fixé sur des longrines de $0^m,30 \times 0^m,17$, au moyen de crampons placés extérieurement au patin ; le joint était muni d'une plaque en fonte fixée à la longrine par des crampons, et portant une saillie emboîtée par les rails.

En remblai, les traverses, espacées seulement de $0^m,90$ en moyenne, avaient $0^m,15 \times 0^m,15$ d'équarrissage, et $2^m,40$ de long (*). En tranchée, elles étaient remplacées par des dés en grès rouge de $0^{m3},108$, espacés de $1^m,50$.

A niveau, des dés alternaient avec des traverses.

Les longrines étaient fixées soit sur les traverses, soit sur les dés, par des chevilles en chêne de $0^m,03$ de diamètre.

Le cube de bois était très-considérable ; il s'élevait, en remblai, par

(*) On sait que la voie avait, à cette époque, $1^m,60$ de largeur d'axe en axe.

kilomètre de voie simple, à 162^{m3} (102 pour les longrines et 60 pour les traverses).

On mit à profit, pour la seconde section (de ***Heidelberg*** à ***Carlsruhe***) les observations faites sur la première.

1° La rapide dislocation des joints, la détérioration des bouts des rails et les fréquentes ruptures des selles en fonte n'avaient pas tardé à mettre en évidence toute l'imperfection du mode d'assemblage des rails; on chercha à l'améliorer en élargissant la base des selles en fonte, munies de plus d'épaulements latéraux entre lesquels s'enchâssaient les patins des deux rails.

2° On renonça aux dés, impuissants à combattre, malgré un entretien minutieux, la tendance des longrines au glissement et au déversement.

3° On donna aux traverses une section rectangulaire : $0^m,30 \times 0^m,125$ à celles de joint, $0^m,20 \times 0^m,125$ aux autres, en portant leur écartement de $0^m,90$ à $1^m,50$.

4° On s'efforca de combattre le défaut de stabilité des longrines en les installant sur un ballast moins mobile que le gravier, c'est-à-dire sur un lit de pierre cassée de $0^m,18$ à $0^m,24$ d'épaisseur.

Lorsqu'il s'agit, plus tard, de prolonger la ligne jusqu'à ***Offenbourg*** et ***Haltingen***, la question de la consolidation des joints se présenta de nouveau, car les modifications ci-dessus avaient médiocrement répondu à l'attente des ingénieurs. La rupture des plaques et surtout de leurs ***âmes*** était aussi fréquente, le ressaut aux joints aussi prononcé, ou peu s'en fallait, qu'avec la disposition primitive; effets qu'on pouvait attribuer en partie à la mise en service de machines plus lourdes, mais auxquels il était urgent de remédier, quelles que fussent leurs causes. C'est ainsi qu'on fut conduit à remplacer la plaque de fonte par une plaque de fer, à épaulements latéraux, mais sans âme. Une plate-bande ou couvre-joint horizontal fut de plus appliquée de chaque côté, sur les bords des rails et sur les épaulements de la plaque, que les bords des rails affleuraient; on substitua aux crampons des boulons à écrou inférieur triangulaire et armé de griffes, ce qui permettait le serrage par la tête (Pl. IV, *fig.* 25, 26, 27); le corps de ces boulons s'engageait dans une encoche du patin.

Enfin, lors de la pose de la deuxième voie, c'est le rail qui fut mis en cause, et condamné. Ce rail avait fait cependant, malgré sa légèreté ($21^k,29$ par mètre), un excellent service, dû surtout il est vrai, à la bonne qualité du fer, à une fabrication très-soignée; aussi n'est-ce pas au rail lui-même, à sa forme, qu'on s'en prenait, mais à l'imperfection des joints, imperfection intolérable, quoi qu'on fît. On adopta donc le rail *Vignole*, mais uniquement jusque-là parce qu'il se prête parfaitement à un mode de consolidation auquel le rail en ∩ se refuse, c'est-à-dire à l'application des éclisses.

Quant aux supports, ils n'étaient pas mis en question. On se borna à profiter de la moindre largeur du rail pour réduire d'autant celle de la longrine.

On porta en même temps la longueur du rail à 6 mètres, en réduisant celle de la longrine à 3 mètres ; circonstance commode pour le croisement des joints du fer et du bois, et en faveur de laquelle on faisait valoir un autre avantages, celui d'une économie notable. Cette faible longueur permettait en effet d'utiliser, en les débitant, des pièces de bois d'une régularité médiocre. Le prix du mètre cube de ces longrines ressortait à peu près au même taux que celui des traverses ; mais la multiplicité des joints est une cause d'instabilité si l'on ne multiplie pas en même temps les traverses, et une source de dépenses si on le fait. En réalité, il n'y avait pas à tenir compte de ce surcroît de dépense pour le chemin badois, parce qu'on avait adopté déjà, avec des longrines beaucoup plus longues, un espacement de traverses d'une petitesse inusitée, mais probablement nécessaire.

Enfin, lorsqu'on se décida à réparer une erreur qu'on eût chèrement payée en y persistant, c'est-à-dire à ramener la voie à la largeur ordinaire de 1m,50 d'axe en axe, ce fut le tour des longrines d'être discutées. Une fois sur ce terrain, la question ne pouvait être douteuse ; aussi les longrines furent-elles condamnées sans hésitation, et probablement sans retour. C'est ainsi que le rail américain sur traverses a fini par prévaloir dans le duché de Bade, comme dans presque toute l'Allemagne.

Il est difficile de concevoir une expérience plus complète, plus concluante. Le défaut capital des longrines, l'instabilité, aurait évidemment plus de gravité encore en France qu'en Allemagne où le trafic est moins actif, la vitesse plus faible, le personnel d'entretien systématiquement plus nombreux.

117. On a cru devoir cependant, il y a quelques années, et à deux reprises, renouveler l'épreuve en France. C'est, sauf deux exceptions, au rail en ∩ qu'on a eu recours ; on en voulait moins, en effet, aux traverses qu'aux rails à coussinets, et la longrine a été acceptée, pour ne pas dire subie, en vue des avantages particuliers attribués au rail en ∩ sur la foi de M. ***Brunel.***

Quels peuvent être ces avantages? Il y en a un réel, déjà indiqué, la suppression des porte-à-faux du champignon; on peut en ajouter un autre, la compression plus énergique de la surface de roulement par les laminoirs, le rail passant à plat dans les cannelures finisseuses. Mais ces avantages sont les seuls, et ils sont achetés au prix de graves inconvénients, abstraction faite du vice irrémissible de ce rail, celui de ne s'appliquer qu'aux longrines.

A l'époque où le célèbre ingénieur du Great-Western adoptait cette forme, il s'attachait surtout à combattre la prétendue tendance du rail au déversement. La forme en ∩ conciliait une assez grande roideur dans le sens vertical avec une hauteur réduite et une large base. Tout était donc pour le mieux quant à la stabilité propre du rail; seulement on se préoccupait d'un danger chimérique. Il est vrai qu'on supprimait en même temps le coussinet; avantage très-réel, mais que le rail américain possède également, tout en laissant une liberté complète pour le choix des supports.

La faible hauteur relative du rail en ∩ constitue moins, à vrai dire, une propriété spéciale qu'une véritable infériorité; en même temps qu'on élargit sa base, on est forcé de réduire sa hauteur sous peine d'exagérer l'épaisseur des deux branches verticales, qui seraient incapables de résister à l'écrasement si on leur donnait, à égalité de hauteur, une épaisseur totale égale seulement à celle du corps du rail américain. Celui-ci a donc, à poids égal, une résistance transversale beaucoup plus grande, non-seulement parce qu'il est formé de parties bien plus solidaires, mais aussi parce qu'il est mieux proportionné; avantages que la continuité des supports est loin de compenser.

118. M. ***Hemann***, ingénieur du chemin du sud-est de la Suisse, a étudié pour une partie de cette ligne un rail en ∩ dans lequel le métal était distribué comme il suit:

		Rail en ∩ du *sud-est*, sur *longrines*.		Rail américain du *nord-est*, sur *traverses*.	
Section.	Tête	1.465$^{\text{mill.}2}$	,20	1.575$^{\text{mill.}2}$	,67
	Corps	1.490	,86	1.298	,24
	Pied	1.170	,66	1.550	,90
		4.126	,52	4.424	,81

Ce rail (Pl. IV, *fig.* 34 et 35) et le rail ***Vignole*** indiqué en regard (*fig.* 31 et 32) étaient considérés comme équivalents, comme propres au même service. La comparaison qui précède fait dès lors ressortir un des côtés faibles du rail en ∩. Le corps y forme en effet les 36,12 p. 100 de la section, tandis que ce rapport se réduit à 29,34 p. 100 pour le rail américain, quoique sa hauteur soit plus grande. La répartition du métal est donc, pour ce double motif, beaucoup plus favorable, dans le second, à la résistance transversale. Or personne ne soutiendra aujourd'hui qu'on puisse faire bon marché de cette considération pour le rail en ∩, sous prétexte qu'il est soutenu partout. Cette forme ne permet pas davantage d'affaiblir le pied, au profit de la tête, ce qui reviendrait toujours à regarder le rail entier comme formant la région comprimée d'un solide mixte fléchissant en masse. L'exemple ci-dessus peut donner une idée du point jusqu'où l'on peut aller dans ce sens, ainsi que de la faible réduction (6,7 p. 100) que la continuité des appuis permet de faire subir au poids du rail, toutes choses égales d'ailleurs. Le cahier des charges actuel des chemins de fer français admet, comme l'ancien, une différence plus grande, 14 p. 100 (poids minimum, 35 kil. pour les rails sur traverses et 30 kil. pour les rails sur longrines), mais l'Administration n'avait à se préoccuper que de la question de sécurité ; et une différence de 14 p. 100 peut être admissible sous ce rapport, sans être fondée en économie.

Il ne reste donc en réalité au rail en ∩ que l'unique avantage de la suppression des porte-à-faux de la tête.

Quelques faits isolés tendraient, il est vrai, à établir qu'il est, par cela seul, supérieur en lui-même au rail américain. Ainsi on a constaté, en 1855, lors de la transformation des voies du duché de Bade, que les rails en ∩ étaient en beaucoup meilleur état que les rails américains du chemin de la Grande-Hesse (du Main au Neckar). Posés en même temps, ces rails avaient fait exactement le même service ; matériel roulant, trafic, tout était identique de part et d'autre, sauf la forme et le poids des rails. Celui de la grande-Hesse était notablement plus lourd, et posé sur traverses espacées de $0^{m},90$ seulement.

Si, malgré ce résultat les, ingénieurs badois ont pris le parti de repousser le rail en ∩, c'est que la supériorité observée leur a paru être le fait de la fabrication autant pour le moins que le fait de la forme, et que d'ailleurs une durée un peu plus grande du rail ne serait pas une compensation suffisante des inconvénients inséparables des longrines, et surtout de l'imperfection radicale des joints. Quoique, à cette époque, les opinions fussent encore partagées sur les éclisses, les ingénieurs badois reconnaissaient déjà alors que ce n'est pas un médiocre avantage des rails à deux renflements extrêmes, de se prêter à l'application de ce mode de consolidation si logique.

119. On a essayé, sur quelques chemins allemands, de combiner la pose courante sur traverses avec les longrines, appliquées aux portées extrêmes, comme moyen de rétablir la continuité; cela revenait simplement à remplacer la traverse de joint par deux tronçons placés longitudinalement sur chaque file; mais cette tentative, faite déjà sans succès sur la ligne de ***Leipzig*** à ***Dresde*** et sur celle de ***Berlin*** à ***Breslau***, entre cette ville et ***Buntzlau***, n'a nullement réussi. Elle a été renouvelée sans plus de succès en France, sur le chemin du Nord; elle ne pouvait d'ailleurs avoir quelque raison d'être qu'avant l'introduction des éclisses.

120. Il est trop commode d'accepter les jugements tout faits, pour qu'il n'y ait pas, parfois, quelque mérite à renouveler une expérience déjà tentée ailleurs, quoiqu'elle ait donné, dans d'autres mains, des résultats négatifs; mais encore faut-il, ou qu'elle ait été insuffisante, suspecte à un titre quelconque, ou qu'on se trouve, en la renouvelant, dans des conditions plus favorables. On conçoit par exemple, jusqu'à un certain point, que la ligne de ***Bordeaux*** à ***Bayonne***, traversant ou côtoyant des forêts de pins qui offrent en abondance des bois d'une grande régularité, ait paru plus favorable que toute autre à un nouvel essai des longrines et du rail en ∩. Ce n'était cependant pas là une considération déterminante: pour que le succès fût probable, il aurait fallu être en mesure de remédier aux graves défauts que la pratique avait signalés dans ce système de voie. Il n'en était pas ainsi; on s'est borné à suivre les anciens errements. Reproduite dans des conditions tout aussi défavorables, l'expérience devait aboutir au même résultat que les précédentes.

Les tentatives dont il s'agit étaient dépourvues de tout caractère de perfectionnement réel; elles n'ont fait que confirmer les résultats des observations déjà faites ailleurs; mais elles ont du moins tranché la question en France, et elles empêcheront les ingénieurs de s'engager de nouveau dans ces stériles expériences. C'est à ce titre négatif qu'elles ont pu être utiles, et qu'il peut y avoir quelque intérêt à les rappeler aujourd'hui.

121. *Ligne de Bayonne* (Pl. V, *fig.* 26). — Le rail pesait 30 kil.; il avait 6 mètres de longueur, et les longrines de 4 à 6 mètres; les joints des deux files de longrines reposaient sur une même traverse;

on n'a d'abord ajouté une traverse intermédiaire que pour les longrines dont la longueur dépassait 4 mètres. Ces traverses étaient, de même qu'au chemin badois, placées sous les longrines au lieu d'araser leur face inférieure, comme dans la voie de M. ***Brunel.*** Leur liaison avec les longrines était opérée par de longs boulons, placés de part et d'autre du rail, ayant la tête en haut et un écrou à griffes.

Les rails étaient fixés aux longrines par des boulons à écrous inférieurs, insérés dans le patin, et espacés de 1^m. L'inclinaison était donnée par la pente de la face supérieure de la longrine.

Par suite de la diversité de longueur des longrines, la distribution des joints des rails, relativement à ceux des supports, n'était assujettie à aucune loi, si ce n'est à la condition de ne pas coïncider.

Quant au point délicat, la jonction des rails, le moyen auquel on s'est arrêté n'était rien moins que nouveau. C'est celui qui semble, au premier abord, naturellement indiqué par la forme du rail et par les forces auxquelles il est soumis, c'est-à-dire un véritable couvre-joint inférieur, formé d'une plaque de fer, légèrement bombée au milieu, et logée dans une entaille de la longrine, de manière à affleurer sa face supérieure. Il y avait de chaque côté du joint quatre trous dont deux et quelquefois trois recevaient des rivets, et les autres, les boulons d'assemblage avec la longrine.

Comme on l'a vu (67), la plaque inférieure, boulonnée, avait déjà été essayé en Prusse, mais en dénaturant son action comme couvre-joint par l'introduction d'un jeu nécessaire d'ailleurs (122), pour la dilatation.

Avec la rivure, faite comme à l'ordinaire, à chaud, on ne peut guère compter sur le jeu, même en admettant que le refoulement des rivets n'ait pas rempli les trous (80). Le frottement développé par la tendance des rivets à se contracter est si grand, en effet, qu'il est seul en jeu dans les chaudières, dans les poutres en tôle, etc..., et que les rivets ne travaillent jamais par cisaillement, même sous les plus grands efforts auxquels le système est soumis dans la pratique (*). Dans de telles conditions, le rail cesse d'être libre, malgré le jeu et l'ovalisation des trous. Pour que cette liberté fût réelle, il faudrait que la rivure fût faite à froid, avec des fers assez ductiles pour se prêter à la façon des têtes.

Au chemin de ***Bayonne***, on a procédé à chaud et sans jeu. On comptait ainsi sur la résistance des rivets pour détruire la tendance

(*) Voir Rapport adressé au ministre des travaux publics sur l'application de la tôle d'acier fondu à la construction des chaudières à vapeur, par MM. *Combes*, *Lorieux* et *Couche*. — Pages 5 et suiv. — *Dunod*, 1861.

des rails à la contraction, et sur la liaison avec les longrines pour s'opposer au *gondolement* qui tend à se produire, entre les points fixes, sous l'action d'une température élevée. Une telle expérience faite sous le soleil du Midi ne manquait pas de hardiesse; mais le succès a été négatif.

Les inconvénients observés sur la ligne de *Bayonne* n'avaient pas tous une égale gravité. Quelques-uns étaient accidentels, étrangers au système. Les autres étaient les conséquences, sinon du principe lui-même, au moins du mode d'application.

On a reconnu dès le début que cette voie pêchait :

1° Par quelques détails de la forme et par la qualité des rails;

2° Par leur mode de jonction;

3° Par la disposition de l'entretoisement des longrines;

4° Par la nature du ballast.

1° *Rails.* — Leur bombement était trop fort : défaut aggravé par le poids considérable de tout le matériel roulant, et de plus, pour certaines machines-tender (qu'on a, du reste, transformées depuis), par la mauvaise répartition de la charge sur les essieux; de sorte que tout se réunissait pour exagérer la pression au contact des roues.

Cette cause ne suffit pas, cependant, pour expliquer la rapide destruction des rails dès les débuts de l'exploitation; son influence a été aggravée par une fabrication défectueuse, dont la nature même des avaries était la preuve manifeste; les rails ne s'écrasaient pas; ils se fendaient longitudinalement, suivant la ligne de roulement. Telle était souvent, d'un autre côté, l'aigreur du métal dans le patin, que le forage des trous de rivure suffisait pour produire le déchirement. Ces graves imperfections affectaient, du reste, inégalement les rails des diverses provenances. Il est certain, au surplus, qu'on avait trop présumé de l'influence des supports continus, et qu'indépendamment de sa forme le rail était trop léger.

2° *Assemblage des rails.* — La suppression complète du jeu aux joints a eu des effets d'autant plus nuisibles que la nature du fer était moins propre à atténuer leur gravité. Aussi les gelées ont-elles causé la rupture d'un assez grand nombre de plaques de joints, tandis que pendant les chaleurs les rails présentaient des ondulations horizontales et verticales désastreuses pour les attaches et pour les longrines.

L'ovalisation des trous, et l'introduction d'un jeu sensible entre les bouts des rails aux basses températures, changeraient d'ailleurs du tout au tout les conditions de résistance de l'assemblage, sans compter que ces trous seraient, par leur position, très-sujets à s'oblitérer, ce qui n'a pas lieu pour les trous des boulons d'éclisses; de sorte que, en somme, la valeur d'une des principales objections contre le rail en ∩ dépend du degré d'utilité du jeu ménagé aux joints.

122. *Digression sur le jeu pour la dilatation.* — Dans une discussion engagée sur ce sujet à la Société des ingénieurs civils de Londres, l'inutilité du jeu a été soutenue par feu M. *Brunel;* sa conviction était fondée, a-t-il dit, sur les observations les plus concluantes : il était démontré pour lui qu'on n'a à redouter ni ondulations en plan ou en profil des rails convenablement attachés aux longrines, ni rupture des joints, ni excès de fatigue du métal. Mais il ne faut pas oublier qu'il s'agissait seulement des chemins anglais, et que M. *Brunel* réservait formellement son opinion pour les chemins construits sous des climats moins tempérés, et où les écarts de température sont plus considérables.

L'Administration des chemins de fer bavarois qui a examiné de nouveau la question, a été amenée à conclure, non-seulement que le jeu actuel est indispensable, mais encore qu'il conviendrait de l'augmenter. En résumé, sauf quelques dissidences, qui ne s'appliquent d'ailleurs qu'aux chemins anglais (et en exceptant la voie du système *Barlow*, sur laquelle je reviendrai plus bas), la nécessité du jeu est parfaitement établie; toute forme qui ne permet pas de concilier cette condition avec une consolidation efficace des joints, est donc par cela même défectueuse. Tel est le cas du rail en ∩ qui, du reste, devrait être rejeté, quand même il n'aurait pas d'autre tort que d'être inséparable des longrines.

Sur les chemins de fer français, on admet que la température des rails peut varier entre $-10°$ et $+30°$, écart auquel correspond, sur une barre de 6 mètres, une variation de longueur de $6 \times 40 \times 0{,}0000122 = 0^{m},003$. On force souvent un peu le jeu afin de tenir compte de la déformation des bouts, qui tend à occuper une partie de l'espace libre par suite du refoulement du métal.

On ne s'astreint pas, d'ailleurs, à proportionner exactement le jeu donné lors de la pose à la température du moment. Sur l'Ouest français, par exemple, l'écartement est $0^{m},003$ jusqu'à 5°, $0^{m},002$ de 5 à 20°, et $0^{m},001$ au-dessus de 20°. Sur le Nord il est de $0^{m},003$ jusqu'à 10° et de $0^{m},002$ au-dessus. Les poseurs sont munis de calibres en tôle, ayant exactement ces épaisseurs, et d'un thermomètre placé à l'ombre.

En plaçant un rail, les poseurs doivent l'appliquer exactement contre le calibre. Pour éviter que la manœuvre, faite sans précaution, ne resserre les joints précédents, il est bon d'en laisser deux ou trois garnis de leurs cales.

On rencontre souvent sur les voies exploitées quelques rails consécutifs en contact, même à une température moyenne. Le mal n'est pas grand, tant que les résistances réparties sur la barre devenue continue ne sont pas assez grandes pour l'empêcher de se dilater, lorsque la température s'élève, en surmontant les résistances auxquelles elle est soumise, et en profitant des vides qui se sont accumulés à ses extrémités. Mais si le contact s'établissait sur une série trop longue, le rail du milieu, surtout, serait dans un état de compression qui pourrait déterminer des fentes, près de la surface, aux bouts. On chanfreine quelquefois le bord du champignon pour empêcher cet effet; mais il vaut mieux supprimer la cause elle-même, en tenant la main à ce que les vides soient et restent régulièrement répartis.

Les conséquences du défaut de liberté longitudinale des rails pouvaient être beaucoup plus graves lorsque les rails étaient indépendants les uns des autres. L'application des éclisses les a radicalement supprimées; c'est un service de plus dont on leur est redevable.

123. 3° *Entretoisement des longrines.*—Les traverses doivent s'opposer au glissement, à la rotation et à la flexion horizontale des longrines. Il faut donc que, par leur nombre, leur position et leur mode de liaison, elles remplissent le mieux possible cette triple fonction.

Elles peuvent être placées sous les longrines, comme on l'a fait sur les chemins de *Bayonne* (Pl. VI, *fig.* 40) et du duché de Bade (Pl. IV, *fig.* 28), ou bien entre les longrines, arasant leurs faces inférieures, comme au Great-Western.

L'assemblage est opéré, dans le premier cas, au moyen de boulons verticaux; dans le second, au moyen de tire-fonds horizontaux traversant la longrine au milieu de sa hauteur, et terminés par des plate-bandes boulonnées sur une des faces latérales de la traverse qui pénètre dans la longrine par un petit embrèvement.

T et T' désignent respectivement les tensions des boulons verticaux et des tire-fonds, nécessaires pour assurer l'équilibre de rotation de la longrine sous l'action d'une même poussée horizontale Q, exercée par les mentonnets des roues, on a, abstraction faite des réactions verticales des roues sur le rail, et des réactions horizontales du ballast sur la longrine, e et l étant l'épaisseur et la largeur de celle-ci, r la hauteur du rail :

$$T = \frac{Q(r+e)}{l}, \quad T' = \frac{2Q}{e}(r+e), \quad \text{d'où} \quad T : T' :: e : 2l.$$

Ordinairement $e = \frac{l}{2}$ à peu près.

Ainsi, sous le rapport de la rotation, la première disposition est de beaucoup la meilleure : considération qui a son importance, car si l'on n'a pas à craindre le renversement du rail seul, il en est tout autrement pour l'ensemble, beaucoup plus haut, du rail et de la longrine.

Mais la seconde disposition reprend hautement l'avantage sous le rapport du glissement, combattu par la résistance à l'extension des tirefonds. Il n'y a pas d'assimilation possible entre les boulons verticaux du premier mode d'attache, et les chevilles, crampons, ou vis qui fixent les rails ou les coussinets sur leurs supports. Ici, la portion en saillie est très-courte; comme les solides encastrés dont la longueur n'excède guère les dimensions transversales, elle ne tend pas à fléchir, et la résistance transverse y est à peu près seule en jeu. Les boulons dont il s'agit sont dans des conditions bien différentes. Le grand espacement des traverses concentre sur eux des pressions très-considérables; mais surtout, sollicités par les réactions de la longrine sur une grande longueur, — égale à l'épaisseur même de la longrine, — ils tendent à fléchir, à moins d'exagérer leur équarrissage, ce qui affaiblirait le bois outre mesure. Il est évident, d'ailleurs, qu'on a médiocrement à compter sur le frottement développé par la tension des boulons, tension nécessairement limitée, et influencée de plus par les variations de l'état hygrométrique des bois. L'encastrement partiel de la longrine dans la traverse ne paraît pas d'ailleurs susceptible d'assez de précision pour maintenir, surtout avec des bois tendres, l'invariabilité rigoureuse de largeur de la voie.

L'entretoisement à l'intérieur a un autre avantage, il exige moins de bois.

La situation inférieure des traverses est, d'ailleurs, en opposition avec le principe même de la continuité des appuis, ou, en d'autres termes, de l'identité aussi complète que possible des conditions du rail en tous les points de sa longueur, en ce qui concerne les réactions verticales de bas en haut. Sa flexion dépend de la compressibilité et par suite de l'épaisseur du ballast ; et celui-ci ayant un minimum périodique au droit des traverses, il en est de même de l'autre.

En somme, la disposition adoptée par M. ***Brunel*** est de beaucoup la meilleure. L'autre dérive de la conception d'un rail mixte et de l'assimilation à la voie sur traverses : assimilation qui ne tient compte ni des écartements très-différents des traverses, ni des distances très-différentes aussi du sommet du rail à la traverse. Avec les supports transversaux, il n'y a jamais qu'une seule roue engagée sur une même travée ; de sorte que le rail, beaucoup plus bas d'ailleurs que le rail *mixte*, ne peut ni se déformer latéralement, ni se renverser.

Dans la voie sur longrines, les traverses, par cela même qu'elles sont plus espacées, ne peuvent plus remplir les mêmes fonctions. Le rail mixte, s'il est trop faible et contre-buté latéralement par un ballast sans consistance, se déforme entre les attaches des traverses, et ces attaches se disloquent elles-mêmes, si elles ne sont pas constituées de manière à résister à la poussée latérale exercée par deux roues de machine à la fois. C'est ce qui est arrivé, dès le début, sur la ligne de ***Bayonne***. Les longrines se sont comportées comme le ferait un rail trop faible, supporté par des traverses beaucoup trop espacées, et maintenu par des attaches insuffisantes. Les boulons se sont faussés, les longrines ont glissé sur les traverses, et c'est ainsi qu'ont eu lieu de nombreux déraillements *à l'intérieur*, ou par écartement ; en même temps, les longrines se fendaient fréquemment sous l'énorme effort des boulons, nécessairement très-rapprochés, non-seulement du bord, mais aussi de l'extrémité, par suite de la largeur restreinte des traverses de joint.

Une certaine précipitation imposée par des circonstances particulières, et les malfaçons qu'elle entraîne, surtout quand il s'agit d'un système nouveau pour le personnel chargé de l'appliquer, avaient, dans l'origine, aggravé ces inconvénients, qui ne sont pas tous inséparables du principe. Aussi les a-t-on atténués, mais non supprimés, en ajoutant une traverse intermédiaire à toutes les longrines dont la longueur dépassait 4 mètres ; en les multipliant plus encore dans les courbes, avec addition de plates-bandes en fer, terminées à chaque bout par un crochet saisissant le patin ; en portant leur épaisseur de $0^m,10$ à $0^m,13$, y encastrant les longrines sur $0^m,03$, et portant de $0^m,015$ à $0^m,018$ le diamètre des boulons d'assemblage.

Il est incontestable, d'ailleurs, que la finesse et la mobilité du ballast, formé d'abord de sable des Landes qu'il a fallu depuis remplacer à grands frais par du gravier, étaient pour beaucoup dans l'instabilité de la voie de *Bayonne*, et dans le défaut de liaison de ses éléments. Il n'y a pas de bonne voie, de quelque système que ce soit, sans un bon ballast (171); mais cette condition est plus impérieuse encore pour les voies à supports continus que pour les autres. Elles réclament tout particulièrement un bon bourrage ; avec un sable fin et sec, les longrines se *débourrent* très-rapidement. La transformation du ballast était d'ailleurs indispensable pour dissiper le perpétuel nuage de poussière qui enveloppait les trains, et dont le mécanisme des machines ne souffrait pas moins que les voyageurs. La substitution, dont la dépense s'est élevée à près de 6.000 francs par kilomètre simple, avait certainement amélioré la voie, mais ses vices organiques subsistaient, et notamment l'irrémédiable imperfection des joints; aussi est-on revenu, en désespoir de cause, au rail à coussinets sur traverses.

124. *Voie du chemin d'Auteuil.* — Cette voie présentait beaucoup d'analogie avec la précédente; elle avait les mêmes caractères essentiels : traverses inférieures, boulonnées, et selles rivées aux joints. Mais on remarquait dans les détails quelques différences assez importantes.

Les longrines et les traverses avaient le même équarrissage, $0^m,30 \times 0^m,15$; les traverses, espacées en moyenne de $2^m,40$, étaient fixées aux joints par 4 boulons, et ailleurs par 3 seulement. La longueur des longrines, en sapin, était comprise entre 12 et 13 mètres, circonstance qui a introduit une certaine irrégularité, d'ailleurs sans conséquence, dans la distribution des traverses. Là, comme dans les Landes, on ne s'est pas imposé, pour les joints des longrines et pour ceux des rails, de 6 mètres de longueur, d'autre condition que d'éviter leur coïncidence.

La plaque de joint avait de très-grandes dimensions, $0^m,40$ sur $0^m,157$. En faisant la pose à une température moyenne, 10° environ, on a laissé entre les bouts des rails un jeu de $0^m,004$ à $0^m,005$, qui supposait nécessairement une ovalisation correspondante de 4 trous d'un des côtés du joint ; mais si un tel assemblage suffit pour empêcher la formation des ressauts, il perd beaucoup de sa valeur au point de vue de la continuité de la résistance.

L'inclinaison était donnée par le déversement de la longrine, c'est-à-dire par l'inclinaison de sa portée sur la traverse.

Le rail avait $0^m,155$ de bord en bord et s'appuyait sur des longrines de $0^m,30$. Ce grand excès de largeur, favorable du reste à la stabilité, était en partie, dans ce cas, la conséquence nécessaire de la disposition particulière des attaches. Les vis à bois, au lieu d'araser le bord du patin et d'appliquer sur lui leurs têtes convenablement élargies, pressaient des taquets en fonte qui se repliaient sur le rail. Ces attaches, espacées sur chaque rang de $0^m,50$ environ alternaient d'un côté à l'autre, si ce n'est dans la région du joint, où elles se faisaient face.

On cherche en vain quelle pouvait être l'utilité de ces appendices intermédiaires ; la stabilité de rotation du rail sur la longrine était garantie de reste ; il n'y aurait pas eu d'inconvénients à la réduire si l'on y trouvait quelque compensation ; mais à quoi bon, si cette compensation n'existait pas? En admettant que le rail tende à tourner autour de l'arête extérieure du patin, la tension développée dans la vis intérieure pour résister à cette tendance serait à peu près doublée, cette vis étant placée sensiblement au milieu du taquet. Les proportions du rail en ∩ excluent toute crainte d'effets de ce genre, impossibles même par des rails beaucoup plus élevés. Mais pour justifier cette complication, il ne suffit pas de prouver qu'elle est inoffensive ; il faudrait aussi prouver qu'elle sert à quelque chose.

La ligne d'*Auteuil*, desservie par des machines à roues d'arrière couplées, et par suite sans jeu dans les plaques de garde, a des courbes très-roides, de 300 et même 250 mètres de rayon. On a ajouté dans celles-ci (comme on l'a fait après coup sur le chemin de fer de *Bayonne*) des plates-bandes d'écartement en fer, repliées sur le bord du rail, et boulonnées sur la longrine.

Longrines : $2.000 \times 0^m,30 \times 0^m,15$.	$90^{m3},00$
Traverses (longueur, $2^m,20$; équarrissage, $0^m,30 \times 0^m,15$; cube de l'une, $0^{m3},099$; — intervalle moyen, 3 mètres ; — nombre, 333 par kil.) : $333 \times 0^{m3},099$.	$32^{m3},97$
	$122^{m3},97$

Les rails étaient approvisionnés portant la plaque de joint rivée à l'un des bouts ; on présentait le rail à la longrine pour tracer et creuser l'entaille destinée à recevoir la plaque, on faisait la rivure à l'autre bout au moyen d'une forge volante, et l'on posait les taquets et les vis comme sur le chemin de *Bayonne*. Cette expérience a abouti, comme la précédente, à l'abandon du rail à ∩ et de la longrine.

125. *Voie primitive du chemin de Dôle à Salins.*—La compagnie concessionnaire de cette petite ligne avait adapté le rail en ∩ avec supports longitudinaux, mais non continus. Les longrines, de $2^m,50$ à $2^m,80$, laissaient entre elles des vides destinés à faciliter l'écoulement des eaux; le rail, de 6 mètres de longeur, était fixé par des chevilles en bois comprimé; au joint, une âme également en bois s'engageait dans le creux des deux rails consécutifs. L'entretoisement était opéré par une traverse inférieure joignant, par leurs milieux, les deux longrines conjuguées auxquelles elle était fixée par des chevilles en bois, pénétrant seulement de quelques centimètres dans la traverse, et remplacées bientôt par des chevilles en fer.

C'est l'économie qu'on avait surtout en vue dans la conception de ce projet; on admettait qu'un rail de 30 kil., dans les conditions indiquées, serait l'équivalent d'un rail de 35 kil. sur traverses.

L'application de ce singulier système, commencée à partir de ***Dôle***, sur une quinzaine de kilomètres, fut suspendue par suite du rachat de l'embranchement. La compagnie de ***Lyon***, substituée à la compagnie de ***Salins***, ne tarda pas à répudier cette partie de l'héritage. Il était difficile, en effet, d'accumuler plus d'éléments d'instabilité. Ce n'étaient plus les longrines qui maintenaient les rails, c'étaient, au contraire, les rails qui maintenaient les longrines isolées. Celles-ci, placées comme un fléau de balance sur la traverse médiane, basculaient de part et d'autre; enfin, lorsqu'on les relevait, les chevilles quittaient leurs trous et laissaient la traverse dans le ballast.

126. L'ancienne compagnie de ***Blesme*** à ***Saint-Dizier*** avait légué au chemin de l'Est une voie du même système. Ce malencontreux matériel a été reporté le plus promptement possible sur les voies de garage, où le rail est souvent posé sur des supports transversaux, afin d'utiliser des traverses de deuxième catégorie, c'est-à-dire retirées des voies principales, mais pouvant servir encore. — Sous le rail en ∩, ces traverses sont espacées de $0^m,60$ seulement.

En résumé, le rail en ∩ est réservé aujourd'hui pour une application spéciale et très-restreinte, c'est-à-dire pour la pose sur certains ponts métalliques. Le profil est parfois non symétrique, de sorte que le rail donne l'inclinaison de $\frac{1}{20}$, son patin étant horizontal (Pl. III, *fig.* 16 et 17).

127. *Voie du chemin de Saint-Rambert à Grenoble* (Pl. V, *fig.* 5, et Pl. VI, *fig.* 39). — Si l'application des longrines n'est pas justifiée, tant s'en faut, par des avantages propres du rail en ∩, on conçoit bien moins encore qu'on les combine avec des formes de rails qui peuvent se passer d'elles. Tel est cependant le parti auquel on s'était arrêté pour la petite ligne de ***Bourg-la-Reine*** à ***Orsay***, et plus tard pour le chemin de ***Saint-Rambert*** à ***Grenoble***.

Les longrines, de $0^m,28$ sur $0^m,14$, étaient placées sur des traverses de $2^m,50$ espacées de 2 mètres, auxquelles elles étaient fixées par de grands boulons. Le joint des longrines ne coïncidait pas avec le milieu de la traverse; de sorte qu'une seule longrine a pu être boulonnée à chaque joint. Cette disposition, qui revenait à considérer les deux longrines comme constituant, par l'intermédiaire des rails, un système assez solidaire pour qu'il suffît de le rattacher à la traverse en un seul point, ne pouvait avoir d'autre but que de ménager celle-ci en n'y insérant qu'un boulon unique, placé dès lors à peu près sur son axe. Cette règle n'a été nullement observée dans la pose. Il y avait souvent entre les longrines un intervalle de plus de $0^m,05$, de sorte que celle qui recevait le boulon n'avait pas plus de longueur d'appui que l'autre.

Les grands boulons *b* (Pl. VI, *fig.* 39), placés à l'extérieur, ne tendent pas, comme dans la position inverse, à faire fendre les longrines sous l'action des poussées horizontales des roues; mais aussi ils deviennent incapables de remplir une de leurs fonctions essentielles, c'est-à-dire de s'opposer au déversement. Les conséquences de cette disposition vicieuse n'ont pas tardé à se manifester sur le chemin de *Saint-Rambert*; la longrine *bâillait*, le gravier s'introduisait entre elle et la traverse, et le déversement allait toujours croissant.

Les crampons qui fixaient le rail sur la longrine n'alternaient pas d'un rang à l'autre; ils étaient espacés de $1^m,18$, ce qui paraît excessif. Dans les voies ordinaires, cet écartement, toujours plus petit d'ailleurs, est limité en moins par celui des traverses. Mais loin de l'augmenter pour les rails sur longrines, il est naturel de profiter de la faculté qu'elles donnent de le réduire. La solidarité serait moins imparfaite, et les efforts, plus répartis, fatigueraient moins les longrines.

La faible largeur du rail comparé au rail en ∩ était, du reste, dans la pose sur longrines, un avantage réel. Elle permettait de laisser entre les crampons et les bords de la longrine une épaisseur suffisante ($0^m,08$), tout en donnant aux pièces de bois une largeur restreinte ($0^m,28$).

On avait cru devoir accumuler aux joints tous les expédients connus : 1° des éclisses à 4 boulons; 2° une plaque de joint *m* à épaulements latéraux; 3° des plaques de recouvrement *r*, *r*, serrées sur les bords du patin par deux gros boulons, à écrous supérieurs, traversant la longrine; 4° une plaque de serrage inférieure *i*.

Il y avait profusion évidente; avec les éclisses, tout le reste est inutile.

La dilatation était libre ; les boulons de la plaque de joint pénétraient dans le pied du rail, mais par des encoches ovalisées.

Longrines : 2.000 × 0^{m},28 × 0^{m},14.	78^{m3},40
Traverses (par rail de 6 mèt., 2 intermédiaires de 0^{m},15×0^{m},15 sur 2^{m},50 de long = 0^{m3},1125, et 1 de joint, de 0^{m},28 × 0^{m},14 sur 2^{m},50 = 0^{m3},0980 ; en tout : 0^{m},2105 et pour 1^{m} : 0^{m3},035) par kilomètre.	35^{m3},00
	113^{m3},40

On serait fort embarrassé de trouver, en faveur de cette tentative, des chances de succès qui aient manqué à d'autres du même genre. Ou celle-ci était peu fondée, ou on avait eu tort dans le duché de Bade, par exemple, de renoncer définitivement, lors de la refonte de la voie, à une disposition semblable, et mieux entendue dans les détails. Mais on ne peut guère mettre en balance les motifs sur lesquels s'appuyaient ces deux résolutions contraires, surtout quand on voit qu'une des considérations mises en avant au chemin de *Saint-Rambert* était la simplicité économique de l'entretien des voies sur longrines ; assertion que l'expérience a bientôt réduite à sa juste valeur.

On se proposait de constituer la voie très-solidement ; et cela avec d'autant plus de raison que les machines adoptées sur cette ligne (système Engerth à 4 roues couplées) avaient près de 13 tonnes de charge *statique* sur l'essieu moteur, et à peu près autant sur l'essieu d'avant. S'il existe un remède efficace contre l'exagération de la charge sur les rails, ce n'est assurément pas dans la substitution des longrines aux traverses qu'il faut le chercher, et l'accroissement du poids des machines était loin de constituer un argument nouveau en faveur de la continuité des supports.

L'ancienne compagnie du Dauphiné, mieux inspirée plus tard, avait au surplus renoncé à cette combinaison malheureuse du rail *Vignole* et des longrines, pour revenir aux traverses.

128. Le Métropolitain de *Londres* offre l'exemple le plus récent (et ce sera probablement le dernier) du rail *Vignole* posé sur longrines. — Ce rail a, comme on l'a vu, une largeur de patin inusitée, et qui semble d'autant plus excessive que, même à largeur égale, il aurait sur longrines une surface d'appui beaucoup plus grande que sur les traverses. Mais cette largeur n'est pas, en réalité, aussi exagérée qu'elle le paraît. Si on l'a adoptée, c'est qu'on avait sous les yeux l'exemple du rail en ∩, qui, malgré sa large base, pénètre dans le bois : conséquence inévitable de l'imperfection des joints, du relâchement général des attaches, et aussi de la faible adhérence des fibres ligneuses entre elles.

Avec le rail *Vignole*, posé sur longrines, la première cause de destruction du bois disparaît, mais les autres subsistent. Il était donc prudent, une fois le système admis, de compenser leur action en répartissant les charges sur une plus large base ; mais, en supposant que cela suffise, il n'en reste pas moins un nouvel inconvénient à porter au compte des longrines, celui d'exiger pour le rail *Vignole* des proportions défectueuses en elles-mêmes.

Sur cette même ligne, le rail est fixé par des vis à bois implantées dans le patin. Cette disposition paraît avoir été imposée, comme pour le rail *Brunel*, par la largeur du patin. Placées extérieurement aux rails, les attaches auraient été trop rapprochées des bords de la longrine. — Les trous percés dans le patin du rail ne lui laissent que très-peu de jeu longitudinal ; mais cela paraît indifférent pour une ligne qui est constamment souterraine, et par suite dans des conditions de température peu variables.

129. Sur plusieurs sections du *Great-Western*, on a protégé la longrine par des fourrures en bois, placées jointives sous le rail, et ayant leurs fibres en travers. On atténue ainsi la destruction du bois, due en partie à ce que les fibres placées sous le rail trouvent très-peu de secours dans les fibres voisines placées en dehors, et s'affaissent. La fourrure répartit les pressions, elle subit l'action directe du *claquement*, inévitable avec le rail en ⋂, enfin elle est facile à remplacer. Mais un système de voie qui a besoin de semblables palliatifs est jugé, et encore n'est-ce là que le moindre de ses défauts.

En Angleterre même, le rail en ⋂ n'aura guère survécu à M. *Brunel*. Il est abandonné pour tout le réseau du Great-Western, et la longrine le suivra probablement de près.

130. Elle n'aura, du reste, été abandonnée qu'à bon escient, et après avoir été appliquée sous toutes les formes. Ainsi l'on a essayé, dès 1856, sur le London and North Western, sur le South Western, et l'on trouve encore sur la ligne de *Londres* à *Bristol*, le rail en *selle* (*Saddle rail*) de M. *Seaton*, posé sur longrines triangulaires *t*, *t* (Pl. VI, *fig.* 43 et 44), auxquelles il est fixé par des vis *v*, *v*. Il y a au joint une plaque *p*, repliée en cornière, et qui, quoi qu'on en dise, fonctionne simplement comme plaque de joint, protégeant le bois contre les vibrations du rail et nullement en réalisant la continuité. Les traverses T, triangulaires comme les longrines, sont placées au-dessous de celles-ci, ce qui peut être sans inconvénient au point de vue du renversement, la hauteur totale étant réduite par suite de l'insertion du sommet de la longrine dans le creux du rail. Mais on a beau modifier les détails, on retrouve toujours les vices capitaux inhérents au système, c'est-à-dire les dislocations des attaches et l'imperfection des joints.

En admettant même que les bois de choix qu'exigent les longrines puissent être obtenus au même prix que les traverses, il faut, pour faire ressortir en faveur des premières une notable économie d'établissement, partir de ce principe que le poids des rails peut être, toutes choses égales d'ailleurs, considérablement réduit, ce qui n'est nullement exact. L'aggravation des frais d'entretien est d'ailleurs hors de contestation.

Il n'y a pas jusqu'à un avantage ordinairement admis sans discussion, qui ne doive être réduit à sa juste valeur. C'est l'innocuité attribuée aux déraillements partiels, sur les voies à longrines. Il est certain que si les roues continuent à rouler sur les longrines, le fait est moins grave à certains égards que sur traverses, les mouvements des véhicules sont moins désordonnés; mais par cela même que cette situation critique peut se prolonger plus longtemps, les avaries peuvent être en somme aussi graves, si ce n'est plus. C'est ainsi que sur la ligne de ***Bayonne*** des wagons déraillés ont parcouru plusieurs kilomètres sans que personne, mécanicien ni garde-freins, s'en aperçût; mais la voie n'en était pas moins très-maltraitée sur toute cette longueur, les longrines déchirées et fendues, les boulons faussés; les dégâts étaient, en un mot, plus sérieux que sur une voie posée sur traverses.

Le seul avantage qu'on ne puisse contester à la voie sur longrines, c'est que les ruptures de rails y sont inoffensives. On n'a même pas à remplacer le rail brisé; on en est quitte pour traiter la fracture comme un joint, ainsi qu'on a eu maintes fois à le faire sur la ligne de ***Bayonne;*** une selle y était adaptée, soit au moyen de rivets, soit au moyen de boulons provisoires, auxquels on substituait des rivets, quand le nombre des fractures était assez grand pour motiver le déplacement de la forge volante; mais il est impossible de mettre sérieusement des avantages de cette nature en balance avec des défauts qui se traduisent en charges énormes pour l'entretien, déjà si lourd avec les voies moins imparfaites.

Si d'ailleurs l'expérience a condamné la forme sous laquelle la continuité a été appliqué, le principe lui-même n'est pas définitivement jugé. Peut-être se relèvera-t-il, dans les voies entièrement métalliques, de l'échec plus ou moins grave, mais toujours incontestable, qu'il a éprouvé dans les voies sur longrines en bois.

131. En dehors des ouvrages d'art non ballastés, auxquels les longrines sont souvent appliquées, soit avec le rail *Vignole*, soit avec le rail en ∩ (126), comme garantie contre les conséquences des ruptures de rails, leur emploi n'est guère utile sur la voie courante que comme expédient dans certains cas particuliers, par exemple pour assurer ou pour rétablir rapidement la circulation en cas d'éboulement partiel d'un remblai. Il peut, en général, être motivé sur les points où la solidité des terrains inspire de la défiance ; ainsi, des effondrements se sont produits en plusieurs points sur la voie du chemin de fer de *Paris* à *Strasbourg*, dans la traversée du département de la Meurthe, entre autres dans la tranchée *du Pendu*. Des puits creusés sous la voie, et qui ont atteint une couche d'argile très-aquifère, ont conduit à constater l'existence d'un faible courant souterrain, sensiblement parallèle à la rivière voisine, *la Sarre*, inférieur à son niveau, et qui, par le délavage de la couche argileuse a produit les affouillements dont les effets se sont propagés jusqu'à la surface. Un drainage, très-coûteux d'ailleurs, puisqu'il devrait être fait à 7 mètres en contre-bas du sol, serait impraticable, puisque les eaux ne pourraient être versées dans la rivière; dans une telle situation, on se trouverait en présence d'un problème assez difficile, si les accidents qui, heureusement ne se sont pas reproduits depuis quelques années, venaient à se manifester de nouveau. La solution adoptée en principe, et à laquelle on sera sans doute dispensé de recourir, consiste à installer les traverses sur des longrines reposant elles-mêmes sur des pieux prenant fiche dans le terrain solide, au-dessous de la couche affouillable.

CHAPITRE V.

DES TRAVERSES.

§ I. Formes et dimensions.

132. La nécessité d'enfouir dans les voies des masses de bois énormes, environ 100 mètres cubes par kilomètre de voie simple, constitue pour l'établissement et pour l'entretien des chemins de fer une charge très-lourde, et d'autant plus lourde que le trafic est moindre. Les traverses ne sont pas, en effet, comme les rails (placés à cet égard dans des conditions très-heureuses et assez inattendues), des instruments de travail dont la dépréciation résulte uniquement des services qu'ils rendent; si l'action des trains entre pour une part notable dans la destruction des traverses, l'influence des éléments extérieurs, combinée avec les réactions des propres éléments des bois, y contribue plus activement encore. Les compagnies de chemins de fer cherchent depuis longtemps à alléger ce lourd fardeau, soit en prolongeant la durée du bois, soit en lui substituant des matières plus durables. Le premier but a été atteint dans une certaine mesure, pas assez, cependant, pour qu'on cesse de poursuivre le second, mais le succès dans cette voie a été moindre jusqu'ici. Toutefois l'abaissement du prix du fer a donné à ces recherches une impulsion nouvelle, et comme on le verra bientôt, quelques tentatives récentes semblent avoir réalisé de véritables progrès. Le bois doit-il cesser bientôt d'être la base par excellence des voies ferrées? beaucoup d'ingénieurs se refusent à le croire; plus les justes exigences du public et celles du trafic lui-même conduisent à augmenter la vitesse, et plus, disent-ils, le bois semble indispensable. Seul, d'après eux, il remplit naturellement, pour ainsi dire, les conditions de flexibilité, de masse et de volume que réclame impérieusement la circulation à grande vitesse. Non-seulement il garantit la sécurité, mais aussi il préserve le matériel roulant et les rails de la rapide destruction observée sur certaines voies entièrement métalliques. Nulle part ce fait n'a été constaté plus nettement que sur les chemins de l'Inde anglaise, qui reviennent généralement au bois, malgré l'influence délétère du climat, après avoir débuté par le fer et la fonte; mais peut-être l'insuccès du métal doit-il être imputé plutôt à la forme défectueuse des supports, qu'à leur nature même.

133. Les traverses peuvent différer : 1° par la forme ; 2° par le cube ; 3° par l'essence.

1° *Forme.* — La section est rectangulaire, demi-circulaire, ou mixte (Pl. VII, *fig.* 24). La forme triangulaire, essayée à diverses reprises, est tout à fait abandonnée. Le prisme triangulaire, recevant le rail sur une face horizontale, avait une double tendance à pénétrer comme un coin dans le ballast, et à tourner autour de son arête inférieure. L'instabilité, qui avait fait donner à ces traverses le nom de *danseuses*, les a fait rejeter partout.

La section rectangulaire est la plus répandue. La forme, au surplus, dépend à la fois et de l'essence, et de l'emploi du bois, soit à l'état naturel, soit préparé, et du mode de préparation lui-même. Ainsi le chêne employé à l'état naturel est toujours équarri, l'aubier, qui ne résisterait pas à la décomposition, ayant dû être éliminé. Préparé, il peut et il doit même en général conserver son aubier, qui seul est complétement pénétré par les substances préservatrices ; il est alors employé demi-rond. — Les bois tendres qui, sauf de rares exceptions, pourrissent trop vite pour être employés sans préparation, et dont le cœur est impénétrable aussi à la plupart des réactifs, mais constitue une partie beaucoup plus faible et souvent même nulle de la masse, peut être ou équarri ou demi-rond. La forme adoptée alors peut résulter du procédé même d'introduction du réactif. Ainsi, le procédé *Boucherie*, applicable seulement au bois en grume, donne des traverses demi-rondes, qu'on peut du reste équarrir ensuite ; tandis que le procédé *Bréant* et ceux qui en dérivent, ainsi que le procédé *Bethell*, donnent immédiatement, à volonté, des traverses de l'une ou de l'autre forme.

Considérées en elles-mêmes, ces deux formes sont à peu près équivalentes. La section demi-ronde exige un peu plus de travail au sabotage ; le cube de la traverse doit aussi être plus considérable, ce qui est d'ailleurs un avantage à certains égards. — En somme, c'est une question de prix, de conditions locales.

134. 2° *Cube.* — La traverse doit donner la stabilité par sa masse propre et par la butée du ballast sur ses faces latérales ; son cube oscille ordinairement autour de $0^{m3},09$ pour la forme équarrie et de $0^{m3},12$ pour la forme demi-ronde. Chacune des trois dimensions a d'ailleurs un rôle spécial, et ne peut s'abaisser au-dessous d'une certaine limite :

a. Longueur.— Ainsi la longueur, en apparence excessive, de $2^m,50$ au moins pour la voie de $1^m,50$, est à peine suffisante ; sa réduction, même compensée par un accroissement de largeur, donnerait de mauvais résultats; l'expérience a prouvé la nécessité d'un grand excès de largeur de la base générale d'appui sur le ballast.

b. Épaisseur. —Trop mince, la traverse serait fragile ; les attaches y seraient mal fixées. Le rapport du périmètre à l'aire de la section serait défavorable à la durée.

c. Largeur.—La longueur étant donnée, la largeur doit remplir une condition très-essentielle, celle de répartir sur une surface de ballast assez étendue, la charge appliquée à la traverse, charge qui atteint à peu près le poids de la paire de roues de machine la plus chargée. La moindre largeur des traverses ne peut donc être compensée par leur plus grand rapprochement; ce qui importe, ce n'est pas la surface totale d'appui par unité de longueur de voie, — celle-ci pouvant varier avec la section du rail, qui admet des supports d'autant plus espacés qu'il est plus résistant, — c'est la surface de l'appui, de l'élément lui-même. Les traverses doivent, sans doute, être assez rapprochées pour que le poids de la totalité ou d'une fraction quelconque d'un train se répartisse sur une surface totale assez grande ; mais avec le degré de rapprochement indispensable, au point de vue des rails, même les plus lourds, on n'a pas à se préoccuper de cette condition, largement remplie si celle relative au support, considéré isolément, l'est elle-même au degré convenable.

Sur l'Est Français, les traverses ont les dimensions suivantes (Pl. VII, *fig.* 24) :

		Traverses équarries.			Traverses demi-rondes.		
Longueur.		$2^m,55$ à $2^m,75$					
		mèt.		mèt.	mèt.		mèt.
Epaisseur.		0,13	à	0,16	0,14	à	0,18
Largeur.	Traverses intermédiaires	0,21		0,26	0,26		0,36
	Id. de joint.	0,27		0,30			

La base varie donc de $0^{m^2},5355$ à $0^{m^2},99$, ce qui donne, sous la charge d'une paire de roues de 13 tonnes, une pression de $2^{kil},4$ à $1^{kil},3$ par centimètre quarré de ballast.

Sur le chemin de ***Paris***-Méditerranée, les dimensions ***minimum*** sont :

1° Pour le chêne, toujours équarri, et pour le hêtre, également équarri :

	Traverses intermédiaires.		Traverses de joint.
Longueur.	2m,75	. . . .	2m,75
Largeur.	0m,20	. . . .	0m,30
Épaisseur.	0m,15	. . . .	0m,15
Cube *minimum*.	0m3,0825	. . . .	0m3,124

2° Pour le hêtre demi-rond :

	Traverses intermédiaires.		Traverses de joint.
Longueur.	2m,75	. . . .	2m,75
Corde de l'arc.	0m,20	. . . .	0m,30
Flèche de l'arc ou épaisseur.	0m,16	. . . .	0m,18

Sur le réseau d'***Orléans***, la longueur varie de 2m,50 à 2m,70. Pour le chêne, toujours équarri, la largeur est comprise : pour les traverses intermédiaires, entre 0m,20 et 0m,24 ; pour les joints, entre 0m,30 et 0m,34 ; et l'épaisseur : entre 0m,14 et 0m,16 pour les deux catégories. Pour le hêtre et le pin équarris, la largeur varie entre 0m,19 et 0m,28 pour les intermédiaires, et entre 0m,29 et 0m,35 pour les joints ; l'épaisseur commune est comprise entre 0m,12 et 0m,15.

Sur la plupart des chemins de fer allemands, les traverses de joint ont non-seulement un équarrissage plus fort, mais aussi une longueur plus considérable, ce qui les rend souvent fort coûteuses ; aussi la suppression de ces traverses spéciales est-elle, comme on l'a vu (74, 75), un des motifs de la faveur, assez imprévue avec le rail ***Vignole***, du joint en porte-à-faux. Mais ces grandes dimensions données à la traverse de joint sont vraiment du luxe. Il en est de ces longues traverses comme des plaques de joint : motivées, nécessaires même sans les éclisses, avec celles-ci elles n'ont plus de raison d'être ; ce qui veut dire non pas, certes, qu'une traverse forte et longue n'est pas préférable en elle-même à une traverse courte et grêle, mais seulement qu'une aussi grande disproportion entre celles de joint et les intermédiaires, fondée à l'époque où chaque rail formait un système sans liaison réelle avec ses voisins, ne l'est plus aujourd'hui.

Les dimensions des traverses sont encore aujourd'hui, sur un grand nombre de lignes, les mêmes qu'il y a vingt ans, malgré les conditions si différentes de vitesse, et de poids des machines ; mais l'élévation graduelle des prix ne permettait guère de songer à un accroissement du cube.

En Angleterre, les traverses ont ordinairement 2m,74 × 0m,25 × 0m,13, et sont espacées d'axe en axe de 0m,91, ce qui donne pour surface d'appui 0m²,685 par traverse et 0m²,752 par mètre linéaire de voie. Sur quelques lignes à très-grand trafic l'écartement est réduit à 0m,76, ce qui élève la surface de portée par mètre linéaire, à 0m²,90, accroissement très-utile sans doute au point de vue du travail des rails, mais qui, au point de vue de la répartition des pressions sur le ballast, de la stabilité des appuis, est moins efficace qu'une augmentation de largeur des traverses. Les ingénieurs anglais s'attachent, d'ailleurs, à l'uniformité des dimensions et de l'espacement, si ce n'est pour les traverses contre-joint, dont l'intervalle est réduit autant que le permet le bourrage.

Sur le Nord de l'Espagne (voie de 1m,73 d'axe en axe des rails) (*), les traverses ont 2m,80 de longueur et cubent 0m³,14.

Aux États-Unis, une des nombreuses causes de l'imperfection des voies est l'insuffisance et l'irrégularité des dimensions des traverses qui ont seulement, en moyenne, 2m,44 de long et 0m,18 de large; on les regarde surtout comme des tirants destinés à maintenir la largeur de la voie, et on fait bon marché des autres conditions, tout aussi essentielles cependant; ainsi, on place pêle-mêle les traverses courtes ou longues, minces ou épaisses.

Avec des traverses longues et larges, on peut avoir une surface d'appui rigoureusement suffisante tout en bourrant très-peu au milieu de la voie, et plus serré sous le rail et de part et d'autre. Avec les traverses en usage en Amérique, on n'aurait, en procédant ainsi, qu'une portée tout à fait insuffisante; mais elle ne l'est guère moins, en réalité, quand on veut bourrer partout, parce que l'uniformité du bourrage ne se maintient pas. Les vibrations des traverses les dégarnissant surtout vers les bouts, elles se balancent à droite et à gauche. Si l'on augmente leur nombre, l'économie disparaît, et d'ailleurs on ne remédie pas au mal, chaque traverse ayant pour son compte, comme je l'ai déjà dit, à supporter la charge à peu près entière de chaque paire de roues. Les supports trop rapprochés rendent d'ailleurs le bourrage très-difficile. Aussi sont-ils très-instables; ils sautillent sous le passage des trains, et rien n'est plus commun aux États-Unis, que de trouver une traverse suspendue au rail : de là une flexion ex-

(*) Et non de *bord en bord*, comme il a été dit par erreur à la page 5. — Cette cote est fixée, en Espagne, à 1m,67 (article 30 de la *Ley general de caminos de hierro*).

cessive de celui-ci sous la charge, des chocs qui détruisent le bois, et une réaction qui relâche les crampons lorsque le rail se restitue.

En somme, si l'exagération de la pression sur le ballast n'est nullement inhérente au principe même des supports discontinus, on peut dire qu'en fait, et pour des motifs impérieux d'ailleurs d'économie, cette exagération se produit souvent, et aggrave les dépenses de l'entretien courant ainsi que la dépréciation des éléments. Comme l'ont fait remarquer plusieurs ingénieurs, entre autres M. *Holley* (*) et M. le conseiller intime *Hartwick*, le savant et habile ingénieur en chef des chemins Rhénans, les supports continus pourraient avoir l'avantage sous ce rapport; non qu'il soit plus facile dans ce système (bien loin de là) d'avoir une plus grande surface d'appui par unité de longueur de voie, mais parce qu'il échappe à l'inconvénient le plus grave des supports transversaux, celui d'avoir à supporter isolément, et par suite sur une surface très-limitée, la charge de chaque paire de roues. Un support longitudinal, à condition d'être parfaitement continu aux joints et très-rigide, peut, on le conçoit, répartir sur une surface de ballast plus grande la pression appliquée en un quelconque de ses points. Mais il ressort assez de la discussion des voies sur longrines (110 et suiv.) que l'avantage,— d'ailleurs purement théorique jusqu'à présent,— dont il s'agit, est acheté dans ces voies au prix d'intolérables inconvénients. La première condition pour rendre ces avantages réalisables, c'est de renoncer au rail en fer sur longrine en bois, c'est-à-dire au rail *mixte*. M. *Barlow* avait fait, dans cet ordre d'idée, une première tentative qui a échoué, il est vrai, mais qui n'en était pas moins une conception très-remarquable; son but principal, sinon unique, était d'ailleurs la suppression du bois. M. *Hartwick* a fait depuis un essai analogue, mais conçu en même temps en vue de la répartition des pressions sur une plus grande surface de ballast. Nous reviendrons sur ce sujet en traitant des voies métalliques.

135. 3° *Essence.*—Le chêne, le hêtre, le sapin, le pin et accessoirement le charme, sont à peu près seuls en usage sur les chemins européens; on peut y ajouter le mélèze, un des meilleurs quand il a crû à une altitude suffisante. En Bavière, où il est assez commun on a reconnnu que celui qui a végété sur les flancs des vallées

(*) Ouvrage cité *suprà*, page 67.

basses est médiocre. Ce conifère est si peu répandu, ou si peu accessible dans ses montagnes, que le nombre des cas où on peut l'employer est très-restreint.

§ II. Durée des traverses non préparées.

136. 1° *Chêne.*— Parmi les bois usuels, le chêne est à peu près le seul qui puisse être employé sans préparation, et encore à condition d'être équarri. S'il est sain, compacte, s'il a crû lentement dans un bon terrain, s'il est enfoui dans un ballast bien perméable, si la voie est bien assainie, il peut durer de douze à quatorze ans. L'influence du terrain est telle que les produits de certaines forêts, à sol trop léger, sont exclus par les marchés.

D'après M. *Buresch*, il y avait encore en 1863 (et il y en a peut-être encore aujourd'hui), sur le chemin de *Hanovre* à *Brunswick*, des traverses parfaitement saines en place depuis vingt ans. Elles étaient, il est vrai, en excellent cœur de chêne ; seulement elles s'étaient creusées peu à peu au droit des rails, au point que l'épaisseur y était réduite de moitié, de sorte que les crampons faisaient saillie sur la face inférieure. Pour qu'un semblable effet se soit produit avec du chêne bien sain, il faut sans doute que le contact entre le rail et le bois n'ait pas été convenablement assuré par les têtes de crampons (39).

Il y a aussi, dans le Wurtemberg, des traverses en chêne en place depuis dix-huit ans.

Une durée d'une vingtaine d'années est certainement remarquable comme exemple de résistance du bois, à l'état naturel, aux causes de décomposition qui agissent sur lui ; mais au point de vue des actions mécaniques, dès que le bois s'est maintenu sain, ce n'est plus le temps qui importe, c'est le trafic : nombre de trains, poids des machines, vitesse, etc. Or, une traverse est certainement moins fatiguée sous ce rapport en vingt ans, sur les chemins de Hanovre, qu'en dix ans sur les grandes lignes de France et d'Angleterre.

En Angleterre, le chêne, très-peu répandu d'ailleurs, se comporte bien. Le Midland a des traverses qui durent depuis seize ans ; on en cite même, sur le Great Eastern, près *Ipswich*, qui sont posées depuis vingt-quatre ans : mais une telle durée ne peut s'expliquer que par la nature exceptionnelle du bois et du ballast.

D'après un relevé fait récemment en Hanovre, on n'avait remplacé, au bout de seize ans, que 43,5 p. 100 des traverses en chêne non préparé.

Sur la ligne d'*Erquelines* à *Charleroi*, ouverte en 1852, on n'avait remplacé en 1865 que 15,33 p. 100, résultat d'autant plus favorable que le trafic de ce chemin est fort actif; mais ces exemples sont d'heureuses exceptions; ainsi, sur un autre chemin belge, celui du Luxembourg, les traverses en chêne ont duré seulement de six à huit ans, suivant la nature du ballast.

Divers chemins allemands ont donné les résultats suivants :

Saarbrücke : durée maximum, 12 ans; moyenne, 8 ans.

Saarbrücke à Trèves et *Rhein-Nähe* : Maximum, 15 ans; moyenne, 11 ans. (Terrain très-perméable, et par suite favorable; par contre, les courbes de 350 mètres soumettent les crampons et les traverses à des efforts qui accélèrent la destruction des uns et des autres).

Nassau: 8 ans; terrain peu favorable.

Francfort à Hanau : 9 à 11 ans.

Neisse à Brigg : 11 ans 1/2 dans un ballast argileux. On espère de meilleurs résultats avec le ballast criblé.

Magdebourg-Wittenberg, et chemin Rhénan : 9 ans 1/2 à 10 ans.

137. 2° *Sapin*. — La durée du sapin est variable, comme sa nature, mais presque toujours très-faible. Il a dû souvent être remplacé au bout de trois ou quatre ans.

Sa durée moyenne a été :

Sur le chemin de basse Silésie et de la Marche. . . .	4 à 6 ans.
Sur les chemins de Brunswick et de *Carl-Ludwig* (Gallicie).	5 ans.
Berlin à *Anhalt*.	6 à 7 ans.
Oppeln à *Tarnowitz*.	7 ans.
Bavière, chemin de l'État, bois ayant crû rapidement dans un terrain humide.	5 à 6 ans.
Id., bois exempt de fentes, et ayant crû lentement dans un terrain perméable.	7 à 8 —
Magdebourg à *Leipzig*, et chemin de l'État en Autriche.	7 à 8 —
Empereur Ferdinand (Autriche), et Ouest-Saxon. . .	8 ans.

La ligne de *Mons* à *Hautmont* (Nord-Belge), établie en 1858 sur traverses demi-rondes en sapin, en avait renouvelé 25 p. 100 au bout de sept ans, et n'en aura probablement plus une seule au bout de huit ou neuf ans. C'est cependant un des exemples les plus satisfaisants de l'emploi du sapin à l'état naturel. Sur une autre ligne du Nord-Belge, celle de *Namur* à *Liége*, les traverses en sapin, non préparées et triangulaires, ont duré sept ans en moyenne. On aurait pu peut-être prolonger un peu leur service; mais l'instabilité due à leur forme était telle qu'on n'était pas fâché de s'en débarrasser.

138. 3° *Hêtre.*— Ce bois qui, convenablement préparé, donne de très-bons résultats, est un des plus mauvais à l'état naturel. Les alternatives de sécheresse et d'humidité le décomposent rapidement; aussi a-t-il été très-rarement employé sans préparation. Il a duré :

Sur le chemin de Brunswick.	2 ans 1/2 à 3.
Sur le chemin Rhénan (essai de quelques milliers de traverses entre *Bingen* et *Rolandseck*).	3 ans.

Une partie de ces traverses, préparées par le procédé *Boucherie*, n'a pas duré plus que les autres; elles étaient, aussi, ou pourries ou complétement fendues; mais comme le bois était trop sec, la préparation était évidemment illusoire (156).

139. 4° *Pin.*

Nord de l'Espagne.	2 ans.
Chemin de *Grätz* à *Göflach*.	2 à 4 ans.
Brunswick.	4 ans.
Oppeln à *Tarnowitz*.	4 ans.
Bavière, chemin de l'État.	5 à 6 ans.
Empereur Ferdinand (Autriche), *Magdebourg* à *Leipzig*..	6 ans.

140. 5° *Mélèze* (*Larix*).

Bavière.	Bois provenant de vallées basses.	6 à 8 ans.
	— — des montagnes.	10 à 15 —
Grätz à *Göflach*.	. . . .	9 à 10 —

Les écarts que présente la durée d'une même essence n'ont rien qui doive surprendre, quand on songe aux causes si multipliées qui modifient les propriétés du bois lui-même, et à l'influence si variable du milieu dans lequel il est placé; des traverses identiques ont des durées très-inégales suivant la nature du ballast, leur emploi en tranchée ou en remblai, etc.

141. Si, au lieu du climat tempéré de l'Europe centrale, on envisage les climats extrêmes, les conditions deviennent bien plus défavorables à l'emploi des mêmes essences. Cette influence, déjà très-prononcée en Espagne, prend des proportions intolérables dans les régions tropicales d'une faible altitude. Au Brésil, par exemple, le pin du pays, très-médiocre en lui-même, il est vrai, n'a pu être employé. — La plupart des bois se détruisent également avec une grande rapidité sous le climat à la fois torride et humide de l'Inde. Aussi les ingénieurs anglais ont-ils rencontré là une difficulté nouvelle, atténuée, mais dans une certaine mesure seulement, par les ressources qu'offre la végétation propre à ces contrées.

Les bois employés dans l'Inde sont, sans compter le sapin dit *créosoté*, tiré d'Angleterre :

1° Le jarrah et d'autres bois d'Australie ; 2° le teak, le bois de fer ; 3° les bois du pays, notamment du littoral de l'Ouest et de l'Himalaya.

Le jarrah (mahogani d'Australie) est un bois très-dur, lourd (pesanteur spécifique, 1 à peu près), mais sujet à se fendre sous l'action du soleil, à tel point qu'au bout de 18 mois en moyenne on en avait déjà remplacé un dixième. — Ce bois résiste mieux d'ailleurs sous le climat humide du Bengale que dans les présidences de ***Madras*** et de ***Bombay***. Dans le Scinde, on a essayé l'arbre à gomme, mais il se fend rien qu'en enfonçant les chevilles des coussinets : c'était le cas d'essayer les tire-fonds; il ne paraît pas qu'on l'ait fait. — Ce bois est d'ailleurs extrêmement lourd, ce qui est un avantage au point de vue de la stabilité, mais un inconvénient au point de vue des transports, et un inconvénient d'autant plus grave que les transports sont coûteux et les distances très-longues. — Malgré la grande pesanteur spécifique du bois, on ne peut, comme on l'a dit plus haut, réduire notablement le cube et surtout la largeur des traverses.

Le teak, moins lourd (0,8), se comporte très-bien, mais il est cher. Sur le ***Branch-Railway***, on a essayé de l'employer sous forme de madriers fonctionnant surtout comme tirants, et appuyés à chaque bout sur un dé du même bois. Ces supports, assez analogues à ceux de M. ***Pouillet***, appliqués, il y a plusieurs années, sur le Nord-Français, et abandonnés aujourd'hui, coûtaient seulement le cinquième des traverses ordinaires; mais on a dû y renoncer.

Le bois de fer, le plus lourd de tous, est employé aussi depuis peu sur quelques points de l'Est-Indien dans des conditions analogues, c'est-à-dire avec une épaisseur de $0^m,06$ à $0^m,07$, moitié de celle des traverses en sapin. On craint que cela ne suffise pas pour la solidité des chevilles.

Le sapin créosoté se comporte, au surplus, très-bien tant sous le climat humide du Bengale que dans le Scinde, beaucoup plus sec; sa durée paraît devoir être de quinze ans au moins.

§ III. Préparation des traverses.

142. Il y a de longues années qu'on prépare les traverses. Les matières préservatrices en usage sont nombreuses; les moyens d'application sont variés, même dans des conditions identiques d'ailleurs; ce qui revient à dire qu'on n'est encore fixé ni sur la valeur relative des unes ni sur celle des autres,

Les seuls points à peu près acquis sont ceux-ci :

1° Le chêne équarri n'est pas pénétré, du moins industriellement, par les dissolutions salines.

2° Le cœur ou bois dur des autres essences est impénétrable à ces dissolutions, comme le cœur de chêne lui-même.

3° La durée du chêne demi-rond et des autres essences usuelles en Europe, équarries ou non (le mélèze excepté), est presque toujours trop faible pour qu'on puisse les employer à l'état naturel, lors même que leur prix est très-bas (136 et suiv.).

4° Le sublimé corrosif, la créosote, ou plutôt l'huile lourde se dégageant à 200° environ par la distillation du goudron de gaz, et le sulfate de cuivre, sont les substances les plus efficaces en elles-mêmes; introduites à dose suffisante et de manière à atteindre tout le bois perméable, elles le préservent mieux que les autres de la destruction. Ce qui ne veut pas dire qu'elles doivent par cela même être toujours préférées aux autres, puisque le problème est exclusivement économique, et qu'un procédé moins efficace peut être en somme plus avantageux. Le meilleur, dans chaque cas, est celui qui fait ressortir la dépense annuelle au taux le plus bas en faisant, bien entendu, entrer en ligne de compte les frais de l'opération même de la substitution des traverses. Mais l'incertitude qui règne sur la question de durée, même pour une essence, une matière préservatrice et un mode d'application donnés, ne permet pas de ramener purement et simplement la comparaison à des chiffres. Une même substance, un même procédé, une même essence donnent des résultats bien différents, suivant que l'exécution a été plus ou moins soignée, plus ou moins consciencieuse. Chaque ingénieur juge naturellement d'après ce qu'il a observé, et ainsi s'explique la divergence des opinions sur des questions de faits sans doute, mais de faits très-complexes et dont les causes sont souvent difficiles à saisir.

Les principes posés tout à l'heure comme déduits de faits expérimentaux paraissent impliquer une contradiction. Si, dans les autres essences, aussi bien que dans le chêne, l'aubier seul est pénétrable à la plupart des réactifs, il semble que tous les bois sont dans les mêmes conditions, et que toutes les autres essences équarries doivent, comme le chêne, se refuser à l'application des procédés préservatifs. S'il n'en est point ainsi, c'est que, comme on l'a déjà dit (133), le *bois dur*, qui occupe une grande partie de la section dans le chêne rond et la presque totalité dans le chêne équarri, même avec flaches, ne forme qu'une partie beaucoup plus faible et d'ailleurs variable des autres essences. Quelques cahiers des charges ont fixé pour le hêtre, par exemple, un maximum que le bois dur ne doit pas dépasser. Cette partie, non atteinte par la substance préservatrice et devenue ainsi la moins durable, peut, en effet, se décomposer impunément si elle ne forme qu'un petit noyau.

Dans l'état actuel de la question, il serait sans utilité d'insister longuement sur des faits isolés dont la discussion ne pourrait conduire à des conséquences générales. Nous nous bornerons donc à passer rapidement en revue les matières employées, les procédés d'application, et à énumérer les faits qui peuvent guider pour le choix à faire dans chaque cas.

On sait que les bois sont formés essentiellement de cellulose et de ligneux, substances ternaires non azotées, et que le fluide vital, la séve, contient des matières quaternaires azotées, l'albumine et la fibrine végétale, facilement putrescibles, et dont la fibre végétale est pour ainsi dire imprégnée. Les conditions dans lesquelles les traverses sont placées ne sont que trop favorables aux réactions mutuelles de ces éléments et de ceux de l'atmosphère, réactions qui constituent la pourriture; les bois humides renferment d'ailleurs déjà en eux-mêmes les deux agents de leur décomposition, l'eau et l'air.

Quelque défavorable que soit, en général, la situation des traverses, le bois échappe, sous cette forme, à une cause de destruction à laquelle il est soumis dans beaucoup d'autres circonstances, c'est-à-dire la voracité des insectes. Quant à la végétation cryptogamique qui s'y développe, elle est plutôt l'effet et l'indice que la cause de la décomposition.

Les substances préservatrices agissent, soit en coagulant les matières azotées et les rendant imputrescibles, soit en formant avec elles des combinaisons stables, et probablement aussi en détruisant les ferments contenus dans l'air. Généralement aussi le mode d'application a pour effet d'éliminer plus ou moins complétement la séve, et, par suite, une partie des éléments putrescibles.

143. *Antiseptiques.* — Outre la créosote, le sulfate de cuivre et le bi-chlorure de mercure déjà cités, on emploie quelques autres sels, notamment le chlorure de zinc.

La créosote est, naturellement, en usage surtout dans les contrées riches en houille propre à la fabrication du gaz d'éclairage. Aussi est-elle presque exclusivement employée en Angleterre; elle a d'ailleurs assez de valeur intrinsèque pour supporter des transports assez lointains; des navires anglais en ont même porté aux Indes des chargements complets; mais on a renoncé au transport en grandes masses d'une matière aussi inflammable à cause des dangers qu'elle présente; elle infecte d'ailleurs les navires.

La production très-limitée, et partant le prix élevé de l'huile de goudron en France, en restreignent l'emploi. Il est d'autant plus coûteux que le bois est très-avide de cette huile. Si on la lui donne avec trop de parcimonie, le résultat est mauvais.

L'État belge, après des applications peu satisfaisantes du sulfate de cuivre, a adopté la créosote, qui lui donne depuis 1858 de bons résultats.

L'Est Prussien et la plupart des chemins allemands voisins du Rhin donnent également aujourd'hui la préférence à la créosote. On paraît toutefois s'accorder à reconnaître que cette substance convient peu pour le sapin à tissu lâche, peu résineux, qui en absorbe par trop. Une traverse peut alors absorber jusqu'à 60 et même 70 litres d'huile, tandis qu'une traverse de chêne, ayant peu d'aubier, n'en prend que 8 litres. Il n'est pas nécessaire, sans doute, d'aller jusqu'à la saturation; mais il est difficile alors de s'arrêter au point convenable, et c'est ainsi qu'une traverse de sapin peut coûter plus cher qu'une traverse de chêne, tout en valant moins.

Sur l'Est Prussien, on emploie non-seulement l'huile lourde provenant de la distillation du goudron de gaz, mais aussi le goudron lui-même, qui est trop peu fluide pour pénétrer profondément dans le bois. Aussi son action sur le chêne équarri est-elle tout à fait superficielle.

En général les produits désignés aujourd'hui sous le nom de *créosote* sont loin d'être constants, et souvent ils n'ont guère de commun que l'origine.

Le goudron de houille est un mélange très-complexe; la nature et les proportions des produits qu'on en extrait varient avec la nature de la houille, et avec la manière dont la distillation a été conduite. Ces produits se divisent essentiellement en : 1° huiles légères, ou benzines, dont l'industrie tire aujourd'hui un si grand parti pour la préparation des teintures; 2° huiles lourdes, ayant leur point d'ébullition vers 200° et renfermant l'acide phénique.

L'efficacité de l'huile de goudron de houille, dans laquelle il n'entre souvent en réalité pas un atome de créosote, est due, en même temps qu'à l'huile elle-même, aux principes divers auxquels elle sert de véhicule et notamment à l'acide phénique. Cette huile a aussi la propriété à peu près indifférente, au surplus, au point de vue des traverses, d'écarter les parasites qui attaquent les bois (*).

Le sulfate de cuivre, à peu près seul en usage aujourd'hui en France, est également appliqué en Allemagne, et surtout en Autriche; il doit être non acide et pur; il est rejeté s'il contient plus de $\frac{1}{100}$ de sulfate de fer.

L'emploi du sublimé corrosif a toujours été très-restreint par suite de son prix élevé, et des dangers que présente une substance aussi toxique; il était même presque abandonné depuis longtemps. Mais le chemin badois, qui en avait fait usage et qui a pu constater son efficacité (des traverses en chêne et en sapin posées entre *Heidelberg* et *Manheim* étaient intactes au bout de vingt ans), y est revenu en 1859, l'a abandonné de nouveau, et l'a repris récemment à l'exclusion de tout autre procédé. Cet exemple vient de déterminer le chemin de Nassau à l'essayer de nouveau.

Le chlorure de zinc est loin d'être un antiseptique aussi énergique que les précédents; mais il est peu coûteux. Il n'a guère été employé qu'en Allemagne; mais c'était, il y a une douzaine d'années, la substance la plus en faveur dans cette contrée; aujourd'hui on ne la retrouve plus guère en usage que sur les chemins de *Cologne* à *Minden*, de la haute Silésie, (sapin), de Brunswick, de Nassau, où elle est employée concurremment avec la créosote, de l'Est saxon, et surtout en Hanovre, où elle est appliquée exclusivement depuis 1850. Les ingé-

(*) D'après des observations récentes, cette propriété, quoique réelle, n'est pas aussi absolue qu'on le prétend souvent, quand il s'agit d'ouvrages à la mer. Le taret, par exemple, redoute plus la créosote que le sulfate de cuivre, mais il s'y fait; de sorte que le créosotage ne dispense pas complétement de l'application des clous à mailleter, à têtes bien jointives.

nieurs de ce pays lui attribuent la propriété de pénétrer complétement même le cœur de chêne.

Le chlorure de manganèse, que j'ai vu employer en Autriche en 1853, a donné de mauvais résultats.

Le sulfate de fer et le sulfure de barium, introduits successivement en vue de produire par double décomposition un précipité de sulfate de baryte incrustant la fibre ligneuse, sont également abandonnés. L'insuccès de ce procédé, essayé en France sur la section de *Creil* à *Compiègne* et sur l'Est (prix : 0f,75), s'explique en partie, sans doute, par sa complication, qui le rendrait très-coûteux si l'on voulait s'astreindre à toutes les conditions indispensables, et peut-être d'ailleurs insuffisantes pour le succès.

144. *Modes d'injection.* — La liqueur peut être introduite, plus ou moins complétement d'ailleurs :

1° Par simple immersion dans le bain froid;

2° Par simple immersion dans le bain chaud, à une température peu élevée;

3° Par simple immersion dans le bain porté à l'ébullition;

4° Par immersion à chaud, le bois étant d'abord desséché et chauffé à l'étuve;

5° En vase clos, par l'action d'une pression artificielle, le bois ayant été d'abord purgé de l'air et de l'eau qu'il contient par l'action du vide, et souvent soumis avant tout à l'action de la vapeur d'eau;

6° Par le procédé de M. *Boucherie.*

Nous ne citerons que pour mémoire l'application des enduits. La *glu marine*, obtenue en ajoutant de la laque à une dissolution de caoutchouc dans l'huile provenant de la distillation du goudron de gaz, a été essayée il y a une vingtaine d'années, mais sans succès. Appliqués à des bois bien secs, bien exempts de fentes, les enduits auraient sans doute une certaine efficacité; mais ils sont sans valeur pour des bois humides, renfermant en eux-mêmes tous les éléments nécessaires au développement de la fermentation putride. Peindre de tels bois, quelle que soit la peinture employée, c'est, comme on l'a dit avec raison, *enfermer le loup dans la bergerie.*

145. 1° *Immersion simple à froid.* — Elle est en général peu efficace; son action, dans laquelle la cause fort obscure désignée par le nom d'*endosmose* paraît jouer un certain rôle, est fort lente; c'est seulement au bout de deux ou trois jours, et souvent plus, que l'absorption atteint à peu près sa limite. Un énorme matériel de récipients est donc nécessaire pour une production journalière un peu considérable. Aussi cette méthode, appliquée par exemple aux traverses en chêne demi-rond du chemin d'*Amiens* à *Boulogne*, y a-t-elle été bientôt abandonnée; l'antiseptique était le sulfate de cuivre.

Le procédé est cependant encore appliqué au pin et au sapin sur les chemins de *Berlin-Anhalt*, Ouest saxon, Est saxon; sur ce dernier, l'immersion est prolongée pendant huit jours.

Aujourd'hui comme autrefois, c'est par l'immersion à froid qu'on procède, dans le duché de Bade, pour l'application du sublimé corrosif. Les traverses restent pendant dix jours dans le bain, qui est au titre de $\frac{1}{150}$. Les récipients sont des auges en sapin, de 6 mètres de longueur, $2^m,55$ de largeur et $1^m,50$ de profondeur, revêtues intérieurement d'un enduit composé d'huile de lin (1 part.), de cire (1 part.), de gomme (2 part.) et d'étoupe hachée. Cet enduit est posé à chaud. Il sert également à mastiquer les joints lorsque des fuites se déclarent. Des ferrures extérieures et de longs boulons à écrous, noyés dans l'épaisseur des madriers, permettent d'ailleurs de serrer les joints et de les rendre étanches.

La dissolution se fait à chaud, dans un vase spécial, sur $0^k,5$ de sel et 3 litres d'eau seulement à la fois. Cette dissolution concentrée est amenée au titre de $\frac{1}{150}$ par l'addition d'eau froide.

La préparation coûte $2^{\text{silb. gros.}},5$ par pied cube, soit $11^f,48$ par mètre cube.

Les ouvriers doivent s'astreindre à diverses précautions, dont ils payeraient chèrement l'oubli. Ils doivent éviter soigneusement tout contact, soit avec la liqueur, soit avec le bois préparé, et se défier surtout de l'introduction des moindres parcelles de sel dans les organes de la digestion et de la respiration. La dissolution s'opère au moyen d'un agitateur, dans un vase fermé, qui doit recevoir d'abord l'eau bouillante, et ensuite le sel. Si l'on faisait l'inverse, la vapeur entraînerait des particules salines. L'ouvrier a d'ailleurs un tampon sur la bouche.

Avant d'enlever les traverses, on fait passer, au moyen de pompes en bois, la liqueur dans une auge voisine. Les hommes qui extraient les bois portent des gants, et un sarrau par-dessus leurs vêtements. Ils doivent d'ailleurs se laver avec beaucoup de soin, surtout avant leurs repas.

Diverses industries exigent des précautions de ce genre. Dans une usine permanente, avec un personnel spécial, l'exécution des mesures de prudence s'obtient assez facilement. Il n'en est pas de même d'un chantier temporaire, dont le personnel se recrute en partie sur les lieux, parmi des hommes qui ne comprennent guère que leur existence puisse dépendre de l'exécution fatigante et minutieuse de ces recommandations. C'est une objection sérieuse contre l'application d'un procédé, qui a d'ailleurs contre lui son extrême lenteur.

146. 2° *Immersion à chaud.*—On a constaté, sur la ligne d'*Amiens* à *Boulogne*, qu'en portant le bain de sulfate de cuivre à la température de 60° environ on obtenait, en une demi-heure, un résultat au moins égal à celui que donnait, toutes choses égales d'ailleurs, l'immersion à froid pendant deux jours et même plus; aussi s'empressa-t-on d'adopter cette méthode expéditive et économique (0f,35 à 0f,40 par traverse). Le résultat a été satisfaisant, l'aubier ayant atteint à très-peu près la durée du cœur; c'est évidemment tout ce qu'on pouvait désirer. La liqueur contenait $\frac{1}{56}$ de sel; on opérait dans une chaudière en plomb. Ce procédé sommaire, appliqué plus tard, mais avec peu de succès, sur le chemin de l'Est français (sulfate de cuivre : prix, 0f,50), est à peu près délaissé aujourd'hui; peut-être cependant est-il, tout compte fait, le mieux approprié au chêne demi-rond, avec lequel la durée de la traverse a pour limite nécessaire la durée du cœur, qui forme une trop grande partie de la masse pour que la traverse lui survive.

Le chemin d'*Orléans* applique ce procédé, aujourd'hui encore, et au chêne équarri. Le bain de sulfate de cuivre, au titre de $\frac{1}{50}$, est porté à la température de 60 degrés. La pénétration est très-superficielle, mais elle coûte fort peu, et comme l'altération du bois commence par la surface, cette action si limitée de la matière préservatrice est regardée comme très-utile. — L'application ne remonte pas assez haut (1856) pour que l'efficacité de l'opération soit constatée encore, mais les résultats, d'après M. *Sévène*, ingénieur en chef de la voie, s'annoncent bien.

147. 3° *Immersion dans le bain porté à l'ébullition.* — Ce procédé (*das Kochen*, procédé *Büttner*) a été appliqué en Allemagne, notamment en Bavière où il était en faveur il y a plusieurs années. Les traverses, en sapin équarri, étaient placées verticalement dans une grande cuve en sapin; on les fixait par le haut pour les empêcher de flotter;

la liqueur (sulfate de cuivre) était introduite et portée à la température de l'ébullition au moyen d'un jet de vapeur emprunté à une petite chaudière. L'injection de la vapeur cessait au bout de 45 minutes environ; on laissait le tout se refroidir lentement, et c'est surtout pendant cette période que l'absorption s'effectuait.

Cette méthode a donné généralement des résultats médiocres. Une élévation modérée de la température favorise l'absorption, mais ici le but est sans doute dépassé. Si, d'une part on introduit à plus haute dose la substance préservatrice, de l'autre la dissolution trop chaude altère la constitution du bois en lui enlevant des principes essentiels à sa conservation.

En Prusse, le reproche qu'on adresse à ce procédé est de ne donner qu'une pénétration superficielle; peut-être les traverses étaient-elles extraites trop tôt du bain.

Ce mode est toutefois appliqué encore sur l'Est saxon; il l'a été également aux traverses en hêtre et à une faible partie des traverses en chêne des nouvelles lignes du Holstein, mais en élevant la température à 84 degrés au plus (chlorure de zinc).

148. *4° Immersion dans un bain chaud après chauffage du bois à l'étuve.* — A l'exception du procédé *Boucherie*, qui est à cet égard dans des conditions toutes particulières (156), il faut en général pour disposer le bois à absorber la liqueur antiseptique, le purger, aussi complétement que possible, de l'eau et de l'air qu'il contient. Une exposition prolongée à l'air atteint assez bien le premier but, surtout si elle a pu être précédée d'une immersion prolongée dans l'eau. Celle-ci a pour effet d'opérer un échange entre l'eau et la séve, d'enlever au bois des matières hygrométriques (et en même temps putrescibles), et de faciliter ainsi la dessiccation par l'exposition ultérieure à l'air. — Le chauffage à l'étuve vaporise l'eau, et de plus, en dilatant l'air, il l'expulse en grande partie des méats. Le bois, plongé chaud lui-même dans le bain chaud, se sature beaucoup plus rapidement, tout en absorbant beaucoup plus; mais la chaleur doit être appliquée avec mesure dans l'étuve, pour éviter de faire fendre le bois.

Le chauffage à l'étuve et l'immersion dans le bain chaud, appliqués surtout avec l'huile de goudron, constituent un des procédés *Bethell*, fort usité en Angleterre; il est employé aussi en Allemagne, sur le chemin d'*Aix* à *Dusseldorf*, par exemple. Les traverses, demi-rondes et écorcées, sont chauffées à l'étuve pendant 24 heures au moins et 48 au plus, et à 100 degrés. L'immersion dans le bain d'huile dure 24 heures. — Prix : 1f,12 par traverse.

M. *Bethell* procède aussi comme il suit : les traverses sont placées dans un séchoir où sont dirigés les produits de la combustion. Le bois, en même temps qu'il se dessèche, s'imprègne des produits empyreumatiques dégagés par le combustible. Il est ensuite plongé dans l'huile bouillante. Ce procédé, mal appliqué, du reste, a donné de mauvais résultats sur l'Est français.

149. 5° *Procédé par le vide et la pression.* — Le procédé en vase clos, exigeant un matériel assez considérable, ne conviendrait pas pour une faible production. Mais comme il réussit d'autant mieux que le bois est plus sec, la préparation peut être centralisée dans un atelier alimenté par des bois venant de loin; ce n'est plus, du moins, qu'une question de prix de transport.

L'outillage comprend : 1° un récipient, longue chaudière cylindrique ayant à un bout une calotte sphérique et à l'autre un obturateur solidement agrafé et devant supporter, comme le récipient, des pressions effectives de 7, 8 et même 9 kilog. par centimètre quarré ; 2° des wagonnets sur lesquels les traverses sont empilées, et qui circulant sur une petite voie à l'extérieur et à l'intérieur, rendent le chargement et le déchargement faciles et prompts; 3° une machine à vapeur et sa chaudière, ordinairement une locomobile; 4° des pompes à air; 5° des pompes foulantes; 6° les tuyaux et les robinets nécessaires pour établir et interrompre les communications.

Les wagonnets étant introduits et le couvercle mis en place, le récipient est mis successivement en communication : 1° avec la chaudière, le récipient étant ouvert de manière à déterminer un courant de vapeur; 2° avec les pompes à air, qui font le vide; 3° avec le bassin à l'air libre contenant la liqueur, que la pression atmosphérique refoule dans le récipient; 4° avec les pompes foulantes, qui soumettent tout le système à une pression déterminée.

On reproche à cette méthode d'introduire la liqueur dans tous les sens et d'emprisonner ainsi dans le bois les liquides et les gaz nuisibles, soit par leur nature même, soit seulement par l'obstacle qu'ils opposent à l'introduction de la substance préservatrice. Cette objection, fondée en principe, perd beaucoup de son importance si les trois premières phases de l'opération ont été conduites de manière à atteindre leur but, qui est d'éliminer l'eau et l'air contenus dans le bois.

Ce procédé est appliqué à la pénétration des traverses par les trois substances les plus usitées : huile de goudron, chlorure de zinc, sulfate de cuivre; mais avec la première, l'action de la vapeur sur le bois doit être remplacée par une dessication préalable, la présence de l'eau, même en très-faible proportion, étant un obstacle à la pénétration de l'huile. Il est d'ailleurs indispensable de chauffer celle-ci dans le récipient lorsque la température de l'air est peu élevée pour maintenir sa fluidité, de sorte que les tuyaux d'injection de vapeur subsistent; seulement ils ne fonctionnent qu'après l'introduction de la liqueur. Cette action de la vapeur est d'ailleurs toujours avantageuse, et on l'étend assez souvent au bassin à l'air libre, mais en chauffant modérément pour éviter une distillation en pure perte.

Tandis qu'avec les deux premières substances le récipient est en tôle de fer, il doit être en cuivre avec la troisième. C'est cette dépense assez considérable, d'autant plus qu'il faut deux récipients pour une marche continue, qui seule a restreint l'application du procédé avec le sulfate de cuivre. Je l'ai vue dès 1853 en pleine activité en Autriche; le mode de préparation prôné depuis quelques années en France sous le nom de procédé *Légé* et *Pironnet*, n'est pas autre chose; les détails sont bien entendus, mais le principe n'avait absolument rien de nouveau.

On a essayé souvent, avec le sulfate de cuivre, de conserver le récipient en tôle en le protégeant à l'intérieur par un doublage ou par l'application d'un mastic. M. *Bethell*, qui a fait usage aussi de l'appareil pneumatique et du sulfate de cuivre, a essayé le plomb, le caoutchouc, la gutta-percha, et un mélange de gutta-percha et de caoutchouc, en protégeant cet enduit par un revêtement en bois. MM. *Burth* et compagnie, dans les appareils qu'ils ont installés à *Bordeaux* et à *Hennebon*, ont fait usage d'un enduit de bitume protégé également par un doublage en bois. L'expérience ne paraît pas avoir prononcé encore sur la valeur de ces expédients. Les pièces ordinairement en fer doivent d'ailleurs être remplacées aussi par du cuivre dans les petits chariots de manœuvre.

150. Il est évident que le procédé pneumatique donne des résultats d'autant meilleurs qu'on prolonge davantage l'action préparatoire de la vapeur, celle du vide, celle de la pression, et que l'un et l'autre sont poussés plus loin. Mais aussi, l'opération est d'autant plus coûteuse, tant en elle-même que par suite d'une absorption plus grande de matière préservatrice. Comme il y a d'autant plus d'intérêt à prolonger la durée du bois qu'il est plus cher, et comme son prix est variable, il est tout simple que les conditions de l'opération varient d'un cas à l'autre. Cette cause ne suffit pas néanmoins pour expliquer les différences si grandes qu'elles présentent, et ces différences doivent être attribuées pour une bonne part à l'absence de données précises sur le degré d'efficacité qu'on peut espérer ; plus on compte sur cette efficacité, moins on tient à réduire la dépense de la préparation.

151. *Créosote.* — Le créosotage pneumatique a été appliqué sur les chemins de l'Est prussien et de la haute Silésie, en remplaçant, comme il convient de le faire (148), l'introduction préalable de la vapeur dans le récipient par la dessiccation du bois, soit à l'air, soit à l'étuve, où il séjournait jusqu'à ce que tout dégagement de vapeur eût cessé ; les traverses passaient alors dans le récipient.

A *Bromberg* (Est prussien) les traverses (chêne et sapin) restent empilées, avant d'être injectées, pendant 1 an ou 1 an et 1/2. Si les dépôts sont abrités, la dessiccation est alors assez complète pour que le chauffage à l'étuve soit superflu. Mais il est nécessaire si l'exposition a eu lieu à l'air libre, et surtout si la préparation est faite à la suite de pluies prolongées. La durée de l'étuvage est de 4 heures, celle du vide (0m,63 à 0m,68 de mercure) de 1 heure 1/2, et celle de la pression (7 à 8 kil. par centimètre quarré) de 2 heures 1/2. L'absorption a été en moyenne 19 kil. d'huile pour les traverses de sapin, et 5kil,6 pour les traverses de chêne. On a même réussi à faire absorber au sapin 70 kil., tandis qu'on n'a pu dépasser 8kil,4 pour le chêne. Le premier serait donc, en pratique, beaucoup plus éloigné que le second du point de saturation.

On emploie à *Bromberg* : 1° de l'huile dite *fine*, tirée d'Angleterre ; 2° de l'huile dite *moyenne ;* 3° du goudron, provenant de l'usine à gaz de Berlin. Le prix total de l'injection d'une traverse est :

	Sapin.	Chêne.
Avec l'huile fine.	3f,79	1f,18
Avec l'huile moyenne. . .	2f,44	0f,89
Avec le goudron.	0f,96	0f,47

Les huiles pénètrent complétement le sapin, le cœur excepté ; dans le chêne équarri, les fentes et fissures sont seules pénétrées.

Sur le chemin de la haute Silésie, les traverses étaient soumises successivement pendant 30 minutes à un vide de 0^m,52 de mercure, puis pendant 45 minutes, la liqueur étant introduite, à une pression effective de 6^{kil},5 par centimètre quarré.

Le prix alloué à l'entrepreneur était, par traverse intermédiaire, 1^f,67 pour le chêne et 2^f,85 pour le sapin, qui absorbe beaucoup plus.

Sur le chemin de l'État, en Belgique, le créosotage en vase clos est appliqué, depuis 1858, aux traverses en sapin et, autant qu'on peut en juger, avec succès. La quantité d'huile absorbée ne dépasse pas 8 à 10 litres; le prix est 1^f,20.

152. *Sulfate de cuivre.* — Le même procédé, mais sans dessiccation à l'étuve, a été appliqué en Belgique au sapin rouge du Nord, qu'on s'y procure facilement. D'après M. *Coisne*, conducteur aux chemins de l'État (*), ce bois, bien sec, se pénètre bien, *y compris le cœur.* Le hêtre et l'orme se pénètrent plus facilement et plus uniformément encore. Le sapin blanc résiste beaucoup plus à la pénétration. La traverse de sapin rouge retient seulement 20 litres d'huile, même après l'exsudation (1^{lit},6 en moyenne) due à la réaction, à la détente qui suit la pression, et qui n'est terminée qu'au bout de deux jours environ.

M. *Coisne* indique les prix suivants :

Chêne.	Prix :	6^f,60;	durée	12 ans;	dépense annuelle :	0^f,74
Sapin à 10 lit., 36.	—	5^f,40;	—	10 —	—	0^f,70
Sapin à 20 ou 25 lit. (saturé).	—	6^f,70;	—	15 —	—	0^f,64

Le vide est de 0^m,50 à 0^m,55 de mercure. — La pression, de 8 à 10 kil. par centimètre quarré.

Les bois doivent être séchés pendant 8 à 10 mois dans les dépôts, et, après la préparation, abrités jusqu'au moment de l'emploi.

Le réseau d'*Orléans* emploie, depuis 1861, des traverses en pin des Landes (pin maritime) préparées au sulfate de cuivre par le vide et la pression. Il n'est pas possible encore de préjuger leur durée, mais jusqu'à présent aucun symptôme d'altération ne s'est manifesté.

153. Comme on opère, par ce procédé sur des bois bien secs, et qu'il n'y a pas, dès lors, d'échange entre la liqueur antiseptique et des liquides contenus dans le bois, l'augmentation de poids de la traverse donne la quantité d'huile ou de dissolution saline absorbée. Mais,

(*) *Annales des travaux publics de Belgique*, 1864, p. 193.

pour être concluantes, les pesées devraient être faites sur un grand nombre de pièces. Ce mode de vérification serait donc d'une application difficile. Il serait d'ailleurs insuffisant; ce qu'il importe de constater, c'est moins, en effet, le poids total absorbé que l'uniformité de la pénétration. Aussi, les cahiers des charges prescrivent-ils quelquefois des essais spéciaux. Sur le réseau d'*Orléans*, par exemple, chaque opération doit comprendre deux pièces d'essai ayant l'une une longueur double et l'autre une épaisseur double de celles des traverses. Les deux pièces sont ensuite sciées au milieu, l'une en long, l'autre en travers, et on constate si les faces de sciage sont bien injectées. Avec le sulfate de cuivre, cette constatation exige elle-même un essai spécial. La coloration produite par le prussiate jaune de potasse (cyano-ferrure de potassium) est, à défaut de l'analyse chimique, stipulée aussi dans les marchés, mais fort peu usitée, le moyen prescrit sur les chantiers. Une dissolution de 90 grammes de prussiate dans un litre d'eau, étendue au pinceau sur le bois, doit donner une coloration rouge bien tranchée; une teinte rose indique une pénétration incomplète. Un œil exercé peut, du reste, se dispenser de recourir à ce moyen; l'examen attentif des faces de sciage lui suffit. Si les deux pièces d'essai sont bien injectées, toutes les traverses comprises dans la même opération sont reçues. Dans le cas contraire, ces traverses sont refusées, mais provisoirement, car elles peuvent être soumises à une nouvelle opération, avec d'autres *témoins*.

Les conditions physiques des bois de même essence sont si variables, que l'emploi des *témoins* est très-sujet à caution. La préparation peut être généralement bonne, quoique les pièces d'essai indiquent le contraire; et elle peut, surtout, être défectueuse quoique ces pièces soient bien pénétrées, l'entrepreneur tendant à choisir pour elles des bois poreux et bien secs. Ce moyen est donc peu usité; on préfère ordinairement sonder un certain nombre de traverses; mais celles qui sont reconnues inadmissibles ont subi, par le fait de l'essai, une dépréciation qui est souvent un sujet de contestation. Le procédé pneumatique, appliqué à des pièces qui ont leurs dimensions définitives, manque donc d'un moyen de contrôle simple et sûr. C'est une grave objection. Il serait, sous ce rapport, préférable d'opérer sur des pièces qui dussent être débitées ensuite en long et en travers, comme dans le procédé *Boucherie*. Mais, sans parler de la difficulté plus grande des transports et de la manutention, ces grandes dimensions seraient un obstacle presque insurmontable à une pénétration complète.

154. *Procédé par une pression faible mais prolongée.* — Sur la ligne de *Berlin* à *Hambourg* on a essayé, dans l'injection du sulfate de cuivre en vase clos, de remplacer l'intensité de la pression par sa durée. Elle ne dépassait pas 1 kil. par centimètre quarré, mais elle était soutenue pendant 5 ou 6 heures. De plus, les traverses restaient souvent pendant toute la nuit dans le bain, mais sans pression. Cette marche ne paraît pas avoir donné de bons résultats, et elle avait en tous cas pour effet de réduire énormément la puissance de production d'un appareil dispendieux. Le titre de la liqueur, qui était d'abord $\frac{1}{40}$, a été réduit à $\frac{1}{60}$ puis à $\frac{1}{100}$. Le prix de revient est du reste peu élevé :

Traverses intermédiaires.	0f,45
Traverses de joint.	0f,73

On a procédé d'une manière analogue sur le chemin de *Magdebourg* à *Wittenberg;* la pression limitée à 1kil,5 par centimètre quarré (elle était produite par une colonne d'eau de 15 mètres) était maintenue pendant 6 à 8 heures.

155. *Chlorure de zinc.* — La dissolution du chlorure de zinc employée en Hanovre est au titre de $\frac{1}{60}$; la pression est portée à 8 kilog. par centimètre carré.

Prix de la préparation de la traverse intermédiaire (y compris l'intérêt et amortissement des appareils).	hêtre. . . .	0f,61
	sapin. . . .	0f,40
	chêne. . . .	0f,29

Au chemin de *Cologne* à *Minden*, qui a appliqué le chlorure de zinc par le même procédé, ces prix sont respectivement 1f,11, 1f,53 et 0f,68. Sur le chemin de la haute Silésie, sur lequel ce mode est très-usité, la préparation du sapin revient à 0f,96, chiffre qui se place entre ceux de 0f,40 et 1f,53, dont l'écart si considérable doit tenir à plusieurs causes, et entre autres, sans doute, à une application plus sommaire du procédé en Hanovre.

L'opération est, en effet, très-longue à l'usine de *Kattowitz* (chemin de la haute Silésie). L'action de la vapeur est prolongée pendant une durée variable de 2 à 6 heures, suivant le degré de dureté et d'humidité du bois; le vide est maintenu pendant 30 minutes seulement, mais la pression, portée à 7 kil. par centimètre quarré, est soutenue pendant 2 heures au moins et 6 heures au plus. La liqueur marque 3 degrés *Baumé.* L'opération dure en tout 6 heures pour le sapin bien sec et 12 heures pour le même bois humide. Dans ces conditions, le bois séché à l'air absorbe plus de liqueur que le bois humide, mais, en revanche, celui-ci est pénétré plus uniformément. Une traverse bien préparée doit avoir absorbé 32 à 36 kil. de liqueur. Ce chiffre s'élève souvent à 44 kil.

156. *Procédé de M. Boucherie.* — C'est incontestablement le plus logique de tous. La liqueur, soumise à une faible pression, pénétre dans la pièce par un seul bout, y chemine longitudinalement dans un seul sens, et chasse ainsi devant elle la séve et l'air, dont elle prend la place; mais l'opération n'est possible que pour des rondins intacts, fraîchement abattus, et non écorcés à moins que leur coupe ne soit toute récente. La dessiccation, si favorable à l'absorption par les autres modes, surtout quand il s'agit de matières insolubles dans l'eau comme l'huile de goudron, est au contraire un obstacle presque absolu au succès de l'opération par le procédé *Boucherie*, la dissolution aqueuse de sulfate de cuivre ne pouvant, sous la pression restreinte qui est un des caractères du procédé, pénétrer dans le tissu ligneux que lorsqu'il est humide, encore imprégné de séve. Le cœur proprement dit, ou *cœur rouge*, dans lequel l'oblitération des canaux a suspendu à peu près complétement la circulation de la séve, est, par cela même, rebelle au procédé; mais, comme on l'a vu, les autres modes ne sont guère moins impuissants sous ce rapport, si ce n'est tout au plus avec l'huile de goudron.

Les bois, autres que le chêne, qui renferment du cœur impénétrable, sont refusés, à moins qu'il forme seulement un petit noyau. Sur l'Est, le bois à cœur peut même être absolument rejeté, aux termes du cahier des charges pour la fourniture des traverses de hêtre et de charme, préparées par le procédé *Boucherie* :

« Le cœur ne prenant pas la préparation, et se détériorant très-rapidement « en terre, on rejettera toutes les traverses qui en renfermeraient. »

Les nœuds, qui sont un obstacle à la pénétration, peuvent aussi être un motif de refus. Les bois qui ne sont pas parfaitement sains, notamment ceux qui sont échauffés, doivent, *à fortiori*, être rejetés, quel que soit d'ailleurs le mode de préparation.

M. *Boucherie* a adopté pour titre de la dissolution $\frac{1}{67}$ (15 kilog. par mètre cube) et pour pression motrice, environ 1 kilog. par centimètre quarré. Elle est obtenue, en installant sur des échafaudages de 10 mètres de hauteur, les cuves A, qui contiennent la liqueur

(Pl. XIII, *fig.* 1 et 2). Un tuyau de plomb ou de cuivre *t*, *t*, *t*, partant des cuves et courant perpendiculairement sous les pièces à préparer, couchées sur le sol, distribue la liqueur à chacune d'elles au moyen d'un petit tuyau en caoutchouc *c*, *c*, aboutissant à un petit réservoir cylindrique, dont la hauteur peut être aussi faible qu'on veut, mais qui doit avoir pour base la presque totalité de la section transversale de la pièce, puisque telle doit être la section d'écoulement de la liqueur dans la bille. — L'établissement de ce petit réservoir était un de ces problèmes simples en apparence, mais difficiles en réalité, qui se présentent si souvent dans l'industrie, et dont la solution, suivant qu'elle est simple ou compliquée, peut faire passer une idée juste et ingénieuse dans le domaine de la pratique, ou la laisser au contraire stérile. — Celle que M. *Boucherie* a imaginée présente le caractère de simplicité industrielle indispensable au succès du procédé.

Pour les pièces qui, comme les poteaux télégraphiques, ne doivent pas être débitées pour l'emploi, et pour la seconde opération à laquelle les traverses sont très-fréquemment soumises (159), le réservoir est formé au moyen d'un plateau circulaire en bois fixé par un tire-fond placé suivant l'axe commun, et pinçant par son bord, sous le serrage du tire-fond, une tresse de chanvre (*fig.* 10), renflée au milieu de sa longueur, qui forme la périphérie étanche du petit réservoir. Le tire-fond est remplacé avec avantage par trois boulons à crochet *b*, *b*, *b*, serrant le plateau par l'intermédiaire d'un petit châssis triangulaire ABC (*fig.* 12, 13 et 14).

Pour les traverses, les billes, d'une longueur double, ont le réservoir au milieu (*fig.* 2, 15, 16). Un trait de scie transversal laisse intact seulement un petit segment circulaire; en plaçant une cale sous ce segment, le trait de scie bâille, on y engage la tresse de chanvre, puis, la cale étant enlevée, l'élasticité des fibres, continues dans le segment, tend à refermer le trait de scie, et serre la tresse. Un trou de tarière, incliné, reçoit un petit ajutage en bois α (*fig.* 3), dont l'extrémité supérieur *e* est coiffée par le tuyau flexible *c*. La communication avec les cuves étant établie, la séve apparaît presque immédiatement à l'extrémité libre ou aux deux extrémités de la pièce. Au bout d'une heure au plus, la séve est mêlée de sulfate de cuivre, et bientôt celui-ci domine. Mais comme la résistance du bois à la pénétration n'est pas uniforme, on prolonge l'opération quoique la liqueur sorte presque pure, et sa durée atteint souvent 48 heures et même 60 heures pour les essences usuelles, hêtre et charme.

M. *Boucherie* a indiqué et on a généralement adopté d'après lui 5kil,5 de sel par mètre cube comme taux normal de l'absorption par le hêtre. Il est assez difficile de constater rigoureusement si le chiffre stipulé est atteint; mais par suite des conditions même de l'opération, on reconnaît aisément par l'examen des faces intérieures mises à nu, si le sel a pénétré partout (le bois dur excepté, bien entendu), dans les traverses, qui sont obtenues en sciant les billes au moins suivant un plan diamétral. La coloration rouge donnée par le prussiate jaune de potasse est, ici encore, le moyen de contrôle usuel. Pour les pièces non débitées, l'essai doit être fait surtout à la tranche de sortie de la liqueur, et après avoir enlevé une épaisseur de bois de 0m,01 au moins.

157. Le procédé dont il s'agit a donné des résultats excellents; il en a donné aussi de très-mauvais. Il a cela de commun avec les autres, quoique pour ceux-ci les écarts soient peut-être moins prononcés en général.

Sur la ligne de *Namur* à *Liége*, les traverses triangulaires en sapin non préparé ont été remplacées en 1860 par du hêtre préparé; au bout de 5 ans, le renouvellement atteignait déjà 5 p. 100, et la durée moyenne ne paraît pas devoir dépasser 8 ou 10 ans.

L'État belge a (143) complétement abandonné le procédé *Boucherie*, toutes les traverses (hêtre et charme) auxquelles il l'avait appliqué n'ayant duré que 5 à 6 ans.

A ces exemples, qu'il serait facile de multiplier, on peut en opposer d'autres non moins nombreux, et qui témoignent hautement de la valeur du procédé lorsqu'il est appliqué avec les soins convenables. En général, les divers modes de préparation se prêtent peu à l'exécution par voie d'entreprise. Ils doivent être appliqués de préférence en régie, et sous la surveillance d'agents très-consciencieux. La garantie s'appliquerait difficilement ici, parce qu'elle ajournerait les règlements de compte à une époque trop éloignée, et aussi parce que les conditions d'une bonne préparation ne sont pas encore parfaitement fixées.

L'incertitude qui règne non pas sur son efficacité possible mais sur son efficacité pratique, son prix relativement élevé, et la nécessité d'opérer sur des bois fraîchement abattus et en grume, ont empêché le procédé *Boucherie* de recevoir des applications aussi étendues qu'on devait le supposer d'après des succès déjà anciens et parfaitement constatés en France; son emploi est aujourd'hui restreint à peu près aux voies ferrées voisines des forêts de hêtre. L'obligation de soumettre à l'opération les *dosses* qui disparaîtront par l'équarrissage (si on préfère les traverses équarries) contribue à l'élévation des prix, élévation à laquelle concourent les pertes de sel, difficiles à éviter dans la longue circulation de la liqueur, et quoique l'excès qui se dégage des bouts des pièces et les fuites au milieu soient, cela va sans dire, recueillis et ramenés aux cuves.

158. Les détails de l'application du procédé varient. Ces variantes peuvent être justifiées par les différences de nature des bois, par celles des prix de main-d'œuvre, etc. Voici, par exemple, comment j'ai vu procéder en 1863, dans un chantier très-bien organisé, à *Orawitza* (Hongrie), pour la préparation des traverses en hêtre des chemins de la société autrichienne.

L'opération comprend trois périodes :

1° Injection, dans les conditions ordinaires, de la liqueur au titre de $\frac{1}{67}$;

2° Injection d'une liqueur plus étendue ($\frac{1}{100}$), prolongée jusqu'à ce qu'elle sorte du bois au même titre;

3° Injection d'eau pure, ou *lavage*, ayant pour but d'enlever l'excès de sel qui n'étant pas entré en combinaison, serait non-seulement inutile mais nuisible; d'une part, en cristallisant, il détermine des déchirements, d'autre part il attaque les attaches en fer, que la galvanisation et un goudronnage soignés, paraissent, du reste, protéger assez efficacement.

L'opération dure en tout 72 heures, dont 2 heures seulement au lavage.

Le liquide recueilli à la sortie du bois, après l'expulsion de la séve, est filtré, avant de remonter au réservoir, sur une couche d'oxyde de cuivre de $0^m,30$ d'épaisseur afin de neutraliser l'acide sulfurique rendu libre par les combinaisons organiques dans lesquelles le cuivre est entré. — On débarrasse en même temps ainsi la liqueur d'une partie des impuretés dont elle s'est chargée par son mélange avec une partie de la séve.

159. Sur l'Est français, les traverses subissent en général une double opération; toutes les billes devraient même, aux termes du cahier des charges, « être injectées successivement au moyen de plateaux par les deux extrémités; » cette clause est motivée comme il suit par M. *Guillaume*, ingénieur du matériel fixe de la voie :

« Nous admettons parfaitement, comme première opération appliquée à « toutes les billes, l'injection au moyen du trait de scie pratiqué au milieu « d'une bille de longueur double ; mais, très-souvent, cette simple injec« tion est insuffisante : les canaux séveux des branches qui sortent du tronc « au-dessous du trait de scie (dans le sens de la hauteur de l'arbre) ne reçoi« vent pas le liquide antiseptique (Pl. XIII, *fig.* 17) ; en outre, les parties « voisines du cœur, quoique pénétrables, opposent souvent une grande « résistance au liquide, qui suit de préférence les parties du bois plus « jeunes, à texture moins serrée. C'est pour cela qu'il est utile de faire « ce qu'on nomme le *relancement* des billes, c'est-à-dire de les préparer « une seconde fois en introduisant le liquide par les faces de sortie, ce qui « ne peut se faire qu'au moyen de plateaux ; ces plateaux peuvent n'occu« per que la région centrale de la bille, si la double opération a pour but « de remédier à l'inégale répartition du liquide entre l'aubier et le bois, « plus serré, ou *cœur blanc*, qui le sépare quelquefois du cœur propre« ment dit.

« L'expérience nous a montré qu'il y a lieu d'opérer comme il est dit ci« dessus, pour le plus grand nombre de billes ; c'est pour cela que l'ar« ticle 7 de notre cahier des charges en fait une obligation générale. Mais « lorsque les bois se présentent avec des qualités exceptionnelles, et qu'il « est bien démontré que la simple injection est suffisante, nos agents sont « autorisés à ne pas exiger le relancement ; c'est d'ailleurs le cas le plus « rare. »

260. M. *Pontzen*, ingénieur des chemins de fer du sud de l'Autriche, a été conduit par une critique judicieuse de la méthode pneumatique et du procédé *Boucherie*, à proposer un mode mixte (*), dans lequel il a cherché à réunir les avantages propres aux deux premiers. L'auteur emprunte à M. *Boucherie* les plateaux à joint étanche qu'il applique aux poteaux télégraphiques, mais en renversant les rôles. Le petit espace étanche sert non plus à introduire la liqueur, mais au contraire à soustraire à la pression effective le bout de la pièce auquel le plateau est appliqué. La liqueur pénètre par les autres faces ; il s'établit, à peu près comme dans le procédé de M. *Boucherie*, un courant qui débouche au dehors du petit réservoir au moyen d'un tuyau adapté à chaque plateau. Tous les tuyaux se réunissent en un seul, qui traverse l'obturateur du récipient et sort à l'air libre. Cette combinaison des deux procédés usuels est ingénieuse, mais elle présente des difficultés d'exécution évidente ; et comme l'idée ne paraît pas avoir été mise encore à exécution, nous ne pouvons nous y arrêter plus longtemps ; mais elle méritait d'être mentionnée.

(*) Nouveau procédé pour l'imprégnation des bois. Broch. in-8, Vienne, 1863.

161. Une compagnie s'est constituée, aux États-Unis, pour l'exploitation d'un procédé (*Robbin's Patent*), par lequel le bois est soumis à l'action de l'antiseptique réduit en vapeur. Une grande cornue en tôle contenant du goudron de houille, et établie sur un fourneau, communique par son col bifurqué et muni de robinets, avec deux chambres qui reçoivent les traverses empilées sur un wagonnet, et qui fonctionnent alternativement pour la continuité du travail. La température, dans les chambres, doit être portée à 149° C. (300° F.). Le premier effet de la chaleur est de chasser l'eau et l'air contenus dans le bois, et on admet que l'huile y pénètre ensuite plus facilement à l'état de vapeur qu'à l'état liquide. Il ne paraît pas probable cependant que cette espèce de fumigation puisse être aussi efficace que le procédé pneumatique convenablement appliqué.

162. *Flambage des traverses.* — La carbonisation superficielle a été appliquée de tout temps pour retarder la pourriture des bois enfouis dans le sol. Le procédé de flambage imaginé par M. *de Lapparent*, directeur des constructions navales, pour l'assainissement des navires et la conservation de leurs coques, n'est autre chose que la torréfaction superficielle, mais rendue vraiment industrielle, et applicable, sur place, aux bois placés dans les conditions les plus variées. D'après les renseignements qu'on m'a donnés dans quelques ports, l'idée de M. *de Lapparent*, accueillie avec une juste faveur, paraît inspirer une certaine défiance en ce qui concerne l'assainissement; on redoute les incendies; mais elle semble être entrée complétement dans la pratique de la marine de l'État pour les constructions neuves et pour les refontes.

L'auteur a naturellement cherché à étendre le champ des applications de son procédé, et le rapide dépérissement des traverses de chemins de fer, l'absence d'une méthode de préservation d'une application facile et économique, d'une efficacité assurée, ne pouvaient manquer d'éveiller son attention.

Le procédé de M. *de Lapparent* consiste à flamber le bois à l'aide du dard d'un chalumeau à gaz.

« Trois effets principaux, » dit M. *Payen* (*), « se produisent dans ce cas : « 1° les surfaces encore très-humides (lavées) sont promptement desséchées

(*) Assainissement des vaisseaux et conservation des charpentes, *Annales du Conservatoire des Arts et Métiers*, 1865, p. 357.

« par suite de l'évaporation presque instantanée de l'eau hydroscopique « superficielle; 2° les matières organiques putrescibles aussi bien que les « êtres microscopiques, animalcules et plantes cryptogames, éprouvent « une torréfaction et même une combustion partielle qui détruit toute vita- « lité comme toute tendance à la fermentation; 3° le tissu ligneux lui- « même, à cette température élevée, et jusqu'à 0^m,0002 et 0,0003 de profon- « deur, est partiellement distillé; il dégage les produits ordinaires de la « distillation des bois, notamment l'acide acétique, la créosote, divers car- « bures d'hydrogène, en un mot, les matières goudronneuses douées des « propriétés antiseptiques les plus énergiques. Ainsi, du même coup, on « détruit les ferments, les matières organiques putrides, et l'on imprègne « le tissu ligneux des produits goudronneux antiseptiques qui peuvent « concourir énergiquement à sa conservation. »

On arme ainsi le bois d'une sorte de cuirasse contre les agents extérieurs de décomposition, mais la masse reste livrée aux agents intérieurs, de sorte que l'efficacité du procédé dépend surtout de l'énergie relative des uns et des autres. On pourrait même craindre que la carbonisation, appliquée à des bois trop frais, ne fût, dans certains cas, comme la peinture, plus nuisible qu'utile, si une pratique plusieurs fois séculaire ne prouvait que cette crainte n'est pas fondée.

M. *de Lapparent* entre naturellement dans des détails plus explicites que M. *Payen* sur les effets du procédé dont il a analysé, avec beaucoup de soin, les effets complexes; il s'attache à faire ressortir l'importance de l'action exercée sur la surface :

« ... La recherche des procédés de conservation des bois revient, dit-il (*), « à celle des moyens de neutraliser l'action des germes qui déterminent ou « accélèrent leur décomposition... Le procédé le plus en usage est celui qui « a simplement pour objet de soustraire les faces du bois au contact de l'air; « tel est le résultat qu'on obtient en les enduisant d'une couche de pein- « ture... Mais son emploi exige certaines précautions et pourrait, si on les « négligeait, devenir plus nuisible qu'utile. C'est ce qui arrive lorsque la « peinture est appliquée sur les bois dont les faces ne sont pas bien sèches...»

L'auteur explique ensuite en ces termes l'action de la carbonisation superficielle (**) :

« ...En premier lieu, sous l'action d'un jet de flamme dont la tempéra- « ture atteint 1.000 à 1.200 degrés, le bois éprouve, sur une épaisseur très-

(*) *Conservation des bois par la carbonisation de leurs faces.* Broch. in-8°, page 8. — Paris, 1866, chez *Arthus Bertrand.*
(**) *Ibid.*, page 9.

« sensible, une dessiccation complète... Or, quand les faces du bois ont été « dépouillées de leur eau séveuse, celle-ci ne revient plus de l'intérieur, « parce qu'elle tend toujours à s'échapper en suivant les canaux et fibres « longitudinaux.

« J'ai déjà énoncé, et je répète ici, que ce sont les faces des bois qu'il est « surtout essentiel d'amener à un état de dessiccation complète.

« D'après l'opinion généralement reçue, la conservation des bois exige« rait que la dessiccation s'étendît à la masse entière; un examen plus ap« profondi de la question a beaucoup modifié mes idées à cet égard. Je « crois que l'on a trop vite conclu de la pourriture des faces en contact des « bois frais, à celle de l'intérieur... Qui ignore que les bois plongés dans « l'eau s'y conservent pour ainsi dire indéfiniment? Cela tient à ce qu'ils « sont soustraits au contact de l'air. Ce n'est que quand les fibres et canaux « se sont vidés à la suite d'un desséchement prolongé, que l'air peut y pé« nétrer et y introduire les ferments dont il serait chargé. »

« ..... Le second effet (*) du jet de flamme est de détruire tous les germes « qui, entraînés par l'air, auraient pu pénétrer et s'accumuler, comme par « une espèce de filtration, dans l'épiderme des bois...

« ... En troisième lieu, la douche de flamme développe sur les faces du « bois une légère couche entièrement charbonnée qui repose immédiate« ment sur une surface simplement torréfiée, c'est-à-dire qui n'a reçu que « la quantité de chaleur nécessaire à la distillation du bois, dont la croûte « se trouve par suite imprégnée des produits de cette distillation. Ces ma« tières sont antiseptiques, et, dans tous les cas, la couche charbonnée ne « permettra pas à l'action des ferments de se propager. »

« ..... Enfin (**) le jet de flamme racornit et durcit considérablement les « faces du bois, et par cela seul les rend infiniment moins sensibles aux « agents extérieurs..... »

Même en admettant les idées de l'auteur, qui a fait du reste une étude approfondie de la question, il ne semble pas que son procédé puisse prétendre à l'efficacité de ceux qui vont, dans la masse même du tissu perméable, neutraliser les agents de décomposition. M. *de Lapparent* conteste, il est vrai, la persistance de leurs effets. « Cette « préparation, dit-il (***) au sujet du procédé *Boucherie*, « n'est pas « stable, quand les bois sont plongés dans l'eau ou même simplement « exposés à la pluie. » Quant aux préparations créosotées, « comme « leur efficacité réside dans un principe qui est volatil, elles ne con« stituent plus, au bout d'un certain temps, qu'une couverture « inerte. » L'auteur dénie aussi implicitement le fait généralement admis de la formation de composés stables et insolubles, sous l'in-

(*) *Conservation des bois par la carbonisation de leurs faces*, page 11.
(**) *Ibid.*, page 12.
(***) *Ibid.*, page 6.

fluence des antiseptiques; fait qui paraît cependant établi par de longues et nombreuses observations. On peut reprocher aux procédés usuels, tantôt leur prix élevé, tantôt l'irrégularité de leurs effets; mais leur efficacité, quand ils ont été appliqués avec les soins convenables, est hors de toute contestation.

M. *de Lapparent* n'a pas tardé à substituer au chalumeau à gaz d'éclairage, pour le flambage des pièces isolées, un appareil plus simple et plus économique, imité de la lampe d'émailleur, et auquel il a donné le nom de Lampe-chalumeau. M. *Hugon*, directeur de l'usine à gaz comprimé de *Paris*, a construit plus tard un générateur de flamme forcée, auquel M. *de Lapparent* a donné son approbation complète. Comme c'est sous cette forme que le principe est appliqué aujourd'hui aux traverses, il suffira de décrire sommairement le chalumeau à houille de M. *Hugon* (*).

L'appareil (Pl. VII, *fig.* 13) comprend :

1° Un fourneau F contenant le combustible (houille flambante), muni d'une porte de chargement P, et d'un ajutage A, formant le bec du chalumeau.

Ce fourneau est supporté par une colonne C, pénétrant dans le bâti, et permettant d'élever ou d'abaisser le fourneau au moyen d'un levier équilibré L, et de le faire tourner autour de l'axe vertical de la colonne;

2° Un soufflet à double vent S, lançant l'air dans un réservoir R, puis à la partie inférieure du combustible, au moyen d'un tuyau en caoutchouc T;

3° Un réservoir d'eau ρ, muni de robinets au moyen desquels on règle l'injection de l'eau qui vient se mêler à l'air dans l'ajutage *a*;

4° Un support en charpente *s*, portant des rouleaux *r* sur lesquels est installée et manœuvrée la traverse à flamber *t*.

Pour faire fonctionner l'appareil, on place quelques copeaux au fond du fourneau, et on le remplit de houille.

Les copeaux étant allumés, et la houille en feu, on ferme les orifices supérieur et inférieur, qui étaient restés d'abord ouverts pour produire le tirage. Le soufflet est alors mis en activité. Un volumineux jet de flammes sort du bec. Lorsque la houille est transformée en coke, on ouvre le robinet d'injection de l'eau, afin de remplacer, pour la production de la flamme, les éléments volatils fournis d'abord par

(*) *Conservation des bois par la carbonisation de leurs faces*, page 26.

la houille. A chaque oscillation du piston, une goutte d'eau s'introduit dans le fourneau; elle est décomposée par le coke incandescent; il se forme de l'hydrogène, et de l'acide carbonique, qui, transformé par le coke en oxyde de carbone, est brûlé ainsi que l'hydrogène, soit par l'air injecté, soit par l'air extérieur, au delà du bec. Toutefois, d'après M. *de Lapparent*, cette addition n'est pas indispensable.

Plusieurs de ces appareils fonctionnent sur divers points du réseau d'*Orléans*. Le flambage est appliqué, sur ce réseau, à la majeure partie des traverses en chêne. Le hêtre est préparé par le procédé *Boucherie;* quelques milliers de ces traverses préparées ont été soumises aussi, pour essai, à l'opération du flambage.

Le prix de revient est de $0^{f},151$ par traverse, non compris les frais généraux. Comme le flambage ne détermine pas la production de nouvelles fentes et n'aggrave pas celles qui existent, il est probable que le résultat obtenu justifiera amplement une dépense aussi faible; le chêne équarri résistant d'ailleurs à la pénétration de la plupart des substances préservatrices, on conçoit que les ingénieurs du réseau d'*Orléans* n'aient pas hésité à lui appliquer la carbonisation sur une aussi grande échelle. Il serait même intéressant d'en faire aussi l'essai sur les autres essences non préparées.

§ III. Durée des traverses préparées.

163. *Créosote.* — La longue expérience des chemins de fer anglais a mis en évidence l'efficacité de la créosote, lorsqu'il s'agit véritablement du produit que sous-entend ce nom, et lorsque l'opération a été bien faite. Des traverses posées il y a plus d'un quart de siècle sont encore parfaitement saines (Great-Northern, Eastern-Counties, *Stockton* à *Darlington*, etc.; pin rouge, pin sylvestre, epicea, etc.). Les traverses *bien créosotées* ne sont remplacées que par suite de fentes produites soit spontanément, soit par l'enfoncement des chevilles, ou par suite de la destruction du bois sous les coussinets. L'efficacité du procédé est donc alors absolue, puisqu'il paralyse complétement les actions chimiques; de sorte que la durée du bois n'est plus limitée que par sa résistance aux actions mécaniques, résistance que l'injection ne paraît pas modifier sensiblement.

Il parait cependant qu'une réaction partielle s'opère contre l'application de la créosote, dont l'efficacité était jusqu'à présent incontestée en Angleterre. D'après un recueil spécial (*), auquel nous laissons d'ailleurs la responsabilité de cette assertion, la compagnie du Midland renoncerait au créosotage, parce qu'il prolongerait de quatre ans seulement l'existence des traverses qui, sur cette ligne, durent en moyenne seize ans à l'état naturel. Mais comme ce chiffre l'indique assez, il ne peut être question ici que de traverses en chêne et, par suite, d'un cas tout particulier en Angleterre (**). Peut-être d'ailleurs la préparation et la qualité du goudron n'étaient-elles pas irréprochables.

164. *Sulfate de cuivre.* — Le renouvellement des traverses préparées au sulfate de cuivre était :

1° *Pour le sapin*, au bout de 8 ans :

De 4,73 p. 100 sur le chemin de *Berlin à Potsdam et Magdebourg;*

De 3,82 sur l'Est prussien ; de 3,00 sur le chemin de *Magdebourg à Wittenberg.* Mais il atteignait 31 p. 100 sur le chemin de la haute Silésie. Malgré ce dernier chiffre, dû sans doute à quelque cause accidentelle, on croit, sur cette ligne, pouvoir compter en général sur une durée totale de 12 ans.

2° *Pour le pin*, au bout de 7 ans :

De 31 p. 100 sur le chemin d'*Aix à Dusseldorf.*

Pour le hêtre, au bout de 9 ans :

De 97 p. 100 sur le même chemin.

D'après la Direction du chemin de Westphalie, l'application du sulfate de cuivre ne prolonge pas notablement la durée du chêne équarri, ce qui est tout simple.

Le chemin de *Berlin* à *Hambourg* conclut d'une expérience de 20 ans, que le chêne équarri et non préparé, et le sapin préparé au sulfate de cuivre, ont une égale durée, quatorze ans en moyenne.

Berlin-Potsdam-Magdebourg admet le même chiffre pour le sapin.

Magdebourg à *Wittenberg* le porte à 16 ans, tandis que l'Est prussien le réduit à 13 ans, et le *Frédéric-Guillaume* (Hesse-Électorale)

(*) *Engineering*, 1866, n° 20, page 47.

(**) Le chiffre de 15 ans, indiqué plus haut (**141**), d'après plusieurs ingénieurs, comme durée probable du sapin de la Baltique créosoté, employé sur les chemins de l'Inde, est contesté par d'autres ingénieurs. M. *Danvers* (Rapport sur les chemins indiens en 1862-63) le réduit même à 5 ans, comme pour les bois indigènes. Quel que soit l'écart, de semblables divergences s'expliquent jusqu'à un certain point par le degré de l'absorption, si variable surtout avec la créosote.

à 10 ans, quand on procède par la pression, et à 5 ans seulement par l'immersion dans le bain bouillant (*Kochen*).

Aix-Dusseldorf-Ruhrort et le chemin Rhénan regardent le sulfate de cuivre comme peu efficace, quel que soit le mode d'application, et y renoncent; en Bavière, au contraire, on lui donne maintenant la préférence, ainsi qu'au procédé *Boucherie*, jusqu'ici peu répandu en Allemagne. L'opinion des ingénieurs allemands est, en somme, peu favorable aujourd'hui à l'antiseptique qui est le plus usité en France, parce qu'il y a fait ses preuves. S'il n'en est pas de même en Allemagne, c'est nécessairement aux modes d'application qu'on doit s'en prendre.

165. *Chlorure de zinc.* — La proportion du renouvellement des traverses préparées au chlorure de zinc, par le vide et la pression, a été :

Pour le chêne, au bout de 16 ans :

De 8,66 p. 100 sur les anciens chemins de Hanovre.

Au bout de 13 ans :

De 2,33 p. 100 sur le chemin de *Brême* à *Wunstorf*.

Au bout de 10 ans :

De 1,60 p. 100 sur les chemins les plus récents de Hanovre,
— 0,85 — — sur le chemin de Brunswick.

Pour le sapin, au bout de 8 ans :

De 0,60 p. 100 sur les chemins de Hanovre.
— 0,33 — — seulement sur les chemins de Brunswick.

Pour le hêtre, au bout de 7 ans :

De 29,69 p. 100 sur le chemin de *Cologne* à *Minden*, chiffre singulièment défavorable en présence des résultats obtenus en Hanovre.

Au bout de 8 ans :

De 5,50 p. 100 sur les chemins de Brunswick.

Au bout de 10 ans :

De 4,9 p. 100 sur les chemins de Hanovre.

Pour le pin, au bout de 7 ans :

De 25,25 p. 100 sur le chemin Badois.
— 41,50 — — sur le chemin du Nord de l'Empereur Ferdinand (Autriche).

Quoique l'expérience des ingénieurs hanovriens tende à établir que le cœur même du chêne est pénétré par le chlorure de zinc, non pas dans de simples essais (ce qui ne fait pas une question), mais dans des conditions tout à fait industrielles ; quoiqu'on ait constaté aussi une pénétration superficielle du cœur par le sulfate de cuivre, il ne paraît pas qu'il y ait lieu de soumettre le chêne équarri à une préparation par un procédé aussi compliqué que le vide et la pression. L'huile de goudron, qui imprégne beaucoup plus facilement le bois dur que les dissolutions salines, pourrait seule, tout au plus, être employée alors avec quelque avantage. La prolongation pendant quelques années de la durée d'un bois qui, à l'état naturel, dure déjà une douzaine d'années, ne représente d'ailleurs qu'une très-faible valeur actuelle, et ne pourraît dès lors justifier qu'une dépense minime de préparation, et par suite qu'un procédé très-simple, comme l'immersion.

166. La préparation est généralement en faveur sur les chemins allemands ; quelques-uns, cependant, celui de la basse Silésie et de la Marche, par exemple, y ont renoncé systématiquement, et par suite aussi à l'emploi des essences qui ne peuvent s'en passer que dans des circonstances toutes particulières. Cette ligne n'emploie plus que du chêne, et elle a soin de ne le mettre en place qu'après une dessication prolongée à l'air. Il en est de même sur les chemins du Wurtemberg ; le chêne domine, il est vrai, dans cette contrée; mais elle possède aussi du sapin et du pin. La préférence donnée au premier est, au surplus, justifiée par l'expérience (136).

La réunion de *Dresde* (*), tout en déclarant qu'il est impossible de tirer des conséquences bien nettes des résultats, fort peu concordants, obtenus sur les chemins allemands, pense qu'on peut admettre, pour les bois à l'état naturel et pour les bois *bien préparés*, les durées approximatives suivantes :

	DURÉE MOYENNE.	
	non préparé.	préparé.
Chêne.	14 à 16 ans.	20 à 25 ans.
Sapin.	7 à 8	12 à 14
Pin.	4 à 5	9 à 10
Hêtre.	2 1/2 à 3	9 à 10
Mélèze.	9 à 10	»

(*) *Referate über die Beantwortungen*, etc., grand in-4°. Hanovre, 1865, chez *Jänecke* frères.

Les procédés de préparation inspirent à l'administration belge une défiance qui se traduit par une disposition insérée dans le nouveau cahier des charges (20 février 1866) des chemins de fer concédés ; aux termes de l'art. 11 :

« Les traverses seront *en bois de chêne*. — Toutefois le département des « travaux publics se réserve d'autoriser l'emploi d'autres essences prépa-« rées à le créosote, ou par tout autre procédé qu'il aura préalablement « agréé ; en tout cas, l'emploi du bois de chêne sera obligatoire aux bouts « des rails, et dans les courbes de moins de 1.000 mètres de rayon, lorsque « les rails ne seront pas fixés sur les supports au moyen de coussinets. »

Ces clauses s'accordent peu avec l'esprit libéral qui anime ordinairement l'administration belge dans ses rapports avec l'industrie. Quelque opinion que l'on professe sur l'efficacité des procédés de préparation des traverses et sur la valeur relative des rails avec ou sans coussinets, il est évident que la sécurité peut être sauvegardée dans tous les cas. La question est essentiellement économique ; en s'ingérant dans de semblables détails, vis-à-vis de compagnies responsables de leur gestion, le gouvernement paraît sortir de son rôle. Il tranche des questions qui réclameraient tout au moins un plus ample examen, et il s'expose à entraver le progrès.

167. Sur les grands réseaux, comme ceux qui se partagent le territoire français, les essences employées varient naturellement suivant les régions. C'est le chêne qui domine ; il est toujours équarri et non préparé, si ce n'est sur le réseau d'Orléans. Le hêtre vient ensuite, puis le sapin, le pin, le charme, qui, eux, sont toujours préparés.

Il convient que les traverses de toute nature, si ce n'est celles qui doivent être préparées par le procédé *Boucherie*, soient approvisionnées assez longtemps d'avance dans les dépôts, afin de les sécher. On combat leur disposition à se fendre en goudronnant les bouts, et si des fentes se sont produites, on les empêche de s'aggraver en appliquant des S, ou mieux des boulons à écrous.

§ IV. **Élaborations des traverses.**

168. Les traverses subissent des élaborations très-simples, mais dont la bonne exécution intéresse à un haut degré la régularité de l'allure des trains, et la sécurite de l'exploitation.

Ces opérations sont : 1° la façon des entailles ou portées des rails, des plaques, des coussinets, ou des coussinets-éclisses ; 2° le forage des *avant-trous ;* 3° la pose des coussinets.

Pour les voies à coussinets, éclissées en porte-à-faux, les trois opérations, faites dans les chantiers de dépôt, constituent le *sabotage.* La traverse sabotée porte ses deux coussinets, et arrive ainsi sur le chantier de pose.

Pour les voies à coussinets, avec coussinets-éclisses aux joints, les trous des traverses de joint sont percés sur place.

Pour la voie *Vignole*, les trous sont percés sur le chantier de sabotage, sauf l'exception indiquée plus loin (169) ; mais les crampons ou tire-fonds ne sont enfoncés qu'après la mise en place des traverses (175).

1° *Façon des entailles.* — Dans la voie à coussinet, c'est celui-ci qui donne l'inclinaison au rail. Les entailles sont donc horizontales ou, plus exactement, dans le même plan, si ce n'est pour les traverses de joint lorsque celui-ci est consolidé au moyen de coussinets-éclisses ; les entailles doivent alors être inclinées vers l'intérieur de la voie. Avec le rail *Vignole*, toutes les traverses ont les entailles inclinées, excepté parfois celles qui reçoivent des plaques, notamment au joint, ces plaques pouvant donner elles-mêmes l'inclinaison au rail par leur épaisseur décroissante vers l'intérieur.

Les entailles sont faites à la main, ou à la machine. Le travail à la main est encore le plus usité ; l'ouvrier a pour se guider un gabarit, formé, pour la voie à coussinets, de deux bouts de rails de 0m,25 de longueur réunis par une solide entretoise T, et représentant un tronçon de voie ayant rigoureusement l'écartement et l'inclinaison voulus. (Pl. VII, *fig.* 7.)

Pour les traverses recevant des joints consolidés au moyen de coussinets-éclisses, les bouts de rails sont remplacés par des plaquettes en tôle.

Pour la voie *Vignole*, l'entretoise porte, ou simplement deux plaquettes, ou deux sabots en fonte, percés de quatre cheminées *c, c, c, c*, correspondant exactement aux crampons ou tire-fonds (Pl. VII, *fig.* 4 et 5). Lorsqu'il y a une plaque au joint, les entailles, plus grandes que celles des traverses intermédiaires, sont faites au moyen d'un gabarit spécial.

Dans tous les cas, la face la plus large et la plus régulière de la traverse devant former sa base d'appui sur le ballast, c'est la face opposée qui reçoit les entailles. C'est donc sur celle-ci que le gabarit est présenté, après avoir reçu, s'il s'agit de la voie à coussinets, deux coussinets coincés avec beaucoup de soin. Les côtés parallèles au rail, de chaque coussinet, de chaque plaquette ou de chaque sabot servent à tracer les limites de l'entaille, qui est amorcée au moyen de deux traits de scie, et terminée à l'herminette ou à la bisaiguë. On la vérifie au moyen du gabarit, qui doit s'appliquer exactement sur les deux entailles à la fois. Les épaulements formés par les traits de scie doivent être conservés bien intacts, surtout vers l'extérieur; ils résistent à la poussée des mentonnets, et soulagent ainsi les attaches.

La profondeur des entailles dépend de la forme des traverses; elle doit être de $0^{m},01$ au moins, et assez grande d'ailleurs, avec le rail *Vignole*, pour que la surface d'appui du rail ait au moins $0^{m},14$ de longueur. Au chemin de *Paris*-Méditerranée, le minimum est porté à $0^{m},20$ pour les traverses de joint. Il faut, de plus, que la surface d'appui du rail soit parfaitement saine et exempte d'aubier.

Pour les traverses demi-rondes, de dimensions minimum, la longueur de portée de $0^{m},14$ ne pourrait être obtenue qu'en réduisant à $0^{m},10$ ou même $0^{m},09$ l'épaisseur du bois sous l'entaille; on doit alors réduire le premier chiffre, et par suite la profondeur, de manière à conserver une épaisseur de bois de $0^{m},12$ au moins, cette condition étant plus importante que celle de la longueur de la portée.

Façon des entailles à la machine. — L'emploi des machines est naturellement indiqué pour l'opération dont il s'agit; non-seulement il est plus expéditif, mais aussi il garantit mieux l'exactitude rigoureuse, que le travail à la main ne réalise que par des soins minutieux. On doit donc s'étonner que l'usage des machines ne soit pas plus général.

Il serait difficile de classer par ordre de mérite celles dont on fait usage, et inutile de les décrire toutes. Celle de M. *Denis* appliquée en Bavière et sur l'Est français, celle de M. *Castor* appliquée sur le Nord, celle que M. *Klauss* a établie dans les ateliers de *Göttingue*, fonctionnent convenablement. Nous décrirons la dernière à titre d'exemple. (Pl. VII, *fig.* 1, 2 et 3.)

Un arbre I reçoit le mouvement de la machine à vapeur (dans le cas actuel, c'est la machine de l'atelier de préparation par le vide et la pression) et le transporte à l'arbre A qui porte les deux rabots circulaires *r*, *r*; cet arbre est porté par trois paliers, afin d'assurer sa rigidité. Ces paliers sont mobiles verticalement dans les coulisses des supports *p*, *p*, *p* (*fig.* 1 et 3). L'un des porte-lames *r* est calé à demeure sur l'arbre A, l'autre peut glisser longitudinalement et permet de régler l'amplitude, variable avec le rayon, du surécartement des rails dans les courbes.

La traverse T est posée et calée sur la table *t*, *t*, et amenée sous les rabots. Le mouvement vertical des rabots, qui doivent être fixés à une hauteur variable, en raison de l'inégalité d'épaisseur des traverses, est réglé au moyen d'une vis *v* et d'un engrenage conique appliqués à chacun des trois paliers, et commandés par les leviers R, R. L'arbre fait 1.000 à 1.200 tours par minute, et en moins de trente secondes les entailles sont faites. La machine perce alors les trous, comme on le verra plus bas.

169. *Forage des trous : 1° à la main.* — *a. Voie à coussinets.* — Dans le sabotage des traverses à coussinets, les trous sont percés immédiatement après le dressage des entailles, en insérant la tarière, bien normalement à la face de l'entaille, dans les trous des coussinets, toujours coincés sur le gabarit (*fig.* 7). L'ouvrier commence par les trous placés à l'intérieur de la voie, qu'il perce à une profondeur de $0^m,12$ au moins, et il visse les tire-fonds, mais incomplétement. Il fait de même à l'extérieur, puis il complète le serrage peu à peu, en passant d'un côté du rail à l'autre, pour éviter tout déplacement du coussinet. C'est seulement alors que le gabarit est décoincé.

Quant aux trous des tire-fonds ou des crampons qui fixent les coussinets-éclisses, ils ne sont percés que sur la voie, lors de la pose des coussinets-éclisses, et après vérification de l'exactitude de l'écartement des rails. Au chemin de l'Ouest, la profondeur de ces trous est également de $0^m,12$. Les crampons ne sont complétement enfoncés que quand les boulons des coussinets-éclisses sont eux-mêmes serrés à fond. Une règle d'écartement (Pl. VII, *fig.* 8) doit être posée sur les rails, près du joint, pendant l'enfoncement des crampons pour avertir de la moindre déviation qui pourrait altérer la largeur de la voie.

b. Voie Vignole. — La tarière est souvent, sur le Nord et sur l'Est, par exemple, engagée dans des cheminées du gabarit; elle est ainsi guidée, mais pas d'une manière absolue, à cause du jeu. Le même gabarit (*fig.* 4 et 5) peut servir, lorsqu'il n'y a pas de plaque au joint, pour les traverses de joint et pour les intermédiaires; seulement on n'utilise, pour celles-ci, que deux cheminées, placées en diagonale. Les trous sont percés de part en part, tant pour les tire-fonds que pour les crampons (170). Le diamètre de la tarière est, sur le chemin du

Nord, de $0^m,015$ pour des tire-fonds de $0^m,019$ au corps, et sur le chemin de Lyon, de $0^m,016$ pour des crampons de $0^m,019$ de côté. Sur l'Ouest, la tarière a le même diamètre que le corps du tire-fond, c'est-à-dire $0^m,014$; le tire-fond ne fait donc qu'imprimer ses filets dans le bois; il ne le comprime pas par son corps. La même tarière est employée pour les chevilles de $0^m,018$ de diamètre.

Dans le gabarit du Nord, la distance, normalement à la voie, des axes des cheminées, est de $0^m,128$. Celle des bords des tire-fonds opposés est donc $0^m,128 - 0^m,019 = 0^m,109$. Le patin ayant $0^m,105$, il reste de chaque côté entre le rail et le tire-fond un jeu de $0^m,002$, dans lequel se logent les petits excès accidentels de dimensions. Sur une partie du réseau de Lyon, où les trous ne sont pas percés à travers le gabarit, la cote fixée est la position du centre du trou relativement au bord du rail. Cette distance est de $0^m,009$; ce qui, avec un crampon de $0^m,019$, suppose, comme état normal au lieu d'un jeu, un léger surécartement de $0^m,0005$ de chacun des crampons, légèrement *forcés* par le patin.

L'écartement des trous est nécessairement moindre pour les traverses auxquelles le rail est rattaché au moyen d'encoches dans le patin. Pour éviter la confusion dans la pose, on ne perce ordinairement ces traverses que sur la voie, lors même que les autres sont percées avant la pose.

Pour les traverses de joint, l'espacement des trous, à l'extérieur et à l'intérieur, doit être tel que l'enfoncement ne soit pas gêné par les boulons d'éclisses; il faut aussi, s'il y a des coins d'arrêt (107), que leur pose ne soit pas gênée par les tire-fonds; ces conditions sont remplies avec une distance d'axe en axe de $0^m,10$ entre les trous extérieurs, et de $0^m,07$ entre les trous intérieurs.

2° *Forage des trous à la machine.* — Les machines qui façonnent les entailles, percent aussi les trous.

Dans l'appareil de M. *Klauss* (Pl. VII, *fig.* 1 à 3), les tarières θ, θ, θ, au nombre de huit, ou de quatre seulement, suivant qu'il s'agit de traverses de joint ou de traverses intermédiaires, reçoivent leur mouvement de rotation du moteur I qui commande les rabots. La transmission est opérée au moyen de cordons c, c, c, c, qui s'infléchissent sur les rouleaux ρ, ρ, ρ, ρ, et s'enroulent sur les poulies $\varpi, \varpi, \varpi, \varpi$. Les rouleaux d'inflexion ρ fonctionnent en même temps comme rouleaux de tension; celle-ci est réglée au moyen du poids P, suspendu au levier L qui porte les rouleaux; l'avancement et le relevage des tarières sont opérés à la main, au moyen des leviers à contre-poids λ, λ (*fig.* 2). Dans chaque groupe de tarières, la moitié (c'est-à-dire une ou deux) repose sur ses supports par l'intermédiaire de coulisseaux, qui peuvent recevoir deux mouvements horizontaux rectangulaires au moyen des manivelles V, V (*fig.* 1), et permettent de régler à volonté l'écartement des trous.

170. Le sabotage doit être l'objet d'une vérification rigoureuse. L'exactitude du gabarit lui-même est contrôlée chaque jour au moyen d'une jauge *fig.* 9 (Pl. VII) pour la voie *Vignole*, et *fig.* 10 pour la voie à coussinets. La jauge *fig.* 9 sert également à vérifier, après la pose, la largeur et l'inclinaison de la voie *Vignole*. Pour la voie à coussinets, chaque traverse est soumise sur le chemin de l'Ouest, à un examen spécial au moyen de la jauge J (*fig.* 11 et 12). Si les appendices *m*, *m'*, profilés à l'intérieur suivant la forme de la chambre des coussinets, ne peuvent y entrer, le sabotage est refusé, pour excès de largeur. Si, au contraire, l'entrée est trop facile, la jauge est retournée (*fig.* 12) et présente aux creux des coussinets des appendices *n*, *n'*, ayant entre leurs faces internes un écartement inférieur de $0^{m},004$ à celui des appendices *m*, *m'*; si, dans cette position, l'entrée est encore facile, la largeur est décidément trop faible, et le sabotage est refusé.

171. Il importe d'isoler parfaitement le fer du bois, leur contact ayant pour effet une destruction très-rapide du tissu ligneux, du hêtre surtout. Les traverses du chemin de *Sceaux* ont offert un exemple très-frappant de cette altération. On l'a attribuée, ici, au sulfate de fer dû à la réaction du métal des chevilles et du sulfate de cuivre, les traverses dont il s'agit ayant été injectées d'une dissolution de ce sel. Mais l'altération se produit aussi, quoique avec moins d'énergie peut-être, dans les traverses non préparées, comme celles de chêne. L'oxyde de fer paraît donc être lui-même un agent très-puissant de la décomposition du bois, de sorte qu'il est indispensable de protéger, contre l'oxydation, les chevilles, crampons et tire-fonds. Ce but est atteint par la galvanisation : elle est appliquée sur le Nord français d'une manière générale, quelles que soient les traverses, préparées ou non.

Les parois des trous sont, en outre, ainsi que les entailles, enduites de goudron appliqué à chaud sur les surfaces sèches. C'est en vue du goudronnage, et aussi pour augmenter la résistance à l'arrachement des attaches, qu'on s'est abstenu souvent de percer les traverses de part en part; l'expérience paraît avoir condamné cette pratique. Si le goudron disparaît, l'eau le remplace, le trou ne peut s'assécher, et la pourriture fait des progrès plus rapides. Quant à l'épaissenr du bois dans laquelle le crampon fait lui-même son trou, elle est sans utilité, puisque la résistance à l'arrachement obtenue avec un trou percé à fond suffit et au delà. Sur le chemin de *Paris*-Méditerranée le goudronnage n'est appliqué qu'aux traverses préparées au sulfate de cuivre. C'est le goudron végétal qui doit être employé; le goudron de gaz est rigoureusement exclu. Sur le Nord, on goudronne également, mais sans attribuer à cette opération l'efficacité qu'on lui suppose ailleurs. Les trous, percés à fond, sont tamponnés et emplis de goudron.

Lorsqu'on applique le flambage, les trous doivent être l'objet d'une opération spéciale. M. *de Lapparent* recommande de carboniser leurs parois, préalablement enduites d'une couche de goudron, au moyen d'une tringle en fer chauffée au rouge dans un petit fourneau portatif. Quoiqu'ils élargissent ensuite le trou, la cheville ou le crampon sont en contact avec du bois modifié, au moins par la distillation locale.

§ V. De l'emploi des traverses hors de service.

172. On s'attache à utiliser les traverses aussi complétement que possible avant de les mettre définitivement au rebut. Tantôt on prolonge leur durée au moyen d'un nouveau sabotage, si leurs dimensions et leur état le permettent; tantôt on place dans les voies de service celles qui ne peuvent être conservées dans les voies principales. Ces traverses doivent généralement être resabotées. Les anciens trous sont d'abord remplis au moyen de chevilles en chêne bien sain et goudronnées. — Dans la façon des entailles, il faut enlever complétement le bois pourri, et éviter que les nouveaux trous rencontrent les anciens.

Sur les voies à coussinets, les vieilles traverses trouvent un emploi qui leur échappe de plus en plus, — la fabrication des coins au moyen du bois resté sain; — mais quand il faut enfin les enlever, leur valeur est presque nulle ; elles sont vendues à vil prix comme combustible, et ce combustible est si médiocre que la vente ne fait guère que couvrir les frais de manutention.

Il y a cependant un cas, — heureusement assez rare, — où l'on tire parti, sous une autre forme, des traverses de rebut : c'est celui des sections sujettes à être envahies par la neige. Ainsi le Nord de l'Espagne a établi en 1865, dans le passage du Guadarrama, avec les traverses retirées des voies, des paraneiges qui fonctionnent très-bien. La même application avait déjà été faite sur la ligne de *Laybach* à *Trieste*, dans la traversée du Karst, mais il a fallu y renoncer; la rareté du bois dans cette aride contrée est telle que les habitants détruisaient les clôtures pour s'approprier un combustible, qui, ailleurs, ne tenterait guère la cupidité.

173. *Traverses mixtes de M. Huber.* — Les altérations qui entraînent la mise au rebut des traverses ne les affectent pas également dans toute leur étendue; la partie intermédiaire est souvent à peu près intacte sur une longueur de $0^{m},90$ et au delà, quand les portées et les bouts sont fendus et pourris. M. *Huber*, inspecteur au chemin du Nord français, a proposé de former des traverses mixtes au moyen de deux tronçons, fournis par les parties saines des traverses de rebut, et réunis par des entretoises en fer fixées par des tire-fonds (Pl. VII, *fig.* 23). L'auteur évalue le prix de revient d'une semblable traverse à $3^{f},70$, chiffre dans lequel la valeur du bois entre seulement pour $0^{f},40$.

C'est à l'expérience à prononcer sur la valeur pratique de cette idée; mais il semble qu'il y a là un moyen judicieux d'utiliser le bois plus complétement qu'on ne le fait aujourd'hui. Peut-être même, sans renoncer à supprimer totalement le bois en le remplaçant par des supports en fer, serait-il bon d'essayer d'abord à réduire seulement le cube du premier, de manière à conserver les avantages qui lui sont propres, et en l'employant avec un équarrissage assez fort, condition indispensable de sa durée.

CHAPITRE VI.

DU BALLAST.

174. *Conditions qu'il doit remplir.* — Un bon ballast doit remplir des conditions multipliées. Il faut que l'eau y circule facilement, pour assurer l'asséchement de la voie ; il faut que ses éléments aient une certaine mobilité qui donne de la flexibilité à la voie, et par suite de la douceur aux mouvements des trains ; il faut que ces éléments résistent à la gelée, à l'eau, aux actions mécaniques des véhicules, au travail de l'entretien ; il faut qu'ils ne soient pas trop ténus ; qu'ils possèdent une stabilité suffisante pour n'être ni soulevés par les tourbillons de vent que forme le passage des trains, ni même trop déplacés par les mouvements et les trépidations des traverses : mouvements que la résistance du ballast doit précisément contenir dans des limites étroites, tout en leur laissant une certaine liberté.

Le ballast remplit, enfin, un rôle capital : en transmettant la pression au sol naturel, à niveau ou en tranchée, et au sol remanié en remblai, il répartit ces pressions sur une surface plus grande que celle par laquelle il la reçoit lui-même. De plus, il opère cette répartition en quelque sorte en raison de la résistance de chaque élément : chargeant plus ceux qui résistent, et moins ceux qui cèdent. Telle est la propriété de l'*arc-boutement*, que possède une masse d'éléments incohérents, mais dont les réactions normales développent des frottements considérables. Il suffit d'énoncer ici cette propriété ; ce n'est pas le moment de la discuter. Ajoutons seulement que l'épaisseur nécessaire pour sa manifestation est d'autant plus grande que la pression à transmettre est elle-même plus considérable.

Avec un ballast défectueux, la voie est difficilement maintenue en bon état, même au prix d'un entretien coûteux. La dépréciation des rails et des traverses est, en outre, plus rapide, non-seulement par suite de l'état imparfait de la voie, des réactions plus violentes des trains, mais aussi par le fait même du travail de l'entretien. Plus il faut toucher souvent à une voie, plus, par cela seul, ses éléments se détériorent promptement.

Un bon ballast est d'ailleurs d'autant plus nécessaire que les conditions atmosphériques sont plus variables. Quand le dégel survient à la suite d'une gelée prolongée, les traverses, qui n'ont pu être bourrées pendant un long intervalle de temps, ont des porte-à-faux; elles *dansent*, les chevilles ou les crampons se relâchent, et ces effets sont d'autant plus graves que le ballast est moins perméable.

Le gravier, ou sable siliceux à grains de grosseurs variables, remplit mieux que toute autre matière l'ensemble des conditions; le gravier dragué en rivière est le ballast type; celui qu'on extrait des carrières est parfois trop mélangé d'argile, ce qui le rend difficilement perméable.

Les chemins de fer qui suivent les vallées trouvent généralement du gravier à proximité, surtout s'ils sont rapprochés du thalweg. Il n'en est pas de même sur les plateaux. Il faut alors suppléer au gravier par la pierre cassée, et à son défaut, par des produits artificiels.

La plupart des roches conviennent, mais pourvu qu'elles ne soient ni gélives ni trop tendres, ni cependant trop tenaces et par suite trop difficiles à casser. La craie est à peu près la seule qui doive toujours être rejetée; elle est trop friable, et se délaye avec l'eau.

Le granite trop feld-spathique doit également être exclu; il produit bientôt une pâte argileuse qui s'oppose à l'asséchement de la voie.

La pierre cassée doit passer, en tous sens, dans un anneau de $0^{m},06$ au plus, et être débarrassée de toutes les parties terreuses et des détritus du cassage. Le bourrage est moins commode avec elle qu'avec le gravier. On a quelquefois mêlé le sable et la pierre cassée; c'est une mauvaise combinaison ; le sable remplit les vides de la pierre, et ne sert à rien. Il est même nuisible sous les traverses, parce qu'il cimente en quelque sorte la pierre et forme avec elle une espèce de béton compacte, dépourvu de flexibilité. On peut cependant se trouver parfois dans la nécessité d'entretenir en sable des sections primitivement ballastées en pierre cassée, ou réciproquement. Mais la séparation doit être aussi complète que possible. Ainsi, sur les chemins à deux voies, il convient d'affecter le sable à l'une et la pierre à l'autre. Sur voie unique, on laisse le sable entre les rails, et la pierre en dehors(*).

(*) Réseau de *Paris*-Méditerranée. *Instruction du* 19 *mai* 1865.

La section de *Naples* à *Capoue* (chemins de fer romains) avait été ballastée en pouzzolane, qui produisait, comme le sable fin de nos landes de Gascogne, une poussière aussi incommode pour les voyageurs que nuisible au matériel. Ce ballast vient d'être recouvert d'une couche de pierre cassée; mais cette mesure sera sans doute insuffisante, et la pouzzolane devra probablement disparaître tout à fait.

175. Les produits artificiels sont l'argile cuite, et des résidus industriels.

L'argile cuite, sorte de brique grossière qu'on casse ensuite, est usitée en Angleterre et en Hollande; trop peu cuite, elle donne de mauvais résultats.

Les résidus industriels sont : le mâchefer, la cendrée de zinc, les laitiers de hauts fourneaux.

Le premier est un très-bon ballast; il est très-perméable et d'un bourrage facile. Les lignes de *Mons* à *Haulmont*, d'*Erquelines* à *Charleroi* n'en ont pas d'autre; elles le tirent des usines à fer et des foyers des chaudières à vapeur, si nombreuses dans la contrée qu'elles traversent.

La ligne de *Namur* à *Liége* est presque entièrement ballastée en *cendrées* provenant du démontage des fours à zinc, et contenant du mâchefer, des débris de creusets, etc. D'après M. *Bernard*, ce ballast est préférable encore au mâchefer.

Mais c'est surtout les laitiers de hauts fourneaux que le ballastage des voies devra utiliser. Les usines à fer sont souvent forcées d'acheter à grands frais des terrains pour y déposer leurs crasses qui y forment bientôt de véritables montagnes, surtout dans les contrées où l'on traite des minerais pauvres.

En granulant les laitiers par l'action de l'eau (*), M. *Minary* a réussi en même temps à simplifier beaucoup l'opération du décrassage, et à amener sans frais les laitiers à un état dans lequel ils peuvent être immédiatement utilisés pour le ballastage des voies. Les essais faits par la compagnie de *Paris* à la Méditerranée sont satisfaisants. L'emploi des crasses, soit sous cette forme, soit sous la forme ordinaire, c'est-à-dire après un cassage à la masse, opération coûteuse, il est vrai, peut s'étendre à une assez grande distance des

(*) Voyez : Décrasseur mécanique établi à *Fraisans*, par M. *Minary*. *Notice* par M *Résal*, ingénieur des mines; *Annales des mines*, 6e série, t. VIII, 1865, p. 115.

usines, celles-ci devant intéresser les chemins de fer, par une prime, à les débarrasser des amas de crasses qui les encombrent.

Le cube de ballast varie; sur les chemins à deux voies, avec le rail à coussinets, il est compris entre 4 et 6 mètres; le premier chiffre est le plus ordinaire. Il correspond à une épaisseur de $0^m,60$, dont la moitié est au-dessous des traverses.

Avec le rail *Vignole*, le cube est moindre, l'épaisseur de ballast au-dessus des traverses étant ordinairement réduite à $0^m,02$ (Pl. VII, *fig.* 25, profil normal du Nord) et même assez souvent nulle (32).

En Belgique, le nouveau cahier des charges des chemins de fer concédés, prescrit de donner au ballast une épaisseur minimum de $0^m,20$ sous les traverses, et $0^m,05$ à $0^m,10$ au-dessus, suivant le mode de fixation du rail sur ses supports.

176. *Ensablement de la voie. — Pose provisoire.* — La plate-forme des terrassements étant dressée, l'axe du chemin de fer est repéré en plan et en profil au moyen de piquets, espacés de 100 à 200 mètres en alignement droit et de 50 mètres en courbes, et dont la tête est arasée exactement au niveau des rails. Des piquets plus longs sont placés à l'origine de toutes les courbes, et des changements d'inclinaison; l'axe de la voie à poser est ensuite jalonné.

Cela fait, les traverses sont réparties approximativement sur la plate-forme en commençant par celles de joint. On met le rail en place, en réglant le joint d'après la température (122), on chasse les coins, si le système de voie en comporte, mais en les serrant modérément, et l'on pose les éclisses en les assujettissant seulement par deux boulons serrés à la main.

Cette pose provisoire d'une voie qu'il faudra relever ensuite a pour objet d'utiliser ses éléments, pour transporter non-seulement les matériaux qui serviront à la prolonger, mais aussi le ballast sur lequel reposera le tronçon provisoire lui-même. Les matériaux d'un mètre courant de double voie représentant un poids considérable (plus de 7 tonnes pour une voie à coussinets), le transport économique d'une telle masse a une importance évidente. La différence entre les niveaux de la voie sur terre, et de la voie déjà relevée qu'elle prolonge, est rachetée par un petit plan incliné. Les wagons, apportant du chantier de dépôt les rails et les traverses, et les trains de ballast peuvent ainsi continuer leur marche sur le tronçon provisoire.

Toutefois, une circulation un peu considérable sur cette voie, très-imparfaitement assujettie, s'il s'agit du rail *Vignole* simplement posé sur les traverses, pourrait causer des avaries à ses éléments, et rendre ainsi l'économie illusoire. Aussi l'instruction pour la pose des voies *Vignole* sur le chemin du Nord recommande-t-elle « de conduire le « travail de manière à ne jamais faire passer plus d'un train avant « un premier relèvement sur ballast. » Tout train de ballast arrivant sur un tronçon posé sur terre s'arrête donc dès qu'il y est engagé de sa longueur, et est déchargé sur place; dès qu'il s'est retiré, on relève la voie en refoulant le ballast sous les traverses, soulevées au moyen de longs leviers. Le ballast est posé en trois couches au moins; les deux premières ont ordinairement de 0^{m},10 à 0^{m},15 chacune; quelquefois même, sur le Nord par exemple, on procède par relevages successifs de 0^{m},06 à 0^{m},12 au plus. La dernière couche est réglée conformément au profil type de la ligne. C'est seulement lorsque le niveau définitif des rails est atteint que les boulons d'éclisses sont serrés à fond.

Les traverses intermédiaires sont alors placées très-exactement, au moyen d'une longue règle divisée, et leurs tire-fonds sont posés et serrés au moyen d'une clef. On pose ensuite les tire-fonds des joints. Il est bon de commencer pour cela par enlever les éclisses; on peut alors employer la clef à béquille, bien plus expéditive que la clef à fourche qui sert pour l'entretien. Cela fait, les éclisses sont replacées et serrées avec leurs quatre boulons.

La largeur de la voie, l'ouverture des joints, et le dévers en courbe (200) sont alors vérifiés. Cette dernière vérification se fait simplement au moyen d'un niveau à bulle d'air et de la règle R (Pl. VII, *fig.* 6) qui porte sur chacune de ses deux faces horizontales six gradins, correspondant à autant de rayons inscrits sur ses deux faces latérales.

L'action des premiers trains produit nécessairement quelques dérangements dans les éléments de la voie (indépendamment d'une cause grave, et souvent très-persistante, le tassement de la plate-forme sur les remblais). Il convient d'attendre, pour compléter le ballastage, que ces légères altérations se soient produites, et qu'on y ait remédié par un bourrage soigné.

Il va sans dire que, sur les chemins à deux voies, la pose provisoire ne s'applique qu'à la première, et que celle-ci sert pour le transport des matériaux de la seconde, qui est posée de suite à sa hauteur, c'est-à-dire sur une couche de ballast de 0^{m},30 d'épaisseur. Les wagons sont alors déchargés latéralement.

CHAPITRE VII.

VOIES SUR DÉS.

177. Il faut remonter à l'origine des chemins de fer pour trouver la première forme sous laquelle les voies ont été établies sans faire usage du bois. En Angleterre, en Allemagne, en France, on a commencé par poser les rails sur des dés en pierre. Il y a plus de 40 ans que la voie de ***Manchester*** à ***Bolton*** était établie ainsi. Tant que les trains marchèrent lentement, timidement pour ainsi dire, les dés suffirent; mais leurs inconvénients, et notamment le plus grave de tous, l'instabilité due au défaut de liaison de la voie, se manifestèrent dès que les chemins de fer, émancipés en quelque sorte, ayant conscience de leur puissance, de leur mission, voulurent réaliser une des conditions essentielles de leur nature, la vitesse. Quoique les revirements s'expliquent peu dans l'ordre des faits purement matériels, ils ne sont pas rares dans l'histoire des chemins de fer; mais s'il y en a un auquel on ne dût pas s'attendre, c'est celui dont la pose sur dés est l'objet depuis quelque temps.

Il est vrai que les ingénieurs nouvellement convertis à l'emploi des dés sont bien peu nombreux. La Bavière les emploie aujourd'hui sur une grande échelle, mais elle ne les avait jamais abandonnés, et son exemple paraît n'avoir entraîné jusqu'ici que le chemin de la Werra et celui de Hanovre, qui, du reste, ne regardent nullement la question comme résolue en faveur des dés; il s'agit seulement d'un essai, qui permettra aux ingénieurs de juger par eux-mêmes.

Il est bon de remarquer que si la pose sur dés reprend faveur en Bavière, c'est surtout par suite de la substitution du rail ***Vignole*** au rail à coussinets. Avec celui-ci, le relâchement des attaches et les ruptures de dés étaient fréquents. Le premier essai du rail ***Vignole*** sur dés remonte à 1850 (100 rails en courbe de 292 mètres, près de ***Hof***). Les joints étaient éclissés et munis de plaques, et, point à noter, les dés étaient en granite. Dans le début, en 1841, on avait employé du grès keupérien, mais il était trop peu résistant.

Lorsque, vers 1860, on dut procéder à un remplacement partiel des rails et des traverses sur les chemins du Nord-sud et de l'Ouest, les anciens dés des rails à deux champignons furent utilisés pour le nouveau rail, type *Vignole*, et de nouveaux dés, soit en granite, soit en grès, furent substitués aux traverses.

Les ingénieurs bavarois déclarent que ces sections se sont toujours parfaitement comportées ; que ce mode de pose exige fort peu d'entretien ; qu'il n'est, sous aucun rapport, inférieur aux autres, de sorte que les avantages qu'il possède évidemment, c'est-à-dire la durée des supports et leur plus grande masse, doivent trancher la question en sa faveur.

Il faut reconnaître qu'on n'est nulle part mieux placé qu'en Bavière pour faire des comparaisons de ce genre, puisque toutes les formes y sont représentées.

C'est à la suite de cette comparaison que l'administration des chemins de fer de l'État a adopté comme voie normale le rail *Vignole* posé sur dés.

Il y a bien, cependant, quelques restrictions.

Ainsi, tout en posant ce principe que la voie sur dés est en général très-stable, qu'elle ne se tasse pas, que l'inclinaison et l'écartement des deux files de rails se maintiennent bien malgré l'absence de toute liaison entre elles, les ingénieurs bavarois ne vont pas jusqu'à prétendre qu'il en soit ainsi même sur les remblais récents et dans les courbes. Ils accordent sans difficulté, d'une part, que les traverses sont préférables aux dés tant que la plate-forme n'est pas bien consolidée sur les remblais, ou lorsque son assèchement est imparfait ; de l'autre, que l'entretoisement des deux files de rails et par conséquent l'emploi tout au moins partiel des traverses est nécessaire dans les courbes, quand le rayon s'abaisse au-dessous d'une certaine limite. Inutile d'ajouter que l'emploi des dés est subordonné à une autre condition, celle de trouver facilement, à bas prix, des roches dures, tenaces et saines.

La pose sur dés est donc limitée, en Bavière, aux sections déjà anciennes, à remblais bien consolidés, à ballast de bonne qualité, gravier ou pierre cassée, à plate-forme bien asséchée. — Dans les courbes, les dés sont remplacés par une traverse, au joint, et parfois même au milieu.

Les dés ont $0^m,335$ à $0^m,365$ d'épaisseur et pour base un carré de $0^m,61$ de côté. Les deux faces supérieure et inférieure doivent être, autant que possible, bien dressées et parallèles. Le dé, solidement calé, est placé diagonalement pour supporter le rail sur une plus grande longueur; il est percé au joint de quatre trous, et partout ailleurs de deux trous, de $0^m,04$ de diamètre, qui reçoivent des fourrures en bois dans lesquelles on enfonce les chevilles en fer. L'attache est le point délicat; la pierre éclate quelquefois dès le premier hiver. Du reste, on ne se préoccupe pas autrement de cet accident, pourvu qu'il n'affecte pas plusieurs dés consécutifs.

Les fourrures, en chêne bien sain, sont trempées dans l'huile de goudron; les trous bien nettoyés et séchés sont emplis à moitié de goudron chaud, et après l'enfoncement on coule encore du goudron sur la surface du dé.

Lorsqu'on substitue les dés aux traverses, en conservant provisoirement le coussinet, les trous sont nécessairement plus espacés que pour le rail *Vignole*. Pour éviter d'avoir à percer ultérieurement, quand viendra la substitution de ce rail, de nouveaux trous qui seraient trop rapprochés des premiers, on fore ceux-ci sur une ligne parallèle aux côtés et on pose le dé d'équerre sur l'axe de la voie. Ces mêmes trous serviront ensuite pour le rail *Vignole*, la position diagonale qui sera donnée alors au dé, les rapprochant du rail.

L'expérience a prouvé qu'on peut se dispenser des intermédiaires compressibles, feutre, planchettes, etc., dont on a fait usage pendant longtemps. On ne les applique plus qu'aux vieux dés en grès tendre; on en ajoute aussi accidentellement, en hiver, quand il s'est formé des dénivellations qu'on ne peut racheter par le bourrage, tant que la gelée se prolonge.

En Bavière, où les dés coûtent au plus $2^f,50$, l'économie est en leur faveur si on les compare aux traverses de chêne, et en faveur des traverses, s'il s'agit de hêtre ou de sapin. Mais les ingénieurs affirment que les chevilles ne résistent pas assez, dans ces deux bois, pour empêcher l'élargissement de la voie en courbe; assertion difficile à concilier avec l'expérience acquise sur un grand nombre d'autres lignes, et avec celle des chemins bavarois eux-mêmes, qui a constaté l'insuffisance des dés, et la nécessité de l'emploi partiel des traverses, dans les courbes.

On accorde, d'un autre côté, que la pose proprement dite est un peu plus chère avec les dés et que l'entretien est aussi un peu plus dispendieux pendant la première année; mais bientôt, dit-on, les éléments se consolident et l'avantage change de sens.

Quoi qu'il en soit, les voies des chemins de l'État, en Bavière, contiennent maintenant plus de 500.000 dés, et leur substitution aux traverses suit son cours.

En admettant que la mesure adoptée en Bavière soit parfaitement justifiée, on ne saurait lui reconnaître d'autre portée que celle d'un fait local. Indépendamment des conditions de prix des dés et du bois, il ne faut pas perdre de vue que les trains marchent, en Bavière, avec une sage lenteur, si ce n'est tout au plus (et encore!) un train quotidien pour le parcours direct entre Paris et Vienne. Or, quand la vitesse passe de 40 à 45 kilomètres à 70, 80 et au delà, les conditions que la voie doit remplir changent du tout au tout. Ajoutons, d'ailleurs, que l'exemple des chemins de l'État en Bavière n'a pas jusqu'ici entraîné les compagnies. Le chemin du Palatinat lui-même, qui a fait usage des dés, entre *Ludwigshafen* et *Bexbach*, et qui y a renoncé, ne paraît pas disposé à y revenir.

178. On a appliqué au rail *Vignole*, dans le remaniement des voies du chemin Badois (entre *Carlsruhe* et *Dürlach*), un mode de pose particulier, suggéré par le désir d'utiliser des matériaux dont on n'aurait pu sans cela tirer parti (Pl. VI, *fig.* 41 et 42). Les longrines reposaient, comme on l'a vu (116), en tranchée, sur des dés en grès espacés de $1^m,50$, et à niveau sur des dés alternant avec des traverses. On a combiné ces deux éléments; les blocs les plus sains, entaillés sur $0^m,10$ de hauteur, ont reçu les longrines, débitées en tronçons de $0^m,57$; ces supports mixtes étaient espacés de $0^m,56$. Ce mode de pose était coûteux, à cause du refouillement des dés; et d'ailleurs l'expérience ne l'a pas sanctionné.

179. Quelques essais ont été faits pour employer la pierre sous forme de traverses. Ainsi, dès 1847, on posait, près de *Görlitz* (Prusse), quelques traverses de granite; mais, comme on pouvait s'y attendre, elles se rompaient vers le milieu, et la tendance au déversement était alors beaucoup plus prononcée qu'avec les dés. Sous cette forme, la flexion intervient plus ou moins, et cette considération suffit pour faire repousser l'emploi de la pierre même dans les cas, très-rares d'ailleurs, où on trouverait à bas prix et presque à pieds d'œuvre des blocs ayant les dimensions nécessaires.

CHAPITRE VIII.

VOIES ENTIÈREMENT MÉTALLIQUES.

Les divers essais de voies entièrement métalliques, tentés jusqu'à présent, se divisent en quatre classes :

1° Dans la première, les rails ordinaires, à deux champignons ou *Vignole*, sont conservés, et le bois est remplacé par des supports en fonte, avec tirants en fer;

2° Dans la seconde, qui s'applique spécialement au rail *Vignole*, les supports transversaux sont en fer, et leur forme générale se rapproche de celle de la traverse en bois;

3° Dans la troisième, qui exclut le rail à coussinets, les supports métalliques sont placés longitudinalement. C'est, avec moins d'inconvénients, une pose sur longrines (110 et suiv.);

4° Dans la quatrième, le rail lui-même est profondément modifié, et repose sans intermédiaires sur le ballast. Il est d'ailleurs, ou simple, ou formé de plusieurs pièces, ce qui le rapproche alors du type précédent.

§ I. Première classe. — Supports en fonte.

180. *Supports de Greave.* — La disposition la plus ancienne et la plus répandue jusqu'à présent, quoique avec un succès inégal, est celle de M. *Greave* (Pl. IX, *fig.* 29). La traverse est remplacée par deux calottes sphériques C, C, réunies par une entretoise *t* qui fonctionne à la fois comme tirant d'écartement, et en fixant et maintenant l'inclinaison. M. *Greave* ayant étudié son système en vue des rails à deux champignons, la calotte porte deux appendices *a*, *a*, consolidés par deux nervures *n*, *n*; ce sont les joues du coussinet. Le support est donc, en réalité, un coussinet à base fort élargie, en forme de cloche, et muni d'ouvertures qui facilitent le bourrage à l'intérieur. Par suite de sa forme compliquée, cette pièce, comme les coussinets ordinaires, et *à fortiori*, est nécessairement en fonte. L'entretoise *t*, qui doit être rigide pour empêcher le déversement des cloches, est une barre de fer à section rectangulaire, placée de champ, traversant de part en part les supports accouplés, fixée sur chacun d'eux par deux clavettes, et déterminant ainsi parfaitement leur position.

Ce système a rendu et rend encore d'incontestables services sur quelques lignes où il n'y avait pas à songer à l'emploi du bois. Tel était le cas sur le chemin de fer de l'isthme de *Suez*. Son ingénieur résident, M. *H. Rouse*, déclarait, en 1862, qu'une expérience de dix ans justifiait pleinement la préférence donnée aux *pots* de *Greave*, en 1851, par *R. Stephenson*, et que cette voie était mieux appropriée que toute autre au climat et à la nature du ballast (sable et alluvion du Nil). La valeur de ce témoignage, confirmé en 1865 par les rapports des ingénieurs de section, est irrécusable; mais les personnes qui ont parcouru le chemin égyptien déclarent que la voie est fort mauvaise. Il reste à savoir quelle est la part qui revient respectivement aux supports, au ballast, et à l'entretien.

Dans l'Inde les opinions sont partagées; tandis que l'ingénieur de l'*East-Indian R.* repousse les supports de *Greave*, les ingénieurs des chemins de *Madras*, de *Calcutta* et du Punjab s'en déclarent très-satisfaits. L'application faite dans le Punjab comprend environ 110 kilomètres, entre *Montgomery* et *Mooltan*. « Jamais, » dit l'ingénieur du matériel, dans un rapport de 1864, « je n'ai voyagé sur une meil-« leure voie; la vitesse est ordinaire; elle atteint 55 kilomètres. »

Les cloches de *Greave* passent pour faire aussi un bon service au Brésil; mais il est probable qu'on a été satisfait à bon marché parce qu'on s'estimait heureux d'échapper, à quelque prix que ce fût, à l'emploi du bois du pays, dont la durée n'aurait pas dépassé trois ans au plus. La vitesse des trains est d'ailleurs très-faible.

Les cloches sont également adoptées pour les lignes de la république Argentine. Elles y supplantent, comme plus économiques, le rail *Barlow* qui, abandonné en Europe, a reçu dans cette contrée lointaine sa plus récente si ce n'est sa dernière application (193).

Quelques ingénieurs ont reproché à ces supports, comme aux supports métalliques en général, l'influence très-prononcée qu'ils exerceraient sur la dépréciation des rails et du matériel roulant; l'expérience des chemins de l'Inde paraît avoir prouvé que ce reproche n'est pas fondé. Mais l'entretien de la voie proprement dit est assujettissant et coûteux. Ce système exige un ballast très-divisé, et le sable fin qu'on est souvent forcé d'employer, a un inconvénient capital dans les contrées tropicales sujettes à des pluies diluviennes. Le ballast serait alors complétement entraîné, si on ne le contenait entre des murettes, assez efficaces, mais dispendieuses.

Indépendamment de leur fragilité, et de l'inconvénient d'exclure le ballast en pierre carré, les cloches soulèvent une objection capitale : elles ont, bien plus encore que les traverses, l'inconvénient de répartir la charge sur une surface de ballast tout à fait insuffisante, inconvénient qu'on ne pourrait atténuer sans exagérer leur base, et par suite leur épaisseur et leur prix.

Un système analogue a été appliqué récemment sur la première section du chemin central de Venezuela (de *Puerto Cabello* à *San Felipo*). Les supports en fonte, reliés par des tringles en fer, ont $0^m,66$ de long sur $0^m,51$ de large. Leur face supérieure, convexe, porte des joues entre lesquelles le rail, à simple champignon, et éclissé, est serré par des cales en fonte.

181. En France, quelques lignes, celles de l'Est et de l'Ouest, entre autres, ont essayé, il y a plusieurs années, une disposition proposée, sous le nom de plateaux-coussinets, par M. *Henry*, et qui présentait une certaine analogie avec les précédentes. Le support était également un coussinet fort élargi, mais à base plate. Cet essai n'a pas été heureux; la voie manquait de stabilité, la butée nécessaire du ballast faisant complétement défaut; les entretoises, simples tringles d'écartement, ne maintenaient pas l'inclinaison; enfin, un simple déraillement de wagons suffisait pour tout briser, plateaux et tringles.

182. L'emploi exclusif du bois en Angleterre, cette terre classique du fer, prouve que le premier présente de grands avantages sur les métaux, ou du moins qu'on n'avait pas encore réussi à employer ceux-ci sous une forme convenable. Cette question de l'emploi des métaux ne pouvait être négligée au delà de la Manche; elle y a été étudiée depuis longtemps; mais comme cette étude n'a abouti tout au plus qu'à des demi-succès, le problème a été presque abandonné et les ingénieurs anglais restent à peu près en dehors des recherches dont il est maintenant l'objet sur le continent. Ils s'accordent en général à regarder l'emploi du bois comme nécessaire, et grâce à l'efficacité de l'huile de goudron dite *créosote* (143), dont la production suffit à tous les besoins, cette nécessité leur semble fort acceptable. Il est d'ailleurs incontestable que l'esprit de recherche, d'investigation économique, est beaucoup moins excité chez les compagnies de chemins de fer anglais, que chez celles de France et d'Allemagne.

Comme exemple des dispositions essayées en Angleterre, il suffit de citer le *coussinet-support* en fonte de M. *P. Barlow* (Pl. VIII, *fig.* 30 à 32). Ce support participe à la fois du coussinet éclisse, de la cloche de *Greave*, et du plateau-coussinet de M. *Henry*. Chaque support est formé de deux flasques boulonnées et serrant le rail. Il y a deux types, l'un pour les appuis intermédiaires, l'autre pour les joints. Celui-ci (*fig.* 31, 32) est plus long, il porte trois coussinets au lieu de deux, et les flasques sont réunies par quatre boulons au lieu de deux ; il reçoit, de plus, l'entretoise d'écartement et d'inclinaison *t* clavetée de chaque côté du support. Les coussinets ou mâchoires du milieu *m*, dans le support de joint, peuvent d'ailleurs être avantageusement remplacés par des éclisses ordinaires.

Dans la disposition représentée par les *fig.* 33 à 35, et due également à M. ***P. Barlow***, le support est d'une seule pièce, et le rail est fixé dès lors au moyen de deux coins en bois *c, c;* le joint est éclissé (*fig.* 34 et 35). L'entretoise *t*, boulonnée sur un appendice du support, est beaucoup plus rapprochée du haut du rail, et s'oppose beaucoup plus efficacement au déversement; elle est d'ailleurs très-rigide.

Ces deux formes ont été essayées sur le Midland-Railway, sur les lignes des Eastern-Counties, en Irlande, etc., et si le résultat n'a pas été décidément mauvais, il n'a pas été non plus assez favorable pour aboutir à une application en grand.

183. Un système de support en fonte, dû à M. ***Debergue***, essayé depuis plusieurs années avec quelque succès sur le ***South Wales***, a été appliqué récemment, sur 1 kilomètre de longueur environ, au chemin de *Chatam*, près du pont de *Victoria*. Ce type avait déjà reçu antérieurement, en Espagne, quelques applications, beaucoup moins restreintes. Essayé, dès 1853, sur la ligne ***d'Almansa à Valence*** et à ***Tarragone***, il y a pris une extension considérable (64 kilomètres en 1863 et 220 kilomètres depuis cette époque). Mais ce n'est là, du moins jusqu'à preuve du contraire, qu'un succès relatif; le bois donne, en Espagne, de très-mauvais résultats, tant à cause de l'influence délétère du climat que par suite de la nature des essences employées, et d'une préparation presque toujours imparfaite. Il est possible que, dans ces conditions, les supports en fonte soient préférables au bois. Mais ils ne paraissent pas pouvoir soutenir la comparaison avec les voies en fer, convenablement établies.

On a essayé dans l'Inde, sur le chemin de ***Bombay*** à ***Baroda***, un système dû à M. ***Adam*** et consistant essentiellement dans des fers d'angle boulonnés sur les rails. Cette voie manquait de solidité; la pression était répartie sur une surface de ballast beaucoup trop réduite. L'essai n'a pas eu de suite.

§ II. Deuxième classe. — Traverses en fer.

184. Elles doivent remplir les conditions suivantes :

Leur projection horizontale, et leurs projections verticales, parallèle et normale à leur axe longitudinal, doivent répartir sur des surfaces de ballast assez étendues, les charges verticales et les efforts horizontaux qui tendent à déplacer les supports, soit parallèlement soit normalement aux rails; elles doivent, de plus, être assez rigides, et se prêter à une attache très-solide des rails sans être cependant trop lourdes et par suite trop chères.

Cette condition de légèreté relative semble, au premier abord, être une des objections les plus graves contre l'emploi du fer, du moins sur les lignes parcourues à grande vitesse. On peut, avec de faibles épaisseurs de métal, obtenir un volume apparent et un moment d'inertie suffisants, et fixer solidement le rail; mais la traverse en bois n'agit pas seulement par ses dimensions, qui répartissent (à un degré à peine suffisant d'ailleurs) les pressions sur le ballast qui l'enveloppe; elle agit aussi, et très-efficacement, par sa propre masse, qui reçoit directement les chocs à peu près inévitables et limite leurs effets. La traverse métallique nécessairement beaucoup plus légère, semble présenter, sous ce rapport, une infériorité dont l'expérience peut seule, du reste, indiquer la gravité réelle (189).

Les *fig.* 31 et 33, Pl. IX, représentent une disposition essayée par l'usine de *Couillet* (Belgique) :

Le support est un fer double T, haut, et posé de champ. Cette forme, d'une fabrication très-courante d'ailleurs, est assez propre à concilier les conditions rappelées tout à l'heure, moins toutefois celle qui est relative à la butée par bout, et qui est importante surtout dans les courbes. On pourrait y pourvoir au moyen d'un aileron rapporté inférieurement, et qui serait peu coûteux.

Le rail est séparé du métal par une fourrure en chêne *c*, *c*, qui rachète la saillie du T et donne l'inclinaison. Cette addition est la conséquence à peu près inévitable de la forme du support, mais l'emploi du bois comme intermédiaire ne paraît ni nécessaire ni avantageux. Comme on l'a vu (177), on n'hésite plus, en Bavière, à poser le rail immédiatement sur les dés; et, pourvu qu'il n'y ait aucun jeu, on ne doit pas craindre davantage de poser le rail sur le métal.

C'est surtout avec la disposition adoptée par l'usine de *Couillet*, pour attacher le rail, que la fourrure en bois paraît défectueuse. Une cale en bois debout se fendrait trop facilement; et, avec les fibres couchées, le serrage se trouve, comme cela a lieu dans le coussinet avec coin, soumis à toutes les influences qui font varier l'épaisseur du bois.

Le mode proposé par M. *Desbrière* (Pl. IX, *fig.* 32) est préférable à certains égards, le serrage dans le serrage dansal était déterminé par la clavette *c*, et les plaques de tôle *t*, *t* rivées sur les traverses formant des obstacles fixes. Ce mode est néanmoins sujet comme le précédent à la formation du jeu et par suite du *claquement*, sous l'influence de la contraction du bois.

Les traverses de *Couillet* pèsent 46 kilogrammes et coûtent 7f,50 sur place. Un essai a été fait, sur quelques centaines de mètres, sur un embranchement à rampes de 0m,01 et à courbes de 300 mètres, qui relie deux usines; les machines, à quatre roues couplées, pèsent 20 tonnes, avec 11 tonnes sur une paire de roues. Le résultat paraît bon malgré ces difficiles conditions de tracé; mais la vitesse est médiocre, et c'est surtout la vitesse qui est en pareille matière la pierre d'achoppement.

185. *Traverses de Fraisans.* — M. *Zorès* et la compagnie des forges de la Franche-Comté étudient depuis plusieurs années la substitution du fer aux traverses en bois, en prenant pour type les fers profilés connus dans le commerce sous le nom du premier. Dans ces supports, la largeur est portée à 0m,23 ; la hauteur, plus grande également, augmente le moment d'inertie, et la butée. La fourrure en bois est supprimée, et le rail s'appuie sur une platine P (Pl. XI, *fig.* 4 à 7), dont la fonction principale est de donner l'inclinaison au rail, et d'assurer la solidité des attaches, que la faible épaisseur de la tôle du support et la petitesse de la surface d'appui ne garantiraient peut-être pas assez.

La liaison du rail, qui est toujours le point difficile, paraît bien étudiée. La plaque d'assise P est fixée d'avance au support par trois rivets. Le bord du patin du rail s'engage librement sous la tête très-large et profilée en encorbellement, du rivet intermédiaire *r*, et la liaison est complétée à l'intérieur :

1° Par un prisonnier *p*, dont les épaulements inclinés assurent l'application exacte du patin sur la plaque;

2° Par une clavette *c*, dont le serrage rend tous les éléments parfaitement solidaires.

Au joint, la platine P, nécessairement plus longue et à laquelle le sommet trop étroit de la traverse n'offrirait qu'une surface d'appui insuffisante, est soutenue par deux consoles en fonte T, T (*fig.* 1, 2, 3); elle est fixée à la traverse par six rivets : deux courts, *r'*, *r'*, saisissent le sommet de la traverse, et quatre longs, ρ, ρ, ρ, ρ, ses rebords inférieurs, *l*, *l*. Les deux gros rivets à crochet, *r*, *r*, qui pressent les patins des deux rails, ainsi que les prisonniers et les clavettes, placés nécessairement au delà de la portée de la platine P sur le sommet trop étroit de la traverse, ne peuvent, dès lors, saisir celle-ci, comme cela a lieu pour les supports intermédiaires. Ce support de joint est lourd et compliqué; on s'occupe de le modifier.

Un essai, fait d'abord sur l'embranchement qui relie l'usine de ***Fraisans*** à la ligne de ***Dijon*** à ***Besançon*** a abouti ensuite à une application sur la ligne de ***Lons-le-Saulnier***. Jusqu'à présent, tout se comporte bien.

Une expérience se fait depuis le milieu de 1865, dans des conditions plus décisives, en raison de la vitesse, sur la grande ligne de ***Paris*** à ***Mulhouse***, et jusqu'à présent, aussi avec succès. Cet essai comprend les traverses intermédiaires de deux profils différents (Pl. XI, *fig.* 5 et 7), et les traverses de joint (*fig.* 1 à 3).

La compagnie de ***Paris*** à la Méditerranée va suivre cet exemple et faire, sur la grande ligne, près de Paris, une application à un tronçon de 7 kilomètres. Mais la disposition primitive a reçu des améliorations de détail étudiées par la Compagnie; elles sont représentées par les *fig.* 1 à 26 de la Pl. X.

La platine P, fixée par deux rivets et par trois au joint, porte à l'extérieur un ergot *e* sous lequel s'engage le bord du patin. Un prisonnièr *p*, serré par une clavette C, pince entre ses deux épaulements la traverse et le bord intérieur du patin, et maintient celui-ci en contact intime avec la platine. Au joint, il y a deux attaches, placées de part et d'autre du rivet, unique à l'intérieur. Lorsque, par suite d'un serrage longtemps prolongé et du mattage des surfaces, la clavette se sera enfoncée jusqu'au talon, on rachètera le jeu en intercalant entre elle et la platine une cale de serrage (*fig.* 26).

Les arrêts de ripage *a*, *a* (*fig.* 1, 2, 13, 14, 19), rivés, au droit des rails, sous les traverses de joint, s'opposent à leur déplacement longitudinal.

La pose des traverses contre-joint, sur lesquelles le rail est fixé au moyen d'un prisonnier spécial *p'* (*fig.* 5, 6, 16, 25) qui s'engage dans l'encoche intérieure du patin, présente une particularité.

Les rails, préparés en vue des traverses en bois, portent deux encoches *e*, *e* (*fig.* 6) qui ne sont point en regard l'une de l'autre, et les deux encoches intérieures à la voie, dans lesquelles les prisonniers doivent s'engager, sont sur une ligne oblique à son axe (*fig.* 22). La traverse présente donc la même obliquité relativement à cet axe (*fig.* 22) et relativement à ses deux platines, nécessairement normales au rail ou à peu près, et rivées dès lors en biais (*fig.* 4 et 6).

Dans la pose sur bois, la préexistence des encoches du rail ne détermine pas absolument la position de la traverse. Celle-ci peut recevoir exactement la direction normale à l'axe; on en est quitte pour placer ensuite les crampons ou les tire-fonds à la demande des encoches. Il n'en est pas de même ici : les trous de la traverse sont donnés, comme les encoches du rail; les uns doivent correspondre exactement aux autres, et par suite la position du rail étant fixée, celle de la traverse s'ensuit. Son obliquité sur la voie peut, dès lors, éprouver de légères variations.

Voici les règles établies, pour la pose de cette voie, par une instruction du service de la voie du réseau de ***Paris*** à la Méditerranée, en date du 4 juin 1866 :

« Pour poser les voies avec traverses en fer, on devra prendre les pré-« cautions ci-après :

« On mettra en place toutes les traverses et sur ces traverses les rails, on « réglera la position des rails de telle sorte que sur une même traverse de « joint, les joints des deux files de rails ne soient jamais croisés de plus « de $0^{m},020$. Cette condition peut toujours être réalisée dans les voies en « courbe par un emploi convenable des rails de $5^{m},960$.

« Les rails et traverses étant en place, on placera les prisonniers et cla-« vettes des traverses de joint, puis des traverses intermédiaires; on dé-« placera alors les traverses de contre-joint, jusqu'à ce que leurs encoches « correspondent à celles des patins des rails et permettent l'introduction « des crampons et clavettes de contre-joint.

« En même temps on mettra en place les éclisses et on les boulonnera.

« Les boulons et clavettes ne devront être en ce moment serrés que très-« légèrement.

« On procédera alors au bourrage, qui devra se faire sous les deux extré-« mités de la traverse à la fois et en même temps à l'intérieur et à l'exté-« rieur de la voie. On évitera, lorsqu'une traverse sera bourrée, de bourrer « trop fortement les traverses adjacentes, ce qui la soulèverait et l'empê-« cherait de porter sur le ballast.

« Le bourrage étant terminé, on serrera les clavettes et les boulons; ce « serrage, comme tous ceux qu'on aura à faire dans l'entretien, devra être « fait avec précaution. Un serrage trop énergique serait plus nuisible « qu'utile.

« On garnira de ballast l'extérieur de la voie, mais entre les rails on ara-« sera le ballast au niveau du dessus des traverses; là où on substituera des « traverses en fer à des traverses en bois, il y aura en général insuffisance « de ballast et on sera obligé d'en rapporter une certaine quantité.

« On resserrera de temps en temps les clavettes qui auraient pris du jeu; « chaque fois qu'on aura fait un relevage, on s'assurera que le bourrage n'a « pas ébranlé ou fait sortir les clavettes.

« Les clavettes s'arrachent avec la pince à pied de biche comme les cram-« pons. »

Les poids et les prix sont : 54 kil. et 14 fr. pour la traverse de joint; 39 kil. et $10^{f},50$ pour la traverse intermédiaire; 40 kil. et $10^{f},60$ pour la traverse contre-joint.

186. ***Traverses de l'Est.*** — Concurremment avec le type de ***Frai-***

sans (185), la Compagnie de l'Est en expérimente un autre étudié par ses ingénieurs; il diffère du précédent par la suppression de la platine, et par le mode de fixation du rail (Pl. XI, *fig.* 8 à 26). L'inclinaison de $\frac{1}{20}$ est donnée par la courbure longitudinale de la traverse (*fig.* 12 et 18); les bords du patin s'engagent, à l'extérieur, sous une agrafe rivée *a* (*fig.* 8, 9, 13, 14, 20 et 21) et à l'intérieur, sous un crapaud en fonte *c* boulonné (*fig.* 8, 13, 19). L'absence de la platine est rachetée, plus ou moins complétement, par une légère surépaisseur du méplat de la traverse. La largeur de cette portée est de 0m,05 dans les supports intermédiaires; elle doit être double dans les traverses de joint (*fig.* 10 et 15), ce qui dispensera de les consolider, comme les supports de *Fraisans*, par des pièces spéciales. Une feuille de tôle mince *f*, *f* (*fig.* 11, 12, 17, 18, 25, 26), fixée par des agrafes *α*, *α* rivées sur la traverse, s'oppose à son déplacement longitudinal; cette feuille débordant latéralement la traverse (*fig.* 16), forme un *arrêt de ripage* énergique. Les figures en indiquent une à chaque bout, mais elle n'a été appliquée qu'à un seul, ce qui suffit. La longueur de la traverse, qui devait être d'après le projet de 2m,30, a été portée à 2m,40.

Ce système est à l'essai, depuis les derniers mois de 1865, sur les lignes de *Paris* à *Strasbourg* et de *Paris* à *Mulhouse*. La traverse intermédiaire a seule été exécutée; elle pèse 49kil,525, dont 3kil,092 pour les accessoires. Les joints sont sur traverses en bois; l'exécution de la traverse de joint métallique a été ajournée jusqu'à l'époque où l'expérience aura prononcé sur la valeur du système.

La note suivante du service de la voie de l'Est sur le système dont il s'agit sera lue avec intérêt :

« Les traverses en bois présentent une résistance à la flexion suffisante « pour la répartition uniforme des surcharges sur le ballast; en supposant, « en effet, que la pression d'une roue chargée à 7.000 kil. se répartisse « sur le ballast à raison de 5 kil. par centimètre carré, on trouve que le « coefficient de résistance d'une traverse intermédiaire en bois de 0m,13 sur « 0m,21 est de 100 kil. par centimètre carré. Les traverses en fer doivent pré- « senter la même résistance; c'est cette considération qui a conduit au « profil de traverse intermédiaire indiqué au projet. Calculé dans les « mêmes hypothèses, le coefficient de résistance de cette traverse serait de « 11 kil. par millimètre carré, c'est-à-dire à peu près le même que pour « les rails. La résistance dans le plan de la section, à la sous-pression du « ballast qui tend à produire l'aplatissement du profil est également de 11 kil.

« La traverse de joint est plus large que la traverse intermédiaire, afin « de recevoir les attaches des deux rails consécutifs.

« C'est pour réduire autant que possible le poids moyen des traverses « qu'on a admis deux profils différents pour les joints et les intermédiaires.

« Les traverses en bois ont, en général, une longueur minima de 2m,50;

« mais par suite des défauts qu'elles présentent on est souvent obligé de les « saboter à des distances inégales des extrémités qui peuvent elles-mêmes « être fendues ou endommagées; par ce motif on a pensé qu'on pourrait « réduire la longueur à 2m,30 pour les traverses en fer.

« Les attaches des rails sont de deux espèces.

« Les attaches extérieures sont formées d'agrafes rivées faisant corps « avec la traverse; cette disposition permet de couvrir la traverse de « ballast à l'extérieur de la voie.

« Les attaches intérieures sont disposées pour pouvoir être facilement « déplacées et replacées sans qu'on soit obligé de retirer ou de dégarnir la « traverse. Elles sont formées de boulons avec crapauds. Les boulons ont « une tête aplatie qui pénètre dans une ouverture rectangulaire percée » dans la traverse; une fois la tige du boulon engagée dans cette ouver- « ture, il suffit de lui donner un quart de tour pour que la tête s'applique « sous la table de la traverse; la tige porte une partie carrée qui l'empêche « alors de tourner. Le crapaud est muni, à sa partie inférieure, d'un appen- « dice qui pénètre dans le trou de boulon afin de résister aux poussées « intérieures produites par la tendance du rail Vignoles à se redresser « dans les courbes.

« Les extrémités des rails portent, aux bords des patins, des entailles qui « butent contre les agrafes de joint et s'opposent ainsi au glissement lon- « gitudinal.

« Le poids moyen des traverses de joint et intermédiaires est de 45 kil. « par traverse armée de ses agrafes rivées et de ses arrêts de ripage; il « est impossible d'en connaître le prix exact; mais on peut l'estimer ap- « proximativement à 200 fr. par tonne, les rails étant à 180 fr. Une traverse « coûterait donc 9 fr. Le prix moyen d'une traverse en bois, sabotage, « perçage et goudronnage compris, est de 6 fr.

« Si la traverse en bois dure au maximum quinze ans, la dépense an- « nuelle en matériel, non compris la main-d'œuvre d'entretien sera :

Intérêt et amortissement du capital de premier établissement	$6^f,00 \times 0,0565$		$0^f,339$
Renouvellement	$6^f,00$		
A déduire valeur de la vieille traverse	$1^f,00$		
Reste		$5^f,00$	
Dont 1/15 par an			$0^f,333$
Total			$0^f,672$

« La durée d'une traverse en fer ne peut être évaluée, même approxi- « mativement; en la supposant double seulement de celle du bois, soit « trente ans, on a par an :

Intérêt et amortissement		$9^f,00 \times 0,0565$	$0^f,508$
Renouvellement	$9^f,00$		
A déduire une vieille traverse 45 kil. à $0^f,12$	$5^f,40$		
Reste		$3^f,60$	
Dont 1/30 par an			$0^f,120$
Total			$0^f,628$

« Il n'y aurait donc pas aujourd'hui un intérêt marqué à employer des « traverses en fer; mais si l'augmentation du prix des bois et l'abaisse- « ment de celui des fers continuent à se produire comme dans les dernières « années, l'emploi des traverses en fer pourra devenir avantageux. »

187. Le chemin du Nord va, de son côté, faire un essai sérieux; le type qu'il a adopté diffère de celui de Lyon par le poids un peu moindre de la traverse, et par la suppression de la platine; l'inclinaison est donnée par la traverse elle-même, infléchie à chaud, à partir du milieu.

Ce type analogue à celui de la Compagnie de l'Est, n'en diffère guère que par la disposition des attaches extérieures, formées comme celles de l'intérieur, d'un prisonnier et d'une clavette; disposition qui permet de donner, sans employer des pièces spéciales dans les courbes, le surécartement qu'elles exigent (*).

188. M. ***Ed. Wilson*** vient d'appliquer, sur la section de ***Lucknow*** à ***Cawnpore***, de l'***Indian Branch Railway*** (ligne ramenée, comme on l'a vu (9) de la largeur de $1^m,22$ à $1^m,68$), des supports d'une forme particulière (Pl. IX, *fig.* 1, 2, 3) qui sont aux traverses en fer ce que sont aux traverses en bois les ***plateaux-coussinets*** de M. ***Pouillet.*** Le plateau est en tôle ondulée, très-mince ($0^m,003$), à cannelures peu profondes, mais suffisantes cependant pour augmenter beaucoup le moment d'inertie relativement à l'axe passant par le milieu de la hauteur, et par suite la roideur du solide; la faible épaisseur du métal et la faible hauteur du support sont d'ailleurs compensées par sa grande étendue, qui permet de répartir sur de grandes surfaces la pression du rail sur la traverse et celle de la traverse sur le ballast. Chaque plateau, pesant 5 kilog., présente trois cannelures transversales K, K, K, sur chacune desquelles le rail s'appuie. Il est fixé seulement sur la cannelure intermédiaire, au moyen de deux vis à large tête *v*, *v*, qui ont pour écrou fixe une platine en fer P. Cette cannelure est enveloppée et renforcée par l'entretoise ou traverse proprement dite *t*, *t*, et sa hauteur est, dès lors, un peu moindre que celle des deux autres. Les trois cannelures des supports et l'entretoise elle-même opposent au mouvement longitudinal des rails la butée du ballast sur une surface considérable; la butée latérale semble insuffisante, surtout sur une ligne qui a des courbes de 275 mètres; mais il serait facile de l'augmenter beaucoup et à très-peu de frais en utilisant, comme dans les traverses de l'Est (186), la surface de la *tranche* des supports. Ceux-ci

(*) Un système de traverses en fer dont je ne connais pas les détails, a été essayé sur les chemins de fer portugais. On en a été peu satisfait; mais il paraît que la tôle était trop mince. Un type de traverses en tôle, proposé par MM. *Shanko* et *Nelson*, est également à l'essai dans l'Inde, mais les détails manquent. Les moyens d'attache paraissent, d'ailleurs, n'avoir rien de particulier, le rail à champignon et le coussinet étant conservés. Les chevilles sont remplacées par des boulons à écrous.

sont, du reste, très-rapprochés ; leur écartement d'axe en axe est de 0m,76 seulement.

La traverse complète, formée des deux plateaux cannelés, de l'entretoise et des accessoires, pèse seulement 17kil,7. Les traverses sont espacées de 0m,762 d'axe en axe.

Cette disposition est certainement très-ingénieuse ; il est seulement à craindre que les éléments ne soient un peu délicats, et que ces supports, larges et minces, ne se faussent rapidement.

Il n'y a pas de supports de joint, le rail, décrit plus haut (57), étant éclissé en porte-à-faux (74) au moyen de flasques en acier à repli inférieur (104) (*fig.* 1 et 2).

189. Les traverses métalliques sont aussi stables que les autres ; l'expérience du chemin de l'Est, faite sur des points où la vitesse est grande et la circulation très-active, est concluante à cet égard. Il faut, il est vrai, un ballast approprié ; il doit être formé d'un gravier contenant un peu d'argile qui lui donne du *liant*. Le bourrage, fait avec la pioche ordinaire, forme bientôt alors un noyau qui remplit le creux de la traverse, reçoit et transmet la pression, fait corps avec le métal, et supplée ainsi au défaut de masse de la traverse. La défiance qu'inspire au premier abord (184) la légèreté de ces supports ne paraît donc pas fondée avec un ballast convenable. Mais peut-être l'objection subsiste-t-elle avec toute sa gravité si on n'a à sa disposition que de la pierre cassée.

L'expérience paraît indiquer aussi que les supports métalliques, enfouis dans le ballast, ne sont atteints que fort légèrement par l'oxydation. Ils participent donc, malgré les conditions plus défavorables encore dans lesquelles ils semblent placés, à l'immunité dont jouissent les rails, et qui est due aux vibrations produites par le passage des trains. L'importance de ce fait est capitale ; si la rouille attaquait, même lentement, les supports et les pièces qui fixent le rail, le tout ne tarderait pas à être hors de service à cause de la faible épaisseur du métal.

§ III. Troisième classe. — Supports longitudinaux continus.

190. C'est surtout en Angleterre que cette forme de voies entièrement métalliques a été, il y a plusieurs années, l'objet d'expériences prolongées. Il suffira de citer comme exemple, le système de M. *Mc Donnell* appliqué depuis 1853, avec des modifications successives, sur le chemin de *Bristol* à *Exeter*, au rail *Brunel* (55). Dans un premier type (Pl. IX, *fig.* 14), la longrine *l* légèrement cintrée en profil, a

$1^{cent},74$ d'épaisseur et $0^{m},28$ de largeur; sa face supérieure porte deux épaulements correspondant aux bords du patin et une nervure *n* qui s'engage dans le creux du rail; une selle inférieure *s* pesant $25^{kil},6$ est placée à chaque joint des longrines. Le tout est lié par des boulons à écrous supérieurs. — Des fourrures en sapin créosoté *b*, de 6 millimètres d'épaisseur, sont intercalées entre le rail et la longrine il y a quatre boulons aux joints des longrines et huit aux joints des rails, dont les trous sont ovalisés pour la dilatation. — Les deux files sont entretoisées par des fers d'angles espacés de $3^{m},65$, fixés par des boulons qui traversent la longrine et le rail.

2e *type*. L'expérience ayant prouvé qu'il convenait d'augmenter la surface d'appui sur le ballast, la largeur des longrines a été portée à $0^{m},305$, mais en réduisant l'épaisseur à $1^{cent},42$ (*fig.* 15).

La plaque de joint inférieure *s*, au lieu d'enchâsser la longrine, a été faite au contraire un peu plus étroite qu'elle, mais en même temps elle a reçu une cote inférieure *c* qui la roidit, et qui met en jeu la butée latérale du ballast.

Outre les entretoises reliant, comme précédemment, les deux files de la même voie, à des intervalles de $3^{m},65$, les deux voies sont elles-mêmes conjuguées au moyen de tirants espacés de $7^{m},30$; on augmente ainsi la butée transversale.

3e *type*. Dans une seconde modification, qui date de 1859, on a supprimé la flèche transversale des longrines (et par suite des selles de joint), les usines alléguant les difficultés que cette forme imposait au laminage; la largeur de la selle a d'ailleurs été réduite de nouveau ($0^{m},205$) tandis que celle de la longrine était portée à $0^{m},33$ (*fig.* 16).

C'est sous cette troisième forme qu'on s'est décidé, comme on l'a vu (56), à donner au rail, primitivement vertical, une inclinaison de $\frac{1}{24}$.

4e *type*. Enfin, une dernière modification faite en 1860, consiste surtout dans la suppression de la plaque de joint des longrines, transportée au joint des rails (*fig.* 17). C'est sous cette forme que le système a été essayé, mais avec peu de succès, sur le chemin de *Bredport*. On met cet insuccès sur le compte de la faiblesse des éléments (les longrines ne pesaient que 30 kilogrammes le mètre), de l'inclinaison des rampes (0,02), et du ballast formé de pierres cassées trop grosses. Mais tout en faisant la part de ces causes, il est difficile de regarder le principe comme irréprochable, surtout quand on considère que des essais aussi prolongés, aussi variés, n'ont pu aboutir à une application un peu étendue.

Quoiqu'il s'agisse ici du rail *Brunel*, il n'était pas inutile d'entrer dans quelques détails sur ce système, qu'il eût été facile d'approprier au rail *Vignole*, s'il avait réussi avec l'autre.

191. Avant les événements qui ont amené l'annexion du duché de Nassau à la Prusse, le gouvernement avait décidé l'essai, sur le chemin de l'État, d'un système proposé par un de ses ingénieurs, M. *Hilf* (Pl. VIII, *fig.* 27). Le rail *Vignole*, est rivé sur une large longrine présentant trois nervures *c*, *c*, *c*, destinées à donner à la fois de la roideur et de la butée latérale. Les deux files sont entretoisées par des fers d'angle, T, boulonnés sur la longrine, c'est-à-dire trop bas pour maintenir l'inclinaison. — Ce rail mixte serait d'ailleurs lourd, coûteux, et cependant médiocre, selon toute apparence. Il est trop bas ; le prompt relâchement des rivets *r*, *r*, semble, en outre, inévitable.

§ IV. **Quatrième classe. — Rail posé immédiatement sur le ballast.**

192. *Rail Barlow* (Pl. IX, *fig.* 23). — Donner au rail une base assez large et une roideur assez grande pour qu'il pût se passer de supports spéciaux ; relier les deux files simplement par des entretoises maintenant l'écartement et l'inclinaison ; enfouir le tout dans le ballast à une profondeur assez grande pour qu'on n'eût pas à se préoccuper de la dilatation : tel est le programme que M. *Barlow* s'était proposé, et qu'il semblait d'abord avoir parfaitement rempli, d'après le succès des premiers essais tentés en Angleterre.

Quelques ingénieurs en jugèrent ainsi en France. En exposant les motifs qui les avaient déterminés à adopter le rail de M. *Barlow* pour la ligne de *Bordeaux* à *Cette*, les administrateurs du chemin du Midi justifiaient en ces termes, devant leurs actionnaires, la grave mesure qu'ils avaient prise :

« Préoccupés des inconvénients qui ont été constatés depuis quelques « années dans le système des voies exclusivement employées en France, « et cherchant surtout à mettre l'ensemble de notre ligne dans des condi- « tions qui assurent une grande économie avec une circulation très- « active, nous avons été conduits *à entrer largement dans le système des* « *voies à supports longitudinaux, dont la supériorité est actuellement con-* « *sacrée en Angleterre par une longue expérience.* »

Après cette dernière assertion, tout au moins hasardée dans ses termes si absolus, venait l'énumération des avantages attribués au système préconisé :

« L'économie des dépenses de premier établissement lorsque, tenant « compte des frais d'entretien de renouvellement, on les met en paral- « lèle avec le système ordinaire des rails sur traverses; la fixité des joints,

« qui fait disparaître le mouvement de cahottement; la simplicité de la « pose et de l'entretien résultant de la diminution du nombre des pièces et « du mode d'assiette du ballast; la conservation du matériel roulant; « enfin, la sécurité de la circulation, qui n'est plus compromise par les « ruptures des rails ou de leurs supports. »

Le projet, fondé sur des arguments en apparence sans réplique, recevait sa pleine et entière exécution.

Quelques années plus tard, il n'y avait plus entre *Bordeaux* et *Cette* un seul rail *Barlow*, les marchés conclus pour la fourniture de ces rails étaient résiliés, et après bien des mécomptes, on revenait, non pas même au rail *Vignole* sur traverses, mais simplement au rail à coussinets.

La compagnie du Midi avait donc été trop vite. Elle a reconnu, mais un peu tard, qu'il y avait bien à rabattre de ses premières appréciations et que, à l'époque où elle se flattait de réaliser un grand progrès, les autres compagnies n'avaient pas été trop malavisées en se traînant tout bonnement dans l'ornière.

Il ne faut pas se méprendre, toutefois, sur les causes de ce brusque revirement. La voie *Barlow* était incontestablement très-bonne, très-douce, d'un entretien facile; elle se maintenait bien bourrée; le remplacement même d'un rail était, entre les mains d'ouvriers spéciaux il est vrai, une opération assez simple; l'expérience a d'ailleurs confirmé pleinement les idées de l'inventeur en ce qui touche l'invariabilité des joints; confirmation que M. *Barlow* lui-même n'eût peut-être pas osé espérer si complète sous le soleil du Midi. On n'a remarqué, sur la ligne de *Bordeaux* à *Toulouse*, ni les ruptures ni les ondulations en plan et en profil des rails sur longrines, observées sur la ligne de *Bayonne*; ce qui s'explique du reste, et par l'enfouissement presque total du rail, soustrait ainsi en grande partie à l'insolation, et par la conductibilité due à la faible épaisseur du métal et à sa grande surface de contact avec le ballast tant à l'intérieur qu'à l'extérieur. On admet que, sur le chemin du Midi, l'écart des températures, pour des rails exposés à l'air libre, peut atteindre 70 degrés; mais il est clair que les limites sont bien moins larges pour le rail *Barlow* en place.

En fait, ce n'est pas dans des vices inhérents au principe de sa construction qu'il faut chercher les causes de l'échec de ce rail. L'expérience lui a même été favorable sous plusieurs rapports; ainsi il ne tend pas, comme on le craignait, à s'ouvrir sous la charge. On supposait que le bourrage ne pourrait se maintenir à l'intérieur, par suite des vibrations, et que le rail porterait seulement sur les deux ailes. D'après M. *Brunel*, qui a appliqué le système sur une grande échelle, cette crainte n'est point fondée, et il est facile de tasser le ballast dans le creux du rail, pourvu que ce soit du gravier, à tel point qu'il forme bientôt un noyau solide sur lequel le rail s'appuie. Cette assertion a été pleinement confirmée par les faits observés sur les chemins du Midi; l'entretien, d'abord assez laborieux, devenait très-facile dès que des bourrages répétés avaient déterminé la formation du noyau. On s'est préoccupé aussi du défaut de butée du rail, qui tend, disait-on, à agir latéralement sur le ballast comme un soc de charrue. Un effet de cette nature s'est manifesté parfois en Angleterre avec assez de gravité pour déterminer à exhausser le rail aux dépens de sa largeur, comme l'a fait M. *Brunel* pour le chemin du West-Cornwall. L'insuffisance de l'entretoisement, opéré au moyen des fers à T, donnant l'inclinaison par une inflexion de leurs extrémités, mais trop peu rigides, avait même conduit M. *Barlow* à essayer la pose sur traverses en bois (Pl. IX, *fig.* 22). C'était condamner le système en renonçant à sa propriété caractéristique, à sa raison d'être. Depuis, on a proposé d'employer comme entretoises des tronçons de rails retournés. On n'a pas remarqué au surplus, sur le chemin du Midi, les inconvénients auxquels ces divers expédients avaient pour but de parer, c'est-à-dire la tendance au déversement du rail, et les ruptures des rivures d'entretoises. On a reconnu seulement que les assemblages aux joints étaient trop faibles; le nombre des rivets, qui était d'abord de quatre seulement de chaque côté du joint, a été en conséquence porté à six.

Le reproche d'une rigidité excessive, formulé par quelques ingénieurs, ne paraît pas plus fondé.

L'objection capitale, c'est la rapide destruction des rails, qui s'écrasaient et se dessoudaient au sommet. L'excès du bombement et de la charge par essieu n'expliquait pas à lui seul cette désorganisation si prompte, car des rails à champignons ont été soumis au même régime, sans que leur destruction ait suivi, à beaucoup près, une marche aussi rapide.

L'influence propre de ces exagérations est cependant fort nette, et, en ce qui concerne le rail *Barlow*, un fait irrécusable viendrait l'établir, si le doute était possible. Les premiers essais faits en France l'ont été simultanément, en 1852, l'un sur le chemin du Nord, à *la Chapelle*; l'autre sur la voie de retour du chemin de *Saint-Germain*, près de la route de la Révolte. Les rails, d'origine anglaise, provenaient de la même usine, et avaient été fabriqués en même temps.

Or, au bout de 15 mois à peine, les rails du Nord, complétement écrasés par la circulation incessante des lourdes machines à roues couplées en usage sur cette ligne, avaient tous disparu, tandis que ceux de Saint-Germain, soumis aussi à un trafic actif, mais avec des charges par essieu plus modérées, étaient, à quatre près, encore en place et en assez bon état au bout de cinq ans.

Les rails de fabrication française, posés sur le chemin du Midi, étaient assurément très-médiocres. Mais il serait injuste de mettre cet insuccès entièrement sur le compte de nos usines. Les rails d'origine anglaise provenant d'établissements familiarisés avec cette fabrication (usines de ***Tredegar*** et de ***Dawlais***) valaient mieux, mais ils étaient loin d'être irréprochables.

Ce système de voie si bien accueilli, si puissamment patroné, et dont l'application avait pris en Angleterre une si rapide extension (1.200 à 1.300 kil. de voie simple) y a été abandonné avec non moins d'ensemble. On croyait en être quitte pour une fabrication plus difficile et plus coûteuse, exigeant des machines motrices plus puissantes; inconvénients amplement rachetés par des avantages manifestes, si le rail avait accompli le service sur lequel il semblait qu'on pût légitimement compter. Mais en Angleterre comme en France, les prévisions ont été déroutées par la rapide détérioration des rails, comme s'il y avait dans le seul fait de leur forme un principe de destruction.

Ce principe réside moins dans la forme elle-même que dans une sorte d'antagonisme entre elle et le mode de fabrication; antagonisme qui exclut l'emploi des seuls fers convenables pour rails, les fers durs.

Pour les profils usuels, c'est seulement aux ébaucheurs que la barre est laminée successivement à plat et de champ; les cannelures finisseuses sont toujours disposées à plat. Les rails à double champignon sont par ce motif les plus faciles à laminer; les rails américains et surtout les rails en ∩ le sont moins, et d'autant moins que le pied est plus large et plus mince. Pour le rail ***Barlow***, les cannelures finisseuses ont une hauteur bien plus grande que pour les autres profils. Une même section transversale de la barre est ainsi attaquée par des points des cylindres animés de vitesses très-différentes. De là des glissements qui absorbent une force motrice considérable, même avec un ***tirage*** très-modéré et des cylindres d'un grand diamètre, et qui produiraient en outre de nombreuses criques et des déchirures, si on n'avait soin d'employer des fers ductiles et mous, très-peu propres par cela même à résister aux actions que les rails doivent subir.

La forme des rails *Barlow* se prêterait, ce me semble, à un autre mode de fabrication qui permettrait d'employer des fers durs, tout en affranchissant les usines de l'obligation onéreuse de doubler la puissance motrice des laminoirs. La série des transformations que subit le paquet aboutit, en définitive, à ces deux résultats : 1° production d'une large barre, renflée au milieu de la section transversale; 2° inflexion de cette barre, dans le sens transversal, sans altération d'épaisseur. Ces deux effets, au lieu d'être produits simultanément par le laminoir, au prix de difficultés et d'inconvénients sérieux, pourraient être obtenus successivement. On demanderait, au laminoir, ce qui est essentiellement dans son rôle, la répartition des épaisseurs; à l'étampe, agissant successivement dans la longueur, l'inflexion de la barre. Le laminage d'une barre presque plate échapperait aux glissements auxquels le fer ne peut se prêter sans éprouver des criques et des déchirures à moins d'être, par sa nature même, par sa ductilité absolument impropre à la fabrication des rails.

Plus l'engouement pour le rail *Barlow* avait été prompt, irréfléchi, plus le découragement a été complet. On a condamné le principe sans se demander si c'est bien le principe qui est coupable de l'échec du système. Quel est, cependant, le principe nouveau qui réussit du premier coup, qui trouve d'emblée sa vraie formule pratique?

193. *Rail de M. Hartwich.* — Si une des principales objections contre le rail *Barlow* dérive de sa forme, au point de vue du laminage, le rail de M. *Hartwich* (Pl. IX, *fig.* 4 à 13) résout complétement cette difficulté, puisque les largeurs du champignon et du patin n'excèdent pas celles des rails *Vignole* ordinaires; ou du moins la difficulté de la fabrication ne croît qu'en raison de l'augmentation de poids du paquet, augmentation nécessaire, la longueur des barres ne pouvant être réduite et les joints multipliés sans de graves inconvénients. Cette augmentation de poids, correspondant seulement à une plus grande hauteur du corps, est d'ailleurs faible, si on la compare aux avantages qu'elle paraît procurer. Tout le système réside, en effet, dans cet accroissement de hauteur. C'est grâce à lui que le rail peut se suffire à lui-même, et se passer de tout support.

Le rail *ministériel* prussien a $0^m,131$ de hauteur. M. *Hartwich* conserve le champignon et le patin; il porte seulement la hauteur à $0^m,288$; le poids croît dans le rapport de 1 : 1,56 (*fig.* 4); mais aussi le moment de résistance est quadruplé. Ainsi, ce n'est plus par l'élargissement de la base que l'auteur répartit la pression sur une surface suffisante ; c'est, en réalité, par l'allongement de cette base, et il obtient cet allongement effectif par l'augmentation de la hauteur, et par la roideur qui en résulte pour le solide. Rien de plus juste que cette idée ; elle est parfaitement conforme aux principes de l'emploi judicieux et économique des matériaux. On peut, il est vrai, redouter l'instabilité et la tendance au flambage d'un rail aussi haut ; c'est aux moyens de contreventement d'y pourvoir, et l'expérience seule peut guider dans la disposition des entretoises. Les deux files de rails sont reliées par deux étages de fers ronds *t*, *t*, filetés aux bouts ; les parties taraudées s'infléchissent normalement au rail, incliné au $\frac{1}{16}$; des écrous *m*, *m*, placés extérieurement et intérieurement aux rails, permettent de régler facilement leur écartement et leur inclinaison. Les joints sont consolidés par des éclisses *e*, *e*, et par une plaque inférieure *p*, *p*, réunie par six boulons à autant de taquets *t*, *t*, *t*, qui serrent le patin du rail ; les boulons s'engagent dans des encoches *α*, *α* (*fig.* 4) afin de fixer invariablement la position de la plaque de joint relativement au rail. Par suite de sa grande hauteur, les boulons d'éclisses sont étagés sur deux lignes, quatre en haut et quatre en bas. Les entretoises *t* ont 2$^{cent.}$,63 de diamètre ; il y en a six par rail de 6^{m},60.

Comme le rail *Barlow*, et plus encore, le rail de M. *Hartwich*, enfoui dans le ballast (*fig.* 13), est à peu près soustrait à l'influence des variations de température. La butée latérale est amplement garantie ; mais peut-être n'en est-il pas de même de la résistance au déplacement longitudinal des rails, déplacement combattu seulement par le frottement du ballast, sur de grandes surfaces, il est vrai. On pourrait, au besoin, appliquer de distance en distance une feuille de tôle verticale sur les entretoises ; il ne paraît pas, au surplus, que l'expérience ait fait sentir la nécessité d'arrêts de ripage spéciaux.

Le rail, à base plate, n'exigeant pas de bourrage *en creux* et la formation d'un noyau, doit par cela même se prêter à l'emploi de la pierre cassée : considération sur l'importance de laquelle il est inutile d'insister.

Deux tronçons de 680 mètres de longueur, avec pente de 0,014 et courbe de 700 mètres, ont été établis sur le chemin rhénan, l'un sur la ligne de *Coblentz* à *Oberlahnstein*, l'autre sur celle de *Euskirchen* à *Mechernich*. La difficulté du laminage, sans appareils spéciaux, n'a pas permis de donner aux rails plus de 5^{m},65 de longueur. Les trains, remorqués par des locomotives-tender de 37^{t},5, circulent à la vitesse de 50 kilomètres par heure. Autant qu'on peut en juger par une expérience encore récente (deux ans), la disposition imaginée par M. *Hartwich* atteint son but, et réalise la suppression du bois sans sacrifier, — bien loin de là, — aucun des avantages dont l'emploi du bois était regardé comme une condition ***sine quâ non.*** D'après M. ***Hartwich***, le rail de $0^m,288$ a un excès de force, et pourvu que le ballast soit de bonne qualité, la hauteur peut être réduite à $0^m,235$; ce qui nivellerait les prix d'établissement de la nouvelle voie et de la voie sur traverses en bois.

L'auteur indique, comme conséquence assez naturelle, en effet, de son système, une notable économie de ballast. Le travail d'entretien, le bourrage, au lieu de comprendre toute la plate-forme, n'affectant plus qu'une zone étroite au droit de chaque rail, le ballastage peut être restreint pour chaque voie, a deux tranchées longitudinales L, L, simplement assez larges pour que le travail puisse se faire facilement sans dénaturer le ballast par son mélange avec le terrain encaissant (*fig.* 13). Un drainage est alors nécessaire pour l'asséchement. Quand, au surplus, l'expérience condamnerait cette disposition de détail et conduirait à conserver le ballastage complet, il est clair que le système lui-même n'en recevra aucune atteinte si ses avantages capitaux se confirment.

194. *Rails composés ou rails d'assemblage.* — Les rails dont il s'agit dérivent du rail de M. ***Barlow***, qui lui-même a proposé diverses formes de rails composés (Pl. IX, *fig.* 18, 19, 20) ; mais on renonce à l'unité pour échapper aux difficultés que présente la fabrication d'un rail ayant à la fois une grande hauteur et une grande largeur : soit qu'il ait, comme le rail ***Barlow***, la forme d'une selle, soit que sa tige soit simple. Le rail est alors formé de pièces faciles à laminer, et assemblées au moyen de boulons ou de rivets. D'un autre côté, si on ne peut nier les inconvénients et la complication de ces assemblages, on fait ressortir, comme une compensation bien plus que suffisante, l'avantage déjà cité plus haut (99) de l'indépendance du champignon, qui permet de remplacer seulement la partie qui se détruit, de la faire seule en acier, etc.

Le rail proposé par M. *de Waldegg* (Pl. X, *fig.* 27) n'est autre chose qu'un rail ***Barlow***, formé d'une tête et de deux ailes, réunies par des rivets. — Il n'y a pas lieu d'insister sur ce projet, qui jusqu'à présent, n'a pas reçu d'exécution.

195. *Lignes de l'union du nord de l'Allemagne.* — Les directions de ces chemins de fer se sont concertées, en **1863**, pour mettre à l'étude la question des voies métalliques. On a adopté, comme type général, le rail sans supports, composé essentiellement d'une tête (*Kopfschiene* ou *Oberschiene*), et de deux cornières (*Unterschiene*) formant la tige élevée et la large base du rail. Des entretoises relient les deux files de la voie.

Les types particuliers diffèrent d'ailleurs non-seulement par la hauteur et la largeur, mais aussi par l'angle plus ou moins ouvert des cornières, et surtout par la position et par le mode d'attache des entretoises.

1° ***Brunswick.*** — Le chemin du Brunswick, sur les indications de M. ***Scheffler***, a appliqué les trois formes (Pl. VIII, *fig.* 18 à 24).

Dans le type n° 1 (*fig.* 18, 20, 21), les entretoises T ont été placées sous le rail par assimilation avec les traverses; assimilation fort peu fondée d'ailleurs, car dès que le rail est constitué assez solidement pour être posé immédiatement sur le ballast, dès qu'il s'agit non plus de le décomposer en travées par des appuis, mais seulement de résister aux efforts horizontaux, les entretoises doivent évidemment être rapprochées du point d'application de ces efforts, c'est-à-dire du champignon. Il en est des entretoises inférieures du type n° 1, comme des traverses inférieures des voies sur longrines en bois, citées plus haut (123).

Les entretoises T étant droites, l'inclinaison est donnée au rail par les cornières. Il en faut donc de deux formes : l'une, à angle aigu, pour l'intérieur de la voie; l'autre, à angle obtus, pour l'extérieur (*fig.* 18).

Dans le 2e type (*fig.* 22, 23 et 24), les entretoises θ, espacées de 1m,43, sont rivées sur la double tige, munie d'une fourrure intérieure *f*. Dans le troisième (*fig.* 25, 26, 27), elles sont en fer en U, courbées aux deux bouts, et fixées de chaque côté par quatre boulons F (*fig.* 26 et 27).

Dans les trois types, les joints des cornières sont munis d'une plaque ou couvre-joint inférieur P, boulonnée, et avec trous ovalisés dans les rails. Quant aux joints de la tête, ils n'exigent aucune pièce additionnelle, les cornières remplissant à son égard les fonctions de couvre-joints.

Les rivets ont tout à fait disparu dans le modèle n° 3, et sont remplacés par des boulons. Celui (B) (*fig.* 27) qui fixe la tête est conique, afin de fonctionner en même temps comme clavette de serrage à l'égard de la tête, et de la maintenir bien appliquée sur les portées, qui ont été, de plus, élargies.

Les types 1 et 2 ont été installés côte à côte, l'un sur une voie, l'autre sur l'autre voie, et sur une section très-fréquentée entre ***Brunswick*** et ***Wolfenbuttel.*** La voie ainsi établie, et ballastée en gros gravier est bonne; elle paraît même souffrir moins que la voie ordinaire sur traverses en bois, de la suspension de l'entretien pendant les froids prolongés. Les boulons, dont on pouvait craindre le relâchement, se comportent très-bien et semblent dès lors préférables aux rivets, qui entraînent toujours dans l'entretien des voies une sujétion fâcheuse.

On ne peut d'ailleurs se prononcer encore formellement sur le résultat d'une expérience qui ne remonte qu'à la fin de 1864. Elle est plus récente encore par le troisième spécimen, qui a été, avec raison, placé en courbe.

L'*Oberschiene* échappe presque complétement à l'oxydation, mais l'immunité ne paraît pas être aussi entière pour l'*Unterschiene*; il est atteint par la rouille, incomparablement moins, toutefois, que les rails ordinaires non parcourus par les trains. Sous ce rapport, le résultat semblerait un peu moins satisfaisant avec les rails composés de Brunswick qu'avec les traverses métalliques essayées en France (189).

2° *Hanovre.* — *Cologne à Minden.* — Le type essayé sur les chemins de Hanovre et de *Cologne* à *Minden* (*fig.* 14, 15 et 16 et 17), est analogue aux n°s 2 et 3 de Brunswick. Il en diffère seulement : 1° par l'angle plus obtus des cornières et dès lors par la forme en selle du couvre-joint inférieur P; le rail présente aussi une section en dos d'âne, favorable à sa stabilité; 2° par la section du couvre-joint, qui est un fer d'angle; l'aileron vertical P augmente la roideur, et, ce qui est sans doute le point essentiel, il est propre à combattre la tendance à l'entraînement longitudinal du rail (105); 3° par la rivure du couvre-joint sur la cornière intérieure; la cornière extérieure est seule boulonnée; 4° par le double rôle du boulon supérieur *b* (*fig.* 15), qui sert à fixer à la fois la tête, et l'entretoise *t*, rapprochée de la tête A. Les entretoises sont espacées de 3 mètres. Les boulons d'assemblage de la tête présentent d'ailleurs de deux en deux (*fig.* 17) la disposition appliquée au type n° 3 de Brunswick; leur longue tête, pyramidale B (*fig.* 14), pressant, en *m*, la tige du rail, en *p* et *q* les ailes, fonctionne comme une clavette de serrage. C'est un perfectionnement réel, mais peut-être insuffisant.

Un premier essai, fait sur une longueur de 1.500 mètres, ayant donné des résultats satisfaisants, il vient d'être étendu à un nouveau tronçon de même longueur.

3° *Wurtemberg; Aix-Dusseldorf-Ruhrort; Oppeln à Tarnowitz.* — La disposition essayée sur ces lignes est celle de MM. *Köstlin* et *Battig*, de *Vienne* (Pl. VIII, *fig.* 12, 13 et 29, et Pl. IX, *fig.* 28), caractérisée par la forme en dos d'âne du rail composé, et par la position inférieure des entretoises, fers à T simple ou double; la tête et les cornières ont la même longueur, 6m,84 (24 *Schuh*) : les joints de ces trois pièces sont également répartis, et par suite espacés de 2m,28. Tel est aussi l'intervalle des entretoises, de sorte qu'il y en a une à chaque joint, soit de la tête, soit des cornières.

Tous les joints sont à dilatation libre, condition que les auteurs regardent comme nécessaire, non-seulement pour la tête, mais aussi pour les ailes, assemblées par l'intermédiaire des entretoises. L'emploi des boulons à l'exclusion des rivets (*fig.* 29) permet de compter sur cette liberté pour la tête, mais guère pour les ailes, le ballast devant obstruer bientôt l'excès de largeur des trous. Les variations de température doivent du reste être faibles, pour des feuilles peu épaisses, et protégées par le ballast.

Les trous de la tige sont ovalisés dans le sens de la longueur, mais leur hauteur est nécessairement égale au diamètre du boulon. Il reste à savoir si cela suffira pour assurer l'application de la tête sur ses portées. Les auteurs paraissent eux-mêmes en douter, puisqu'ils ont proposé de substituer aux boulons des rivets posés très-chauds, d'un diamètre un peu plus fort que la hauteur du trou ovalisé, et forcés dès lors de s'y épanouir horizontalement, sans cependant l'obstruer tout à fait. Cela vaudrait mieux peut-être que le boulon ; mais sans parler de l'énorme résistance développée par le frottement du rivet, et qui peut aboutir, en fait, à la suppression du jeu, ce ne serait là sans doute qu'un expédient temporaire. Si les boulons d'éclisses résistent si bien, c'est que leur corps n'est jamais atteint par le rail, et qu'ils travaillent seulement par traction. Les boulons du rail composé sont dans des conditions bien différentes, et il est à craindre que le mattage des surfaces, les petits chocs continuels entre la tige du rail et le corps des boulons ne produisent bientôt une séparation. Le rappel de la tige, par un serrage à coin, indiqué tout à l'heure, semble donc tout à fait indispensable.

La disposition primitive (Pl. VIII, *fig*, 29) a reçu quelques modifications suggérées par l'expérience : la hauteur a été un peu augmentée, et des rivets ont été substitués aux boulons pour la liaison des entretoises avec le rail (*fig.* 12). On a fait le contraire en Brunswick ; et c'est probablement dans ce cas qu'on a eu raison.

196. M. W. ***Jordan***, de *Göttingue*, s'est préoccupé, non sans raison, du danger de l'application imparfaite de la tête sur ses portées ; il en résulterait un *claquement* semblable à celui qui se produit entre le rail à champignon, et la semelle des coussinets (39). La *fig.* 28, Pl. X, représente la disposition proposée par M. *Jordan* pour éviter ce grave inconvénient. Elle revient, comme on le voit, à transformer les ailes en véritables éclisses-cornières, à appendices très-larges, et emboîtant un rail symétrique, permettant le retournement. Les doubles portées inclinées des ailes assurent en effet, sous l'action du serrage des boulons, travaillant seulement par traction, un contact intime entre le rail et ses appuis immédiats; mais l'auteur n'obtient cet avantage qu'en ajoutant au rail un renflement inférieur, à peu près sans profit pour la résistance du système. C'est acheter trop cher un avantage, réel d'ailleurs; aussi comprend-on jusqu'à un certain point que M. *Jordan* ait tâché d'utiliser cet accroissement de poids pour le retournement, et adopté en conséquence la forme symétrique. Mais cela ne suffit certes pas pour justifier le poids considérable du système.

M. *Mazilier* avait déjà, au surplus, indiqué une disposition qui ne différait de la précédente que par la forme rectangulaire des fers d'angle C, qui forment l'éclisse et l'aile inférieure. En faisant l'angle obtus M. *Jordan* améliore la roideur du rail composé et sa butée latérale ; c'est quelque chose, mais ce n'est pas assez pour rendre le principe acceptable.

197. Les *fig.* 24 à 27, Pl. IX, représentent deux formes de rails composés, proposées par M. *H. Scheffler*. La première (*fig.* 24) soustrait les épaulements du champignon à la charge, qui est reportée sur la base du *Kopfschiene* A. L'*Unterschiene* est alors formé d'un seul fer à T, infléchi au sommet B. Le second type est analogue à ceux que nous venons de passer en revue; il n'en diffère guère que par la grande longueur de la tête, et paraît inférieur aux modèles (Pl. VIII, *fig.* 14 à 17) de Hanovre et de *Cologne* à *Minden*.

198. En somme, la question de la suppression du bois est étudiée aujourd'hui en Allemagne, en France, et dans l'Inde anglaise, avec un redoublement de zèle. On sent que le succès est nécessaire, et les résultats obtenus permettent de le regarder comme très-probable, surtout en présence du bas prix du fer. On ne peut guère se hasarder encore à porter un jugement sur la valeur des divers systèmes en présence; toutefois, le rail de M. *Hartwich* nous semble être celui qui a le plus de chances de succès, et nous placerions au dernier rang les rails formés de pièces assemblées, soit par des rivets, soit par des boulons. Il reste toujours, d'ailleurs, à approprier les voies métalliques, celle de M. *Hartwich* exceptée, au ballast en pierre cassée, le seul dont on puisse disposer dans beaucoup de cas.

CHAPITRE IX.

POINTS SPÉCIAUX DE LA VOIE.

La disposition des éléments de la voie doit être modifiée : 1° dans les courbes; 2° sur certains ouvrages d'art; 3° à la traversée des routes; 4° à la traversée des voies de fer entre elles; de plus, 5° des appareils mobiles sont nécessaires pour permettre aux trains ou aux véhicules isolés de passer d'une voie sur une autre.

Nous traiterons dans le même chapitre deux sujets qui doivent naturellement être compris dans l'étude de la voie, savoir : les dispositions qui permettent d'éviter les transbordements pour la traversée des grands cours d'eau, et les raccordements industriels.

§ 1. — Modifications dans les courbes.

199. *Jeu de la voie.* — Si chaque paire de roues formait un cône roulant, ayant son sommet au centre de la courbe et sollicité, par suite de la non-symétrie des réactions des deux rails, par une force centripète égale à la force centrifuge correspondant à la vitesse et au rayon, le mouvement s'opérerait, en courbe, *librement*, c'est-à-dire sans autres résistances que celles qu'il faut surmonter en alignement droit.

Pour se rapprocher plus ou moins de cette situation idéale, on peut agir sur le matériel roulant, et sur la voie. C'est seulement à ce dernier point de vue que nous examinerons en ce moment la question, en supposant dès lors le matériel disposé comme il conviendrait qu'il le fût au point de vue des alignements droits, c'est-à-dire ayant des essieux invariablement parallèles et des bandages d'une faible conicité, $\frac{1}{20}$ environ (55 et suiv.).

La première condition est évidemment que les mentonnets puissent s'inscrire entre les rails, non-seulement sans tension, sans que le système soit *forcé*, à l'état de repos, mais encore sans contact et même avec un certain jeu.

Un véhicule à écartement d'essieux, d, étant posé sur la voie, en alignement droit, exactement dans la position moyenne, chaque essieu peut se déplacer normalement à la voie de $\frac{j}{2}$, j étant le ***jeu de la voie.*** Si l'on suppose que la voie se courbe successivement suivant des arcs de rayons décroissants, sans cesser d'avoir son centre sur l'axe transversal du véhicule et de toucher les jantes aux mêmes points α, β, γ, δ (Pl. VIII, *fig.* 7 et 8), les rails se rapprocheront de plus en plus des mentonnets, et les atteindront lorsqu'on aura OA (*fig.* 7) $=$ O'A' (*fig.* 8).

Or, r étant le rayon moyen de la jante, m la hauteur du mentonnet, ρ le rayon de la courbe-limite, pour laquelle le contact a lieu, d l'écartement des essieux, on a (*fig.* 7) :

$$AC = AO + \frac{d}{2} = \sqrt{(2\rho - BC) \cdot BC} = \text{à peu près } \sqrt{2\rho . BC} \,\Big|\, OA = O'A' =$$

$$= \text{à peu près } \sqrt{2rm}.$$

A cause de $BC = BD + DC$, $BD = \frac{d^2}{8\rho}$, $DC = \frac{j}{2}$,

$$\sqrt{2rm} + \frac{d}{2} = \sqrt{2\rho\left(\frac{d^2}{8\rho} + \frac{j}{2}\right)} \qquad \text{d'où} \qquad \rho = \frac{1}{j}\left(2rm + d\sqrt{2rm}\right).$$

Pour

$$r = 0^m,50, \; m = 0^m,03, \; d = 3^m,50, \; j = 0^m,024,$$

on a

$$\rho = 26^m.$$

Alors seulement, le jeu a disparu, et l'inscription devient impossible. Il y a donc de la marge.

Pour un rayon $\rho' > \rho$ (*fig.* 9), le demi-jeu diminue seulement de la quantité dont le rail s'est rapproché du mentonnet, c'est-à-dire du point A, tel que $OA = \sqrt{2rm}$. On a donc, j' étant le nouveau jeu :

$$\frac{j'}{2} = IA = EC = B'C - B'E = B'D + DC - B'E.$$

Or

$$B'D = \frac{d^2}{8\rho'} \;\Big|\; DC = \frac{j}{2} \;\Big|\; B'E = \frac{1}{2\rho'}\left(2rm + d\sqrt{2rm} + \frac{d^2}{4}\right).$$

Reportant, et réduisant,

$$\frac{j'}{2} = \frac{j}{2} - \frac{1}{2\rho'}\left(2rm + d\sqrt{2rm}\right).$$

Il faut donc, pour conserver dans la courbe de rayon ρ', le jeu jugé utile en alignement droit, augmenter la largeur de la voie de

$$j - j' = \frac{1}{\rho'}\left(2rm + d\sqrt{2rm}\right).$$

Et encore, pour que le jeu fût le même en réalité, faudrait-il que le matériel roulant possédât, par suite des conditions de sa construction, une tendance à se placer, en courbe, dans la position moyenne, comme il tend à le faire en alignement. Or les véhicules à essieux parallèles tendent au contraire à prendre dans les courbes, une position oblique relativement à la corde de l'arc qu'ils occupent. Il convient donc, même sous ce rapport seulement, que le surécartement dépasse la valeur ci-dessus.

Il suffit d'ailleurs, ici, de constater ce premier motif de l'élargissement de la voie en courbe, élargissement qui devrait être d'autant plus grand que le rayon de la courbe est plus petit, et l'écartement des essieux plus grand, mais qui est limité par la largeur des bandages (*).

Le second motif est la conicité, utile dans certaines limites, pour le parcours en alignement droit (55 et suiv.), mais qu'il convient aussi d'utiliser autant que possible pour faciliter la circulation en courbe. Lorsqu'une paire de roues passe de l'alignement à la courbe, elle tend à continuer en ligne droite, et si le jeu était nul ou très-faible, le mentonnet de la roue extérieure viendrait immédiatement presser le bord du rail. Avec du jeu, le mentonnet n'intervient que plus tard ou même pas du tout (il s'agit d'une seule paire de roues), si le rayon de la courbe est assez grand. Par suite de la conicité, les jantes attaquent les rails, à l'extérieur par un rayon plus grand, à l'intérieur par un rayon plus petit que le rayon moyen, et ainsi se trouve réalisée *ipso facto* la transformation du système cylindrique en un cône roulant, mais à un degré souvent insuffisant, le sommet de ce cône étant plus ou moins au delà du centre de la courbe. Le surécartement des rails est, en effet, limité par la largeur des jantes, la roue intérieure devant porter d'une quantité suffisante sur le rail quand la roue conjuguée a son mentonnet appliqué contre le rail extérieur; de sorte qu'en pratique, le glissement aux jantes est seulement atténué.

La conicité, combinée avec l'augmentation du jeu, rend un autre service (moindre, il est vrai), par suite du déplacement transversal des rails relativement au système bi-conique. La résultante des réactions des rails sur les roues, — réactions non symétriques par suite de

(*) D'après M. *Bineau* (*Chemins de fer d'Angleterre*, p. 166), le jeu, uniforme partout, en alignement comme en courbe, était de $0^m,05$ environ sur les chemins anglais. Il s'en faut qu'il atteigne ce chiffre aujourd'hui, même en courbe, et il ne l'atteignait sans doute pas davantage à l'époque où M. *Bineau* écrivait, c'est-à-dire en 1839.

la conicité et de la légère inclinaison qui en résulte pour l'essieu, — est un peu inclinée sur la verticale ; de là une force centripète capable de faire équilibre à la force centrifuge, mais seulement dans des limites tout à fait insuffisantes de vitesse et de rayon, avec les valeurs ordinaires de la conicité et du jeu de la voie.

200. *Dévers de la voie.* — Cette insuffisance est d'ailleurs moins regrettable, puisqu'on a à sa disposition un moyen qui permet d'établir l'équilibre pour des limites aussi élevées qu'on le veut ; mais, il est vrai, avec l'inconvénient grave de ne convenir qu'à ces limites elles-mêmes au lieu de convenir aussi, comme le ferait l'action combinée d'une conicité et d'un jeu suffisants, à tous les degrés intermédiaires.

Tout le monde sait que le principe appliqué sur les chemins de fer consiste à incliner la voie vers le centre de la courbe, et à placer ainsi les véhicules sur un plan incliné sur lequel ils sont maintenus en équilibre par l'action de la force centrifuge et de leur poids ; ce qui donne immédiatement pour l'inclinaison α du plan, déterminée, comme on le fait toujours, sans tenir compte de la petite force centripète due à la conicité :

$$\text{tang.}\,\alpha = \frac{V^2 - g\rho f}{g\rho + fV^2}.$$

On néglige même le frottement, ce qui augmente un peu le dévers.

La différence de niveau S des deux rails est donc :

$$S = \frac{eV^2}{g\rho},$$

e étant la largeur de la voie.

Le surhaussement est toujours calculé pour les trains les plus rapides ; mais comme il est nécessairement limité, la vitesse doit l'être elle-même, ne fût-ce que pour ce motif, dans les courbes de petit rayon. — La sécurité exige d'ailleurs qu'il en soit ainsi.

Aux États-Unis, le dévers atteint $0^{m},25$.

Sur l'Est français, sa valeur maximum est fixée à $0^{m},08$, et il est réglé :

1° Pour une vitesse de $64^{\text{kilom.}},8$ (18 mètres par seconde), sur les lignes où circulent des trains *express* et *poste ;*

2° Pour une vitesse de $50^{\text{kilom.}},4$ (14 mètres par seconde), sur les lignes parcourues seulement par des trains *omnibus ;*

3° Pour une vitesse de 36 kilomètres (10 mètres par seconde), dans quelques courbes de rayons exceptionnellement réduits, et placées aux abords des stations.

En rampe modérée, la vitesse est plus grande à la descente qu'à la remonte. Il conviendrait donc, pour tenir compte de cette différence, de donner un dévers plus grand à la voie descendante qu'à la voie montante; mais cet écart devrait varier avec l'inclinaison et suivant la position de la courbe relativement aux stations; de là une complication qui ne permet guère d'établir, comme une règle générale, l'inégalité des dévers sur les deux voies dans les courbes en rampe. Sur le réseau de l'Est, on l'applique seulement aux points où l'inégalité des vitesses est constante et notable.

On a adopté, sur le chemin du Palatinat, les valeurs suivantes pour le surécartement et la surélévation :

RAYONS.	SURÉCARTEMENT.	SURÉLÉVATION.	
mètres.	millim.	centim.	
2.000	0	1,5	Largeur normale en alignement droit: 1m,435.
1.500	0	2,0	
1.200	0	2,5	
1.000	3	3,0	
900	5	3,3	
800	7	3,8	
700	8	4,4	
600	10	5,2	
500	12	6,3	
400	15	8,0	

Sur les lignes de l'État, en Bavière, le surécartement ne commence qu'à partir du rayon de 875 mètres et il est :

RAYONS.	SURÉCARTEMENT.	
mètres.	millim.	
Jusqu'à 730	4,6	Largeur en alignement droit : 1m,4372.
de 730 à 584	6,1	
de 467 à 438	10,4	
de 408 à 379	13,3	
pour 330	16,2	
pour 321	19,5	
pour 292	22,2	Surélévation : 11c,67.

Dans les gares on admet un surécartement de 23millim,8, excepté sur les voies principales.

Au chemin de *Steïerdorf* (Banat), la largeur normale de 1m,436 est portée, dans les courbes, à $1^m,467$. Ce surcroît de 3 centimètres est tout à fait insuffisant dans les courbes de 114 mètres, très-nombreuses sur cette ligne, mais la largeur des jantes ne permettait pas d'aller au delà.

La réunion de ***Dresde*** (1865), tout en admettant que le rayon minimum des courbes, fixé autant que possible à 300 mètres, même pour les chemins de montagne, peut descendre par exception jusqu'à 180 mètres, a cependant indiqué pour maximum absolu de l'élargissement $0^m,025$ (*). Elle conseille aussi de conserver la largeur courante tant que le rayon n'est pas inférieur à 600 mètres.

La première prescription résulte de la nécessité d'assurer non-seulement sans danger de déraillement, mais aussi en garantissant une portée suffisante des roues sur les rails, la circulation des matériels des diverses lignes, dont les cotes ne sont pas uniformes. Mais en prenant les limites les plus défavorables admises par les ***Vereinbarungen***, on reconnaît que le jeu pourrait être poussé un peu plus loin dans les courbes très-roides.

L'article 113 fixe, en effet, pour le jeu en alignement droit, 10 millimètres au moins et 25 millimètres au plus, ce dernier chiffre correspondant à la plus grande usure tolérable des mentonnets. On a, d'ailleurs (Pl. VIII, *fig.* 10) :

$AB = 1^m,436$ en alignement (art. 6).

$CD = 1^m,357$ au moins (art. 114).

$DE = 0^m,127$ au moins (art. 115).

pour une paire de roues, au maximum d'usure, et ayant l'un des mentonnets b appliqué contre le rail, le jeu-limite est $0^m,025$ en alignement. On a donc, x étant l'épaisseur minimum d'un mentonnet usé :

$$CH = 1^m,357 + x + 0^m,025; \qquad CH = 1^m,436 - x,$$

d'où

$$x = 0^m,027,$$

et

$$EH = 0^m,127 - (0^m,027 + 0^m,025) = 0^m,075.$$

Avec l'écartement supplémentaire de $0^m,025$ en courbe, la portée de la jante sur le rail serait donc encore $0^m,050$; elle pourrait être sans inconvénient réduite de $0^m,01$.

(*) *Vereinbarungen*, etc., art. 17.

Sur le Nord français, le surécartement est :

Jusqu'à 400 mèt.	de 400 à 200 mèt.	de 200 à 100 mèt.	Écartement normal, en alignement droit : 1m,445.
0	10 millim.	20 millim.	

Le calage des roues donne, avec la largeur normale de 1m,445, un jeu de 0m,025 aux essieux de wagons et 0m,03 aux essieux de machines. La conservation de la largeur normale jusqu'à 400 mètres de rayon paraît peu justifiée, surtout pour une ligne sur laquelle la vitesse est considérable, et où l'on s'est attaché dès lors, avec raison, à donner de grands écartements aux essieux extrêmes du matériel roulant.

On a, au surplus, été plus loin encore sur les réseaux de *Paris* à la Méditerranée, et de l'Ouest. Sur le premier, le surécartement n'a lieu également qu'à partir de 400 mètres; il est aussi de 0m,01, mais il ne croît pas pour les rayons inférieurs. Sur le second, le gabarit a toujours 1m,45, en courbe comme en alignement, quel que soit le rayon.

Sur le Nord, les surélévations sont :

RAYONS.		SURÉLÉVATION.	VITESSE.
	mètres.	centim.	kilom.
Jusqu'à	2.000	3,80	80
—	1.500	5,06	80
—	1 200	6,33	80
—	1.000	7,60	80
—	900	8,40	80
—	800	8,40	75
—	700	5,90	60
—	600	7,35	60
—	500	5,90	50
—	400	7,38	50
—	300	9,80	50

L'influence d'un excès du dévers, pour les trains à marche lente, a été mise en évidence sur la pente de *Chantilly* à *Creil* (Nord français). On a vu plus haut (106) que les rails de la voie descendante, qu'on avait omis d'arrêter sur les traverses, marchaient dans le sens des trains. Dans les courbes, la progression n'était pas la même pour les deux files, et on remarqua, non sans surprise, qu'elle était plus prononcée pour la file intérieure. L'inégalité en sens contraire eût semblé naturelle, le rail extérieur étant celui qui, par ses impulsions successives sur les mentonnets, imprime aux véhicules leur déviation centripète. L'anomalie apparente s'explique par l'action des trains à faible vitesse normale et par celle des trains omnibus, plus rapides, mais qui ralentissent leur marche aux abords des stations.

Sur l'Ouest français, la surélévation est de :

	mèt. 0,015	mèt. 0,030	mèt. 0,040	mèt. 0,065	mèt. 0,075	mèt. 0,100	mèt. 0,110	mèt. 0,130
Pour des rayons de. . .	3.000	2.000	1.500	1.000	600	400	250	250

Sur le réseau de *Paris* à la Méditerranée, une instruction du 1er avril 1863 fixait le dévers comme il suit :

RAYONS.	SURÉLÉVATION pour une vitesse de 50 kilomètres.	SURÉLÉVATION pour une vitesse de 40 kilomètres.
mèt.	mèt.	mèt.
2.000	0,025	0,020
1.500	0,033	0,027
1.000	0,050	0,040
600	0,083	0,067
400	0,125	0,100
350	0,143	0,114

Mais une instruction postérieure (23 octobre 1864) l'a augmenté.

« L'expérience, » dit-elle, « a montré que le dévers calculé seulement à « raison de la force centrifuge n'était pas suffisant. Ainsi, dans la partie du « chemin de fer comprise entre *Blaisy et Dijon*, un chef poseur très-in- « telligent était arrivé à donner dans les courbes de 1.000 mètres un « dévers de $0^m,07$, correspondant à une vitesse de 77 kilomètres, bien que « la vitesse fixée pour les trains ne fût pas au-dessus de 60 kilomètres à « l'heure ou de $16^{kil.m.},67$ par seconde, et que le dévers correspondant à la « force centrifuge due à cette vitesse ne fût que de $0^m,043$. La locomotive, « en passant dans ces courbes, faisait entendre un grincement parfaite- « ment caractérisé toutes les fois que le dévers n'était pas assez fort, et ce « grincement cessait à peine lorsque le dévers était porté à $0^m,06$. Nous en « avions conclu que, dans ces conditions, le dévers ne devait pas être au- « dessous de $\frac{0^m,06 \times 1000}{R} = \frac{60}{R}$; mais aujourd'hui que la vitesse des trains

« sur la ligne principale est augmentée, nous estimons que sur cette ligne, « la formule $\frac{70}{R}$ n'est pas trop considérable. De même, dans la partie com- « prise entre *Clermont-Ferrand et Brioude*, où les courbes sont roides, on « a été conduit à donner un dévers de $0^m,13$ (correspondant à une vitesse de « 57 kilom.) dans les courbes de 300 mètres, bien que la vitesse ne dût pas y « dépasser 40 kil., et que le dévers correspondant à la force centrifuge due « à cette vitesse ne fût que $0^m,061$..... Une autre preuve que la nécessité du « dévers ne doit pas provenir seulement de la force centrifuge, c'est que, « dans les courbes roides des gares, les trains marchant sans vitesse dé- « raillent cependant quelquefois ; et que lors de la mise en exploitation des « voies provisoires de *Terrenoire* (*), les machines à faible vitesse dérail- « laient dans les courbes de 230 mètres, quand le dévers était inférieur à « $0^m,14$. On voit aussi dans les courbes roides des gares, malgré le dévers, le « côté intérieur du rail concave offrir une facette luisante, provenant de ce « que ledit rail est constamment attaqué par les roues des machines qui, « à cause de la rigidité des châssis, tendent à monter sur lui. »

Le réseau a été, en conséquence, divisé en quatre groupes :

1° Lignes à grands rayons de courbure et à très-grande vitesse, sur lesquelles la formule du dévers est $\frac{70}{R}$;

2° Lignes à grands rayons de courbure et à grande vitesse, sur lesquelles la formule est $\frac{60}{R}$;

3° Lignes à rayons moyens et à vitesse moyenne, formule $\frac{50}{R}$;

4° Lignes à petits rayons et à faible vitesse, formule $\frac{40}{R}$.

Ces valeurs peuvent être réduites à moitié dans les gares où tous les trains à grande vitesse, même les trains spéciaux, s'arrêtent ou ralentissent. On recommande, par contre, de forcer un peu ces valeurs sur les pentes où il y aura lieu de craindre que la vitesse fixée pour les trains les plus rapides de la ligne soit notablement dépassée.

201. Si un excès de la surélévation peut atténuer la tendance des véhicules, des machines surtout, à dérailler vers l'extérieur des courbes, par suite de la rigidité de leurs châssis, ce résultat a certainement trop d'importance pour qu'on néglige de l'obtenir même au prix de quelques inconvénients. Mais il s'agirait de savoir si les faits observés sur le réseau de la Méditerranée tiennent véritablement

(*) Près *Saint-Étienne* (Loire).

à un excès de la surélévation, ou s'ils ne sont pas dus simplement à ce que celle-ci a été mise en harmonie avec des exagérations assez fréquentes de la vitesse. De ***Blaissy*** à ***Dijon***, par exemple, le chemin est en rampe de 0,008, et les mécaniciens ont une tendance bien connue à exagérer en pareil cas la vitesse à la descente, lorsqu'ils ont des retards qu'ils rachètent ainsi en partie sans consommer de combustible. Les grippements cités dans l'instruction précédente seraient moins prononcés si l'on avait augmenté le jeu de la voie ; et peut-être vaudrait-il mieux recourir à ce moyen, combiné avec la surélévation ordinaire — déjà plus que suffisante pour équilibrer la force centrifuge — que d'exagérer celle-ci.

Un certain excès de la surélévation théorique peut toutefois être justifié sur les pentes. Si, pour un véhicule unique, la force centrifuge tend seule à le faire sortir de la voie, ou à presser les mentonnets de ses roues extérieures contre le rail, il n'en est plus de même pour les véhicules réunis en train, lorsque le mécanicien, pour modérer la vitesse, fait agir le frein du tender et se sert au besoin de la contre-vapeur, qu'on commence, enfin, à utiliser, et avec un succès complet, comme moyen de ralentissement en tête. Les tampons sont alors pressés les uns contre les autres et, par suite de l'inflexion du système, inscrit dans la courbe, les tampons intérieurs d'un wagon quelconque rentrent plus que ses tampons extérieurs ; la direction des pressions auxquelles ils sont respectivement soumis à chaque bout, fait avec l'axe du véhicule un angle d'autant plus grand que le véhicule est plus long, et que le rayon de la courbe est plus petit ; les poussées sur les tampons ont ainsi une résultante dirigée vers l'extérieur, et d'autant plus grande, toutes choses égales d'ailleurs, que le véhicule est soumis à une *poussée* plus considérable, c'est-à-dire qu'il est plus rapprochée de la tête du train.

202. La surélévation en courbe se combine d'ailleurs, sur les remblais, avec celle qu'on y donne, en faisant la pose, aux deux rails extérieurs relativement à l'axe, afin de compenser le tassement qui affecte surtout les bords du massif. Cette surélévation initiale est ordinairement de 0m,02 environ.

203. *Répartition de la surélévation, avec les raccordements circulaires.* — L'application de la surélévation présente, dans le détail, une difficulté qui tient à la nature des courbes exclusivement admises jusqu'à ces derniers temps dans le tracé des chemins de fer.

Tandis que sur les routes, les raccordements des alignements droits sont presque toujours paraboliques, la forme circulaire a toujours prévalu jusqu'ici sur les chemins de fer. Il importe, en effet, l'angle des alignements et les points de tangence étant donnés, d'adopter pour les rayons la limite la plus élevée possible, et le rayon de l'arc de cercle est plus grand que le rayon minimum de l'arc à courbure variable. Mais d'un autre côté, en passant sans transition de l'alignement à un arc de petit rayon, les véhicules éprouvent une brusque déviation. De plus, la surélévation normale ne pouvant être donnée par un ressaut, il faut, ou la faire commencer avant l'origine de la courbe, — c'est-à-dire trop tôt, — ou la faire partir graduellement du point de tangence lui-même, et ne lui donner dès lors que trop tard la valeur qu'elle doit avoir.

C'est ordinairement le premier parti que l'on prend. L'instruction pour la pose des voies sur le *Gebirg's Bahn*, par exemple, prescrit d'atteindre la surélévation par une pente, placée sur la tangente.

Il en est de même sur l'Est français. Si l'alignement entre deux courbes de sens contraires est trop court, ou (ce qu'il faut d'ailleurs éviter autant que possible), si ces deux courbes se suivent immédiatement, la surélévation est nulle au milieu de la tangente, ou à l'origine commune des deux courbes, et à partir de là les deux rails extérieurs se relèvent graduellement.

Sur l'Ouest français, le surhaussement existe aussi dans toute l'étendue de la courbe, et il est racheté par une pente sur les tangentes, mais seulement en voie unique, parcourue dans les deux sens par les trains; en double voie, on suit une règle différente; le plan incliné est établi sur la tangente, à l'amont, et sur la courbe à l'aval; le surhaussement est d'ailleurs un peu forcé sur la voie extérieure.

L'inclinaison doit être assez faible, pour ne pas entraîner de perturbations notables dans la répartition du poids des véhicules, des machines surtout, entre leurs roues, qui s'appuient d'un côté sur des rails en pente et de l'autre sur des rails horizontaux. L'inclinaison est de 0,001 sur le *Gebirg's Bahn*, l'Est et l'Ouest français.

Sur le réseau de *Paris* à la Méditerranée, elle atteint 0,002 et même 0,003.

204. ***Répartition de la surélévation par une courbe de raccordement.*** — La nécessité de répartir le surhaussement par une pente douce conduit naturellement à l'idée de répartir graduellement aussi la courbure elle-même de manière à établir en chaque point, entre le dévers et le rayon, la relation qui doit exister entre ces éléments pour une vitesse donnée. Cette question, qui se rattache aux opérations du tracé, s'écarte de notre cadre ; mais comme elle se rattache, d'un autre côté, à un détail important de la voie elle-même, il est nécessaire d'en dire quelques mots.

ρ étant le rayon de l'arc de cercle adopté pour raccorder les deux alignements comprenant l'angle α, $t = \rho \cot. \frac{1}{2}\alpha$ est la longueur correspondante des tangentes, et $S = \frac{eV^2}{g\rho}$ la surélévation correspondante. $\frac{1}{i}$ étant l'inclinaison de la rampe sur laquelle on veut la répartir, la longueur développée L de la courbe à intercaler entre chaque alignement et l'arc de rayon ρ sera $L = iS$.

L'arc de cercle doit être remplacé, sur cette longueur, par une courbe dont le rayon, décroissant, à partir de l'alignement, depuis l'infini jusqu'à ρ, ait en chaque point la valeur qui correspond à la différence de niveau des deux rails au même point.

Les axes étant la tangente et la normale, l'origine à l'origine même de la courbe, et s et r la surélévation et le rayon au point dont l'abscisse est x, on a les conditions :

$$s = \frac{eV^2}{gr}, \ \frac{1}{i} = \frac{s}{x}, \qquad \text{d'où} \qquad \frac{gx}{eiV^2} = \frac{1}{r} = \frac{\frac{d^2y}{dx^2}}{\left\{1 + \left(\frac{dy}{dx}\right)^2\right\}^{\frac{3}{2}}}.$$

Si la courbe à rayon variable est supposée s'écarter assez peu de l'alignement pour que, dans toute son étendue, $\left(\frac{dy}{dx}\right)^2$ soit négligeable devant 1, l'équation précédente se réduit à

$$\frac{d^2y}{dx^2} = \frac{gx}{eiV^2}, \qquad \text{d'où} \qquad y = \frac{gx^3}{6eiV^2},$$

équation d'une courbe analogue à celle qu'affecte un prisme encastré à un bout, et sollicité à l'autre par un poids, la déformation étant assez faible pour qu'on puisse, comme ci-dessus, négliger $\frac{dy^2}{dx^2}$ devant 1.

Tel est le motif pour lequel *l'élastique* a été indiquée en Allemagne, par M. *J. Weisbach*, entre autres (*), comme la courbe qu'il convient d'intercaler entre l'alignement et l'arc de cercle, pour répartir la surélévation.

La même remarque a été faite depuis par M. *Chavès*, ingénieur au chemin de fer du Nord (**), à qui, du reste, l'ouvrage de M. *Weisbach* était certainement inconnu.

L'hypothèse d'un très-faible écart entre l'alignement et la courbe de raccordement n'est pas toujours admissible. On peut s'en affranchir, sans compliquer la solution, en formant cette courbe d'une série d'arcs de cercle tangents entre eux, de même longueur finie l, et en nombre $n = \frac{L}{l}$. Les n rayons successifs décroissants $R, R_1, R_2 \dots R_{n-1}$ (Pl. VIII, *fig. 4*), s'obtiennent comme il suit.

L'élément l étant assez petit, — une longueur de rail, par exemple, — on peut substituer à la hauteur variable de ses points une hauteur constante, celle de son milieu ; on aura donc :

Pour le 1er rayon R, à partir de l'alignement droit :

hauteur moyenne relative de l'élément l,

$$\frac{l}{2i} = \frac{eV^2}{gR}, \qquad \text{d'où :} \qquad R = \frac{2eiV^2}{gl} = \frac{2Si\rho}{l};$$

pour le 2e rayon, R_1 : hauteur moyenne de l'élément l,

$$\frac{2}{3}\frac{l}{i} = \frac{eV^2}{gR_1}, \qquad \text{d'où} \qquad R_1 = \frac{2S}{3}\frac{i\rho}{l};$$

pour le 3e rayon, R_2 : hauteur moyenne,

$$\frac{5}{2}\frac{l}{i} = \frac{eV^2}{gR_2}, \qquad \text{d'où} \qquad R_2 = \frac{5}{2}\frac{Si\rho}{l}$$

. . . .

pour le n^e rayon, R_{n-1} :

hauteur moyenne, $\frac{2n-1}{2}\frac{l}{i} = \frac{eV^2}{gR_{n-1}}$, d'où $R_{n-1} = \frac{2n-1}{2}\frac{Si\rho}{l}$.

(*) Voir : *Der Ingenieur*, par M. J. *Weisbach*, page 816 (*Vieweg* et fils, à *Brunswick*, 1863).

(**) *Note sur le raccordement rationnel des voies courbes et des voies droites* (Mémoires de la Société des ingénieurs civils, 3e cahier de 1865, page 339).

On a pour le $(n+1)^e$ rayon, R_n (1er élément l décrit du rayon ρ, et par suite horizontal),

$$\frac{2n-1}{2}\frac{l}{i}+\frac{1}{2}\frac{l}{i}=\frac{nl}{i}=S=\frac{eV^2}{gR_n} \quad \text{d'ou} \quad R_n=\frac{eV^2}{gS}=\rho$$

comme cela doit être.

Mais l'arc de rayon ρ, auquel on arrive ainsi, n'a plus son centre sur la bissectrice de l'angle formé par les deux alignements; les deux arcs, ayant leurs centres placés symétriquement de part et d'autre, se coupent, et il faudrait rétablir par un *coup de pouce* la continuité au sommet de la courbe, qui, outre ce jarret, s'écarte plus ou moins de l'arc de rayon constant qui s'étendrait d'un alignement à l'autre. Le point de tangente s'écarte aussi de l'origine du raccordement entièrement circulaire. Cette dernière conséquence, commune d'ailleurs à l'*élastique* et au tracé par arcs de cercle *finis*, serait indifférente pour une ligne à construire, dont le tracé n'est pas rigoureusement imposé ; mais lorsqu'il s'agit de régler d'une manière plus rationnelle la surélévation sur une ligne existante, il faut absolument que les écarts, relativement au tracé primitif, entièrement circulaire, soient très-faibles, et qu'un léger *coup de pouce* suffise d'ailleurs pour corriger le défaut de la discontinuité.

M. *Chavès* a prouvé qu'on y réussit à un degré suffisant pour la pratique, en plaçant simplement la courbe de raccordement bout à bout avec l'arc de cercle de rayon normal ρ. Les courbes de raccordement calculées par cet ingénieur, et que le chemin du Nord a adoptées, satisfont convenablement aux diverses conditions, et notamment à celle de s'écarter peu des parties de la tangente et de l'arc de cercle auxquelles elles se substituent, d'ailleurs, sur une faible longueur. Nous renverrons pour les développements, qui nous écarteraient trop de notre objet, au mémoire publié par l'auteur (*), mais en empruntant à ce travail les courbes qui l'accompagnent (Pl. III, *fig.* 1) et l'exemple que M. *Chavès* y a joint pour en faire comprendre l'usage :

« Soit à tracer une courbe de 1.000 mètres de rayon. On prendra la figure « n° 8, sur laquelle on trouve la quantité 14^m,89 dont le point de tangence « doit être avancé. A partir de ce point on construit la courbe rationnelle à « l'aide des abscisses 6^m, 12^m, 18^m,..... 36^m (rails de 6^m) et des ordonnées cor- « respondantes 0^m,0015 — 0^m,009 — 0^m,029,.. 0^m,223.

(*) *Memoires de la Société des ingénieurs civils de Paris,* 3e cahier de 1865, p. 339.

« La courbe ainsi construite en plan, il ne restera plus qu'à donner aux « traverses l'inclinaison voulue pour que les rails aient entre eux les sur- « haussements relatifs inscrits à la droite de la courbe, soit : 0m,0127 — « 0m,0253 — ..... 0m,076. A partir de ce dernier point, dont l'ordonnée est « 0m,223, l'arc de cercle commence à la même ordonnée; la portion précé- « dente (de 21m,11 de longueur), se trouvant, ainsi que la tangente de 14m,89, « remplacée par la courbe rationnelle.

« On devra seulement, comme d'habitude, régulariser à la pose le raccor- « dement des deux courbes, qui n'est pas rigoureusement la tangente com- « mune en ce point.

« Si l'origine de la courbe rationnelle ne tombe pas sur un joint — et « ce sera le cas le plus ordinaire — on n'en observera pas moins, pour le « tracé de cette courbe, les abscisses, ordonnées et hauteurs de surhausse- « ment indiquées par rapport au point de tangence. »

Pour un rayon de 400 mètres et une vitesse de 50 kilomètres, par exemple, le plus grand écart entre l'arc de cercle et la courbe est de 5centim.,9; la pente qui répartit la surélévation est d'un peu plus de 0,002, et la longueur totale de la courbe substituée à la tangente et à l'arc de cercle ne dépasse pas 36 mètres.

La surélévation, ou la différence de niveau des deux rails, est d'ailleurs obtenue par des inclinaisons contraires données aux deux files parallèles : ascendante pour la file extérieure, et descendante pour la file intérieure; de sorte que le niveau de l'axe de la voie n'est pas modifié.

La surélévation qui correspond aux très-petites vitesses est très-faible; elle peut donc être supprimée dans les gares principales, où tous les trains s'arrêtent, ainsi que dans les voies de garage.

205. *Courbes de raccordement, au point de vue de la déviation horizontale des véhicules.* — Lorsque, comme au chemin du Nord, on se préoccupe seulement de la question de la surélévation, la courbe qui relie les deux alignements droits n'est modifiée que vers ses extrémités; elle reste circulaire dans son ensemble. On améliore un détail de pose de la voie, sans affecter sensiblement le tracé; on n'a pas, en effet, à s'inquiéter, sur les lignes à grands rayons de courbure comme celle dont il s'agit, d'adoucir la déviation horizontale des véhicules, en la répartissant. Il n'en est pas de même sur les lignes à courbes raides. Il convient alors de remplacer l'arc de cercle, sur une partie souvent considérable de son développement, par une sorte d'anse de panier, sur la longueur de laquelle la différence de niveau et la déviation sont réparties simultanément. Mais c'est alors le second résultat qu'on a en vue, et cette condition domine le tracé, qui est déterminé en conséquence. Tel est le cas sur la ligne du Brenner (de *Vérone* à *Innsprück*); l'ingénieur en chef, M. *Thöme*, s'est imposé la condition d'atteindre ainsi par une série de rayons décroissants, les rayons de 300 mètres très-nombreux sur ce beau passage des Alpe du Tyrol.

206. *Différence des développements des arcs intérieur et extérieur.* Les joints correspondants, ainsi que la traverse qui les reçoit, doivent être placés sur une ligne exactement d'équerre sur l'axe de la voie. Dans les courbes, il faut, pour remplir cette condition, racheter la différence de longueur des deux arcs, intérieur et extérieur, et placer par suite sur l'arc intérieur des rails de longueur réduite. Mais il importe d'approprier un type unique aux divers rayons de courbure usuels, de simplifier les tâtonnements, et d'éviter les erreurs dans son emploi.

Avec le rail normal de 6 mètres, le rail réduit a $5^{m},96$ de longueur. La répartition de ce rail, pour les divers rayons de courbure, est réglée, sur le réseau de l'Ouest, par le tableau suivant :

RAYON de la courbe.	LONGUEUR de l'arc intérieur correspondant à une longueur de 6 mètres de l'arc extérieur.	DIFFÉRENCE entre l'arc extérieur de 6 mètres et l'arc intérieur correspondant.	NOMBRE de rails de 6 mètres à employer à l'extérieur pour un rail de $5^{m},96$ à l'intérieur.	NOMBRES ENTIERS réglant l'emploi du rail de $5^{m},96$. Nombre de rails de 6 mètres à l'extérieur.	Nombre de rails de $5^{m},96$ à l'intérieur.
1	2	3	4	5	6
mèt.	mèt.	mèt.			
250	5,9641	0,0359	1,114	11	10
300	5,9700	0,0300	1,333	13	10
350	5,9743	0,0257	1,556	31	20
400	5,9775	0,0225	1,778	9	5
500	5,9820	0,0180	2,222	11	5
600	5,9850	0,0150	2,667	27	10
700	5,9871	0,0129	3,101	31	10
800	5,9875	0,0125	3,200	16	5
1.000	5,9910	0,0090	4,444	22	5
1.100	5,9920	0,0080	4,969	5	1
1.200	5,9925	0,0075	5,333	53	10
1.300	5,9931	0,0069	5,780	29	5
1.400	5,9936	0,0064	6,220	31	5
1.500	5,9940	0,0060	6,667	67	10
1.800	5,9950	0,0050	8,000	8	1
2.000	5,9955	0,0045	8,889	89	10
2.500	5,9964	0,0036	11,111	111	10
3.000	5,9970	0,0030	13,333	133	10

Soit, par exemple, une courbe de 1.000 mètres.

D'après la colonne 4, il faut, pour chaque longueur de 4,444 rails de 6 mètres à l'extérieur, 1 rail de 5^m,96 à l'intérieur. On place d'abord sur le petit arc, 1 rail court sur 4 ; puis, comme la différence des développements est ainsi un peu exagérée, on place ensuite sur le petit arc 1 rail court sur 5, et l'on applique ainsi les deux proportions successivement, de manière à employer, en somme, comme l'indiquent les colonnes 5 et 6, 5 rails de 5^m,96, répartis le plus régulièrement possible, sur 22.

C'est seulement, on le conçoit, dans des cas très-particuliers que la longueur de la courbe se prêtera à l'application rigoureuse de cette règle. Lorsqu'il n'en sera pas ainsi, on pourra poser un rail de 5^m,96 sur la tangente, et regagner la différence finale des développements en la répartissant sur un nombre de rails assez grand pour éviter les joints trop larges.

La règle à suivre pour la répartition des rails courts est quelquefois un peu moins exacte, mais d'un énoncé sinon d'une application plus simple. Sur une partie du réseau *Paris*-Méditerranée, par exemple, la règle est formulée comme il suit : « Dans les courbes, « on emploiera pour l'arc intérieur un rail de 5^m,96, à la place d'un « rail de 6 mètres, toutes les fois que le bout du rail précédent dépas- « sera de 2 centimètres une équerre passant par l'extrémité du rail « extérieur qui lui correspond, et s'appliquant contre ce dernier. »

Pour les rayons de 200 mètres et au-dessous, des rails plus courts que 5^m,96 sont nécessaires. Sur le Nord, on combine avec ceux-ci des rails de 5^m,90 ; on se les procure sur place en enlevant à des rails de 6 mètres un tronçon de 0^m,10. Le trou d'éclisse qui subsiste se trouve placé à la distance convenable de l'extrémité, et il suffit d'en percer un second à 0^m,10 du premier.

Il convient d'ailleurs, pour ces courbes si roides, de renoncer à la correspondance des joints, et de les croiser. La *fig.* 21, Pl. VII, indique la modification admise alors sur le Nord dans les portées, afin d'assurer à tous les joints une égale solidité. On voit que cette modification revient essentiellement à mettre une traverse de plus, huit au lieu de sept, par longueur de rail.

§ II. Tendance de la voie à s'élargir dans les courbes.

207. En alignement droit, les mentonnets des roues ne pressent les rails qu'accidentellement, par suite des imperfections de la voie ou de celles du matériel roulant : traverses mal bourrées, inégalité des diamètres des roues conjuguées, défaut de parallélisme des essieux, traction oblique, etc. Il n'en est pas de même en courbe ; lors même que la vitesse est bien celle à laquelle correspond la surélévation, et que les roues s'inscrivent largement, au repos, entre les rails, les mentonnets interviennent par suite du parallélisme ou de la convergence insuffisante des essieux, et des liaisons des véhicules (201); ceux-ci pivotent à chaque instant autour d'un axe vertical, sous l'action des pressions exercées par le rail extérieur sur la roue d'avant, par le rail intérieur sur la roue d'arrière, et les réactions des mentonnets tendent à élargir la voie par glissement transversal des rails. Il faut combattre cette cause, soit en constituant plus solidement les attaches extérieures, soit en les rendant solidaires avec les attaches intérieures.

Dans certains cas, on a jugé nécessaire aussi de prendre des mesures pour empêcher le déplacement des traverses elles-mêmes. Ainsi, sur quelques chemins allemands, on les a contre-butées par des pieux enfoncés à leurs extrémités. Tantôt ces pieux, placés seulement du côté du grand arc, ne combattent que le mouvement centrifuge ; tantôt, comme sur le *Gebirg's-Bahn*, on en applique aux deux bouts.— Quelquefois aussi ils ont surtout pour objet de combattre la tendance des rails, courbés sur place (210), à se redresser par leur élasticité.

Dans les courbes de 114 mètres du chemin de *Steïerdorf*, on a eu recours à un autre moyen. C'est la butée du ballast lui-même qu'on a cherché à opposer plus complétement à la poussée des mentonnets ; dans ce but, les trois traverses du milieu, sur les sept qui supportent chaque rail, sont boulonnées sur une longrine inférieure, placée suivant l'axe de la voie, et qui ne peut se déplacer sans refouler le ballast par l'une de ses faces latérales.

Ces expédients peuvent être rendus nécessaires, dans certains cas, par la roideur des courbes et par la mobilité du ballast, mais on peut, en général, s'en passer. Pour empêcher le déplacement transversal des rails, il suffit presque toujours, comme pour le déplacement longitudinal, de les relier invariablement à leurs supports.

On a fait valoir, en faveur du coussinet (31), la propriété qu'il possède d'établir tout naturellement, par sa semelle, la solidarité des deux chevilles. C'est un mince avantage (37), et il n'est réel d'ailleurs que jusqu'à un certain point. Lorsque la rouille a rongé les parties des chevilles engagées dans le coussinet, ou le corps engagé dans le bois, il y a fort peu de chances pour que les efforts se répartissent à peu près également entre elles; il faudrait pour cela une égalité complète dans la marche de la destruction des deux chevilles. De simples plaques de fer, par cela même qu'elles sont plus minces, que leurs trous s'assèchent plus aisément, sont plus propres à réaliser la simultanéité d'action qu'on a en vue; aussi les emploie-t-on très-souvent avec le rail *Vignole*.

Dans les courbes de rayon moyen, jusqu'à 400 mètres environ, une seule plaque suffit : c'est naturellement au joint qu'on l'applique. Dans les courbes plus roides, on en met souvent aussi au milieu (lignes de *Saarbrücke* et de *Trèves*). Enfin, si le rayon est très-petit, on en met partout. Tel est le cas du Semring (190 mètres) et du chemin de *Steïerdorf* (114 mètres). Sur celui-ci, les plaques de joint et celle du milieu portent en outre un appendice qui se replie sur le bord du patin extérieur du rail.

Les plaques sont généralement combinées, d'ailleurs, soit avec des crampons ou des tire-fonds d'un équarrissage plus fort que ceux de la voie courante, soit avec l'application de deux attaches à l'extérieur du rail. Le crampon spécial a été adopté sur le Semring, le double crampon extérieur sur le *Gebirg's Bahn;* mais il n'a été appliqué qu'à la file de grand rayon, et seulement dans les courbes de 565 mètres et au-dessous. Les crampons ont été également doublés après coup, et seulement sur la file extérieure, dans les courbes de la traversée des Vosges (Est français), où on avait observé un certain élargissement de la voie.

208. Le double crampon appliqué, comme sur le *Gebirg's Bahn*, même à des courbes qu'on peut classer encore parmi celles de grand rayon, serait du luxe, si un détail particulier, spécial à cette ligne, n'avait pour effet d'annuler l'action de la plaque de joint, précisément dans les courbes dont il s'agit. Dans l'étude de leur voie, les ingénieurs sont partis de ce principe que l'uniformité absolue des éléments qui la constituent est une chimère; qu'au lieu de tendre vers le but, — la précision rigoureuse du système qu'ils doivent former une fois en place, — cette prétendue uniformité en éloigne; ils ont, en conséquence, admis systématiquement entre ces éléments un jeu notable, en laissant à la pose le soin de fixer exactement leurs positions relatives.

Ainsi, au lieu d'emboîter exactement le patin du rail, les épaulements de la plaque de joint ont un excès d'écartement de quelques millimètres, et les boulons ont eux-mêmes du jeu dans les trous de plaques (Pl. V, *fig.* 28). — La position des plaques ne fixe donc pas rigoureusement la largeur de la voie, et leurs épaulements, que le patin ne touche, en alignement droit et en courbes de grand rayon, ni d'un côté ni de l'autre, ne concourent pas à équilibrer les poussées des mentonnets. Il n'y a, aux joints, d'autre résistance à ces poussées que le frottement développé par la tension des boulons et par la charge. C'est donc aux crampons des traverses intermédiaires qu'on laisse le soin de fixer la largeur de voie, lors de la pose, et de la maintenir ensuite. On a dès lors fait sagement en les doublant.

L'*indétermination* qui existe ainsi aux joints, par suite du double jeu indiqué, permet (et c'est quelque chose, sans doute), de percer les trous des boulons dans les traverses, sans distinction entre l'alignement droit et les courbes, dans certaines limites du rayon ; ce jeu permettant un élargissement de 0^{m},012, regardé comme suffisant jusqu'au rayon de 290 mètres. Le bord du patin extérieur du rail vient, lorsque cette limite est atteinte, s'appuyer sur la plaque, qui s'appuie elle-même sur le corps du boulon ; alors seulement on se trouve dans les conditions normales, ou au moins dans les conditions ordinaires. Pour les rayons moindres, les trous doivent être percés sur un gabarit spécial, afin d'augmenter le surécartement des rails jusqu'à la limite fixée, comme toujours, par la largeur des jantes.

Cette disposition, qui accumule tant de pièces au joint et qui, en définitive, paralyse en grande partie leur action, trouvera sans doute peu d'imitateurs. L'emploi des boulons a d'ailleurs été déterminé par la nécessité de ménager les traverses de joint dont le prix est élevé ; les crampons produisent souvent des fentes. Les trous sont percés *justes*, afin que les boulons les remplissant exactement, ne permettent pas à l'eau de s'y introduire.

209. M. *Desbrière* a proposé, pour combattre le glissement transversal des rails, des bagues en fonte de 0^{m},05 de diamètre environ incrustées dans le bois et formant une collerette aux tire-fonds ou aux crampons ; chaque bague porte trois petites côtes destinées à fixer sa position (Pl. V, *fig.* 11). Cet expédient, que j'ai vu essayer d'abord sur la ligne d'*Alger* à *Blidah*, puis sur le Nord français, a donné des résultats satisfaisants. C'est un moyen simple de répartir sur une plus grande surface la pression horizontale transmise à la traverse par le tire-fond. La longueur engagée dans le bois, et par suite la résistance à l'arrachement, sont réduites, il est vrai ; mais on a vu (59) que cela ne tire nullement à conséquence. Une demi-bague ou un simple tasseau métallique, engagés dans le bois, atteindraient également le but, mais la forme circulaire facilite beaucoup l'exécution du logement, qui est creusé au moyen d'une lame fixée, à la hauteur convenable, soit sur la tarière qui sert à percer l'*avant-trou* (169), soit sur une tarière spéciale, portant un guide qui s'engage dans l'avant-trou. La hauteur de la lame doit excéder un peu l'épaisseur, réduite, du segment de la bague engagé sous le rail, et on creuse jusqu'à ce que l'arête supérieure de la lame affleure le plan de l'entaille de la traverse. La bague, mise en place, se trouve ainsi à quelques millimètres au-dessous du patin du rail, qui ne doit jamais porter sur elle.

Quelques essais ont été faits dans les ateliers d'*Alger*, au moyen de la presse à caler les roues, pour évaluer l'influence de la bague sur la résistance du crampon aux efforts transversaux.

Deux bouts de traverses, dont chacune portait un crampon enfoncé à la profondeur ordinaire, ont été appliqués l'un contre l'autre (Pl. VII, *fig.* 22) et embrassés, sans contact, par le collier *c*, *c* de la presse. L'effort appliqué par le piston P sur les bouts bien arasés des traverses était transmis par les deux crampons au collier, au moyen de tasseaux en fer *t*, *t*, engagés sous les têtes et représentant le patin du rail.

Les crampons ont cédé simultanément :

1° Sans bagues, quand le manomètre marquait 8 atmosphères;
2° Avec bagues, quand le manomètre marquait 17 atmosphères.

La présence des bagues doublait donc sensiblement la résistance. Chaque expérience, faite deux fois, a donné exactement le même résultat.

Sur les quatre bagues essayées, trois ont été brisées après un déplacement de 3 à 4 millimètres. La quatrième a résisté, en pénétrant dans le bois.

Cette expérience, suffisante pour la comparaison des résistances, ne peut donner qu'une évaluation sommaire et exagérée de leurs valeurs absolues. Le piston de la presse ayant 0m,22 de diamètre, l'effort qui lui était appliqué était 3.131 kilog. dans le premier cas et 6.653 dans le second. — Chaque crampon a donc supporté 1.566 kilog. sans bagues, et 3.327 kilog. avec bagues, moins les résistances passives.

Utiles seulement en courbes, avec les traverses en bois dur, les bagues peuvent être appliquées avec avantage, même en alignement droit, avec les bois tendres. Dans tous les cas, les attaches extérieures au rail en reçoivent seules, et soit seulement au joint, soit aussi sur une ou même sur deux traverses intermédiaires.

Le chemin de fer du Nord les applique seulement aux essences autres que le chêne et le hêtre; on en met, jusqu'à 1.500 mètres de rayon, au joint et à une traverse intermédiaire; au-dessous de 1.500 mètres, au joint et à deux traverses intermédiaires.

Plusieurs ingénieurs préfèrent ou les plaques ou les doubles attaches extérieures. Nul doute que le déplacement transversal du rail puisse être combattu par d'autres moyens, mais celui que M. ***Desbrière*** a indiqué est bon, s'il n'est même le meilleur.

§ III. Courbure des rails sur le chantier.

210. La flèche d'un rail de longueur ordinaire, 6 mètres environ, peut être négligée dans les courbes d'une roideur moyenne. Aussi se dispense-t-on généralement de cintrer les rails avant la pose. On a donc, en réalité, — sauf la courbure légère et peu régulière d'ailleurs que les poseurs peuvent donner aux rails, en les forçant soit dès la mise en place, soit plus tard pour faire disparaître les jarrets —, un polygone plutôt qu'une courbe.

La courbure préalable, peu usitée jusqu'à présent en France (si ce n'est bien entendu pour des rails spéciaux, contre-rails de passages niveau, de traversées de voies, etc.), est au contraire fréquente en Allemagne. Sur le *Gebirg's Bahn*, par exemple, jusqu'à 759 mètres de rayon on se contente de faire cheminer les traverses longitudinalement après la pose du rail et de les maintenir par des piquets extérieurs (207). Mais pour les rayons moindres, ces piquets cédant, la voie se déréglerait. On cintre donc alors le rail avant la pose.

La machine la plus usitée en Allemagne est celle de M. ***Köhler***, ingénieur du chemin Saxo-Silésien. Elle est plus simple que les machines à vis et à cylindres, peu coûteuse, d'un transport et d'un usage faciles. — Comme l'indiquent les *fig.* 14 à 20, Pl. VII, l'opération consiste à placer le rail sur deux appuis *t*, *t*, et à forcer, au moyen de deux leviers, L, L, armés d'étriers *e*, *e*, les extrémités en porte-à-faux à s'abaisser d'une quantité déterminée telle que le rail, redevenu libre, conserve la flèche qui correspond à sa longueur et au rayon de la courbe. Les tasseaux *t*, *t* sont espacés à peu près des $\frac{3}{5}$ de la longueur du rail. Au moyen des vis *v*, *v* on fixe la position des arrêts *a*, *a* à une distance du plan des appuis égale à la flèche, connue, que doit prendre le rail sous la charge, pour conserver, devenu libre, la flèche permanente voulue.

Quelques essais préalables ont dû déterminer le rapport qui existe entre ces deux flèches : rapport variable, parfois, dans une même livraison de rails, de sorte que quelques-uns sont trop cintrés, et d'autres trop peu. On y pourvoit du reste en les remettant sur l'appareil; les uns retournés, de manière à diminuer leur flèche, les autres dans la position primitive.

Les leviers L, L, ainsi que les tasseaux *t*, *t*, peuvent être fixés dans les positions qui correspondent aux diverses longueurs de rails. Pour chacune d'elles, il y a des paliers fixes auxquels les leviers à étriers sont reliés au moyen des boulons *b*, *b*.

Dans l'intervalle des appuis *t*, *t*, le rail est sollicité par un couple et prend, dès lors, sous la charge, la forme circulaire. Il la conserve quand il est redevenu libre, l'élasticité ayant augmenté également le rayon de courbure dans toutes les sections. Mais les parties extrêmes de longueur *l*, affectent, sous la charge P, non la forme circulaire, mais celle de l'*élastique* dont l'équation est :

$$y = \frac{P}{EI}\left(\frac{lx^2}{2} - \frac{x^3}{6}\right),$$

et dont le rayon de courbure croît de l'appui *t*, où il a pour valeur : $\frac{EI}{Pl}$, à l'extrémité libre, où il est infini. Cette imperfection est, du reste, sans inconvénient dans la pratique. Il n'y aurait pas d'avantage réel à réduire la longueur des parties qu'elle affecte, ce qui, d'ailleurs, exigerait l'application d'un effort beaucoup plus considérable.

211. On a cherché quelquefois à approprier à la courbure des rails les machines qui percent les trous des boulons d'éclisses; il y aurait, en effet, un certain avantage à faire avec le même appareil les deux opérations que nécessite la pose en courbes. La poinçonneuse hydraulique décrite plus bas (213) avait été, à ce point de vue, l'objet d'une étude qui est restée à l'état de projet. — La réunion des deux fonctions augmenterait le poids; ce serait un inconvénient pour les appareils portatifs, où l'on doit viser à la légèreté.

212. *Courbure par le choc.* — La courbure des rails est quelquefois produite sans recourir à aucune machine. Le procédé consiste simplement à laisser tomber le rail de champ, sur deux appuis, et d'une hauteur d'autant plus grande que la courbure doit être plus prononcée. C'est une application ingénieuse de l'inertie. La vitesse des points en contact avec les appuis est brusquement détruite; les forces d'inertie, agissant sur le reste du solide, et l'emportant sur les forces élastiques, lui impriment une déformation permanente. On conçoit d'ailleurs que la courbe obtenue soit à simple courbure, et que les extrémités en porte à faux du rail se relèvent, quoique les forces d'inertie tendent à les abaisser, comme cela a lieu pour la partie intermédiaire. Tandis que l'inertie tend à abaisser les bouts, la cohésion tend à les relever, par suite de la concavité de la partie moyenne, et la seconde influence l'emporte sur la première quand l'écartement des appuis est assez grand. — On le détermine, ainsi que la hauteur de chute, par un tâtonnement.

Voici, par exemple, l'instruction adressée sur ce sujet par M. *Ledru*, ingénieur en chef de la compagnie de l'Est, aux agents de son service :

« La résistance des rails *Vignole* à la flexion latérale est un obstacle sé« rieux à la pose régulière des courbes de petit rayon, comme on en ren« contre dans les changements de voie, ou même sur les voies principales « des lignes du nouveau réseau.

« On a reconnu depuis longtemps, en Allemagne, qu'il était nécessaire, « dans ce cas, de courber les rails avant la pose; mais les moyens employés « jusque dans ces derniers temps étaient compliqués et coûteux ; ils présen« taient d'ailleurs l'inconvénient d'exiger des approvisionnements de rails « spéciaux pour la pose en courbe.

« On est arrivé récemment au résultat désiré par un procédé très-simple, « pouvant être appliqué sur la voie au moment même de la pose ou du rem« placement, et qui consiste à laisser tomber le rail, à plat, d'une certaine « hauteur, sur deux traverses ordinaires en bois, espacées de 5m,50 environ.

« Avec des hauteurs de chute de.	0m,65	0m,80	0m,90
« On obtient des courbes régulières dont les « flèches sont.	5millimèt.	10millimèt.	15millimèt.
« Pour des rayons de.	900m	600m	300m

« Ces nombres ne sont pas absolus, ils peuvent varier avec la nature du « fer, mais ils restent constants pour les rails d'une même usine et d'une « même période de fabrication. Les ouvriers acquièrent, d'ailleurs, très« rapidement l'expérience nécessaire pour obtenir avec certitude la flèche « qui leur est indiquée.

« Je vous invite à faire employer ce procédé pour les voies *Vignole* que « vous aurez à poser. »

24 juin 1863.

§ IV. Percement des rails sur le chantier.

213. *Poinçonneuse.* — Les rails sont livrés tous percés par les usines. Mais, pour appliquer les éclisses aux voies existantes, les compagnies ont dû s'outiller elles-mêmes, et employer autant que possible des appareils faciles à transporter. Toutefois, pour percer de grandes masses, les machines doivent fonctionner rapidement et économiquement, conditions que des appareils très-portatifs ne peuvent guère remplir. Aussi pour les opérations en grand doit-on préférer des appareils perfectionnés, puissants, et dès lors massifs, installés dans des chantiers, où les rails sont transportés. Ces chantiers, et par suite les appareils, doivent être assez multipliés pour que le transport moyen des rails ne soit pas trop considérable. Le service de l'exploitation n'en souffre pas, d'ailleurs, sur les chemins à deux voies; il est reporté d'une voie sur l'autre.

Sur le réseau nord de *Paris*-Méditerranée, on donne aujourd'hui la préférence à une poinçonneuse semblable à celles qui fonctionnent dans les usines; elle perce deux trous à la fois, et est mue par une locomobile.

Sur le réseau sud, on a essayé, pour l'éclissage des voies, une poinçonneuse à presse hydraulique dont les pompes sont mues à bras.

Cette machine, installée sur un chariot, peut convenir aussi pour percer les *coupons*, c'est-à-dire les rails qui doivent être tronçonnés soit pour le raccordement des sections posées simultanément, soit pour la pose en courbe (206). Elle a donné, il est vrai, des résultats assez médiocres, mais sans doute parce qu'elle a été mal exécutée, car elle paraît bien conçue. Il peut donc être utile de faire connaître, quoiqu'elle n'ait pas encore eu de suite, une nouvelle étude faite, en modifiant seulement quelques détails, pour l'application du même principe (Pl. I, *fig.* 8 à 11).

Le rail R, posé sur une console *c*, est contre-buté par une virole V qui s'appuie sur le bloc en fonte T, reliée par des tirants *t*, *t*, au massif du corps de pompe C. L'ouverture inclinée *o* reçoit et laisse tomber les rondelles découpées par les deux poinçons *p*, *p*. Les deux pompes d'injection ϖ, ϖ, manœuvrées au moyen du levier L, dont l'axe est en *a*, refoulent derrière le piston P l'eau qu'elles aspirent dans la bâche B, qui forme la plaque d'assise de la machine, et repose elle-même sur quatre roues *r*, *r*.

Un tiroir *s*, manœuvré à la main au moyen du manneton *m*, reçoit deux positions correspondant l'une à l'avancement, l'autre au rappel des poinçons.

Dans la première (*fig.* 12), le tiroir couvre la lumière aboutissant au tuyau de retour d'eau; la pression de l'eau amenée par le tuyau d'injection i s'exerce à la fois contre le grand piston P et contre le petit piston P', rendu solidaire avec le premier par les traverses θ, θ', et les tirants l, l. La présence du petit piston réduit donc l'effort sur les poinçons, mais d'une faible fraction, le grand piston ayant $0^m,26$ et l'autre seulement $0^m,05$ de diamètre.

Les trous du rail étant percés, le tiroir reçoit la deuxième position (*fig.* 8). Il intercepte alors la communication entre le grand corps de pompe et le retour d'eau, en laissant toujours le petit corps de pompe en communication avec le tuyau d'injection i. Les pompes n'exercent plus leur pression que sur le petit piston, qui ramène le premier à son point de départ.

214. *Genou.* — Pour les coupes accidentelles dont il s'agit, peu importe, au surplus, que l'opération en elle-même soit un peu plus longue, un peu plus chère; la condition essentielle est que l'appareil soit vraiment portatif. On a essayé dans ce but, sur le réseau de ***Paris-*** Méditerranée, une petite machine construite par **M.** ***Chouanaud***, et formée par la combinaison du genou et de la vis (Pl. I, *fig.* 13). Le genou est isocèle ; la puissance est appliquée à chacun de ses deux bras par une vis v, sur laquelle les ouvriers agissent au moyen d'un volant.

P étant l'effort appliqué à la circonférence du volant de rayon l, Q la pression sur le poinçon, h le pas de la vis, t sa tension, d la distance AM, f la flèche du genou, on a pour l'équilibre du levier coudé aob (*fig.* 14) :

$$Q = t\,\frac{d-f}{f},$$

et pour l'équilibre de la vis :

$$t = P\,\frac{2\pi l}{h};$$

d'où

$$Q = P\,\frac{2\pi l(d-f)}{hf}.$$

La relation serait la même pour une manivelle agissant, au moyen d'une vis, sur un simple levier t, oscillant autour d'un point fixe o (*fig.* 14). Mais le rapport $\frac{Q}{P}$ serait alors constant; tandis que, — et c'est là la propriété spéciale du genou, — ce rapport augmente rapidement, f diminuant, et d augmentant un peu à mesure que ab se rapproche de la perpendiculaire à aQ. La puissance de la machine va donc en croissant; elle équivaut à la combinaison d'une vis avec un levier du premier genre, dont le point d'appui se rapprocherait indéfiniment du point d'application de la résistance.

On lui reproche :

1° La difficulté de séparer le poinçon du rail après le percement;

2° La rupture des rondelles en acier qui enveloppent les axes des articulations;

3° Sa lenteur; elle peut à peine percer 40 rails par jour.

La première imperfection semble facile à éliminer. Il en est de même de la seconde; c'est une affaire de construction; elle n'est pas inhérente au principe. Quant à la troisième, elle n'est pas un grief sérieux. Ce qu'on demande à l'appareil, ce n'est pas de percer promptement, mais d'être d'un transport très-facile.

L'outil de M. *Chouanaud* est plus expéditif que ceux qui impriment à un foret un mouvement de rotation; mais le poinçon exige une pression très-considérable, et la combinaison des deux organes adoptés, le genou et la vis, est très-propre à la produire simplement et au moyen d'un appareil léger. Il serait, au surplus, hors de propos d'insister plus longtemps sur des machines qui présentent en elles-mêmes un certain intérêt, mais dont l'importance, après tout, est secondaire. Pour les cas accidentels qui se présentent dans l'entretien, les chefs de section utilisent l'outillage plus ou moins complet dont ils disposent.

Pour l'éclissage à trois boulons en place, quelle que soit d'ailleurs la machine, deux rails bout à bout et on perce ainsi deux demi-trous à la fois.

§ V. Pose sur les ponts métalliques non ballastés.

215. Les particularités que cette pose peut présenter sont citées ici seulement pour mémoire, car elles se rattachent intimement à celles de la construction de l'ouvrage d'art lui-même. Le seul fait général à rappeler ici est l'emploi très-fréquent des longrines, utiles, dans ce cas, pour prévenir les conséquences d'une rupture de rail, et qui exclut, dès lors, le rail à coussinet.

Sur les ouvrages d'une faible ouverture, on supprime souvent les joints des rails, et dans ce but quelques compagnies se réservent, dans les marchés, la faculté de commander des rails d'une longueur exceptionnelle, jusqu'à 10 mètres.

§ VI. Communication, sans transbordement et sans pont, entre les chemins de fer séparés par un cours d'eau.

216. Lorsqu'un chemin de fer, rencontrant un grand cours d'eau, est forcé de s'arrêter sur ses rives, parce que la construction d'un pont serait impraticable ou trop coûteuse, il importe cependant d'éviter et le double transbordement des marchandises, et l'immobilisation du matériel roulant sur chacune des deux rives. La solution ordinaire consiste à employer comme intermédiaire un bateau à vapeur dont le pont, portant une ou plusieurs voies, est raccordé avec les voies aboutissant aux rives au moyen de plates-formes mobiles, soit verticalement, soit sur des plans inclinés, et ayant ainsi une course verticale qui dépend du régime plus ou moins variable du cours d'eau, ou de l'amplitude des marées s'il s'agit de la région maritime d'un fleuve. Ces installations sont généralement coûteuses d'établissement et d'exploitation, mais leurs imperfections mêmes ne font que mieux ressortir la gravité des inconvénients du transbordement, et l'importance des sacrifices qu'on s'impose pour l'éviter. C'est à ce titre surtout qu'il est à propos de citer des exemples de ces installations, nommées en Allemagne *Traject-Anstalt* et en Angleterre (improprement du reste) *Floating-Railway;* nous examinerons ensuite avec un peu plus de détails une solution récemment appliquée sur le Rhin, et qui rentre plus directement dans notre cadre (223).

217. *Floating Railway. — Traject-Anstalt.* — La communication par bateaux à vapeur portant les wagons, fonctionne en Allemagne : 1° sur l'Elbe, entre *Hohnstorf* et *Lauenbourg;*

2° Sur le Rhin : 1° entre *Ruhrort* et *Homberg;* 2° entre *Bingerbrücke* et *Rüdesheim;* 3° à *Griethausen*, sur la ligne de *Clèves* à *Zevenaar* qui relie les réseaux rhénan et hollandais; 4° entre *Rheinhausen* et *Hochfeld* (ligne d'*Osterath* à *Essen*) ; 5° le chemin rhénan, qui construit la ligne d'*Ehrenbreitstein* à *Beuel*, doit également relier par le même moyen *Beuel* à *Bonn* (*).

Partout, si ce n'est à *Ruhrort* et à *Homberg*, l'intermédiaire entre les voies fixes et les voies installées sur le pont du bateau, est une plate-forme (*Ubergang's-Wagen*, *Ausgleichung's-Wagen*, *Anfahrtswa-*

(*) Un pont fixe, livré à l'exploitation depuis les premiers mois de 1867, remplace le *Traject-Anstalt* qui existait entre *Ludwigshafen* (Bavière Rhénane) et *Manheim* (Bade).

gen) roulant sur un plan incliné, rachetant ainsi les différences de niveau, et pouvant recevoir plusieurs wagons à la fois sur des rails qui font suite à ceux du plan.

Des dispositions de ce genre existent depuis longtemps aux États-Unis. L'une d'elles, la plus ancienne, je crois, établie sur la Susquehannah, pour le service des trains entre *Philadelphie* et *Baltimore*, a été remplacée récemment par un pont fixe. Les fourgons à bagages et les wagons-lits des trains des voyageurs étaient seuls transportés. La largeur du fleuve est sur ce point de 1.600 mètres. Son niveau varie très-peu, ce qui simplifiait beaucoup le raccordement avec les voies des rives.

Le même mode de communication a fonctionné sur le Connecticut, et sur le Delaware, à *Philadelphie*.

Il vient d'être installé sur la rivière Détroit, déversoir du lac Huron dans le lac Érié, pour la jonction du Great-Western canadien et du chemin central du Michigan. Ces deux chemins ont des largeurs de voies différentes : 1m,68 pour le premier, 1m,50 pour le second ; un troisième rail a été ajouté sur toute la longueur du Great-Western, 140 kilomètres. La suppression des transbordements pour le passage du Détroit, large de 800 mètres, était la conséquence nécessaire de cette opération.

Les conditions sont un peu moins faciles ici que dans les cas précédents, les lacs éprouvant des variations de niveau, quelquefois brusques, et dont l'amplitude peut atteindre 1m,20. Le bateau porte deux voies pouvant recevoir quatorze grands wagons à huit roues.

On trouve des applications beaucoup plus intéressantes en Angleterre ; une d'elles, sur la Tyne à *Shields*, remonte à trente-cinq ans et paraît antérieure aux appareils analogues des États-Unis. Mais l'exemple le plus remarquable, dans le Royaume-Uni, se trouve sur le golfe de Forth (Écosse) (*). Les *fig.* 1 à 6, Pl. XIV, représentent les installations de *Granton* et de *Burntisland*. L'amplitude des oscillations du niveau du Forth est de 5 mètres ; elle est rachetée par le mouvement d'une plate-forme horizontale en charpente BC, roulant sur un plan incliné au $\frac{1}{6}$ et qui se raccorde avec le navire au moyen d'un tablier mobile, ou pont-levis AB, manœuvré à bras, par l'intermédiaire des potences H, H (*fig.* 1 à 3), par des treuils T, T, installés

(*) Voir : *Minutes of proceedings* of the institution of civil engineers. Tome XX, 1861, page 376.

sur le bâti en charpente BC. La plate-forme BC, pesant 70 tonnes, et portant deux voies, repose sur 24 roues en fonte, *r*, *r*, *r*, de 0^{m},76 de diamètre, ayant le boudin au milieu de leur large jante (*fig.* 3) et roulant, dès lors, sur des rails à ornière (*fig.* 2, 3, 6). Le tablier mobile, s'appuyant à un bout sur la plate-forme, et à l'autre sur le navire, doit se prêter, sans disjonctions, aux mouvements que la houle imprime au second. Tel est l'objet du joint universel (*fig.* 6), qui forme l'articulation de chacune des quatre poutres du tablier avec la plate-forme; le tourillon *t*, à renflement sphérique, joue dans des paliers *p*, *p*, de même forme au milieu, évasés en cône de part et d'autre, et boulonnés sur les longerons *l*, *l*, de la plate-forme. Cet assemblage permet à l'extrémité libre du tablier un jeu suffisant dans tous les sens; il peut ainsi suivre le navire dans ses mouvements de tangage et de roulis, sans que les poutres cessent de porter librement sur leurs appuis. Des contre-poids ϖ, ϖ (*fig.* 1 et 2), équilibrant le tablier, mais pas complétement, afin qu'il s'appuie toujours sur le pont, montent ou descendent en suivant les oscillations verticales du navire. Quant à ses déplacements horizontaux, il y est pourvu au moyen de coulisses *c*, *c*, *c*, *c* (*fig.* 2), ménagées sur le pont et dans lesquelles jouent les extrémités des poutres du tablier. Des aiguilles en acier articulées, et qui se rabattent sur les rails du pont, complètent le raccordement; des aiguilles placées à l'arrière de la plate-forme roulante, raccordent également ses rails avec ceux de la voie de terre.

L'inclinaison de $\frac{1}{6}$ donnée aux plans d'accès, est un peu forte, mais le défaut d'espace ne permettait pas de la réduire. On n'aurait pu, d'ailleurs, la diminuer sans donner une longueur plus grande au pont-levis AB. Il a 10^{m},60, ce qui suffit, avec la pente de $\frac{1}{6}$, pour que le navire ne soit pas exposé à talonner sur les plans, même par la plus forte houle.

Le navire a pour moteur deux machines indépendantes. Dans l'origine, il était symétrique relativement au plan de son maître-couple, et muni d'un gouvernail à chaque bout pour éviter de virer de bord. Mais on reconnut la nécessité d'un solide heurtoir à tampons pour retenir les wagons, et l'on dut dès lors rentrer dans les conditions ordinaires. Le pont porte trois voies (toujours en rails ***Brunel*** retournés, pour éviter les saillies sur le pont) pouvant recevoir de 30 à 34 wagons. Le mouvement de la plate-forme sur le plan incliné et celui des wagons sur la plate-forme sont produits par une machine fixe de 30 chevaux, dont l'arbre *a* (*fig.* 4 et 5) porte trois bobines *b*, *b'*, *b''* sur lesquelles s'enroulent les câbles en chanvre auxquels les wagons son attachés. L'entre-voie ayant la même largeur que les voies et correspondant à la voie intermédiaire M du navire, dessert directement celle-ci, de même que les deux voies proprement dites de la plateforme desservant les deux voies extrêmes du pont; tel est l'objet de la bobine intermédiaire b'. Cette disposition a l'avantage de supprimer un ou, pour mieux dire, deux changements de voies l, l, et trois croisements m, m', m'' : car la voie intermédiaire M du navire devrait, sans cet artifice, être mise en communication avec chacune des deux voies de la plate-forme (*fig.* 15). On voit que les roues, circulant sur les voies latérales, ne cessent pas d'être guidées à l'instant où elles franchissent en déviation les confluents I, J (*fig.* 2) des ornières; la roue qui franchit ces points est guidée par sa conjuguée. Cette direction fait défaut, il est vrai, pour les roues qui circulent sur la voie droite; mais cela est, pour elles, sans inconvénient, la tension du câble empêchant toute déviation.

Chacune des trois bobines est munie d'un appareil d'embrayage, et d'un frein à bande que le mécanicien manœuvre au moyen d'une pédale.

Le mouvement de la plate-forme, beaucoup plus lent que celui des wagons (sa vitesse est seulement de $0^m,09$ par seconde), beaucoup plus rare d'ailleurs, lui est donné par l'arbre R (*fig.* 4 et 5) portant la roue à dents S, qui le reçoit lui-même de a par les engrenages r, r', ρ, ρ'. Les bobines b, b', b'' et la roue S ne fonctionnant jamais en même temps, le pignon r est débrayé lorsqu'une des bobines est embrayée. Pendant le passage des wagons, de la plate-forme sur le navire et réciproquement, l'immobilité de la première est assurée par deux gros cliquets en fer L, L (*fig.* 1 et 3), qui s'engagent entre les dents des crémaillères en fonte D, D.

En temps ordinaire, les 9 kilomètres qui séparent ***Granton*** et ***Burntisland***, sont franchis en 36 minutes. Le chargement et le déchargement prennent 8 minutes. Le navire fait quatre à cinq voyages par 24 heures.

Le transbordement subsiste pour les voyageurs, qui sont transportés par un bateau à vapeur ordinaire.

Des installations semblables existent, un peu plus au nord, sur la Tay, à ***Port-on-Craig*** et à ***Broughty-Ferry;*** entre ces points, la largeur de la rivière n'est que de 1.400 mètres. La seule différence essentielle consiste, du reste, dans l'inclinaison des plans sur lesquels se meuvent les plate-formes : elle est seulement de $\frac{1}{8}$.

Ces installations, qui datent de 15 ans, ont rendu d'incontestables services en facilitant le trafic entre *Édimbourg* et la contrée au nord de la Tay ; c'est grâce à elles, par exemple, que les charbons du comté de Fife ont pu paraître sur le marché d'*Édimbourg*, qui leur était interdit jusque-là.

Mais si la situation faite par les appareils de ce genre constitue un progrès très-réel sur la séparation absolue, exigeant un double transbordement, elle est bien loin elle-même de valoir la continuité absolue.

Quand le temps est mauvais, quand le vent d'est souffle avec violence, la traversée du Forth est difficile et pénible ; beaucoup de voyageurs préfèrent faire un long détour et passer par *Stirling*, pour se rendre d'*Édimbourg* soit à *Perth*, soit à *Dundee*. Aussi les compagnies du chemin d'*Édimbourg* à *Glasgow*, et du North-British, ont-elles résolu de construire un pont entre *Blackness* et *Charleston*, point où le Forth a un étranglement prononcé, et à l'amont duquel il n'y a que des petits ports fréquentés par des navires d'un faible tonnage. D'après le projet de M. *Th. Bouch*, ce grand ouvrage, d'une longueur totale de 3.600 mètres, comprendrait quatre travées en treillis de 152 mètres d'ouverture. La Tay recevrait également un pont fixe.

218. La compagnie du Great-Western a, de son côté, fait étudier par son ingénieur en chef, M. *Fowler*, un projet de pont sur la Severn à *Old Aust*, point où le fleuve à 3.200 mètres de largeur, dont $\frac{1}{3}$ en eau profonde.

Par suite des exigences de la navigation, le tablier, très-élevé au-dessus des hautes eaux, comprendrait 10 travées de 80 mètres environ et une de plus de 180 mètres, c'est-à-dire au delà de 40 mètres de plus que les grandes travées des ponts de *Britannia* et de *Saltash* (*).

Jusqu'à présent, la communication entre les chemins de fer aboutissant aux deux rives de la Severn n'est établie que par la navigation ordinaire avec transbordement, mais elle est possible à toute heure quel que soit le niveau de la mer. Pour réaliser ainsi l'équivalent des quais de marée dans les ports, la compagnie du Great-Western, qui a exécuté l'embranchement *Bristol* et *South-ales-W Union*, a construit, à partir de la rive gauche, à *New-Passage*, une énorme jetée à

(*) Le London-and-North-Western construit un ouvrage moins gigantesque que ceux dont il vient d'être question, un pont sur la Mersey, entre *Runcorn* et *Liverpool*, avec trois travées de 100 mètres en treillis. Il ne s'agit pas ici d'établir une continuité, qui existe, mais de réduire de 13 kilomètres la distance entre *Londres* et *Liverpool*.

claire-voie ou estacade, avec palier intermédiaire, pour aller atteindre le point d'une profondeur d'eau suffisante en basse mer de vive-eau. Sur la rive droite, à *Portskewett*, une très-courte jetée a suffi grâce à la pente beaucoup plus forte de ce côté, du profil en travers.

219. Les nombreux golfes qui découpent si profondément les côtes de l'Angleterre et qui font pénétrer la grande navigation si avant dans l'intérieur ont, par contre, l'inconvénient relativement bien faible, du reste, d'opposer ainsi des obstacles à la continuité du réseau de chemins de fer. Mais les Anglais ne sont pas gens à se contenter longtemps d'une solution insuffisante et à reculer devant des travaux même gigantesques, dès que leur utilité est bien établie. Cette condition n'est même pas tout à fait de rigueur, avec l'esprit de concurrence si vif, si entreprenant qui anime les compagnies anglaises; c'est surtout lorsqu'il s'agit d'empêcher des détournements de trafic, qu'elles considèrent comme une atteinte portée à leurs droits, que les compagnies puissantes font volontiers les plus grands sacrifices. — Il est donc probable qu'on verra d'ici à peu d'années les locomotives franchir, en Angleterre, ces profondes découpures des côtes, de même qu'elles franchissent, sur le continent, des montagnes qui semblaient d'abord leur opposer des obstacles insurmontables.

220. Les installations de l'Elbe, à *Hohnstorf* et à *Lauenbourg* (Pl. XIV, *fig* .7 à 14), sont analogues à celles du Forth et de la Tay; étudiées par MM. *Funk* et *Welkner*, et exécutées à frais communs par les chemins de Hanovre, de *Berlin* à *Hambourg*, et de *Lübeck* à *Buchen*, elles fonctionnent depuis 1864.

L'amplitude des variations de niveau est de plus de 5 mètres. Le plan sur lequel se meut la plate-forme roulante a une inclinaison de $\frac{1}{9}$. Le tablier mobile EF a $7^m,30$ de longueur. La plate-forme ne porte qu'une voie (*fig.* 9 et 10); sa base d'appui devant nécessairement être beaucoup plus large, elle est supportée, non plus comme au Forth, par les rails V, V (*fig.* 1 à 3), sur lesquels circulent les wagons, mais par une large voie spéciale MN (*fig.* 9, 10, 12, 13). Elle se raccorde avec la voie de terre au moyen d'aiguilles mobiles de $4^m,15$ de longueur et ayant vers le fleuve une inclinaison de $\frac{1}{30}$, pour rendre moins brusque le passage des wagons, de la pente de $\frac{1}{9}$ sur le plan, au palier sur la plate-forme.

Malgré l'inclinaison modérée des plans d'accès, les wagons à six roues se prêtent mal à l'emploi de cet appareil; la voie forme une ligne brisée, de sorte qu'au passage des inflexions O, P (*fig.* 7), une énorme surcharge est imposée aux ressorts des essieux extrêmes si l'angle est rentrant, et aux ressorts du milieu si l'angle est saillant. Le matériel des chemins mis en communication par ce ***Traject-Anstalt*** ne comprend, au surplus, qu'un petit nombre de véhicules à six roues.

Les wagons à quatre roues admettent sans inconvénient une inclinaison plus forte, comme celle de $\frac{1}{6}$ au Forth. La dénivellation des tampons de deux wagons consécutifs, placés sur deux tronçons d'inclinaisons différentes, n'a rien d'excessif. Quant aux wagons à huit roues, du type américain, ils se prêtent beaucoup mieux à la manœuvre, malgré la longueur beaucoup plus grande de leur châssis, que les véhicules à six roues, chaque groupe d'essieux étant beaucoup plus rapprochés des tampons.

Comme en Écosse, on a renoncé au projet primitivement conçu de supprimer aussi le transbordement pour les voyageurs, mais ils prennent place sur le même bateau que les wagons à marchandises. Leur embarquement et leur débarquement se font latéralement, au moyen d'estacades que le bateau accoste en même temps qu'il vient se présenter, par bout, au pont-levis de la plate-forme.

221. Les installations de ***Bingerbrücke*** et de ***Rudesheim***, qui relient les chemins de ***Rhein*** à ***Nahe*** et de Nassau, sont analogues aux précédentes, mais moins considérables et d'un caractère provisoire. Les voyageurs sont transportés par un bateau à vapeur, et les wagons à marchandises dans des bacs qui n'en peuvent recevoir que quatre ou même trois seulement.

Le même système avait été installé dès 1852, d'une manière provisoire, à ***Ruhrort*** et à ***Homberg;*** mais on a été peu satisfait. Il ne répondait pas aux exigences du trafic, déjà très-actif à cette époque; des accidents assez fréquents (chutes de wagons dans le fleuve) achevèrent de discréditer les plans inclinés, et on se décida à opérer verticalement la montée et la descente des wagons. La différence de niveau, qui atteint 8^{m},40, est donc rachetée au moyen d'un monte-charge. — La nature intermittente du travail exigeant, avec un moteur agissant immédiatement sur la charge, des machines puissantes et fonctionnant dans des conditions économiques peu favorables, on adopta le principe de l'emmagasinage, par l'accumulateur d'***Armstrong***, du travail produit par une machine plus faible

et à action continue. Chacune des stations de ***Ruhrort*** et de ***Homberg*** possède une machine à vapeur de 30 chevaux.

La plate-forme du monte-charge porte deux tronçons de voies de 7m,50, recevant chacun un wagon à quatre roues, et, entre eux, une troisième voie plus longue (11 mètres), qui ne peut être utilisée que seule, faute d'entre-voie, et est destinée aux wagons à six roues; elle sert aussi au transport des pièces d'une très-grande longueur, pour lesquelles on utilise les pontons à une seule voie qui faisaient le service des plans inclinés. Ceux-ci ont d'ailleurs été conservés. Ils fonctionnent lorsque les monte-charges ne peuvent suffire à l'activité du mouvement.

Le bateau à vapeur, à roues, porte, cela va sans dire, trois voies comme la plate-forme, et peut recevoir six wagons à quatre roues sur chacune d'elles, soit douze en tout, et alors sur les deux voies latérales. Muni de tampons et guidé par des estacades qui se rapprochent vers la tour du monte-charge, il vient présenter les extrémités de ses rails à l'aplomb de celles des rails de la plate-forme. On l'amarre solidement aux pieux des estacades, et la plate-forme étant abaissée au niveau du pont, un gros verrou la rend solidaire avec le bateau.

En basses eaux, des dragues entretiennent dans le chenal qui réunit les bassins des deux rives, une profondeur de 1m,88.

Les deux appareils, établis du reste avec luxe, surtout dans les maçonneries des tours, ont coûté 936.000 francs. Il faut y ajouter le prix du bateau, soit à peu près 300.000 francs. L'exploitation est également fort coûteuse.

222. *Système du chemin de fer Rhénan.* — Le mode appliqué par la compagnie du chemin de fer Rhénan sur les lignes de ***Clèves*** à ***Zevenaar*** et d'***Osterath*** à ***Essen***, s'écarte en plusieurs points des dispositions précédentes.

L'auteur de ces installations nouvelles, M. ***Hartwich***, s'est inspiré de la solution adoptée en Angleterre, avec un succès consacré par une longue expérience, pour faire franchir des baies, seulement, il est vrai, par les véhicules ordinaires, mais dans des conditions très-difficiles d'ailleurs. Ce n'est, en principe, qu'un bac à vapeur, guidé par une traille, et se touant sur un câble. Ce système fonctionne à ***Devenport***, près ***Plymouth***, depuis plus de trente ans, à ***Southampton***, et à ***Portsmouth***. A ***Devenport***, la baie, large de 780 mètres, ayant des variations de niveau de 5m,50, est franchie par un bac ayant la machine au milieu et deux voies latérales, et se raccordant, au moyen de deux tabliers mobiles articulés à ses extrémités et manœuvrés par la machine, avec deux plans inclinés au $\frac{1}{14}$ construits sur les bords. L'application de ce mode de transport sur la Mersey, en face de *Liverpool*, est en ce moment à l'étude.

La régularité du service de ces appareils, interrompu seulement de loin en loin en cas de violente tempête, a déterminé M. *Hartwich* à appliquer le même principe au transport des trains; ce qu'il a fait avec la sagacité et le sens pratique dont tous ses travaux portent le cachet.

D'après le projet primitif, deux bacs ou pontons simplement porteurs, devaient recevoir le mouvement, au moyen de câbles, d'une machine établie sur un ponton fixe, amarré exactement au milieu de la distance à franchir. Les deux bacs mobiles, marchant en sens contraire, devaient aborder simultanément les deux rives; mais on reconnut que cette disposition ne répondait pas aux exigences du trafic, et l'on revint aux pontons indépendants portant leur moteur.

Le ponton P à vapeur (Pl. XIV, *fig.* 16 à 20), portant une seule voie comme le chariot C, C, se meut entre deux câbles en fil de fer : l'un à l'amont, le câble directeur, est fixe, amarré de 37 mètres en 37 mètres à des pieux battus au fond du fleuve, et tiré à chaque bout par un chariot tendeur, à contre-poids plongeant dans un puits vertical, et qui lui imprime une tension de 15.000 kilogrammes; l'autre à l'aval, le câble moteur, d'une section moindre, et dont la tension est seulement de 4.000 kilogrammes, passe sur la poulie motrice et sur une autre poulie folle, dont la fonction est de renvoyer le câble à la première et de l'empêcher de s'échapper de la gorge comme il le ferait sans cela, par suite de la translation de l'hélice parallèlement à l'axe de la poulie. Avec la tension donnée à ce câble, un seul enroulement sur la poulie motrice suffit pour qu'aucun glissement n'ait lieu.

Les grands pontons transportent 10 wagons à marchandises, ou 7 voitures à voyageurs.

Les voies des plans d'accès, en pente de $\frac{1}{48}$, se raccordent avec la voie du ponton au moyen d'une plate-forme roulante C, C (*Anfahrtswagen*) en rampe de $\frac{1}{12}$ vers le ponton, portant vers la rive un appendice *mn* en rampe de $\frac{1}{16}$, et vers le ponton, des bouts de rails articulés *f*, *f*, qui s'engagent dans des cavités en entonnoir, *r*, *r*, ménagées sur le pont. Des contre-poids *ϖ*, *ϖ* (*fig.* 18), maintiennent les aiguilles *mn* relevées, afin qu'elles ne fassent pas obstacle au mouvement du chariot, lorsqu'il doit gravir le plan incliné. Le chariot porte, à l'avant, un appendice saillant P, muni de deux gros rouleaux de friction ρ, ρ, qui s'engage sous le ponton; les rouleaux saisissent entre eux et supportent un bec, ou éperon E, saillant sous le ponton, dont l'arrière se trouve ainsi fixé invariablement au chariot; la liaison est d'ailleurs complétée par une sorte d'attelage à ressort *vs* (*fig.* 18).

La solidarité ainsi établie et la précision du raccordement sont telles que les voyageurs franchissent le fleuve sans quitter leurs places.

Les wagons ayant pour moteur, non plus une machine fixe, mais une locomotive, l'inclinaison des plans d'accès devait être limitée en conséquence. D'un autre côté, la plate-forme ayant, par suite de cette faible pente des plans, une course très-grande, il importait de réduire son poids, et par suite ses dimensions. Ainsi s'explique la rampe qu'elle présente, et que les wagons doivent gravir après avoir descendu sur le plan incliné plus qu'il n'était nécessaire. Mais une plate-forme horizontale eût été beaucoup plus longue, et par suite beaucoup plus lourde. Le bateau, ponté, parfaitement étanche et insubmersible, a, lorsqu'il est à pleine charge, sa voie très-peu élevée au-dessus du plan d'eau (*fig.* 19). La différence des niveaux extrêmes étant de $7^{m},80$, l'amplitude du déplacement du chariot sur le plan incliné au $\frac{1}{48}$ atteint $374^{m},4$.

Les bateaux et les chariots sont assez solidement construits pour recevoir les locomotives; mais la voie forme, à la jonction du plan incliné avec la voie en rampe du chariot, une inflexion trop brusque pour les machines à six roues, dont les ressorts et les essieux extrêmes seraient soumis à des surcharges excessives. Ces machines ne sont donc pas transportées, et s'arrêtent avant d'atteindre le point dont il s'agit. La longueur du chariot est rachetée par deux wagons spéciaux V, V (*fig.* 20), qui restent toujours attelés à la machine. Au départ, celle-ci, par leur intermédiaire, refoule le train sur le ponton; à l'arrivée, elle les tire de même.

Le touage, si favorable à l'utilisation du moteur, semblait, pour la traversée normale d'un fleuve à courant rapide, prenant les bateaux par le travers, présenter une difficulté sérieuse, la tendance à la dérive. Cette difficulté a été parfaitement résolue par le mode d'établissement du câble directeur.

Le *Traject-Anstalt* de *Griethausen* (ligne de *Clèves*) fonctionne régulièrement depuis les premiers mois de 1865. La compagnie des chemins de fer rhénans, sentant la nécessité impérieuse de mettre son réseau en communication avec la contrée minière et métallurgique située sur la rive droite du Rhin, aux environs d'*Essen*, était décidée à adopter la solution radicale naturellement indiquée par l'importance des intérêts à desservir et par la certitude d'une large rémunération : c'est-à-dire le pont fixe. Mais ce parti si sage, au point de vue de ses propres intérêts comme des intérêts du trafic général ne fut pas jugé tel au point de vue politique, et elle dût se résigner à une demi-mesure. En présence du succès de la solution de *Griethausen*, on ne pouvait hésiter à l'appliquer également à *Rheinhausen.*

L'examen complet des détails ingénieux du projet conçu et exécuté par M. *Hartwich* s'écarterait de l'objet de cet ouvrage. Le sujet dont il s'agit ne pouvait y être omis, mais il ne peut non plus y être traité à fond. Nous renverrons donc le lecteur à la description donnée par le célèbre ingénieur (*).

A en juger par la rapidité avec laquelle les ponts fixes se sont multipliés depuis quelques années sur le Rhin, il est permis de croire que les *Traject-Anstalt* ne tarderont pas beaucoup à disparaître sur ce fleuve. Sans doute, les conditions de l'exploitation de ces appareils sont plus simples, à certains égards, dans la région fluviatile que près des embouchures, ou dans de véritables estuaires comme le Forth ; mais le régime très-variable du fleuve et le climat plus rigoureux de la vallée du Rhin, imposent aussi parfois à la navigation des difficultés spéciales. L'application de cet expédient semble, par contre, destinée à se multiplier, dans les circonstances où il n'y a évidemment pas d'autre moyen d'éviter les transbordemeuts. Plus le développement du réseau continental fera surgir de concurrences entre les voies ferrées, et plus elles reconnaîtront la nécessité de la continuité des transports pour s'assurer une part dans le transit. C'est ainsi qu'il est question d'établir des *Traject-Anstalt* sur le lac de *Constance* pour relier entre eux les chemins de la Bavière et du Wurtemberg, et ceux de la Suisse avec les premiers.

§ VII. **Pont sur bateaux entre Maxau (Bade) et Maximiliansau (Bavière).**

223. La liaison des chemins badois, près de *Carlsruhe*, avec ceux du Palatinat était devenue une nécessité. On reculait devant la dépense

(*) Erweiterungsbauten des Rheinischen Eisenbahn. Fahranstalten für den Eisenbahnverkehr. *Berlin*, 1867, chez *Ernst* et *Korn*.

d'un pont fixe; d'un autre côté, le *Traject-Anstalt* était repoussé non-seulement à cause de l'imperfection de cette solution en général, mais aussi par suite des conditions locales.

Le lit du fleuve est, en effet, irrégulier, et on ne pourrait maintenir, en basses eaux, un tirant d'eau suffisant d'une rive à l'autre. Il ne restait donc d'autre parti à prendre que l'établissement d'un pont de bateaux, qui n'imposait d'ailleurs à la navigation, — médiocrement active au surplus, — aucune gêne nouvelle, puisqu'un pont semblable, pour la route ordinaire, existait déjà sur ce point. On ne pouvait cependant conserver ce passage, et en établir tout auprès un second pour le chemin de fer; c'eût été doubler l'obstacle, et provoquer de la part de la navigation des réclamations légitimes. On se décida donc à établir un pont entièrement neuf, supportant la voie ferrée et deux voies charretières (Pl. XV et XVI).

Cet état de choses ne fait pas, il est vrai, disparaître complétement les chances d'interruption du service. Si un ponton à vapeur eût été exposé à des chômages par les très-basses eaux, le pont de bateaux devra, de son côté, être soustrait aux fortes débâcles de glaces. Il faudra donc parfois, dans les hivers très-rigoureux, l'effacer complétement. Les pontons se réfugieront dans le port de *Maxau*.

L'ouvrage (*) comprend :

1° Le pont proprement dit; longueur : 234 mètres;

2° Les deux rampes d'accès, d'inclinaison variable; longueur totale : 128 mètres.

Le pont est supporté par 34 pontons rendus tout à fait solidaires 3 à 3 ou 2 à 2, et formant 12 travées solidement amarrées, et reliées entre elles (Pl. XV, *fig.* 1 et 2). Un mode spécial de liaison permet de livrer un passage à la navigation ; 3 travées consécutives, 2 de 3 pontons et 1 de 2 pontons seulement, pouvant être facilement séparées et remises en place, ouvrent une passe plus ou moins large. La travée de 2 pontons suffit pour les trains de bois flotté.

Cette disposition a dû être prise vers les deux rives, par suite de la mobilité dn chenal, qui se transporte graduellement de l'une à l'autre.

On a admis pour charge variable :

1° Sur la voie ferrée, un train comprenant 5 wagons à 16 tonnes l'un, et une locomotive de 15 tonnes;

(*) Voir la description intitulée : *Die neue Eisenbahnschiffbrücke Über den Rhein bei Maxau*, par M. *Becker*, ingénieur en chef, directeur des ponts et chaussées; *Carl Mäcken*, à *Stuttgart*, 1865.

2° Sur chaque voie charretière, un chariot de 3 tonnes, soit en tout 101 tonnes.

L'enfoncement maximum des pontons, dû à la charge variable, a été fixée à 0m,20. Le train occupe une longueur de 42 mètres. Si la charge ne se répartissait que sur cette longueur, la surface s correspondante d'appui sur l'eau serait $s = \frac{101^{m.c.}}{0^{m},20} = 505$ mètres quarrés. Mais on a admis qu'en raison de la solidarité établie entre les diverses travées par le mode de construction de la voie, les $\frac{2}{3}$ au plus de la charge variable seraient supportés par les pontons sur lesquels elle se projette, l'autre tiers étant reporté sur les travées contiguës.

Les pontons (Pl. XV, *fig.* 3, 4, 8, 9 et 10) ont 1m,4 de creux et 20 mètres de long sur 3m,7 de large, soit 63 mètres quarrés de section horizontale; il y en a six, en deux travées, sur la longueur de 42 mètres, ce qui donne une base d'appui de 378 mètres quarrés.

Dans les deux travées contiguës aux rives, les trois pontons (*fig.* 3, 4, 5, 6, 7 et 8) ont des dimensions horizontales plus considérables : 22m,5 × 4m,6 ce qui porte leur base à 90 mètres quarrés au lieu de 63; leur écartement moyen est d'ailleurs moindre par le fait même de leur plus grande largeur, et les deux premiers pontons se touchent presque (*fig.* 3 et 4). Il importait en effet de compenser, par le moindre enfoncement de ces travées, le défaut de rigidité dans la liaison de leurs voies avec celles des rives.

Si le même poids de 100 tonnes environ se répartit sur une plus grande longueur, si, par exemple, les wagons sont peu chargés ou vides, le train peut être plus lourd sans que la limite 0m,20 de l'enfoncement soit dépassée : nouvel avantage comparativement aux pontons mobiles, qui ne peuvent recevoir que le même nombre de wagons, vides ou pleins.

224. *Liaison des travées entre elles.*—1° *Travées fixes* (Pl. XVI, *fig.* 10 à 14). C'est naturellement par les éléments mêmes des voies, ferrée et ordinaires, que cette liaison est établie. Pour la première, formée de rails *Vignole* reposant sur un double cours de longrines de 0m,24 d'équarrissage, un tronçon de rail *mn* (*fig.* 10 à 12) de 3 mètres de long, avec sa longrine *l*, *l*, est fixé par 4 étriers à articulation *e*, *e*, *e*, *e*, deux sur chaque bateau, aux longrines inférieures *pq*, *p'q'*; ces étriers sont serrés par des clavettes *c*, *c*, *c* insérées sous les rails. Pour les voies charretières, des vis de pression V remplacent les clavettes pour le serrage des étriers qui fixent les longrines de 3 mètres *l'*, *l'* (*fig.* 10, 11, 13 et 14); des chaînes *h*, *h* (*fig.* 13), tendues au moyen du levier coudé *c*, *c*, contreventent d'ailleurs le système.

2° ***Travées mobiles.*** Il importe, pour celles-ci, que la liaison puisse être facilement supprimée et rétablie.

Les moyens employés sont :

Sur la voie de fer (Pl. XVI, *fig.* 17, 18, 19) : 1° De fortes éclisses EE, à charnière verticale C, C, de $1^m,40$ de long, moisant les longrines supérieures et fixées par des clavettes *r*, *r*; 2° des boulons clavetés B, fixant les rails à des coussinets à une seule joue (*fig.* 18); 3° des gros verroux inférieurs V, manœuvrés au moyen des leviers λ, λ.

Sur les voies charretières (*fig.* 15 et 16 et 18) : de longs leviers L, qu'on abat sur les longrines garde-grève, et qu'on fixe par des clavettes *k*, *k*.

Les poutrelles ϖ, ϖ (Pl. XV, *fig.* 4, et Pl. XVI, *fig.* 14 et 16), suivant lesquelles s'établit le contact des travées mobiles, soit entre elles, soit avec les travées fixes, ont leurs extrémités profilées en quart de rond, et munies d'un galet de friction ρ, ρ pour faciliter la mise en place des travées mobiles.

225. *Rampes d'accès.* — 1° *Voie de fer.* — L'écart entre les niveaux des plus hautes et des plus basses eaux est de 5 mètres (il a même dépassé autrefois 6 mètres, mais le régime du fleuve dans cette région a été modifié). La hauteur du plan d'eau atteint assez rarement ses limites de la période actuelle, mais elle ne se maintient guère constante pendant plus de quelques jours. L'inclinaison des plans d'accès de la voie de fer, de 64 mètres, varie depuis une pente de 0,035 jusqu'à une rampe de 0,032 entre les plus basses et les plus hautes eaux, et entre une pente de 0,008 et une rampe de 0,025 en eaux moyennes. Chaque plan, mobile autour d'une charnière R (Pl. XVI, *fig.* 5, 6 et 7), est supporté par 8 paires de vis fixes *t*, supportées elles-mêmes et maintenues par des tréteaux P, P, et une douille V; il est suspendu aux vis *t* par les tirants θ, θ, les traverses T et les écrous mobiles *r* (*fig.* 1, 2, 3).

La hauteur des poutrelles S, S, sur lesquelles le plan s'appuie, est réglée, à chacune de leurs extrémités, au moyen d'une manivelle μ commandant l'engrenage conique *r*, *r*.

Les pontons formant les travées de rive supportent également la voie par l'intermédiaire de poutrelles, de vis et de tréteaux P, P

(Pl. XV, *fig.* 3, 4 et 5), ce qui porte à 106 mètres la longueur totale sur laquelle on peut, au besoin, répartir la différence de niveau à racheter, et faire varier l'inclinaison. Mais, pour éviter d'avoir trop souvent à régler l'inclinaison de la voie, les longrines sont réunies par des articulations *u* (Pl. XVI, *fig.* 20 et 21) sur le dernier chevalet fixe ainsi que sur le premier chevalet du ponton, et leurs poutrelles sont chargées par l'intermédiaire de ressorts ρ, ρ. La ligne des rails peut ainsi se briser, et les faibles oscillations du plan d'eau sont rachetées spontanément par les variations d'inclinaison du tronçon articulé, sans que la charge cesse de porter sur tous les appuis.

2° *Voies charretières.* — Les rampes d'accès des voies charretières sont établies d'une manière analogue, mais plus simple. Leur longueur est moindre (35 mètres au lieu de 64) et, par suite, leur inclinaison plus grande; mais elle ne dépasse pas 0,05. Il n'y a ni charnière à l'extrémité, ni suspension ni vis. La charge est reportée directement sur les chevalets par les boulons *b* (Pl. XVI, *fig.* 2) implantés dans les trous *i*, percés dans les poteaux et dans les poutrelles Q; celles-ci sont soulevées au moyen de crics.

Sur les pontons des travées de rive, comme dans tout le reste du pont proprement dit, les deux voies charretières viennent reposer sur les mêmes poutrelles SS (Pl. XV, *fig.* 5) que la voie de fer. Ces poutrelles, consolidées dans leur région moyenne par une armature αϐγδ, sont supportées, par les chevalets intermédiaires, au moyen de vis fixes et d'écrous mobiles, et par les chevalets extrêmes, au moyen de boulons, exactement comme sur les rampes d'accès.

L'expérience pourra, au surplus, conduire à modifier quelques détails de construction; mais le principe même de la solution, étudiée et exécutée par M. *Basler*, ingénieur en chef du chemin du Palatinat, est très-remarquable. Le service du pont est fait par des locomotives spéciales, à quatre roues couplées, pouvant remorquer 376 tonnes sur niveau et le dixième environ en rampe de 0,035.

Les trains franchissent le pont, cela va sans dire, à une très-faible vitesse, celle d'un homme au pas. Mais peu importe. Il s'agissait seulement de passer sans encombre, et l'on y a parfaitement réussi. Les trains de voyageurs circulent avec une sécurité complète; la voie se déprime doucement devant la machine, sans former le moindre ressaut. Tout indique qu'on peut attendre patiemment l'époque où les progrès du trafic justifieront la construction d'un pont fixe.

§ VIII. Raccordements industriels.

226. Une des preuves les plus manifestes de la gravité des charges que les transbordements imposent à l'industrie, est la rapidité avec laquelle se multiplient les embranchements à large voie qui mettent les usines en rapport direct avec les voies ferrées. Il y a, à ce titre, une relation étroite entre ce sujet et celui qui précède. Nous l'examinerons donc dès à présent quoique sa place fût, à certains égards, plus naturellement marquée à la suite des changements de voie.

Un établissement de quelque importance, situé près d'un chemin de fer, ne recule pas devant des sacrifices considérables pour établir une liaison sans laquelle il se regarderait, à bon droit, comme privé d'une grande partie des avantages attachés à ce voisinage. Les raccordements à petite largeur de voie ont leur utilité, sans doute, mais, quoique plus économiques, ils ne sont que des exceptions; c'est qu'en général il s'agit moins, en effet, de réduire la faible dépense du transport proprement dit, que de supprimer la manutention onéreuse et les pertes de temps du transbordement.

Le droit des industriels a été inscrit dans le cahier des charges français (art 62) annexé au décret du 11 juin 1859, en termes qui prêtent un peu à l'équivoque puisqu'ils ne semblent impliquer l'intervention d'une décision administrative qu'en cas de désaccord entre l'industrie et la compagnie qui exploite le chemin de fer. En fait, une décision intervient toujours; les travaux qui modifient la consistance des chemins de fer, et qui intéressent la sécurité, ne pouvant être exécutés qu'en vertu d'une décision du ministre compétent. L'accord sur le principe s'établit d'ailleurs très-généralement entre le chemin de fer et l'usine, ce qui est tout simple, car il a la plus solide des bases, l'accord des intérêts. C'est sur les détails seulement que le débat peut s'engager, l'industriel tendant à élaguer des dépenses que la compagnie peut juger nécessaires; mais le premier finit presque toujours par accepter les conditions qui lui sont imposées, et qui n'admettent pas de transaction, lorsque c'est au nom de la sécurité qu'elles sont réclamées.

Ces conditions, fort simples, du reste, sont les seules que nous ayons à examiner ici.

L'établissement d'un raccordement exige souvent la traversée à niveau d'un chemin ou même d'une route (233), traversée qui doit être l'objet d'une autorisation spéciale, obtenue dans les formes d'usage.

Il va sans dire d'ailleurs que le service de la voie de l'usine est entièrement subordonné à celui de la voie ferrée, et qu'en dehors des mouvements qui s'opèrent entre elles, elles sont complétement isolées l'une de l'autre. Ainsi, elles sont séparés par une clôture, munie, au point où elle est traversée par la voie de jonction, d'une barrière semblable à celles des passages à niveau (242), fermée à clef, et ouverte seulement au moment du besoin. Un arrêt mobile (228) placé près de cette barrière doit de même être maintenu constamment levé pour empêcher les wagons de l'usine, poussés par le vent, par des manœuvres, ou par toute autre cause, d'envahir la voie ferrée. L'aiguille de communication entre les deux groupes de voies, faite pour la voie principale, est cadenassée dans cette position, et ouverte vers l'usine seulement au moment des manœuvres. En dehors de là, le raccordement est donc comme s'il n'était pas.

Le heurtoir mobile, suffisant tant que le raccordement est en palier ou à *fortiori* en pente vers l'usine, peut cesser de l'être si le raccordement plonge au contraire vers la voie ferrée. Des mesures spéciales peuvent être alors nécessaires pour protéger celle-ci. On en verra un exemple tout à l'heure (227). Une pente trop forte dans ce sens peut même être un obstacle sérieux au raccordement.

La position de l'usine en contre-bas de la voie ferrée peut conduire à adopter des dispositions particulières. Le raccordement de la sucrerie de *Douzy* avec la ligne de *Charleville* à *Thionville* (Est) en offre un exemple. La voie transversale qui relie, par des plaques tournantes, l'usine aux voies de garage de la station, est, comme la plate-forme, à $1^m,05$ au-dessus de la sucrerie. Cette différence de niveau est rachetée au moyen d'un chariot roulant sur une voie en contre-bas, et portant lui-même un tronçon de voie qui reçoit les wagons.

227. Les établissements industriels peuvent être reliés : dans l'intérieur des stations, ou en pleine voie; par plaque tournante, ou par aiguilles; avec une ligne à double voie, ou avec une ligne à voie unique.

1° *Raccordement en station.* — *a. Double voie.* — 1° Le cas de la liaison par plaque tournante, avec un chemin à double voie, et dans l'intérieur d'une station, est le plus simple.

Une voie spéciale communique, d'une part, par la plaque, avec la voie venant de l'usine; de l'autre, avec la voie principale située du même côté, par une aiguille prise en talon par les trains. Les manœuvres sont d'ailleurs protégées par les disques à distance de la station.

2° La communication par plaques suppose un mouvement peu actif. Il importe souvent que plusieurs wagons à la fois, remorqués par des chevaux ou même par des machines, puissent circuler entre la grande ligne et l'usine. Dans le cas de la double voie et du raccordement en station, il ne peut y avoir d'autres difficultés que celles qui résultent parfois de la situation de l'usine; elle doit être reliée à la voie principale par une courbe d'un rayon assez grand, condition qui peut, dans certains cas, rendre le raccordement direct trop coûteux, et conduire à adopter, malgré son insuffisance, la solution précédente. Dans d'autres circonstances, on résout la difficulté au moyen d'un rebroussement (voie de l'usine de ***Mairupt***, ligne de ***Charleville*** à ***Givet***, entre ***Deville*** et ***Revin***; rebroussement *mnpq*) (Pl. XVIII, *fig.* 2).

b. Simple voie. — Le raccordement avec simple voie et en station s'opère de la même manière. La voie principale unique se dédoublant toujours dans les stations, la voie située du côté de l'usine est reliée par aiguille à la voie spéciale qui aboutit à l'usine, soit directement, soit par l'intermédiaire d'une plaque.

La seule objection résulte de l'introduction d'une aiguille qui peut, dans certain cas, être prise en pointe par les trains. Mais comme telle est la condition constante des chemins à voie unique, une aiguille de plus, que les trains trouvent toujours d'ailleurs cadenassée, est un léger inconvénient.

2° ***Raccordement en pleine voie.*** — Le raccordement en dehors d'une station, ou plus exactement, en dehors des disques qui la couvrent, exige évidemment des dispositions spéciales pour protéger les voies principales lorsqu'elles sont engagées par le service de l'usine. On se sert naturellement de disques, placés à la distance réglementaire, et dont la manœuvre est confiée, ainsi que celle des aiguilles et de la barrière, à un agent spécial, qui peut être utilisé comme gardien d'un passage à niveau. On crée, en un mot, une sorte de station rudimentaire analogue aux *haltes* ouvertes au service des voyageurs; haltes empruntées à l'Allemagne, et aujourd'hui nombreuses sur le réseau de l'Est français, au grand avantage des populations rurales, si ce n'est de la compagnie.

Le raccordement en dehors des stations entraîne donc quelques dépenses spéciales d'établissement et d'exploitation. Aussi n'est-il pas à la portée de tout le monde. Les usines importantes peuvent seules supporter ces dépenses, qui sont naturellement à leur charge. C'est une cause d'infériorité à ajouter à celles qui pèsent déjà sur les petites industries. L'exploitation d'une ligne à grand trafic et à grande vitesse ne saurait d'ailleurs admettre qu'avec réserve les embranchements industriels en dehors des stations, et il est heureux, sous ce rapport, qu'il ne soit pas dans la nature de ces embranchements de se multiplier beaucoup.

a. Double voie. — Il n'y a d'ailleurs qu'un seul disque à poser, dans le cas d'un chemin à deux voies, lorsqu'aucune communication n'est établie entre ces deux voies. Il en est souvent ainsi. Il faut bien cependant que l'usine soit reliée aussi à la seconde voie, mais elle ne l'est alors que très-indirectement, par l'intermédiaire des stations entre lesquelles l'usine est comprise. On évite ainsi toute marche à contre-voie, et les manœuvres se trouvent transportées dans l'une de ces stations ou même dans toutes deux, au prix, il est vrai, d'un surcroît de parcours plus ou moins considérable.

Le raccordement, par plaque, des forges de ***Liverdun*** (Moselle) (Pl. XVIII, *fig.* 1) offre un exemple de cette disposition. L'usine n'est reliée qu'à la voie descendante, et par une aiguille A, posée suivant la règle générale, c'est-à-dire prise en talon par les trains de la grande ligne. Il en résulte que les wagons partant de l'usine et destinés à la voie montante, sont amenés par les trains descendants à ***Liverdun***, où ils sont pris par les trains montants.

On a même, afin de déblayer la station de ***Liverdun***, reporté à ***Frouard*** les manœuvres qui devraient être faites dans la première station pour livrer à l'usine les wagons arrivés par la voie montante ; ces wagons poursuivent leur route jusqu'à ***Frouard***, où s'opère leur passage sur la voie descendante, et de là à l'usine. Ceci n'est au surplus qu'un détail d'exploitation, qui peut être modifié d'un jour à l'autre.

Un fort heurtoir en charpente MN protége les voies principales contre les wagons de l'usine. La voie de jonction AB, communiquant avec l'usine par la plaque P, est en palier.

Le raccordement des hauts fourneaux de ***Jarville*** près ***Nancy*** (Meurthe) (*fig.* 3) est établi dans des conditions analogues. La voie AB qui ne se prolonge pas jusqu'à l'usine et dessert seulement des quais de chargement et de déchargement PP, QQ, n'est reliée qu'à la voie montante ; les wagons, partant du quai et se dirigeant vers ***Nancy***, sont pris par les trains montants, conduits à ***Varangeville***, et repris par les trains descendants ; les wagons venant par la voie descendante, poursuivent jusqu'à ***Nancy***, pour être repris par les trains montants.

S'il est nécessaire de relier l'usine avec les deux voies principales, il n'y a que deux partis à prendre : 1° relier l'usine à la voie contiguë M, et celle-ci à la seconde voie N, par une communication à aiguilles BC, placée de telle sorte que les aiguilles soient prises en talon par les trains suivant les voies principales (*fig.* 5) ; 2° souder la voie de raccordement par une extrémité A à l'une des voies principales, par l'autre bout B à la seconde voie (*fig.* 4).

La seconde solution est de beaucoup la plus favorable à la simplicité des manœuvres, qui sont alors les mêmes pour les trains des deux sens.

S'agit-il de prendre un wagon sur la voie de l'usine, le train est arrêté et coupé à la place que ce wagon doit y occuper d'après sa destination. La tête dépasse l'aiguille (A ou B, *fig.* 4), et est refoulée sur la voie de garage, où le wagon est accroché ; la tête revient alors par le même chemin retrouver la queue qui est attelée, et tout est dit. Même manœuvre pour un wagon à laisser. L'aiguilleur, n'ayant à s'occuper que d'une seule aiguille, n'a aucun prétexte pour l'abandonner, et maintient le levier pendant tout le temps que la machine et le wagon y sont engagés.

Avec le premier type (*fig.* 5), la manœuvre est exactement la même pour les trains qui suivent la voie principale M contiguë à l'usine, mais elle est beaucoup plus compliquée pour ceux qui suivent l'autre voie N ; il y a d'ailleurs deux cas à distinguer :

1° Si l'on a sous la main un nombre d'hommes suffisant, les wagons à prendre sont poussés à bras un à un de la voie de raccordement AU sur la voie M. La machine, avec la tête du train, refoule par les aiguilles CBA, pour accrocher les wagons qu'elle amène sur la voie N. La machine refoule de même en M les wagons à laisser, qui sont ensuite poussés à bras, un à un, sur la voie U.

2° Si l'on manque de bras, toutes les manœuvres doivent être faites à la machine. Le train s'arrête alors à une distance suffisante de l'aiguille C. La machine, décrochée, s'avance seule sur la voie N jusqu'à la hauteur des wagons à prendre sur la voie U, auxquels elle est attelée par une prolonge ; elle recule, et dirige les wagons sur la voie M, par l'aiguille A qu'ils doivent dépasser d'une quantité suffisante. La prolonge est alors décrochée, et la machine va prendre les wagons par les aiguilles CBA. Une manœuvre analogue à la prolonge est également nécessaire pour les wagons à laisser.

Dans un cas comme dans l'autre, la manœuvre est très-longue, et impose au train un retard notable. La voie qu'il ne suit pas est, comme l'autre, occupée pendant un temps considérable, et la circulation complétement interceptée pendant tout ce temps. De plus, chacune des trois aiguilles devant être manœuvrée plusieurs fois, l'aiguilleur, forcé d'aller de l'une à l'autre, ne peut plus maintenir le levier pendant le passage sur chacune d'elles. De là des chances de déraillement. A ces graves objections on ne peut opposer, contre la double communication directe, que l'existence d'une traversée oblique T (*fig. 4*). Les traversées ont leurs inconvénients, sans contredit (258), mais les changements de voie ont aussi les leurs, et la communication indirecte exige trois changements au lieu de deux. Les déraillements sur les traversés obliques, entretenues avec soin, sont d'ailleurs extrêment rares; on peut invoquer sur ce point la longue expérience du chemin de l'Est, qui possède sur la partie de son réseau construite par la compagnie des Ardennes, un grand nombre de traversées. Il y en a plusieurs aussi dans les grandes stations du reste du réseau. Rien de plus fréquent, au contraire, que les déraillements sur aiguilles dans les manœuvres. Quant au danger de collision, par suite d'un signal d'arrêt omis ou forcé, il est la conséquence inévitable de la situation relative des voies, et il est moindre avec la traversée qu'avec la communication spéciale entre les deux voies principales, puisque les wagons occupent pendant moins de temps la voie qu'ils doivent couper pour passer d'un côté à l'autre.

Il est incontestable, d'ailleurs, qu'en reliant une usine avec la voie opposée, et quel que soit le mode adopté, on accepte une chance d'accidents de plus qu'avec la simple communication entre l'usine et la voie contiguë. Aussi restreint-on autant que possible l'application de ce raccordement complet à des cas particuliers, présentant à peu de chose près l'ensemble des garanties qu'offre une station complète. C'est ainsi que la disposition dont il s'agit a été autorisée en 1866, après une discussion approfondie, pour la transformation du ***port-sec*** de ***Rémilly*** (ligne de ***Charleville*** à ***Thionville***), primitivement relié à la voie descendante seule, en une gare de marchandises avec halte de voyageurs (*fig. 6*). La voie de raccordement AO, tronc commun des voies de garage OP, OQ, est reliée en A à la voie descendante, en B à la voie montante, et traverse la première en T. La responsabilité de l'agent chargé de la direction du service, et l'effectif du personnel dont il dispose, présentent alors des garanties équivalentes à celles d'une station proprement dite.

La double communication n'est cependant pas restreinte absolument à ce cas. Elle peut être admise pour des établissements donnant lieu à un trafic médiocre, facile à réglementer, et pour lesquels la liaison avec les deux voies principales est tout à fait nécessaire. Tel est le raccordement représenté par la *fig.* 11, et qui relie une carrière avec la ligne de ***Paris*** à ***Mulhouse***, entre les stations de ***Villiers-sur-Marne*** et d'***Émérainville***. Ce point est assimilé aux haltes, seulement les trains de marchandises s'y arrêtent seuls. Leur stationnement est protégé par des disques placés à 800 mètres vers ***Paris***, et à 1.000 mètres vers ***Mulhouse***, en raison de la pente vers ***Paris***.

Un raccordement plus important, celui de l'usine de ***Graffenstadt*** (Bas-Rhin), a été établi dans des conditions analogues, c'est-à-dire avec la double jonction AB, CD (*fig.* 10). Les voies de garage étant au nombre de deux dans chaque sens, les manœuvres à faire entre elles et les voies principales sont très-simples. La locomotive qui a refoulé des wagons sur l'une peut aussitôt après accrocher les wagons préparés à l'avance sur l'autre (*).

b. Simple voie. — Quant au raccordement avec un chemin à voie unique, on n'a pu, sans y regarder à deux fois, se décider à introduire des aiguilles prises en pointe par les trains, en dehors des stations, et par suite sans la garantie que présentent la surveillance et la responsabilité d'un agent d'un certain ordre ; mais la condition du raccordement en station équivaudrait souvent à une interdiction ; et une telle mesure aurait pour l'industrie, et souvent pour le chemin de fer lui-même, des conséquences trop fâcheuses, pour que l'administration pût songer à mettre son *veto*. Plusieurs de ces raccordements existent sur les lignes à simple voie du réseau de l'Est, et, grâce aux mesures prises, ils n'ont causé jusqu'ici non-seulement aucun accident, mais même aucun trouble dans le service.

Pour les dispositions matérielles, c'est encore une station rudimentaire qu'il s'agit d'établir : la voie venant de l'usine, — soit directement, soit par l'intermédiaire d'une plaque, — se relie, par une aiguille, non à la voie principale elle-même, mais à une voie d'évitement de longueur variable, 180 à 200 mètres, par exemple. Cette voie se soude à la voie principale, soit à un bout seulement, soit aux deux bouts. La double liaison ACB appliquée, par exemple, au raccorde-

---

(*) Ainsi que l'indiquent les flèches, et par une exception unique en France, les trains prennent la droite sur la ligne de *Strasbourg* à *Bâle*.

ment de la verrerie de *Richemont* (ligne de *Metz* à *Thionville*) (Pl. XVIII, *fig.* 7), et à celui de la minière *des Tillots* (ligne de *Charleville* à *Thionville*) (*fig.* 9), facilite beaucoup les manœuvres à faire pour prendre ou pour laisser des wagons; de plus, à condition de maintenir toujours libre cette voie ACB, sur laquelle s'embranchent les voies de garage proprement dites, un train trouvant mal placée l'aiguille qu'il prend en pointe, reprendrait sans encombre, à l'autre aiguille, la voie principale. Ces avantages sont bien de nature à faire passer condamnation sur le léger inconvénient d'une aiguille de plus. Il va sans dire que la clôture, — la barrière fermant à clef, — les cadenas aux aiguilles, — l'arrêt mobile, — les disques, nécessairement ici au nombre de deux, — et la stricte observation des règles relatives à ces mesures de précaution sont indispensables dans ce cas, autant si ce n'est plus que dans le cas de la double voie.

Aux *Tillots* (*fig.* 9), la voie principale est en pente de 0,010, ainsi que la voie d'évitement AB et le tronc commun CD des voies de garage. Mais les voies DE, DH et FG sont en palier.

La *fig.* 8 représente le raccordement des forges de *la Providence* avec la ligne de *Longuyon* à *Longwy* (Est); l'embranchement ayant une pente prononcée (0,005) vers le chemin de fer, il a fallu prévoir le cas où des wagons s'échapperaient de l'usine; dans ce but, sur la voie de raccordement AMB s'embranche une voie perdue MN, en contre-pente, aboutissant à un cavalier en terre K, et qui est toujours ouverte par l'aiguille.

Il arrive parfois qu'un disque ne pourrait être placé à la distance réglementaire, sans venir chevaucher sur une station. Il faut alors réduire un peu la zone de protection.

Le réseau de l'Est a aujourd'hui plus d'une centaine de raccordements industriels, dont plus de 15 en dehors des stations. Ce nombre s'accroît tous les jours.

Le réseau du Nord, qui dessert la contrée la plus industrieuse de la France, en a plus de 120, mais presque tous en stations.

§ IX. Taquets d'arrêt mobiles et heurtoirs fixes.

228. Les voies principales ne doivent pas être protégées seulement contre l'invasion accidentelle du matériel roulant des usines auxquelles elles sont reliées. Elles doivent être protégées aussi et surtout contre le matériel roulant stationnant sur les voies de service, dans l'enceinte même du chemin de fer. Les embranchements industriels ne présentent donc, sous ce rapport, qu'un cas particulier d'une condition générale. Comme les appareils de sûreté sont toujours les mêmes, comme ils sont d'ailleurs des accessoires de la voie, nous les examinerons dès à présent pour n'avoir pas à y revenir.

Un vent violent suffit pour mettre en mouvement un véhicule de chemin de fer, surtout s'il est peu chargé et si sa caisse a de grandes dimensions transversales. Les wagons garés, surtout dans les stations placées au sommet de fortes rampes, pourraient donc causer de très-graves accidents s'ils se trouvaient lancés ainsi sur la voie principale, où la pesanteur leur ferait atteindre, malgré l'action retardatrice de la résistance croissante de l'air, des vitesses très-considérables. Le danger serait surtout imminent sur les chemins à une voie, ou, sur double voie, dans le cas de marche en dérive, puisque le choc entre les wagons échappés et un train pourrait avoir lieu en vertu de la somme des vitesses. —Un coup de tampon dans une manœuvre, une rupture d'attelage sur une rampe, peuvent avoir des conséquences de même nature, plus graves même en raison de la masse souvent plus grande de la portion de train livrée à elle-même, et que les freins sont souvent impuissants à maîtriser; mais il ne s'agit ici que de la première cause.

L'immobilité des wagons en stationnement au sommet d'une rampe ou sur un palier intermédiaire doit donc être assurée par des mesures spéciales, surtout lorsque le vent souffle avec quelque violence. Le serrage des freins est la première des mesures à prendre, mais les véhicules n'en sont pas tous pourvus. L'embarrage d'une roue est un moyen sûr, mais trop négligé en général, quoiqu'il soit régulièrement appliqué sur plusieurs chemins étrangers (en Espagne et en Italie, par exemple), où l'on ne lui reproche pas, comme en France, d'exposer les véhicules à des avaries qu'il est facile d'éviter avec un peu d'attention. Il ne s'applique pas, il est vrai, aux roues à disque plein, très-répandues en Allemagne, même dans le matériel à marchandises, mais peu usitées en France, si ce n'est pour les véhicules des trains de grande vitesse. Les simples cales à main ont, comme le frein et l'embarrage, l'avantage d'agir immédiatement sur le véhicule et de l'empêcher de prendre une certaine vitesse, qu'il est souvent difficile de détruire une fois acquise. Mais les cales s'égarent; elles tombent; l'homme d'équipe qui n'en trouve pas sous sa main y supplée par un obstacle tout à fait insuffisant, tel qu'une pierre du ballast, trop petite et trop instable.

Sur le chemin de Brunswick, la cale est double et agit sur les deux roues ; elle est formée de deux blocs, analogues à des sabots de frein, réunis par une entre-toise en fer, et qui se placent sur les rails ; des appendices inférieurs, avec vis de pression, les maintiennent en place. Ce système est plus sûr, mais il a l'inconvénient d'être peu portatif.

La cale à main présente, en somme, peu de garanties. On donne donc, autant que possible, la préférence à un obstacle établi sur un point déterminé de la voie, et qui peut, à volonté, l'ouvrir ou la fermer.

Mais les arrêts ou taquets mobiles ne peuvent avoir une efficacité absolue qu'à une condition : c'est que les véhicules qu'ils doivent retenir au besoin en soient très-peu éloignés. Il faut, en effet, que ceux-ci n'aient pas pu acquérir, par une cause quelconque, avant d'atteindre l'obstacle, une vitesse assez grande pour le franchir et pour continuer leur mouvement en se maintenant sur la voie. Les accidents de ce genre sont assez fréquents sur les lignes à profil accidenté. Le télégraphe électrique a permis souvent de conjurer leurs suites en prévenant la station vers laquelle se dirigent les wagons échappés ; la station menacée se dispose à recevoir ces hôtes dangereux ; elle dégage la voie, et retarde au besoin le départ des trains ; mais il y a des cas où toute la présence d'esprit possible n'y pourrait rien, et où un désastre serait inévitable.

229. *Hauteur théorique de l'obstacle.* — La hauteur de l'obstacle est liée à la vitesse et à la masse du véhicule par une relation très-simple, lorsqu'on suppose les corps non élastiques, et le centre de gravité placé sur la ligne des centres des roues.

Considérons d'abord une seule paire de roues de rayon r (Pl. XIII, *fig.* 36). Soient : $\frac{P}{g}$ la masse totale, roues et charges ; $\frac{p}{g}$ celle des roues et de l'essieu, k le rayon de gyration des parties tournantes, roues et essieu, V la vitesse. Supposons le centre de gravité général placé sur l'axe de l'essieu. La force vive avant le choc est $\left(\frac{P}{g} + \frac{pk^2}{gr^2}\right)V^2$ ou $\frac{P'}{g}V^2$, P' étant le poids $P + p\frac{k^2}{r^2}$.

Les corps étant supposés non élastiques, le choc des roues, animées de la vitesse V, contre l'obstacle de hauteur h, détruit la composante $V \sin \alpha$. Pour que l'obstacle ne soit pas surmonté, il faut que la demi-force vive après le choc $\frac{P'}{2g}V^2\cos^2\alpha$ soit inférieure au travail résistant de la gravité Ph; d'où à la limite, et à cause de $\cos\alpha = \frac{r-h}{r}$,

$$V = \frac{r}{r-h}\sqrt{2ghr\frac{P}{P'}}$$

pour $r = h$, $V = \infty$, ce qui est évident.

Si V dépasse cette limite, le système continue son mouvement, et décrit, avec la vitesse initiale $V\cos\alpha$, une trajectoire parabolique; la gravité détruit graduellement sa vitesse verticale $V\cos\alpha\sin\alpha$, et lui en imprime un égale et contraire, de sorte qu'à l'instant où les roues, arrivées en A', à la distance $AA' = \frac{2V^2\cos^3\alpha\sin\alpha}{g}$, retombent sur les rails, elles ont, comme à l'instant qui suivait le choc contre l'obstacle, la vitesse $V\cos\alpha$, mais faisant avec l'horizontal l'angle $360-\alpha$. La composante verticale $V\cos\alpha\sin\alpha$ est brusquement détruite par le choc sur la voie; après ce second choc, le système ne possède donc plus que la vitesse horizontale $V\cos^2\alpha$.

La perte totale de force vive due à la rencontre de l'obstacle est donc :

$$\frac{P'}{g}V^2(1-\cos^4\alpha) = \frac{P'}{g}V^2\left[1-\left(1-\frac{h}{r}\right)^4\right].$$

Pour un véhicule à deux essieux, les conditions sont différentes (*fig.* 37).

Soient encore $\frac{P}{g}$ la masse totale, $\frac{p}{g}$ celle des roues et des essieux; supposons le centre de gravité G placé sur la ligne des centres et en son milieu, et admettons qu'à la masse $\frac{P}{g}$ on peut substituer deux masses $\frac{P}{2g}$, concentrées respectivement sur l'axe de chacun des essieux. Après le choc des roues antérieures contre l'obstacle, leur vitesse est $V\cos\alpha$ faisant, avec l'horizontale, l'angle α; celle des roues d'arrière est $V\cos^2\alpha$, horizontale. Tout le système tourne donc, en réalité, pendant l'instant qui suit le choc, autour du centre de rotation instantané T, point de concours des rayons TM, AT, dont les longueurs sont entre elles comme $1 : \cos\alpha$, c'est-à-dire comme les vitesses $V\cos\alpha$, $V\cos^2\alpha$ des centres A, B : vitesses qui sont aussi respectivement, dans l'hypothèse admise, celles de la moitié antérieure et de la moitié postérieure du système. La demi-force vive après le choc est donc, P′ représentant encore $P + p \cdot \frac{k^3}{r^2}$:

$$\frac{P'}{4g} V^2 \cos^2 \alpha (1 + \cos^2 \alpha),$$

valeur qui doit, pour que l'obstacle ne soit pas surmonté, être au plus égale au travail résistant de la gravité, c'est-à-dire à $P \frac{h}{2}$, le centre de gravité général G ne s'élevant que de $\frac{h}{2}$ quand les roues antérieures s'élèvent de h ; d'où

$$V = \frac{r}{r-h} \sqrt{\frac{2gh}{1 + \left(\frac{r-h}{r}\right)^2} \cdot \frac{P}{P'}}.$$

Mais l'obstacle peut suffire, quoique la première paire de roues l'ait franchi, pourvu qu'il ne soit pas surmonté par la seconde, ralentie, ainsi que toute la masse, par les premiers chocs des roues antérieures sur l'obstacle, puis sur le sol. Tout le système n'a plus alors, comme on l'a vu, qu'une vitesse horizontale, $V \cos^2 \alpha$, avec laquelle les roues d'arrière abordent l'obstacle. Cette vitesse est brusquement transformée pour elles en $V \cos^3 \alpha$ inclinée de α sur l'horizontale, et pour les roues d'avant en $V \cos^4 \alpha$, horizontale ; et la demi-force vive du système après ce nouveau choc est :

$$\frac{P'}{4g} V^2 \cos^6 \alpha (1 + \cos^2 \alpha).$$

Cette force vive sera complétement détruite par le travail $\frac{Ph}{2}$ de la gravité, et par suite, l'obstacle de hauteur h sera efficace, tant que la vitesse ne dépassera pas la limite :

$$V = \sqrt{\frac{2gh}{\cos^6 \alpha (1 + \cos^2 \alpha)} \cdot \frac{P}{P'}} = \frac{r^3}{(r-h)^3} \sqrt{\frac{2gh}{1 + \left(\frac{r-h}{r}\right)^2} \cdot \frac{P}{P'}}.$$

En pratique, la hauteur, variable, du centre de gravité au-dessus de la ligne des centres, les ressorts de suspension, l'élasticité de la matière des roues et des heurtoirs, modifient les données du problème ; aussi ne s'agissait-il ici que de donner une idée sommaire du mode d'action des obstacles ; leur hauteur doit être déterminée par l'expérience.

230. Les taquets d'arrêt ont reçu des dispositions variées. En Angleterre, par exemple, ils se composent ordinairement d'un bloc de bois tournant autour d'un pivot vertical ou d'une charnière horizontale, et qui se rabat sur un des rails et bute contre un piton en fer. L'obstacle n'agit alors que sur une seule des deux roues conjuguées. Sa saillie varie ordinairement de 0m,08 et 0m,12 et atteint quelquefois 0m,25.

En France, on donne la préférence au modèle adopté d'abord sur le réseau de Lyon (Pl. XIII, *fig.* 29 à 33 et 25 à 28). Il se compose d'un cadre fixé par deux charnières sur une traverse. Rabattu, le côté *c*, égal en longueur, sauf le petit jeu nécessaire, à l'écartement dans œuvre des rails, se loge entre eux et au-dessous du niveau inférieur des boudins des roues. Relevé, il s'appuie sur deux longs tasseaux *t*, *t*, et ses extrémités bardées de fer barrent le passage aux boudins. La saillie au-dessus du niveau des rails varie de 0m,25 à 0m,28 ; cette hauteur paraît suffisante. Lors même que l'obstacle serait franchi par la première paire de roues, il arrêterait la seconde, par suite de la perte de vitesse due au premier choc ; mais il faut que l'obstacle soit constitué assez solidement pour lui résister, et il n'en est pas toujours ainsi.

Sur quelques chemins allemands, le wagon est amarré à la voie par une de ses chaînes de sûreté. Un boulon à large tête inférieure est implanté verticalement dans le milieu d'une traverse, et porte un bout de chaîne à son extrémité supérieure. Le crochet de sûreté du wagon est engagé dans un des maillons. Cet expédient a un inconvénient : le décrochage est difficile si la chaîne s'est tendue, et sa tension peut être considérable s'il y a plusieurs wagons garés.

231. *Heurtoirs fixes.* — La disposition des heurtoirs proprement dits, obstacles fixes établis aux extrémités des voies en cul-de-sac, varie naturellement suivant la destination de ces voies, la violence des chocs auxquels les obstacles peuvent être exposés, et la nécessité plus ou moins impérieuse de protéger à coup sûr ce qui se trouve au delà. Ainsi, les heurtoirs établis à l'extrémité des voies principales, dans les gares têtes de lignes, devant protéger le bâtiment de la gare et ses abords, sont constitués très-solidement et pourvus de tampons à ressorts, placés à la hauteur des tampons du matériel roulant, pour atténuer la violence des chocs : précaution nécessaire sans doute, mais dirigée seulement contre des accidents extrêmement rares, les machines ne devant jamais être abandonnées à elles-mêmes, et les mécaniciens devant toujours être assez maîtres de leur vitesse pour ne pas atteindre le heurtoir. Aussi n'a-t-on pas craint parfois d'interrompre les voies principales, vers le fond des halles à voyageurs, même d'une faible longueur, par une fosse recevant un chariot de remise. La gare de rebroussement de *Berne*, par exemple, est dans ce cas. Cette disposition donne prise à la critique, mais, d'un autre côté, elle force le mécanicien à aborder constamment la gare avec beaucoup de prudence; sous ce rapport, c'est une garantie.

Les voies de service exigent aussi des heurtoirs plus ou moins saillants, plus ou moins solides. Si elles ne reçoivent que des wagons isolés, l'obstacle peut être peu élevé. Tantôt les rails sont recourbés, tantôt on se contente d'y caler une traverse. Mais les voies de garage en cul-de-sac, c'est-à-dire toutes celles des lignes à deux voies, exigent des heurtoirs solides, le mécanicien qui refoule un train de plusieurs centaines de mètres de longueur ne l'arrêtant pas toujours à temps, soit que l'agent placé vers la queue lui ait donné le signal tardivement, soit que ce signal n'ait pas été exécuté assez vite. L'obstacle est quelquefois, dans ce cas, un simple cavalier en terre, qui a le double avantage d'être économique et d'amortir les chocs. Mais on obtient un meilleur résultat en noyant dans le cavalier un heurtoir en charpente, qui, contre-buté par la masse de terre, et lui transmettant le choc, peut être construit avec des bois d'un faible équarrissage. Les *fig.* 18 à 24, Pl. XIII, représentent un de ces heurtoirs mixtes, formé essentiellement de quatre poteaux *p*, *p*, portant la traverse de choc C et les madriers *n*, *n*, de contre-fiches *t*, *t*, et de semelles *s*, *s*, formant la base du système. Enraciné dans le sol, l'ensemble ne pourrait se renverser sous l'action des chocs sans soulever et refouler en même temps le massif de terre dans lequel il est compris. Des petits murs *m*, *m* soutiennent les terres de part et d'autre du bâti en charpente.

§ X. Mesures proposées pour prévenir les déraillements sur certains points dangereux de la voie.

232. C'est le moment de dire quelques mots d'une question souvent agitée, et récemment encore : celle de l'application sur certains points dangereux ou considérés comme tels, de moyens propres à prévenir les déraillements ou à maintenir sur la voie les trains déraillés.

Les contre-rails proprement dits, c'est-à-dire placés à l'intérieur de la voie, ont été regardés à peu près unanimement comme plus propres à aggraver qu'à atténuer les conséquences d'un déraillement ou d'une rupture d'essieu.

Aussi, en France, le ministre des travaux publics a-t-il décidé (circulaire du 2 mars 1859) que l'application des contre-rails, — prévue par l'ordonnance réglementaire du 25 novembre 1846, — toujours obligatoire pour les passages à niveau, ne s'étendrait pas à la traversée des grands viaducs et des grands remblais.

« Les ingénieurs, » dit la circulaire, « sont à peu près unanimes pour re« connaître que l'emploi des contre-rails constitue une mesure préventive « d'une efficacité au moins douteuse contre les déraillements, et d'un autre « côté, que cette mesure présente plus de danger que de sécurité lorsqu'elle « s'applique à des points sur lesquels la voie n'est pas l'objet d'une surveil« lance spéciale. »

Mais, sur l'avis du conseil général des ponts et chaussées, le ministre, par la même circulaire, demandait aux ingénieurs en chef du contrôle, une étude sur les moyens de prévenir les déraillements et d'en atténuer les conséquences « sur toutes les parties pé« rilleuses des chemins de fer, telles que viaducs, grands remblais, « flancs escarpés des coteaux, rives de fleuves, courbes de petit « rayon, etc., en ayant soin de distinguer les mesures à prendre pour « les chemins construits et les chemins à construire. »

Cette étude n'a pas abouti à des propositions nettement formulées; il était difficile, en effet, qu'il en fût autrement. Tout ce qu'on peut dire, c'est que des banquettes, des parapets, convenablement établis, seraient souvent une garantie et jamais une cause d'aggravation de l'accident. Un train déraillé rencontrerait ces obstacles trop obliquement pour que le choc fût dangereux.

Cependant, l'application de ces moyens est restée à l'état d'exception, même dans les circonstances où elle serait à la fois la moins coûteuse et la plus motivée, en apparence du moins, c'est-à-dire sur les grands viaducs pourvus seulement de garde-corps très-faibles.

Sur tout le réseau de l'Est français, par exemple, le grand viaduc de *Chaumont* a seul reçu des banquettes extérieures, formées de longrines *b*, fixées par des boulons scellement et des cornières en fer *c* sur les tablettes du couronnement (Pl. XIII, *fig.* 34 et 35). Il importe que ces *chasse-roues* soient placés assez loin des rails pour ne pas gêner l'entretien de la voie. Cette distance paraît devoir être $0^m,80$ au moins; leur hauteur au-dessus des rails ne doit pas dépasser $0^m,30$ à $0^m,35$.

Quant aux remblais, formés de matières meubles, l'établissement de banquettes y entraînerait des dépenses considérables, et d'autant moins justifiées en général qu'on créerait ainsi un obstacle à l'écoulement des eaux, c'est-à-dire à la condition la plus essentielle du bon état de la voie.

Il n'en est pas de même lorsqu'on dispose pour former les remblais, soit complets, soit à mi-côte, de fragments de roches assez volumineux pour qu'on puisse construire à peu de frais de véritables murs de soutenement en pierre sèche, qui permettent de roidir beaucoup les talus. Ces murs peuvent alors être prolongés en parapets massifs, qui atteignent le but. On rencontre des exemples assez nombreux de cette disposition, mais il n'y a pas lieu d'y insister ici. On y reviendra en traitant des travaux d'art.

En somme, si l'idée d'être suspendu en quelque sorte sur les bords d'un abîme et retenu seulement par la faible saillie des mentonnets des roues a, au premier abord, quelque chose de peu rassurant, on s'y fait parce que l'expérience prouve tous les jours que la situation n'est pas aussi dangereuse qu'on pouvait le croire. Des obstacles latéraux rassurent l'œil, mais il faut tendre bien plutôt à les rendre inutiles qu'à les multiplier. Sur les points où un déraillement peut avoir des conséquences plus désastreuses qu'ailleurs, il faut surtout s'attacher à le rendre plus impossible encore qu'ailleurs. C'est donc dans les soins spéciaux de l'entretien, et dans une marche prudente des trains, surtout en courbes, qu'on doit chercher les véritables garanties de sécurité.

§ XI. **Passages à niveau.**

233. Il est à peine nécessaire de rappeler qu'il faut, pour concilier les deux circulations au point de croisement d'un chemin de fer et d'une route : 1° faire disparaître la saillie des rails sur la voie ordinaire; 2° réserver le libre passage des mentonnets des roues circulant sur la voie ferrée; de là les contre-rails, placés parallèlement aux rails de roulement, et *ayant de l'entrée*, c'est-à-dire infléchis en plan vers les extrémités, sur une longueur assez grande pour que les mentonnets ne les choquent que très-obliquement.

Avec une voie de $1^m,45$ de bord en bord des rails, et un écartement de $1^m,36$ entre les faces internes des bandages, une paire de roues, placée dans la position moyenne, a le bord intérieur de chacun de ses boudins à $\frac{1^m,45 - 1^m,36}{2} = 0^m,045$ du bord de rail correspondant. Telle est donc la largeur minimum de la rainure; en d'autres termes, elle est égale à la somme de la largeur du boudin, et du *demi-jeu de la voie.* On la fait, en réalité, un peu plus grande, 0m,050 à 0m,055, pour tenir compte des légères différences que présente, d'une ligne à l'autre, la cote de calage des roues sur les essieux, et aussi des faibles écarts du matériel d'une même ligne, d'un essieu un peu forcé, d'un boudin refoulé vers l'intérieur, etc... La réunion de *Dresde* recommande même de la porter à 0m,067 (*).

Il va sans dire, d'ailleurs, qu'en courbes de petit rayon, cette largeur est augmentée de la moitié du sur-écartement des rails (199, 200).

On s'est astreint pendant longtemps à paver la partie commune, même à la traversée des routes empierrées ; on craignait qu'un morceau de pierre, se logeant dans la rainure, ne causât un déraillement. Aujourd'hui on s'affranchit souvent de cette dépense, peu considérable, il est vrai, mais aussi peu utile. La surveillance étroite exercée sur les passages à niveau rend, en effet, très-peu probable l'accident dont il s'agit.

Le contre-rail est presque toujours le rail courant, posé sans inclinaison ; il y a un certain avantage à le placer un peu plus haut que le rail, afin de soustraire celui-ci à l'action des roues des véhicules ordinaires. Avec le rail à champignons, cette sur-élévation s'obtient par une sur-épaisseur locale de la semelle du coussinet double qui reçoit les deux rails ; avec la voie *Vignole,* le rail et le contre-rail sont ordinairement au même niveau. Quelquefois, quand on tient à protéger le premier, le second est formé d'une longrine, armée, vers l'ornière, d'une plate-bande en fer.

234. Ce serait d'ailleurs sortir du cadre de cet ouvrage que d'entrer dans des détails minutieux sur un sujet aussi simple. La place que nous pouvons consacrer aux passages à niveau sera plus utilement occupée par l'examen des mesures propres à garantir la sécurité de la double circulation, tout en la gênant le moins possible. Cette question touche à trop d'intérêts pour être traitée sommairement.

La circulation sur la route, quelle que soit son importance, doit évidemment céder le pas à la circulation sur la voie ferrée. La première ne doit point, en général, entraver la seconde, et il faut, dans l'intérêt de la sécurité mutuelle, qu'elle soit interdite quand le passage d'un train l'exige. Aussi les passages à niveau sont-ils munis de barrières, si ce n'est sur les lignes purement industrielles, même quand la voie

(*) Vereinbarungen, etc. Bahnbau, art. 8.

ferrée n'a pas de clôture courante. Si la régularité de la marche des trains n'était jamais troublée, la fermeture des barrières n'apporterait, même sur les lignes à grand trafic, que fort peu d'entraves à la circulation transversale, parce que celle-ci pourrait être rétablie presque aussitôt qu'interrompue. Sans doute, les manœuvres de gare ou les stationnements prolongés des trains de marchandises ont parfois intercepté pendant trop longtemps les passages à niveau situés aux abords des stations. Mais il est ordinairement facile de tout concilier en coupant les trains qui stationnent et en interrompant périodiquement les longues manœuvres, pour rétablir au moins pendant quelques instants la circulation sur la route. La durée maximum de la fermeture peut être fixée, pour chaque passage, en raison de l'activité du mouvement.

Un ordre de service intérieur de la compagnie de l'Est, en date du 19 février 1864, règle comme il suit l'application de ces mesures :

1° Toutes les fois qu'un train de voyageurs ou de marchandises arrivant dans une gare sera assez long pour intercepter la circulation sur un passage à niveau attenant à cette gare, et que la durée réglementaire ou prévue du stationnement devra dépasser cinq minutes, le chef de gare, aussitôt ce train arrivé, le fera couper au droit du passage à niveau, de manière à rétablir immédiatement la circulation ; il veillera à ce que les barrières soient de nouveau fermées avant que ne soit donné l'ordre de rapprocher les deux parties du train.

2° Si, dans les manœuvres à faire pour ajouter ou retrancher des voitures ou des wagons à un train stationnant sur un passage à niveau, la partie du train qui occupe ce passage à niveau doit rester immobile pendant toute la durée de la manœuvre, on doit commencer par couper le train au droit du passage à niveau, de manière à rétablir immédiatement la liberté de la circulation.

3° Si les manœuvres à faire exigent le passage de tout ou partie du train ou d'une machine isolée devant les barrières du passage à niveau, celles-ci resteront fermées, mais pendant dix minutes seulement; à l'expiration de cette période, le chef de gare fera interrompre la manœuvre et couper le train au droit des barrières, pour laisser passer les personnes et les voitures arrêtées de chaque côté de ces dernières.

Si la manœuvre dure plus de dix minutes, elle sera reprise et interrompue à la fin de chaque nouvelle période de dix minutes, de façon à ce que la circulation sur le passage à niveau ne soit jamais arrêtée pendant un intervalle de temps supérieur à cette période.

4° Les jours de foires et de marchés, et toutes les fois qu'il y aura sur la route desservie par le passage à niveau une accumulation exceptionnelle de voitures et de personnes arrêtées aux barrières par une manœuvre de train, cette manœuvre sera scindée en périodes de cinq minutes.

L'application de ce système d'*éclusées*, interrompant les fermetures trop prolongées, a donné sur l'Est de très-bons résultats. Le principe de la mesure doit, dès lors, être inscrit dans les règlements, afin de constituer au profit de la circulation transversale non plus une simple tolérance, mais un droit, dont elle puisse se prévaloir au besoin (240, projet de l'Est, art. 10; 241, règlement de la Méditerranée, art. 10).

Grâce à ces précautions, les passages accolés aux stations importantes, quoique les plus fréquentés, ne sont pas ceux qui provoquent le plus de plaintes de la part des populations. Ils sont d'ailleurs sans danger, parce qu'ils sont bien surveillés Si, d'ailleurs, un train attendu a éprouvé un retard considérable, la station en est informée par le telégraphe, et elle prolonge, en conséquence, l'ouverture du passage sur la demande des passants.

235. Il n'en est pas de même en pleine voie. Les gardes chargés de la surveillance des passages à niveau ne sont pas informés des retards des trains, et ils doivent les attendre dès que l'heure réglementaire (*) est arrivée. Il y a quelques années les barrières étaient encore inexorablement fermées, dès ce moment, sur quelques chemins de fer français.

Le règlement des gardes portait :

« Les barrières doivent être fermées et la circulation interdite quand les « trains ne sont plus qu'à 2 kilomètres du passage » (distance souvent à « peine suffisante) « et, *dans le cas où l'on ne pourrait apercevoir le train*, « *dix minutes avant l'heure indiquée pour son arrivée. Les barrières ne sont* « *rouvertes que quand le train est passé.* »

La circulation transversale subissait donc le retard, quel qu'il fût, éprouvé par le train.

Comme, en définitive, tout le monde profite, au moins indirectement, des avantages que procurent les chemins de fer, le public doit se plier à leurs exigences et leur sacrifier au besoin un peu de sa liberté, mais pourvu que ce sacrifice soit réellement nécessaire. Les gens, pressés ou non, auxquels on avait fait attendre pendant 15, 20, 30 minutes, et au delà, l'ouverture d'un passage, trouvaient, non sans raison, quelque peu arbitraire qu'on les eût retenus prisonniers pour un train qui devait se présenter un quart d'heure ou une

(*) Il n'y a pas positivement d'*heure réglementaire* pour le passage des trains de marchandises qui ont des *arrêts facultatifs*. Mais le garde sait à partir de quelle heure il doit les attendre.

demi-heure après leur arrivée ; il est vrai qu'on ne le savait pas, mais était-il donc si difficile de le savoir ?

Il y a heureusement un très-grand nombre de passages dont la situation permet aux gardes de s'assurer par eux-mêmes qu'aucun train ne menace ; aussi, a-t-on pu, sans rien compromettre, tempérer ce qu'il y avait d'excessif, pour ne pas dire d'intolérable, dans le régime précédent. En France, les barrières, quel que soit leur état habituel (238), doivent être fermées avant l'heure réglementaire du passage des trains (5 minutes sur le réseau de la Méditerranée) (*), mais elles ne sont pas, pour cela, absolument condamnées jusqu'au passage de ce train ; la plupart des règlements sont aujourd'hui formulés en ces termes :

« Lorsque l'ouverture des barrières est demandée, *le garde doit s'assurer* « *que les voies peuvent être traversées avant l'arrivée d'un train ;* dans ce « cas, il ouvre les barrières, en commençant par la barrière de sortie, et « les referme immédiatement » (240).

Disposition un peu vague, qui laisse quelquefois trop à faire à l'appréciation d'un agent subalterne, et qui ne peut s'appliquer d'une manière absolue qu'aux lignes découvertes et à grands alignements. Ajoutons cependant que la difficulté, pour les gardes, de constater à temps l'approche d'un train qu'ils ne peuvent voir, est en réalité moins grande qu'elle ne paraît. Si, trop souvent, la pratique révèle des difficultés imprévues, souvent aussi ces difficultés sont moindres qu'on ne le supposait d'abord. Tel est le cas ici. L'oreille exercée des gardes est un guide sûr, et c'est souvent dans les vibrations propagées dans le sol qu'ils trouvent des indications certaines (**). L'ouïe seule leur reste, d'ailleurs, en cas de brouillard très-épais ; les trains, il est vrai, portent généralement alors leurs feux pendant le jour, mais l'utilité de cette mesure est formellement contestée ; on objecte qu'en pareil cas, un corps volumineux, tel qu'un train, est toujours vu — peu distinctement il est vrai — avant le point éclairé artificiellement.

236. Le régime ordinaire des passages à niveau semble constituer une dérogation à ce principe, posé d'une manière générale, que *la voie doit être libre, ou couverte par un signal.*

(*) D'après les Vereinbarungen (*Zustand der Bahn,* art. 14) les barrières doivent être fermées 3 minutes avant *le passage* des trains. Le passage des troupeaux doit être interdit 10 minutes avant.

(**) Aussi doit-on tenir la main à ce que la coiffure des femmes garde-barrières laisse l'ouïe parfaitement libre.

L'article 1er du nouveau règlement des signaux sur le réseau de l'Est, par exemple, (mars 1866) formule ainsi ce principe :

« L'absence de tout signal indique que la voie est libre. Sur tous les « points, et à toute heure, les dispositions doivent être prises comme si un « train était attendu. »

Pendant qu'un véhicule traverse un passage à niveau, la voie n'est pas libre. Un signal devrait donc l'indiquer, en vertu du principe précédent, à ce train « qu'on doit toujours attendre, » et qui peut, en effet, se présenter; l'annonce des trains extraordinaires ou des machines isolées n'étant pas obligatoire.

Mais le nouveau règlement de l'Est (mars 1866), sur la circulation des trains, a soin d'excepter les passages à niveau :

« Les voies principales, » dit-il (art. 37), « doivent être constamment li« bres, ou couvertes par des signaux, sauf les passages à niveau, qui sont « soumis à une réglementation spéciale. »

C'est avec beaucoup de raison que l'application de signaux, de disques à distance, que les gardes-barrières devraient mettre à l'arrêt avant de laisser un véhicule s'engager sur le passage, n'a pas été adoptée d'une manière générale. Faire rentrer ces points, pendant les quelques instants où ils sont engagés, dans les conditions générales des obstacles sur la voie, c'eût été déroger à cet autre principe que la circulation transversale doit être subordonnée à la circulation sur la voie ferrée, qu'elles ne peuvent pas être traitées sur le pied de l'égalité. Et ce principe est nécessaire; ce n'est pas seulement une affaire de prééminence naturelle. Sans doute, il serait déjà absurde qu'une charrette pût arrêter sciemment un train; mais l'arrêt en lui-même, le temps perdu par le train serait le moindre des inconvénients. Un train arrêté devient lui-même un obstacle, et le plus grave de tous; comme tel, il doit se couvrir; s'il le fait tardivement, une collision peut s'ensuivre.

D'ailleurs, un véhicule qui traverse la voie n'est pas un obstacle proprement dit; ce qui doit être couvert par un signal, c'est l'obstacle de *force majeure*. Le véhicule est un obstacle *volontaire* pour ainsi dire, qui peut et doit choisir son temps, ne s'engager sur la voie qu'avec la certitude absolue que le passage est libre; et cela dans son propre intérêt, bien plus encore que dans l'intérêt des trains.

D'un autre côté, l'agent (et aujourd'hui c'est ordinairement une femme, plus ou moins préoccupée du soin de son ménage) pourrait oublier de rappeler le signal mis à l'arrêt, et troubler ainsi la marche des trains; ou bien,—ce qui serait bien plus grave,—tourner le disque trop tard, quand le mécanicien l'aurait déjà dépassé, et rendre ainsi une rencontre inévitable.

237. L'exception admise pour les passages à niveau est donc, en général, très-justifiée. Mais il n'en est pas moins nécessaire d'appliquer des mesures spéciales, et même, au besoin, des disques, aux passages dont les gardes ne peuvent pas constater par eux-mêmes et à coup sûr (235), qu'un attelage plus ou moins long, plus ou moins chargé, a le temps de les franchir avant qu'un train survienne.

Sur plusieurs chemins allemands, tous les trains sont annoncés à tous les agents permanents de la voie au moyen d'une sonnerie électrique placée dans leur guérite, et qui est mise en jeu à l'instant où le train quitte la station la plus voisine. Il y a là un luxe inutile, nuisible même, les gardes devant s'écarter très-peu de leur guérite pour que le signal arrive à son adresse. D'ailleurs, on tend chaque jour davantage en France, comme on l'a fait depuis longtemps en Angleterre, à supprimer ce personnel presque sédentaire et à peu près inutile. Mais l'objection ne s'applique pas aux gardes-barrières, et le système allemand pourrait leur être utilement appliqué.

On trouve du reste, en France, quelques applications de l'annonce des trains aux gardes-barrières voisins des stations, autrement que par le cornet. Ainsi, sur la ligne de *Strasbourg* à *Wissembourg*, le garde d'un passage situé près de *Haguenau* est averti au moyen d'une sonnette manœuvrée par un fil de tirage. Sur la ligne de *Strasbourg* à *Bâle*, près de *Colmar*, les gardes de deux passages très-rapprochés se signalent réciproquement les trains au moyen de deux sonnettes reliées par un seul fil. La distance est faible (436 mètres), mais elle suffit, tous les trains s'arrêtant à *Colmar* et n'ayant plus ou pas encore de vitesse au moment où ils franchissent les deux passages. Entre *Givet* et la frontière belge, vers *Namur* (tronçon exploité par la compagnie du Nord), les trains sont annoncés à deux gardes au moyen de sonneries électriques. Etc...

L'expérience des chemins allemands prouve qu'on peut compter, en pareil cas, sur les appareils électriques. L'objection qui se présente à première vue, celle du danger résultant d'un dérangement des appareils, d'un signal non transmis, a donc moins de gravité qu'on l'a dit souvent; pour des circuits d'une faible longueur, les perturbations provenant des influences atmosphériques sont peu à craindre. Néanmoins, le principe de l'annonce des trains aux gardes-barrières n'est appliqué largement qu'en Allemagne, où, comme on l'a vu, il fait partie d'un système plus général encore. En France, dans la plupart des cas où l'application d'une mesure spéciale a été reconnue indispensable, c'est l'autre principe qu'on préfère, c'est-à-dire la mise à la disposition du garde de disques à distance au moyen desquels il doit couvrir le passage avant de laisser un véhicule s'y engager. Ainsi, la compagnie de l'Est a supprimé des sonneries électriques établies il y a quelques années aux passages à niveau de *Chaumont* (Haute-Marne), et qui signalaient aux gardes-barrières le départ des trains. Ces sonneries, qui ne fonctionnaient pas avec toute la régularité nécessaire, ont été remplacées par des disques que les gardes maintiennent à l'arrêt lorsque les barrières sont ouvertes, et qu'ils ouvrent, quand un train est attendu, après avoir fermé les barrières. Mais si une voiture se présente, et si rien n'indique l'arrivée immédiate d'un train, les gardes ferment les disques, ouvrent les barrières, laissent passer la voiture, referment les barrières et rouvrent les disques.

« L'expérience, » dit M. *Ledru*, « a démontré que ces disques ne sont pas « une gêne pour la circulation des trains; depuis quatre ans qu'ils sont pla- « cés, jamais un seul train n'a été arrêté. »

On pourrait, il est vrai, inférer de là que ces appareils sont médiocrement utiles, car ils sont faits précisément pour arrêter les trains au besoin. Mais quand ils n'auraient que l'avantage d'inspirer de la sécurité aux agents, ce serait déjà un grand point; la compagnie reconnaît d'ailleurs elle-même qu'ils sont nécessaires dans le cas dont il s'agit :

« Des passages à niveau, » poursuit son habile ingénieur, « les gardes « ne voient pas la gare de *Chaumont*. Le son seul, soit du sifflet, soit de « la marche du train, leur indique son arrivée; les disques sont donc « indispensables pour assurer la sécurité du passage des voitures sur ces « deux passages à niveau.

« Si le service de l'exploitation, qui m'envoie un avis chaque fois qu'un « train en marche a été arrêté par le fait des agents de la voie, ne m'a ja- « mais signalé d'arrêt aux passages à niveau de *Chaumont*, cela est dû à « l'aptitude spéciale que les gardes acquièrent au bout d'un certain temps « pour reconnaître l'approche des trains.

« C'est grâce à cette aptitude qu'il arrive aussi peu d'accidents sur les « passages à niveau, quoique les gardes aient souvent à rouvrir leurs « barrières, après leur fermeture réglementaire, dans l'attente des trains « de marchandises dont la marche varie dans des limites très-étendues, « et quoiqu'un très-petit nombre de passages à niveau soient munis de « disques.

« C'est pour cela que je crois qu'il n'y a pas lieu de poser des disques à « tous les passages à niveau d'où l'on ne voit venir les trains qu'à une « petite distance, afin de ne pas fatiguer l'attention des mécaniciens par la « multiplicité des signaux; ce qui serait un danger encore plus grave. Je « crois donc que les disques ne sont bons pour couvrir les passages à ni- « veau qu'à condition de ne les employer qu'avec une très-grande réserve, « et sur les points réellement dangereux. Il convient cependant de conser- « ver les disques qui couvrent les passages à niveau fréquentés et placés « dans des conditions particulièrement difficiles comme ceux de *Chaumont*.

« Il y a là une question de limite, que l'expérience seule peut indiquer. »

« Paris, le 27 décembre 1866. »

Les passages voisins d'une station peuvent d'ailleurs être protégés par les disques mêmes de cette station. Ceux-ci sont alors munis d'une deuxième transmission, qui permet au garde-barrière de les manœuvrer de son poste (exemple : passage de *Vitry-le-Français*, sur le chemin de l'Est).

Quarante-sept passages du réseau de l'Est sont, dès à présent, protégés ainsi par des signaux, soit des deux côtés, soit d'un seul; mais sur ce nombre il y en a quinze qui n'ont point été pourvus de disques spéciaux, et qui profitent des disques dont l'objet principal est de couvrir des *haltes* ou stations rudimentaires pour le trafic local des voyageurs, et dont le service est fait ordinairement par un garde-barrière.

Il est à peine nécessaire d'ajouter qu'un seul disque peut suffire dans certains cas, soit sur double voie, soit sur voie unique, lorsque la voie est assez découverte dans le sens opposé.

§ XII. Service des barrières.

238. La situation normale des barrières peut être l'ouverture, ou la fermeture; dans le premier cas, le garde les ferme lorsqu'un train doit survenir; dans le second, il les ouvre lorsque le passage est demandé sur la voie transversale, et lorsque aucun train ne peut se présenter.

Les trains, réguliers ou annoncés, devant toujours trouver les barrières fermées, le choix entre les deux régimes doit dépendre de l'importance relative de la circulation sur les deux voies.

Si les trains sont très-nombreux et la route peu fréquentée, la fermeture est à la fois plus simple et plus sûre. — Si les trains sont rares et la route fréquentée, l'ouverture est préférable.

Dans l'origine, la fermeture était la règle. La loi du 25 juillet 1845 porte : « Partout où les chemins de fer croiseront, de niveau, les « routes de terre, des barrières seront établies et tenues fermées, con- « formément aux règlements » (art. 4). L'ordonnance réglementaire du 15 novembre 1846, en reproduisant cette prescription, se borne à se référer, en ces termes, aux règlements à intervenir : « le mode, « la garde, et les conditions du service des barrières seront réglés « par le ministre des travaux publics, sur la proposition de la com- « pagnie » (art. 4).

L'Administration n'a usé d'abord qu'avec une prudente réserve de la latitude qu'une sage prévoyance avait ménagée dans la loi et l'ordonnance précitées. « Il me paraît, » disait encore le ministre en 1853 (*), « que les barrières des passages à niveau doivent rester ha- « bituellement fermées, et je n'admet de dérogation à cette règle que « pour les passages qui présentent une fréquentation exceptionnelle, « et *qui sont d'ailleurs pourvus d'un gardien à poste fixe.* »

Mais quatre ans à peine s'étaient écoulés, et déjà, en 1857, l'approbation ministérielle sanctionnait résolûment, pour les lignes d'Alsace, un régime tout opposé, c'est-à-dire l'ouverture habituelle de *toutes* les barrières. L'expérience a donné trop complétement raison à cette hardiesse du règlement, pour que le même régime ne s'étende pas peu à peu, avec les tempéraments nécessaires, aux lignes placées dans des conditions analogues.

Dans le cas d'une fréquentation, médiocre sur la voie ferrée, active sur la route, mieux vaut, en effet, laisser le passage ouvert tant qu'il peut l'être sans aucun danger, que de gêner la circulation sur la route par de continuelles et inutiles manœuvres de barrières. Il y a, d'ailleurs, dans ce cas, un autre avantage à laisser le passage libre ; l'agent chargé de la surveillance a alors plus de liberté d'action, et peut être utilisé sur la voie ; il suffit qu'il vienne fermer la barrière avant le passage de chaque train, et la rouvre en suite. Cette double manœuvre

(*) Dépêche adressée à l'ingénieur en chef du contrôle de la ligne de *Paris* à *Strasbourg*, le 31 mars 1853.

peut même être faite à distance (246 et suivants), tandis qu'avec le régime de la fermeture il faut que le garde se tienne toujours à proximité du passage, prêt à l'ouvrir à toute réquisition. C'est ainsi qu'on a été conduit à étendre le régime de l'ouverture même à des passages d'une fréquentation moyenne sur la voie ferrée.

La fermeture n'a pas de raison d'être, tant qu'elle n'est pas motivée par l'arrivée prochaine d'un train, mais pourvu que le passage puisse, sans inconvénient, se passer d'une surveillance immédiate. L'ouverture soulève, sans cela, une objection : à moins que les barrières ouvrant la route, ne ferment la voie, disposition à peu près abandonnée aujourd'hui (242) et avec raison, le chemin de fer est ouvert à tout venant; il ne manque pas d'exemples d'attelages abandonnés à eux-mêmes, s'engageant sur le chemin de fer au lieu de le traverser, et surtout de bestiaux s'introduisant sur la voie par ces coupures (*). La présence d'un garde peut donc être nécessaire dans certains cas, même pour les passages peu fréquentés, mais il ne faut pas la poser comme un principe absolu. A ce point de vue, c'est surtout comme faisant partie de la clôture courante du chemin de fer que les barrières doivent être envisagées.

Le degré d'obliquité de la traversée, la fréquence plus ou moins grande des brouillards qui peuvent faire prendre aux conducteurs une fausse direction, la nature des charrois, le caractère même des populations, doivent entrer en ligne de compte.

Pendant la nuit, beaucoup de passages, ouverts pendant le jour, peuvent être fermés, sans inconvénient pour la circulation transversale, qui est alors, en général, beaucoup moins active. La fermeture, plus simple et plus sûre au point de vue de la surveillance de la voie, doit alors être préférée. Le passage peut même être tout à fait condamné, lorsque la circulation nocturne sur la route est très-faible, mais, dans le cas contraire, un garde logé sur place doit ouvrir à toute réquisition. Cela suppose, bien entendu, un service de nuit sur la voie ferrée; s'il n'y en a pas, les passages doivent au contraire être ouverts, la circulation transversale devant naturellement reprendre toute sa liberté quand l'autre a cessé.

(*) On prête à *Robert Stephenson* la réponse suivante, à cette question posée dans une enquête : « La rencontre d'une vache par un train peut-elle avoir des suites fâcheuses? » « Oui, pour la vache, » aurait-il dit.

Il n'y a pas un ingénieur de chemin de fer qui ne connaisse des exemples de déraillements, même de machines, causés par une telle rencontre.

Un cas peut néanmoins se présenter alors : c'est celui où la machine de secours serait demandée à l'arrière pour le dernier train, et se présenterait ainsi après la cessation du service régulier. Mais c'est une exception trop rare pour infirmer le principe. Le conducteur de la machine de secours est d'ailleurs prévenu, et il doit aborder les passages à niveau avec une grande prudence.

239. Les règles du service des passages à niveau doivent, en somme, être très-variables comme les conditions locales elles-mêmes.

En France, ces passages sont divisés en cinq catégories. Un règlement ministériel détermine les conditions du service de chacune d'elles, et la répartition des passages entre ces classes est opérée, dans chaque département, par un arrêté du préfet (*) qui doit être approuvé par le ministre.

Il paraît utile de faire connaître dans ses détails cette réglementation générale. Je prends pour exemple le réseau de l'Est, dont les diverses lignes sont dans des conditions variées.

Le service des barrières, sur ce réseau, est régi jusqu'à présent par deux règlements distincts. Trois arrêtés ministériels, le premier en date du 21 mars 1853, les deux autres, presque identiques, en date des 5 septembre 1859 et 17 mars 1859, s'appliquent respectivement à l'ancien réseau, moins les lignes d'Alsace, au nouveau réseau, et aux lignes des Ardennes, concédées primitivement à une compagnie distincte. — Les lignes d'Alsace sont soumises au régime particulier indiqué tout à l'heure.

Les deux premiers arrêtés, rapprochés des deux documents récents que nous reproduisons ensuite, permettent de suivre les phases diverses de cette réglementation délicate, et de mesurer les progrès accomplis graduellement, dans l'intérêt de la circulation ordinaire, sans sacrifier la sécurité.

ARRÊTÉ DU 21 MARS 1853.

Le Ministre des travaux publics,

Vu l'article 4 de la loi du 15 juillet 1845 ;

(*) La surveillance de l'exploitation technique et commerciale des chemins de fer relève directement du ministre. Faire exercer cette surveillance par les autorités locales, c'eût été soumettre un même réseau, non en droit, mais en fait, à autant de régimes différents qu'il traverse de départements. Mais les préfets sont restés naturellement investis du droit de statuer, sauf l'approbation du ministre, sur les questions purement locales, comme celles que soulèvent les chemins de fer dans leurs rapports avec les autres voies de communication.

Vu l'article 4 de l'ordonnance réglementaire du 15 novembre 1846;

Vu les propositions de la compagnie du chemin de fer de *Paris* à *Strasbourg*;

Vu l'avis de l'ingénieur en chef des mines, chargé du contrôle et de la surveillance dudit chemin;

Arrête :

ART. 1er.

Les passages à niveau établis pour la traversée de la ligne principale du chemin de fer de *Paris* à *Strasbourg* et de l'embranchement de *Frouard* à *Saarebrücke* seront divisés en cinq catégories.

ART. 2.

Dans la première catégorie seront compris les passages à niveau des routes impériales et départementales, et ceux des chemins vicinaux présentant une fréquentation exceptionnelle. Ils seront gardés de jour et de nuit par un gardien à poste fixe : lorsqu'ils seront très-fréquentés, les barrières resteront habituellement ouvertes et le gardien les fermera lorsqu'un train sera en vue ou attendu. Le garde pourra être chargé de la surveillance d'un canton dont l'étendue sera fixée conformément à l'article 7 ci-après.

ART. 3.

La seconde catégorie comprendra les passages à niveau des chemins vicinaux ou ruraux, aux abords desquels se trouve établie une maison de garde. Leur surveillance sera confiée à un gardien qui pourra être suppléé pendant le jour par sa femme. Les barrières seront fermées à clef pendant le jour, et ouvertes à toute réquisition du public, à moins qu'un train ne soit en vue ou attendu. Pendant la nuit, les barrières resteront également fermées et le gardien devra se lever pour les ouvrir à toute réquisition du public; toutefois la compagnie pourra être tenue de préposer un gardien spécial à leur manœuvre pendant la nuit, si les besoins de la circulation l'exigent.

ART. 4.

Dans la troisième catégorie seront compris les passages à niveau des chemins vicinaux et ruraux à proximité desquels il n'est pas établi de maison de garde. Ces passages à niveau seront habituellement fermés; ils seront manœuvrés par le garde de jour ou de nuit préposé à la surveillance du canton sur lequel ils sont situés; l'étendue de canton sera réglée suivant l'importance de la circulation sur le passage à niveau et la configuration du tracé du chemin de fer à ses abords. Dans le cas où la circulation serait nulle pendant la nuit ou à certaines époques de l'année, la compagnie pourra être autorisée à les tenir fermés pendant une partie de la journée ou de l'année.

ART. 5.

Les passages à niveau concédés à des particuliers à charge par eux d'en assurer la manœuvre formeront la quatrième catégorie.

Les barrières en seront manœuvrées par les propriétaires auxquels ils auront été concédés, sous la surveillance du garde-ligne dans le canton duquel ils seront situés, ou par ce garde lui-même.

Ces passages pourront, s'il y a lieu, être interceptés, soit pendant la nuit, soit à certaines époques de l'année, soit aux heures du passage des trains à grande vitesse; dans ce cas ils seront cadenassés par les agents de la compagnie.

ART. 6.

Dans la cinquième catégorie enfin, se trouveront les passages pour piétons. Ces passages seront pourvus de tourniquets et autres appareils propres à empêcher l'introduction sur les voies du gros bétail; ils seront autant que possible juxtaposés aux passages à niveau pour voitures et surveillés par le garde de ces passages.

ART. 7.

Les passages à niveau seront classés conformément aux dispositions qui précèdent par un arrêté pris par chaque préfet dans son département, sur les propositions de la compagnie et sur l'avis de l'ingénieur en chef du contrôle. Cet arrêté prescrira toutes les mesures nécessaires pour assurer la régularité et la sécurité du service des barrières; il fixera les conditions d'éclairage des passages à niveau.

Les arrêtés pris par les préfets des départements traversés en exécution du présent article, seront soumis à notre approbation.

L'ouverture habituelle n'apparaît donc encore (art. 2) que timidement pour ainsi dire. Elle ne s'applique qu'aux passages de la première catégorie, gardés par un agent à poste fixe; et encore faut-il que ces passages présentent une circulation exceptionnelle parmi ceux de la catégorie, déjà très-fréquentée, par définition, à laquelle ils appartiennent.

L'arrêté du 5 septembre 1859 a fait, comme on va le voir, un grand pas. D'une part, toutes les barrières de la première catégorie restent habituellement ouvertes (art. 2); de l'autre, l'article 8 consacre un régime nouveau en permettant d'étendre, à titre d'exception, il est vrai, sur les lignes à faible circulation de trains, l'ouverture pendant le jour aux passages des deuxième et troisième catégories, c'est-à-dire à des passages non surveillés par un agent à poste fixe.

ARRÊTÉ DU 5 SEPTEMBRE 1859.

Le ministre secrétaire d'État au département de l'agriculture, du commerce et des travaux publics,

Vu l'article 4 de la loi du 15 juillet 1845;

Vu l'article 4 de l'ordonnance réglementaire du 15 novembre 1846;

Vu les propositions de la compagnie des chemins de fer de l'Est;

Vu l'avis de l'ingénieur en chef des mines, chargé du contrôle et de la surveillance desdits chemins;

Arrête :

ART. 1er.

Les passages à niveau établis pour la traversée des lignes et embranchements composant la seconde partie du réseau de l'Est sont divisés en cinq catégories.

ART. 2.

Dans la première catégorie sont compris les passages à niveau des routes impériales et départementales, et ceux des chemins vicinaux présentant une fréquentation exceptionnelle.

Ils sont gardés de jour et de nuit par un agent à poste fixe qui pourra être chargé de la surveillance d'un canton dont l'étendue sera fixée conformément aux prescriptions de l'article 10 ci-après.

Cet agent est logé dans une maison attenant au passage à niveau.

De jour, la barrière peut être gardée par une femme.

Les barrières de ces passages à niveau restent habituellement ouvertes, et l'agent les ferme lorsqu'un train sera en vue ou attendu.

ART. 3.

La deuxième catégorie comprend les passages à niveau des chemins vicinaux ou ruraux d'une fréquentation ordinaire.

Près de ces passages sont établies des maisons de garde.

La manœuvre des barrières est confiée: pendant le jour, à la femme du garde, celui-ci étant chargé de la surveillance d'un canton ou attaché à l'entretien du chemin ou de la voie; et pendant la nuit, à l'agent logé qui devra se lever à toute réquisition du public.

Les barrières sont fermées le jour et la nuit; elles sont ouvertes à la demande du public, à moins qu'un train ne soit en vue ou attendu.

Toutefois, pendant la nuit, la compagnie pourra être tenue de préposer un gardien spécial à leur manœuvre, si les besoins de la circulation l'exigent; et, dans le cas où la circulation serait nulle, la compagnie pourrait les tenir complètement fermées.

ART. 4.

Dans la troisième catégorie sont compris les passages des chemins vicinaux et ruraux dont la fréquentation est peu considérable.

Ces passages à niveau sont habituellement fermées; ils sont manœuvrés par le garde de jour ou de nuit préposé à la surveillance du canton dans lequel ils sont situés; l'étendue de ce canton sera réglée suivant l'importance de la circulation sur le passage à niveau, et la configuration du tracé du chemin de fer à ses abords.

Dans le cas où l'on y établirait une maison de garde, le régime serait le même que pour les passages à niveau de deuxième catégorie.

Dans le cas où la fréquentation serait nulle pendant la nuit, ou à certaines époques de l'année, la compagnie pourra être autorisée à les tenir fermés pendant une partie du jour ou de l'année.

ART. 5.

Lorsque des passages de la deuxième ou de la troisième catégorie seront assez rapprochés les uns des autres, la compagnie pourra être autorisée à en confier le service à un seul gardien.

ART. 6.

Les passages à niveau soit pour voitures, soit pour piétons, concédés à des particuliers, à charge par eux d'en assurer la manœuvre, forment la quatrième catégorie.

Les barrières en sont fermées à la clef par les propriétaires auxquels ils auront été concédés, et manœuvrés par eux sous leur propre responsabilité.

La circulation sur ces passages est interdite pendant la nuit et aux heures du passage des trains de grande vitesse.

Dans le cas où des trains extraordinaires marchant à grande vitesse devraient parcourir la voie, les passages à niveau de quatrième catégorie pourront être momentanément interceptés par les soins de la compagnie dans les limites nécessaires pour assurer la sécurité de ces trains.

ART. 7.

Dans la cinquième catégorie sont rangés les passages publics pour piétons.

Ces passages sont pourvus de portillons ou autres appareils propres à empêcher l'introduction du gros bétail sur les voies.

ART. 8.

Sur les sections de chemins de fer où le nombre des trains ne serait pas assez considérable pour justifier la fermeture habituelle des barrières de deuxième et de troisième catégorie, ces dernières pourront être laissées ouvertes pendant le jour, sauf lorsqu'un train sera en vue ou attendu.

ART. 9.

Les passages à niveau de première catégorie sont éclairés par deux feux pendant la nuit.

Les passages à niveau de première et de deuxième catégorie qui ne sont pas interceptés sont éclairés par un feu pendant toute la nuit.

Ceux où la circulation est interdite la nuit peuvent ne pas être éclairés pendant les heures d'interdiction.

Les passages de quatrième et de cinquième catégorie ne sont pas éclairés.

ART. 10.

Les passages à niveau seront classés, conformément aux dispositions qui précèdent, par un arrêté pris par chaque préfet dans son département, sur les propositions de la compagnie et sur l'avis de l'ingénieur en chef du contrôle.

Cet arrêté statuera sur le parcours des gardiens des passages à niveau de première catégorie, sur la désignation des passages auxquels il sera fait application des dispositions spéciales prévues aux articles 3, 4, 5 et 8, et sur la fixation, pour ces passages, de la partie de ces dispositions dont l'étendue n'est pas déterminée par le présent arrêté.

Les arrêtés pris à cet effet par les préfets des départements traversés seront soumis à notre approbation.

ART. 11.

Les dispositions du présent arrêté seront applicables à toutes les lignes du réseau de l'Est autres que celle de :

Paris à *Strasbourg* et *Frouard* à *Sarrebrücke*; — *Strasbourg* à *Bâle*; — *Epernay* à *Reims*; — *Lutterbach* à *Thann*; — *Vendenheim* à *Wissembourg*;

Lesquelles resteront régies par les décisions administratives déjà intervenues.

Les décisions relatives aux parties du réseau de l'Est auquel les dispositions du présent arrêté sont applicables sont rapportées.

Les dispositions maintenues pour les lignes énumérées en l'art. 11 constituent, pour les quatre dernières, le régime exceptionnel jusqu'ici, et dont le caractère principal est que *tous* les passages sont *habituellement ouverts*, *le jour et la nuit*, et fermés seulement quand un train est en vue ou attendu. Cette situation, plus commode pour les populations, plus économique pour la compagnie, n'a présenté aucun inconvénient; aussi a-t-elle été étendue, après une application prolongée sur les lignes de *Strasbourg* à *Bâle* et à *Wissembourg*, à quelques-unes des lignes ouvertes depuis la promulgation du règlement du 5 septembre 1859.

Il faut sans doute procéder avec réserve; un régime bon en Alsace pourrait être par exemple très-mauvais aux environs de *Paris*, sur des lignes parcourues par de nombreux trains de grande vitesse, et placées au milieu de populations d'un caractère différent : circonstance dont il faut tenir compte, sans renoncer pour cela à réformer peu à peu les allures turbulentes et à les remplacer par des habitudes de réflexion et de respect des règlements, dont les populations seraient les premières à recueillir les frais.

240. Mais il faut reconnaître que si l'expérience comparative a été fort utile, l'application de deux régimes absolument distincts à diverses régions d'un réseau sur chacune desquelles les conditions varient, en fait, par degrés insensibles n'est pas une situation normale, définitive. Il est évidemment désirable qu'un même réseau soit régi par un règlement unique, mais assez général, assez élastique dans ses dispositions, pour comprendre tous les cas en faisant la part des conditions variables de l'un à l'autre. Il est naturel d'établir une distinction entre les lignes à grande circulation, où la sécurité réclame une réglementation sévère, et les lignes à circulation de trains réduite, où l'on peut se relâcher plus ou moins de la sévérité nécessaire sur les grandes lignes.

C'est dans ce but que la compagnie de l'Est a étudié et présenté le projet suivant; ce document a sa place marquée dans l'examen d'une question dont l'importance justifiait des développements assez longs.

PROJET D'ARRÊTÉ RÉGLEMENTAIRE

POUR LE SERVICE DES BARRIÈRES DE PASSAGES A NIVEAU.

ART. 1er.

Les passages à niveau établis pour la traversée des chemins de fer de l'Est sont divisés en cinq catégories.

ART. 2.

Dans la première catégorie sont compris les P. à N. des routes impériales et départementales, et ceux des chemins vicinaux présentant une fréquentation exceptionnelle.

Les barrières de ces passages à niveau restent *habituellement ouvertes;* elles sont fermées lorsqu'un train sera en vue ou attendu.

Le service en est fait jour et nuit, par des agents qui doivent être présents à ces P. à N. pendant toute la durée de la fermeture. Ce service peut être confié à des femmes.

ART. 3.

La deuxième catégorie comprend les P. à N. des chemins d'une fréquentation ordinaire.

Sur les chemins de fer *à très-grande circulation de trains*, ces P. à N. sont habituellement fermés jour et nuit, et ouverts à la demande des passants.

Sur les chemins de fer *à moyenne ou à faible circulation de trains*, ils sont :

Ouverts habituellement le jour, c'est-à-dire entre le lever et le coucher du soleil.

Fermés habituellement et ouverts à la demande des passants pendant la nuit (voir l'article 7).

ART. 4.

Dans la troisième catégorie sont rangés les P. à N. des chemins dont la fréquentation est *peu considérable.*

Ils sont habituellement fermés, jour et nuit, et ouverts à la demande des passants.

ART. 5.

Les P. à N. soit pour voitures, soit pour piétons, concédés à des particuliers, à charge par eux d'en assurer la manœuvre, forment la quatrième catégorie.

Les barrières en sont fermées à clef par les propriétaires, et manœuvrées par eux sous leur propre responsabilité.

ART. 6.

Dans la cinquième catégorie sont rangés les P. à N. publics pour piétons.

Les portillons pour piétons isolés ou accolés aux P. à N. des trois premières catégories ne sont jamais fermés à clef et sont manœuvrés par les passants.

ART. 7.

Sur les chemins de fer à moyenne et à faible circulation, la compagnie peut, sans autorisation préalable, laisser ouverts les passages à niveau des deuxième et troisième catégories au delà des limites spécifiées dans les art. 3 et 4 ci-dessus, suivant les besoins de la circulation.

Ces prolongations d'ouverture peuvent être rendues obligatoires, par l'autorité préfectorale, sur l'avis de l'ingénieur en chef du contrôle, lorsque les mesures prises par la compagnie ne donnent pas une satisfaction suffisante aux besoins de la circulation.

En tout cas, sur les lignes où le service de nuit est interrompu, les barrières doivent rester ouvertes entre le passage du dernier train du soir et celui du premier train du matin.

ART. 8.

Sur les points où la fréquentation serait nulle pendant la nuit, ou à certaines époques de l'année, certains P. à N. désignés spécialement pourront être tenus complétement fermés pendant une partie de la nuit ou de l'année.

ART. 9.

Lorsque l'ouverture d'une barrière est demandée, l'agent chargé de la manœuvre doit s'assurer que les voies peuvent être traversées avant l'arrivée d'un train; dans ce cas il ouvre les barrières en commençant par celle de sortie, et les referme immédiatement.

Aux P. à N. fermés par des barrières manœuvrées à distance (246), la demande d'ouverture se fait au moyen de sonnettes.

De son côté, l'agent chargé de la manœuvre, avant de fermer la barrière, en avertit par plusieurs coups de sonnettes.

ART. 10.

Les barrières des P. à N. qui sont habituellement ouvertes, doivent être fermées cinq minutes avant l'heure réglementaire du passage des trains réguliers ou annoncés; on les rouvre immédiatement après le passage des trains. Pendant qu'elles sont ainsi fermées, leur ouverture, lorsqu'elle est demandée, a lieu dans les conditions et conformément aux prescriptions de l'article précédent.

Lorsqu'un passage à niveau, voisin d'une station, sera dans le cas d'être intercepté pendant plus de 10 minutes consécutives, par des trains en stationnement ou en manœuvres, le préfet fixera, s'il y a lieu, sur la proposition de l'ingénieur en chef du contrôle et la compagnie entendue, la durée maximum de l'interruption du passage.

ART. 11.

Pendant la partie de la nuit où il y a des mouvements de trains, les P. à N. de première catégorie sont éclairés par deux feux.

Ceux de deuxième catégorie et tous ceux manœuvrés à distance sont éclairés par un feu.

ART. 12.

En cas de fort brouillard, le service des P. à N. sera soumis pendant le jour aux mêmes règles que pendant la nuit.

ART. 13.

Le classement des passages à niveau dans chacune des catégories ci-dessus déterminées et l'application des dispositions de l'article 8 du présent arrêté seront réglés, sur la proposition de la compagnie, par des arrêtés préfectoraux qui seront soumis à l'approbation ministérielle.

ART. 14.

Les préfets des départements traversés par les chemins de fer de l'Est, et l'ingénieur en chef du contrôle, sont chargés d'assurer l'exécution du présent arrêté.

PROJET D'ARRÊTÉ DE CLASSEMENT.

Art. 1. La ligne de   est comprise parmi les chemins à   circulation.

Les passages à niveau y sont classés ainsi qu'il suit :

NUMÉROS d'ordre.	DÉSIGNATION et numéros d'ordre par commune.	POSITION kilométrique.	CATÉGORIE.	CLASSEMENT des routes et chemins traversés.	SYSTÈME des barrières.	OBSERVATIONS.

Art. 2. Conformément à l'art. 8 du règlement ci-dessus, la circulation pourra être complétement interdite pendant les intervalles ci-après, aux passages à niveau qui suivent :

NUMÉROS d'ordre.	DÉSIGNATION et numéros d'ordre par commune.	POSITION kilométrique.	INTERVALLES DE TEMPS pendant lesquels les barrières seront maintenues constamment fermées chaque jour.

Art. 3. La circulation pourra être complètement interdite, sauf pendant les périodes de culture et de récolte ou pendant les périodes de vidange des coupes de bois, qui seront indiquées par les maires ou par l'administration forestière, sur les P. à N. ci-après :

(Suit l'énumération.)

Art. 4. L'ingénieur en chef du contrôle est chargé d'assurer l'exécution du présent arrêté.

A le

L'article 3 du projet de l'Est tend à consacrer, pour la majeure partie de ce réseau, une innovation importante au profit de la liberté de la circulation sur une classe de passages assez nombreuse. Cet article est, au contraire, restrictif pour les lignes qui, comme celles d'Alsace (239), sont depuis longtemps en possession d'un régime plus large, puisque les barrières y sont, sans distinction de catégories, habituellement ouvertes la nuit comme le jour. Mais l'article 7 réserve à la fois les droits acquis, et la faculté d'étendre, dans une mesure plus ou moins large, le même régime à d'autres lignes.

Les avantages de ce régime commencent à être tellement appréciés par les populations, que le conseil général du département du Bas-Rhin demandait récemment son application générale à la partie de la ligne de *Paris* à *Strasbourg* comprise dans ce département. C'était aller trop loin ; sur une ligne à aussi grand trafic et à trains rapides, la sécurité serait compromise par l'ouverture permanente des barrières ; ou du moins elle entraînerait nécessairement un gardiennage à poste fixe ; c'est-à-dire qu'il n'y aurait plus qu'une seule catégorie de barrières : la première.

L'article 9 reproduit, dans les mêmes termes que précédemment (235), la recommandation adressée aux gardes de s'assurer que « les voies pourront être traversées avant l'arrivée d'un train. » Il va sans dire que si les conditions du tracé ne permettent pas au garde de constater le fait par lui-même, des mesures spéciales devront y pourvoir (237). En inscrivant cette simple mention dans le règlement, on aurait amélioré une rédaction qui prête aujourd'hui à la critique, et dont le silence sur ce point s'expliquait à une époque où on n'avait pas encore appliqué, à quelques passages à niveau, des signaux d'avertissement ou des disques à distance. Il y a donc là un *sous-entendu*, mais heureusement pour des cas très-rares.

241. *Nouveau règlement du réseau de Paris à la Méditerranée.* — La compagnie de *Paris*-Méditerranée a présenté, de son côté, un projet de règlement qui a été approuvé par une décision ministérielle du 31 décembre 1866. Ce règlement, que nous reproduisons également comme le plus récent sur la matière, est, en plusieurs points, calqué à très-peu près sur le projet de l'Est, mais il en diffère par plusieurs dispositions essentielles. Ainsi, il part de ce principe qu'il existe une maison de garde à chaque passage à niveau. Il doit en être ainsi sur les lignes à très-grand trafic et à grande vitesse, sur lesquelles ces passages ne peuvent être admis qu'avec une grande réserve, et sont dès lors peu nombreux. Mais étendre le même principe aux lignes secondaires, peu productives, ce serait à la fois grever leur établissement de dépenses considérables pour les déviations de chemins, et imposer aux populations des surcroîts de parcours qui ne sont plus alors réclamés par la sécurité. On ne peut d'ailleurs songer à exiger un garde logé pour chacun des passages de ces lignes, qui en ont souvent deux, trois et au delà par kilomètre. Le règlement de la Méditerranée fait, d'un autre côté, une part moins large à l'ouverture habituelle des barrières; il n'admet cette situation que pendant le jour seulement et pour les passages de la première catégorie, et pour ceux de la deuxième catégorie « *placés sur des lignes à moyenne ou à faible circulation de trains* ». Il prévoit d'ailleurs l'application des barrières manœuvrées à distance.

ARRÊTÉ DU 31 DÉCEMBRE 1866.

ART. 1er.

Les passages à niveau établis pour la traversée des chemins de fer de *Paris* à *Lyon* et à la Méditerranée sont divisés en cinq catégories.

ART. 2.

Dans la première catégorie sont compris tous les passages à niveau pour voitures, ouverts, en moyenne, plus de cent fois par 24 heures.

Pendant le jour, les barrières de ces passages à niveau restent habituellement ouvertes; elles sont fermées lorsqu'un train sera en vue ou attendu.

Pendant la nuit, elles sont habituellement fermées.

Le service en est fait, jour et nuit, par des agents qui doivent être constamment à portée de ces passages. Pendant le jour seulement, ce service peut être confié à des femmes.

ART. 3.

La deuxième catégorie comprend les passages à niveau pour voitures, ouverts, en moyenne, de cinquante à cent fois en 24 heures.

Pendant le jour : 1° sur les lignes à très-grande circulation de trains, les barrières sont habituellement fermées; elles sont ouvertes à la demande des passants; 2° sur les lignes à moyenne ou à faible circulation de trains, les barrières sont habituellement ouvertes.

Pendant la nuit, les barrières sont habituellement fermées sur toutes les lignes.

Un homme logé dans une maison contiguë au passage à niveau est tenu de se rendre à l'appel de toute personne qui demande l'ouverture des barrières.

ART. 4.

Dans la troisième catégorie sont rangés les passages à niveau pour voitures, ouverts, en moyenne, moins de cinquante fois par 24 heures.

Ils sont habituellement fermés jour et nuit, et ouverts, à la demande des passants, par l'agent logé dans la maison contiguë au passage à niveau.

ART. 5.

Les passages à niveau, soit pour voitures, soit pour piétons, concédés à des particuliers, à charge par eux d'en assurer la manœuvre, forment la quatrième catégorie.

Les barrières en sont fermées à clef par les propriétaires, et manœuvrés par eux sous leur propre responsabilité.

ART. 6.

Dans la cinquième catégorie sont rangés tous les passages à niveau publics pour piétons, isolés ou accolés à des passages pour voitures.

Ces passages sont fermés par des petites barrières ou portillons que les passants ouvrent eux-mêmes à leurs risques et périls, et qui se referment par leur propre poids.

ART. 7.

Sur les lignes n'ayant pas de service de nuit, les barrières des passages à niveau des première, deuxième et troisième catégories restent ouvertes, sauf les nécessités de service, entre le dernier train du soir et le premier train du matin.

ART. 8.

Sur les points où la fréquentation serait nulle pendant une partie du jour ou de la nuit, ou à certaines époques de l'année, certains passages à niveau désignés spécialement pourront être tenus constamment fermés pendant une partie du jour ou de l'année.

ART. 9.

Lorsque l'ouverture d'une barrière est demandée, l'agent chargé de la manœuvre doit s'assurer que les voies peuvent être traversées avant l'arrivée d'un train. Dans ce cas, il ouvre les barrières en commençant par celle de sortie et les referme immédiatement.

Il devra refuser d'ouvrir lorsqu'un train arrivant sera en vue à moins de 2 kilomètres, ou sera annoncé, soit par la corne d'appel du garde voisin, soit par tout autre moyen.

Aux passages à niveau fermés par des barrières manœuvrées à distance, la demande d'ouverture se fera au moyen de sonnettes, et, de son côté, l'agent chargé de la manœuvre devra, avant de refermer la barrière, en avertir par plusieurs coups de sonnette.

ART. 10.

Les barrières des passages à niveau qui sont habituellement ouvertes doivent être fermées cinq minutes avant l'heure réglementaire du passage des trains réguliers ou annoncés; on les rouvre immédiatement après le passage de ces trains. Pendant qu'elles sont ainsi fermées, leur ouverture, lorsqu'elle est demandée, a lieu dans les conditions et conformément aux prescriptions de l'article précédent.

Lorsqu'un passage à niveau, voisin d'une station, sera dans le cas d'être intercepté, pendant plus de dix minutes consécutives, par des trains en stationnement ou en manœuvre, le préfet fixera, s'il y a lieu, sur la proposition de l'ingénieur en chef du contrôle, et la Compagnie entendue, la durée maximum de l'interruption du passage.

ART. 11.

Pendant toute la partie de la nuit où il y a des mouvements de trains, et tant que les barrières sont maintenues fermées, les passages à niveau de première catégorie sont éclairés de deux feux.

Ceux de deuxième catégorie sont éclairés d'un feu.

Ceux des autres catégories ne sont pas éclairés, à moins de prescriptions spéciales de l'Administration supérieure.

ART. 12.

Le classement des passages à niveau dans chacune des catégories ci-dessus déterminées et l'application des dispositions de l'art. 8 du présent arrêté seront réglés, sur la proposition de la Compagnie, par des arrêtés préfectoraux qui seront soumis à l'approbation ministérielle.

Paris, le 31 décembre 1866.

Ce règlement paraît avoir été étudié par la compagnie elle-même, surtout en vue des lignes principales. Il faut bien qu'il en soit ainsi, dès que le règlement se compose de prescriptions absolues. Mais il peut arriver que ces règles, seulement suffisantes pour les grandes lignes, aient quelque chose d'excessif pour les lignes secondaires, et cela, non-seulement au point de vue de l'intérêt économique de la compagnie, mais aussi au point de vue de la gène imposée à la circulation transversale. Tel est le double écueil que le projet de l'Est a cherché à éviter.

Il s'attache à définir nettement les obligations de la compagnie, les conditions d'ouverture et de fermeture de chaque catégorie de passages à niveau; mais quant aux moyens d'exécution, il évite de lier les mains à la compagnie. Ainsi, il n'y est pas question de maisons de garde, quoique leur fréquente nécessité résulte des dispositions mêmes du projet, telles que la présence obligatoire d'un agent aux passages de la première catégorie, pendant toute la durée de la fermeture (art. 2), et la faculté de confier le service à des femmes, ce qui implique l'existence d'une maison de garde. Si donc le *mot* n'est pas dans le projet, la *chose* y est. Mais la compagnie resterait juge des cas où elle devrait l'appliquer pour remplir ses obligations.

Au lieu d'exiger, comme le règlement de la Méditerranée, la présence constante d'un agent *à portée* des passages de la première catégorie, le projet de l'Est ne parle que de périodes de fermeture; mais il exige que l'agent soit alors non-seulement *à portée* du passage, mais *présent* sur le passage même. Il importe, en effet, qu'il en soit ainsi, afin qu'en cas de retard d'un train, l'article 9 soit appliqué, s'il y a lieu, sans perdre un temps précieux.

En somme, il s'agit d'assurer la sécurité, en gênant le moins possible la circulation transversale, en grevant le moins possible l'exploitation; et puisque les conditions du problème varient singulièrement d'un point à l'autre, il est tout naturel que la solution varie également. Il y a plus : ce n'est pas seulement d'un passage à l'autre, mais souvent aussi pour le même passage, d'une époque à l'autre, que ces conditions se modifient. La circulation, très-faible pendant des mois entiers, est parfois très-active et très-continue pendant d'autres. Appliquer en tout temps à ces passages l'ouverture habituelle, c'est imposer à la compagnie des manœuvres de barrières absolument inutiles pendant la période de stagnation de la circulation; leur appliquer en tout temps la fermeture habituelle, ou même le régime mixte de la deuxième catégorie (240. Art. 3 du projet de l'Est; art. 3 du règlement de la Méditerranée), c'est-à-dire l'ouverture pendant le jour, la fermeture pendant la nuit, c'est imposer à la circulation transversale, pendant ses périodes d'activité, des entraves sérieuses. Ce qui convient à de tels passages, c'est un régime variable comme leurs conditions elles-mêmes : fermeture habituelle pendant les périodes de stagnation, ouverture habituelle pendant les périodes d'activité. Cette appropriation du régime à des éléments aussi mobiles est assurément très-logique; on ne peut la réaliser que par un règlement, absolu quant aux principes, mais flexible dans l'application.

§ XIII. **Dispositions diverses des barrières.**

242. Les barrières sont : 1° à simple lisse; 2° à vantaux tournants; 3° roulantes dans leur plan.

La lisse peut : 1° glisser; 2° tourner autour d'un axe vertical; 3° tourner autour d'un axe horizontal.

La lisse tournant dans un plan horizontal est appliquée sur les chemins de *Vérone* à *Venise* et à *Botzen*. Son axe est une broche implantée dans une borne. Elle est équilibrée par un contre-poids, inférieur pour la stabilité, et formé souvent d'une grosse pierre accrochée au petit bras du levier. Une légère impulsion suffit pour manœuvrer ces lisses. Seulement leur révolution exige un assez grand espace libre. Sous ce rapport, les lisses basculant dans le plan vertical sont préférables.

Les barrières à vantaux sont les plus usitées. Elles ont deux vantaux, ou un seul. Quand la largeur modérée du passage le permet, on préfère celles-ci, qui n'exigent qu'une manœuvre de chaque côté de la voie.

En général, les barrières tournantes s'ouvrent vers l'intérieur de la voie; les poteaux-axes doivent être assez éloignés pour que les bords des vantaux ouverts se maintiennent à $1^m,50$ au moins du rail voisin. Le garde n'a pas besoin de faire reculer, soit pour ouvrir ces barrières, un véhicule qui se présente, trop près d'elles, pour traverser le passage; soit pour les fermer, celui qui se présenterait à contre-temps.

Les barrières ouvrant vers l'extérieur ont, par contre, l'avantage notable de réduire la largeur du passage; elles ne sont pas exposées, comme les autres, à céder, lorsqu'elles sont mal fermées, aux efforts des bestiaux. On ne voit donc pas de motifs pour proscrire ce système, auquel quelques compagnies donnent la préférence.

Les barrières fermant la voie, quand elles ouvrent la route, sont dangereuses pour les gardes, qui se précipitent quelquefois tardivement pour les manœuvrer devant un train. Celles, en petit nombre, qui subsistent encore sont fréquemment brisées par les trains; leurs éclats peuvent blesser le mécanicien et le chauffeur. Elles pourraient cependant mériter la préférence, dans des contrées où abonde le gros bétail, surtout si l'on adoptait l'ouverture habituelle des passages.

243. Sans m'arrêter à passer en revue les détails de construction des barrières à vantaux, j'indiquerai la disposition de deux types économiques, l'un simple, l'autre double, appliqués sur la ligne de *Dieuze* à *Avricourt* (Est français) (Pl. XI, *fig.* 27 à 33). Chaque vantail est formé d'une lisse L, du poteau tournant P, et d'une contre-fiche C. L'espace resté libre est divisé par une sous-lisse *l*, suspendue par deux bouts de chaînes, et battant contre le poteau et la contre-fiche. Dans le type à deux vantaux, chacun d'eux est muni d'une pièce triangulaire en fer *t*, *t*, qui, lorsque la barrière est fermée, s'engage dans un sabot en fonte *s* (*fig.* 32), scellé dans le sol, et contrevente ainsi le système. Elle fournit, de plus, par le côté *mn*, devenu à peu près vertical, un troisième point d'appui à la sous-lisse (*fig.* 27 et 30). Pendant la manœuvre, ce triangle est relevé et accroché à un support *p fig.* 27 et 33), fixé à la lisse. Les deux lisses supérieures sont d'ailleurs réunies quelquefois par un verrou.

En Angleterre, les vantaux des deux côtés de la voie sont assez souvent reliés par des chaînes souterraines, de sorte que le garde les manœuvre d'un seul coup, sans avoir besoin de traverser la voie. La même disposition a été proposée en Allemagne, mais elle ne paraît pas y avoir été appliquée.

244. *Barrières roulantes.* — On recourt aux barrières roulantes, lorsque, faute d'espace libre pour leur révolution, les vantaux tournants ne sont pas applicables.

L'emploi du fer est naturellement indiqué pour ces barrières, qui doivent être légères et rigides.

Les *fig.* 34 à 37, Pl. XI, représentent une des barrières en treillis du chemin d'Orléans. Les barres du treillis sont des fers en cornières, qui remplissent les deux conditions de légèreté et de roideur.

Malgré le grand diamètre des galets R, R, qui les supportent, la manœuvre de ces barrières est plus pénible que celle des vantaux tournants. C'est un assez grave inconvénient, surtout depuis que cette manœuvre est généralement faite par des femmes. Les barrières roulantes sont cependant adoptées exclusivement sur la plupart des lignes du réseau central d'*Orléans*, mais elles sont très-légères. La lisse, manœuvrée à distance, aurait pu être appliquée avec avantage à plusieurs de ces lignes, desservant des contrées peu peuplées et dont le trafic sera probablement médiocre.

Sur le chemin du Midi, les deux plates-bandes sont reliées par un treillis à grandes mailles, dont les barres, en fer en ⊓, ne se croisent qu'au milieu, où elles saisissent une lame de tôle, de même épaisseur que les lames des plates-bandes. La moitié inférieure de la poutre est garnie d'un treillis serré, à barres plates, qui complète la clôture près du sol, et s'oppose ainsi à l'introduction du petit bétail. Cette disposition est favorable à la légèreté du panneau mobile et aussi à sa stabilité, par suite de l'abaissement du centre de gravité.

245. Les barrières roulantes tendent, en effet, à se déverser et à se gauchir; les bourrelets des roues frottent alors sur les bords de la rainure, et la manœuvre devient difficile. Pour leur donner de la stabilité, on les installe quelquefois sur deux rangs de galets, roulant dans deux rainures parallèles (gare de *Schaffhouse*, etc.). Sur le chemin de *Sieg* à la Ruhr, chaque travée, en treillis, est supportée à un bout par deux roues à jantes plates, roulant sur des dalles, et à l'autre, du côté de la fausse-barrière qui la guide, par un seul galet à jante creusée en gorge.

246. *Barrières à lisse manœuvrées à distance.* — Les barrières à lisse, si économiques, sont souvent regardées comme des clôtures insuffisantes. En France, par exemple, elles étaient jusqu'à ces derniers temps interdites en principe, et seulement tolérées sur quelques points. Il semble cependant que la clôture des passages à niveau doit être défensive au point de vue du chemin de fer, et qu'elle atteint dès lors son but si elle rend impossible l'introduction du gros bétail, dont la présence sur la voie peut seule constituer un danger pour les trains. Une moindre exigence relativement à la constitution des barrières est d'ailleurs la conséquence naturelle de l'extension du régime de l'ouverture.

La lisse a un avantage, souvent précieux, c'est de se prêter à la manœuvre à distance.

Ce mode, appliqué depuis longtemps dans le nord de l'Allemagne, s'est successivement répandu dans toute cette contrée. Dans l'origine, un garde était affecté à chacun des passages, souvent très-rapprochés. L'exagération était trop évidente pour qu'on ne cherchât pas à confier au même garde deux passages et même trois. De là, la manœuvre à distance.

Quand il ne s'agit que d'imprimer à une lisse un mouvement de bascule, il est facile d'agir à distance au moyen d'une transmission de mouvement semblable à celle qui sert à manœuvrer les disques à distance, placés à 1.500 mètres, 1.800 mètres, et même plus, du levier de manœuvre.

Sur le chemin Badois, un garde a ordinairement trois passages à surveiller. Celui du milieu, autant que possible le plus fréquenté, est fermé par une lisse glissante mue directement; ceux de droite et de gauche sont fermés par une bascule manœuvrée à distance.

C'est ainsi qu'on a pu, sur les chemins de Hanovre, supprimer plusieurs centaines de gardes-barrières, tout en limitant l'application de la transmission aux passages que le garde voit parfaitement de son poste.

Sur le chemin de *Cologne* à *Minden*, il est interdit aux gardes de manœuvrer les barrières à distance dès que le brouillard ou toute autre cause les dérobe à leur vue. Ils doivent alors se transporter à chacune d'elles.

La réunion de *Dresde* fixe 550 mètres pour distance maximum entre le poste de manœuvre et le passage (*).

247. *Applications en France.* — La compagnie de l'Est français a, dès l'année 1859, essayé les barrières à transmission sur la ligne de *Strasbourg* à *Bâle*. Le succès a été complet; aussi la compagnie développe-t-elle maintenant l'application du système, en la limitant toutefois, cela va sans dire, aux voies et aux chemins transversaux d'une importance secondaire, et aux barrières tenues ouvertes pendant le jour. La manœuvre à distance fonctionne aujourd'hui, avec l'autorisation du ministre des travaux publics, sur les lignes de *Strasbourg* à *Bâle*, *Wissembourg*, *Barr*, *Mutzig* et *Wasselonne;* de *Mulhouse* à *Wesserling;* de *Schlestadt* à *Sainte-Marie-aux-Mines;* de *Haguenau* à *Niederbronn;* d'*Épinal* à *Gray* et à *Remiremont;* de *Lunéville* à *Saint-Dié;* d'*Avricourt* à *Dieuze;* de *Reims* à *Châlons*, et même aux environs de *Paris*, sur la ligne de *Gretz* à *Coulommiers* (Pl. XII, *fig.* 8 et 9).

Les populations y trouvent leur compte, non moins que le chemin de fer lui-même. La manœuvre à distance réduit en effet la durée de

(*) *Vereinbarungen, etc.* Sicherheits-Anordnungen, art. 7.

la fermeture des barrières, puisque le garde n'a plus à parcourir plusieurs centaines de mètres pour les fermer avant et pour les ouvrir après le passage de chaque train. Quant à l'économie, si on a cru pendant longtemps que les chemins de fer étaient assez riches pour négliger les détails, on n'en est plus là aujourd'hui; toute réduction de dépense qui n'affecte ni la sécurité ni la régularité de service doit être saisie avec empressement. On sait d'ailleurs que sous le régime de la garantie d'intérêt appliquée au nouveau réseau, l'État, c'est-à-dire le public, est plus intéressé que les compagnies elles-mêmes à l'économie de l'exploitation.

La compagnie de l'Est ne s'est pas bornée à imiter purement et simplement les types usités en Allemagne; elle y a introduit des améliorations notables, et elle a pu pousser l'application du principe à des distances qu'on n'a pas atteintes de l'autre côté du Rhin, et admettre même les transmissions courbes tout en rendant la manœuvre prompte et très-facile; un des passages à niveau de la ligne de *Lunéville* à *Saint-Dié*, celui d'*Étival* n° 3, est à 840 mètres de treuil de manœuvre, placé au passage n° 2.

En Allemagne, le garde, placé à son poste de manœuvre, doit voir distinctement les lisses. — Cette condition est remplie pour la plupart des barrières à transmission du chemin de l'Est. Quelques passages cependant, comme celui d'*Étival*, n° 3, font exception. — Cette situation présente quelques dangers, la lisse étant trop rapprochée du rail extérieur pour qu'une voiture puisse se garer en se plaçant longitudinalement dans le cas où elle serait emprisonnée par l'abaissement des lisses.

Mais pour que le garage fût possible, les barrières devraient être placées à $3^{m},50$ environ du rail voisin; la longueur du passage et la durée de la traversée seraient accrues, inconvénient qui compenserait, et peut-être au delà, l'avantage de la mesure.

Lors même, d'ailleurs, que les passages sont visibles, pour le garde, pendant le jour, ils ne le sont que très-imparfaitement pendant la nuit. Ils sont éclairés, il est vrai; mais cet éclairage a pour but d'indiquer leur situation aux passants, et il ne suffit pas pour renseigner complétement le garde sur ce qui s'y passe, d'autant moins que les voitures sont très-souvent dépourvues de lanternes.

Il faut, dans tous les cas, régler le service des barrières à distance de telle sorte que la sécurité soit garantie, quoique le garde ne puisse voir le passage qu'imparfaitement ou même pas du tout.

La garantie est une communication réciproque établie au moyen de sonnettes, entre le garde et ceux qui se présentent pour franchir le passage.

Les *fig.* 21 à 30, Pl. XII, représentent le type auquel la compagnie de l'Est s'est arrêtée après avoir essayé les dispositions indiquées par les *fig.* 10 à 13 et 14 à 20. Le contre-poids, plus économique que la boîte en fonte A du type *fig.* 14 à 20, est formé de deux bouts de rails ϖ, ϖ (*fig.* 23 et 24), fixés transversalement sur l'extrémité de la lisse, guidée à l'autre bout par une fourche évasée *f*, *f*; la poignée *m* de la sonnette (*fig.* 28 et 33) est placée tout près du treuil. Le plan, *fig.* 22, indique la disposition des fils qui permet au garde de manœuvrer les deux barrières à la fois.

Le service est organisé de la manière suivante :

Pendant le jour, les barrières manœuvrées à distance sont habituellement ouvertes, et fermées seulement au moment du passage des trains. Avant de fermer la barrière, le garde avertit par plusieurs coups de sonnette, et il a soin de laisser écouler, entre l'avertissement et le fait, un temps suffisant pour que le passage soit dégagé.

Pendant la nuit, ou en cas de fort brouillard, les barrières sont habituellement fermées, et ouvertes seulement à la demande des passants.

La demande d'ouverture est faite au moyen de la sonnette placée près du poste du garde, et à laquelle correspondent deux poignées de manœuvre, placées de chaque côté du passage à niveau.

Si un voiturier, violant le signal d'avertissement dont la signification doit être indiquée par un écriteau bien lisible, s'engage sur le passage à niveau au moment où les barrières s'abaissent, il lui suffira de demander l'ouverture par un coup de sonnette. La barrière devant être fermée plusieurs minutes avant l'arrivée du train, le garde pourra toujours la rouvrir, laisser passer le véhicule, et la refermer ensuite.

248. On a essayé sur la ligne de *Coulommiers* des lisses glissantes (Pl. XII, *fig.* 1 à 7), tirées, pour l'ouverture, par le fil *f*, *f*, et, pour la fermeture, au moyen d'une rotation en sens inverse du treuil, par le fil *f'*, *f'*, qui passe sur la poulie de renvoi P (*fig.* 3). La lisse L chemine sur la tringle fixe M, M; des galets ρ, ρ, réduisent le frottement.

Le signal d'avertissement qui précède la fermeture est produit, dès le début, par le mouvement même de la lisse, dont la face supérieure porte plusieurs petits heurtoirs *h*, *h*, *h*, qui rencontrent successivement le marteau d'un timbre T (*fig.* 3, 6, 7). Mais pour que le signal soit efficace, le garde doit, après avoir imprimé un petit mouvement à la lisse, l'interrompre pendant quelques instants, afin qu'un véhicule occupant le passage ait le temps de le dégager.

Lorsque le garde rappelle la lisse, la queue arrondie et articulée *l* du marteau se soulève pour laisser passer les heurtoirs, sans que le marteau lui-même se déplace; l'ouverture ne fait donc pas sonner le timbre.

Le prix de ces barrières est un peu plus élevé que celui des lisses à bascule (750 francs par passage, y compris la transmission à 700 mètres, au lieu de 600 francs); elles fonctionnent d'ailleurs également bien; mais, dans le premier type, les deux côtés de la voie doivent être manœuvrés successivement, tandis que, dans le second, les deux lisses sont élevées ou abaissées en même temps. Le second est donc préférable.

249. On a reproché quelquefois à ce système de clôture, sous sa forme ordinaire, l'impossibilité de l'ouvrir du passage lui-même; mais c'est précisément ce qu'on veut, et avec raison. Cette impossibilité est une garantie en général, et un inconvénient seulement dans le cas où un attelage se trouverait emprisonné entre les barrières, la lisse ne pouvant être soulevée qu'à condition de rompre d'abord le fil. Il serait facile, au surplus, de rendre possible la manœuvre immédiate de la lisse, si l'on jugeait cette faculté utile. Il suffirait de transporter le point d'attache du fil de l'autre côté de l'axe de rotation de la lisse (Pl. XI, *fig.* 43) ou bien, comme on l'a fait sur le chemin de Berg et de la Marche, d'après les indications de M. *Kirchweger*, de rendre le contre-poids P indépendant de la bascule, et mobile autour d'un axe spécial O (Pl. XI, *fig.* 44). Pour fermer la barrière, le fil, en se tendant, soulève le contre-poids et la bascule suit d'elle-même son mouvement. Pour l'ouverture, le contre-poids, rendu libre par le fil, entraîne la lisse. Le conducteur peut au besoin la soulever, mais il guide difficilement son attelage, tout en maintenant la lisse levée. Ce mode revient, en somme, à faire de la clôture un simple avertissement et non plus un obstacle, si ce n'est pour les animaux non gardés.

Un autre reproche adressé à la disposition ordinaire est que si le fil se rompt, la barrière fermée s'ouvre. L'inverse a lieu avec la disposition (*fig.* 43); mais l'objection est sans gravité; il est facile de donner au fil un excès de résistance assez grand pour qu'il ne se rompe jamais.

250. Un ingénieur allemand, M. *Oberbeck*, a apporté aux barrières à bascule des modifications ingénieuses, mais qui altèrent à la fois le caractère essentiel de ces appareils, la simplicité, et les garanties qu'ils doivent offrir.

Comme elles sont cependant susceptibles d'être utilisées dans certains cas particuliers, il convient de les décrire (Pl. XI, *fig.* 39 à 42).

Elles ont pour but : 1° de rendre facile et commode la manœuvre directe de la lisse, mais en prévenant le garde de ce qui se passe; 2° de produire, par la manœuvre même du treuil, le signal d'avertissement qu'un garde négligent peut oublier de donner avant d'abaisser les barrières.

Le contre-poids P appliqué au petit bras de la bascule la maintient, dans toutes ses positions, en équilibre autour de son axe de rotation, passant par le centre de gravité. Le fil de manœuvre est double, l'un des brins sert pour la fermeture, l'autre pour l'ouverture; quant au fil de la sonnette, il disparaît.

Le poteau *p*, porte deux poulies D, *d* (*fig.* 41), de diamètres inégaux, enfilées sur le même axe, et indépendantes tant qu'un ergot *e* fixé sur la petite ne vient pas rencontrer un butoir *h* implanté dans la seconde. Leurs gorges sont creusées en spirales; sur la grande s'enroulent les chaînes des deux fils de manœuvres; sur la petite, les chaînes *r*, *r'* (*fig.* 39), qui aboutissent aux deux bras de la bascule. Sur chacune des poulies, les deux chaînes qu'elle reçoit s'enroulent en sens contraire *s*. Il en est de même des deux chaînes terminant, à l'autre bout, les deux fils de transmission, et enroulées sur le treuil de manœuvre.

Considérons la barrière ouverte ; le butoir *h* de la grande poulie est alors au point le plus haut de sa course, et l'ergot *c* de la petite immédiatement derrière lui.

Le garde lève le cliquet *c* de son treuil (*fig.* 42), et tourne celui-ci dans le sens de la fermeture. La grande poulie tourne dans le même sens, et le prolongement *h'* (*fig.* 41) de son butoir rencontre un levier qui met la sonnette en mouvement.

Jusque-là, la petite poulie est restée immobile; elle n'est entraînée dans le mouvement de la grande que quand celle-ci vient, après un tour, saisir par son butoir l'ergot de la petite. Mais l'abaissement de la bascule ne commence pas dès cet instant, la chaîne *r'* étant lâche lorsque la lisse est soulevée, et ne se tendant qu'après un nouveau demi-tour environ. — La sonnette fonctionne trois fois avant la fermeture.

Si la barrière est soulevée directement, à la main, elle conserve la position qui lui est donnée, et le conducteur dirige librement son attelage. Mais le mouvement de la lisse a fait tourner la petite poulie, et la rencontre, par son ergot *e*, du butoir *h* de la grande, a déterminé presque immédiatement la rotation de celle-ci, et par suite aussi la rotation du treuil, par l'intermédiaire du fil de manœuvre. — Le cliquetis produit par les chocs répétés du doigt *c* sur les dents de la roue du treuil avertit le garde de ce qui se passe, et il avise.

Ce système peut convenir aux lignes sur lesquelles l'ouverture permanente des barrières ne paraît pas admissible; le chemin est clos pour le bétail livré à lui-même, sans que la circulation transversale soit gênée; mais l'inconvénient est précisément qu'elle peut abuser, à ses risques et périls, et à ceux des trains, de cet excès de liberté.

La réunion de *Dresde* recommande (*) de disposer les barrières à transmission de telle sorte que le garde puisse les ouvrir et les fermer à la main, et que le conducteur d'un attelage, emprisonné sur la voie, puisse se dégager de lui-même. Cette recommandation n'a guère été suivie jusqu'à présent, et il n'est pas probable qu'elle le soit en général.

251. *Barrières à transmission avec sous-lisse.* — Sur le chemin de fer de l'Est, le seul jusqu'à présent en France qui ait appliqué la manœuvre à distance, les lisses sont placées à 1^{m},10 au-dessus du sol. L'administration s'est préoccupée des dangers que pourrait présenter cette hauteur, assez grande pour permettre l'introduction du bétail sur la voie.

Pour la réduire, il faudrait remanier les barrières établies, et elles sont déjà nombreuses. Le contre-poids devrait être aussi augmenté, pour compenser la diminution de son bras de levier. Mais la conséquence la plus grave, c'est qu'en rendant plus difficile ou impossible le passage sous la lisse, on rendrait beaucoup plus facile le passage par-dessus. — Les chevaux, notamment, la franchiraient aisément.

On concilie tout par l'addition d'une sous-lisse, analogue à celle des barrières à vantaux de la ligne de *Dieuze* à *Avricourt* (Pl. XI,

(*) *Vereinbarungen*, etc. Sicherheits-Anordnungen, art. 10.

fig. 27). Lorsque la bascule est relevée, la sous-lisse s'applique contre elle. Lorsque la barrière se ferme, la sous-lisse prend d'elle-même sa position normale, à 0m,50 sous la lisse.

On a employé, pour suspendre celle-ci, des chaînes (Pl. XII, *fig.* 15 et 16) et des tringles en fer ou en bois (*fig.* 23 et 29) articulées aux deux bouts. Celles-ci sont préférables, parce que la sous-lisse à suspension rigide est moins facile à soulever isolément.

Cette pièce est en sapin. Il importe qu'elle soit légère, pour la facilité de la manœuvre ; l'équarrissage a été réduit à 0m,05 × 0m,02, ce qui paraît suffisant, les clôtures en échalas placées aux abords des passages à niveau étant moins résistantes.

252. Les compagnies et l'Administration ne se prêtent qu'avec une juste réserve à l'établissement de passages particuliers (4e catégorie) sur les lignes à grande circulation ; elles sont plus larges lorsque le trafic est faible. Mais ces passages, dont les concessionnaires usent à leurs risques et périls et sous leur responsabilité, doivent être tenus fermés à clef ; cette condition n'est pas toujours remplie, et la sécurité des trains peut être compromise. L'application de la manœuvre à distance permet parfois de tout concilier. Ce cas s'est présenté sur la ligne de ***Lunéville*** à ***Saint-Dié***. Un propriétaire, auquel un passage particulier avait été accordé, ne se conformait pas à l'obligation de fermer la barrière. Mis en demeure de remplir les conditions de la concession, il invoqua les difficultés que cela présentait, l'importance du passage, et demanda en fin de compte que la compagnie le fît rentrer dans les conditions des passages publics et se chargeât de sa manœuvre.

Avec le système ordinaire, un refus formel eût accueilli cette demande. On ne pouvait songer à affecter un gardien spécial au passage en question, et la manœuvre directe des barrières par la femme chargée du passage gardé le plus voisin, placé à 510 mètres, eût été loin de satisfaire l'usager lui-même. La manœuvre à distance permettait, au contraire, à la compagnie de lui donner satisfaction sans s'imposer une charge notable ; aussi a-t-elle accueilli sa requête en élevant, par le fait, le passage de la 4e catégorie à la 3e.

253. L'application des barrières manœuvrées à distance peut réclamer encore quelques améliorations de détail. L'expérience les suggérera peu à peu. Mais ce système est, dès à présent, entré pleinement dans la pratique du réseau de l'Est, qui en tire un parti plus complet qu'on ne l'a fait même en Allemagne, où il est cependant en usage depuis longtemps. Il y a là un enseignement que les chemins *économiques* surtout doivent mettre à profit, s'ils veulent réaliser leur programme. Il faut pour cela ne rien négliger. Sans doute, les passages à niveau sont souvent une mauvaise chose. Si ce n'est en Angleterre où les ingénieurs ne les ont, dès le début, acceptés qu'à leur corps défendant, on en a souvent abusé, sur les grandes lignes, parce que l'on se laissait séduire par une économie plutôt apparente que réelle, ces passages exigeant alors des gardes logés sur place. Mais les lignes secondaires, qui peuvent être très-souvent affranchies de cette obligation, doivent les admettre beaucoup plus largement, et ils ont alors beaucoup moins d'inconvénients, surtout grâce aux simplifications introduites, comme on vient de le voir, dans leur service.

On a, d'ailleurs, réalisé en France une véritable amélioration à tous les points de vue en généralisant la mesure qui consiste à loger les ouvriers sur la voie, et à confier aux femmes la garde des barrières. Le service des passages auxquels les compagnies sont tenues de placer à certaines époques de l'année un agent à poste fixe, est en effet onéreux lorsque ces passages sont dépourvus de maison de garde.

§ XIV. Traversées de voies.

254. Si la traversée à niveau d'un chemin de fer par une route présente déjà des inconvénients, on comprend que la traversée de deux chemins de fer indépendants l'un de l'autre serait complétement inadmissible; mais l'intersection des voies appartenant à une même ligne est indispensable dans certains cas.

1° Dans les gares, les voies principales sont coupées par des voies transversales, qui établissent des communications nécessaires au service.

2° Les gares de marchandises, les remises de locomotives, accolées à l'une des voies principales, sont reliées à l'autre par une voie qui coupe la première, ou qui lui emprunte une certaine longueur parcourue à contre-voie.

3° La combinaison avec un service de grandes lignes, d'un service de banlieue très-actif ayant ses voies spéciales dans les gares, conduit aussi à des traversées de voie (256).

4° Enfin, tout embranchement, sur une ligne à double voie, entraîne évidemment l'intersection de la voie de départ sur l'embranchement, et de la voie de retour sur la ligne principale.

Dans le premier cas, les traversées sont ordinairement rectangulaires; dans les autres elles sont obliques, et aux bifurcations la traversée est d'autant plus allongée que l'embranchement se détache par une courbe de raccordement d'un rayon plus grand.

Les traversées obliques se présentent aussi dans un cas particulier, à *Marseille*, par exemple. On sait qu'en France les trains prennent la gauche (si ce n'est sur le chemin de *Strasbourg* à *Bâle*). Dans la gare de *Marseille*, on a tenu, par suite de considérations locales, à intervertir l'ordre; on part et on arrive sur la voie et le quai de droite. Les deux voies principales se croisent donc un peu avant d'entrer en gare. Une disposition analogue existe à *Versailles* (rive droite), chacune des deux voies principales pouvant servir soit pour le départ, soit pour l'arrivée : avantage réel lorsque l'affluence des voyageurs est très-considérable.

Il faut, avant tout, concilier les deux circulations sur les voies qui se coupent : ce qui se fait en général en interrompant les rails de chacune des voies sur une largeur et une hauteur suffisantes pour le libre passage des mentonnets des roues circulant sur l'autre voie.

La largeur de la rainure est, comme aux passages à niveau, de $0^m,050$ à peu près; mais la longueur de la lacune croît avec l'obliquité de la traversée, de sorte que des mesures spéciales sont nécessaires pour maintenir les roues sur la voie qu'elles doivent suivre. Cette obliquité, elle-même, facilite au surplus les moyens d'assurer aux jantes une surface de roulement continue, lorsqu'elles franchissent les lacunes placées aux angles aigus du losange.

255. *Traversées rectangulaires.* — Si les voies qui se coupent à angle droit à peu près, avaient une égale importance, elles devraient être traitées également; les rails seraient au même niveau, et entaillés dans l'une et dans l'autre; mais généralement la voie transversale n'est parcourue que par des véhicules isolés, tandis que les trains et les locomotives circulent sur la voie principale. Il importe donc de laisser celle-ci intacte, en reportant sur l'autre les modifications qu'exige la double circulation. Les rails R, R (Pl. XIX, *fig.* 17 à 19) de la voie principale sont donc continus, et ceux de la voie secondaire *r*, *r* sont seuls entaillés, mais non plus seulement à l'intérieur de la voie principale, pour le passage des mentonnets. Ils doivent l'être aussi, sur une profondeur moindre d'ailleurs, à l'extérieur, la largeur entière de la jante *mn* (*fig.* 19) des roues devant se loger dans cette entaille. La suppression des entailles des rails de la voie principale n'est possible, en effet, qu'à condition de placer, par une élévation graduelle, la voie auxiliaire à un niveau *xy* dépassant, au moins de la saillie des mentonnets, le niveau de l'autre voie. Les roues qui circulent sur celle-ci, doivent dès lors trouver dans les rails, plus élevés, de la voie auxiliaire, une lacune au moins égale à leur largeur totale. A l'extérieur de la voie principale, le fond de cette lacune pourrait être arasé seulement au niveau du rail, s'il ne s'agissait que du matériel neuf; mais il convient de le placer un peu plus bas, afin que les roues portent sur le rail R, malgré leur usure à la gorge.

Si l'exhaussement de la voie auxiliaire était exactement égal à la saillie des mentonnets, les roues franchissant la lacune s'appuieraient par leurs mentonnets sur le rail continu de la voie principale; les chocs seraient donc supprimés, ou tout au moins atténués. Mais les mentonnets n'ont pas une hauteur uniforme; leur saillie dépend d'ailleurs de leur propre usure et de celle de la jante elle-même. Si cette saillie était plus grande que l'exhaussement il y aurait choc, et cette fois, contre le rail de la voie principale. Il semble donc préférable de renoncer à faire porter les roues sur leurs boudins (*fig.* 19), et de forcer un peu l'exhaussement pour être sûr qu'il suffira dans tous les cas.

Si la voie principale est franchie avec une certaine vitesse, il est bon, pour éviter tout choc entre les roues et les faces verticales des lacunes, de protéger celles-ci par des contre-rails placés très-légèrement en saillie sur les faces dont il s'agit (*fig.* 19).

256. *Traversées obliques.* — Les solutions de continuité et les chocs qu'elles entraînent sont, aux bifurcations, le moindre des inconvénients. Ce losange commun à deux voies parcourues par les trains, est, l'expérience ne l'a que trop démontré, un point essentiellement dangereux. Des règles absolues, établies à la suite d'une série de collisions désastreuses, conjurent le danger, pourvu que les mécaniciens s'y conforment; mais elles imposent aux trains un arrêt presque complet; de là des pertes de temps d'autant plus sensibles pour les trains rapides que les embranchements vont toujours se multipliant.

Suppression des traversées aux abords de ***Paris****, sur le chemin du* *Nord.* — On peut, aux traversées, substituer des passages à niveaux différents. Cette solution radicale, mais coûteuse, a été appliquée récomment sur le chemin de fer du Nord (Pl. XVII), où les traversées étaient nombreuses aux abords de Paris, par suite des conditions très-complexes du service.

Trois lignes partent de *Paris* :

1° *Paris* à *Creil* par *Chantilly;*

2° *Paris* à *Soissons;*

3° *Paris* à *Creil* par *Pontoise;*

Cinq voies principales sont établies, à cet effet, entre la gare de Paris et la gare des marchandises; la direction de *Chantilly* a sa voie de départ spéciale (n° I) pour les trains de grands trajets, et sa voie de départ (n° IV) pour les trains de banlieue ainsi que sa voie de retour (n° V), — grands trajets et banlieue, — communes avec la ligne de *Soissons.*

La direction de *Pontoise* a ses deux voies (nos II et III).

1° La voie de départ (n° I), de *Chantilly*, grande ligne, placée au droit du quai accolé aux salles d'attente latérales et dès lors à gauche des deux voies de *Pontoise* (II et III), doit traverser celles-ci pour se diriger vers *Chantilly.* Ces traversées sont indiquées en A, B, de la *fig.* 3.

2° Le prolongement IV *ter* de la voie de départ de *Soissons* coupe en C (*fig.* 1) le prolongement V *bis* de la voie de retour de *Chantilly*;

3° La voie de départ des marchandises, n° VI, pour *Chantilly*, *Pontoise* et *Soissons*, coupe en D (*fig.* 1) la voie V; elle vient se souder en M, au prolongement de la voie n° IV, qui se bifurque en ce point, en se dirigeant d'une part vers *Soissons*, par la voie IV *ter*, et de l'autre vers *Chantilly* et *Pontoise* par la voie IV *bis* qui traverse ainsi, en D et E (*fig.* 1), les voies II et III de *Pontoise.*

La hauteur aux points de croisement, A, B, C, D, E, a été obtenue sans dépasser l'inclinaison de $0^m,012$ en pente et de $0^m,057$ en rampe.

Nous n'entrerons pas ici dans la description des travaux d'art qu'a exigés cette solution, dont l'application était compliquée par plusieurs sujétions particulières. On a réussi néanmoins, non-seulement à éviter toute traversée à niveau entre les voies de départ et d'arrivée, mais aussi à ne souder entre elles deux voies de même sens qu'à une distance assez grande pour permettre aux mécaniciens suivant les deux voies parallèles, de combiner d'eux-mêmes leurs marches, et de prévenir toute collision. Il va sans dire d'ailleurs que cette disposition, visible au premier coup d'œil sur la Pl. XVII, est complétée par les signaux ordinaires de bifurcation, manœuvrés par les aiguilleurs.

Ce travail a coûté environ 500.000 francs. Avec un service aussi actif et aussi compliqué que celui du chemin du Nord aux abords de Paris, c'est certainement une dépense utile; elle peut être citée comme un exemple des sacrifices que les compagnies n'hésitent pas à s'imposer, de leur propre mouvement, pour garantir la sécurité des voyageurs et la régularité du service.

On trouve aux environs de ***Londres*** des dispositions analogues, à ***Battersea***, par exemple. Le ***London Extension R.*** s'y soude au South Western et au chemin de ***Richmond;*** le raccordement du premier avec le troisième ne pouvant franchir le second à niveau plonge sous lui, et se relève ensuite au niveau de la ligne de ***Richmond.***

257. *Disposition de la traversée oblique* (Pl. XIX, *fig.* 2). — Chacun des rails intérieurs 1, 2, 3, 4 étant tranché parallèlement au rail extérieur, et à une distance de 0^{m},045 à 0^{m},055, on a deux pointes aiguës en A, A', deux pointes obtuses en B, B'.

On voit immédiatement que les choses ne peuvent rester dans cet état. Quoique les lacunes aient seulement la largeur nécessaire pour le libre passage des mentonnets, les roues ne seraient plus complétement guidées, des chocs violents et même des déraillements seraient inévitables.

Considérons d'abord les pointes aiguës. Soit une paire de roues se dirigeant sur la voie MN, vers la pointe A. A partir du point α, la voie s'élargit graduellement. Rien ne guidant la paire de roues, si une cause quelconque tend à la rejeter vers la gauche, elle lui obéit : elle peut venir choquer, par son boudin, la pointe A ; elle peut même, — rien ne s'opposant à une déviation latérale plus grande, — contourner la pointe. Cette roue est dès lors déraillée, et sa conjuguée entraînée par l'essieu tombe, comme elle, dans le ballast.

C'est en agissant sur la roue solidaire qu'on prévient ces effets. Un contre-rail C, C, disposé exactement comme ceux des passages à niveau (233), forçant cette roue à serrer de près son rail, empêche la roue conjuguée de profiter de l'élargissement de la voie.

Un contre-rail semblable D, D remplit, à l'égard de la pointe A, la même fonction pour les roues qui circulent sur l'autre voie PQ.

Ce n'est pas tout. La pointe A ne peut être terminée par une arête tranchante ; elle est tronquée, et a 0^{m},015 d'épaisseur ; il en serait de même en β et γ pour les rails 3 et 1, s'ils étaient réellement tranchés comme nous l'avons supposé. Une roue passant du rail à la pointe ou de la pointe au rail, aurait donc une lacune à franchir ; de là, même aux faibles vitesses, un choc d'autant plus destructeur qu'il s'exercerait sur des surfaces plus réduites.

Il importe donc, d'une part d'offrir aux roues, autant que possible, une surface de roulement continue ; de l'autre, de répartir les pressions sur des surfaces suffisantes.

On y a réussi jusqu'à un certain point ; au lieu d'être tranché, suivant $\alpha\beta$, le rail est seulement infléchi, suivant cette direction. Il se prolonge au delà, en δ, et présente, comme les contre-rails et pour le même motif, de *l'entrée* afin d'éviter les chocs des mentonnets des roues prenant la pointe par le talon.

Cet appendice, longeant ainsi la pointe à la distance de 0m,05 environ, permet de soulager celle-ci, en évitant de lui faire supporter toute la charge de la roue dans les parties voisines de l'extrémité, et par suite trop amincies ; la jante s'appuie sur le prolongement infléchi $\beta\delta$ du rail.

Il faut évidemment pour cela : 1° que la pointe se dérobe peu à peu, vers son extrémité, afin que la jante, malgré sa conicité, puisse porter sur le rail ; 2° que la jante ait une largeur suffisante. En admettant 0m,030 par la portée nécessaire sur le rail, le minimum de cette largeur se décompose ainsi :

	mèt.
Mentonnet (roues de wagon)	0,030
Épaisseur de la pointe au bout	0,015
Lacune	0,050
Portée sur le rail	0,030
	0,125

C'est, en effet, entre 0m,125 et 0m,131 que la longueur des jantes est généralement comprise aujourd'hui. La réunion de *Dresde* indique pour limites 0m,127 et 0m,152 (*).

Rappelons que cette largeur est liée aussi au rayon minimum des courbes, par suite de l'augmentation qu'elles entraînent pour le jeu de la voie (199).

La répartition que l'on tend à opérer ainsi entre la pointe et les prolongements coudés des rails, suppose ces éléments, de même que les jantes, dans un état relatif que l'usure inégale et les déformations altèrent plus ou moins ; de là des pressions concentrées tantôt sur un

(*) Vereinbarungen, etc., art. 153.

point, tantôt sur un autre, et même des chocs très-sensibles dès que la vitesse est considérable. Aussi l'entretien des croisements est-il coûteux, et ils entrent pour une bonne part dans l'altération des bandages.

La pointe aiguë A, les rails infléchis, nommés *pattes de lièvre* ou *contre-cœurs* $\beta\delta$, $\gamma\varepsilon$, et les deux contre-rails CC, DD, forment avec les rails courants compris dans les mêmes limites, un système très-important qui porte, dans le langage des chemins de fer, le nom de *croisement*. Les traversées complètes sont assez rares. Cette fraction de la traversée, le *croisement*, est au contraire très-fréquente dans les voies, parce que tout changement de voie entraîne comme conséquence nécessaire un *croisement;* nous reviendrons en traitant des *changements*, sur les points essentiels de la construction des croisements.

258. *Angles obtus de la traversée.*—Le système des deux pointes obtuses porte spécialement le nom de *traversée*. Ici, les rails intérieurs sont nécessairement coupés en biseau près de la pointe, et non plus seulement infléchis. La pointe elle-même, moins vulnérable, par suite de sa forme obtuse et de sa position relativement aux roues, que celle du *croisement*, fonctionne à l'égard de la partie amincie du rail tranché, comme le contre-cœur à l'égard de la pointe aiguë. Elle soulage cette partie, en donnant un appui à la partie extérieure de la jante.

Dans les anciennes traversées, les quatre rails coupés en sifflet étaient souvent consolidés par des pièces en retour, sortes de contre-rails, a, a, a', a' (*fig.* 2) ; on avait donc ainsi près des angles obtus, quatre pointes identiques, comme forme, aux deux pointes des croisements proprement dits, mais atteintes d'un seul côté par les jantes; les appendices a, a, a', a', qui n'avaient pas d'utilité bien réelle, ont disparu presque partout.

Mais il existe entre les extrémités μ, ν, et μ', ν', des rails coupés en biseau, une double lacune, deux fois plus longue que celle du croisement. Là encore, il faut prendre des mesures moins pour protéger les pointes obtuses B, B', vers lesquelles les roues ne sont pas dirigées directement, que pour empêcher les conséquences possibles de l'élargissement local de la voie, c'est-à-dire les chocs des boudins contre les extrémités des rails en sifflet, et même les déraillements.

Une paire de roues cheminant dans le sens de la flèche sur la voie MN, trouve cette voie élargie : 1° à droite, lorsqu'elle atteint le point ν; 2° à gauche, lorsqu'elle dépasse la pointe obtuse B'. Le premier élargissement ne peut avoir d'autre conséquence qu'une pression plus ou moins forte du mentonnet de la roue sur la pointe obtuse B; mais le second, et la déviation qu'il permet vers la gauche, pourraient entraîner un choc du mentonnet de la même roue sur la pointe aiguë μ ou du mentonnet de la roue conjuguée sur la pointe μ', et même le contournement de ces pointes, c'est-à-dire le déraillement.

On prévient ces effets au moyen du contre-rail K, qui, forçant la roue à serrer de près le rail, protége les pointes μ, μ'. Mais ce contre-rail ne peut évidemment être prolongé jusqu'au droit de ces pointes; il s'arrête au droit de la pointe obtuse B, pour laisser le passage libre sur la voie PQ.

Si on considère successivement les deux voies et les deux sens du mouvement sur chacune d'elles, les mêmes motifs conduisent à ajouter trois nouveaux contre-rails S, L, R; ces quatre pièces, se réunissant bout à bout, forment deux longs contre-rails KS, RL, coudés au milieu.

Aux bifurcations, les traversées ne sont franchies par les trains, sur chacune des voies, que dans un seul sens; un seul double contre-rail suffirait donc à la rigueur; mais l'économie serait insignifiante; il peut d'ailleurs être nécessaire de faire marcher des trains dans les deux sens, par exemple dans le cas d'un service temporaire de voie unique; de plus, à part leur utilité directe, les contre-rails concourent efficacement à la liaison de tout l'ensemble de la traversée, ensemble soumis à des chocs, et qui doit dès lors être très-solidement constitué.

La solution est évidemment moins satisfaisante pour les angles obtus de la traversée que pour les angles aigus. Le contre-rail coudé dirige la roue, mais pas aussi efficacement que le contre-rail du croisement; il imprime la direction, mais il est interrompu trop tôt pour la maintenir à coup sûr. Aussi les chocs sont-ils difficiles à éviter surtout dans les traversées très-obliques et par suite à lacunes très-longues, pour peu que la déformation des pièces fixes et des bandages empêche les pointes obtuses de remplir convenablement leurs fonctions.

Tels sont les motifs qui déterminent généralement les constructeurs à placer les contre-rails à un niveau plus élevé que les rails. Ces contre-rails, s'appliquant ainsi sur un segment plus grand de la roue, la dirigent mieux, et ne cessent pas de la guider si elle vient à sauter sous l'action d'un choc. Sur le chemin autrichien, par exemple, le contre-rail est formé d'un fer en T, KL, boulonné de champ sur des longrines et s'élevant à 0m,06 au-dessus du niveau du rail (Pl. XIX, *fig.* 14 à 16). Sur le Nord, les contre-rails sont formés de pièces de bois B, B, boulonnées sur le bâti en charpente de la traversée, armées de plates-bandes en fer (*fig.* 3 à 9).

Ces contre-rails coudés éprouvent de la part des roues des pressions très-considérables qui tendent à les rectifier et à les repousser vers l'intérieur de la voie ; ils sont souvent reliés au rail extérieur par des tirants à écrous *t*, *t*, *t* (*fig.* 15). Sur le réseau de *Paris*-Méditerranée, on soulage efficacement leurs attaches en réunissant les sommets des deux coudes par une entre-toise formée d'un tronçon de rail. Sur le Nord, les contre-rails sont contre-butés par cinq entretoises en bois, E, E, E, E, E : trois dans la région moyenne et deux vers les extrémités des contre-rails (*fig.* 5, 7, 8 et 9).

Le fond des lacunes est quelquefois garni, dans les *traversées* comme dans les *croisements*, d'une plate-bande en fer ou en acier, destinée à recevoir le mentonnet à l'instant où le rail fait défaut à la jante. L'utilité de cet expédient, qui suppose la saillie des mentonnets uniforme, est contestée. On lui reproche, et non sans raison, de fatiguer les essieux, de déterminer des glissements des jantes, surtout pour les machines à six et à huit roues couplées, l'égalité des diamètres des roues assujetties à prendre une vitesse angulaire commune étant gravement troublée par cette rotation d'une d'elles sur son boudin. De plus, le véhicule tend, par suite de cette inégalité, à se placer obliquement sur la voie et à dérailler. Dans l'enquête de 1865, la grande majorité des chemins allemands qui ont répondu à la question posée sur ce point, s'est prononcée pour la négative (*).

259. *Anciens essais de croisements mobiles.* — En présence des inconvénients des lacunes, il était naturel de chercher à les supprimer, par l'emploi de pièces mobiles. Cette idée a reçu quelques applications soit aux pointes aiguës des croisements, soit aux deux pointes obtuses, pour lesquelles la suppression des lacunes serait, d'après ce qui précède, plus désirable encore. Ces pointes étant d'ailleurs très-rapprochées, les deux systèmes de pièces mobiles peuvent être reliées par des tringles et manœuvrées solidairement par un homme.

Le principe consiste à remplacer les quatre rails intérieurs, sur une certaine longueur, par des tronçons mobiles sur leurs appuis, et pouvant ainsi soit s'appliquer contre la face correspondante de la pointe, de manière à rendre la surface de roulement continue, soit

(*) *Referate über die Beantwortungen*, etc., pages 59 et suiv.

s'en écarter, de $0^m,05$ au moins, pour livrer passage aux mentonnets.

La *fig.* 1, Pl. XIX, indique la disposition qui avait été appliquée sur l'ancienne ligne *du Vésinet* au *Pecq* (chemin de *Paris* à *Saint-Germain*). Le trait plein indique la voie MN ouverte, et le trait pointillé, la voie PQ.

Les quatre rails étaient reliés deux à deux par les tringles t, t', articulées avec des manivelles, calées à 180 degrés l'une de l'autre sur l'arbre K, portant un levier de manœuvre, muni d'un contre-poids maintenant les pièces à fond de course soit d'un côté, soit de l'autre.

En cas de fausse position du système, le train pouvait, à la rigueur, se frayer lui-même un passage. Si, par exemple, il se présentait sur la voie MN quand les rails ouvraient la voie PQ, la première roue de droite A s'engageait entre l'aiguille mobile et le rail fixe, sa conjuguée entre l'aiguille et le contre-rail C, et ces deux aiguilles prenaient ainsi la position inverse, sous l'action du contre-poids, que la tringle t avait fait passer d'un côté à l'autre de la verticale. Les deux autres aiguilles, prises en pointe, étaient entraînées dans le mouvement, de sorte que les roues les trouvaient dans la position convenable.

Mais, en réalité, cette action automatique des trains n'était pas assez sûre pour qu'on pût compter sur elle. Un léger obstacle, tel qu'un caillou, suffisait pour l'empêcher de se produire; aussi la manœuvre était-elle toujours faite par un aiguilleur.

Une solution qui exige un agent spécial, sujet d'ailleurs à l'erreur, ne pouvait être acceptée. Les traversées fixes ont donc universellement prévalu. Une construction et un entretien plus soignés, tant des éléments de la voie que des bandages, atténuent les inconvénients de ces traversées. Les plus importantes, d'ailleurs, celles des bifurcations, sont toujours franchies avec une vitesse très-réduite. On s'attache, en outre, à éviter les traversées trop obliques, et par suite à réduire le nombre des types; sur quelques lignes on a même adopté un type unique qu'on applique à différents rayons de raccordement. On sacrifie ainsi la rigueur géométrique du tracé (262), mais sans inconvénients réels pour la pratique.

§ XV. Changements de voie.

260. *Tracé théorique. — Changements à deux voies.* — Lorsqu'une voie se bifurque, ou se ramifie en un plus grand nombre, les rayons étant donnés, tous les éléments s'en suivent, si l'on part du principe général en matière de tracé, c'est-à-dire du raccordement tangentiel d'un arc de cercle avec les alignements droits.

Le raccordement de deux voies, parallèles ou à peu près, par une troisième comprend dès lors une courbe et une contre-courbe, qui doivent être séparées par une tangente commune. Ce petit alignement doit avoir une longueur au moins égale à l'empatement maximum des machines, afin que deux essieux ne puissent se trouver en même temps sur les deux courbes inverses.

Les éléments à considérer dans un changement simple (une voie se ramifiant en deux seulement) sont :

1° La longueur totale du changement;

2° L'angle de la pointe de son croisement;

3° La longueur de la partie mobile, dont le déplacement permet de diriger les trains du tronc commun sur l'une des deux branches, ou de chacune d'elles sur le tronc commun;

4° La déviation.

1° *Longueur du changement.* — Les deux voies ont une partie commune APB (Pl. XX, *fig.* 1 et 5) limitée par l'intersection des deux files de rails placées à l'intérieur du système; intersection qui entraîne le *croisement*, dont la disposition générale a été indiquée plus haut (258). La *longueur d* du changement est la distance de son origine au croisement; on a donc :

1° Pour une déviation à droite ou à gauche (*fig.* 5 et 6), c'est-à-dire dans le cas où l'une des voies est sur le prolongement du tronc commun, ρ étant le rayon de l'autre voie et e la largeur : $d = \sqrt{(2\rho - e)e} =$ à peu près $\sqrt{2\rho e}$.

2° Pour le cas d'une déviation symétrique à droite et à gauche (*fig.* 1 et 2), suivant le même rayon ρ, $d' = \sqrt{\left(2\rho - \frac{e}{2}\right)\frac{e}{2}} =$ à peu près $\sqrt{\rho e}$.

2° *Angle du croisement* α. — 1° Déviation simple, ou d'un seul côté : $\operatorname{tang} \alpha = \sqrt{\frac{2e}{\rho}}$;

2° Déviation symétrique : $\operatorname{tang} \frac{\alpha'}{2} = \frac{d'}{\rho} = \sqrt{\frac{e}{\rho}}$, d'où $\operatorname{tang} \alpha' =$

$$= \frac{2\sqrt{\frac{e}{\rho}}}{1 - \sqrt{\frac{e^2}{\rho^2}}}, \text{ ou à peu près } 2\sqrt{\frac{e}{\rho}}.$$

3° *Longueur de la partie modifiée.* — Si la surface de roulement des jantes était fixe, il faudrait d'abord, comme aux angles des traversées, ménager les lacunes nécessaires au passage des mentonnets ; le rôle des parties mobiles se bornerait alors à *diriger* les roues sur une voie ou sur l'autre. Les deux rails intérieurs seraient alors tranchés chacun par un plan vertical parallèle au rail extérieur voisin, et toujours à la distance de $0^m,045$ à $0^m,05$. Tel était le cas du changement à *contre-rails mobiles* (Pl. XX, *fig.* 18), les pièces directrices CN, C'N', agissant, en effet, comme des contre-rails sur les faces verticales intérieures des roues, et prenant deux positions qui correspondaient aux deux directions. Mais l'existence des solutions de continuité, très-longues, était un inconvénient capital. La roue doit bien, comme dans les croisements, et grâce à l'excès de largeur de la jante, porter sur le rail extérieur avant que la pointe effilée du rail intérieur lui échappe ; mais dès que les éléments ont éprouvé la moindre déformation, les chocs sont inévitables. La longueur théorique de la lacune, d'autant plus grande que le rayon est plus grand, serait excessive même pour une courbe assez raide : pour un rayon de 300 mètres, par exemple, elle serait : $\sqrt{2 \times 300^m \times 0^m,045} = 5^m,20$. Il fallait nécessairement la réduire, et, pour cela, poser le changement en déviation, au lieu de la raccorder tangentiellement. Avec une déviation de $\frac{1}{40}$, la lacune était réduite à $0^m,045 \times 40 = 1^m,80$, longueur tolérable ; mais, quelque grand que fût le rayon, la déviation et la lacune ne permettaient de franchir le changement qu'avec une vitesse très-réduite.

Si ce système a été appliqué pendant assez longtemps, c'est parce que la position vicieuse des pièces mobiles n'entraînait pas le déraillement des véhicules marchant vers le tronc commun. Si une paire de roues AB (*fig.* 18) marchant sur la voie oblique, trouve les contre-rails ouvrant la voie droite, la rainure est supprimée pour le boudin de A, mais l'extrémité infléchie MN du contre-rail forme un plan incliné sur lequel la roue s'élève en portant sur son boudin. Arrivée en M, où le contre-rail, horizontal, est au niveau du rail, la roue A n'est plus guidée, mais sa conjuguée l'est encore par le contre-rail N'C', tant que celui-ci ne s'écarte pas trop du rail. Arrivée en O, la roue A, n'étant plus ni guidée ni portée, tend à retomber dans la lacune, et elle y retombe en effet, pourvu que la vitesse ne soit pas trop grande. Tout est alors rentré dans l'ordre.

La vitesse V doit être telle que le boudin ait le temps de s'engager dans la rainure d'une quantité suffisante h, avant d'atteindre le point O, sans quoi le déraillement serait consommé. La condition est évidemment : $V =$ au plus $l\sqrt{\frac{g}{2h}}$. Il n'est pas nécessaire que la hauteur de chute h soit égale à la hauteur totale du mentonnet ; il suffit que la roue soit maintenue latéralement, sauf à ne porter qu'un peu plus sur le rail. Nous n'insisterons pas davantage sur cet appareil, complétement abandonné, et qui ne présente plus d'intérêt.

Aujourd'hui, la surface de roulement est toujours continue. Les pièces mobiles portent et dirigent en même temps les roues. La condition qui détermine leur longueur minimum est dès lors évidente. Les deux files de rails placées à l'intérieur ne peuvent devenir fixes qu'à partir du point où la distance qui les sépare du rail extérieur voisin, suffit pour le libre passage des mentonnets, c'est-à-dire quand elle atteint $0^m,045$ à $0^m,050$. La longueur l est donc, les rails ayant $0^m,06$ d'épaisseur :

1° Pour une déviation simple, ou d'un seul côté :

$$l = \sqrt{2\rho \times (0^m,06 + 0^m,05)} = \sqrt{0^m,22\rho};$$

2° Pour une déviation symétrique :

$$l = \sqrt{2\rho\,\frac{0^m,06 + 0^m,05}{2}} = \sqrt{0^m,11\rho}.$$

Cette longueur est celle de la corde de l'arc, mais il est évident qu'en pratique la corde et l'arc se confondent à très-peu près.

La double déviation n'est pas toujours symétrique. Si le tronc se raccorde avec les deux branches par des arcs de rayons différents ρ, ρ_1 (*fig.* 16), on a :

1° $$d = MN = \sqrt{2\rho \times AN} = \sqrt{2\rho_1(e - AN)},$$

$$\text{d'où} \quad AN = \frac{\rho_1 e}{\rho + \rho_1}, \quad \text{et} \quad d = \sqrt{\frac{2\rho\rho_1}{\rho + \rho_1}e}.$$

2° $$\alpha = \omega + \omega'; \quad \text{or,} \quad \operatorname{tang}\omega = \frac{d}{\rho_1}, \quad \operatorname{tang}\omega' = \frac{d}{\rho},$$

$$\text{d'où} \quad \operatorname{tang}\alpha = \frac{d(\rho + \rho_1)}{\rho\rho_1 - d^2} = \frac{\rho + \rho_1}{\rho + \rho_1 - 2e}\sqrt{\frac{2(\rho + \rho_1)e}{\rho\rho_1}}.$$

3° $$l = \sqrt{2\rho \times AP} = \sqrt{2\rho_1 \times BQ} \quad (fig.\ 17);$$

or, $$AP = AQ + QP = AB - BQ + QP = 0^m,06 - BQ + 0^m,05$$

d'où $$BQ = 0^m,11 \frac{\rho}{\rho + \rho_1}, \quad \text{et} \quad l = \sqrt{0^m,22 \frac{\rho\rho_1}{\rho + \rho_1}}.$$

4° *Déviation.* — La corde étant substituée à l'arc, dans la faible étendue de la partie mobile, la déviation par unité de longueur est constante dans cette étendue, et on a :

1° Déviation simple :

$$\text{tang}\ 6 = \frac{0^m,11}{l} = \frac{0^m,11}{\sqrt{0^m,22\rho}};$$

2° Déviation symétrique :

$$\text{tang}\ 6' = \frac{0^m,06 + \frac{0^m,05}{2}}{l} = \frac{0^m,085}{\sqrt{0^m,11\rho}}.$$

261. *Changement triple* (*fig.* 3). — La ramification *symétrique* du tronc en trois voies n'introduit pas d'éléments nouveaux. Les distances AM, B'M', les pointes M, M', et la longueur de la partie mobile, sont celles de la déviation simple. La distance CM″ et la pointe M″ sont celles de la déviation symétrique.

262. ***Modifications au tracé théorique.***—L'expression $l = \sqrt{0^m,22\rho}$ donne pour la partie mobile, dans le cas de la déviation d'un seul côté :

Pour $\rho = 500$ mètres, $l = 10^m,40$,

$\rho = 400$ mètres, $l = 9\ ,30$,

$\rho = 300$ mètres, $l = 8\ ,10$.

Longueurs considérables, qui rendraient le système mobile coûteux, difficile à entretenir et à manœuvrer.

On réduit ordinairement cette longueur à 5 mètres, en renonçant par suite au raccordement rigoureusement tangentiel; la déviation à l'entrée en courbe est alors indépendante du rayon, et égale à $\frac{0,11}{5} = \frac{1}{45,5}$, ce qui n'a rien d'excessif.

Il faut toujours d'ailleurs éviter la coïncidence de l'extrémité libre de l'aiguille avec un joint des rails, sur lequel elle devrait s'appliquer.

Mais ce n'est pas seulement pour réduire la longueur des aiguilles et pour la rendre uniforme, qu'on s'écarte plus ou moins de la tangence entre l'arc et le tronc commun. L'application, à chaque rayon, de la valeur correspondante de l'angle du croisement exigerait une nombreuse série de types de pointes; pour les grands rayons, ces pointes seraient très-aiguës, les lacunes très-longues, et les avaries plus promptes. Pendant longtemps on s'est astreint sur plusieurs lignes, notamment en Allemagne, à maintenir entre les rayons et les pointes, la relation indiquée. En Hanovre, par exemple, il n'y avait pas moins de vingt et un types de pointes dont les tangentes, variant de $\frac{1}{5}$ à $\frac{1}{19}$, correspondaient à autant de rayons, compris entre $87^m,60$ et $476^m,20$. Aujourd'hui, le nombre de types y est réduit à quatre : $\frac{1}{12}$, $\frac{1}{10}$, $\frac{1}{9}$ et $\frac{1}{8}$, pour les déviations d'un seul côté, avec une seule longueur, $5^m,03$, pour la partie mobile.

Sur le central suisse, il y a sept types : trois pour les déviations d'un seul côté et pour les pointes extérieures des changements symétriques à trois voies, et trois pour les pointes intérieures de ces derniers et pour les changements des deux voies avec déviation à droite et à gauche. Le septième s'applique seulement aux croisements des voies qui convergent vers les plaques tournantes.

En France, la réduction du nombre des types est poussée plus loin encore. Le Nord, l'Est, l'Ouest, n'en ont que deux : $5°,30$ et $7°,30'$.

Si la combinaison d'une même pointe et d'une même longueur de partie mobile avec plusieurs rayons différents altère un peu la simplicité du tracé des changements de voie, elle n'a, dans les limites entre lesquelles on l'applique, aucun inconvénient pour l'allure des véhicules, et elle a affranchi le service de la construction et de l'entretien d'une complication fort gênante.

Le tracé géométrique des courbes de changements de voie reçoit encore une autre modification, qui consiste à placer la pointe sur un alignement droit de quelques mètres, afin que les véhicules, à l'instant où ils la franchissent n'aient pas de tendance à une déviation latérale. Le rôle des contre-rails (258) est réduit ainsi à celui d'appareils de sûreté. La surélévation du rail extérieur est, d'ailleurs, supprimée dans les raccordements avec contre-courbes.

Le tracé des changements, très-simple en pleine voie, devient souvent au contraire un problème très-complexe dans certaines gares, par suite de l'espace restreint dont on dispose, de sa forme défavorable, de la condition de passer par certains points imposés, etc. Les données de la question varient alors suivant les cas, et ce n'est souvent que par une étude approfondie, guidée par beaucoup d'expérience, qu'on peut arriver à une solution relativement satisfaisante. Il faut alors sacrifier un ou plusieurs des éléments d'un bon raccordement, faire fléchir plus ou moins les uns au profit des autres, forcer la pose en deviation des aiguilles, raidir les courbes, réduire ou même supprimer complétement les tangentes au droit des pointes, etc. Nous ne pouvons que mentionner ces questions spéciales, qui se rattachent aux opérations du tracé et ne rentrent pas dans notre cadre.

263. *Disposition de la partie mobile.* — Le changement à *rails mobiles* est le plus ancien. C'est, en effet, la solution qui se présente naturellement à l'esprit. Le système mobile est formé de deux rails articulés à l'extrémité placée du côté du tronc commun, rendus solidaires par des tringles; ils peuvent être amenés sur le prolongement d'une quelconque des voies ramifiées, quel que soit leur nombre, et fixés dans cette position.

Un train se dirigeant, sur l'une de ces voies, vers le tronc commun, et qui ne trouve pas les rails mobiles placés sur le prolongement de la voie qu'il suit, déraille nécessairement. Cette objection a fait rejeter généralement le système et adopter d'abord le changement à surface de roulement fixe (260). On voit cependant que l'objection ne s'applique pas à la bifurcation de la voie *de départ* sur les embranchements des chemins à deux voies. Les trains venant toujours alors du tronc commun, la continuité est assurée, quelle que soit la position des rails mobiles, et ceux-ci présentent, dans ce cas, quelques avantages sur le système qui prévaut aujourd'hui, les aiguilles étant prises *en pointe*. M. *Clapeyron* avait appliqué les rails mobiles à l'ancien changement de la voie de *Paris* à *Versailles* (rive droite) qui se détachait, à *Asnières*, de la voie de *Paris* à *Saint-Germain*, par une courbe de 540 mètres de rayon. Les rails mobiles avaient 9 mètres, soit à très-peu près la longueur théorique, de sorte que le raccordement était presque rigoureusement tangentiel. Par suite de leur grande longueur et de l'absence de points d'appuis latéraux intermédiaires, les rails avaient dû être constitués très-solidement pour résister à la poussée horizontale des roues; chacun d'eux étant composé d'une barre rivée sur une large plate-bande en fer portant, en outre, à l'intérieur une barre semblable, disposée en contre-rail; l'ensemble possédait ainsi une grande raideur dans le sens horizontal.

Quoi qu'il en soit, l'avantage de l'uniformité l'a emporté, et le changement à aiguilles est appliqué aujourd'hui à la voie de départ des bifurcations, comme partout ailleurs. Les inconvénients de la ***prise en pointe*** sont, au surplus, fort atténués, en présence du ralentissement imposé par mesure de sûreté publique, aux trains qui abordent les bifurcations.

261. *Changement à aiguilles pour deux voies.* — La surface de roulement étant continue, les deux rails placés à l'intérieur du système sont rendus mobiles, mais, ici, autour d'un axe placé à l'extrémité opposée au tronc commun; chacun d'eux peut être, soit appliqué contre le rail extérieur voisin, de manière à présenter aux jantes une surface continue; soit écarté de ce rail, de manière à livrer passage aux mentonnets. Chacun des rails mobiles étant d'ailleurs coupé obliquement suivant un plan vertical parallèle au rail fixe voisin, présente une forme effilée. De là le nom d'*aiguille.*

Dans le cas de la bifurcation symétrique, les deux aiguilles ont, nécessairement, la même longueur. Il n'en est pas de même dans le cas, très-fréquent, de la déviation d'un seul côté. Une seule des aiguilles imprime alors une déviation aux trains; l'autre ne fait que maintenir la continuité de la voie droite; elle peut donc avoir une longueur moindre sans qu'il en résulte d'inconvénients au point de vue de l'inertie des véhicules. Pendant longtemps on a jugé utile de profiter de la faculté de raccourcir cette aiguille; mais on se méprend très-fréquemment sur les vrais motifs de cette mesure.

Lorsque la voie oblique est ouverte pour un train venant du tronc commun, l'aiguille de déviation est prise en pointe. Les roues tendant à continuer en ligne droite, les mentonnets tendent par cela même à heurter la pointe de l'aiguille, pour peu qu'elle soit en saillie sur la face interne du rail contre-aiguille. Si ces chocs se produisent, la pointe de l'aiguille se déforme, et le mal fait des progrès rapides. Il peut même arriver si l'aiguille de déviation n'est pas appliquée exactement sur le rail qu'un mentonnet, aminci par l'usure, et rasant le rail, s'engage dans le petit intervalle libre entre lui et la pointe; la roue continue, dès lors, sur la voie droite, tandis que la roue conjuguée s'engage sur la voie oblique : de là un déraillement.

Aujourd'hui, comme on le verra bientôt, la pointe de l'aiguille de déviation est convenablement protégée par le rail lui-même. Autrefois, il n'en était pas ainsi; on avait donc été conduit, pour prévenir les effets indiqués, à écarter d'elle les mentonnets, et pour cela on procédait exactement comme nous l'avons indiqué (257) pour les croisements; c'est-à-dire qu'on agissait sur la roue conjuguée au moyen d'un contre-rail, qui la forçait à rapprocher son boudin de son rail; on rapprochait aussi, il est vrai, ce boudin de la pointe de l'aiguille de la voie droite, lorsque celle-ci était ouverte; mais cela n'avait pas d'inconvénients, cette aiguille, qui n'a pas de déviation à imprimer, n'étant pas soumise, comme l'autre quand elle fonctionne, à la pression des mentonnets, et sa pointe se trouvant d'ailleurs par suite de sa moindre longueur, protégée par sa position dans l'angle rentrant formé par l'aiguille et par la portion de rail appartenant à la fois à la voie droite et à la voie oblique.

Pour être efficace, le contre-rail doit nécessairement être placé, au droit de la pointe à protéger, à la distance de $0^m,05$ environ du rail qu'il longe. Si donc l'aiguille de la voie droite était aussi longue que celle de la voie oblique, sa course à l'extrémité, même en la supposant terminée par une arête sans épaisseur, serait limitée à $0^m,05$; et il serait de même de l'aiguille de déviation, solidaire avec la première.

Or, cette course doit être beaucoup plus grande (266). On réussissait à tout concilier en réduisant la longueur de l'aiguille de la voie droite. L'aiguille de déviation pouvait alors avoir la course nécessaire, tandis que l'autre trouvait entre le rail et le contre-rail, un espace suffisant pour son jeu, tant par suite de la réduction de sa longueur, que par suite de l'intervalle croissant entre le rail et le contre-rail.

« Les anciens changements », dit M. *Brame*, ingénieur des ponts et chaussées (*), « nécessitaient l'emploi d'un contre-rail, lequel avait pour « objet de ramener les roues des véhicules aussi près que possible de l'axe « du rail contre petite aiguille, point où l'écartement de la voie est le plus « grand, et *d'assurer par suite la portée des bandages de ces roues.* »

Le contre-rail ne pouvait, évidemment, avoir le but que lui attribue M. *Brame*. Pour franchir les élargissements sans danger de déraille-

(*) Rapport sur les expériences faites par la compagnie du Nord pour l'amélioration des voies. — *Annales des ponts et chaussées*, t. XX (1860).

ment, il faudrait, bien loin de faire prendre aux roues l'une des positions extrêmes, les maintenir, au contraire, dans la position moyenne.

La diminution de longueur de l'aiguille de la voie droite avait donc pour but de protéger la pointe de l'aiguille de la voie oblique.

Il résulte de l'inégalité que la pointe de l'aiguille de la voie droite vient, lorsque cette voie est ouverte, se loger dans l'angle rentrant AOB (Pl. XX, *fig.* 19), et se trouve ainsi protégée elle-même contre l'action des mentonnets des roues.

Mais c'est un faible avantage, cette aiguille n'étant pas, comme l'autre, exposée au choc des roues. D'un autre côté, le contre-rail, d'une utilité incontestable tant qu'on n'avait pas réussi à protéger directement la pointe de l'aiguille de déviation, n'a plus de raison d'être aujourd'hui ; et l'inégalité des aiguilles, conséquence forcée, mais fâcheuse, de la présence du contre-rail, doit nécessairement disparaître avec lui.

Les inconvénients de cette inégalité, qui a encore quelques rares partisans, sont sérieux. D'une part, elle exige deux types différents, déviant l'un à droite, l'autre à gauche. C'est déjà une complication, mais ce n'est pas tout. Il arrive parfois qu'une station n'ayant pas sous la main le type convenable, pose, dans un moment de presse, le type inverse. C'est alors la petite aiguille qui imprime la déviation ; celle-ci est dès lors très-brusque ; de là, pour peu que la vitesse soit notable, des déraillements. J'en ai vu plusieurs dus à cette cause.

D'un autre côté, la voie droite s'élargit depuis l'origine de la bifurcation jusqu'à la pointe de la petite aiguille. L'excès de largeur atteint sur ce point $0^m,03$ avec les longueurs ordinaires, c'est-à-dire 5 mètres pour la grande aiguille et $3^m,60$ pour la petite. De là une nouvelle cause très-grave de déraillement pour les roues à jantes d'une faible largeur et à boudins usés, l'une des roues ne portant plus sur son rail lorsque la conjuguée est appliquée contre le sien. Quelquefois on atténue un peu ce danger en réduisant la largeur des voies à partir de l'origine du changement ; mais cette réduction ne peut évidemment être appliquée que dans des limites très-restreintes, les motifs qui ont fait adopter le jeu de la voie (199) existant aux changements comme partout, et d'autant plus même que l'une des voies ramifiées (si ce n'est toutes deux) se détache suivant une courbe de petit rayon (300, 250 mètres et souvent moins), et qu'il importe d'y faciliter l'inscription des mentonnets des roues. Le rétrécissement à l'entrée ne peut donc dépasser 0^m,005 environ, ce qui laisse subsister, au droit de la pointe de la petite aiguille, un excès de largeur de 0^m,025.

Le contre-rail crée, en outre, un obstacle spécial pour certaines machines à grand empatement, comme celles que l'on construit aujourd'hui, lorsqu'elles doivent passer du tronc commun sur la déviation. Leur changement de direction s'opère d'abord (265) par un pivotement sur la paire de roues moyenne, et, dans ce mouvement, la roue d'arrière voisine du contre-rail vient buter sur lui; tout le système se trouve alors dans un état forcé, qui peut, dans certains cas, déterminer un déraillement. Ajoutons, il est vrai, que ce danger est fort atténué par le jeu longitudinal qu'on commence à donner aux essieux extrêmes des machines, en vue du parcours en courbe.

Les inconvénients de l'inégalité seraient, d'après quelques ingénieurs, rachetés par une qualité qui lui serait propre :

« ... On fait, » dit M. *Perdonnet* (*), « les deux aiguilles de longueurs inégales afin d'empêcher les roues d'un même wagon de s'engager en même « temps sur deux voies différentes. En effet, supposons qu'une petite pierre « ou tout autre obstacle se trouvant sur la voie, ait empêché l'aiguille de la « voie oblique de se fermer complétement, ou bien que les deux aiguilles se « trouvent dans une position intermédiaire entre les deux positions normales, parce que le mécanisme rouillé ne fonctionne qu'imparfaitement; « le bourrelet de l'une des roues de la machine placée en tête s'engageant « alors derrière l'aiguille de la voie oblique, sur la voie rectiligne, poussera « cette aiguille de côté, et la petite aiguille, suivant la grande, viendra s'appliquer contre le rail fixe... Si, au contraire, les aiguilles étaient de même « longueur, les deux roues, arrivant en même temps vis-à-vis des points des deux aiguilles, l'une suivrait la voie rectiligne, et l'autre la voie courbe.»

Le but que se proposaient les constructeurs en donnant aux aiguilles des longueurs inégales n'était pas, on vient de le voir, d'empêcher les deux roues calées sur un même essieu de s'engager l'un sur une voie, l'autre sur l'autre voie; il s'agissait uniquement de rendre le contre-rail possible.

Si l'inégalité en elle-même avait un avantage réel, il importerait peu sans doute que cet avantage fut le bût, ou seulement une conséquence du système, et il devrait être mis en balance avec les inconvénients indiqués tout à l'heure. Or, en admettant l'hypothèse

(*) *Traité élémentaire des chemins de fer*, 3e édition, t. II, p. 149.

faite par M. *Perdonnet*, c'est-à-dire les aiguilles arrêtées dans une position intermédiaire par un obstacle accidentel, l'effet qu'il indique, c'est-à-dire l'une des roues suivant la voie droite tandis que l'autre s'engagerait sur la voie oblique, aurait lieu tout aussi bien avec les longueurs égales qu'avec les longueurs différentes. Dès que l'intervalle entre la pointe de l'aiguille de déviation, mal fermée, et le rail, est supposé assez grand pour qu'un mentonnet puisse s'y engager, ce mentonnet n'a nullement besoin, pour continuer sa marche, de repousser les aiguilles en soulevant le contre-poids ; il est surtout impossible qu'il les repousse au point de les amener à fond de course de l'autre côté, et d'appliquer l'aiguille de la voie droite contre son rail. Cet effet se produit pour les aiguilles prises en talon et faites à l'anglaise ; mais ce n'est pas parce que celui des boudins qui trouve la voie fermée doit se frayer un passage entre l'aiguille et le rail ; c'est parce que les deux roues, dont l'écartement entre les bords extérieurs des boudins est égal à la largeur de la voie diminuée seulement du *jeu*, ne peuvent se faire place qu'en repoussant à fond de course l'aiguille opposée.

La distance entre les faces externes des aiguilles, mesurée à la pointe, est ordinairement de $1^{m},320$, tandis que l'écartement des bords internes des bandages est de $1^{m},360$; il peut donc arriver que les aiguilles se placent, toutes deux, entre les roues, puisque l'écartement des premières est moindre que celui des secondes ; mais cet accident est possible avec les aiguilles inégales comme avec les aiguilles égales. La conséquence d'une position intermédiaire des aiguilles serait souvent, d'ailleurs, un choc de l'un des mentonnets contre le bout de l'aiguille du même côté ; ce choc peut se produire soit sur une aiguille, soit sur l'autre, et, de même que l'inscription des deux aiguilles entre les deux roues, il est possible tout aussi bien avec les longueurs différentes qu'avec les longueurs égales.

Dans un cas comme dans l'autre, une surveillance attentive, un entretien et un graissage soignés sont indispensables. Au surplus, les trains ne prennent en général les aiguilles par la pointe que lorsqu'elles sont ou cadenassées (et le cadenassage ne doit être possible que quand elles sont à fond de course), ou maintenues par l'aiguilleur. C'est dans ces mesures que consiste la vraie garantie contre les déraillements. Il faut empêcher absolument les positions intermédiaires, et non opposer à leurs conséquences un expédient tel que l'inégalité des longueurs, qui n'aurait aucune influence atténuante, sous ce rapport, et dont les inconvénients sont d'ailleurs très-graves.

L'opinion des ingénieurs est, du reste, aujourd'hui, à peu près unanime sur ce point. Le contre-rail a disparu dès qu'on a pu protéger sans lui la pointe de l'aiguille de déviation ; et l'inégalité des aiguilles a généralement disparu elle-même avec le contre-rail, qui était sa seule raison d'être.

Ajoutons cependant qu'un réseau important, le Sud-Autrichien, fait exception, au moins en partie.

« J'ai eu », dit M. *Bontoux*, ingénieur des ponts et chaussées, directeur de l'exploitation de ce réseau, « sur les lignes de Hongrie, à l'origine, des « aiguilles à branches égales, et les déraillements des aiguilles étaient fré« quents. Je les ai toutes fait changer et nous nous en trouvons très-bien » (*).

On ne comprend guère comment l'inégalité, très-faible du reste dans le cas actuel, serait pour quelque chose dans ce résultat ; c'est sans doute à un mode de construction, à une installation, à un entretien meilleurs, qu'on en est redevable.

On remarque, sur le même réseau, une particularité qui ne se rencontre, je crois, que là. Ces changements à aiguilles inégales ont souvent l'aiguille la plus courte posée sur le grand arc, c'est-à-dire sur la déviation. Tel est le cas, par exemple, à *Grätz*, et aux environs.

D'après les explications qui m'ont été données, ce qui semble une anomalie est au contraire la règle, mais une règle incomplétement suivie il est vrai. Le but de cette disposition serait de faire subir un moindre rabotage, et, par suite, un moindre affaiblissement à l'aiguille qui est soumise à la pression des boudins.

Par contre, la déviation est plus brusque ; mais il n'en résulte, dit-on, aucun effet fâcheux « parce que l'angle de déviation n'est pas « augmenté notablement ». Ce qui revient à dire que l'emploi en déviation de la petite aiguille est sans inconvénient, parce quelle est presque aussi longue que l'autre. Pourquoi dès lors ne pas les faire égales ; ou, si l'on accepte l'inégalité avec la condition qu'elle entraîne de deux types différents, pourquoi ne pas profiter au moins, pour adoucir la déviation, du faible avantage dû à la faible inégalité ?

265. *Déraillements sur des aiguilles en pointe bien placées.* — Des déraillements ont lieu assez souvent sur des aiguilles en pointe,

(*) Lettre du 21 avril 1866.

quoiqu'elles soient bien placées et en bon état. Leur cause est complexe, et parfois obscure. La flexion de l'aiguille de déviation contribue à ces accidents. Cette aiguille, longue de 5 mètres, est contrebutée latéralement, entre son talon et le point où elle s'applique sur le rail, par deux heurtoirs *h*, *h* (Pl. XXI, *fig.* 1 et 9), espacés ordinairement de 1 mètre environ. Lorsqu'elle est fortement pressée par le mentonnet d'une roue au milieu de l'intervalle de deux appuis, elle fléchit, et à une flèche f correspond un déplacement, en sens contraire, de la pointe, à peu près égal à $\frac{f \times 4^m}{0^m,50}$ si la roue agit entre le talon et le premier heurtoir, et à $\frac{f \times 3^m}{0^m,50}$ si elle est placée entre les deux heurtoirs. Pour produire un déplacement de 20 millimètres à la pointe, il faudrait que f atteignît $2^{mill.},5$ dans le premier cas, et $3^{mill.},3$ dans le second. Mais une flèche moindre peut suffire en réalité à cause de l'état de vibration de tout le système et du fouettement de l'aiguille. Il est vrai que lorsqu'elle est pressée dans la région de la pointe par un mentonnet, elle est, en général, par suite de sa longueur, déjà maintenue vers la pointe par un autre boudin : ce qui explique pourquoi les déraillements ne sont pas plus fréquents. Mais la pointe est libre quand la roue d'arrière d'une machine, manœuvrant seule, arrive sur le talon, et l'on conçoit que le déraillement peut alors se produire, surtout si la machine, à grand empatement, très-rigide, et marchant trop vite, exerce une forte pression vers le talon. C'est un des motifs de la grande roideur que les aiguilles doivent posséder dans le sens horizontal ; sous ce rapport, comme sous celui de la stabilité, celles qui ont pour type le rail *Vignole* sont bien préférables à celles qui sont formées d'un rail à deux champignons.

Un effet analogue, mais dû à une autre cause, tend à se produire lors du passage des machines à très-grand empatement. La roue d'avant presse toujours par son boudin l'aiguille de déviation vers l'extérieur. Mais si elle se trouve très-peu en deçà du talon, ou, à plus forte raison, si elle l'a déjà dépassé, avant que la roue d'arrière ait atteint la pointe, l'aiguille peut être entraînée vers l'intérieur de la voie par la roue du milieu ; en effet, dès que la roue d'arrière vient, à son tour, appliquer son boudin contre le rail, c'est autour du point d'application que la machine pivote pour changer de direction ; la roue du milieu doit alors, ou glisser transversalement sur l'aiguille, ou l'entraîner dans ce mouvement; le frottement de la jante sur l'aiguille étant beaucoup plus considérable que celui de l'aiguille sur ses platines huilées, le contre-poids peut être soulevé et l'aiguille assez ouverte pour que le mentonnet de la roue d'arrière s'engage derrière elle.

266. *Course des aiguilles.* — Dans l'une de ses positions extrêmes, chaque aiguille est appliquée contre le rail par la portion rabotée de sa face externe; dans l'autre, elle doit laisser partout entre elle et le rail un intervalle libre de $0^m,05$ au moins, c'est-à-dire placer parallèlement au rail la partie non rabotée de cette face; l'espace libre entre le rail et la pointe, c'est-à-dire le chemin que celle-ci doit parcourir, pour passer d'une position extrême à l'autre, serait alors $0^m,05 + 0^m,06 - 0^m,015 = 0^m,095$ si elle est tronquée, comme cela se fait toujours, de manière à avoir une épaisseur, au bout, de $0^m,015$.

Mais il est prudent de dépasser cette course, parce que si elle suffit pour assurer le libre passage du mentonnet venant du tronc commun, une fois qu'il est engagé entre l'aiguille et le rail, elle pourrait parfois ne pas suffire pour qu'il prît à coup sûr cette direction.

Une roue A (Pl. XX, *fig.* 11) ayant son mentonnet réduit par l'usure à 0^m02, et appliqué contre son rail, la distance entre le bord intérieur du mentonnet de la roue conjuguée B et son rail atteint, avec les cotes respectives de bord en bord, de $1^m,445$ pour la voie, et $1^m,36$ pour les bandages : $1^m,445 - (0^m,02 + 1^m,36) = 0^m,065$; il resterait donc, pour une distance dans œuvre de $0^m,095$ entre le rail et l'aiguille, un jeu de $0^m,030$ suffisant pour que le mentonnet de la roue B ne pût heurter la pointe α; mais ce jeu peut être réduit par suite de l'usure atérale du rail, du décalage partiel d'une roue, d'une déformation du boudin, etc. On serait donc trop près de compte; et il convient d'augmenter un peu le jeu, et par suite la course commune des aiguilles, qui dès lors ne sont plus tout à fait parallèles; leurs pointes convergent légèrement.

La course, aux extrémités, est portée ordinairement à $0^m,12$ et quelquefois au delà; mais il n'y a aucun avantage à dépasser ce chiffre, et cela peut avoir quelque inconvénient au point de vue du danger de déraillement indiqué ci-dessus (264), les deux pointes pouvant, d'autant plus facilement que leur écartement est moindre, se loger entre les deux bandages.

Cet accroissement de la course exige, ou que les aiguilles convergent légèrement, si leur axe est rectiligne, ou qu'elles soient légèrement infléchies. Cette inflexion a aussi l'avantage de réduire la partie de la tige enlevée par le rabotage ; elle est placée au point où l'aiguille vient s'appliquer sur le rail contre-aiguille.

267. *Changement à trois voies.* — Il est clair que les rails mobiles (263)s'appliquent à ce cas, comme à celui de deux voies, mais avec des chances d'erreur plus graves. Aussi ce système est-il, *à fortiori*, abandonné pour les changements triples.

On voit immédiatement (Pl. XX, *fig.* 3, et Pl. XXI, *fig.* 9) que les quatre rails intérieurs ne peuvent devenir fixes qu'à partir du point où les distances entre leurs faces en regard atteignent $0^m,05$. Entre ce point et l'origine de la ramification, chaque rail est remplacé, comme dans le changement précédent, par une aiguille effilée, mobile autour de son talon ; ces aiguilles sont reliées deux à deux ; celle qui est placée extérieurement d'un côté de l'axe, avec celle qui est placée à l'intérieur du côté opposé. Si, par exemple, on suppose ouverte la voie du milieu, il est évident qu'il suffit, pour ouvrir l'une des deux autres, de manœuvrer l'un des systèmes d'aiguilles sans toucher à l'autre.

Les quatre aiguilles ne peuvent plus, ici, avoir la même longueur, puisqu'il faut que l'aiguille d'une des deux voies extrêmes, lorsqu'elle ouvre cette voie, laisse entre elle et le rail fixe la place nécessaire pour loger l'aiguille appartenant, du même côté, à la voie du milieu.

Il y a donc, de chaque côté de l'axe, une aiguille longue et une courte; mais l'ordre dans lequel elles sont placées peut varier; cet ordre peut d'ailleurs être le même des deux côtés, ou être différent ; de là trois dispositions (Pl. XX, *fig.* 12 à 14) :

1° Les deux aiguilles courtes, à l'extérieur (*fig.* 12) ;

2° Les deux aiguilles courtes, à l'intérieur (*fig.* 13) ;

3° L'aiguille courte à l'intérieur d'un côté, et à l'extérieur de l'autre (*fig.* 14).

Dans les deux premières dispositions, l'ensemble se compose de deux systèmes d'une aiguille longue et d'une aiguille courte conjuguées, c'est-à-dire de deux changements simples à aiguilles inégales, et à éléments croisés.

Dans la troisième, il se compose de deux changements simples, à aiguilles égales dans chacun, mais inégales de l'un à l'autre.

Chacune de ces combinaisons a ses avantages et ses inconvénients.

La première, ayant les deux aiguilles courtes sur la voie du milieu, conduit pour cette voie à un élargissement considérable au droit des pointes de ces aiguilles. Avec des longueurs de 5 mètres pour les grandes lames et de 3^m,60 pour les petites, le surcroît de largeur atteint 0^m,060 chiffre qu'on peut seulement réduire de quelques millimètres, par un rétrécissement à l'entrée.

Dans la seconde, où les petites aiguilles appartiennent l'une à la voie de gauche et l'autre à la voie de droite, l'élargissement de la voie du milieu est nul.

Dans la troisième, l'élargissement n'affectant qu'un seul côté, est réduit, avec les longueurs précédentes, à 0^m,03.

La seconde disposition semblerait donc la meilleure, tandis que la première serait la plus mauvaise. C'est cependant la plus usitée. Ce qui tient à ce que le plus ordinairement les changements triples se composent de deux directions, l'une à gauche l'autre à droite (Pl. XX, *fig.* 3, et Pl. XXI, *fig.* 9), et d'une voie du milieu prolongeant le tronc commun, et qui est la plus fréquentée. Les petites lames étant moins affaiblies que les longues par le rabotage, il y a un certain avantage à les placer sur la voie la plus fatiguée ; et, d'un autre côté, les déviations sont alors produites par les longues aiguilles.

On peut d'ailleurs atténuer l'élargissement en diminuant la différence de longueur des lames, mais il faut alors leur donner une forme plus effilée. C'est ainsi que cette différence est réduite à 0^m,40 dans le changement triple symétrique, en rails à double champignon, du réseau d'*Orléans ;* les grandes aiguilles ont 4^m,90, et les petites placées sur la voie droite 4^m,50. Sur le *Staat's Bahn* autrichien, la différence est 0^m,60 (grandes aiguilles, 5 mètres ; petites aiguilles, 4^m,40).

Néanmoins, les changements triples sont regardés, et à juste titre, comme des appareils défectueux. On ne les applique qu'en cas de nécessité absolue, lorsque le défaut d'espace ne permet pas de procéder par deux bifurcations successives ; et on s'attache surtout à les exclure des voies principales. Le chemin de fer de l'Est français en a supprimé plusieurs depuis peu de temps. La réunion de *Dresde*, de 1865, recommande également (*) de les exclure des voies principales.

Quelquefois même on veut éviter les changements à deux voies,

(*) Vereinbarungen, etc..., art. 67.

par exemple, dans le cas d'un ouvrage d'art, temporairement à simple voie, placé sur une ligne à double voie. Les deux voies subsistent alors, mais en se superposant presque (Pl. XX, *fig.* 15). Tous les éléments alors sont fixes. Cette disposition, prise en vue d'éviter les aiguilles en pointe et les ralentissements qu'elles entraînent, a été appliquée sur le chemin de ***Leipzig*** à ***Dresde***, et sur celui de ***Cologne*** à ***Minden*** pendant les réparations du pont de la Leine.

268. *Manœuvre des aiguilles.* — Les aiguilles doivent, autant que possible, être parcourues par les trains du talon à la pointe. Cette règle, évidemment en défaut à l'entrée des voies d'évitement des lignes à voie unique, est toujours observée sur les lignes à double voie, soit pour les voies de garage, soit pour les raccordements qui relient de distance en distance les deux voies principales.

La disposition dont il s'agit présente des avantages divers. Si les trains prenaient par la pointe les aiguilles des voies de garage, une fausse position du changement pourrait diriger sur un train garé ceux qui doivent suivre la voie principale ; avec la position inverse, ce grave danger disparaît. Les trains de la voie principale se frayent eux-mêmes un passage dans les cas d'aiguilles mal faites, l'action des boudins ramenant celles-ci à la situation normale. Nous reviendrons tout à l'heure sur cette action automatique, désignée sous le nom d'*aiguilles faites à l'anglaise.*

La condition, pour les trains qui doivent se garer, de pénétrer sur la voie de garage par refoulement, n'est pas, sans doute, exempte d'inconvénients. La tête du train doit avancer sur la voie principale jusqu'à ce que sa queue ait dépassé l'aiguille, s'arrêter, ouvrir la voie oblique, et reculer. Le garage s'applique surtout à des trains à petite vitesse qui doivent dégager la voie pour livrer passage aux trains rapides ; ces trains sont lourds, souvent très-longs ; le refoulement est parfois difficile, par suite de la forte charge et du patinage. Ce garage par refoulement est donc beaucoup moins expéditif que le garage direct : inconvénient réel, d'autant plus que le chef de train ne se décide souvent à se garer que quand il est pressé par le temps. Il n'en résulte pas, au surplus, de danger de collision pourvu que les règlements sur les signaux soient scrupuleusement observés, et le danger est, en somme, beaucoup moindre qu'avec le garage direct.

D'un autre côté, il vaut beaucoup mieux pour les aiguilles et pour le matériel roulant lui-même, que les premières soient parcourues du talon à la pointe, celle-ci n'étant pas exposée à recevoir des chocs des roues. La même observation s'applique à la pointe du *croisement*, qui est, comme les aiguilles, prise par le talon.

La manœuvre des aiguilles par les trains qui les abordent dans ce sens est, comme son nom l'indique, pratiquée couramment en Angleterre, et il faut reconnaître que les accidents causés par cette manœuvre sont rares. Elle ne mérite pas, cependant, une confiance absolue. Les aiguilles n'obéissent pas toujours, surtout à l'action des véhicules légers. Celle qui appartient à la voie non suivie par le train est sollicitée par les boudins qui s'engagent, comme des coins, entre elle et le rail contre-aiguille; mais l'autre, entraînée surtout par la première, par l'intermédiaire des entretoises, doit se déplacer sous la charge et tend à fléchir et à se déformer. Aussi ce mode est-il souvent interdit, par exemple sur le réseau de l'Est français (*). On ne voit donc alors dans cette faculté qu'une garantie contre les conséquences d'une aiguille mal faite, qui constitue d'ailleurs en faute l'agent responsable.

269. Les aiguilles ne doivent prendre que deux positions, l'une et l'autre à fond de course, et qui correspondent respectivement à l'ouverture de chacune des deux voies; ces deux positions leur sont données au moyen d'un levier de manœuvre, et ce levier est muni d'un contre-poids qui est tantôt fixe, tantôt, et plus souvent, mobile sur lui (Pl. XXI, *fig.* 2 et 10); dans le premier cas, les aiguilles, abandonnées à elles-mêmes, tendent toujours à revenir à la même position, c'est-à-dire à ouvrir la même voie; il faut alors, pour ouvrir l'autre, maintenir le contre-poids soulevé. Dans le second cas, les aiguilles ouvrent à volonté l'une ou l'autre des voies, suivant la position donnée au contre-poids relativement au levier.

L'avantage le plus saillant de cette disposition est la faculté de confier à un seul agent plusieurs aiguilles, lors même qu'elles doivent être manœuvrés presque simultanément: ce qui est impossible avec les contre-poids calés à demeure, qui doivent être maintenus soulevés à la main, pendant tout le temps du passage des trains prenant ou quittant la voie oblique. D'un autre côté, l'abandon prématurée du contre-poids fixe, par un aiguilleur inattentif, a pour effet de couper le train, qui se trouve engagé sur deux voies différentes.

(*) Ordre général n° 9, réglant le service des aiguilles. Article 13.

Diverses dispositions ont été imaginées pour rendre cette manœuvre moins fatigante et plus sûre; les *fig.* 20 et 21, Pl. XXI, représentent celle qui est essayée depuis quelque temps avec succès sur le chemin du Midi; le contre-poids P, simplement enfilé sur le manneton qui le porte, glisse dès que celui-ci est relevé, et vient s'appliquer sur le levier infléchi L M; un très-faible effort suffit alors pour maintenir le système dans cette position; et il revient à sa position normale dès qu'il est abandonné à lui-même.

Le contre-poids fixe n'a, du reste, qu'un avantage: c'est d'établir à coup sûr, et sans qu'on ait besoin de vérifier le fait, la continuité suivant la même direction. Cette considération n'est pas sans quelque valeur pour les chemins à deux voies, sur lesquels les deux directions desservies par les aiguilles sont la plupart du temps très-inégalement fréquentées. Elle n'est cependant pas de nature à balancer les avantages du contre-poids mobile. Il suffit d'ailleurs d'ajouter à celui-ci une broche, cadenassée, qui permet de le caler sur la douille du levier et de le faire rentrer ainsi, à volonté, dans le cas du contre-poids fixe.

En somme, l'application du contre-poids fixe est restreinte aux aiguilles qui sont rarement manœuvrées en déviation, par exemple à quelques aiguilles en pointe sur les voies principales. Mais le cadenassage des aiguilles, qui est la plus sûre des garanties contre leur fausse position, s'appliquant aussi bien au contre-poids libre qu'au contre-poids fixe, il n'y a alors aucun motif pour préférer celui-ci.

Il faut seulement que ce cadenassage ne soit pas fictif, comme cela arrive souvent quand on se contente de relier le levier de manœuvre à son bâti au moyen d'une chaîne, que les agents de l'exploitation peuvent laisser un peu lâche, pour se dispenser d'ouvrir le cadenas lorsque l'aiguille doit être manœuvrée. La chaîne ne cesse pas seulement alors d'être une garantie; elle devient un danger, parce qu'elle limite la course. La liaison doit être opérée, non par une chaîne, mais par une tringle rigide, dont la fourchette ne peut recevoir la clavette cadenassée que quand les aiguilles sont à fond de course; mais il est plus sûr encore d'agir directement sur l'aiguille elle-même.

270. Au point de vue de la manœuvre automatique par les véhicules cheminant du talon des aiguilles vers la pointe, les deux dispositions du contre-poids sont d'ailleurs équivalentes, puisque la mobilité du contre-poids sur le levier n'est point alors en jeu.

La manœuvre à l'anglaise n'a pas seulement contre elle son jeu médiocrement sûr. Les aiguilles sont brusquement rappelées par le contre-poids dès qu'une paire de roues abandonne leur pointe, et tout le système éprouve ainsi, lorsqu'il est franchi par un train, une série de chocs destructeurs. Aussi la propriété automatique n'est-elle, en général, mise à profit que pour les manœuvres de machines isolées.

L'inconvénient dont il s'agit disparaîtrait si le contre-poids était disposé de manière à fixer les aiguilles dans la position qu'elles ont prise sous l'action de la première paire de roues, qui ouvrirait ainsi la voie pour les suivantes; le changement serait franchi sans chocs par tout le train. Le contre-poids n'aurait plus alors d'autre objet que de placer de chaque côté les aiguilles à fond de course, et il maintiendrait ouverte l'une ou l'autre des voies indifféremment; état de choses admissible, surtout sur les chemins à une voie, les trains étant dirigés aussi souvent sur la voie de croisement que sur la voie principale.

C'est effectivement pour les chemins à une voie qu'un ingénieur de la Société autrichienne, M. *Bender*, a proposé une disposition qui a reçu, en Autriche, des applications assez nombreuses.

La bielle qui commande les aiguilles est articulée avec une manivelle calée sur un arbre vertical qui porte également un manchon en fonte, surmonté de deux cames hélicoïdales.

Au-dessus de cette pièce est placé le contre-poids, cylindre en fonte, enfilé sur l'arbre, et terminé inférieurement par deux saillies qui remplissent exactement l'intervalle des cames. Un arrêt, fixé au bâti qui porte la crapaudine et le palier supérieur de l'arbre, joue librement dans une rainure longitudinale du contre-poids, et l'empêche de tourner avec l'arbre.

Les éléments sont combinés de telle sorte que, quand les extrémités des aiguilles se déplacent d'une quantité égale à l'épaisseur minimum des mentonnets des roues, l'arbre tourne d'un angle plus grand que celui qu'embrasse la demi-projection d'une came; d'où il suit que le contre-poids, après s'être élevé en glissant sur l'un des côtés des cames, retombe de l'autre côté, et force l'arbre et par suite les aiguilles à continuer leur mouvement jusqu'à ce qu'ils atteignent leur autre position extrême.

Une rondelle, ou sorte de *rabat*, fixée sur l'arbre, limite l'excursion du poids lorsque les aiguilles sont brusquement déplacées.

Pour les aiguilles faites à la main, ce système revient au même que le contre-poids ordinaire mobile sur le levier. Il n'a de propriété spéciale que pour les aiguilles prises par le talon et faites par les trains, et il aurait pu, à ce titre, être accueilli favorablement en Angleterre; mais il est souvent préférable, sur les chemins à deux voies, qu'un train, ayant fait une aiguille, la laisse dans sa position primitive. Comme d'ailleurs ce mécanisme est moins simple et d'un effet moins sûr que l'appareil ordinaire, il est tout naturel que celui-ci soit préféré sur les chemins du continent, qui se servent fort peu de la manœuvre à l'anglaise.

Il faut reconnaître cependant que le contre-poids de M. *Bender* ferait disparaître une cause d'accidents assez fréquents dans les manœuvres de gare. Il arrive souvent qu'un train doit refouler, puis avancer; si dans son mouvement de recul il prend en talon une aiguille ouvrant une autre voie, il la fait à l'anglaise; s'il s'arrête et reprend la marche directe avant d'avoir dépassé le changement, le train se trouve engagé sur deux voies; il y a déraillement, ou rupture d'attelage, ou l'un et l'autre. Le mécanicien ne peut pas toujours se rendre exactement compte de la situation, relativement aux aiguilles, de la queue d'un train très-long, et un défaut d'attention du chef d'équipe ou un signal mal compris, suffisent pour causer l'accident dont il s'agit.

271. Les *fig.* 17, 18 et 19 de la Pl. XXI représentent le mécanisme de manœuvre appliqué sur un grand nombre de chemins de fer allemands, et combiné en vue du signal indicateur de la position des aiguilles, signal multiplié sur ces chemins à un degré souvent excessif.

Cette disposition est d'ailleurs, comme d'autres, exempte d'un inconvénient que présente le contre-poids à douille mobile usité en France. Il arrive quelquefois, avec celui-ci, qu'un aiguilleur manœuvrant avec précipitation plusieurs aiguilles à la file, imprime au contre-poids une vitesse telle qu'il fait une révolution complète autour du levier, et ramène les aiguilles à leur position primitive.

272. *Manœuvre des aiguilles à distance.* — Quels que soient les détails du mécanisme, le levier de manœuvre est presque toujours à une très-petite distance de l'aiguille, quelques mètres seulement. Mais, en Angleterre, beaucoup de bifurcations et plusieurs gares de voyageurs présentent à cet égard une disposition remarquable, que nous nous bornerons à mentionner ici, parce qu'elle se rattache intimement aux signaux. Tous les leviers de manœuvre des aiguilles, et des signaux, y sont concentrés dans une sorte d'observatoire placé en tête de la gare, qu'il domine; tous les leviers, aiguilles et signaux, appartenant aux voies d'un même groupe, c'est-à-dire aux voies qui se coupent ou qui se soudent par aiguilles, *enclanchent* ensemble suivant le principe imaginé par M. *Vuignier*, principe chaque jour plus répandu en France et adopté largement par les ingénieurs anglais qui l'appliquent avec la résolution qui leur est habituelle. Il n'y a plus de ces aiguilleurs ambulants, faisant les aiguilles à la main, passant précipitamment d'un levier au suivant; tout part du poste des signaux. Tout train arrivant ou partant est annoncé électriquement au poste et trouve sa voie frayée d'avance, et elle seule, l'enclanchement rendant matériellement impossible l'ouverture simultanée de deux voies d'un même groupe. On ne peut ouvrir les aiguilles donnant accès sur une voie, et faire pour elle le signal : *voie libre*, qu'après avoir donné, pour toutes les voies communiquant avec elle, le signal : *danger*. Chaque levier porte un numéro d'ordre, et à côté de lui sont inscrits plusieurs nombres indiquant les leviers dont la manœuvre doit précéder la sienne, et qui seule la rend possible.

Cette application hardie, qui conduit à manœuvrer les aiguilles à des distances atteignant parfois 200 mètres, au moyen de nombreux renvois de mouvement, a eu un plein succès. C'est sous cette forme que l'invention de M. *Vuignier*, une des plus utiles dont les chemins de fer se soient enrichis, apparaît avec toute sa valeur. A la gare de *Cannon street*, par exemple (cité de *Londres*), 67 leviers sont groupés dans la cabine, et sur ces 67 leviers, 35 commandent des aiguilles.

Cette gare a huit voies, toutes avec quais, et une voie spéciale pour les machines. Plusieurs trains peuvent entrer ou sortir à la fois sur les divers groupes, rendus rigoureusement indépendants; ce qui concilie une extrême activité du service, avec une sécurité complète.

Il est clair, d'ailleurs, que ce système ne peut s'appliquer qu'à une gare dont toutes les dispositions ont été étudiées en conséquence, et dans laquelle on n'a pas à faire les nombreuses manœuvres de détail qu'exigent la composition et la décomposition des trains.

Tel est le cas des gares de *Cannon street*, de *Charing-Cross*, etc., qui font pénétrer au cœur de la cité les nombreux trains de voyageurs formés dans les gares extérieures.

Les aiguilles reçoivent, des leviers à verrou, une position fixe qui ne peut être changée qu'en agissant sur ce levier lui-même et sur tous ses conjugués ; ce qui exclut naturellement la manœuvre à l'anglaise, des aiguilles prises par le talon. C'est, du reste, la conséquence même du principe, en vertu duquel un train ou une machine ne peut prendre que la voie qui lui est ouverte d'avance, et indiquée comme telle par les signaux.

Une exécution intelligente entre pour une bonne part dans le succès de cet ingénieux système de concentration et de solidarité des mouvements ; et il est juste de citer les noms de MM. *Saxby* et *Farmer* qui ont en Angleterre la spécialité de ces installations.

Une application vient d'être faite (1868) à *Moret*, gare de bifurcation et de transbordement des lignes de *Paris* à *Lyon* par la Bourgogne et par le Bourbonnais. Le poste, établi sur une estacade en charpente fort élevée, par suite des obstacles qui masquent la vue, contient seize leviers, cinq d'aiguilles et onze de signaux. Cette installation présente, au point de vue de la manœuvre des aiguilles à distance, le seul dont il s'agisse ici, une particularité remarquable : les deux voies principales du tronc commun sont reliées, près de la bifurcation, par une voie de raccordement, sur laquelle s'engagent, pour se diriger sur la voie de garage, les trains provenant de la ligne du Bourbonnais. Les deux aiguilles de ce raccordement, devant toujours être faites en même temps, sont manœuvrées par le même levier ; la plus rapprochée est à 70 mètres du poste, et l'autre à 135 mètres environ. Quoique le levier soit un peu difficile à mouvoir, cette manœuvre simultanée de deux changements dans de pareilles conditions est remarquable ; un changement seul, même à plus de 200 mètres, serait certainement plus facile à manœuvrer. Dans le cas actuel, d'ailleurs, on pourra toujours, au besoin, dédoubler les manœuvres en affectant un levier à chaque changement.

En faisant cet essai, la compagnie de *Paris*-Méditerranée a en vue d'autres applications plus importantes, notamment à la gare de *Lyon-Perrache*, que la complication du mouvement des trains désigne naturellement pour l'emploi de ce régulateur si simple et si sûr.

§ XVI. — **Détails de construction des croisements et des changements de voie.**

273. Tout en insistant assez longuement sur les croisements et les changements de voie, nous n'avons examiné jusqu'ici que les conditions générales de leur établissement. Il faut maintenant étudier d'un peu plus près ces appareils, qui ont déjà reçu beaucoup de perfectionnements, mais qui en réclament encore. Nous abrégerons ces détails; si cependant ils semblaient parfois minutieux, le lecteur voudrait bien se rappeler que ce sujet intéresse à un haut degré l'économie et la sécurité de la circulation.

274. *Croisements.*—La pointe et les pattes de lièvre doivent être parfaitement solidaires. Le soin avec lequel leur niveau relatif a été réglé (257) est mis bientôt en défaut par leur propre déformation et par celle des bandages; mais il faut au moins que des tassements inégaux ne viennent pas ajouter leurs effets à ceux de l'inégalité de l'usure.

On a cherché souvent à obtenir une liaison parfaite en fixant la pointe et les contre-cœurs sur une plaque d'assise en fer ou en fonte, à laquelle ils sont fixés, tantôt directement par des rivets à tête fraisée (chemin de *Berlin à Anhalt*, chemin rhénan, etc.); tantôt, comme dans le croisement de l'Est belge (Pl. XXIII, *fig.* 43) par des plates-bandes formant queue d'hyronde. La plaque d'assise, boulonnée ou crampônnée sur les traverses, permet un remplacement rapide de tout l'ensemble; mais cet avantage et celui de la solidarité des éléments du croisement ne sauraient racheter l'imperfection de la liaison au moyen de rivets, qui se relâchent rapidement sous l'influence des vibrations, par suite de la trop faible masse du système.

275. *Croisement d'une seule pièce, en fonte.*—Bien avant ces essais, on a appliqué souvent une solution plus radicale, en formant d'une seule pièce la pointe, les pattes de lièvre et une amorce des rails courants. Ces *crossing* en fonte ont été autrefois très-répandus en Belgique, et en Allemagne, en Bavière surtout. A peu près délaissés pendant assez longtemps, les croisements en fonte dite durcie (*Hartguss*) (*) ont reparu en Allemagne depuis quelques années, grâce surtout aux efforts de deux fabricants bien connus, M. *Ganz*, de *Bude*, et M. *Gruson*, de *Buckau* près *Magdebourg*. Il est certain que ces produits;

(*) On sait que la trempe résultant du moulage en coquille n'est pas le seul moyen employé pour donner à la surface de certaines pièces moulées le degré de dureté et de ténacité qu'elles exigent. Le procédé consiste souvent dans une véritable aciération, c'est-à-dire dans une décarburation partielle et superficielle de la fonte, obtenue en chauffant fortement la pièce moulée dans une sorte de cément oxydant (ordinairement du minerai de fer). C'est ainsi qu'on obtient, dans l'usine de MM. *Forsyth* et *Miller*, à *Glasgow*, des fontes dites : malléables, très-résistantes. En France, M. *Dalifol* applique le même procédé, mais seulement à des objets d'un petit volume. Malgré le secret dont s'entourent les usines d'Allemagne qui produisent de la fonte malléable, il n'est pas douteux qu'elles recourent à des artifices de ce genre. La décarburation partielle peut aussi être obtenue, mais alors dans toute la masse, en refondant la fonte avec une proportion convenable de fer en petits fragments. M. *Gruner* (*a*) regarde comme plus que probable, que les croisements en *Hartguss* ou métal *Gruson* sont obtenus par cette réaction.

(*a*) De l'acier et de sa fabrication, *Annales des mines*, 1867, tome XII, page 297.

exempts de soufflures et présentant une trempe régulière, font souvent un très-bon service. Sur le Central-suisse, les croisements de *Ganz* durent deux ans, là où les croisements d'assemblage en fer devaient être remplacés au bout de quelques mois. Douze pièces de la même provenance, posées en 1861 sur la ligne de *Saarbrücke*, étaient encore en très-bon état quatre ans après, tandis que les croisements d'assemblage, avec pointe aciérée, ne duraient que trois ou quatre mois.

Les croisements de *Gruson* sont très en faveur : dans le duché de Bade, qui est également satisfait, du reste, de ceux que lui livre la fabrique de machines de *Carlsruhe;* en Bavière, sur les chemins de l'État ; en Prusse, sur l'Est, qui en fait un grand usage depuis quelques années ; sur les chemins Rhénans, de *Saarbrücke*, de *Rhein à Nahe*, de *Berlin-Potsdam-Magdebourg*, d'*Aix-Dusseldorf-Kuhrort*, de *Charles-Louis* (Galicie), de *Magdebourg* à *Wittenberg*, etc. Le chemin Rhénan emploie aussi depuis quelque temps, et jusqu'ici avec succès, des croisements en fonte durcie provenant de l'ancienne usine royale de *Sayn*, appartenant aujourd'hui à M. *Krupp*, d'*Essen*.

Mais ailleurs, la satisfaction est moins complète. Les lignes de la haute Silésie, de basse Silésie-et-de-la-Marche, de *Berlin-Anhalt*, etc., ont éprouvé quelques mécomptes ; la fonte y paraît, en somme, convenir médiocrement pour les croisements franchis à grande vitesse, même sur les chemins à deux voies, où les roues les parcourent ordinairement du talon à la pointe, c'est-à-dire dans le sens le plus favorable à leur conservation. Tel est aussi le résultat de quelques essais du croisement *Gruson*, faits en France sur les réseaux de l'Est et de l'Ouest.

Le haut fourneau de *Beaulac* (Landes), livre au chemin du Midi des croisements en fonte provenant d'un mélange de minerais traité aux bois. Ces croisements se comportent bien, mais ils ne sont pas placés sur les voies principales. Une fonderie française justement renommée, celle de *Torteron*, et les usines de *Commentry*, d'*Audincourt*, etc., ont cherché naturellement un débouché nouveau dans la fabrication des croisements moulés, mais sans réussir à les faire accepter généralement. Les parties faibles des croisements en fonte, sont surtout leurs extrémités. La pointe et les pattes de lièvre résistent généralement assez bien à l'action immédiate des roues, mais c'est surtout aux raccordements avec les rails courants que les avaries se produisent. Il faudrait que les pièces eussent plus de longueur et plus de masse pour atténuer les violentes vibrations auxquelles elles sont soumises, en dépit de leur liaison avec leurs supports et avec les rails, dès que la vitesse est considérable; mais le moulage serait plus difficile, plus coûteux, et la qualité du produit plus incertaine.

Le mode d'assemblage avec les rails courants varie. Dans les croisements livrés au chemin de l'Est par M. *Gruson*, les rails emboîtés par la pièce de fonte sont serrés par une cale (B, B'), et un boulon claveté (*t i*, *t' i'*), (Pl. XXIII, *fig.* 29 à 32). Ce mode est simple, mais il ne paraît pas assurer une liaison assez intime.

276. Sur le chemin de la Thuringe, on fait usage de croisements mixtes formés d'une seule pièce de fonte rivée sur une plaque de tôle; cette disposition serait, dit-on, plus durable que la précédente, et plus économique parce qu'elle permet de réduire le poids. Mais à moins qu'il s'agisse de croisements franchis à petite vitesse, il ne faut pas viser à la légèreté.

Dans le nouveau croisement du chemin du *Taunus* la semelle ne porte, venue de fonte avec elle, que la pointe; les pattes de lièvre sont rapportées, et en fer. On peut ainsi changer soit toutes les deux, soit 'une d'elles seulement, point important lorsque, comme cela arrive souvent, elles appartiennent à des voies très-inégalement fréquentées. La pointe durcie, bien protégée ainsi contre les atteintes des roues par les pattes de lièvre changées à temps, a une durée beaucoup plus longue.

La semelle, de $1^{m},40$ de longueur, est fixée sur trois traverses par ix chevilles; les têtes de ces chevilles pressent, par l'intermédiaire de tasseaux en fonte, le patin extérieur des pattes de lièvre dont le patin intérieur s'engage dans des cavités ménagées dans le massif en fonte. Les rails branches-de-pointe sont reliés à la pointe par un éclissage à quatre boulons.

Le croisement de la voie de M. *Hartwich* présente une certaine analogie avec le précédent. La pointe proprement dite est venue de fonte sur un bloc d'une épaisseur égale à la hauteur du rail, moins le patin, et fixé aux pattes de lièvre d'une part, et aux rails branches-de-pointes de l'autre, par deux étages de boulons horizontaux. Les contre-rails sont liés de même aux rails voisins par deux systèmes superposés de boulons avec manchons d'écartement.

277. *Croisement d'une seule pièce, en acier fondu.* — Si l'unité a des avantages, elle a aussi un grave inconvénient : la nécessité de mettre le tout au rebut pour une simple avarie locale. Elle ne s'applique donc utilement qu'à des matières très-résistantes, bien constantes dans leur nature, sujettes seulement à une lente et inévitable usure, et à l'abri des ruptures. Malgré l'habileté avec laquelle les fondeurs la mettent en œuvre, la fonte est trop souvent un produit inégal et capricieux. La révolution qui s'est opérée depuis quelque temps dans la production des aciers fondus, met aujourd'hui à la disposition des ingénieurs une matière sur laquelle ils peuvent mieux compter. Il est vrai que, dans l'enquête de 1865, les ingénieurs du chemin de *Rhein* à *Nahe* ont mis sur la même ligne les croisements en fonte durcie de *Gruson* et l'acier fondu de *Bochum;* mais cette équivalence, réelle en apparence jusqu'à 1865, résistera-t-elle à une épreuve plus prolongée ? Tout en rendant justice à la qualité des croisements en fonte, le chemin de *Magdebourg-Cœthen-Halle-Leipzig* déclare, de son côté, que l'acier fondu, quoique deux fois plus cher, doit être préféré à la fonte durcie. Le choix à faire entre deux matières différant par le prix et par la qualité peut et doit, au surplus, varier d'un cas à l'autre; c'est une question de trafic, et de vitesse. Il est certain aussi qu'une bonne fonte durcie vaut mieux qu'un mauvais acier; mais en laissant de côté les exceptions et prenant les qualités moyennes, on ne peut contester que l'acier fondu soit en lui-même et abstraction faite du prix, préférable à la fonte durcie.

D'un autre côté, l'application du moulage aux croisements est devenue beaucoup plus économique depuis qu'on a renoncé à la multiplicité des types imposés pendant longtemps par une prétendue rigueur géométrique, et qu'on suffit à tout avec deux angles, ordinairement 5°30′ et 7°30′ (262).

Si la plupart des applications de l'acier fondu exigent impérieusement le corroyage, qui seul peut lui donner du corps, il peut pour certains usages s'en passer mieux que le fer, parce qu'il ne s'agit pas, comme pour celui-ci, de l'épurer par l'expulsion des laitiers. Il peut être traité comme la fonte, mais avec les difficultés spéciales qui résultent de l'élévation de sa température; les moules doivent être formés d'un mélange très-réfractaire. L'acier ne peut d'ailleurs être durci comme la fonte par le moulage en coquille.

Un des écueils est la production des soufflures. Il importe de les éviter non-seulement dans les pieces moulées, mais aussi dans les lingots qui devront être corroyés et façonnés, parce que le forgeage ne fait qu'écraser les ampoules sans souder leurs faces amenées au contact.

On a cherché, en Angleterre, à atteindre le but, pour les lingots, en imprimant aux lingotières, après la coulée, un mouvement de rotation autour de leur axe, afin de réunir les gaz en une seule bulle centrale, assez forte pour se dégager. La vitesse est faible, environ vingt-cinq tours par minute. Cet expédient a été appliqué en France à l'usine d'*Imphy* (Nièvre) qui déclare s'en trouver bien ; par contre, des fabricants fort habiles refusent la moindre efficacité à ce procédé, qui d'ailleurs serait à peu près inapplicable à la plupart des pièces moulées.

« Nous ne connaissons, » disent MM. *Petin* et *Gaudet* (*) que j'ai consultés sur ce point, « qu'un seul moyen d'éviter les soufflures. Il consiste à charger « fortement la pièce en ménageant une forte masselotte. Mais ce moyen « augmente considérablement le prix de revient et aurait pour résultat, dans « le cas actuel (la fabrication des croisements), de rendre le prix inabor- « dable. »

« Nous avons essayé du mouvement de rotation imprimé aux lingotières ; « outre que ce mouvement se prête peu, en pratique, aux châssis des pièces « moulées, nous pouvons vous assurer que, même appliquée aux lingotières, « cette méthode ne donne *absolument* aucun résultat appréciable et régu- « lier. »

« En thèse générale, plus la surface du moule est grande par rapport au « volume de la pièce moulée, et plus il y a de chances de soufflures. On « peut les atténuer par une plus ou moins grande pression dans les moules, « ou en mélangeant une forte proportion de fonte dans le dosage au « creuset ; mais alors on obtient un métal bâtard, qui n'a plus les propriétés « de l'acier. »

Chez MM. *Vickers*, à *River Don Steel Works*, près *Sheffield*, le poids de la masselotte atteint presque celui de la pièce lorsque celle-ci est peu considérable. Il faut de plus continuer à alimenter ensuite pour prévenir, outre les soufflures proprement dites, la formation d'une cavité centrale, due à la grande contraction totale qu'éprouve l'acier en raison de sa haute température.

La production des soufflures est combattue plus efficacement encore en coulant dans des moules en fer sous pression. Celle-ci atteint parfois des valeurs énormes ; d'après M. *Gruner* (**) elle est portée chez MM. *Révollier* et *Biétrix*, à *Saint-Étienne*, jusqu'à 500 et 600 atmosphères.

278. Les produits livrés à l'industrie et spécialement aux chemins de fer, sous le nom d'acier fondu, proviennent aujourd'hui soit du creuset, soit du convertisseur *Bessemer*, et aussi, mais pour une faible part jusqu'à présent, du four à réverbère.

(*) Lettre du 26 juin 1867.
(**) Mémoire cité, page 245.

La dénomination commune d'acier *fondu au creuset* s'applique à des produits qui, en réalité, diffèrent autant par le mode de fabrication que par la qualité. Sous ce nom, on désigne également : 1° l'acier cémenté fondu au creuset ; 2° l'acier puddlé fondu soit au creuset, soit même au four à réverbère, et ne faisant alors que passer au creuset, pour la coulée, comme à *Bochum* ; et 3° l'acier qui a pris naissance dans le creuset lui-même, au moyen de mélanges appropriés, notamment de fer, et de fonte de qualité spéciale. Il ne faut donc pas attacher trop d'importance à l'*étiquette du sac ;* de ce que de grands établissements répudiant, au moins en apparence, la grande découverte de *Bessemer*, font sonner bien haut que tout leur acier est de l'acier *fondu au creuset*, il ne faut pas conclure, tant s'en faut, que leurs produits marchent de pair avec ceux de l'ancienne et classique méthode de la cémentation et de la fusion au creuset.

A *Bochum*, on traite, au four à puddler, un mélange de fontes anglaises (hématites du Cumberland) et de fontes de Nassau, avec addition de $\frac{1}{10}$ de spiegel. Les loupes sont pilonnées, les lopins passent aux dégrossisseurs, et les barres ainsi obtenues sont coupées à la cisaille en fragments de $0^k,1$ à $0^k,2$. La fusion s'opère principalement au creuset, et, pour une faible proportion, jusqu'à présent, au four à réverbère. Chaque creuset reçoit 30 kilog. d'acier, qui, fondu, n'occupe que la moitié au plus de sa capacité. On vide alors un creuset dans l'autre (à moins qu'il s'agisse de très-petites pièces); on n'a plus alors que des creusets contenant 60 kilog., qui versent eux-mêmes dans une lingotière préalablement chauffée, pouvant contenir la quantité de métal nécessaire, et percée, pour la coulée, d'un trou inférieur muni d'un bouchon en fer.

Par la fusion au réverbère, la difficulté a été, cela va sans dire, d'obtenir une sole assez réfractaire ; on paraît y avoir réussi. L'acier n'est pas coulé immédiatement dans les lingotières, mais dans des creusets semblables à ceux de la fusion. Cette opération intermédiaire, qui paraît se rattacher surtout à des particularités d'installation, disparaîtra probablement si on donne plus d'extension à l'emploi du réverbère.

M. *Mayer*, directeur du moulage à *Bochum*, a vaincu d'une manière très-satisfaisante les difficultés diverses que présente le moulage de l'acier. Les pièces obtenues dans cet établissement sont saines, exemptes de soufflures, et très-homogènes.

L'acier doux détruit très-rapidement les creusets; ceux de *Stourbridge* même ne résistent pas à plus de deux opérations. MM. *Vickers*, de *Sheffield*, ont fait entrer avec beaucoup d'avantage la plombagine dans la composition de leurs creusets. On utilise d'ailleurs les vieux creusets en les broyant et ajoutant seulement assez d'argile pour rendre le mélange plastique.

Ce qu'il faut à un grand consommateur tel qu'un chemin de fer, c'est une qualité suffisante et des prix modérés; et, dans les conditions économiques qui en résultent pour la production, l'acier *Bessemer* peut parfaitement égaler celui qui sort du creuset. MM. *Vickers* fabriquent des croisements en acier fondu au creuset provenant, assure-t-on, de fers de Suède; mais leur prix est beaucoup trop élevé. L'Est français, qui en a fait venir quelques-uns en 1865, les a payés 98 francs les 100 kilog., soit 465 fr. le croisement pesant 475 kilog. (Pl. XXIII, *fig.* 17 à 21). L'acier *Bessemer* est beaucoup moins cher, et probablement presque aussi bon.

Dans ce croisement comme dans celui de MM. *Petin* et *Gaudet*, (Pl. XXIII, *fig.* 20 à 28), la liaison avec les rails courants est opérée par un éclissage; au lieu d'emboîter les bouts des rails comme dans le croisement en fonte ci-dessus (275), la pièce moulée porte à chaque bout un appendice extérieur B, B', que les deux rails saisissent entre eux; deux éclisses à deux ou mieux à quatre boulons assurent une solidarité plus complète que par l'emboîtement et le coin du croisement en fonte.

Les croisements livrés par MM. *Petin* et *Gaudet* à diverses compagnies, surtout à celles de l'Ouest et du Midi, sont en acier au creuset et non en *Bessemer*. Leur prix, brut, est de 90 francs les 100 kilog. Le type de l'Ouest et du Midi (voie à double champignon) appliqué aussi, mais seulement à titre d'essai, sur le chemin de ceinture autour de *Paris*, sur celui de *Badajoz*, etc., pèse 295 kilog. (angle de 5° 30') et 280 (angle de 7° 30'); ajusté, il a été livré (y compris les coussinets, les éclisses et les boulons), au chemin de fer de l'Ouest, à *Paris*, à raison de 375 francs la pièce, et au chemin du Midi, à *Bordeaux*, à raison de 395 francs.

Le croisement pour voie *Vignole* pèse 360 kilog.

Le désir d'utiliser plus complétement une matière d'un prix relativement élevé a conduit souvent à faire les croisements en acier fondu, symétriques ou à double face (Pl. XXIII, *fig.* 10 à 16, rail à double champignon, et *fig.* 33 à 38, rail *Vignole*). Cette forme, qui semblait présenter deux avantages, le retournement et la légèreté, a répondu imparfaitement à l'attente de ses partisans. La pièce repose alors sur les traverses par l'intermédiaire de deux coussinets K, K et de deux coussinets-éclisses E, E (*fig.* 33 à 38), qui la relient en même temps aux rails courants; mais les surfaces d'appui sur les coussinets de support sont trop restreintes. Les ruptures sont fort à craindre si les boudins des roues usées à la jante viennent à porter sur le fond en porte-à-faux des rainures, où l'épaisseur du métal est trop faible; enfin, la pièce dans son ensemble manque de masse. Le croisement double-face pour rail *Vignole* de MM. *Petin* et *Gaudet* pèse 320 kilog., soit 40 kilog. de moins que le croisement simple-face des mêmes fabricants. L'assemblage avec les rails courants au moyen de coussinets-éclisses à quatre boulons *t*, *t*, *t*, *t*, paraît d'ailleurs satisfaisant.

En somme, et malgré le succès que les croisements symétriques ont obtenu sur quelques chemins allemands, anglais (le Métropolitain entre autres), et aux États-Unis, on est assez généralement d'accord sur ce point que l'acier fondu simplement coulé convient très-bien pour les croisements d'une seule pièce, mais qu'il faut renoncer à la symétrie et au retournement.

279. M. *Clerc*, ingénieur des ponts et chaussées et de la compagnie de l'Ouest, a introduit sur ce réseau des croisements en acier *Bessemer* martelé et raboté (Pl. XXIII, *fig.* 44 à 46).

« Afin d'obtenir, » dit M. *Clerc* (*), « un métal suffisamment homogène, les « pièces de forge doivent provenir d'un lingot réduit par le martelage au « tiers de son épaisseur primitive; l'acier doit en être dur. On donne à « chaud au lingot la forme extérieure du croisement; les faces principales « sont parallèles; sur l'une d'elles, on creuse, à la machine à raboter, les « rainures pour le passage des boudins. »

L'assemblage avec les rails courants est opéré au moyen de coussinets-éclisses en fonte à quatre boulons *t*, *t*. Chaque paire de coussinets-éclisses est fixée sur les traverses extrêmes par des tire-fonds *s*, *s* (*fig.* 46). La pièce d'acier n'étant pas, comme dans les types précédents, munie d'oreilles extérieures *c*, *c*, les deux tire-fonds qui la fixent à chacune des traverses intermédiaires sont placés au fond des rainures, dans des cavités dont leur tête affleure le bord supérieur (*fig.* 44 et 45).

Le croisement de 5° 30′ pèse brut 400 kilog., et après rabotage 320 kilog. Son prix est de 360 francs, dont voici le détail d'après M. *Clerc* :

(*) Lettre du 16 juillet 1867.

			francs.	francs.
Croisement brut (d'*Imphy*).	400kil	à 0,60.		240,00
4 coussinets-éclisses en fonte.	112	à 0,17.		19,04
2 cales en fonte.	12	à 0,17.		2,04
8 boulons avec écrous et rondelles. .	9	à 0,38.		3,42
				264,50
Main-d'œuvre : rabotage, ajustage et montage.				95,50
				360,00

A ce prix, il est difficile de croire que ce système soit réellement économique, même en tenant compte largement de l'avantage sur lequel M. *Clerc* insiste avec raison d'ailleurs :

« Un des grands avantages de ces croisements, » dit-il, « et qui en diminue considérablement les dépenses, c'est que, lorsqu'ils sont usés, on peut les raboter de nouveau comme des bandages de roues et au moyen d'une faible dépense, on obtient un croisement entièrement neuf. Le nombre de fois que ces croisements peuvent être ainsi rabotés dépend de l'épaisseur primitive qu'on leur donne. Nous pensons qu'avec l'épaisseur de 0m,20, on pourra les raboter deux et même trois fois. »

Le réchauffage et le martelage ne suffisent pas pour justifier le prix si élevé de 0f,60 pour les pièces brutes de forge. Ramené à un prix normal, ce système pourrait très-bien se répandre. La pièce moulée a pour elle l'économie, et la dureté superficielle résultant de la trempe. Si la pièce martelée et rabotée est inférieure sous ces deux rapports, l'action bienfaisante du marteau et la faculté de compenser par un travail peu coûteux, les effets de l'usure et des déformations ont par contre une incontestable valeur, surtout quand il s'agit de formes délicates et dont l'altération doit, sous peine de graves inconvénients, être maintenue dans des limites étroites.

Environ trois cents appareils de ce type, posés sur le réseau de l'Ouest, se comportent très-bien jusqu'ici, même sur les points les plus fatigués. Mais l'expérience, qui remonte seulement à la fin de 1866, ne peut être encore concluante.

280. Les croisements fondus, soit d'une seule pièce, soit formés de pièces rapportées sur une plaque de fer, sont en somme peu usités jusqu'à présent, en dehors d'un certain nombre de chemins allemands. Les croisements d'assemblage ayant pour élément le rail courant, sauf une seule pièce spéciale, la pointe (et encore pas toujours, comme nous le verrons tout à l'heure (281)), sont beaucoup plus répandus ; mais, pour peu que le trafic ait d'activité, on s'accorde à reconnaître que, pour ces pièces si fatiguées, il faut aussi une matière spéciale plus résistante que les rails ordinaires ; les mises d'acier, le fer cémenté (procédé *Leseigneur*), l'acier puddlé, essayés, avec plus ou moins de succès, font place généralement aujourd'hui à l'acier *Bessemer*.

La pointe doit être reliée d'une manière absolument invariable aux rails branches-de-pointe et aux pattes de lièvre, qui doivent l'être également aux rails auxquels elles font suite. Avec la forme du rail courant, cette dernière condition est naturellement remplie par l'éclissage ordinaire. C'est également par des éclisses que les rails branches-de-pointe sont assemblés avec la pointe lorsque, comme sur le Nord français, celle-ci est simplement tronquée vers le talon (Pl. XX, *fig.* 7) ; elle présente alors vers cette extrémité deux gorges latérales qui reçoivent les éclisses. Vers son extrémité effilée elle porte, venus à la forge, deux appendices latéraux remplissant complétement l'espace compris entre les pattes de lièvre, et traversés par deux boulons verticaux. Toute cette partie, pointe et contre-cœurs, s'appuie sur une forte semelle en fonte (*fig.* 8), et deux forts boulons transversaux maintiennent les contre-cœurs serrés contre la pointe.

Dans d'autres cas, comme au chemin d'*Orléans* (voie à double champignon), la pointe, en acier fondu, porte, vers le talon, une sorte de queue *l*, *l*, qui s'engage entre les rails branches-de-pointe, entre lesquels elle est serrée par des boulons (P. XXIII, *fig.* 39 à 42) ; vers l'autre extrémité, elle a simplement la forme (*fig.* 40), et est maintenue par un coussinet triple.

Sur le chemin de l'Est, dans le croisement *Vignole* en usage jusqu'à présent (Pl. XXIII, *fig.* 1 à 9), les deux modes ci-dessus de liaison de la pointe avec les branches-de-pointe coexistent ; il y a à la fois l'appendice intérieur *l* (*fig.* 5, 8, 9), et les éclisses extérieures θ, θ (*fig.* 1) ; la pointe est munie, comme le rail, d'un patin *p*, *p* (*fig.* 9), qui se prolonge au delà de l'extrémité effilée *m*, pour recevoir un tirefond *o*. Deux boulons horizontaux *f*, *f* (*fig.* 9), avec manchons d'écartement, relient les pattes de lièvre et la pointe ; des platines en fer ν, ν (*fig.* 1), donnant aux rails l'inclinaison de $\frac{1}{20}$, sont placées à l'extrémité de la pointe, à son talon, et au sommet de l'angle des contre-cœurs. La pointe est en fer forgé, cémentée et trempée ; les contre-cœurs en acier *Bessemer*, et les branches-de-pointe en fer ordinaire.

281. Ces dispositions viennent d'être simplifiées (Pl. XXII, *fig.* 8 à 23); la pointe n'est plus une pièce spéciale : elle est formée par le prolongement de l'une des branches de pointe *p*, avec laquelle l'autre *q*, convenablement effilée et abaissée, et prenant vers son extrémité (*fig.* 14 et 15) la forme d'un coussinet-éclisse, s'assemble au moyen de trois boulons *t*, *t*, *t*. Les anciennes pointes en fer étaient formées aussi de rails assemblés ; mais le nouvel arrangement est bien préférable, parce qu'il s'oppose à toute dénivellation, tout en n'imposant aux boulons *t*, *t*, *t*, qu'un effort de traction. Il va sans dire que sur tous les points fatigués les pointes seront en rails *Bessemer.*

Des trois platines *v*, *v*, *v* (Pl. XXIII, *fig.* 1) de l'ancien croisement, celle qui est placée au droit de la pointe, subsiste seule (Pl. XXII, *fig.* 10, et 20 à 22). Deux boulons θ, θ', avec cales K, K', relient la pointe aux pattes de lièvre (Pl. XXII, *fig.* 10, 13 et 16). Ces dispositions vont être appliquées successivement aux deux types de 5° 30' et 7° 70, les seuls en usage maintenant sur le réseau de l'Est.

282. Quelques chemins de fer, n'accordant pas encore leur confiance à l'acier, persistent à employer le fer, mais, au moins pour la pointe, un fer spécial. Ainsi l'usine de *Fives* (Nord) livre aux chemins russes des pointes en fer, au bois, trempées. Ailleurs, on donne la préférence à l'acier puddlé. Tel est le cas du chemin de *Lyon;* mais le mode de fabrication de la pointe, formée de deux rails soudés, est le seul motif de cette préférence. Voici, du reste, en quels termes elle est expliquée dans une note que M. l'ingénieur en chef *Dèlerue* a a bien voulu me remettre :

« Nos cœurs de croisements sont formés de deux portions de rails soudés « à très-peu près suivant la ligne qui divise l'angle en deux parties égales. « Comme on n'est pas encore parvenu à souder convenablement, soit le « *Bessemer* soit l'acier fondu, on a dû employer l'acier puddlé, malgré son « prix élevé et quoique l'usage sur la voie de cette matière donne des ré- « sultats bien inférieurs à l'acier fondu et au *Bessemer.* Il convient d'ail- « leurs de faire remarquer que dans nos croisements l'usure des cœurs « est assez lente; ils sont protégés par les rails coudés, qui reçoivent la « principale fatigue et s'usent deux fois plus vite environ, quoique étant en « acier fondu. »

283. L'Est bavarois applique aussi sur une grande échelle les pointes d'assemblage en acier puddlé (Pl. XXII, *fig.* 26 et 27); ces croisements présentent quelques particularités qui méritent d'être signalées : la pointe *m* plongeant rapidement, se dérobe aux roues dès qu'elles commencent à porter sur les pattes de lièvre. L'usure est donc reportée sur celles-ci, et comme elle est rapide, on a cherché à les réparer d'une manière simple et économique. La partie dégradée est ramenée par le rabotage, sur une longueur de $0^m,60$ à $0^m,75$, suivant l'angle du croisement, au profil *abc* (*fig.* 27), et elle reçoit une fourrure *amnp* en acier fondu, trempé très-dur en *amn*. On utilise pour cela de vieux bandages d'acier fondu, dont la forme se prête à cet usage, les boudins constituant la tête *amn*. Plusieurs centaines de croisements ainsi armés fonctionnent d'une manière satisfaisante.

MM. *Vander Elst*, de *Braine-le-Comte* (Belgique), ont cherché à concilier une liaison parfaite des éléments avec une grande facilité du démontage et des remplacements partiels (Pl. XXII, *fig.* 24 et 25). La pointe, en fer cémenté ou en acier *Bessemer*, pourvue d'une large semelle et d'un appendice A, qui se prolonge jusqu'au coude des pattes de lièvre, est fixée sur deux traverses par deux gros boulons à écrous *b*, *b*, et aux branches de pointe, ainsi qu'aux pattes de lièvre par un tenon *l*, et des boulons à manchon *t*, *t'*. Deux boulons *t''*, *t''*, entretoisent les rails infléchis. Le système repose immédiatement sur trois plaques de fonte E, E, E, dont l'utilité est douteuse.

284. Il ne peut être question de classer entre eux d'une manière absolue les divers types de croisements que nous venons de passer en revue; le choix à faire dans chaque cas dépend du prix, de la vitesse, et comme toujours de l'activité du trafic, puisque c'est la dépense annuelle qu'il faut rendre minimum.

D'après des comparaisons faites sur divers types essayés dans la gare du chemin de l'État, à *Vienne*,

Les croisements	en rails ordinaires avec pointe aciérée durent.	2 ans 1/2
Idem	en acier puddlé.	5 ans
Idem	en fonte de *Ganz*.	10 ans
Idem	symétriques en acier *Bessemer*, 7 ans pour chaque face, soit en tout.	15 ans

Nous ne citons ces chiffres qu'avec réserve, la comparaison n'ayant pas porté sur un nombre de pièces suffisant pour éliminer à coup sûr l'influence des irrégularités accidentelles ; c'est faire d'ailleurs la part trop belle au croisement en acier fondu, symétrique, que de négliger les chances spéciales de rupture inhérentes à sa forme.

285. On réduit quelquefois un peu la largeur des voies au droit de la pointe, pour prévenir le déraillement de quelques véhicules (les *lorrys*

entre autres) dont les jantes trop étroites ne rempliraient pas la condition indiquée au n° 257. Mais il faut prendre garde de s'exposer ainsi à un accident plus fréquent et plus grave que celui qu'on veut éviter, c'est-à-dire au choc des roues à bandages de largeur normale, contre la pointe. On voit, par exemple (Pl. XXIV, *fig.* 39), qu'avec les cotes suivantes : largeur de voie, $1^m,445$; distance du contre-rail C au rail A, $0^m,05$; écartement des bandages dans œuvre, $1^m,360$; épaisseur des boudins, mesurée horizontalement et au niveau du sommet abaissé de la pointe, $0^m,025$; la roue R, attaquant le croisement par la pointe, peut raser celle-ci à une distance de $1^m,445 - (0^m,05 + 1^m,360 + 0^m,025) = 0^m,01$ seulement, et ce jeu peut devenir moindre encore, par l'usure du contre-rail C. Quant à l'usure des boudins, celle qui affecte la face externe du boudin de la roue R augmente le jeu, mais aussi l'usure de la face interne du boudin de la roue S le diminue.

286. *Traversées.* — Les fonderies, celle de M. *Ganz* entre autres, fabriquent aussi des *traversées* en fonte durcie ; chacun des côtés de la traversée est formé de deux pièces assemblées par des éclisses. Avec l'acier fondu, MM. *Petin* et *Gaudet* suppriment le joint au coude (Pl. XXII, *fig.* 1 à 7), mais en réduisant la longueur totale de la pièce moulée. L'emploi de ce système est du reste peu répandu, par suite surtout de la grande hauteur que réclament les contre-rails (258), et qu'il serait difficile d'obtenir au moulage, surtout avec l'acier.

Le rail courant est donc habituellement, quant à la forme, si ce n'est par sa nature même, l'élément principal ou même unique de la traversée. Dans celle de l'Est français, premier modèle (Pl. XIX, *fig.* 10 et 13), il n'y en a pas d'autres ; les deux pointes obtuses sont formées d'un rail coudé, en acier *Bessemer*, de $3^m,80$, et les quatre rails effilés d'un rail de même matière de $2^m,80$. Les contre-rails BB, de 6 mètres, sont en fer et établis sur des coussinets qui leur donnent un exhaussement de $0^m,03$ seulement ; ils portent une seule joue, à laquelle le contre-rail est boulonné. Deux boulons avec manchons relient chacune des pointes effilées au côté parallèle de la pointe obtuse.

Ces pointes effilées présentent des dispositions analogues à celles que nous avons signalées (257), au sujet des pattes de lièvre et des pointes de croisement. Ainsi, au lieu d'être *tranché* suivant un plan parallèle au rail extérieur, le rail pointu est *infléchi* suivant une direction très-voisine de celle-là, de sorte que sa tige n'est pas atteinte par le rabotage (*fig.* 13). Son champignon n'est pas seulement effilé latéralement, mais aussi tronqué graduellement au sommet (*fig.* 12), afin de se dérober peu à peu aux roues qui portent sur le rail extérieur. Enfin, une dernière particularité à noter est la torsion donnée au rail en pointe, au raccordement de la partie rabotée avec la partie intacte, et qui résulte de ce que la pointe est verticale et, par suite, la portion correspondante du patin horizontale, tandis que le reste de la barre a l'inclinaison ordinaire de $\frac{1}{20}$.

Les traversées du Nord français et du ***Staat's Bahn*** autrichien, représentées par les *fig.* 3 à 9 et 4 à 16 de la même planche, ne diffèrent guère de la précédente que par les dispositions spéciales dejà mentionnées (258) des contre-rails, et qui ont pour but d'augmenter leur haussement relativement au plan de la voie.

Cette condition est, en effet, très-importante, et il est facile de reconnaître qu'elle n'est pas toujours remplie à un degré suffisant; les contre-rails doivent comme on l'a vu (258) empêcher les boudins des roues non-seulement de heurter, mais aussi de contourner les pointes des rails effilés. Pour que la roue fût encore dirigée à l'instant où son boudin arrive au droit de la pointe, il faudrait qu'alors le contre-rail, au point où il change de direction, c'est-à-dire au coude C, origine de la lacune, s'élevât assez haut pour atteindre encore ce boudin à l'arrière de la roue. AB (Pl. XXIV, *fig.* 38) est donc sa surélévation minimum. Or, λ étant la demie lacune, c'est-à-dire la distance du sommet B du coude, limite du contre-rail partiel, à la pointe effilée; ρ le rayon de la roue au roulement; m la saillie du boudin, on a :

$$AA'^2 = (2\rho + m - AB)(AB + m) = \left(\lambda - \sqrt{2\rho m + m^2}\right)^2, \text{ à cause de } A'O =$$
$$= \sqrt{2\rho m + m^2}; \text{ de là, } AB = \rho \pm \sqrt{\rho^2 - \lambda^2 + 2\lambda\sqrt{2\rho m + m^2}}.$$

Il est clair que le signe — convient seul.

Pour une traversée sous l'angle de 7° 30', $\lambda = 0^m,465$. Si les roues ont un mètre de diamètre au roulement et des boudins de $0^m,03$, on a

$$AB = 0^m,50 - \sqrt{0,201400} = 0^m,052.$$

La surélévation primitive de $0^m,03$ est donc très-insuffisante.

La roue est évidemment d'autant mieux guidée que son diamètre est plus grand, la hauteur nécessaire AB diminuant. Pour une roue de $1^m,20$ de diamètre, par exemple, cette hauteur n'est plus que $0^m,042$. Les roues qu'il importe surtout de bien guider, celles des machines, sont donc, en effet, dirigées plus complétement que celles des wagons.

Dans les nouvelles traversées de l'Est français, la surélévation est portée à $0^m,06$, comme sur les chemins du Nord et autrichien (258); le contre-rail est un fer spécial de $0^m,175$ de hauteur (Pl. XXII, *fig.* 29). Les coussinets sont supprimés. Il en est de même des platines en fer (Pl. XIX, *fig.* 10); celles qui reçoivent les pointes effilées sont seules conservées.

287. *Changements de voie.* — C'est seulement sur les aiguillages de la voie *Vignole* que nous entrerons dans quelques détails.

Ils se divisent en deux classes : 1° ceux qui sont constitués seulement au moyen du rail courant sauf la substitution, chaque jour plus répandue, de l'acier fondu au fer; 2° ceux dans lesquels entrent des barres de formes spéciales. La première classe est la plus nombreuse; elle comprend, par exemple, les changements de l'Est français (Pl. XXI), du Nord, du chemin de l'État autrichien, etc.

Les aiguilles devant nécessairement reposer et glisser sur des platines métalliques, celles-ci, qui sont en fonte, portent à l'extérieur une sorte de joue de coussinet, à laquelle le rail contre-aiguille est fixé par des boulons. C'est la tête de ces boulons qui, saillant plus ou moins à l'intérieur de la voie, forme les butoirs *h* (Pl. XXI, *fig.* 1 et 3), contre lesquels l'aiguille s'appuie lorsque sa partie rabotée est appliquée contre le rail fixe (265).

L'aiguille est un rail (Pl. XXI, *fig.* 1 à 8, changement à deux voies; *fig.* 9 à 16, changement à trois voies), graduellement effilé en lame à partir du point où il vient s'appliquer sur le rail fixe; la tige et le côté extérieur du patin restent seuls intacts jusqu'à l'extrémité ou pointe; mais outre la troncature du côté extérieur du patin et des faces latérales du champignon, celui-ci est graduellement tronqué aussi au sommet et vient se loger sous le champignon du contre-aiguille (Pl. XXI, *fig.* 3 et 4). C'est le moyen le plus simple et le plus usité de protéger, contre les atteintes des boudins des roues, les extrémités des aiguilles prises en pointe, et de soustraire à l'action des jantes toute la partie de l'aiguille trop affaiblie par le rabotage.

Mais cette disposition, qui atteint son but lorsque tout le système repose sur une base bien solide, aggraverait au contraire le mal si cette condition n'était pas remplie. La pointe de l'aiguille et le champignon du rail fixe qui l'abrite, se touchent par des faces inclinées (Pl. XXI, *fig.* 4); de sorte que toute cause qui détermine un soulèvement de l'extrémité de l'aiguille lui fait faire en même temps saillie à l'intérieur. Prise en pointe, elle est alors heurtée à la fois, et par les jantes des roues, et, ce qui est plus grave, par leurs boudins.

Indiquons de suite, pour n'avoir pas à y revenir, l'expédient appliqué sur le Nord français pour empêcher cette dénivellation de la pointe. Les aiguilles sont, comme toujours, reliées par des tringles de connexion *t*, *t*, *t* (Pl. XXIV, *fig.* 1, 23, 35) ; ces tringles, au nombre de trois pour les aiguilles de 5 mètres, sont munies vers chaque extrémité d'une articulation pour se prêter aux changements de forme du système. Le moyen employé sur le Nord, consiste (Pl. XXIV, *fig.* 33) à prolonger, de chaque côté, l'entretoise la plus rapprochée des pointes des aiguilles. Ces prolongements *p*, *p* s'engagent dans deux trous ovalisés à grand axe horizontal, percés dans les deux rails contre-aiguilles, avec lesquels les pointes deviennent ainsi solidaires suivant la verticale. L'articulation *a* placée du côté du levier de manœuvre reçoit en même temps la bielle coudée *b*, commandée par le levier.

Revenons au changement de l'Est.

Dans les appareils actuels (Pl. XXI, *fig.* 1), les talons des aiguilles sont reçus dans des coussinets spéciaux à deux joues, et dont la semelle donne l'inclinaison de $\frac{1}{20}$ aux deux rails fixes. L'aiguille étant verticale, son patin porte sur une portion horizontale de la semelle; deux boulons relient le tout. Un bloc en fonte, serré entre les deux rails fixes, laisse à l'aiguille la liberté nécessaire pour le faible mouvement de son talon, maintenu par le boulon qui le traverse ainsi que les deux joues du coussinet.

Dans les nouveaux appareils (Pl. XXIV, *fig.* 17 à 23), ce coussinet de forme compliquée, disparaît. Le talon de l'aiguille s'appuie sur un simple coussinet de glissement *g*, *g* (*fig.* 17 et 18), et il est relié au rail en prolongement *k* par des éclisses *e*, *e*, disposition usitée d'ailleurs depuis longtemps.

Ce rail a, en ce point, un très-petit porte-à-faux par suite de son inclinaison et de l'horizontalité de la face du coussinet, dont la semelle est inclinée seulement au droit du rail extérieur *l*. Le joint de l'aiguille est donc placé au delà mais tout près du bord du coussinet.

Ce raccordement du rail vertical et de l'aiguille horizontale réagit légèrement aussi sur la forme des deux éclisses, qui ne sont plus tout à fait identiques, ni a l'éclisse courante, ni entre elles.

Les *fig.* 19, 21 et 22 représentent les légères altérations que doit subir le profil de l'éclisse courante pour compenser le déversement relatif de l'aiguille et du rail.

Les hachures croisées indiquent les parties à raboter dans les éclisses du talon de gauche (en entrant par la pointe du changement), et les hachures simples les parties à raboter dans les éclisses du talon de droite.

Le changement du Nord ne diffère guère de celui de l'Est que par le perfectionnement indiqué tout à l'heure et par une particularité des éclisses, recourbées en fer à cheval de manière à fonctionner comme butoirs de l'aiguille. Cette disposition a été appliquée à l'éclissage de l'aiguille et à celui du rail contre-aiguille, dont un joint correspond à la partie en porte-à-faux latéral de l'aiguille (Pl. XXIV, *fig.* 32 et 33, éclisses MN, PQ).

288. *Changement à trois voies.* — Ce changement dérive, comme on le sait (267), du changement à deux voies. Les principaux détails de construction sont donc communs aux deux types ; les *fig.* 9 à 16 de la Planche XXI, qui représentent le modèle de l'Est, sont assez faciles à comprendre, après ce qui précède, pour que de nouveaux détails soient superflus.

Ce modèle a d'ailleurs été compris récemment dans le travail de révision et de simplification dont le changement à deux voies a été l'objet. Les coussinets spéciaux de talon ont été remplacés par de simples coussinets de glissement, avec assemblages à éclisses et un léger porte-à-faux des joints (Pl. XXIV, *fig.* 24). Le troisième boulon d'éclissage (à partir de la pointe) est commun aux deux assemblages, et muni d'un prolongement *h*, formant butoir, et d'un manchon *m*, qui maintiennent les écartements. La longueur des petites aiguilles a d'ailleurs été augmentée afin de réduire l'excès de largeur de la voie au droit de leurs pointes (267). Cette longueur a été portée de 3m,60 à 4m,45, soit 0m,55 de moins que les grandes aiguilles. L'élargissement est ainsi réduit de 0m,060 à 0m,025. On pourrait le diminuer encore en infléchissant le rail contre-aiguille, mais les déraillements ne sont plus à craindre avec une largeur de 1m,472.

« Malgré ces améliorations, » dit M. *Ledru* (*), « il convient de n'employer « les changements à trois voies que lorsqu'on y est absolument obligé par le « défaut d'espace. Un changement à trois voies est en effet plus coûteux « que deux changements à deux voies, parce que le premier de ces appa- « reils exige un croisement de plus. »

(*) Instruction du 20 mai 1867.

289. *Changements avec barres de profils spéciaux.*— Sur quelques lignes, le réseau de *Paris*-Méditerranée, par exemple, on emploie pour les changements *Vignole* un rail en acier non symétrique, ayant l'inclinaison de $\frac{1}{20}$, lorsque son patin est horizontal (Pl. XXIV, *fig.* 25 et 30 à 33). Les aiguilles ont ainsi l'inclinaison comme le rail courant, et les contre-aiguilles sont, comme elles, placés sur des coussinets à semelle entièrement horizontale. L'emploi de ce rail spécial paraît être un avantage plutôt théorique que réel.

Le coussinet de talon (Pl. XXIV, *fig.* 26 et 27, changement à deux voies; *fig.* 28 et 29, changements à trois voies) est une platine à rebords très-peu saillants, à table horizontale au droit de l'aiguille et du contre-aiguille, et inclinée au $\frac{1}{20}$ au droit des deux rails du profil courant. Les patins des rails et des aiguilles sont serrés par des sortes de couvre-joints horizontaux g, g, analogues à ceux qui sont encore en usage, pour les joints ordinaires, sur quelques chemins allemands (66, 85). Le rail non symétrique a été adopté également sur le réseau central d'*Orléans*. Les aiguilles et contre-aiguilles sont en acier puddlé.

Nous n'insisterons pas plus longuement sur ce mode de construction; moins simple que celui dans lequel le rail de la forme courante est seul mis en œuvre, il n'est pas meilleur.

290. Restreinte aux aiguilles, l'adoption d'une forme spéciale peut, du reste, avoir sa raison d'être; mais il convient alors d'adopter une forme qui concilie une grande roideur horizontale de l'aiguille avec un rabotage très-faible ou même nul du contre-aiguille.

Le changement de M. *Vander Elst*, de *Braine-le-Comte* offre un exemple complet de cette disposition (Pl. XXIV, *fig.* 1 à 16). Le contre-aiguille y est intact; l'aiguille, barre rectangulaire en acier *Bessemer*, est rabotée, à partir du point où elle rencontre le rail, seulement à sa partie supérieure (*fig.* 11 à 16); de sorte que la partie effilée possède une assez grande rigidité horizontale, utile surtout, du reste, pour la manœuvre à l'anglaise, l'aiguille en charge devant glisser sous l'effort que lui transmet sa conjuguée par les tringles de connexion.

Les coussinets de glissement sont de simples platines sans joue, le rail fixe étant maintenu, à l'extérieur par le crampon, et à l'intérieur par un repli r de la semelle, à table exhaussée (*fig.* 5). Dans le coussinet de pointe (et dans les deux suivants qui sont du même modèle), le repli devant se prolonger sur le patin, pour conduire l'aiguille jusqu'au contact du rail, la surépaisseur de la semelle est formée par une plaque de fer rapportée et rivée *p* (*fig.* 3 et 4). Au talon, un coussinet spécial C' (*fig.* 7 et 8) reçoit l'aiguille dans une chambre et en dehors le rail, fixé par une éclisse en fer, le coussinet lui-même fonctionnant comme éclisse opposée. Deux boulons relient le tout.

L'aiguille ne pouvant être contre-butée dans les coussinets de glissement comme cela a lieu dans les aiguillages ordinaires, puisque le rail n'est pas fixé à des joues par des boulons horizontaux, ceux-ci ont été transportés sur l'aiguille elle-même, et ils se prolongent en butoirs *h*, *h*, *h* (*fig.* 1), qui s'appuient sur la tige du rail. Celui-ci ne pouvant se déverser sans entraîner le coussinet dans son mouvement, la suppression de la joue n'a pas d'inconvénient.

Ce changement, appliqué récemment en Belgique sur la ligne de *Lierre* à *Thurnout*, est bien étudié, sauf un détail qu'on aurait tort d'imiter, les coussinets à semelle évidée.

Sur quelques lignes, on tend à augmenter encore plus la largeur et par suite la roideur horizontale de l'aiguille. Sur le Sud autrichien, par exemple, sa forme, à l'extrémité, est presque celle d'une aiguille ordinaire, mais couchée sur le flanc.

291. Il va sans dire que si M. *Hartwich* a pu (276) conserver le rail courant pour les croisements, où tout est fixe, il n'en est pas de même pour les aiguilles. Il a dû adopter pour celles-ci des barres de profil spécial, de hauteur beaucoup moindre que le rail, ne fût-ce que pour réduire leur poids. Leur forme est à peu près celle d'un rail en ∩, mais plein, de 0m,084 de hauteur au talon ; elles glissent sur des entretoises fixées au patin et à la tige des rails et qui offrent aux aiguilles une base solide, en même temps qu'elles rachètent la différence des hauteurs.

292. Les tringles de connexion sont quelquefois placées trop haut, et atteintes par les boudins des roues usées à la jante. Il en est souvent ainsi dans les anciens changements de l'Est.

Mentionnons en passant une utile précaution prise sur plusieurs lignes, celles du réseau de *Lyon*, par exemple, dans l'intérêt des agents circulant à pied sur la voie; elle consiste à couvrir les tringles de connexion d'un chapeau en tôle *c*, *c* (*fig.* 40).

293. Les pointes d'aiguilles ne devant pas coïncider avec les joints des rails fixes, la partie des rails contre-aiguilles des voies déviées, comprise entre la pointe d'aiguille et le joint, est nécessairement coudée suivant l'angle de la déviation. Ces barres sont cependant livrées droites aux ateliers de pose, qui font les coudes sur place, suivant le sens de la déviation. Les changements à trois voies, qui sont presque toujours symétriques, sont seuls livrés avec les contre-aiguilles coudés. Le jeu de la voie et le devers (199, 200) ne s'appliquent pas aux courbes qui raccordent les appareils; ceux-ci doivent être d'ailleurs parfaitement rectilignes. Ainsi, lorsqu'un changement doit être posé dans une voie en courbe, il faut altérer un peu son tracé de manière à y introduire deux alignements de longueur suffisante, l'un pour l'aiguillage, l'autre pour le croisement.

§ XVII. — **Installation des appareils.**

294. L'installation des appareils : traversées, croisements et changements, exige en général des bois spéciaux. Aux abords des appareils proprement dits, les files des rails reposent sur des traverses communes aux voies qui se coupent, et dont la longueur atteint 3^{m},70 aux abords des croisements pour les changements à deux voies (Pl. XIX, *fig.* 3; Pl. XX, *fig.* 1,5 et 7), et 4^{m},80 pour les changements à trois voies (*fig.* 3). Quant aux appareils eux-mêmes, ils sont établis sur des traverses équarries à vive arête, et entretoisées par des longrines, dont la disposition varie. Il convient d'entrer dans quelques détails sur ce point, qui a une certaine importance par lui-même et par les dépenses qu'il entraîne. Il y a trois conditions à remplir : une surface d'appui suffisante sur le ballast, une solidarité complète des éléments, la facilité du bourrage.

1° *Traversées.* — Sur le Nord, le châssis est formé de traverses d'une faible longueur, 2^{m},20 seulement, et de 0^{m},20 sur 0^{m},08 reliées par quatre larges longrines (0^{m},32) placées deux à deux sous les traverses au droit des pièces de la traversée (Pl. XIX, *fig.* 3 à 9).

Mêmes dispositions sur le chemin de l'État autrichien, sauf l'équarrissage plus fort des traverses.

Sur l'Est français, la base d'appui sur le ballast a une largeur beaucoup plus grande, la longueur des traverses étant portée à 3 mètres. Leur largeur varie de 0^{m},22 à 0^{m},30. Les longrines, au nombre de trois, sont placées sur les traverses, qu'elles entretoisent au milieu et vers les extrémités (Pl. XIX, *fig.* 10 et 11).

La traversée rectangulaire repose, naturellement, sur une sorte de grillage. Sur l'Est (*fig.* 17), il est formé de sept pièces de 2m,65 de long et 0m,25 × 0m,15 d'équarrissage. Trois d'entre elles supportent la voie principale, à rails continus; les quatre autres entretoisent les premières, et supportent les rails discontinus et exhaussés de la voie secondaire.

2° *Croisements.* — Sur le Nord, le châssis du croisement simple de 0,09 est formé (Pl. XX, *fig.* 7 et 8) de traverses de 3m,30 à 3m,70 avec longrines inférieures de 0m,35 × 0m,08 au droit des rails extérieurs, et de 0m,50 au droit des rails intérieurs et de la pointe. Dans le croisement double (*fig.* 3) la longueur des pièces transversales atteint 5m,20 et il y a quatre cours de longrines inférieures : deux au droit des rails, deux sous les pointes.

Sur l'Est, les longrines *l*, *l*, sont supérieures comme pour la traversée, et au nombre de deux pour le croisement simple (Pl. XXIII, *fig.* 1 et 2) et de trois pour le croisement double.

Sur le réseau central d'*Orléans* (voie *Vignole*), on compte sur les ferrures elles-mêmes pour établir la solidarité du système; les longrines ont disparu, sauf deux petites pièces longitudinales qui relient aux traverses, un blochet placé sous la partie moyenne de la pointe. Les traverses ont de 3m,80 à 4m,50 de longueur et uniformément 0m,30 × 0m,15 d'équarrissage.

3° *Changements.* — Les mêmes différences se retrouvent naturellement ici : longrines inférieures (Nord, Pl. XX, *fig.* 1, 3, 5, 7, 8); supérieures (Est, Pl. XXI, *fig.* 1, 2, 9, 10); ou absentes (*Orléans*, réseau central). Les longrines inférieures sont placées de deux manières : ou sous les rails comme au Nord, ou en dehors des rails comme sur le réseau de Lyon.

Le bâti du mouvement est installé sur des blochets boulonnés à deux des traverses, dont la longueur est, dans ce but, portée à 4m,50 (Pl. XXI, *fig.* 1, 2 et 9, 10) ; cette disposition est nécessairement modifiée lorsque le défaut d'espace conduit à placer, par un renvoi de mouvement, le plan d'oscillation du levier de manœuvre parallèlement à la voie.

Les longrines supérieures paraissent préférables aux longrines inférieures. Celles-ci augmentent, il est vrai, la surface d'appui sur le ballast, surtout si on leur donne, comme au Nord, une grande largeur ; mais avec les premières, toute la surface d'appui est dans le même plan, et par suite, le châssis repose sur une couche de ballast d'épaisseur uniforme ; elles rendent aussi le bourrage plus facile. Remarquons à ce sujet que la condition, si importante partout, de la bonne qualité du ballast est particulièrement indispensable sous les appareils.

« Il ne suffit pas, dit avec raison M. *Ledru* (*), pour que les appareils de « changements et traversées de voies fonctionnent convenablement, qu'ils « soient très-bien construits et très-bien sabotés. Il faut encore qu'ils trou- « vent sur le ballast une assiette solide et facile à maintenir. On ne peut « atteindre ce résultat qu'avec un ballast très-résistant, et bien purgé. Le « sable fin ne convient pas du tout. On devra donc, toutes les fois que le « ballast admis pour la voie courante ne possédera pas ces qualités, recher- « cher pour les aiguillages, croisements et traversées, un ballast spécial « de la meilleure qualité possible. »

L'installation des appareils et des voies à leurs abords, dans les conditions que nous venons d'indiquer sommairement, est à la fois coûteuse et assujettisante : coûteuse, à cause des grandes dimensions des bois, qui coûtent environ 100 francs le mètre cube ; assujettissante, par la nécessité d'approvisionner en temps utile les nombreux échantillons que comporte cette installation. Le cube de bois spéciaux s'élève, dans les appareils actuels du réseau de l'Est, aux chiffres suivants :

1° *Changement simple symétrique normal (rayon de raccordement,* 600 *mètres).*

Châssis de l'aiguillage	1^{m3},530
Châssis du croisement de 5°30′	1^{m3},416
14 traverses spéciales de 6 types différents et dont la longueur atteint 3^m,60	1^{m3},857
Total	4^{m3},803

2° *Changement triple (toujours symétrique).*

Châssis de l'aiguillage	1^{m3},633
Châssis du croisement intermédiaire de 7°30′	1^{m3},503
Châssis des croisements extrêmes de 5°30′	2^{m3},001
16 traverses spéciales, de 10 types différents et de 3^m,15 à 5^m,10 de longueur	2^{m3},444
Total	7^{m3},581

295. L'étude faite par le service de la voie du réseau de l'Est pour rendre les appareils plus simples et moins chers, a été étendue à leur assiette en charpente, et cette étude a abouti à supprimer complétement les bois spéciaux, moins seulement deux longrines *l*, *l*,

(*) Instruction du 20 mai 1867.

dans le croisement simple (Pl. XXII, *fig.* 33 et 34), et quatre dans le croisement double (*fig.* 35). Quant aux pièces transversales, de longueurs et d'équarrissages variables, elles sont remplacées dans les appareils comme à leurs abords par des traverses ordinaires, choisies, pour les premiers, au moment de la réception, parmi les plus régulières; ces traverses de choix se divisent, comme les autres, en traverses de joints, et intermédiaires.

Les *fig.* 30, 31 et 32, Pl. XXII, représentent respectivement les dispositions générales de la traversée, des croisements, et du changement. Les détails des croisements simples de 5° 30′, de 7° 30′, et du croisement double sont indiqués sur les *fig.* 33, 34 et 35. Les longrines, inutiles avec les longues pièces transversales ordinairement employées, et justement supprimées dans les croisements d'*Orleans* (réseau central), sont au contraire indispensables dans les nouveaux croisements de l'Est (Pl. 22, *fig.* 28), mais là seulement, les ferrures de la voie ne suffisant pas, par suite de la trop grande largeur de l'appareil, pour établir la liaison des courtes traverses simplement enchevêtrées entre elles. Les boîtes de manœuvre s'installent, comme tout le changement,sur traverses : une seule pour le changement simple, deux juxtaposées pour le changement double.

Aux abords des traversées et des croisements (*fig.* 30), chacune des voies a ses traverses spéciales sabotées pour elle seule, celles de l'autre voie étant simplement entaillées pour livrer passage aux rails de la première. C'est seulement dans les changements et jusqu'à quelques mètres des talons d'aiguilles que les traverses peuvent être communes aux ramifications de voies, et recevoir par suite un double ou un triple sabotage. Ainsi les traverses 1 à 5 sont seules dans ce cas dans le changement simple symétrique (*fig.* 31), et les traverses 1 à 3 dans le changement à trois voies (*fig.* 32). La condition est évidemment de renoncer à la communauté des traverses dès qu'elle conduirait à saboter trop près de l'extrémité.

Le succès, chaque jour plus probable des voies entièrement mé talliques (184 et suiv.) conduira certainement aussi à tenter, comme le fait déjà M. *Hartwich* (291), de supprimer le bois dans les appareils spéciaux de la voie; mais en éliminant d'abord les bois coûteux par leurs dimensions et leurs façons, la compagnie de l'Est réalise un premier progrès digne d'être signalé et imité.

CHAPITRE X.

PLAQUES TOURNANTES ET CHARIOTS DE REMISE ET DE SERVICE.

L'analogie des fonctions conduit naturellement à placer ces appareils à la suite des changements de voie.

§ I. — Plaques tournantes.

296. La plaque tournante établit une communication immédiate entre les voies dont les axes concourent vers son centre. Elle se compose essentiellement d'un tronçon de voie, au moins, de longueur au moins égale à l'écartement des essieux extrêmes des véhicules, mobile autour d'un axe vertical passant par le point de concours des axes des voies, et pouvant ainsi être amené sur le prolongement de chacune d'elles. La plaque tournante s'applique donc au passage, d'une voie sur une autre, des véhicules isolés mus à bras d'homme ou par des chevaux; tandis que les changements de voie s'appliquent aux manœuvres des trains remorqués par des machines, ou même des machines seules, l'inconvénient des distances beaucoup plus grandes à franchir étant alors très-léger.

Les plaques, très-répandues dans les gares de France et d'Angleterre, n'ont été pendant longtemps acceptées en Allemagne qu'avec une sorte de répugnance. Depuis, les ingénieurs allemands sont un peu revenus de cette prévention; ils ont reconnu que les plaques sont indispensables pour la rapidité et l'économie des manœuvres de détail. Par contre, on reconnaît en France qu'on a parfois abusé de ce moyen de communication, soit dans les gares de voyageurs en les plaçant sur les voies principales, soit dans les gares de marchandises, en ne rendant accessibles que par l'intermédiaire des plaques, les voies qui bordent les quais des hangars de chargement et de déchargement.

On s'attache aujourd'hui à exclure les plaques tournantes des voies principales dans les stations franchies sans arrêt, et presque toujours alors par des trains à marche rapide. Ces plaques se détruisent très-rapidement; mal placées, elles pourraient causer de graves accidents.

Même dans les gares importantes, où tous les trains s'arrêtent, les plaques des voies principales sont bientôt hors de service malgré la vitesse très-réduite des trains lorsque ceux-ci les franchissent, comme c'est très-souvent le cas pour les tenders surtout, avec les freins serrés au point de caler les roues.

La suppression des plaques des voies principales conduit généralement aussi à en supprimer sur les voies de service, la fonction principale de ces plaques étant d'établir, entre des voies parallèles, une communication qu'on obtient alors autrement au moyen du ***chariot de niveau*** (313), appareil d'un maniement moins simple que les plaques tournantes, exigeant de la part des hommes d'équipe un peu plus d'attention et de soin, mais qui laisse les voies parallèles à relier intactes et fixes.

Une substitution de ce genre a été opérée, en 1865, dans l'importante gare de *Nancy* (Est), où l'entretien et le renouvellement des plaques étaient fort dispendieux, par suite du grand nombre de trains et de machines en manœuvre qui la franchissent. Comme l'indique la *fig.* 8, Pl. XXXI, deux chariots de niveau ont permis de supprimer treize plaques sur dix-sept; celles qui portent les numéros 2, 4, 7 et 16 ont seules été conservées, pour certains wagons qui doivent être tournés.

A *Belfort*, une des gares de jonction des réseaux de l'Est et de *Lyon*, l'installation d'un chariot, en 1866, a permis de supprimer dans une batterie de plaques (de $4^m,50$) reliant les voies principales des deux lignes, et donnant accès aux remises de wagons, quatre plaques sur sept. Les trois qui subsistent n'ont d'ailleurs été conservées, comme à *Nancy*, que pour tourner certains wagons à vigies saillantes, à placer dans les trains formés à *Belfort*. Les gares de *Lunéville*, de *Mourmelon*, offrent d'autres exemples de ces modifications, sur lesquelles il serait inutile d'insister davantage, mais qu'il importait de signaler.

297. Pour les machines, comme pour les wagons spéciaux auxquels nous venons de faire allusion, les plaques remplissent une fonction essentielle. Les machines n'ayant pas, comme la presque totalité des wagons, deux plans de symétrie, doivent, en général, être tournées bout pour bout aux points extrêmes de leur parcours. Celles qui portent leur approvisionnement d'eau et de combustible peuvent, dans certains cas, être affranchies de cette obligation. Pour les autres même, la marche *tender en avant* est fréquente en Angleterre, mais elle n'est autorisée en France que pour les trains à vitesse réduite et à petits parcours. C'est surtout pour les services de banlieue, très-actifs à certaines époques de l'année, que cette faculté est utile, non-seulement parce qu'elle dispense d'établir des plaques pour machines, mais aussi parce qu'elle économise du temps. Mais ces exceptions sont assez rares, et toutes les gares-relais de machines doivent être pourvues d'une plaque.

Le retournement de la machine pourrait évidemment se faire aussi au moyen d'un double rebroussement (Pl. XXVII, *fig.* 23); mais cette solution ne serait ni économique en général à cause du rayon assez grand qu'exigent les courbes, ni commode pour le service.

298. Pour éviter les deux manœuvres distinctes de la machine et du tender, et surtout le grand nombre d'hommes qu'exige celui-ci, poussé alors à bras, les plaques des *dépôts* ont presque toujours aujourd'hui un diamètre qui permet de tourner les deux véhicules à la fois. Il en est nécessairement ainsi, d'ailleurs, pour un type assez à la mode il y a quelques années, mais délaissé aujourd'hui : le type *Engerth*, dans lequel la machine et le tender sont tellement solidaires que leur séparation est une opération assez longue, praticable seulement dans un atelier et quand des réparations l'exigent.

Ces grandes plaques servent aussi, dans les remises circulaires, à établir la communication entre les voies de la gare et les voies de remisage qui convergent vers le centre de la plaque.

Cette disposition circulaire a été pendant longtemps seule usitée en France et en Angleterre, tandis qu'en Allemagne la préférence était acquise aux remises rectangulaires, à voies parallèles desservies par un chariot roulant dans une voie perpendiculaire établie au fond d'une fosse (310). En France, on objectait contre cette disposition : d'une part, qu'une plaque est toujours nécessaire pour tourner la machine ; de l'autre, la lenteur du déplacement du chariot, mû à bras au moyen de treuils à engrenages, et ayant à parcourir des distances assez longues. Aujourd'hui, l'application aux chariots d'une locomobile qui rend la manœuvre plus économique et beaucoup plus prompte, a fort atténué la gravité de cette objection, de sorte que les remises rectangulaires se multiplient, et qu'on voit souvent, dans les grands dépôts, les deux systèmes appliqués simultanément.

Les grandes plaques reçoivent d'ailleurs des locomobiles, comme les chariots, lorsque le mouvement est assez actif pour justifier cette dépense.

299. *Description.* — 1° *Plaques pour wagons, ou pour machines seules.* — La description détaillée des divers types de plaques nous entraînerait beaucoup trop loin ; elle occuperait un espace réclamé à plus juste titre par des objets plus dignes d'intérêt, soit par eux-mêmes, soit par leur influence sur la sécurité de l'exploitation. Quelques exemples suffiront.

Les plaques pour wagons et pour machines seules, d'une part, celles pour machines et tenders, de l'autre, forment deux catégories très-distinctes, non-seulement par leurs dimensions, mais par le mode de construction lui-même.

Le diamètre des plaques dépend, cela va sans dire, de l'écartement des essieux extrêmes des véhicules : écartement minimum dans les wagons à marchandises, plus grand dans les voitures à voyageurs, plus grand encore dans certaines machines. Le diamètre des plaques est ordinairement, aujourd'hui, de 3m,50 pour les premiers, de 4m,50 pour les seconds, et 5 mètres sur la ligne de *Paris* à *Marseille.* Quant aux machines, un diamètre de 5m,20 suffit pour la plupart, même pour celles qui ont l'essieu d'arrière au delà de la boîte à feu. En étudiant le matériel fixe de la ligne de *Paris* à *Strasbourg*, on avait cru prudent, pour ne pas engager l'avenir, de porter ce diamètre à 6 mètres, et cette dimension a été appliquée successivement à tout le réseau de l'Est ; mais elle est exagérée, même pour les machines à essieux extrêmes les plus écartés, c'est-à-dire pour les *Crampton*, dont l'empatement est de 4m,50. Il va sans dire, d'ailleurs, que les plaques d'un diamètre trop petit pour servir à tourner les machines doivent être construites et installées aussi solidement que les autres, lorsqu'elles sont posées sur des voies parcourues par les machines.

Une plaque se compose de trois parties : 1° le plateau mobile : 2° la base fixe et l'enceinte ou cuve ; 3° les supports intermédiaires, composés d'une couronne de galets et d'un pivot central.

Le plateau mobile est ordinairement en fonte ; parfois mixte, fonte et bois, ou fer et bois ; assez souvent en tôle.

La base fixe et la cuve sont en fonte ou, mais très-rarement aujourd'hui, en bois.

Le pivot central a pour fonction principale de fixer la position de la plaque, que les chocs des roues tendent à déplacer, et d'équilibrer l'effort appliqué vers la circonférence pour la tourner. Mais il doit porter fort peu, de sorte que la charge est supportée par les galets.

Les hommes chargés des manœuvres tendent au contraire à charger le pivot, afin de diminuer la résistance. Mais il y a alors, à l'entrée et à la sortie des véhicules, des chocs violents du plateau sur les galets. Aussi, est-il interdit aux hommes d'équipe de modifier le réglage. On atteint ce but plus sûrement en cadenassant le chapeau qui recouvre le centre du plateau et les écrous des boulons qui le suspendent au pivot; ce chapeau protége en même temps le graissage du pivot.

Les galets, en fonte dure, peuvent être disposés de trois manières : 1° solidaires avec le plateau mobile; 2° solidaires avec la base fixe; 3° indépendants de l'un et de l'autre. Les *fig.* 1 à 5 de la Pl. XXVI représentent un projet dans lequel les deux premières dispositions sont combinées. La troisième, dans laquelle les galets chargés au sommet n'introduisent qu'un frottement de roulement, est de beaucoup la plus répandue, et bien préférable en effet aux deux autres, dans lesquelles les galets reçoivent la charge sur des essieux. Les galets indépendants sont maintenus en leur centre par des tringles aboutissant à un collier qui entoure le pivot. Ils sont ordinairement verticaux. Les saillies ou rails circulaires appartenant l'un au plateau mobile, l'autre à la base fixe, sont dès lors coniques l'un et l'autre, comme les galets eux-mêmes. Le plateau ne peut alors prendre, sous l'action des roues, le léger déplacement horizontal auquel se prête le jeu plus ou moins prononcé du pivot, sans éprouver en même temps un certain déversement, ce qui aggrave les chocs.

Cet inconvénient peut être évité en inclinant les galets sur la verticale, d'un angle égal à leur conicité. Le plateau s'appuie alors sur des éléments horizontaux des galets, par un rail devenu également horizontal, et une petite translation du plateau n'entraîne plus de déversement. Il est clair que les extrémités des tringles horizontales qui guident les galets doivent alors être infléchies normalement à leurs bases.

Cette disposition des galets a été imitée dans deux ouvrages très-importants, exécutés au *Creusot* : le pont tournant à double volée, sur la passe *Missiessy*, à *Toulon*, et le grand pont tournant à deux volées sur la *Penfeld*, à *Brest*, dont le projet est dû à M. *Oudry*.

300. *Plaques en fonte.* — Les plateaux, portant presque toujours deux voies à angle droit pour établir la continuité sur deux voies rectangulaires, sont formés : 1° de quatre poutres P, P (*fig.* 16), se croisant deux à deux, correspondant aux quatre files de rails ; 2° de quatre rayons R, R, qui les relient à la douille du pivot, au collet duquel le plateau est suspendu par quatre boulons à écrous supérieurs ; et 3° d'une couronne extérieure. On a généralement renoncé, même pour les petits diamètres, à couler le plateau d'une seule pièce. En fractionnant, on atténue les contractions inégales, et par suite les dangers de ruptures.

Dans la plaque de $3^m,50$ de l'Est français (Pl. XXV, *fig.* 15 à 32), la couronne forme une pièce, et le système intérieur une autre ; les extrémités des poutres sont boulonnées dans des boîtes venues de fonte sur la couronne (*fig.* 19 et 20). C'est également pour éviter les ruptures résultant souvent de la concentration du métal en certains points, qu'on préfère cette disposition, où les rayons aboutissent au milieu des poutres, à celle qui les fait aboutir à leurs points d'intersection *o*, *o* (*fig.* 16). Les rails, en n, sont placés sur les poutres, sur lesquelles ils sont boulonnés (*fig.* 15 et 23), avec interposition de fourrures en bois de chêne *f*, *f*, pour amortir les chocs.

La base ou croisillon, comprenant la crapaudine du pivot ; six rayons *r*, *r*, *r* ; une couronne *c* formant rail conique ; et un appendice circulaire *a* pour l'assemblage avec la cuve, se prête mieux par sa forme, au moulage en une seule pièce (*fig.* 15, 16, 21, 22, 26 et 30).

La cuve, coulée en six segments *d*, *d*, *d*, présente huit cavités formant coussinets, dans lesquelles sont boulonnées les extrémités des rails des voies, et quatre encoches en fer forgé, pour recevoir le verrou d'arrêt. Le nombre des galets *g*, *g*, est de six (*fig.* 15, 16, 26, 27, 28, 30, 31, 32).

Dans la plaque de $4^m,50$ du même réseau, les poutres et les bras sont coulés encore d'une seule pièce, mais la couronne est en quatre pièces et la cuve en huit. La principale différence consiste dans le mode d'établissement de la base, qui est en bois. Cette charpente reçoit un support en fonte boulonné pour la crapaudine du pivot, et un cercle de roulement, également en fonte, tourné à sa face supérieure, formé de quatre segments assemblés entre eux et munis d'oreilles recevant les boulons qui les fixent à la charpente. Le nombre des galets est porté à dix.

La plaque de 4m,40 du réseau d'*Orléans* a le croisillon inférieur en fonte, comme le plateau; ils sont coulés l'un et l'autre en deux moitiés, assemblées au moyen de plates-bandes en fer boulonnées.

Sur le réseau de la Méditerranée, les plaques de 4m,50 et de 5 mètres ont le plateau mobile en fer et fonte (Pl. XXVI, *fig.* 7 à 35).

Une pièce centrale en fonte comprenant les rayons B, B, B, B, et les segments intérieurs *p*, *p*, de l'un des systèmes de poutres en fer est fixée par des boulons *b*, *b*, d'une part à deux grands longerons *l'*, *l'*, formant le second système, de l'autre, au moyen de cornières *c*, *c*, à quatre longerons extérieurs *l'*, *l'*, *l'*, *l'*, complétant le premier système. Les huit extrémités des longerons sont elles-mêmes boulonnées sur des oreilles *o*, *o*, *o*, venues de fonte sur la couronne, fondue en deux pièces également assemblées par des boulons. La partie supérieure des longerons reçoit (excepté les deux tronçons en fonte *p*, *p*, à section double T) des cornières *k*, *k* (*fig.* 7), offrant au rail en ᑎ, une base assez large sur laquelle ses patins sont rivés.

Ce plateau est installé sur un croisillon en fonte, à huit bras (*fig.* 9), coulé en deux pièces assemblées suivant un diamètre.

POIDS :

Plaques de 4m,40 :			*Plaques de 5m :*		
	kil.	kil.		kil.	kil.
Plateau mobile. . . .	5.250,19	10.076,45	Plateau mobile. . . .	6.330,93	12.562,67
Système fixe et galets.	4.826,36		Système fixe et galets.	6.231,74	
Ces chiffres se décomposent ainsi:			Ces chiffres se décomposent ainsi :		
Fer.	2.138,65		Fer.	2.658,87	
Fonte.	7.410,00		Fonte.	9.286,00	
Acier.	527,00		Acier.	617,08	
Bronze.	0,80		Bronze.	0,80	

Sur le chemin d'*Orléans*, le rail en ᑎ, mais plein, est fixé directement sur les poutres en fonte par des boulons, préférables aux rivets de la Méditerranée (Pl. XXVI, *fig.* 6).

Dans la plaque de 6 mètres (pour machines) de l'Est, le plateau, poutres et couronne, est fondu en deux pièces; les rayons R, R, R, coulés à part, sont boulonnés sur des portées planes *m*, *m*, ménagées aux croisements des poutres; ces croisements sont évidés, pour éviter l'accumulation du métal. Le pivot et le cercle de roulement, formant support de la cuve, sont installés sur une enrayure en charpente ρ, ρ, ρ, dont les pièces sont assemblées à boulons.

301. *Plaques à plateau mobile en bois et en métal.*—Les *fig.* 1 à 14, Pl. XXV, représentent deux plaques, pour wagons à petit écartement d'essieux, et à galets dépendants, du chemin de l'État autrichien. L'une (*fig.* 8 à 14) a 2m,80 et l'autre (*fig.* 1 à 7) 2 mètres seulement de diamètre. Les poutres sont formées : dans la seconde, d'un rail, et dans la première de deux rails *Vignole*, juxtaposés base à base, et rivés (*fig.* 13 et 14). Quatre barres *p*, *p* boulonnées sur les faces latérales des poutres, les relient au pivot. La base fixe est formée d'un carré et de deux diagonales en charpente, supportant le pivot et la plate-bande de roulement des galets *r*, *r*, qui sont au nombre de quatre seulement. Deux sortes de rouets en bois, superposés (*fig.* 6 et 7, et 11 et 12), forment la cuve.

Sur le Nord français, des plaques de 4m,20 ont le plateau en fonte et en bois (Pl. XXV, *fig.* 33 à 44). Quatre bras en fonte B, B, à section double T, coulés d'une seule pièce, sont assemblés à leurs extrémités, au moyen de boulons et de cales *k*, *k*, avec une couronne en deux pièces réunies par des éclisses à six boulons. Les poutres sont en bois; dans l'un des systèmes, chaque poutre P (*fig.* 33 et 35) est formée de deux tronçons, supportés à un bout par le bras en fonte B, placé à angle droit, et à l'autre par la couronne, munie de chaises auxquelles la pièce est boulonnée; dans l'autre système, chaque poutre P′, interrompue à la rencontre de celles du premier, est formée de quatre tronçons; les extrêmes sont supportés par la couronne et par des boîtes boulonnées sur les faces latérales des poutres à angle droit; les intermédiaires, par celles-ci, et par les bras en fonte.

Les poutres en bois reçoivent un rail *Vignole* ordinaire.

Quant à la partie fixe, elle n'a rien de particulier; c'est un croisillon en fonte à huit bras coulé en deux pièces avec son cercle de roulement.

302. *Plaques en tôle.* — Les plaques en tôle ont été appliquées sur plusieurs lignes, sur le Nord et sur l'Est français entre autres. Les poutres, les quatre bras qui relient au moyen de goussets le plateau au pivot, et la couronne, sont des fers doubles T, renforcés par des plates-bandes rivées. Le cercle de roulement est une plate-bande conique, fixée par des rivets à tête inférieure fraisée; des feuilles de tôle supérieures et inférieures reliant les membrures, font du plateau un solide évidé, et rigide. Toutefois le résultat a été, en général, médiocre; les plateaux se faussent, et les rivets se relâchent. Ces effets peuvent être attribués en partie à un vice de construction, l'insuffisance des équarrissages. Mais la masse nécessairement restreinte du plateau en tôle, qui reçoit directement les chocs des roues, semble devoir exclure les rivets, trop sujets à se relâcher sous l'influence des trépidations auxquelles le système est soumis. Des artifices de construction ne peuvent suppléer ici à une condition de rigueur : celle d'une masse suffisante.

303. L'acier fondu, lui-même, malgré sa ténacité bien supérieure à celle de la fonte, ne permettrait de réduire les équarissages qu'avec beaucoup de réserve. La difficulté du moulage par suite de la haute température du liquide, et l'abondance des soufflures, s'opposent d'ailleurs jusqu'ici à cette application. Le projet déjà cité (299), à deux systèmes de galets portant sur essieux, a été étudié par M. *Poulet* en vue de l'emploi de l'acier fondu; mais les pièces d'essai coulées chez MM. *Petin* et *Gaudet* étaient tellement criblées de soufflures qu'on en resta là.

M. *Poulet* a cependant établi depuis dans la gare de *Paris* du chemin du Nord, une plaque de $4^{m},50$, ayant le croisillon du plateau en acier fondu, simplement coulé; la couronne est en fer et le croisillon fixe, à huit bras, en fonte. Mais ce qu'il y a de particulier dans cet appareil, c'est son installation même : 1° au repos, le plateau s'appuie sur une couronne de supports susceptibles d'être réglés d'un mouvement commun, et analogues aux appareils de calage de certains ponts tournants ; 2° Pendant la manœuvre, les supports se dérobent, et la charge est concentrée sur le pivot, ce qui rend le mouvement plus facile. Cela suppose, bien entendu, que le centre de gravité général se projette sur l'axe du pivot. On évite ainsi les chocs tout en rendant la manœuvre plus facile.

Le calage s'opère au moyen de huit grosses vis butantes manœuvrées solidairement au moyen de huit bouts de chaînes *Galle* réunis par des tringles, et dont chacun commande un secteur denté adhérent à la vis. La charge est transmise au pivot par l'intermédiaire de cinq rondelles en acier fondu, ayant un bombement de $0^{m},003$, et formant ressort.

Le principe de cet appareil, appliqué avec succès, comme on le verra bientôt (308), aux grandes plaques à une seule voie pour machine et tender, est judicieux; mais dans l'exemple que nous venons de citer, l'exécution laisse à désirer; la fréquence des dérangements, la difficulté de l'entretien ont empêché le système de se répandre.

304. Les plaques, même les plus petites, ayant presque toujours un diamètre très-supérieur à la largeur de la voie multipliée par $\sqrt{2}$, les rails des deux voies rectangulaires se coupent sur le plateau lui-même, qui doit, dès lors, présenter la disposition indiquée (255) pour les traversées à angle droit : c'est-à-dire que les rails des deux voies sont interrompus, si la plaque n'appartient pas à une voie principale, et que l'une d'elles a ses rails continus, et l'autre les rails discontinus et exhaussés dans le cas contraire. En raison du très-petit diamètre de la plaque (301) représentée par les *fig.* 1 à 7, les pointes de croisement sont en dehors du plateau, et fixes.

Les voies qui aboutissent aux plaques étant généralement au même niveau, le surhaussement doit être obtenu, aux abords des plaques, par des plans inclinés.

305. *Installation des plaques.* — Les plaques tournantes ont été pendant longtemps établies sur de véritables fondations en maçonnerie. C'était, surtout en remblai, une dépense considérable pour un médiocre résultat. Il n'y a pas plus de motifs pour appliquer des fondations en maçonnerie aux plaques tournantes ordinaires, qu'aux appareils de changement de voie ; c'est, comme ceux-ci, sur le ballast, qu'elles doivent être posées. En remblai, il est bon d'établir d'abord au fond de la fouille une aire en pierre cassée sur laquelle on pilonne une couche assez épaisse de bon ballast graveleux.

Sur les voies non parcourues par les machines, le croisillon est toujours posé immédiatement sur le gravier. Lorsqu'il s'agit de voies sur lesquelles les machines circulent, les instructions prescrivent souvent de poser le croisillon sur châssis en charpente, afin de répartir la pression sur une plus grande surface de ballast. Mais cette addition ne paraît pas nécessaire, si l'aire est bien établie. Les plaques franchies par les machines sont souvent, en fait, installées comme les autres, et on ne s'en trouve pas plus mal.

306. 2° *Grandes plaques pour machine et tender.* — Le diamètre et le poids considérable de ces plaques, les forts équarrissages de leurs longues poutres qui ont de lourdes charges à supporter, l'impossibilité de les installer à peu de frais comme les précédentes sur un croisillon en fonte formant la base générale du système, et la nécessité d'empêcher tout gauchissement, tout déversement, entraînent des modifications profondes et dans la construction des appareils eux-mêmes, et dans leur installation. Sous ce double rapport, les grandes plaques se rapprochent bien plus des divers engins des ateliers que des appareils ordinaires de la voie.

Ces grandes plaques n'ont presque toujours qu'une voie. Le plateau se réduit alors en réalité à un pont ; on préfère ordinairement, pour la commodité du service, couvrir entièrement la fosse, mais les supports des segments extérieurs à la voie sont constitués beaucoup plus légèrement que le pont lui-même, quoiqu'ils soient en porte-à-faux, ou soutenus seulement chacun par un galet spécial.

La couronne complète de galets des plaques ordinaires n'existe pas en effet dans celles-ci ; ou, si elle existe, elle n'a qu'un diamètre très-réduit et sa fonction est de donner aux grandes poutres du pont des points d'appui intermédiaires entre les grands galets extrêmes et le pivot, qui porte une partie notable de la charge. Les galets extérieurs sont, non plus indépendants, mais solidaires avec la plaque, chargés sur leurs essieux, et au lieu d'être répartis sur tout le pourtour, ils sont appliqués seulement à la partie qui travaille, c'est-à-dire au pont.

Pour les grands diamètres, compris ordinairement entre 11 et 12 mètres, on a généralement recours aux longrines en métal.

L'instruction de la réunion de *Dresde* recommande pour ces pièces l'emploi du fer et de l'acier (*).

Sur le Nord, pour des ponts de 12 mètres, on a employé, au lieu de la couronne intérieure de galets, une plaque ordinaire de 4^{m},20 dont le plateau supporte les grandes longrines boulonnées sur lui.

Les longerons sont en tôle ; le cercle de roulement des grands galets a 10^{m},20 de diamètre.

Sur l'Est (Pl. XXVIII, *fig.* 1 à 4) les poutres P sont en bois de chêne à vive arête, de 11^{m},60 de long et 0^{m},50 $\times$ 0^{m},50 d'équarrissage. Elles sont supportées : aux extrémités, par des doubles chariots en tôle E, E, suspendus aux essieux des galets G, G, et entre ces galets et le pivot par une couronne en fonte *c*, *c*, *c*, de 3^{m},84 de diamètre,

(*) *Vereinbarungen*, etc.... Bahnhofs-Anlagen, art. 69.

roulant sur une série de huit galets indépendants *g*, *g*, *g*, et dont le centre reçoit le pivot.

« Le fonctionnement de ces plaques, » dit M. *Vuillemin*, ingénieur en chef du matériel (*), « quoiqu'en somme assez satisfaisant, pèche cependant « par le défaut de rigidité des longrines en bois. Soit que ces pièces se tour- « mentent ou s'altèrent à la longue, soit que leur section ne soit pas suffisante « et qu'elles fléchissent trop sous la charge, il arrive que les galets porteurs « sont ordinairement trop chargés. Le cercle de roulement (en fonte) ainsi « que les galets s'altèrent promptement, et le roulement ne se fait plus « convenablement. De là résulte un entretien dispendieux pour maintenir « ces parties en bon état. Les longerons en bois de la section indiquée ci- « dessus sont très-difficiles à trouver à cause de leur grande longueur. Et, « outre qu'il serait à peu près impossible de se procurer des pièces d'un plus « fort équarrissage, il est douteux que, malgré cela, leur rigidité fût encore « suffisante. »

La compagnie s'est décidée, en conséquence, à remplacer les longerons en bois par des poutres en fer et tôle, en utilisant d'ailleurs les autres éléments du plateau (Pl. XXVIII, *fig.* 5 à 8). Le système central a été en même temps renforcé, et le diamètre du grand cercle de roulement R a été réduit, ce qui a permis de supprimer le cercle et la couronne intérieurs *c*, *c*, et d'augmenter notablement la charge sur le pivot ; de $0^m,125$, le diamètre de celui-ci a été porté à $0^m,160$, et la section de l'entretoise en fonte a été augmentée proportionnellement. Outre les quatre grands galets en fonte G, G, supportant les poutres, deux autres G′, G′, concourent avec celles-ci à porter les planchers des segments extérieurs à la voie, et le réseau en charpente ρ, ρ, ρ, sur lequel il est établi.

Cette transformation, appliquée à la plaque de ***Châlons-sur-Marne***, donne de très-bons résultats.

La plaque en tôle, de $11^m,40$, du chemin de l'État autrichien présente des dispositions analogues à la précédente (Pl. XXVII, *fig.* 1 à 18). Un pivot fixe ϖ, quatre galets principaux G, G, et deux petits galets latéraux *g*, *g*, supportent tout le système. Les entretoises qui chargent les grands galets sont en tôle (*fig.* 12), comme les poutres. Les rails sont rivés immédiatement sur celles-ci (*fig.* 14), ce qui n'a aucun inconvénient, les machines n'ayant pas de vitesse sur ces grandes plaques, bien plus massives d'ailleurs que les plaques ordinaires des voies.

(*) Note manuscrite du 16 juillet 1867.

Les figures 1 à 5 de la planche XXIX représentent la plaque de la nouvelle remise de la gare de *Berlin* (ligne de *Potsdam-Magdebourg*). C'est un simple pont, formé de deux poutres en tôle, de $0^m,684$ de hauteur au milieu, et supporté seulement par le pivot et par quatre grands galets *r*, *r*. Deux verrous *v*, *v* (*fig.* 1 et 2), manœuvrés solidairement au moyen du levier *l* et des tringles *t*, *t*, *t*, servent à fixer l'axe du pont exactement sur le prolongement de l'axe de chacune des voies qu'il dessert.

307. *Manœuvre des grandes plaques.* — En Allemagne, les plaques d'une dizaine de mètres, placées en dehors des remises de machines, sont souvent manœuvrées à l'aide de longs leviers en bois, que les hommes engagent dans des douilles inclinées, boulonnées sur la plaque. Ce moyen est insuffisant pour les grands diamètres et les lourdes machines; il exige d'ailleurs qu'une sorte de chemin de ronde reste libre autour de la plaque, ce qui n'est pas toujours possible.

Le moyen le plus usité consiste à imprimer, au moyen de treuils à engrenage manœuvrés soit à bras, soit par une locomobile, un mouvement de rotation à un ou deux des grands galets qui supportent une partie de la charge; leur adhérence détermine l'entraînement de tout le système. La plaque de *Berlin* est dans ce cas (Pl. XXIX, *fig.* 2, *m* manivelle du treuil).

On reproche quelquefois à ce moyen d'être mis en défaut par l'insuffisance de la charge des galets moteurs, par suite, soit d'une répartition très-inégale, soit d'un tassement. L'objection peut être fondée quand le moteur est une locomobile qui n'agit que sur un galet; elle l'est moins pour beaucoup de plaques mues à bras, et munies de deux treuils de manœuvre commandant deux galets diamétralement opposés; si l'un d'eux n'a pas sa charge normale, l'autre a une charge plus forte, ce qui rétablit l'équilibre.

Les plaques des chemins de l'Est portent, soit un treuil commandant un système de roues et de pignons engrenant avec le cercle de roulement des grands galets, formé de segments dentés sur leur face interne (Pl. XXVIII, *fig.* 1, 2 et 3), soit deux treuils agissant sur deux des quatre galets principaux, diagonalement opposés. Dans la plaque transformée de *Châlons-sur-Marne* (303), l'un de ces treuils a été supprimé et la locomobile, de deux chevaux, agit sur un seul galet, dont l'adhérence suffit parfaitement; cela se conçoit, du reste; car, lors même que la concentration d'une plus grande partie de la charge sur le pivot réduirait la pression sur le galet de commande, malgré la suppression de la couronne intérieure de galets, elle réduit aussi l'effort nécessaire pour la manœuvre.

Dans les plaques dont le treuil engrène avec une couronne dentée, celle-ci, au lieu d'être placée au fond de la fosse et solidaire avec le cercle de roulement, comme sur les chemins de l'Est et de *Lyon*, est assez souvent fixée sur le couronnement de la cuve.

308. *Plaques à plateau équilibré sur le pivot.* — Une plaque tournante à une seule voie n'est en somme qu'un pont tournant à double volée, sauf toutefois cette circonstance aggravante pour la première qu'elle est manœuvrée sous la charge, tandis que le second est manœuvré à vide. C'est, au surplus, l'affaire des équarrissages ; et il est très-naturel d'appliquer aux unes les dispositions indispensables pour les autres, c'est-à-dire le calage, au repos, par des supports extrêmes qui disparaissent pendant le mouvement.

Cet artifice est appliqué, depuis plusieurs années, en Angleterre, en Allemagne, en Belgique. En France, il n'a été introduit jusqu'ici que sur le chemin du Nord, mais il se répandra certainement. Il convient surtout aux dépôts dont le mouvement n'est pas assez actif pour motiver l'installation d'une locomobile, et où d'ailleurs le personnel est par cela même peu nombreux. Une disposition qui permet à deux hommes de tourner rapidement une lourde machine est parfaitement appropriée à ces conditions.

La position, relativement aux essieux, du centre de gravité de l'ensemble d'une machine et de son tender varie d'un type à l'autre. Il varie aussi, dans un même type, avec l'état plus ou moins complet de remplissage de la chaudière, et d'approvisionnement du tender. Il faut donc une certaine latitude pour que le système puisse être amené dans la position qui convient à la manœuvre, c'est-à-dire pour que le centre de gravité de la charge mobile se projette sur le pivot. Ces plaques devront donc avoir, pour un matériel donné, un diamètre plus grand que les autres. Pour les machines actuelles, de l'empatement maximum, ce diamètre est de 14 mètres.

Les mécaniciens arrivent bientôt, et presque sans tâtonnement, à s'arrêter sur les plaques dans la position voulue.

Les *fig.* 6 à 18, Pl. XXIX, représentent le pont équilibré du Nord français.

Les deux poutres, en tôle double T, de $0^{m},90$ de hauteur au milieu et $0^m,62$ aux extrémités, sont réunies par des tôles horizontales et par un fort croisillon en fonte, suspendu au pivot *p*, de $0^m,14$ de diamètre. Celui-ci a pour crapaudine un arbre en fer, A, de $0^m,23$ de diamètre.

Le profil en travers de la poutre n'est pas symétrique. Afin de combattre le flambage, la plate-bande inférieure, comprimée, est plus large et plus épaisse que la plate-bande supérieure, travaillant par traction. L'axe neutre se trouve ainsi au-dessous du milieu de la hauteur, à $0^m,308$ des fibres extrêmes comprimées.

A chaque extrémité des poutres, est appliqué un verrou de calage *v*, analogue aux deux verrous d'arrêt placés suivant l'axe dans la plaque de *Berlin*, mais ayant des fonctions toutes différentes : ils supportent tout le poids du système, pendant que la machine s'engage sous le pont ou le quitte. Il y a à chaque bout un levier *l*, commandant les deux verrous du même côté. L'excès de largeur du plancher laisse libre de chaque côté un passage *h*, *h;* des garde-corps *g*, *g*, y facilitent la circulation.

Les galets en fonte *r*, de $0^m,60$ de diamètre ne sont que de simples *en cas ;* ils ont toutefois de fortes dimensions pour prévenir des ruptures dans le cas où le calage de la plaque aurait été oublié.

Le jeu à ménager entre les galets et le cercle de roulement, les poutres n'étant pas chargées, a été fixé à $0^m,006$. Les poutres étant chargées, il est diminué de l'amplitude de la flèche et de la compressoin du pivot. Sous les plus lourdes machines, la flèche ne dépasse pas $0^m,002$; il reste donc $0^m,004$ pour tenir compte d'un léger tassement possible des fondations.

Les plus lourdes machines du Nord (machines *Engerth*, à cinq essieux) pèsent, garnies, 62.700 kilogrammes (3.000 kilogrammes de plus que les machines à quatre cylindres et à six essieux), et en cet état, le centre de gravité général est à $4^m,12$ de l'essieu antérieur, c'est-à-dire un peu en avant du milieu de l'écartement des essieux extrêmes, qui est de $8^m,70$.

La machine étant placée de telle sorte que l'axe du pivot passe par le centre de gravité, et prenant les moments relativement à la section *mm*, placée à $0^m,835$ du milieu, et qui est la plus fatiguée (la région moyenne étant beaucoup renforcée par le croisillon et les tôles d'assemblages), on a pour chacune des poutres :

	kil. mèt.
Somme des moments fléchissants dûs à la charge temporaire. . . .	32.886
Somme des moments fléchissants dûs à la charge permanente. . . .	15.600
Total.	48.487

qui développent dans les fibres extrêmes, en *m*, un effort de 5k,03 par millimètre quarré.

Le pivot, portant 62.700k + 22.300k = 85.000k et ayant une section de 16.513 millimètres quarrés, est soumis à un effort de 5k,14 par millimètre quarré.

Le grain en acier porte : 8k,04 par millimètre quarré.

Les huit boulons suspendant le croisillon au pivot : 4k,5.

Les verrous de calage *v*, *v*, ont 0m,085 de hauteur et 0m,075 de largeur ; ils sont manœuvrés au moyen d'un levier dont les bras sont :: 1 : 16.

Si la surface d'appui des verrous était horizontale, l'effort exercé à l'extrémité de chaque levier pour décaler la plaque serait, en admettant 0,1 pour le coefficient du frottement, $\frac{85.000}{4} \times \frac{1}{16} \times 0,1 =$ 132k,5. Une légère conicité donnée au verrou réduit cet effort.

La machine étant bien centrée, et le décalage opéré, deux hommes tournent facilement le système en poussant la machine latéralement.

Aux États-Unis, les plaques sont établies à peu près sur le même principe ; seulement : 1° la charge n'est pas reportée précisément sur le pivot, mais sur une couronne de rouleaux coniques en acier ; 2° il n'y a pas de moyens de calage fixes ; on y supplée sans doute par des cales à main, les galets pouvant d'autant moins remplir ces fonctions que leur jeu est très-considérable. D'après M. ***Kirchweger*** (*) il atteindrait 0m,02 à 0m,03. Les poutres, malgré leur longueur (15 mètres environ), sont en fonte, ce qui s'explique par sa qualité tout à fait supérieure.

Quand le système est en équilibre, un seul homme tourne la plus lourde machine, mais en agissant sur un levier.

Le défaut d'espace ou sa configuration peuvent conduire, dans certains cas, à transporter le pivot près d'une extrémité, comme dans les ponts tournants à une seule volée. On trouve, en Angleterre et en Allemagne, quelques exemples de cette disposition. Ainsi elle a été appliquée dans la gare de ***Stettin***, du chemin de ***Stargard*** à ***Posen***, pour rattacher la remise des wagons aux voies principales (Pl. XXVIII, (*fig.* 9 et 10).

(*) Notes rapportées d'un voyage aux États-Unis. — *Organ für die Fortschritte des Eisenbahn-wesens*, de 1867.

309. *Installation des grandes plaques.* — Les fondations de ces grandes plaques sont toujours dispendieuses, même en bon terrain, ne fût-ce qu'à cause de la pierre de taille qu'exigent les scellements; en mauvais terrain, le cube de maçonnerie peut s'élever à un chiffre très-considérable. Les *fig.* 20 à 22, Pl. XXVII, représentent les fondations de la plaque du dépôt de la gare de *Paris*, du chemin de la Méditerranée, établie en remblai de 5 mètres environ, et dont les fondations ont dû, dès lors, aller chercher le terrain solide à cette profondeur.

Elles comprennent trois tours et un massif central en moellon brut sur libage, avec couronnement en pierre de taille. La première tour supporte l'enceinte de la fosse, la seconde le cercle de roulement des galets extérieurs, la troisième celui des galets intérieurs. Au centre est le massif supportant le pivot, et relié à la tour intérieure par quatre murs rayonnants, formant de la tour et du noyau un système unique.

Ce fractionnement des supports, et par suite des fondations, n'est évidemment pas économique. Le groupement réduit le cube de maçonnerie; ainsi, en rapprochant les galets extérieurs de l'extrémité des poutres, et par suite leur cercle de roulement de l'enceinte, la fondation du premier se confond avec celle de la seconde, le cercle étant établi sur une retraite de celle-ci.

Le cube des maçonneries est plus réduit encore lorsque les poutres sont assez solidement constituées pour rendre en même temps inutiles les galets intermédiaires, comme dans la plaque de la station du chemin saxo-bavarois, à *Leipzig*, les poutres en treillis ayant assez de roideur pour être supportées seulement aux extrémités et au milieu.

L'installation des grandes plaques se rapproche quelquefois de la fondation sur radier général. Sur le Nord, par exemple, une plate-forme en béton, de $0^{m},50$ (chiffre évidemment variable, d'ailleurs, d'un cas à l'autre), est combinée avec des pièces de charpente assemblées à boulons, remplaçant la pierre de taille pour les scellements, et répartissant les pressions sur le béton, dans lequel les pièces de charpente sont noyées.

Les plaques à charge sur le pivot ne sont pas, sous le rapport de la fondation, aussi économiques qu'on pourrait le supposer au premier abord, parce que, d'une part, les galets, malgré leur rôle secondaire alors, exigent toujours un cercle de roulement très-solidement établi, et que, de l'autre, le pivot doit reposer sur un massif beaucoup plus considérable que dans les plaques ordinaires (Pl. XXIX, *fig.* 12 et 18).

§ II. — Chariots de remise et chariots de niveau.

310. 1° *Chariots de remise.* — Les voies des remises aboutissent à une fosse au fond de laquelle on établit la voie transversale sur laquelle circule le chariot. On s'attache à concilier une faible profondeur de la fosse avec un diamètre assez grand des roues du chariot ; et dans ce but, la plate-forme supportant le tronçon de voie est suspendue aux essieux.

Les *fig.* 11 à 19, Pl. XXX, représentent le chariot du chemin de *Lyon*, établi pour des wagons pouvant peser, chargés, jusqu'à 20 tonnes.

Le châssis est formé de deux paires PP, P_1P_1, de poutres jumelles en tôle double T, reliées par deux longrines L, L, placées au droit des rails. Entre les poutres jumelles sont placées les roues, chargées ainsi par des fusées doubles dont le diamètre a pu être réduit en conséquence. Le corps *c*, *c*, des essieux subsiste néanmoins, mais avec une section réduite ; sa seule fonction étant d'assurer l'égalité des vitesses angulaires des roues des deux côtés, et de combattre ainsi la tendance du chariot à prendre des positions obliques.

Ce chariot pèse 3.739 kilog., savoir :

Fer.	3.231
Fonte.	464
Bronze et matières diverses.	14
Total.	3.739

La voie établie au fond de la fosse a $4^m,21$ dans œuvre. Elle est formée de rails *Vignole* porteurs et de contre-rails, réunis aux premiers, de mètre en mètre, par une cale en fonte *k* et un boulon *b* (*fig.* 19). Les uns et les autres sont éclissés et leurs joints chevauchent, afin de permettre cet éclissage.

C'est seulement aux joints des rails porteurs qu'il y a des traverses proprement dites, *t*, *t*, de 5 mètres de longueur. Les supports intermédiaires, θ, sont des pièces de faible longueur : $0^m,85$ environ. Le double rail est cramponné sur ses supports avec l'inclinaison de 1/20e, les roues de chariot étaient des roues de wagons ordinaires.

A l'extrémité de la fosse, les rails porteurs sont recourbés, pour servir d'arrêt au chariot.

Les parois de la fosse sont revêtues en moellons, avec bordure en charpente de $0^m,18 \times 0^m,25$, recevant les extrémités des rails fixes.

Le chariot du *Staat's Bahn* autrichien (*fig.* 7 à 10) a $8^m,85$ de long. Les rails sont supportés par quatre paires de poutres jumelles en tôle, P, P, P...; chaque paire est suspendue aux essieux de deux roues. Il y a donc huit roues en tout roulant sur quatre rails *Vignole* V, V, V. Des longrines en tôle *l*, *l*, rivées sur les faces latérales des poutres, soutiennent les rails dans toute leur longueur. La translation est produite au moyen de deux treuils à engrenage, commandant deux roues solidaires R, R'; deux verrous *v*, *v*, fixent le chariot exactement dans l'axe des voies qu'il dessert.

311. L'établissement des chariots pour locomotive et tender ne présente pas de différences essentielles, si ce n'est celles qui dérivent du poids et des dimensions de la charge. Dans le chariot de l'Est, le tablier, de $11^m,60$ de longueur, est supporté, comme dans le précédent, par quatre paires de poutres jumelles, et par huit roues. Le corps de l'essieu existe pour l'une des files de quatre roues, non-seulement pour le motif indiqué tout à l'heure (310), mais aussi pour faire concourir à la progression du chariot l'adhérence due à la charge de ces quatre roues.

POIDS.

	kilog.
Fer.	16.250
Fonte.	3.652
Bronze.	220
Chêne ($1^{m3},40$).	1.400
Total.	21.490

A ce chiffre s'ajoute le poids des deux treuils, et généralement aujourd'hui celui d'une locomobile, soit 1.100 kilogrammes environ.

On applique quelquefois à ces grands chariots des ressorts de suspension, peu flexibles, mais toujours utiles pour répartir la charge entre plusieurs points d'appui. Le mouvement de translation est produit ordinairement par la rotation d'une des files de galets, et quelquefois par touage sur une crémaillère.

312. L'inventif ingénieur du *London-and-North-Western*, M. *Ramsbottom*, a imaginé récemment un appareil dans lequel le chariot est remplacé par des plates-formes dont chacune dessert trois ou quatre voies. Ces plates-formes sont fixes, les rails qu'elles portent sont seuls mobiles et glissent transversalement sur elles et au-dessous. On se fera une idée exacte de l'appareil, encore à l'étude et qu'il serait prématuré de décrire dans ses détails, en concevant une sorte de noria horizontale, dont les godets sont remplacés par des tronçons de voies en nombre double des voies fixes à desservir. Pour les wagons ordinaires, les rails mobiles sont saisis en quatre points; il y a donc quatre chaînes, dont les maillons articulés s'enroulent sur deux tambours polygonaux. L'un d'eux, commandé par un engrenage, sert à imprimer le mouvement au système des chaînes et des rails qui glissent sur la plate-forme et passent librement dessous, les poutres qui les supportent étant appuyées seulement à leurs extrémités. Ces poutres correspondent aux voies fixes, de sorte que les rails mobiles se projettent sur elles lorsqu'ils sont placés eux-mêmes sur le prolongement des rails fixes.

313. 2° *Chariots de niveau.* — Le problème est un peu moins simple lorsque les voies parallèles entre lesquelles il s'agit d'établir une communication sont continues, comme cela a lieu nécessairement pour les voies principales. La voie transversale sur laquelle circule le chariot est alors au même niveau que les autres ou à un niveau un peu plus élevé, comme on l'a vu (255).

Pour que le mouvement du chariot portant un wagon soit possible, il ne suffit pas que le second soit amené sur le premier et porte sur lui; il faut aussi que le wagon ait été élevé verticalement d'une hauteur au moins égale à la saillie des mentonnets au-dessous de la surface de roulement des rails.

C'est par le moyen employé pour produire ce soulèvement que diffèrent entre eux les divers types de chariots dits : à niveau.

Le mouvement horizontal par lequel le wagon est amené à se projeter sur le chariot peut précéder le soulèvement, ou être produit en même temps que lui.

Le chariot hydraulique, appareil abandonné aujourd'hui à cause de sa complication, appartenait à la première classe. Ce chariot portait, non comme les autres un tronçon de voie, mais un châssis reposant sur les tiges verticales des pistons de quatre petites presses hydrauliques. Le chariot, amené entre les rails de la voie occupée par le wagon à transporter, laissait parfaitement libre la circulation sur cette voie. Le wagon étant amené au droit du chariot, les hommes d'équipe faisaient fonctionner les pompes jusqu'à ce que le châssis du chariot s'appliquant sur les essieux du wagon, eût soulevé celui-ci de la quantité nécessaire pour dégager ses boudins.

Le chariot étant poussé jusqu'à la voie de destination du wagon, une simple manœuvre de robinets laissait l'eau s'écouler dans la bâche alimentaire, le châssis descendait, et le wagon venait reposer sur les rails.

Le chariot, circulant sur une voie auxiliaire non surélevée et ayant des galets sans boudins, pour ne pas interrompre les rails des voies principales, était guidé par un rail central saisi par quatre galets horizontaux.

Dans les appareils où le soulèvement et la translation sont simultanés, le chariot porte un tronçon de voie qui, au lieu de se substituer, comme dans les chariots roulant dans une fosse, au tronçon manquant de la voie principale, projette verticalement ses rails sur ceux de cette voie.

Divers modes d'application ont d'ailleurs été essayés. Ainsi dans la remise des voitures de la gare du chemin de *Lyon*, à *Paris*, les voies situées de part et d'autre de la voie du chariot pouvaient à volonté communiquer soit à niveau avec leur prolongement de l'autre côté de la voie transversale, soit avec le tronçon de voie établi sur le chariot. Dans la seconde position, la différence de niveau était rachetée par une inclinaison convenable des rails aboutissant à la voie transversale. Ces rails étaient mobiles à l'une de leurs extrémités, autour d'un axe horizontal, et s'appuyaient à l'autre, du côté de la voie du chariot, sur des excentriques manœuvrés au moyen de leviers ; mais c'était, là encore, un mécanisme d'une complication peu en rapport avec le résultat obtenu ; aussi a-t-il été abandonné, et les rails sont calés à demeure dans la position où ils correspondent au tronçon de voie porté par le chariot.

314. Une solution imitée du haquet a été proposée, il y a plus de vingt ans, en Belgique. Elle n'a pas été appliquée, et avec raison, car elle est peu pratique, mais elle mérite cependant d'être connue, car elle est ingénieuse ; l'idée, d'ailleurs, pourrait probablement être réalisée d'une manière plus satisfaisante (Pl. XXX, *fig.* 1 à 6).

La plate-forme P du chariot peut basculer et former un plan incliné appuyé, d'une part sur les rails de la voie du wagon à prendre, et de l'autre, sur un axe A A, suspendu aux essieux du chariot. Au sommet de la plate-forme est installé un treuil T, au moyen duquel le wagon est halé. Lorsque le centre de gravité du système mobile a dépassé l'axe A, la plate-forme bascule et vient s'appuyer sur une entretoise E; le wagon dépasse un peu cette position, de telle sorte que le centre de gravité coïncide à peu près avec le centre du rectangle des quatre points d'appui, et le chariot, parfaitement stable alors, est poussé sur la voie de service au moyen de la manivelle à volant *m*, qui commande par un engrenage la paire de roues.

Il est vraisemblable qu'on a nui à l'application de cet appareil en voulant lui faire remplir trop de fonctions à la fois; l'addition d'une grue de chargement à pivot G et d'une bascule de pesage *p*, *p*, *q*, le compliquait au point de le dénaturer et de lui enlever le caractère de simplicité indispensable dans les engins de ce genre.

315. Aujourd'hui, le chariot se réduit à une sorte de caisse en tôle, sans fonds, portant latéralement deux plates-bandes qui forment le tronçon de voie mobile, sur lequel les roues s'appuyent par leurs boudins (Pl. XXXI, *fig.* 12). Quoique la face inférieure des plates-bandes rase le rail d'aussi près que possible, il faut toujours un certain jeu; de sorte que la hauteur dont le wagon doit être surélevé est la somme de ce jeu, de l'épaisseur de la plate-bande, et de la saillie du mentonnet.

Cette hauteur doit être répartie sur un plan incliné d'une longueur suffisante; les plates-bandes sont souvent raccordées avec le rail, au moyen d'une pièce effilée en forme d'aiguille *f*, *f* (*fig.* 9 et 10, Pl. XXI) mobile soit autour d'un axe horizontal, soit autour d'une charnière un peu inclinée sur la verticale, qui est rabattue sur le rail pendant que le wagon est poussé sur le chariot, et ensuite relevée ou repliée latéralement à la caisse, de manière à ne pas faire obstacle à son mouvement.

Ces appendices mobiles s'appliquant immédiatement sur le rail font disparaître tout ressaut; mais ils se dérangent, et comme ils ne sont pas indispensables, il vaut mieux y renoncer, en réduisant le ressaut autant que possible.

Les *fig.* 1 à 7, Pl. XXXI, représentent le chariot de l'Est; il est formé de deux poutres en tôle réunies par des entretoises dont les extrêmes reportent la charge sur des fusées extérieures aux roues.

La charge n'est pas appliquée directement aux fusées par les coussinets, mais par des galets de friction $g\,g$, disposition applicable aux mouvements lents, et qui réduit beaucoup le travail du frottement de glissement. r étant le rayon de la fusée, R celui des galets g, r' celui de leurs axes, le chemin parcouru par le frottement, pour un tour de roue, est réduit de $2\pi r$ à $\frac{2\pi r r'}{R}$, c'est-à-dire dans le rapport de $1 : \frac{r'}{R}$. Ici, $r' = \frac{1}{3}$ R. Le tronçon de voie est formée de deux cornières c, c (*fig.* 5 à 7), rivées au bas des poutres, et qui sont en même temps un élément essentiel de la rigidité de celles-ci. Elles sont terminées à chaque bout par un appendice P, P, P (*fig.* 1 à 4), formant plan incliné, et présentant une rigole dans laquelle s'engagent les boudins des roues des wagons; les roues du charriot sont guidés par des mentonnets extérieurs.

Le chariot pour wagons à voyageurs du chemin de l'État autrichien (Pl. XXI, *fig.* 9 à 16) est d'une construction analogue; sa voie est formée également de cornières c, c (*fig.* 15), rivées sur les longerons; il diffère du précédent : 1° par la mobilité des plans inclinés à contrepoids f, f; 2° par le mode de guidage du chariot.

Ses roues R, R, sans boudins, roulent sur une voie à rails continus, dont le niveau est en contre-bas des voies principales d'une quantité égale à la saillie normale des mentonnets des wagons. Les rails r, r, des voies principales sont nécessairement interrompus, au croisement de la voie auxiliaire, sur une longueur un peu plus grande que la largeur des jantes des galets; mais les roues des wagons, en franchissant ces points, portent par leurs boudins sur les rails de la voie auxiliaire, et sur des fourrures F, F, formant plans inclinés pour éviter les chocs. Les roues du chariot sont guidées par des contre-rails C, C, de même hauteur que les rails des voies principales, auxquels ils sont liés par des équerres boulonnées e, e. Cette disposition est, en somme, un peu compliquée; et par suite du faible diamètre de ses galets, dont les fusées supportent directement la charge, la manœuvre du chariot est difficile.

CHAPITRE XI.

FABRICATION ET RÉCEPTION DES RAILS.

§ I.—Remarques sur les conditions inscrites dans les cahiers des charges.

316. Une étude complète de la fabrication des rails serait ou peu s'en faut, celle de toute la métallurgie du fer. Elle n'entre pas dans le plan de ce livre; mais sans aborder une discussion approfondie de ce sujet, nous ne pouvons nous dispenser de passer rapidement en revue les conditions imposées aux usines par les compagnies de chemins de fer, ainsi que les progrès réalisés depuis quelques années dans la fabrication des rails.

Les rails sont, comme nous l'avons déjà fait remarquer (132), dans des conditions plus favorables qu'il ne semblait au premier abord. Sous l'influence, inexpliquée d'ailleurs, du passage des trains, l'oxydation n'a pas de prise sur eux; mais s'ils ne se détruisent que par le fait même de leurs fonctions, et plus ou moins, d'ailleurs suivant l'état des autres éléments de la voie, traverses et ballast, et de l'entretien, cette destruction, parfois très-rapide, n'a pas une allure normale, nécessaire. Ce n'est pas de l'usure; c'est tantôt le champignon supérieur qui se déforme et s'affaisse, sans perte notable de matière; tantôt et beaucoup plus fréquemment, c'est le métal qui s'exfolie et se détache en sortes de lanières plus ou moins longues, plus ou moins épaisses. Dans le premier cas, le fer est trop mou; dans le second, c'est l'homogénéité, la solidarité des éléments qui font défaut.

S'il ne s'agissait que de l'usure proprement dite, sa marche serait très-lente, à peu près uniforme, et l'on pourrait établir une certaine relation entre la durée des rails et leur perte de poids; mais la nature des avaries qu'ils éprouvent exclut toute relation de ce genre. Une altération toute locale peut entraîner le remplacement d'un rail dont la perte de poids est très-faible, tandis qu'un autre, altéré sur toute sa longueur, mais nulle part aussi gravement, peut être maintenu en service malgré une perte beaucoup plus considérable.

Mentionnons en passant un fait singulier, observé sur le chemin du Nord autrichien : c'est que toutes choses égales d'ailleurs, la destruction des rails serait beaucoup moins rapide sur double voie que sur simple voie. Il semble qu'à égalité de trafic, cette destruction devrait être tout juste deux fois moindre dans le premier cas que dans le second. Elle serait cependant de beaucoup inférieure. Nous ne nous arrêterons pas à discuter ce fait, quoiqu'il paraisse résulter d'observations prolongées faites sur un réseau important. Faut-il le rattacher à des influences magnétiques, ou y voir l'effet de l'exfoliation, les éléments détachés à un bout, et *baillant*, étant nécessairement pris à rebrousse-poil pour ainsi dire et arrachés par les mentonnets des roues, sur les lignes à voie simple, tandis que sur double voie, ceux qui sont attaqués par les roues à leur point d'insertion, sont appliqués, couchés sur le rail?

L'expérience a d'ailleurs prononcé sur le degré de réalité de l'altération moléculaire, si longtemps suspendue comme une menace sur tous les solides en fer, indistinctement, soumis à des vibrations. Lorsque l'accroissement simultané du poids des machines et de la vitesse a multiplié sur certaines lignes les ruptures des rails, devenus trop faibles, beaucoup de personnes ont mis en avant cette explication fort peu rassurante d'une diminution de la résistance en rapport avec une modification graduelle de l'arrangement moléculaire; le remède a même été proposé et quelquefois appliqué : le recuit. C'est ainsi qu'on a, dit-on, coupé court, à une certaine époque, à des ruptures qui se renouvelaient d'une manière inquiétante sur le chemin de *Saint-Étienne* à *Lyon*. Mais en admettant le fait, il faudrait y voir non une confirmation de l'hypothèse en question, mais simplement un effet bien connu du recuit; appliqué avec les ménagements nécessaires (sans quoi l'effet serait exactement inverse), il rend le fer moins cassant, plus ductile, mais aux dépens de sa dureté. Une pratique qui rend les rails mous quand il faut, à tout prix, des rails durs, ne peut être proposée sérieusement, aujourd'hui moins que jamais. Ce n'est pas quand le recuit était unanimement condamné pour les essieux de chemins de fer, malgré l'exemple contraire donné pendant longtemps par plusieurs grands établissements de messageries, qu'on pouvait songer sérieusement à l'appliquer aux rails.

Ce qu'il y a de certain, c'est que si la transformation dont il s'agit a quelque réalité pour les rails, sa marche est si lente qu'elle est tout à fait hors de cause dans la question de leur durée.

Le mal est ou dans la nature du fer, ou dans le mode de fabrication des rails. La question est de faire des rails qui ne se déforment pas, dont les éléments ne se disjoignent pas, et qui ne fassent que s'user.

Le contrôle par lequel les compagnies cherchent à se prémunir contre la livraison de rails défectueux, ou contre ses conséquences, s'exerce sous diverses formes : 1° conditions de fabrication, et surveillance de cette fabrication par des délégués entretenus en permanence dans les usines; 2° Réception des produits, comprenant un examen et des épreuves mécaniques; 3° délai de garantie.

La réception n'a pas besoin d'être justifiée en principe, mais elle présente parfois des difficultés dans l'application, un rail pouvant être très-bon malgré quelques défauts, plus apparents que réels, qui n'affectent pas ses qualités vraiment essentielles, et dont les agents peuvent s'exagérer la gravité.

Les épreuves sont également nécessaires, l'examen le plus attentif ne suffisant pour juger la qualité. Mais là encore il faut que les épreuves aient pour effet de constater si le rail possède les qualités réellement utiles pour son service ; il n'en est pas toujours ainsi.

Quant aux conditions de fabrication et à la surveillance exercée dans l'usine, leur utilité est au moins contestable. Des conditions de réception vraiment pratiques et sévères, une garantie tenant un juste compte des circonstances dans lesquelles les rails seront placés en service, créent aux usines un intérêt suffisant à livrer de bons produits; et s'il sont bons, qu'importe comment ils ont été faits?

Cette tutelle, exercée sur les usines par les compagnies qui imposent non-seulement la qualité, mais aussi le procédé, peut, sans contredit, avoir parfois ses bons côtés. Nul doute qu'un ingénieur de chemins de fer puisse parfois imprimer aux recherches d'un maître de forges une direction salutaire, le mettre à même de tirer, à son propre point de vue comme à celui du chemin de fer, un meilleur parti des éléments qu'il met à œuvre. Mais il faut pour cela, non-seulement que l'ingénieur se fasse métallurgiste, mais encore qu'il connaisse à fond les conditions particulières du travail de chaque usine, qu'il se substitue en quelque sorte au maître de forge. Cela n'est pas impossible sans doute, cela s'est vu, peut-être, mais à titre d'exception ; l'ingénieur qui traite avec plusieurs usines, a une tendance à peu près irrésistible à généraliser les conditions de fabrication, à imposer des règles communes, sans tenir compte de la diversité des éléments, minerais et combustibles. Si un tel système a pu parfois hâter le progrès, il l'a bien plus souvent entravé. Plus libres dans leurs allures, en pleine possession de leur initiative, les producteurs se seraient livrés, à leurs risques et périls, à ces recherches incessantes qui sont la condition, la vie même de l'industrie. Un régime qui laisse leur responsabilité entière, en aliénant leur liberté, est en contradiction avec lui-même. Si quelqu'un en souffre d'ailleurs, c'est moins l'usine que le chemin de fer lui-même, qui pourrait souvent sans doute avoir sinon de meilleurs rails pour le même prix, du moins des rails beaucoup meilleurs pour un prix peu supérieur à celui qu'il paye.

Ce n'est guère qu'en France, ce pays classique de la réglementation, que la liberté de la fabrication a été généralement repoussée jusqu'à présent. Elle règne depuis longtemps en Angleterre, en Allemagne, en Italie ; l'État belge s'est décidé aussi à effacer de son cahier des charges toutes ces prescriptions qui garantissent, non la qualité des produits, mais seulement l'observation de certaines règles d'une efficacité souvent suspecte :

« L'entrepreneur aura la faculté d'adopter, pour l'affinage, le corroyage, le « composition des paquets et le soudage, le mode qui lui paraîtra le mieux « approprié à la production d'un fer durable et exempt de défaut. » (Cahier des charges du 30 septembre 1866, art. 3.)

L'État belge se réserve seulement, par une clause toute naturelle, le droit de savoir, s'il le juge à propos, comment les choses se passent :

« L'administration se réserve le droit de faire suivre, par ses agents, la « fabrication des rails. Les fabricants seront tenus de leur donner, à cet « effet, tous les renseignements qui leur seront demandés. Les fournisseurs « ne pourront élever aucune réclamation de ce chef, lors même que les « rails dont la fabrication aura été suivie, seront rebutés pour défaut quel« conque. »

Venant d'un pays où la fabrication des rails a acquis un tel développement cet exemple est significatif. On a compris, en Belgique, qu'un cahier des charges ne peut être général qu'à condition d'être muet sur les conditions de fabrication.

C'est ainsi que les usines belges ont pu tenter, et souvent avec succès, de fabriquer des rails uniquement en fer brut.

On commence, du reste, en France, à entrer dans la même voie. Le nouveau cahier des charges de la Compagnie d'*Orléans* porte (art. 5) :

« Les rails sont en fer dur, bien soudé, non cassant à froid, à grain fin « dans le champignon et de qualité analogue à celle de l'échantillon qui « aura été présenté par le fournisseur, et agréé par la compagnie.

« A raison de la garantie spéciale (cinq ans) qu'elle a acceptée, l'usine « est autorisée à fabriquer, si elle le juge convenable, les rails à livrer *tout « en fer puddlé*, ou avec telle proportion de vieux rails qu'elle croira devoir « employer dans la fabrication des rails neufs. »

La Compagnie d'*Orléans* inaugure ainsi un régime qui ne tardera sans doute pas à prévaloir, et dont on se trouvera bien.

317. Après avoir dit (*) « qu'il ne partage pas mon opinion sur « la liberté du mode de fabrication, » le regrettable M. *Perdonnet* ajoute, un peu plus loin (**) ce qui suit :

« Si l'on était bien fixé sur la valeur des différents procédés, si le même « procédé devait être prescrit à toutes les usines, quelle que soit la nature « des minerais ou des fontes qu'elles emploient, nous serions partisan du « système adopté par les compagnies du *Nord* et de l'*Ouest*, et nous décri- « rions le procédé de fabrication des rails dans le cahier des charges *ne « varietur*, comme on décrit le procédé de fabrication des mortiers dans les « cahiers des charges pour la construction. *Mais aujourd'hui, que l'on n'est « pas d'accord sur la nature des fers employés dans la composition des trousses, « que les uns pensent que l'on doit associer le fer corroyé au fer puddlé, que « d'autres supposent qu'il vaudrait mieux n'employer que du fer puddlé, que « quelques-uns même, malgré le peu de succès que l'on a obtenu en compo- « sant les trousses exclusivement de fer corroyé, pourraient être tentés de re- « nouveler l'essai; aujourd'hui que les uns veulent donner une grande épaisseur « aux couvertes, d'autres une épaisseur plus faible; aujourd'hui enfin que la « question de la fabrication des rails est encore à l'étude, nous croyons que si le « fabricant consent à soumettre ses procédés à l'approbation de l'ingénieur en « chef de la compagnie, le meilleur parti à prendre est de ne pas insérer dans « le cahier des charges des conditions que l'expérience peut conduire à mo- « difier.* »

L'auteur de ces lignes combattait, disait-il, l'opinion que j'exprimais en 1857 (***); s'y serait-il pris autrement pour l'appuyer?

« On est revenu, » dit M. *Prokesch* (****), ingénieur en chef du chemin de fer du Nord autrichien, « dans ces derniers temps, au régime le plus simple et « le plus raisonnable, c'est-à-dire qu'on laisse les usines libres de fabriquer « comme elles l'entendent, mais en les rendant responsables de la qualité « des rails par une garantie équitable. Ce qui n'est pas autre chose qu'une

(*) *Traité élémentaire des chemins de fer*, 3e édition, t. II, p. 104.
(**) *Ibid.* p. 106 et 107.
(***) *Chemins de fer d'Allemagne*, p. 303 et suiv.
(****) *Zeitschrift der österreichischen Ingenieur Vereins*. 1866, p. 147.

« épreuve faite sur tous les rails, et dans les conditions mêmes du service. »

« Une usine, » dit de son côté M. *Sieber* (*), « qui en affinant ses fontes « avec soin, suivant les règles de l'art, pourrait donner de bons rails, est « parfois exposée à en fournir de très-mauvais, en se conformant aux pres- « criptions du cahier des charges. »

318. On a objecté contre la liberté de la fabrication que son correctif nécessaire est une garantie prolongée qui ajourne à long terme les règlements de compte des usines, et dont l'assiette même présente des difficultés lorsqu'il s'agit, comme cela arrive très-souvent, de livraisons faites à un réseau dont les diverses lignes sont dans des conditions de tracé et de trafic très-inégales.

La première objection porte à faux, les compagnies pouvant, sans rien risquer, grâce à la solvabilité notoire des usines avec lesquelles elles traitent, opérer complétement leurs payements avant l'expiration du délai de garantie.

La compagnie d'*Orléans*, par exemple, échelonne ses payements comme il suit (art. 16 du cahier des charges) :

85 p. 100 de la valeur des rails reçus à l'*usine*, dans le courant du mois qui suivra celui de la réception ;

10 p. 100 de la valeur des rails livrés sur les ports, dans le courant du mois qui suivra celui de la réception ;

Et les cinq derniers centièmes, un an après l'*origine* de la garantie (triennale).

Disposition qui est encore tempérée par la suivante :

Il est néanmoins entendu que lorsque les cinq derniers centièmes retenus pendant la garantie viendront à produire une somme de 50.000 francs, cette retenue ne pourrra plus être augmentée, et le produit des cinq centièmes excédant cette somme sera payé au fournisseur en même temps que le deuxième à-compte de 10 p. 100.

Quant au second point, l'application de la garantie se fait équitablement et sans complication, en opérant non sur la totalité de la fourniture, mais sur une fraction, sur des échantillons assez nombreux pour représenter l'état général, la qualité de la livraison, et placés dans des conditions bien définies.

Au lieu de remplacer les rebuts, le fournisseur paye à la compagnie une indemnité de moins-value. On évite ainsi et une révision complète, dans laquelle on ne saurait comment tenir compte des conditions très-diverses que présentent les sections d'un même réseau, et

(*) *Mémoires des ingénieurs civils*, année 1864, page 361.

le remplacement immédiat des rails qui, malgré leurs défauts, peuvent encore servir pendant un temps plus ou moins long.

Voici la règle établie par le cahier des charges de l'Est (art. 14) :

La compagnie n'entend recevoir que des rails pouvant faire un service de trois ans, sans aucune détérioration, sur les parties principales de son réseau. Elle s'assure, par une expérience partielle, que cette condition est remplie.

Le fournisseur s'engage, en conséquence, à subir sur le prix stipulé au marché et pour l'ensemble de la fourniture, une réduction proportionnée au nombre de rails qui ne résisteraient pas à l'épreuve dans les conditions suivantes :

10 p. 100 au moins de la fourniture, pris à divers moments de la fabrication, au choix de la compagnie, seront placés par elle sur telle partie du réseau qu'elle jugera convenable de choisir. Il sera donné acte au fournisseur de l'emplacement de la date de cette pose. A l'expiration de trois années de service, on établira contradictoirement la proportion des rails avariés, c'est-à-dire ayant un commencement de détérioration, comme écrasement, défaut de soudure, exfoliation, rupture, fissure à l'éclisse, etc. Cette proportion sera appliquée à l'ensemble de la fourniture, et servira à déterminer la quantité de tonnes passibles de l'indemnité, que tout ou partie seulement de la fourniture ait été mise en service (*).

Le taux de l'indemnité est fixé de manière à représenter la différence de valeur entre une tonne de rails neufs et une tonne de rails hors de service, les rails auxquels l'indemnité se rapporte restant d'ailleurs la propriété de la compagnie.

Ces dispositions sont calquées sur celles du cahier des charges du Nord. Seulement celui-ci définit expressément (art. 13) les sections sur lesquelles les rails, pour être admis, doivent être reconnus en état de faire un service de *deux* ans sans éprouver aucune détérioration. Ce sont celles de ***Saint-Denis*** à ***Creil*** par ***Pontoise*** et par ***Chantilly;*** de ***Creil*** à ***Amiens;*** de ***Creil*** à ***Erquelines;*** d'***Amiens*** à ***Lille*** et ***Valenciennes.***

Le mode d'exercice de la garantie est défini par le cahier des charges de l'État belge en termes identiques, sauf ces points :

1° Les rails placés sur les voies principales, dans les stations, sont seuls en dehors de la garantie. Il n'y a pas d'exception pour les courbes et les rampes (rares, du reste, sur le réseau de l'État belge).

2° Le fournisseur a la faculté de fournir des rails neufs jusqu'à concurrence du montant de l'indemnité, en prenant pour base le prix de la dernière adjudication publique faite au moment de l'expiration de la garantie.

3° L'administration se réserve le droit, pour le cas où elle jugerait que des

(*) Le précédent cahier des charges contenait une réserve ainsi conçue : « Il est entendu, « toutefois, que les rails soumis à cette épreuve ne seront pas placés dans les stations ni « dans les parties de voies en courbe d'un rayon inférieur à 500 mètres, ou en pente de « plus de 0,01. » Mais elle a disparu dans le cahier des charges actuel.

rails ne pourront être maintenus en service pendant les trois années d'essai, de régler à toute époque, pendant cet intervalle, l'indemnité partielle due de ce chef par le fournisseur, et d'exiger de lui, dans le délai de deux mois, le payement de cette indemnité, dont le montant sera provisoirement déterminé d'après les plus récents marchés.

Sur le réseau de *Paris* à la Méditerranée, la période de garantie est également triennale. La fraction de la fourniture soumise à l'observation est réduite à 1/20ᵉ, et les sections d'épreuve ne doivent pas présenter d'inclinaisons supérieures à 0,010 (art. 10 du cahier des charges). D'après l'article 11, les payements s'effectuent ainsi :

95 p. 100 de la valeur des rails livrés sur les ports, dans le courant du mois qui suit celui de cette livraison, et les cinq derniers centièmes, après la réception définitive, c'est-à-dire après la liquidation de l'indemnité représentant la moins-value des rails défectueux.

§ II. — Fabrication des rails en fer.

319. 1° *Observations générales.* — On a beaucoup disserté sur la texture du fer qu'on doit rechercher dans les rails.

C'est le grain fin qui est le plus généralement recommandé ; il s'agit, bien entendu, du grain constitutionnel, pour ainsi dire, et non de celui qui résulte d'un affinage incomplet, nuisible à la qualité, si la fonte est impure ; pas davantage du grain, gros et irrégulier, du reste, que présente le fer brûlé. Le nerf, souvent prescrit à la base (*), rarement dans toute la section, moins la couverte, n'est le plus souvent que toléré aujourd'hui, et en partie seulement. Les rails à champignons inégaux de 39 kilogrammes, commandés par l'État à l'usine de *Seraing*, pour la rampe de *Pontedecimo* à *Busalla* (ligne de *Turin* à *Gênes*), étaient dans le premier cas ; sur les huit mises qui composaient le paquet, le nerf était prescrit pour les six dernières.

Le gros grain, ou pour mieux dire le fer cristallin qui doit, comme on sait, cette texture à la présence du silicium, du soufre et du phosphore, est ordinairement repoussé. Comme cependant beaucoup de minerais donnent aujourd'hui une masse considérable de

(*) Comme le remarque M. *von Tunner* ([a]), le pied, plus étiré que la tête, tend par cela même à affecter un arrangement fibreux des molécules. On se rapproche ainsi, par le seul fait du mode de fabrication, et indépendamment des différences de nature du fer, des conditions imposées par quelques ingénieurs.

([a]) Über die Walzenkaliberirung. — *Arthur Félix*, à *Leipzig*, 1867.

fer à gros grain, impropre à beaucoup d'usages, les producteurs ont cherché à le faire admettre sur le marché des rails; il paraît propre, en effet, à former un champignon homogène et dur. L'expérience prouve, en général, que le fer provenant de minerais phosphoreux convient pour les couvertes. Le phosphore rend le métal plus facilement soudable, et il annule la tendance rouveraine due au soufre, et qui cause les criques.

Mais si le paquet contient aussi du fer à nerf, il est difficile d'obtenir une association intime entre deux fers de nature aussi différente. Le premier, ramolli et par suite soudable à une basse température, approche de son point de fusion quand le second n'a pas encore atteint la température qui convient à la soudure; de sorte que si on va jusqu'à cette température, le fer à grain se brûle, et si on reste en deçà, la soudure est imparfaite.

Un ouvrier habile et attentif peut, d'ailleurs, mettre à profit les températures différentes qui règnent dans le fer à réchauffer, et amener ainsi chacune des deux espèces de fer à peu près au degré de chaleur qui lui convient. Le paquet mixte doit toujours être placé, au four à réchauffer, avec la couverte sur la sole. Le nerf, exposé à la flamme, est plus fortement chauffé. Quand le paquet est un peu lié, on le met sur le flanc avec le nerf vers la grille. Il s'échauffe plus encore, tandis que le grain est soustrait à l'action directe de la flamme. Plus la couverte à grain est épaisse, et plus elle exige de temps pour atteindre sa température de soudage; et pendant ce temps le fer nerveux approche de la température qui lui convient. Si donc la plupart des cahiers des charges français s'abstiennent avec raison aujourd'hui d'exiger du nerf dans la partie du paquet qui doit former le patin du rail *Vignole*, c'est souvent avec raison aussi qu'ils l'admettent, la production, au puddlage, d'une proportion plus ou moins forte de fer à nerf ne pouvant pas être évitée, surtout avec certaines fontes.

La longueur ordinaire des rails est aujourd'hui de 6 mètres. Avec le poids de 37 kilogrammes environ par mètre, une longueur plus grande conduirait à des paquets peu maniables, et difficiles à chauffer également. On a cependant été plus loin, en Angleterre et en Belgique (44), et même en France, mais seulement pour le rail *Barlow;* celui du Midi, qui avait également 6 mètres de longueur, pesait 45 kilogrammes le mètre.

On spécifie généralement le poids des rails en même temps que le profil. Pour être parfaitement concordantes, ces deux stipulations doivent tenir compte des différences de poids spécifique, celui-ci variant surtout avec la structure du fer. Ainsi on a constaté sur le chemin rhénan, que le poids des rails à grain fin dépasse sensiblement celui des rails à nerf, qui sont, eux-mêmes, plus lourds que les rails à gros grain. Si donc le fabricant emploie des fers plus durs qu'il n'a prévu, il faut pour n'être pas lésé qu'il maigrisse un peu le profil, la tolérance (*) en plus, destinée à tenir compte des petits écarts inévitables du profil, ne laissant pas toujours une marge suffisante, s'il y a, de plus, des différences de poids spécifique.

Jetons maintenant un rapide coup d'œil sur la fabrication des rails : 1° en France ; 2° en Belgique ; 3° en Angleterre.

320. 1° *France.* Notons d'abord dans cette fabrication un caractère négatif. Il n'est question, en général, du martelage dans les cahiers des charges français, ni pour les loupes (pour lesquelles d'ailleurs il a toujours eu lieu en fait, les autres appareils de cinglage n'étant pas usités en France), ni pour les paquets à couvertes, ni pour les paquets à rails. L'emploi du marteau était prévu, cependant dans l'ancien cahier des charges du chemin de ceinture de *Paris* (art. 3), mais en ces termes :

« L'ingénieur chargé de la réception pourra exiger que les paquets pour « rails soient soudés au marteau, si la soudure aux cylindres ne paraît pas « suffisante. »

Une condition aussi aggravante ne peut évidemment être abandonnée à l'appréciation de l'ingénieur ; mais le martelage des paquets est certainement une des garanties les plus sérieuses de la qualité des rails, et puisqu'on fixe des conditions, celle-ci est une des plus importantes ; mais pour l'imposer, il faudrait aussi la payer.

Ce martelage a été appliqué, en France, par exemple à *Decazeville* (Aveyron), en 1863. Le paquet était pilonné sous un marteau de 5 tonnes, et étiré ainsi jusqu'à ce qu'il pût passer à la première cannelure finisseuse. Le pilon remplaçait ainsi complétement les dégrossisseurs. Parfois même la barre entrait de suite dans la deuxième finisseuse.

Le martelage exige du soin ; les premiers coups doivent frapper sur la couverte en allant du milieu aux bouts, pour épurer. Ils doivent être vifs, pour souder pendant que le paquet est bien chaud. Des

(*) Cette tolérance est généralement de 2 p. 100 pour les livraisons partielles, mais elle est réduite à 1 p. 100 pour l'ensemble de la fourniture. Au delà de cette proportion, l'excédant de poids n'est pas payé au fournisseur. Au-dessous, le tout est refusé.

coups plus forts étirent ensuite le paquet de un quart à un tiers de sa longueur. Si quelques mises se séparent au forgeage de champ, il faut réchauffer, et ressouder au marteau. Après le martelage, le paquet est réchauffé, mais modérément pour ne pas brûler le fer à grain.

En général dans les laminoirs pour rails, les trois premières cannelures soudent, la température du paquet étant assez élevée; la quatrième est la première cannelure profilante; si on voulait commencer plus tôt à comprimer le corps, les mises de renflements, mal soudées, se sépareraient.

La couverte supérieure est généralement d'une seule pièce. La tête du rail étant moins comprimée que la tige, on craindrait en admettant un joint, d'avoir une soudure imparfaite précisément dans la région où la continuité est le plus indispensable. Cette condition d'une mise unique, à laquelle on déroge d'ailleurs dans certains cas (330, 331), entraîne aussi jusqu'à un certain point, celle de l'emploi du fer n° 2, le fer brut étant difficilement obtenu en barres à la fois larges, épaisses, et saines sur les bords.

321. C'est une des difficultés qu'on a rencontrées, et alors bien plus grave encore, quand on a tenté de réaliser, sous sa forme la plus radicale, l'idée des rails en fer brut : c'est-à-dire de laminer un massiau, formé d'une seule boule cinglée et étirée au marteau, puis réchauffé; on eût obtenu ainsi un rail sans soudures; mais ce procédé, d'une application déjà bien difficile lorsqu'il s'agissait de rails de petite section et courts, deviendrait littéralement impossible pour les rails actuels de 6 mètres et de 37 kilogrammes par mètre, à moins de modifications profondes dans le four et dans l'opération même du puddlage. L'avantage serait pourtant assez grand pour justifier un peu de persévérance de la part des usines, et de la part des chemins de fer un peu de tolérance pour quelques défauts. L'idée, au surplus, n'est pas complétement abandonnée. L'usine de *Dawlais* avait envoyé comme spécimen à l'Exposition de 1867, une grosse loupe obtenue au four à réverbère à sole tournante, et destinée à être convertie en rail en une seule chaude. Mais le four dont il s'agit n'est pas encore entré dans la pratique; son entretien est trop coûteux. M. *Börsig*, de son côté, exposait des loupes brutes de 250 kilogrammes et au delà, obtenues dans un four à réverbère muni de deux portes de travail, qui permettent à quatre hommes de travailler à la fois. D'autres loupes, provenant aussi, dit-on, d'une seule opération, atteignaient même 1.000 kilog. Mais on ne peut voir là, jusqu'à présent, que des tours de force, sans valeur pour de semblables masses, que le marteau ne pourrait épurer *à cœur;* dans des limites plus restreintes, ces essais seraient intéressants, sans doute, comme symptômes de progrès futurs, si, en ce qui touche les rails, notamment, les efforts n'étaient dirigés aujourd'hui dans une autre voie, c'est-à-dire vers la production économique du métal affiné fondu (347).

322. Les paquets pour le rail *Vignole*, dont nous nous occuperons spécialement ici, sont généralement formés de fer corroyé, au champignon et au patin, et de fer brut, à l'intérieur. Les conditions sont d'ailleurs plus ou moins explicites, plus ou moins minutieuses en ce qui touche la composition et les élaborations des paquets pour couvertes et des paquets pour rails.

Voici comment elles sont formulées par le cahier des charges du Nord français :

Art. 6. Les rails seront en fer dur et compacte, bien soudé, non cassant à froid, à grain fin, particulièrement dans le champignon, enfin, de qualité convenable pour résister à l'action des roues, sans se rompre, s'exfolier, se dessouder, etc.

Art. 7. La fabrication du fer devra être conduite en vue de n'avoir, autant que possible, que du fer à grain fin.

Les fers puddlés destinés à la fabrication des rails seront, d'ailleurs, exactement classés par nature et en trois catégories distinctes, savoir : 1° fers à grain; 2° les fers *métis* ou à grain mêlé de nerf; 3° les fers à nerf.

Dans le paquet pour corroyé, il n'entrera exclusivement que des fers de première catégorie, c'est-à-dire à grain.

Les paquets pour rails devront, autant que possible, être composés de fer à grain fin. Dans tous les cas, le fer à nerf ne sera admis que dans le dernier tiers du paquet; entre le nerf et les deux premières mises de fer à grain, sous le corroyé, on admettra le fer métis.

Les barres formant les différentes mises seront de section rectangulaire. Chaque mise de fer puddlé se composera en largeur de deux ou trois pièces au plus. La mise en fer corroyé formant la partie supérieure du paquet sera d'une seule pièce. Elle représentera en poids le cinquième environ de la masse totale, et de manière à présenter, sur la section du rail fini, dans les surfaces du roulement, une épaisseur d'au moins 1 centimètre.

Les bouts écrus des barres formant le paquet seront affranchis. Ces barres seront toutes d'une seule pièce, bien dressées sur toute la longueur du paquet. Cependant pour le fer puddlé, on tolérera quelques barres en deux pièces au plus dont la plus petite n'aura pas moins de 0m,30 de longueur; mais alors elles seront assemblées avec soin, bout à bout, de manière à ne laisser dans l'intérieur du paquet que le moins de vide possible. Les joints des mises devront être contrariés; à cet effet, les barres de fer puddlé ne devront pas être de même largeur.

Le nouveau cahier des charges de l'Est reproduit les mêmes conditions, et dans les mêmes termes. Seulement il n'exige en corroyé, que $\frac{1}{6}$ environ du poids du paquet (au lieu de $\frac{1}{5}$), proportion jugée suffisante pour assurer l'épaisseur, toujours exigée, de 0m,01 au moins aux surfaces de roulement; et il ajoute :

Cette dernière condition sera constatée, sur les rails finis, par l'essai par un acide.

Ce moyen fort simple de vérifier l'arrangement des mines sous l'action du laminoir, est souvent employé. Divers exemples de son application sont représentés par les *fig.* 17, 18, 19 et 29 de la Pl. II, et 10 et 11 de la Pl. III.

Les anciens cahiers des charges français exigeaient, dans les rails à double champignon, une proportion beaucoup plus considérable, $\frac{1}{3}$ au moins, de fer corroyé (chemin de ceinture; cahier des charges de l'Est, du 27 décembre 1851; Midi, cahier des charges du 19 juillet 1855).

La compagnie du Midi a maintenu cette proportion; à cela près, les conditions sont les mêmes que celles du Nord et de l'Est. Le nerf est également admis, mais seulement dans le centre du paquet, puisqu'il s'agit de rails à double champignon. Le nerf doit d'ailleurs former au plus le tiers du paquet (art. 7).

La compagnie de *Paris* à la Méditerranée exige aussi un tiers de corroyé, quel que soit le profil; mais les conditions qu'elle impose diffèrent notablement des précédentes :

Le patin du *Vignole* doit être, comme le champignon, formé d'une couverte corroyée d'une seule pièce.

Les hauts fourneaux qui produiront la fonte destinée à la fabrication des fers pour rails ne devront pas employer de minerais qui donnent des fers aigres ou cassants.

La largeur des paquets pour rails est de 0m,20, et la hauteur de 0m,22 au moins, vides non compris.

Les paquets pour rails et les paquets pour couvertes corroyées doivent être exclusivement composés de barres rectangulaires, assemblées sur leur plat, par assises d'épaisseurs régulières, à joints croisés.

Les paquets pour couvertes doivent être laminés de plat et non de champ, de manière à ce que la largeur de la couverte soit parallèle au sens des mises composant le paquet de la couverte (art. 4 du cahier des charges).

Acceptant, comme on le fait pour le rail *Vignole*, le nerf à la base du paquet, il eût été naturel de recommander le fer métis au lieu de l'admettre simplement puisqu'en répartissant le passage du nerf au grain toujours exigé au sommet, il diminue les chances d'une soudure défectueuse, à peu près inséparables d'un brusque changement de nature. La *fig.* 14, Pl. XXXII, représente la composition du paquet pour rail *Vignole* du Nord, fabriqué il y a plus de dix ans dans les usines d'*Anzin* et des hauts fourneaux du Nord, et dont la soudure, d'après M. *Alquié*, était très-satisfaisante :

a. Corroyé à grain.
b. Fer brut à grain.
c. Fer brut mélangé de grain.
ddd. Fer à nerf.
ee. Corroyé à nerf.
Longueur du paquet : 1^m,15.

		kil.
Poids du corroyé.	Couverte à nerf.	45
	Mises verticales à nerf.	33
		78
Poids du puddlé.		202
	Total.	280

Pour que deux fers se soudent facilement, et bien, il faut non-seulement qu'ils soient au même degré d'élaboration, mais aussi qu'ils soient de même nature, de même texture. Plusieurs ingénieurs regardent même la seconde condition comme plus essentielle que la première, ce qui diminue à leurs yeux l'intérêt qui s'attache, d'après d'autres, aux essais de fabrication des rails entièrement en fer puddlé.

Mais pour n'être pas le seul obstacle à une bonne soudure, la présence du corroyé dans le paquet n'en est pas moins un obstacle réel ; et un paquet complétement homogène, tant pour la texture que pour le degré d'élaboration, — c'est-à-dire, composé entièrement de fer brut, et à grain — présenterait, sous le rapport si essentiel de la soudure, des garanties incontestables.

Ce n'est pas, du reste, en France que ces essais pouvaient être entrepris et prolongés avec la suite nécessaire. Il fallait se soumettre aux exigences des cahiers des charges, et s'interdire des tentatives dont le résultat, même favorable, eût été peut-être difficilement accepté. Aussi les expériences faites dans quelques usines, à *Maubeuge* et à *Montluçon*, entre autres, ont-elles été bientôt abandonnées.

L'usine de la *Providence*, à *Hautmont*, a été cependant plus persévérante. La *fig.* 17 représente un paquet pour *Vignole*, presque sans corroyé :

	kilog.
1, fer corroyé tendre.	32
2, 2, ébauché métis.	36
3, 3, 3 ébauché.	202
	270
Poids du rail.	215
Poids des chutes.	33
	248

Déchet : 22 kilog., soit 7,4 p. 100.

Sans être aussi large que la compagnie d'*Orléans*, la compagnie de l'Ouest l'est plus que celles du Nord et de l'Est; elle ne prescrit pas explicitement l'emploi du fer corroyé; mais elle exige que les mises supérieure et inférieure du paquet pour rail soient d'une seule pièce, et forment le quart du poids du paquet. Elles doivent provenir de loupes cinglées au marteau, puis étirées au laminoir, avec ou sans réchauffage; être à grain fin, et conserver ce grain dans la cassure du rail. Les barres intérieures doivent être de longueur, et à joints croisés : le paquet doit avoir au moins $0^m,30 \times 0^m,22$ d'équarrissage.

323. L'exfoliation des bords du champignon étant l'avarie la plus ordinaire des rails, on a cherché à la combattre en supprimant les joints dans cette région. La couverte corroyée porte alors des rebords, peu saillants. Cette forme a été adoptée, par exemple, en 1857, au *Creusot* pour le rail à petit champignon de la ligne de *Paris* à *Mulhouse*, et en 1862 à *Fourchambault* (Nièvre) pour un rail symétrique. La *fig.* 13, Pl. XXXII, représente le paquet (*h*, *h*, *h*, fer brut; *c*, *c*, corroyé). Mais cette disposition a donné de médiocres résultats. Elle s'oppose, en effet, à l'expulsion du laitier, qui, ne trouvant pas d'issue, s'accumule dans les angles rentrants. Cependant, elle a été reprise récemment pour les rails à tête d'acier fabriqués à *Grätz* (Styrie) (342), ainsi que des rails à champignons inégaux fabriqués à *Terre-Noire* (Loire) et destinés aux chemins italiens. Il n'y a d'ailleurs à la base du paquet, pour ces derniers, comme pour le rail *Vignole*, que deux petites barres corroyées formant les bords du petit champignon.

324. Les paquets pour couvertes sont presque toujours formés de mises à plat. A *Styring* (Moselle), cependant, elles sont placées de champ. D'après M. *Alquié*, cette disposition serait préférable, une ou deux soudures défectueuses affectant peu l'ensemble, tandis qu'avec les mises à plat, une mauvaise soudure compromet toute la couverte.

325. Le brassage mécanique, introduit par MM. *Duméný*, et *Lemut*, ancien élève de l'École des mines, à la forge du *Clos-Mortier* (*), et essayé avec succès à *Hayange* et à *Moyœuvre* (Moselle), a été appliqué récemment aussi à six grands fours à puddler de l'usine de *Styring*, et il fonctionne régulièrement.

326. Le paquet pour rail est étiré, tantôt d'une seule chaude, tantôt avec un réchauffage intermédiaire entre les passages aux dégrossisseurs et aux finisseurs. Ainsi, à *Alais* (Gard), les rails à double champignon du chemin de *Lyon*, pesant 36 kilog. et de 5 mètres de long, ont été laminés sans nouveau réchauffage. Ils passaient, aux ébaucheurs, dans quatre cannelures rectangulaires tangentes, et aux finisseurs dans cinq cannelures emboîtantes. Le paquet pesait 214 kilog., soit 180 kilog. pour le rail fini, 25 kilog. pour les chutes, et 19 kilog. pour le déchet.

A l'*Horme* (Loire), le paquet est également étiré d'une seule chaude. A *Terrenoire*, à *Fourchambault*, un réchauffage est nécessaire.

327. *Emploi des chutes, et des rails de rebut ou provenant des réfections.* — L'introduction dans les paquets, des chutes ou bouts de rails (329), ainsi que le réemploi des rails rebutés ou hors de service, constituent un problème important, et qui n'est pas sans difficulté.

La transformation des rails en barres plates, par laminage après une chaude, a été appliquée à *Alais*, aux profils à deux champignons, et *Vignole*.

On peut s'affranchir de cette opération coûteuse, en intercalant dans les gorges des mises spéciales (*fig.* 18 et 24).

Les rails étant ordinairement sciés à chaud, on profite souvent de la chaleur des chutes pour les aplatir ; mais elle ne suffit pas pour que les renflements soient ramenés à l'épaisseur de la tige, et l'on n'obtient ainsi que des barres encore renflées sur les bords (Pl. XXXII, *fig.* 25), et laissant au milieu, des intervalles dans lesquels le laitier s'accumule. De plus, avec les rails non symétriques, il y a généralement une différence de nature entre les deux renflements : grain d'un côté, nerf de l'autre.

Les paquets dans lesquels les bouts de rails entrent sans laminage préalable, échappent difficilement aux mêmes inconvénients, malgré les mises spéciales dont on garnit les plus grands vides.

L'usine d'*Alais* a eu à traiter en 1861 et 1862, des rails *Barlow* et *Brunel* provenant de la réfection des voies du Midi. Ces rails subis-

(*) *Annales des mines*, t. II, p. 135 (1862) et t. IV, p. 505 (1863).

saient avant leur introduction dans les paquets, soit pour couvertes, soit pour rails, les opérations suivantes :

1° ***Rails Barlow***. Ils étaient entaillés de mètre en mètre, sur tout leur pourtour, et brisés à la presse à bras; les fragments étaient placés, au nombre de vingt à vingt-quatre, et pendant une heure environ, dans un four à réchauffer, puis retirés un à un et aplatis (*fig.* 15 et 20) au marteau pilon, bien préférable aux cylindres employés à ***Bessèges*** (Gard); le premier donnant des morceaux droits, régulièrement aplatis, tandis que les seconds donnent des courbures, et aggravent les défauts de soudure.

On obtenait, en douze heures, dix charges ou 210 bouts en moyenne.

2° ***Rails Brunel***. — Ces rails, d'une moindre section, étaient coupés immédiatement à froid, au moyen d'une grande cisaille à vapeur; mais les coupes manquaient de netteté et de régularité. Les morceaux étaient chauffés et aplatis au pilon (*fig.* 15 et 20), à raison de 240 par 12 heures; c'est seulement lorsque le pilon était occupé, et le moyen mill libre, qu'on se servait de celui-ci, en passant les morceaux successivement dans deux cannelures. On en aplatissait alors onze à douze cents par douze heures.

POIDS DES PAQUETS.

Pour couvertes (*fig.* 15).			Pour rails (*fig.* 20).	
		kil.		kil.
Mises en fer puddlé.		120	2 couvertes en corroyé.	80
2 mises en *Barlow*.	88	115	4 corroyés de 0m,04.	27
1 mise en *Brunel*.	27		2 puddlés de 0m,100.	33
Total.		235	2 mises en *Barlow*.	88
Soit sur 100 kilog. :			1 mise en *Brunel*.	27
		kil.	Total.	255
Fer neuf.		48,9	Soit sur 100 kilog., et en tenant compte des vieux rails entrant dans la composition des couvertes : (*Voir ci-contre.*)	
Vieux rails.		51,1		kil.
Total.		100,0	Fer neuf.	39,56
			Vieux rails.	60,44
			Total.	100,00

D'après M. l'ingénieur en chef ***Surell***, directeur des chemins de fer du Midi, ces rails semblent tout aussi bien soudés que ceux qui ont été fabriqués entièrement en fer neuf; et les proportions d'usure constatées jusqu'à présent dans les rails des deux catégories, mis en service à la même époque et dans les mêmes conditions, tendent à établir que l'introduction des vieux rails dans le paquet n'influe ni en bien ni en mal, sur la qualité des rails fabriqués à *Alais*.

328. *Dressage.*—Les rails ne sortent pas parfaitement rectilignes des laminoirs. Ils présentent des déformations accidentelles, et pour les effacer on profite naturellement de la chaleur des barres; on les bat à coup de maillet sur un gabarit de dressage, plan pour les profils symétriques, mais courbe pour les autres. Si ceux-ci étaient amenés à la forme rectiligne lorsqu'ils sont chauds encore, ils seraient courbes après leur refroidissement. Le champignon de roulement se refroidissant, en effet, plus lentement que le petit champignon, à cause de la moindre masse de celui-ci; ou que le patin du rail *Vignole*, à cause de sa plus grande surface à masse égale, le rail rendu rectiligne encore chaud, aurait le champignon à une température plus élevée que le pied; de sorte qu'après le refroidissement le champignon supérieur étant devenu plus court que le pied, par suite de sa plus grande contraction, le rail serait devenu concave vers le haut. Il doit donc être battu sur un gabarit convexe, pour lui donner exactement la flèche qui disparaîtra après le refroidissement. Pour déterminer la courbure de la plaque de dressage, on dresse à chaud, sur une surface plane, un certain nombre de rails, et après le refroidissement on relève leur profil, qui doit être celui du gabarit.

Il est nécessaire ensuite de faire disparaître à froid de légères ondulations. Les cahiers des charges interdisent pour cette opération l'emploi de la percussion. La pression doit être exercée au moyen de vis, pour imprimer graduellement au métal la flèche sous charge correspondante à la déformation permanente qu'il doit conserver.

329. Les rails doivent être affranchis aux deux bouts. Plusieurs cahiers de charges fixent la longueur minimum des *chutes*, mesure prudente, les défauts de soudure affectant surtout les extrémités des paquets. Ce minimum est ordinairement de $0^{m},30$. Quelques compagnies (*Lyon* et *Orléans*), prescrivent seulement « d'affranchir les « rails à une distance suffisante de bouts écrous, pour que les deux « extrémités soient parfaitement saines. »

Il est toujours expressément défendu de réchauffer aucune partie des rails, après le laminage, soit pour abattre les bouts, soit pour tout autre motif, hors le cas de dérangement momentané de la machine à couper les bouts, et pendant le temps strictement nécessaire pour la remettre en service.

La compagnie du Midi admet « l'affranchissement soit à froid, « au tour, au rabot ou à la machine à mortaiser; soit à chaud, à la « sortie des laminoirs. Dans ce dernier cas, si l'on emploie la scie, les « faces doivent être ensuite dressées à l'outil ».

L'Est prescrit, en outre, d'abattre l'arête supérieure des champignons en chanfrein de 0m,003, pour empêcher l'exfoliation (122). Le Nord se contente de stipuler que les bouts seront coupés « par un « moyen mécanique agréé par l'ingénieur. »

La compagnie de *Lyon* n'admet que l'opération à froid, au tour ou au rabot.

La compagnie d'*Orléans* exige l'emploi du tour ou de la fraise, pour une des extrémités au moins. Elle n'admet donc le sciage du rail chaud que pour l'un des bouts.

330. *Belgique.* — Les grandes usines des bassins de *Charleroi* et de *Liége* partagent leurs produits entre la consommation intérieure et l'exportation. Elles acceptent, cela va sans dire, les conditions des cahiers des charges étrangers; mais lorsqu'elles travaillent pour l'État belge ou pour les compagnies qui suivent les mêmes errements, elles profitent de la liberté qui leur est laissée.

Ainsi, les usines de *Couillet*, de *Monceau-sur-Sambre* et de *Montigny*, ont livré au chemin de l'État, des rails *Vignole* très-sains, sans corroyé, si ce n'est aux bords des patins, pour éviter les gerçures.

Il faut noter qu'à *Couillet*, la couverte, de toute largeur, est une sorte de fer intermédiaire, affiné avec un plus fort déchet.

Les loupes sont cinglées au marteau à soulèvement, préféré au pilon. Chacun des trains de dégrossisseurs et de finisseurs a six cannelures. Le paquet passe donc au moins 12 fois, car lorsqu'il passe difficilement dans une cannelure, il y est mis une seconde fois.

Dès 1860, l'usine de *Montigny* près *Charleroi*, livrait au chemin de *Vienne à Varsovie* des rails ne renfermant de corroyé qu'au patin (Pl. XXXII, *fig.* 16). La couverte est formée de trois mises, tandis qu'il n'y en a que deux dans le corps du paquet. Loin de redouter les deux joints de la couverte, on les regarde comme une garantie de qualité parce qu'ils donnent issue aux laitiers. C'est une questions de nature plus ou moins soudante du fer. Nous ne citons, au surplus, ce fait que pour faire ressortir des divergences, souvent sinon toujours justifiées, et qui prouvent ce que vaut en semblable matière, la théorie des règles absolues, uniformes.

a, *a*, fer ébauché à grain,
b, *b*, fer ébauché à nerf.
c, *c*, fer corroyé, ou, plus généralement, bouts de rails réchauffés et laminés.

A *Chatelineau*, on a fait pour l'État belge, des rails *Vignole*, sans aucune mise corroyée. Le patin a, il est vrai, une faible largeur (0^m,075); deux mises de corroyé ont été jugées nécessaires pour les rails, plus larges (0^m,111) (Pl. IV, *fig.* 38), du Nord de l'Espagne.

Le paquet passe six fois aux dégrossisseurs et autant aux finisseurs. Les cannelures sont prises presque entièrement dans le cylindre inférieur, si ce n'est pour les dernières cannelures finisseuses; il y aurait, autrement, de trop grandes différences de vitesse, surtout en raison du refroidissement du patin.

Le paquet a, au sortir de chacun, des cannelures dégrossisseuses, les sections respectives suivantes : 293, 243, 200, 158, 125, et 98 centimètres quarrés.

D'autres établissements n'usent pas de la faculté de supprimer le corroyé, mais ils réduisent son épaisseur. Ainsi, à *Thy-le-Château*, la couverte en corroyé à grain, a seulement 0^m,025 d'épaisseur, et 0^m,19 de largeur. L'ébauché placé à la suite, est en fer à grain de même texture que la couverte. Il faut, d'ailleurs, reconnaître que le mode de fabrication de ces rails est justifié par leur qualité. Ceux que l'usine de *Thy-le-Château* livre à la compagnie du Nord, et qui renferment dès lors la proportion de corroyé imposée par le cahier des charges de cette compagnie, font un fort bon service. A l'expiration d'une garantie de trois ans, la proportion du rebut déduite de l'essai fait sur la ligne de *Namur* à *Liége*, et portant sur $\frac{1}{10}$ de la fourniture, était 2,06 p. 100, pour une livraison et 1,16 p. 100 seulement pour une autre. Il est vrai que ces proportions étaient un peu atténuées, par suite d'une concession faite à titre gracieux, les rails qui pouvaient donner des barres saines, des longueurs normales réduites (5^m,10 et 4^m,20), n'ayant été comprises dans le rebut que jusqu'à concurrence des tronçons enlevés, quoique le cahier des charges ne fasse aucune distinction à cet égard. Le prix du marché étant 167 francs la tonne, et le prix de vente des rails, hors de service, 102 francs, l'indemnité a été réglée à raison de 65 francs par tonne rebutée, plus 5 francs pour coupage, perçage et faux frais par tonne de tronçons.

Ajoutons que ces rails sont à gros grain. Beaucoup d'autres sont dans le même cas, et n'en sont pas moins bons pour cela. La condition stéréotypée du grain fin est, comme les autres prescriptions générales, parfois en défaut.

Le cahier des charges de l'État belge s'abstient, contrairement aux nôtres, de toute stipulation concernant le mode d'affranchissement des bouts. Il porte simplement que les sections « seront parfaitement « nettes et perpendiculaires à l'axe du rail. »

331. *Allemagne*. — Il y a aujourd'hui en Allemagne une double tendance, d'une part à l'uniformité du profil, de l'autre à la liberté des procédés de fabrication. On peut entrevoir l'époque où la production des rails rentrant dans les conditions normales, celles d'une fabrication courante, pourra, comme celle des fers marchands, suivre son cours en attendant les demandes, et échapper ainsi aux alternatives de chômages prolongés et de commandes urgentes par lesquelles elle a dû passer si souvent.

Cette tendance des chemins allemands à effacer de leurs cahiers des charges les conditions de fabrication est d'autant plus remarquable, qu'il y a peu d'années encore quelques-uns allaient plus loin qu'on ne l'a jamais fait en France dans la voie des prescriptions de détail. Ainsi le cahier des charges, pour une fourniture de rails à livrer, en 1861, au chemin de ***Saarbrücke*** par l'usine de ***Neukirchen***, proscrivait l'usage du four à puddler à circulation d'air, en usage jusque-là, et exigeait que le puddlage fût fait au four à circulation d'eau. On avait en vue de combattre par là le défaut ordinaire des rails, l'exfoliation des champignons. Mais si le four à circulation d'eau, dans lequel la fusion est plus lente, le travail plus chaud, est à certains égards plus propre à l'épuration et à la décarburation régulière du fer, il aggrave d'un autre côté la consommation de combustible et le déchet. Les deux appareils peuvent d'ailleurs donner l'un et l'autre soit de bons, soit de mauvais résultats; et il était au moins singulier d'imposer aux fabricants un choix, dont l'influence est noyée, pour ainsi dire, dans une foule d'autres prédominantes, et qui n'est d'ailleurs nullement indispensable à la qualité du produit.

Le même cahier des charges impose les conditions suivantes :

1° Cinglage des loupes au marteau-pilon ;

2° Cassage et assortiment de toutes les barres, et admission de celles seulement reconnues convenables pour les rails : celles qui sont à grain fin étant mises en réserve pour la tête, et celles à nerf pour la tige et le patin.

3° Étirage du paquet pour rails après une première chaude, réchauffage, et laminage pour rails.

Ce programme est remarquable d'ailleurs en ce que, partant comme nos cahiers des charges et plus résolûment encore de l'ingérence du chemin de fer dans les détails de la fabrication, il applique un principe tout opposé. Au lieu de l'association de deux fers à des degrés différents d'épuration, c'est l'identité qui est posée ici, et non sans raison d'ailleurs, comme la vraie garantie d'une bonne soudure.

L'homogénéité, aussi complète que possible, est du reste aujourd'hui le trait caractéristique des prescriptions de plusieurs chemins allemands.

Le chemin de la Thuringe s'est prononcé contre les paquets mixtes; il exige un seul et même fer, sans autre condition, du reste, que le cinglage du paquet au marteau. Il a été conduit là par l'observation d'une livraison, remontant à 1846, de rails anglais formés entièrement de fer puddlé et qui avaient éprouvé par ce long service une usure prononcée sans aucun dessoudage.

Le chemin de *Berlin* à *Anhalt* procède de même, et pour le même motif. Il exigeait antérieurement l'association, dans le paquet, de trois sortes de fer. Sans être absolument mauvais, le résultat fut inférieur à celui obtenu avec des rails anglais formés d'un seul fer et remplacés seulement par suite de l'insuffisance de leur section.

Le chemin de Westphalie se borne depuis longtemps (1858) à exiger le martelage des paquets pour rails, et une garantie de trois ans. D'autres recommandent « une texture uniforme, autant que cette « uniformité peut se concilier avec la dureté qu'exige le champi- « gnon et la ténacité qu'exige le pied. » Rédaction timide, insignifiante, et dont le vague ne laisse subsister, comme conditions effectives, que les épreuves et la garantie.

A la condition primitivement imposée d'avoir du grain dans le champignon, et du nerf dans le patin, quelques Directions ont substitué celle de l'emploi exclusif du fer à nerf. Tel est le cas des chemins de Wurtemberg et de Bade; ils considèrent qu'une bonne soudure est le point capital, et qu'elle est mieux assurée avec le fer à nerf qu'avec le fer à grain, le premier supportant plus facilement une température élevée. L'Est prussien, qui a appliqué à titre d'essai, la même méthode, s'en est assez mal trouvé. Cela se conçoit; le champignon doit, sans contredit, être bien soudé, mais comme il doit aussi être dur, il est au moins bizarre de le vouloir en fer nerveux. Si l'homogénéité complète est bonne en elle-même, c'est au grain seul, et non au nerf seul, qu'il faut la demander. Le nerf, dans le champignon, ne soutient pas l'examen ; et s'il sert à quelque chose dans le patin, c'est, et encore tout au plus, au point de vue des épreuves au choc, stipulées comme elles le sont généralement d'une manière incomplète, c'est-à-dire sans limitation de la flèche (336).

Le chemin Rhénan qui avait, il y a quelques années, adopté aussi le paquet tout nerf, y a renoncé, mais pour revenir aux anciens errements, c'est-à-dire au paquet mixte, avec corroyé.

En donnant une grande épaisseur à la couverte corroyée, on atténue les inconvénients d'une mauvaise soudure avec le reste du paquet, cette soudure se trouvant écartée de la région la plus fatiguée ; mais une barre très-épaisse, formée de plusieurs mises, peut, malgré l'élaboration à laquelle elle a été soumise, avoir elle-même des défauts de soudure. C'est cette crainte qui a conduit depuis quelques années le chemin de la Thuringe, à remplacer la couverte par des mises de champ ; elles sont au nombre de sept, et celle du milieu a une épaisseur beaucoup plus forte que les autres (Pl. XXXII, *fig.* 11). Le champignon est ainsi formé entièrement du même fer, et lié par le croisement des joints avec le corps du paquet (*fig.* 12). Ce procédé tient à la fois du principe déjà suivi à *Styring* (324), et de celui des joints dans la couverte (330). Il a, du reste, été appliqué il y a fort longtemps en Angleterre, mais on y a renoncé, d'après M. *Bineau* (*) « parce qu'on a reconnu que le bord du champignon peut aisément « être *brisé*. » Jusqu'à présent, les rails du chemin de la Thuringe se comportent bien.

La fabrication des rails presque entièrement en fer brut, a pris, en Allemagne comme en Belgique, un développement sérieux. L'usine de *Bourbach* près *Saarbrücke*, en a livré à plusieurs chemins de fer ; il n'y a de corroyé qu'aux bords du patin.

Au *Phœnix* (**) (Prusse-Rhénane), comme à *Couillet* (330), la couverte est à un état intermédiaire entre le corroyé et le brut. Elle provient de minerais phosphoreux, donnant un fer à grain, dur, cassant à froid mais non à chaud, et ne formant pas, par suite, de criques au laminage. La loupe pour couverte est cinglée pendant cinq minutes sous un pilon de 3.000 kilog. ; comme elle est alors trop refroidie pour passer immédiatement au laminoir, elle est réchauffée, mais seulement à la température strictement nécessaire, c'est-à-dire

(*) Chemins de fer d'Angleterre, page 20.

(**) M. *Desbrière*. — Mémoires de la Société des ingénieurs civils, année 1858.

au rouge cerise. Elle n'a donc pas subi un véritable corroyage; sa teneur en carbone et en silicium, et sa température de soudage, ne sont pas sensiblement modifiées.

La couverte est tantôt de toute largeur, tantôt avec deux joints, que plusieurs compagnies acceptent pour le motif indiqué (330).

Les mises qui suivent la couverte, sont martelées pendant trois minutes seulement, et laminées immédiatement sans réchauffage. Le reste du paquet est formé de fer nerveux, brut, sauf deux mises de corroyé (*b*, *b*) (Pl. XXXII, *fig.* 19) pour les bords, et quelquefois aussi quatre barres *c*, *c*, *c*, *c*, provenant de bouts de rails aplatis.

Un four particulier reçoit quatre paquets à la fois. Le haut du paquet est placé sur la sole, pour éviter de trop chauffer le fer à grain. Le paquet porté au blanc soudant est martelé sur les deux faces, et étiré pendant sept à huit minutes sous le pilon de 3,000 kilog. On réchauffe, et on lamine pour rail, en ayant soin, bien entendu, de ne pas confondre le haut et le bas du paquet; on est, du reste, guidé par les couleurs différentes des deux fers. Les ébaucheurs ont cinq cannelures, et les finisseurs, six.

La même méthode est suivie à *Hœrde*. Les fours à réchauffer les paquets sont soufflés. Un ventilateur à force centrifuge en dessert 14. La pression n'excède pas 5 à 6 millimètres d'eau.

Usine du chemin de fer Sud-Autrichien, à Grätz (Styrie). — Si les joints dans les couvertes sont souvent tolérés ou même systématiquement admis, ils sont le plus souvent proscrits. Quelques ingénieurs allemands blâment même, à ce point de vue, la condition habituelle de la couverte corroyée, parce qu'elle provient alors de barres puddlées, cassées et paquetées, de sorte qu'on y a multiplié les soudures, quand il importerait de les éviter. Ils recommandent donc de tirer la couverte directement d'une seule loupe puddlée, à grain fin. Cette loupe doit être cinglée, non à la presse, mais au marteau : et cela, non-seulement pour mieux épurer le fer, mais comme garantie de sa qualité; le choc d'un lourd marteau étant pour les loupes, une épreuve très-significative.

C'est ainsi qu'on procède à *Grätz*, en employant le meilleur fer de Styrie et de Carinthie. Les barres placées immédiatement sous la couverte proviennent de vieux rails, cassés et assortis avec soin, ne présentant aucun défaut de soudure, et se rapprochant autant que possible de la nature de la couverte.

Rail Hartwich. — L'usine de *Horp*, près *Steele* (Prusse), fabrique des rails du système ***Hartwich*** (193) pour la section de ***Kempen*** à ***Kaldenkirchen*** de la ligne de ***Venloo*** (chemins rhénans). La hauteur a été, comme on l'a dit, réduite de 0m,288 à 0m,235. Le champignon a 0m,059 de largeur, le patin 0m,124, et la tige 0m,011 seulement d'épaisseur. Le poids du mètre est 43kil,412. Le rail ayant 7m,533 de longueur, son poids s'élève à 326kil,92. L'auteur pense que la hauteur pourrait être diminuée encore, et s'il s'est arrêté à ce chiffre, c'est surtout en vue de l'installation solide des changements de voie qui prenant, comme on l'a vu (291), leurs points d'appui uniquement sur les rails fixes, exigent pour ceux-ci une assez grande hauteur. Le prix, qui s'applique aussi aux accessoires, éclisses et plaques, est fort élevé : 277f,5, la tonne; mais il est évidemment provisoire; il y a, sans doute, pour la fabrication de ce type, des conditions aggravantes, mais pas assez pour justifier un pareil écart entre son prix et celui du rail de hauteur ordinaire. Le paquet est formé de fer brut, avec couverte corroyée provenant de fonte phosphoreuse, et deux barres de fer à nerf corroyé pour les ailes du patin; il est chauffé, martelé, réchauffé, puis laminé. On pourra peut-être se dispenser du second réchauffage.

M. ***Hartwich*** supprime maintenant la plaque de joint *pp* (Pl. IX, *fig.* 9 à 11). La solidité des joints sera parfaitement assurée en portant la longueur des éclisses de 0m,43 à 0m,63, et le nombre des boulons de huit à douze.

Une visite récente (mai 1868) de la ligne de *Venloo* m'a permis de constater que cette voie, posée sur gravier, est excellente, et justifie pleinement les prévisions de son célèbre inventeur.

332. *Angleterre.* — Le mode de fabrication des rails varie beaucoup d'un district à l'autre. Dans le grand centre de production qui alimente surtout l'exportation, c'est-à-dire dans le pays de Galles, les caractères dominants de cette fabrication, bien entendu lorsqu'elle est livrée à elle-même, sont : l'emploi de fontes blanches inférieures, l'usage du squeezer pour épurer les loupes, et celui du blooming, ou premier ébaucheur, soit *reversing*, soit *trio*, pour souder les paquets; les couvertes, de toute largeur, sont ordinairement corroyées, surtout pour donner aux rails une bonne apparence. En raison de la grande section du paquet, on donne deux chaudes, la première avant, et la seconde après le passage au blooming. C'est ainsi qu'on procède à ***Ebbw-vale***, à ***Aberdare*** et à ***Dawlais***. On essaye, dans ce dernier établissement, le puddleur mécanique de M. ***Menelaus***; mais nous sortirions de notre cadre en nous arrêtant à un appareil qui n'est pas encore entré dans la pratique.

Les *fig.* 21 et 22, Pl. XXXII, représentent la composition de deux paquets pour rail *Vignole*, à *Ebbw-vale* et à *Dawlais.*

Les usines du pays de Galles acceptent d'ailleurs, comme les autres, les conditions que le consommateur leur impose, par exemple celles des cahiers des charges français. Encore faut-il, lorsque le cahier des charges prescrit le cinglage des loupes au marteau, que le chemin de fer transige sur ce point. Ainsi, le chemin du Midi a dû accepter le cinglage au squeezer.

Les loupes étaient autrefois martelées, à *Ebbw-vale,* pour la fabrication des rails entièrement en fer puddlé. Elles passaient d'abord dans l'appareil cingleur à trois cylindres, portant le nom de *Jéremiah Brown,* son inventeur. Débarrassées ainsi d'une partie de leurs scories, elles étaient pilonnées, épurées avec beaucoup de soin, et façonnées en plaques de $0^m,75$ à $0^m,80$ de longueur, $0^m,20$ de largeur et $0^m,06$ d'épaisseur.

Quatre de ces plaques, à bouts non affranchis, composaient le paquet pour rail.

Il y a plus de douze ans que 2.000 tonnes de rails à double champignon ainsi fabriqués, ont été livrées au chemin de fer de l'Inde. Les champignons présentaient beaucoup de criques, qui déterminèrent alors la compagnie à revenir aux deux couvertes corroyées. Il serait intéressant de savoir comment se sont comportés ces rails qui ne payaient peut-être pas de mine, mais qui devaient être très-bien soudés.

Depuis, on a élagué toutes les élaborations qui ne sont pas absolument indispensables; lorsqu'on emploie seulement le fer brut on a en vue, non plus la soudure, mais l'abaissement du prix de revient auquel on tend par tous les moyens, y compris une proportion excessive de scories de forge dans le lit de fusion et une très-haute température de l'air. Si quelque chose peut surprendre, ce n'est pas que des rails obtenus ainsi soient souvent médiocres, c'est qu'ils ne soient pas toujours mauvais. Les correctifs de cette fabrication sont, du reste, d'une part, la grande section transversale des paquets, et par suite le travail subi par le fer, pourvu que ces paquets soient bien pleins ; de l'autre, la nature soudante du fer, due au phosphore et au silicium.

Le marteau, aujourd'hui délaissé dans le pays de Galles, où tout est dirigé en vue d'une fabrication économique, est au contraire d'un usage continuel dans le Durham, le Cleveland et surtout dans le Yorkshire; loupes, paquets pour couvertes, paquets pour rails, tout est martelé. Avec ces élaborations, jointes d'ailleurs à la meilleure qualité des fontes grises, à un puddlage soigné, les rails, même pour ne pas dire surtout les rails entièrement en fer brut, sont nécessairement bons.

Aux ateliers de *Crewe*, du *London-and-North-Western*, les vieux rails passent sans aplatissement. Le paquet pour double champignon comprend deux couvertes corroyées, des bouts de rails formant jusqu'aux trois quarts de la masse, et des mises intercalaires de fer brut. Il est chauffé, passé au blooming, réchauffé, et laminé pour rail.

Le Great-Western possède, à *Swindon*, une importante usine pour la fabrication des rails. Le centre des paquets est formé de vieux rails aplatis au laminoir. Les couvertes proviennent de fontes à l'air froid du Shropshire, mêlées en faible proportion avec des fontes de Galles. Le puddlage est fait à l'usine.

332. *Amérique.* — La fabrication des rails en Amérique ne présente rien de remarquable; elle a pour caractère ordinaire la petitesse relative des dimensions transversales du paquet, et par suite son médiocre étirage; le métal est peu comprimé. Ainsi des rails de 31k,28 sont tirés de paquets de 0m,1524 × 0m,1524 = 0m²,02323; la section du rail étant 0m²,00464, le rapport est 5 : 1.

En Angleterre, ce rapport est :: 11, 12, et même :: 13, 6 : 1; les rails anglais reçoivent donc deux à trois fois plus de travail, aussi exigent-ils des laminoirs beaucoup plus puissants.

On paraît, en Amérique, donner pour le cinglage des loupes, la préférence à la presse rotative (moulin à loupes), non-seulement sur le squeezer ou alligator, employé dans une grande partie de l'Angleterre, mais même sur le marteau. On reproche à celui-ci de perdre du temps, tandis que la presse rotative agit avec une grande rapidité et épure, dit-on, très-bien. M. *Holley* dit que d'après les observations faites dans une grande usine d'Amérique, du fer puddlé cinglé au marteau, a perdu 12 p. 100, tandis qu'à la rotative la perte a été de 14 p. 100; d'où l'auteur conclut que celle-ci a expulsé en plus 2 p. 100 de laitier.

On a fait autrefois de bons rails en Amérique comme ailleurs : témoin le rail de *Reading*, encore en place au bout de vingt ans de service, malgré un trafic très-considérable.

Laminage des vieux rails. Les opinions sont très-partagés sur ce point au delà de l'Océan; les uns pensent qu'on peut obtenir ainsi de très-bons rails, les autres de très-mauvais. Quelques ingénieurs de chemins de fer vont jusqu'à prétendre que les maîtres de forge gardent pour d'autres usages les vieux rails qu'on leur envoie pour les relaminer, et donnent à la place du fer neuf.

Un rail doit avant tout être bien soudé ; or, pour cela, il faut qu'il renferme assez de matières étrangères (non pas du laitier) non concentrées, mais uniformément distribuées. Le fer très-pur est très-difficile à souder.

Si donc, dit-on, le vieux rail était trop impur, il peut s'améliorer par un nouveau travail et donner de bons rails ; s'il est déjà assez épuré, il donne, par une nouvelle élaboration, de mauvais produits. M. ***Holley*** cite de très-bons rails américains, relaminés après trente ans de service et donnant de mauvais résultats ; ils étaient mal soudés. Il resterait seulement à savoir si ce défaut, que M. ***Holley*** attribue à ***un excès de pureté***, n'était pas simplement la conséquence d'une mauvaise fabrication. Son opinion ne peut, en tout cas, être généralisée. Ainsi, en citant dans son rapport, sur lequel nous reviendrons plus loin (355), les nombreuses ruptures de rails observées pendant l'hiver de 1867-68 sur le chemin de fer d'*Érié*, M. *Riddle*, directeur de cette ligne, constate que les rails neufs, provenant de ***Scranton***, se brisaient, quelquefois au bout de six mois de service, en plusieurs morceaux, et que leur rupture entraînait presque inévitablement un déraillement ; tandis que les rails relaminés à ***Elmira*** se rompaient rarement, et seulement lorsqu'ils étaient déjà très-détériorés ; il est vrai qu'ils ne possèdent pas la dureté des premiers.

334. *Éclisses et chevilles.* — Le laminage des éclisses n'a rien de particulier. Pour les chevilles, on emploie quelquefois un laminoir *périodique*, c'est-à-dire que les cylindres portent des encoches qui donnent naissance aux renflements destinés à former les têtes.

§ III. Épreuves.

En France, ces épreuves portent sur trois points : 1° résistance à la flexion sous une charge statique ; 2° résistance à la rupture par une charge statique ; 3° résistance au choc.

335. 1° *Épreuve statique.* — Il serait sans intérêt de reproduire ici des chiffres qui ne s'appliquant pas à des profils identiques, ne sont pas immédiatement comparables. Nous citerons seulement les conditions imposées par l'Est et par le Nord, parce qu'il s'agit de rails ayant très-sensiblement le même profil.

1° Le rail, posé sur deux appuis espacés de 1m,10 ayant supporté pendant 5 minutes une charge de 12.000 kilog., au milieu, ne doit avoir, après l'enlèvement de la charge, aucune flèche permanente.

2° Placé dans les mêmes conditions, il doit supporter sans rupture, pendant 5 minutes, une charge de 30.000 kilog.

Le rapport admis entre les charges qui ne doivent pas produire, l'une une altération sensible de l'élasticité, l'autre la rupture, varie peu d'une compagnie à l'autre. Cependant le chemin de *Lyon* fixe 13.000 kilog. pour la première et seulement 27.500 kilog. pour la seconde : ce qui revient à dire qu'il attache surtout de l'importance à une grande roideur, et qu'il considère d'ailleurs la résistance à la rupture comme suffisamment attestée par la charge de 27.500 kilog.

336. 2° *Épreuves dynamiques.* — Les cahiers des charges français prescrivent de pousser jusqu'à la rupture l'épreuve statique n° 2. L'essai au choc a lieu sur une des moitiés de la barre rompue.

Sur le Nord, l'Est, le chemin d'*Orléans*, l'Ouest suisse, etc., la barre de 3 mètres environ (le rail ayant aussi 6 mètres) posée sur des appuis espacés de 1m,10 doit supporter sans se rompre le choc d'un mouton de 300 kilogrammes tombant de 2 mètres.

Les appuis doivent être « en fonte, établis sur un châssis en bois de chêne, « reposant lui-même sur un massif en maçonnerie de 1 mètre d'épaisseur au « moins, en terrain solide. »

Comme on l'a vu (23), deux compagnies, celles de la Méditerranée et du Midi fixent la hauteur de chute en tenant compte de la température de l'air ; la seconde a adopté les mêmes hauteurs que la première, mais seulement comme valeurs normales, et elle a fixé pour chaque série de températures, non-seulement un minimum, mais encore un maximum de hauteur :

	HAUTEUR.		
	Minima.	Maxima.	Normale.
	mètres.	mètres.	mètres.
Au-dessous de 0°.	1,10	1,50	1,30
De 0° à 20°.	1,30	1,70	1,50
Au-dessus de 20°.	1,50	1,90	1,70

Chaque barre essayée subit successivement les trois épreuves, en commençant toujours par la hauteur de chute minima. Pour que le lot soit accepté, il faut que la moyenne des hauteurs de chute ayant déterminé la rupture, soit au moins égale à la hauteur normale.

On établit ainsi, dans certaines limites, une compensation entre les barres faibles et les barres résistantes, ce qui atténue la rigueur de la condition, qui est formulée ainsi dans les autres cahiers des charges :

« Si plus du dixième des barres essayées ne résiste pas au choc, toute « la fourniture est rejetée. »

Le cahier des charges du Midi ajoute d'ailleurs prudemment :

« Les essais pourront être continués sur les barres qui auront résisté à « ces chocs, mais les résultats qui seront donnés par cette prolongation « d'épreuve, seront sans influence sur la réception. »

Une extension trop large des limites de la compensation aboutirait, en effet, à compenser un défaut par un autre, en faisant admettre des rails trop roides, à la faveur de rails trop flexibles.

L'utilité de l'épreuve au choc est contestable, au moins telle qu'elle est ordinairement réglementée. Il faut sans doute se mettre en garde contre la rupture des rails en service (*), mais il faut le faire sans sacrifier aucune des conditions essentielles. Les rails ne doivent pas se rompre, mais ils ne doivent pas non plus être trop flexibles; or, fixer l'intensité du choc auquel un rail doit résister, sans fixer aussi le maximum de la flèche correspondante, ce n'est pas constater une propriété essentielle, c'est même donner une prime à un défaut : la flexibilité. Un rail qui cède à un choc donné peut être, en réalité, beaucoup meilleur qu'un autre qui subit ce choc sans se rompre, mais en fléchissant davantage.

C'est non-seulement pour utiliser le fer à nerf, mais aussi en vue de la résistance au choc que les usines tiennent à introduire ce fer dans le patin et que les compagnies l'admettent, quand elles ne l'exigent pas.

(*) Il ne s'agit pas, bien entendu, des ruptures résultant d'un accident, d'un déraillement, par exemple; quant à celles qui sont dues à un léger tassement, à ces imperfections de la voie, qu'il n'est pas toujours possible d'éviter, elles sont très-rares aujourd'hui, grâce à l'accroissement de la section.

La *fig.* 24, Pl. XXXII, représente un exemple curieux de rupture d'un rail trop faible pour le matériel roulant. Ce rail à deux champignons, de 25 kilog. par mètre (type déjà cité au n° 23), était en place depuis 15 ans sur la ligne de *Strasbourg à Bâle*, dont la réfection en rails *Vignole* était ajournée par suite du retard des usines à opérer leurs livraisons. Long de 4m,50 seulement, il s'est brisé en quatorze morceaux. Le fer était sain, à grain moyen.

La rupture a eu lieu au passage d'un train à petite vitesse (marchandises). Les dix-sept derniers wagons ayant déraillé, il est probable qu'une partie des nombreuses fractures du rail a été la conséquence du déraillement, causé lui même par une première rupture. La simultanéité de toutes ces ruptures est, en effet, peu vraisemblable.

29

L'aptitude, en général, plus grande, de ce fer à subir les chocs sans rupture réside dans la grandeur de son allongement de rupture, et par suite aussi de la flèche sous un choc transversal.

Cet allongement varie, même sans sortir des fers ordinaires, entre des limites très-larges. Ainsi, en soumettant à la traction des échantillons de tôle, M. *Hodgkinson* a trouvé des chiffres compris entre $\frac{1}{160}$ et $\frac{1}{8}$, tandis que les résistances à la rupture variaient seulement de 28k,34 à 33k,06 par millimètre quarré.

C'est ainsi qu'il y a certains rails, à patin formé d'un fer nerveux, très-ductile, dont il est difficile de déterminer, à coups de mouton, la rupture complète. Le champignon est brisé depuis longtemps, mais le pied s'étire, et résiste toujours.

Il ne faut cependant pas trop généraliser cette propriété du fer à nerf; et il ne faut pas surtout, exagérer sa portée au point de vue du service des rails.

Nous avons déjà fait remarquer (22) que la flèche sous charge statique, à laquelle correspond une flèche permanente sensible, varie peu pour diverses natures de fer, et que si la flèche de rupture varie beaucoup, ces variations sont, au moins dans certain cas, indépendantes de la texture du fer. D'un autre côté, tant qu'il n'y a pas d'altération permanente de la forme, la flexion sous la charge est indépendante de cette structure, puisque le coefficient d'élasticité n'en dépend pas lui-même.

La composition partielle, ou même totale, du rail en fer à nerf ne change donc rien, comparativement à la composition totale en fer à grain, ni à l'amplitude de la flexion sous une charge inférieure à la limite de l'élasticité, ni au point où commence l'altération de celle-ci. L'introduction du fer à nerf n'a, dès lors, d'influence que sur deux éléments : 1° la dureté, indispensable dans le champignon, et qui doit en faire exclure cette sorte de fer ; 2° les flèches sous des charges capables d'altérer l'élasticité, et leur limite, c'est-à-dire la flèche à l'instant de la rupture. Et encore le tableau du n° 22 indique-t-il, je le répète, que cette influence n'est pas absolue.

337. Il est à regretter que M. *Weishaupt* ait négligé les observations de résistance au choc, et laissé ainsi une lacune dans son intéressante série d'expériences (19). On peut du reste, y suppléer en partie, le produit d'une charge statique par la flèche correspondante, exprimant, avec une approximation tolérable, le double de l'intensité c'est-à-dire du travail du choc qui développerait dans le solide les mêmes effets moléculaires *maxima*.

P étant le poids du corps choquant, H sa hauteur de chute correspondante à la rupture, φ la flèche, à un instant quelconque, de la barre supposée à section rectangulaire, π la charge statique qui produirait cette flèche, $\pi d\varphi$ est le travail élémentaire des ressorts moléculaires correspondant à un accroissement infiniment petit $d\varphi$ de la flèche. f étant la flèche finale due au choc, c'est-à-dire la flèche de rupture, le travail

$$\int_0^f \pi d\varphi$$

doit, en négligeant la force vive acquise par le prisme, et les déformations au contact des deux corps, être égal au travail PH du choc.

On a donc

$$\int_0^f \pi d\varphi = \text{PH}$$

mais

$$\pi = \frac{48\,\text{EI}\,\varphi}{a^3}.$$

Reportant et intégrant,

$$\frac{24\,\text{EI}f^2}{a^3} = \text{PH}. \qquad (1)$$

P_1 étant la charge statique de rupture, on a

$$f = \frac{1}{48}\,\frac{P_1 a^3}{\text{EI}}.$$

Remplaçant dans (1) un des facteurs f par cette valeur, il vient

$$\text{PH} = \frac{1}{2}\,P_1 f. \qquad (2)$$

Cette relation suppose que le prisme passe, sous l'action du choc, par les mêmes formes successives que sous des charges en repos croissantes; hypothèse inexacte, et d'autant plus éloignée de la vérité que le corps choquant possède, à intensité égale, une plus grande vitesse, et par suite un moindre masse. Ainsi, à la limite, quand il s'agit des projectiles, les effets sont tout autres ; ils se concentrent entièrement sur la région qui reçoit le choc; il y a pénétration locale, sans flexion générale.

Le résultat précédent est médiocrement applicable aux conditions habituelles des expériences de choc faites sur les rails, la masse de la pièce d'essai étant loin d'être négligeable relativement à celle du mouton. Mais l'application est plus admissible, lorsqu'il s'agit de déduire des épreuves statiques, la résistance au choc des rails dans le service, la hauteur de chute du corps choquant, quel qu'il soit, étant alors très-limitée.

La relation (2) est d'ailleurs fondée aussi sur une autre hypothèse, également inexacte en principe, c'est-à-dire sur la persistance, jusqu'au point de rupture, de la proportionnalité entre les efforts d'extension et de compression, et les variations de longueur correspondantes. Cette hypothèse serait complétement inadmissible pour les corps qui, comme la fonte, par exemple, résistent très-inégalement à la rupture par extension et par compression ; mais l'inexactitude est beaucoup moindre pour les corps dans lesquels l'égalité des deux résistances élémentaires persiste à peu près jusqu'à la rupture, de sorte que l'axe neutre se déplace très-peu à mesure que les charges croissent et qu'en définitive, l'état d'équilibre du solide est encore représenté avec une approximation tolérable, presque jusqu'à la rupture, par les formules établies seulement pour de faibles tensions des ressorts moléculaires. Les expériences bien connus faites à ***Portsmouth***, prouvent, en effet, qu'on obtient ainsi une approximation suffisante en pratique.

Or si l'on groupe, dans le premier tableau du n° 20, les expériences faites sur des rails ayant, à très-peu près, le même poids, et pour lesquels d'ailleurs, tous les éléments numériques ainsi que la texture du fer, ont été indiqués, on forme le tableau suivant :

NUMÉROS d'ordre du tableau du n° 20	NOM de l'usine ou du fabricant.	POIDS DU RAIL par mètre.	TEXTURE DU FER.	PRODUITS de la charge statique de rupture par la flèche correspondante, ou double de la résistance vive.
		kilogrammes.		kilog. mèt.
9	Kœnigshütte. . .	33,38	Grain fin aciéreux sauf un peu de nerf au pied. . .	4.256
5	Jacobi.	32,49	Grain fin, nerf au pied. . .	3.943
8	Eschweileraue	31,76	Nerf, sauf un peu de grain au champignon.	3.178
6	Eschweileraue. .	32,67	Nerf, sauf un peu de grain au champignon.	2.858
10	Laura.	32,56	Grain fin, très-fin sur les bords et au pied.	2.692
7	Kœnigshütte. . .	32,67	Gros grain à l'intérieur, grain plus fin au bord, un peu de nerf au pied.	2.568

Le rail n° 6 a donc, quoique presque tout à nerf, une ***résistance vive*** beaucoup moindre que celle du rail n° 9, presque tout à grain, et d'un poids très-peu supérieur. Ce même rail n° 6 n'a, sous le rapport de cette résistance, qu'un avantage insignifiant sur les rails 10 et 7, de poids identiques, et l'un et l'autre à grain. Il est clair, d'ailleurs, que les effets des différences de texture peuvent très-bien, en général, être masqués par les différences de la qualité même des fers; mais ce n'est pas le cas ici : il s'agit de fers médiocres, comparables, si ce n'est identiques, sous le rapport de la qualité.

Si l'influence de la texture sur la résistance à la rupture par le choc est loin d'être constante, il est incontestable, cependant, qu'elle se manifeste parfois de la manière la plus nette. Ainsi, à l'époque encore récente où le chemin de fer de l'Est faisait fabriquer à la fois des rails à champignons symétriques et des rails *Vignole*, l'infériorité de la résistance des premiers était si prononcée que la hauteur de chute du mouton de 300 kilogrammes, fixée comme elle l'est encore aujourd'hui, à 2 mètres pour les *Vignole* avait dû être abaissée à $1^m,50$ pour les doubles champignons; et encore, tandis que les uns résistaient facilement à l'épreuve, la compagnie devait-elle souvent, pour éviter de rebuter des rails qu'elle savait être bons, réduire à $1^m,45$ et même à $1^m,40$, la hauteur de chute pour les seconds. Le poids étant le même, la différence ne pouvait s'expliquer que par la nature du patin du *Vignole* formé de fer à nerf, tandis que ce fer n'entrait que pour une très-faible fraction (la tige) dans la composition du rail symétrique.

Il n'y a pas d'ailleurs à se préoccuper ici de légères différences des formes du profil, pourvu que la section soit la même; la résistance au choc ne dépend alors, en effet, toujours avec le même degré d'approximation, que du volume, ainsi qu'on le constate immédiatement pour un prisme à section rectangulaire :

Reprenons en effet la relation approchée

$$PH = \frac{1}{2} P_1 f \qquad (2)$$

et les valeurs

$$f = \frac{1}{48} \frac{P_1 a^3}{EI}, \quad P_1 = \frac{41 R}{Va};$$

reportant celle-ci dans la première,

$$f = \frac{1}{12} \frac{Ra^2}{EV}, \qquad (3)$$

reportant dans (2) ces valeurs de P_1 et de f_1

$$PH = \frac{1}{6}\frac{R^2}{E}\frac{Ia}{V^2},$$

b et c étant les côtés de la section rectangulaire, on a :

$$V = \frac{c}{2} \quad I = \frac{1}{12} bc^3,$$

d'où

$$PH = \frac{1}{18}\frac{R^2}{E} abc = k\,V,$$

V étant le volume, et k un nombre.

Les conséquences à tirer de cette discussion sont : 1° que le seul fait de la texture à nerf n'est pas par lui-même une garantie certaine d'une plus grande résistance au choc. (Rappelons d'ailleurs (319, note) que cette texture est souvent due, en partie, à l'action plus prononcée des appareils d'étirage sur le patin du rail *Vignole*); 2° que cette résistance peut être approximativement déduite de l'observation des ruptures et des flèches statiques. Ce mode présente même autant d'exactitude, si ce n'est plus, que l'expérience directe ; et il a surtout l'avantage de rendre les comparaisons plus légitimes, les appareils employés dans les essais au choc présentant des différences qui ont une grande influence sur les résultats, et que n'éliminent nullement les termes vagues dans lesquels les cahiers des charges définissent l'installation de ces appareils.

Quoi qu'il en soit, si l'on admet l'épreuve par le choc, il est difficile d'admettre que les conditions soient convenablement formulées par les cahiers des charges. En s'abstenant de limiter la flèche sous charge dans l'épreuve statique, et en imposant seulement, pour l'épreuve dynamique, la condition de résister à un choc d'une intensité déterminée, on pousse les usines à produire des rails mous et flexibles. Cette tendance est combattue, sans doute, dans une certaine mesure, par la condition de la texture grenue dans le champignon ; mais les conditions devraient être d'accord entre elles, et toutes dirigées vers un but vraiment utile. La condition de résister à un choc donné ne serait vraiment significative, que si on limitait en plus, soit la flèche sous le choc, soit de préférence, la flèche permanente après le choc.

IV. — Cémentation des surfaces de roulement. — Rails à tête d'acier Bessemer ou puddlé.

338. C'est d'abord pour les appareils spéciaux de la voie que la rapide destruction du fer a conduit à lui substituer des matières plus résistantes (275 et suiv.), mais la même nécessité n'a pas tardé à se révéler aussi pour les rails de la voie courante. Leur dépérissement atteint, en effet, des proportions excessives sur certains points des lignes à grand trafic, notamment dans les gares et à leurs abords, et sur les rampes.

Les causes spéciales de destruction des rails dans les gares sont : le surcroît de parcours par suite des manœuvres ; l'état des rails, ordinairement gras, état qui provoque fréquemment le patinage, c'est-à-dire une des actions les plus nuisibles aux rails ; enfin l'action fréquente des freins, très-nuisible aussi, lorsqu'elle va jusqu'au calage des roues.

Quant à l'inclinaison du profil, elle n'affecte pas de la même manière les rails des deux voies.

Par la voie montante, les conditions sont aggravées : 1° par l'accroissement de l'effort tangentiel des roues motrices ; 2° par le patinage plus fréquent ; 3° souvent soit par le surcroît de parcours des machines, résultant de l'usage des renforts, ou du fractionnement des terrains ; soit par l'emploi de machines spéciales plus puissantes et plus lourdes.

Pour la voie descendante, soumise d'ailleurs comme l'autre à cette troisième influence, la cause de détérioration la plus active est l'action des freins, surtout si une station importante se trouve au pied de la rampe, tous les trains devant détruire presque entièrement leur vitesse sur la pente elle-même, et le calage des roues étant alors fréquent. Tel est le cas de la rampe d'*Étampes* par exemple ; aussi la destruction des rails y est-elle bien plus rapide sur la voie descendante que sur l'autre. A ces causes spéciales de désorganisation sur les rampes, on a opposé d'abord l'augmentation du poids des rails en fer. Mais ce moyen n'est pas plus efficace en rampe qu'ailleurs ; si les rails s'usaient simplement, on pourrait, en effet, prolonger leur durée en opposant aux causes d'usure, du métal emmagasiné, pour ainsi dire. Mais comme, en rampe aussi bien qu'en palier, les altérations qu'éprouvent les rails sont l'exfoliation, la déformation, et non l'usure ; comme ils doivent généralement être mis au rebut sans avoir éprouvé une perte de poids notable, ce n'est pas dans l'accroissement de la section totale, ni dans une plus grande concentration de matière au champignon, mais dans la nature même de cette matière, dans sa dureté et sa ténacité qu'il faut chercher le remède.

L'insuffisance du fer est aujourd'hui reconnue sur la plupart des grandes lignes. En Allemagne, dans l'enquête de 1865, deux directions seulement, celles de l'Est saxon et de la Thuringe, se sont déclarées satisfaites des rails en fer pourvu qu'ils soient bien fabriqués. C'est au surplus, une question de tracé et de trafic.

Il était naturel de chercher à durcir la surface de roulement, comme on le fait depuis longtemps pour les pièces de machines.

La compagnie d'*Orléans* a fait faire, il y a quelque temps, dans les usines de *Terre-noire* et d'*Alais*, des essais dans ce sens.

On opérait dans un four analogue aux fours de cémentation de l'acier. Deux caisses de 7 mètres de long recevaient chacune 36 rails, empilés en laissant seulement entre les champignons de roulement, des intervalles qu'on garnissait de cément. Celui-ci était composé de charbon de bois en morceaux mêlé de cément ayant déjà servi, et d'un peu de calcaire et de carbonate de soude. L'influence de ces sels sur le résultat paraît d'ailleurs être nulle.

L'opération durait 72 heures environ. On se guidait du reste par des éprouvettes.

On formait ainsi sur les champignons une croûte de quelques millimètres, d'un grain aciéreux et très-dur.

Des rails *Vignole* préparés ainsi à *Alais* ont été posés aux abords de diverses stations sur la ligne de *Limoges* à *Périgueux*, et le résultat a été très-satisfaisant.

La compagnie d'*Orléans* a payé pour les rails cémentés à *Terre-noire* et à *Alais*, un excédant de prix de 40 à 50 francs par tonne.

La cémentation des rails symétriques soulève une objection indirecte, mais sérieuse. Un seul champignon doit être cémenté, l'opération rendant le fer cassant par traction. Il faut donc interdire le retournement (30), ce qui atténue le bénéfice du durcissement de la surface de roulement unique; mais l'inconvénient le plus grave est précisément la difficulté de faire observer cette interdiction, et d'empêcher des rails cémentés d'être placés sens dessus dessous, soit lors de la pose, soit dans l'entretien. D'après M. *Sérène* ingénieur en chef de la voie au réseau d'*Orléans*, ce motif doit suffire pour faire repousser l'application de la cémentation au profil symétrique.

A ce point de vue, c'est la cémentation elle-même qui devrait être condamnée, indépendamment de toute chance d'erreur de pose, si l'hypothèse ordinairement admise de l'encastrement des travées sur leurs appuis était fondée. Dans cette hypothèse, en effet, c'est le champignon supérieur qui travaille par extension dans les sections de plus grande fatigue, c'est-à-dire au droit des appuis (68). Mais les conditions de symétrie des charges sur deux travées contiguës, conditions qui seules réalisent l'encastrement, se présentent rarement (69); et, en fait, les ruptures partielles, qui, lorsqu'elles se produisent, affectent presque toujours, si ce n'est toujours, la région soumise à l'extension, se rencontrent toujours aussi dans la partie inférieure du rail.

Sans doute, il se développe nécessairement aussi des efforts d'extension dans le champignon supérieur. Un solide, tel qu'un rail ou une file indéfinie de rails rendue continue transversalement par l'éclissage, posé sur plusieurs appuis en ligne droite, et fléchissant sous des charges mobiles, présente nécessairement des points d'inflexion, c'est-à-dire des passages, sur une même fibre longitudinale, de l'exension à la compression et *vice versâ*. Mais chaque travée se trouvant presque toujours dans une situation intermédiaire entre la liberté aux bouts et l'encastrement, l'effort d'extension n'atteint pas, dans es fibres extrêmes supérieures, une limite aussi élevée que dans les fibres extrêmes inférieures.

339. L'application la plus large de la cémentation a été faite par la compagnie du Sud autrichien et de l'Italie centrale, sur la ligne de *Bologne* à *Florence*. Toute la traversée de l'Apennin, c'est-à-dire la section de *Porretta* à *Pistoïa*, qui présente sur un développement de 40 kilomètres une inclinaison presque continue de 0,025 en courbes de 300 mètres, a été établie avec des rails à surface de roulement aciérée; comme profil, c'est d'ailleurs le modèle, déjà cité (31, 95), employé sur tout le réseau, et pesant 36 kilogrammes. (Pl. XXXII, *fig.* 1 à 8.)

Les rails de cette section, fabriqués à *Ruhrort* (usine du *Phœnix*), y ont été cémentés par le procédé de M. *J. Dodd*, ingénieur anglais.

La nature du fer et la composition des paquets sont loin d'être indifférentes pour le succès de l'opération. Après plusieurs essais, on a reconnu au *Phœnix* que le fer le plus convenable est le fer à nerf ou fer fort, qui résiste mieux que les autres à la chaleur.

Le paquet a donc été composé entièrement de fer à nerf. La *fig.* 8, Pl. XXXII, indique son mode de formation.

Ce paquet était chauffé au blanc, soudé et allongé de $0^m,33$ sous un marteau de 3.000 kilogrammes tombant de $1^m,20$, puis réchauffé et laminé.

Le procédé est caractérisé par la construction spéciale des fours et par les manœuvres d'enfournement et de défournement, qui se font presque sans rien démolir, et sans attendre le refroidissement.

Les fours forment un groupe de quatre. Chacun d'eux se compose (*fig.* 1 à 6) d'une capacité voûtée O, O, renfermant deux caisses de cémentation C, C, de deux cheminées *l*, *l*, et d'un foyer F, placé au milieu, occupant toute la longueur des feux, et qui se charge par les deux extrémités.

Les deux caisses C, C sont formées de grandes briques réfractaires dont la longueur est égale, pour les côtés, à la hauteur même de la caisse, et pour le fond ou sole, à sa largeur. La voûte surbaissée *v'* qui couvre la caisse est formée de briques réfractaires d'un modèle spécial.

Ces caisses reposent sur 21 supports en briques réfractaires *s*, *s*, *s* (*fig.* 3), laissant entre eux des intervalles formant carnaux horizontaux *h*, *h*, pour la circulation de la flamme, qui traverse également les carnaux verticaux *b*, *b*, *b* (*fig.* 1 et 5), enveloppe entièrement les caisses et se rend par les ouvreaux *f*, *f* et les carnaux *e*, *e*, dans les cheminées *l*, dont on règle le tirage au moyen de registres *r*.

La voûte *v* du four est en briques réfractaires, couverte extérieurement d'un rang de briques réfractaires, et protégée de plus contre le refroidissement par une surcharge de sable *k*, *k* (*fig.* 1).

La longueur des fours dépasse de 1 mètre celle des rails à cémenter; l'excédant de $0^m,50$ à chaque bout, entre les rails et la porte, sert à élever un petit mur *m* (*fig.* 3); l'intervalle entre ce mur et la porte P est garni de sable *k'* (*fig.* 3) pour empêcher la déperdition de chaleur.

Chaque caisse reçoit 28 rails, en quatre rangées horizontales de sept rails chacune (*fig.* 1 et 7). La rangée inférieure a les têtes en haut et est posée sur un lit de sable réfractaire. Les intervalles sont remplis du même sable jusqu'à la naissance de la surface de roulement. Vient ensuite une couche de cément, formé de charbon de bois dur (chêne ou hêtre) mêlé à la pelle avec 1/20e de carbonate de soude.

Cette couche, de 0m,05 d'épaisseur environ, est égalisée le mieux possible au moyen de rateaux en fer. Elle reçoit la seconde rangée de rails, posés la tête en bas, et dont les intervalles sont garnis de sable. La troisième rangée est posée en contact immédiat avec la seconde, les têtes en haut ; les intervalles sont garnis de sable, et les têtes sont couvertes d'une couche de cément, qui sera commune à cette troisième rangée et à la quatrième, posée les têtes en bas.

L'enfournement des rails se fait au moyen de rouleaux qu'un support à crémaillère permet de placer à la hauteur convenable. Les rouleaux étant disposés aux deux extrémités du four, quatre hommes apportent le rail, placent l'un des bouts sur le rouleau et poussent la barre jusqu'à ce que son milieu atteigne le rouleau ; un homme reçoit l'extrémité antérieure sur un levier à roulettes, dirige le rail qu'un seul homme pousse à l'arrière, le place à son rang et le dresse soit sur le pied, soit sur la tête.

L'enfournement terminé, on élève les petis murs *m* aux extrémités des caisses, en y insérant de distance en distance les éprouvettes, c'est-à-dire des petites barres du même fer que les rails ; on ferme les portes P, et on chauffe bien régulièrement en étalant avec soin le charbon sur toute la longueur de la grille, au moyen d'une longue fourche recourbée.

La durée de l'opération est de quatre-vingt-seize heures, enfournement et défournement compris, pour une cémentation de 0m,005 de profondeur. La température maxima, qui doit être atteinte au bout de trente-six heures, est celle qui correspond au rouge orange. Les regards et les vides laissés par les éprouvettes, qu'on retire successivement, permettent d'observer ce qui se passe dans l'intérieur.

Lorsque l'éprouvette indique que le degré de cémentation voulu est atteint, les petits murs *m* des extrémités des caisses sont détruits, un plancher est installé sur la fosse du foyer, et l'on défourne. Une longue tige de fer, fixée à une chaîne qui s'enroule sur un treuil, saisit chaque rail en engageant son extrémité coudée dans un des trous de l'éclissage, et le tire en le faisant rouler sur une sorte d'échelle horizontale, dont chaque échelon est un rouleau, et installée sur des tréteaux à hauteur variable. Les rails sont dressés à la presse à balancier, lorsqu'ils sont assez refroidis pour être manœuvrés à la main. Le sable et les cendres retirés des caisses après le défournement sont reportés au hangar où se préparent les mélanges et tamisés pour en extraire le menu charbon non brûlé, qui est utilisé de nouveau pour la cémentation. Les cendres et le sable tamiséssont également employés pour garnir les intervalles des rails et couvrir le tout.

Voici, d'après M. l'ingénieur *Montegazze*, le sous-détail approximatif du prix de revient de l'opération par tonne de rails et les conditions de réception :

1° *Prix :*

	francs.
Charbon de bois : 40 kilog. à 10 francs les 100 kilog.	4,00
Concassage.	0,25
Carbonate de soude : 2 kilog. à 35 francs les 100 kilog.	0,70
Houille : 840 kilog. à 12 francs les 1.000 kilog.	10,08
Chauffeurs, main-d'œuvre.	3,90
Dressage.	0,40
	19,33
Frais généraux et amortissement de la valeur des fours.	2,60
Total.	21,93

2° *Conditions de réception.*

1° Placé sur deux appuis de 0m,08 de largeur, espacés de 1m,10 d'axe en axe, le rail devra supporter pendant 5 minutes une charge de 12.000 kilog. sans flexion permanente;

2° Il devra supporter sans rupture, pendant 5 minutes, une charge de 25.000 kilog. La charge sera ensuite augmentée jusqu'à la rupture;

3° Chacune des deux moitiés, placée dans la position normale, sur des supports espacés de 2 mètres, devra supporter dans les rampes le choc d'un mouton de 400 kilog. tombant de 1m,70 sur le milieu de la barre. Dans cette épreuve, les supports seront en fonte, et reposeront par l'intermédiaire d'un châssis en chêne, sur un massif de maçonnerie de 1 mètre d'épaisseur au moins;

Si l'une des barres ne résiste pas à cette épreuve, celle-ci sera continuée sur un plus grand nombre de barres; et si plus du $\frac{1}{10}$ des barres essayées ne résiste pas, la série entière dont ces barres provenaient sera rebutée;

4° La duree de la garantie est de 5 ans.

Le résultat paraît, du reste, satisfaisant.

« M. *Montegazze*, » dit M. *Berrens*, prédécesseur de cet ingénieur au service de la voie, dans une note autographiée portant la date de juin 1867, « m'écrivait récemment que malgré les courbes nombreuses à court rayon, « l'emploi de freins nombreux à la descente, et les fortes pressions latérales « des colossales machines à huit roues, système *Beugniot*, il n'y a, après « trois ans de service, aucune altération apparente, et qu'il n'y a eu à chan- « ger sur toute la ligne que trois rails ayant une dessoudure à une extré- « mité. »

D'après le même ingénieur, 32 rails cémentés placés dans la gare de *Ruhrort* ne présentaient qu'une usure insignifiante au bout de vingt mois, tandis que les rails de même provenance, mais non cémentés, devaient être changés, sur ce point, tous les quatre mois.

340. *Duromètre.* —La dureté des champignons est un point essentiel à constater. On se sert quelquefois pour évaluer ces duretés avec précision, en les ramenant à une commune mesure, d'un appareil qui paraît avoir été employé pour la première fois par M. *Berrens*, sur les chemins lombards. Le principe consiste à comparer les quantités dont un foret à double tranchant de $0^m,010$, chargé d'un poids constant (10 kilog.), pénètre après un même nombre de tours (50) dans la croûte du rail à essayer, et dans une lame d'acier fondu laminé prise pour étalon. Le *duromètre* construit par M. *Froment* en 1859, présentait une imperfection : la pénétration diminuait avec la profondeur, sans que cette anomalie pût être attribuée à l'altération des tranchants. M. *Berrens* constata qu'elle était due à l'action de l'outil sur la limaille détachée; elle disparut, en effet, quand on prit la précaution d'isoler d'abord, au moyen d'un outil préparatoire, le petit cylindre de 10 millim. de diamètre à attaquer par le foret. L'instrument donne les enfoncements au centième de millimètre. La dureté est mesurée par le rapport des enfoncements dans l'étalon et dans le rail. Ce rapport, qui est 0,55 à 0,60 pour les rails français et belges, s'élève à 1 pour les rails cémentés du *Phœnix.*

341. *Rails à tête d'acier Bessemer.* — Le procédé *Dodd*, convenablement appliqué, est efficace; mais s'il augmente la durée des rails bien soudés, s'il améliore, et sans doute dans une forte proportion, les rails déjà bons, il serait sans valeur pour les rails médiocres, et surtout pour les rails mal soudés; il ne ferait qu'aggraver leurs défauts de soudure.

Au lieu de durcir simplement la surface de roulement par cémentation, on peut faire pour les rails ce qu'on a fait de tout temps, c'est-à-dire associer le fer et l'acier, celui-ci formant la partie à laquelle les forces destructives sont immédiatement appliquées. Mais ce qu'admettent parfaitement des pièces peu considérables, des outils, par exemple, dont le corps est en fer et le tranchant en acier, n'est guère praticable pour les rails. L'application après coup de mises d'acier constitue une élaboration coûteuse, tentée, et non sans quelque succès, pour les appareils spéciaux, croisements et aiguilles, mais qui n'est évidemment pas susceptible d'être étendue aux rails courants. Pour ceux-ci, l'association n'est possible qu'à condition d'opérer simplement comme pour le fer seul (*).

M. *Verdié* avait réussi, en coulant de l'acier fondu sur le fer, à obtenir, sinon une soudure proprement dite, au moins une solidarité, une liaison suffisante. Mais en présence de l'abaissement du prix de l'acier proprement dit et de l'introduction du métal *Bessemer*, ce procédé n'avait plus guère de raison d'être, et son auteur l'a abandonné.

En ce qui concerne les rails, la tendance est bien plus aujourd'hui à l'homogénéité, — fer pour les voies peu fatiguées, métal *Bessemer* pour les voies à grand trafic ou à fortes rampes, — qu'à l'association du fer et de l'acier.

La question du rail mixte a cependant, à titre de moyen de transition, une véritable importance actuelle pour certaines Directions qui, convaincues de l'insuffisance du fer et adoptant en principe le rail entièrement en acier, mais mal placées pour tirer parti, à des conditions tolérables, de leurs rails de rebut en fer, doivent les réemployer elles-mêmes, mais en améliorant les conditions de résistance de leur surface de roulement. De là le rail à *tête d'acier*, pour lequel le métal *Bessemer* est venu offrir un élément doublement précieux, d'un côté par son prix peu élevé, de l'autre parce que le procédé courant, c'est-à-dire le laminage, suffit pour obtenir entre lui et le fer, une adhérence suffisante.

342. C'est sur le Sud-autrichien que ce mode d'emploi de l'acier *Bessemer* a été le plus étudié et est appliqué aujourd'hui sur la plus grande échelle. Jusqu'à l'année 1864, on n'était pas sorti de la période des essais, faits sous la direction de l'habile ingénieur des ateliers de *Grätz*, M. *Hall;* mais, dès 1865, la production des rails à tête d'acier atteignait 6.000 tonnes.

La couverte en acier, à rebords (323), a 0m,043 d'épaisseur au

(*) L'application des mises, mais seulement partielles et en fer et par suite plus faciles à souder, est depuis longtemps en usage aux ateliers de *Darmstadt*. C'est vers les extrémités que les rails présentent les avaries les plus fréquentes ; au lieu de mettre au rebut ceux qui en sont atteints et qui sont sains d'ailleurs, on soude des mises sur les champignons. Comme nous l'avons déjà dit (33), les expédients de ce genre peuvent être motivés, mais seulement lorsque l'éloignement des usines dans lesquelles les vieux rails peuvent être traités conduit à prolonger par tous les moyens, la durée de leur service.

milieu et 0m,078 aux bords ; l'acier forme plus du $\frac{1}{6}$ du paquet, qui a 0m,263 de hauteur.

La couverte inférieure est formée de deux bouts de rails, aplatis au laminoir.

Des expériences variées,—rupture sous le marteau, immersion dans l'eau des barres chauffées au rouge, puis chocs tendant à séparer les mises, — avaient inspiré beaucoup de confiance dans la solidarité de la tête et de la tige. La manière dont les rails se sont comportés sur les points les plus fatigués du réseau a paru justifier assez complétement cette confiance, pour que le rail à tête d'acier ait été appliqué à la traversée du *Brenner*.

D'après M. *Hall*, les défauts de soudure ne seraient pas plus à craindre dans ces rails mixtes, que dans les rails à couverte en fer corroyé, l'acier employé pouvant supporter sans inconvénient une température très-voisine de celle qui convient à la soudure du fer brut placé immédiatement sous la couverte.

Une commission composée d'ingénieurs très-compétents a été chargée en 1867, par la direction du chemin Sud-autrichien, d'étudier les diverses questions qui se rattachent à l'emploi de l'acier dans les rails.

Tout en reconnaissant que le rail tout en acier est préférable en principe, cette commission a émis l'avis que la fabrication du rail à tête d'acier, telle qu'elle fonctionne à *Grätz*, doit être conservée comme le meilleur mode de réemploi des vieux rails en fer. Si on renonçait à cette combinaison, il faudrait faire des rails, les uns tout en acier, les autres tout en fer ; et la commission, partageant l'opinion de M. *Hall*, pense que ceux-ci, exigeant une couverte en fer à grain corroyé, ne sont pas sensiblement plus près de l'homogénéité, et par suite n'offrent guère plus de garanties d'une bonne soudure que les rails dont la couverte est en métal *Bessemer*.

L'usine de *Hörde* (Prusse) fait aussi des rails mixtes : tête en acier *Bessemer*, et le reste en fer à nerf ; leur prix est inférieur de 14 à 21 p. 100 à celui des rails entièrement en acier.

L'usine *George-Marie*, à *Osnabrücke*, associe également l'acier *Bessemer* et le fer à nerf ; avec ces deux métaux dissemblables, la jonction doit être opérée dans la tige.

343. En Angleterre, la principale usine du pays de Galles, celle de *Dawlais*, avait commencé aussi cette fabrication, mais elle n'a pas persisté, l'opération ayant paru difficile et l'avantage médiocre, ou du moins peu apprécié de la plupart des ingénieurs des chemins anglais. Leur prédilection pour la symétrie doit, en effet, s'appliquer à la nature même, aussi bien qu'à la forme.

Cependant les ateliers de *Crewe*, et MM. S. Fox et Cie, du ***London-and-North-Western***, ont produit aussi une assez grande masse de rails mixtes.

Ce chemin en a posé plusieurs milliers de tonnes, et on n'a constaté jusqu'ici que fort peu de défauts de soudure.

344. M. *Kirkaldy* a essayé, par rupture, des rails symétriques avec la tête d'acier en haut, et en bas.

La charge de rupture, dans la seconde position, a dépassé de près de 10 p. 100 (25.950 kilog. au lieu de 23.700) celle qui correspondait à la première position. Il se passe donc ici l'inverse de ce qui a lieu avec le fer cémenté, ce qui est tout simple; l'acier étant plus résistant que le fer, tandis que la cémentation rend le fer cassant par traction.

C'est du reste, dans les deux positions, par traction que la rupture se fait; dans la première, le fer se déchire, l'acier restant intact; dans la seconde, c'est l'acier qui cède, le fer résiste. D'où il suit que s'il est bon de faire le champignon de roulement en acier, il serait bon, au point de vue de la résistance transversale, qu'il en fût de même du champignon inférieur, surtout dans le rail à champignon inférieur réduit, comme celui de la ligne de ***Pistoïa***. Mais on serait alors si près du rail entièrement en acier, qu'il n'y aurait plus guère d'avantage à s'arrêter là.

345. *Rails à tête d'acier puddlé.* — L'emploi de l'acier puddlé, dont la fabrication remonte, en Allemagne, à une époque déjà ancienne (*), semblait appelé à prendre un assez grand développement lorsque le ***Bessemer*** est venu le supplanter dans un grand nombre de ses applications, ou réalisées ou probables. L'objection capitale contre l'acier puddlé est, comme on sait, son défaut d'homogénéité.

Les lignes de ***Cologne*** à ***Minden***, et de ***Berg*** et de ***la Marche*** ont appliqué, il y a plusieurs années déjà, les rails à tête d'acier puddlé, la

(*) D'après M. *Maurer* (*Die Formen der Walzkunst.—Stuttgart*, 1865), cette fabrication était déjà en activité dès 1835 dans les usines de la Carinthie; en 1862 trente et une usines s'y livraient en Prusse.

première à titre d'essai seulement, mais avec succès; des rails de ce genre, posés depuis plus de dix ans dans la station de ***Hamm***, sont encore en bon état. La seconde a dans ses voies plus de 10.000 tonnes de ces rails. Suivant l'usage général en Allemagne, les paquets pour rail sont martelés ainsi que les loupes, réchauffés et laminés. Le reste du paquet est tantôt en fer à grain, tantôt en fer à nerf. Dans le second cas, la jonction de l'acier et du fer doit être dans la tige.

Un lot de rails, les uns à tête d'acier puddlé, les autres entièrement en acier a été posé en 1861 sur la ligne de ***Magdebourg*** à ***Wittenberg;*** la séparation de la tête a été assez fréquente dans les premiers.

Le chemin de l'État autrichien fabrique aussi, mais sur une petite échelle, dans son usine de ***Reschitza*** (Banat) des rails à champignons d'acier puddlé, ayant la tige et le pied en fer nerveux.

La production de ces rails mixtes a été fort étudiée au ***Phœnix.*** L'acier forme tantôt le champignon seulement, tantôt le champignon et la tige; le reste est en fer fort, sans transition.

La *fig.* 23, Pl. XXXII, représente un paquet pour ***Vignole*** à tête d'acier; toutes les barres non teintées sont en fer ébauché, ou en vieux rails laminés; le paquet est chauffé, martelé, réchauffé, et laminé.

La vitrine de ce grand établissement, à l'Exposition de 1867, renfermait une série de ces rails mixtes, à proportions d'acier variables, qui auraient justement attiré l'attention autrefois, mais qui présentent aujourd'hui un intérêt médiocre. En présence des avantages, chaque jour mieux constatés, d'une homogénéité complète, de l'absence de toute soudure, seule garantie absolue contre une soudure défectueuse, un procédé qui donne un produit fondu semble devoir l'emporter sur tous les autres, comme un remède radical l'emporte sur de simples palliatifs.

§ V. — **Rails entièrement en acier.**

L'accroissement du trafic; l'abaissement du prix de l'acier ou plutôt des produits intermédiaires possédant une partie de ses propriétés; la conviction, chaque jour mieux établie, des avantages qu'ils présentent, conduisent dès à présent les compagnies à leur faire une large part dans l'établissement des voies; et l'on peut entrevoir l'époque où le fer sera relégué sur les lignes à faible trafic et à tracé facile, sur lesquelles sa durée sera assez considérable pour faire ressortir la dépense annuelle à un chiffre moindre qu'avec l'acier.

346. 1° *Acier puddlé.* — Il n'a guère été utilisé, en France, que pour les rails spéciaux, et le *Bessemer* l'a supplanté, sauf de rares exceptions (282). Celui-ci a, en effet, l'avantage de l'économie, et il est difficile de lui refuser celui de la qualité, un produit fondu et homogène présentant plus de garanties que celui qu'on obtient en soudant au laminoir un paquet dont la composition est difficilement constante, surtout quand il s'agit d'acier puddlé.

C'est en Autriche, sur le chemin de fer du Nord, que les rails d'acier puddlé sont le plus en faveur.

Dès 1859, la compagnie du Nord commençait à faire usage de l'acier puddlé pour les rails spéciaux, et en 1861 elle l'appliquait dans beaucoup de stations du réseau, et à la voie courante sur la section de *Weisskirchen* à *Pohl*, où, en raison des rampes, les rails en fer n'avaient qu'une très-faible durée. A l'expiration de la garantie triennale, le remplacement des rails en acier était seulement de 0,41 pour 100. Le profil est celui du rail de la Staats-Bahn (Pl. V, *fig.* 33).

A côté de ce résultat, et de celui également favorable obtenu sur le chemin de la basse Silésie, il faut dire que sur un lot de 2.000 rails posés sur le chemin de l'État, en Bavière, une fraction notable était déjà hors de service au bout de trois ans.

Rien d'étonnant, l'acier puddlé étant difficilement un produit constant, semblable à lui-même. Il faut que le chemin du Nord autrichien ait été vraiment favorisé (ce qui s'explique du reste par sa position particulière), pour mettre encore aujourd'hui (et il est le seul d'ailleurs) l'acier puddlé sur la même ligne que l'acier *Bessemer*, et les employer concurremment. L'uniformité du degré d'affinage et l'homogénéité du produit puddlé sont en général très-difficiles à obtenir dans une fabrication très-considérable.

347. 2° *Acier fondu.* — Le métal affiné fondu, donnant un rail tiré d'un seul lingot, présente, pour des solides placés dans les conditions complexes auxquelles les rails sont soumis, des garanties d'*unité* qu'un paquet, même soudé au marteau avant le laminage, ne saurait offrir au même degré. Il n'y a plus à craindre ni dessoudures, ni exfoliations; et quant au degré de dureté convenable, on l'obtient de plus en plus facilement et avec la constance nécessaire. L'acier ne pouvant être chauffé qu'avec précaution (au rouge cerise), on pouvait craindre qu'il fût difficile d'obtenir au laminage des bords bien sains, surtout pour le patin du rail *Vignole;* mais l'expérience prouve qu'il est facile de concilier toutes les conditions : température modérée, bords bien sains au pied, dureté suffisante du champignon.

Le succès de l'acier fondu au creuset ne pouvait être douteux; mais son prix élevé en restreignait nécessairement l'usage aux rails spéciaux. Ainsi le chemin du Nord français a fait venir, en 1863, de *Sheffield* (*J. Brown*) des rails qu'il a payés 650 francs la tonne, prix qui, du reste, a baissé depuis, grâce à la concurrence du *Bessemer*, mais pas assez, à beaucoup près, pour rendre la lutte possible.

Le plus grand producteur d'acier du continent, M. *Krupp*, d'*Essen*, livre aux chemins allemands des rails qui étaient vendus d'abord comme acier fondu au creuset, mais qui, il le reconnaît aujourd'hui, proviennent du convertisseur (*). Un autre grand établissement, qui jouit aussi d'une réputation méritée, celui de *Bochum*, revendique aussi pour tous ses produits (278) cette qualification d'acier au creuset, si ce n'est pour sauf les rails, qu'il reconnaît également n'avoir pas passé au creuset et provenir du convertisseur *Bessemer*.

Un des effets du régime légal des inventions en Prusse, où les brevets ne s'obtiennent qu'avec une grande difficulté, est d'entretenir une disposition au mystère sur les procédés industriels; disposition un peu surannée, personne ne croyant, lorsqu'il s'agit de la métallurgie du fer, à de véritables secrets qui resteraient longtemps confinés dans l'enceinte d'une usine.

Quoi qu'il en soit, l'acier *Bessemer* a fait, depuis plusieurs années, ses preuves avec assez d'éclat (353), et son prix a suivi une progression assez rapidement décroissante pour que l'acier *fondu au creuset* (dénomination qui comprend d'ailleurs des matières très-inégales) ne puisse lutter avec lui lorsqu'il s'agit des rails courants.

348. La compagnie de *Paris* à la Méditerranée a traité, en 1867, avec la société de *Terrenoire* et *Bessèges*, à raison de 315 francs la tonne, chiffre qui est loin d'atteindre le double du prix, déjà si bas à la

(*) En visitant, en mai 1868, les usines de M. *Krupp*, je n'ai pu être admis dans l'atelier du *Bessemer*, le procédé ayant reçu, m'a-t-on dit, certaines modifications.

même époque, des rails en fer (*). Le chemin du Midi, a traité aussi en 1867, avec la même compagnie pour 3.000 tonnes à raison de 342 fr. rendu à *Cette*, ce qui correspond à 317f,50 à l'usine. On comprend qu'en présence de ces prix, la compagnie de *Lyon* n'ait pas hésité à adopter en principe le *Bessemer* pour toute la grande ligne de *Paris* à *Marseille* et pour les sections à fortes rampes du reste de son réseau. Une commande de 20.000 tonnes en métal *Bessemer*, a suivi immédiatement cette résolution, et elle a été doublée récemment.

Cet exemple ne tardera pas à être suivi, dans une certaine mesure, par les compagnies qui, jusqu'à présent, n'ont appliqué l'acier qu'aux appareils des voies. Après avoir constaté que « presque toutes « les voies doivent être renouvelées au bout de quatorze ou quinze « ans au plus, et que, sur les lignes très-fréquentées, comme celles « de *Versailles*, d'*Auteuil* et du *Havre*, l'usure des voies s'opère avec « une extrême rapidité, » la compagnie de l'Ouest reconnaît « qu'elle « ne tardera sans doute pas à être obligée de substituer les rails en « acier aux rails en fer (**). »

« Ce qui nous a empêché, jusqu'à présent, » ajoute-t-elle, « de généra- « liser l'emploi des rails en acier, c'est le prix élevé auquel le commerce le « fournit. Mais nous espérons que, grâce aux efforts de l'industrie, ce prix « ne tardera pas à baisser, et à devenir acceptable pour les chemins de fer. »

Il faut reconnaître cependant que le prix du *Bessemer* a suivi, en France, une progression décroissante vraiment inespérée; si l'espoir exprimé par la compagnie de l'Ouest se réalise, on le devra peut-être aux procédés moins limités pour le choix des fontes, mais dont le succès n'est encore qu'une présomption (265).

La compagnie du Nord a adopté le rail *Bessemer* pour la section de *Paris* à *Creil*, par *Chantilly;* celle d'*Orléans*, pour les lignes à très-fortes rampes de son réseau central; celle du Midi, pour la rampe de *Montréjeau*, etc.

La compagnie de la Méditerranée a, en même temps, donné une adhésion complète aux arguments exposés dans le chapitre II de cet ouvrage. C'est, en effet le profil *Vignole* qu'elle a adopté pour cette grande application.

349. *Poids du rail en acier.* — Il est naturel de se demander si, en adoptant l'acier, il n'est pas possible de compenser, au moins en

(*) La réduction de ce prix pouvait être motivée, pour une certaine proportion, par des avances faites à l'usine. Mais un nouveau marché a été passé au même prix.

(**) Rapport à l'assemblée générale du 30 mars 1868.

partie, la différence des prix par une réduction de poids, sans compromettre les avantages attachés à l'emploi de l'acier.

Après avoir appliqué d'abord l'acier puddlé au profil ordinaire, la compagnie du Nord autrichien, a comparé les résistances :

1° Du rail en fer profil ordinaire de la *Staat's Bahn* (Pl. V, *fig.* 33);

2° Du rail *Bessemer*, projeté par la commission des ingénieurs de ce chemin, et dont le poids est 0,75, celui du rail précédent étant 1 (Pl. II, *fig.* 2);

3° D'un profil intermédiaire étudié par le Nord pour l'application de l'acier, soit puddlé, soit *Bessemer*, et dont le poids est 0,83 (Pl. XXXII, *fig.* 10).

En admettant que les résistances élémentaires du fer et de l'acier sont :: 4 : 7, les charges de rupture par flexion des trois profils sont :: 1 : 1,87 : 1,92.

Dans le troisième profil, la hauteur est $0^m,120$ comme dans le rail n° 2; la largeur du patin a été portée de $0^m,100$ à $0^m,110$; on se propose, par cet élargissement de combattre non-seulement l'impression du patin dans le bois, mais aussi la tendance de la voie à se rétrécir, en alignement droit, par augmentation de l'inclinaison du rail.

L'épaisseur de la tige a été réduite à $0^m,013$, le poids du rail à $31^k,08$, et sa longueur a été portée à $6^m,60$.

La commission déjà citée (342) de la *Sud Bahn* est d'avis qu'il n'y a pas lieu, en substituant l'acier au fer, de réduire le profil; elle inclinerait même, comme le Nord autrichien, à élargir le patin.

Les chemins anglais, et notamment le *London-and-North-Western*, qui est entré si résolûment dans la voie de l'emploi de l'acier, ont également conservé le profil du rail en fer.

En France, il en est de même sur les chemins du Nord, de l'Ouest, et d'*Orléans*; celui-ci ajoute d'ailleurs une huitième traverse au rail de 6 mètres sur les rampes de la traversée du Cantal, entre *Murat* et *Aurillac*.

Sur le chemin de la Méditerranée, la substitution de l'acier au fer (348) coïncide avec une notable augmentation du poids, porté de 37 kilogrammes à 40 kilogrammes; mais cet excédant de poids, dû d'ailleurs pour une très-faible part au poids spécifique un peu plus grand de l'acier (1 kilog. par rail de 6 mètres) n'a pas pour objet de renforcer le rail; le surcroît de section porte uniquement sur la largeur du patin, qui est porté à $0^m,130$ (Pl. XXXII, *fig.* 9); et si cet élargissement a pour effet de répartir les charges sur une plus grande surface de bois, ce n'est pas le but qu'on s'est proposé. On a voulu simplement insérer les chevilles intérieures dans des trous percés dans le patin, afin qu'elles concourent avec celles de l'extérieur à résister aux poussées des mentonnets. Les chevilles extérieures sont, comme à l'ordinaire, placées en dehors du rail, mais la symétrie de celui-ci exigeait que l'élargissement fût commun aux deux ailes.

Le reste du profil est d'ailleurs le même que celui du rail en fer, de sorte que la différence n'affecte nullement les raccordements et l'éclissage.

En admettant l'utilité de la solidarité ainsi établie entre les attaches extérieures et intérieures (37, 207), il est au moins douteux qu'elle justifie un accroissement de poids aussi notable, et placé de telle sorte qu'il impose à la fabrication des difficultés réelles.

Le profil (Pl. II, *fig.* 12) proposé par une commission d'ingénieurs autrichiens (*) est un peu plus bas que celui du rail en fer de la Staat's Bahn ($0^m,120$ au lieu de $0^m,125$). Cette réduction, faible d'ailleurs, est motivée par la plus grande résistance de l'acier. Elle est cependant combattue par d'autres ingénieurs; ils trouvent, et non sans raison, que la roideur est une qualité essentielle et que la réduction de hauteur, portant uniquement sur la tige, ne procure pas une économie en rapport avec son influence sur la résistance. Cette réduction leur paraît peu fondée au moment où la plupart des Directions des chemins allemands regardent l'augmentation de la hauteur du rail en fer comme une conséquence nécessaire de l'accroissement du trafic et du poids des machines, et ou quelques-unes vont jusqu'à $0^m,133$ (voies nouvelles du Main-Weser); réduire, c'est d'après elles, s'exposer à remplacer prématurément ou à consolider, par l'addition coûteuse de nouvelles traverses, des rails encore bons, mais trop faibles pour les charges qu'on leur impose.

La commission autrichienne pense, et sans doute plus justement, que les épaisseurs peuvent aussi être un peu diminuées. Le rail projeté a la même résistance à la rupture transversale que le rail en fer de la Staat's Bahn, en admettant que les résistances élémentaires sont : $56^k,6$ par millimètre quarré pour l'acier et $32^k,28$ pour le fer (rapport admis également, comme on l'a vu tout à l'heure, par la commis-

(*) *Zeitschrift des österreichischen Ingénieur Vereins*, année 1865, p. 115; M. *Köslin*, rapporteur.

sion de la Sud Bahn). Le poids serait : $27^k,27$ au lieu de $37^k,10$. L'économie annuelle ne serait pas contestable dans ces conditions, même avec un trafic modéré, qui atténue l'infériorité économique du fer. La commission, considérant que les rails en fer employés en Autriche sont de meilleure qualité que les rails similaires anglais, et qu'on n'est pas encore fixé sur la durée du *Bessemer* fabriqué en Autriche, n'a pas admis cependant un rapport aussi favorable à l'acier que celui que les observations faites en Angleterre (353) autorisent à admettre comme un minimum. Elle a supposé une durée seulement triple, évaluation d'une prudence sans doute excessive. Par contre, la réduction du poids du rail *Bessemer* est peut-être poussée un peu trop loin.

En admettant quinze ans pour la durée des rails en fer et quarante-cinq pour celle des rails *Bessemer*, la dépense annuelle serait, aux prix actuels, réduite dans le rapport de 1,55 : 1, sans tenir compte des transports et de la main-d'œuvre des réfections, qui grèvent moins le *Bessemer* par suite de sa durée plus grande.

La commission regarde, en somme, les avantages du *Bessemer* comme hors de toute discussion, et comme certainement supérieurs aux chiffres admis. Elle pense d'ailleurs que les vieux rails en fer pourront trouver leur emploi soit dans les traverses métalliques, soit dans les cornières longitudinales du rail mixte ; opinion un peu personnelle, peut-être, à l'auteur du rapport, qui est aussi l'auteur d'un de ces types de rail (195). Mais on peut, du moins, admettre que les vieux rails en fer trouveront leur emploi sous une forme ou sous une autre, comme supports des rails en métal *Bessemer*.

350. *Fabrication des rails Bessemer. — France.* — Le procédé *Bessemer* donne, avec une simplicité et une rapidité admirables, un produit affiné fondu, d'une homogénéité parfaite grâce au puissant brassage opéré par l'air lancé dans la masse en fusion.

Mais quels que soient les avantages de ce procédé, il ne peut, comme tout autre, tirer de la matière traitée, que ce qu'elle renferme ; pour donner le véritable acier, dans toute la plénitude de ses propriétés, il exige des fontes spéciales, des fontes aciéreuses, et il confirme ainsi le principe, posé il y a longtemps par M. *Leplay*, de la spécialité des minerais, condition nécessaire, indépendante du mode de traitement.

A ces fontes de qualité supérieure, on peut, sans doute, comme dans les autres procédés (*), mêler une certaine proportion de fontes ordinaires plus ou moins impures, mais la nature du produit s'en ressent nécessairement. En fait, au surplus, ce qu'on demande au ***Bessemer***, c'est moins de l'acier que du fer fondu : produit dont les chemins de fer semblent, du reste, devoir tirer un immense parti. La nature aciéreuse des minerais n'est plus nécessaire alors; mais malheureusement la pureté des fontes l'est toujours (364).

En France, la fabrication des rails ***Bessemer*** n'a encore pris un développement notable que dans trois établissements : ceux d'***Assailly*** (Loire), d'***Imphy*** (Nièvre), et de ***Terre-Noire*** (Loire). Les fontes spéciales traitées proviennent, dans le premier : des minerais de fer oxydulé de ***Saint-Léon*** (Sardaigne) ; dans le second, des minerais de ***Bilbao*** (Espagne), de ***Vicdessos*** et du ***Canigou;*** dans le troisième de ***Mokta-el-Hadid*** (province de ***Bône***) et de ***Privas*** (Ardèche).

Jusqu'à présent, la fonte ne passe généralement au convertisseur qu'en seconde fusion. Il ne peut en être autrement dans les usines qui, comme celles d'***Assailly***, et d'***Imphy***, ne possèdent pas de hauts fourneaux ; mais c'est parce que la marche en première fusion était regardée sinon comme impraticable, au moins comme très-difficile, qu'on ne se préoccupait pas d'accoler les convertisseurs au haut fourneau.

Par le triage et la refonte, on obtient à coup sûr la constance de qualité nécessaire à la régularité et au succès du traitement au convertisseur. Mais la nécessité de cette opération préliminaire n'est pas absolue, loin de là. Le ***Bessemer*** exige de la fonte grise, très-carburée, et l'allure en fonte grise est la plus facile à maintenir dans les hauts fourneaux. Sans parler des usines de ***Neuberg*** (Styrie), de ***Fagersta*** (Suède), qui marchent couramment en première fusion, mais avec des fontes de qualité supérieure, l'usine de ***Terre-Noire*** (Loire) applique aussi la même simplification, et avec un succès complet. La couleur des laitiers est un indice assez sûr de l'allure du haut fourneau, et c'est seulement lorsque l'aspect des laitiers indique une perturbation que la fonte est coulée en gueusets pour être assortie et refondue au réverbère. Le traitement en première fusion fonctionne également à l'usine de ***Montluçon*** (Allier), où le procédé vient d'être installé.

A ***Seraing*** (Belgique), d'après M. ***Lebleu***, ingénieur des mines, la

(*) C'est ainsi que les fontes, provenant de minerais spatiques, puddlées à *Allevard* (Isère) pour fer à grain, peuvent supporter une proportion modérée de fontes de *Bessèges*.

charge comprend 85 p. 100 de fonte du Cumberland, et 15 p. 100 de fontes d'Allemagne.

351. *Allemagne.* — Le procédé *Bessemer* a été appliqué pour la première fois en Allemagne en 1859, chez M. *Krupp* à *Essen;* d'après M. *Maurer*, la fabrique d'acier de *T. Giesbers* à *Gemunde* (Eifel) a livré en 1863, les premiers lingots qui furent laminés pour rails dans l'usine de *Lendersdorf.* Le convertisseur fonctionne à *Hœrde*, à *Bochum*, à *Kœnigshütte* (Haute-Silésie), à *Turrach*, à *Grätz* et à *Neuberg* (Styrie), à *Heft* (Carinthie), à *Prävali*, à *Oberbilt* près *Dusseldorf*, etc.

L'usine de *Grätz*, où j'ai vu fabriquer outre les rails mixtes (342), des rails entièrement en acier, ne possédant pas de hauts fourneaux, ne peut pas, comme son voisin l'établissement de l'État à *Neuberg*, opérer sur la fonte sortant du creuset. M. *Hall* ne le regrette pas, du reste; il est, d'après lui, beaucoup plus sûr d'opérer sur une fonte dont on a constaté l'homogénéité, et qu'on a au besoin triée. L'exemple de *Terre-Noire*, celui de *Neuberg* qui passe en première fusion les mêmes fontes que *Grätz*, c'est-à-dire des fontes provenant des minerais spathiques, prouvent que si cette opinion est fondée, elle ne l'est pas d'une manière absolue.

On s'attache, à *Grätz*, pour l'addition finale, autant si ce n'est plus encore, à la teneur en carbone qu'à la teneur en manganèse du spiegel. D'après M. *Hall*, l'acier est d'autant meilleur que le spiegel est plus riche en carbone. La teneur moyenne est de 8,5 p. 100, et la proportion du spiegel ajouté 7 p. 100; on coule sans rendre le vent. A *Neuberg*, on n'ajoute pas de fonte spéciale, mais de la fonte même provenant du haut fourneau.

La commission du chemin Sud autrichien (342) est d'avis que le martelage des lingots est inutile, du moins pour les produits de *Grätz*, le surcroît de dépense ne paraissant pas compensé par une amélioration sensible de la qualité.

Le lingot est donc chauffé, et laminé pour rail en une seule chaude; le rail, encore chaud, est scié au deux bouts. Les chutes passent dans les paquets pour rails mixtes.

Jusqu'ici, du reste, la fabrication des rails entièrement en acier, a eu pour objet à *Grätz*, plutôt une étude de la question, qu'une production sérieuse. Dans cette étude, on s'est beaucoup préoccupé d'un problème de l'avenir, celui du réemploi des vieux rails *Bessemer.*

Dans l'opinion de M. *Hall*, on devra vraisemblablement procéder pour eux comme pour les vieux rails en fer, c'est-à-dire par la formation d'un paquet. Il convient, dès lors, de se mettre en garde contre les difficultés de fabrication et contre des défauts très-graves, en s'attachant dès à présent, à produire un métal bien soudant.

On sait d'ailleurs que les vieux rails *Bessemer* peuvent être passés au convertisseur, après chauffage au rouge, dans une certaine proportion que quelques ingénieurs portent même à un tiers. Mais jusqu'à ce jour, on n'a guère repassé, et en très-petite quantité, que les *chutes* provenant du sciage; le plus souvent même, on les refond au creuset, les aciéries *Bessemer* ayant ordinairement pour annexe une fonderie d'acier. Tel est, en France, par exemple le cas de l'usine d'*Imphy*. Ce mode est dispendieux, quoique le four à réverbère recevant plusieurs creusets et chauffé à la houille, soit souvent substitué au four à vent chauffé au coke; mais le traitement direct au four à réverbère de *Siemens*, déjà appliqué par M. *P. Martin* (365) semble être le mode le plus simple et le plus économique pour les vieux rails et les déchets de fabrication du *Bessemer*.

A *Prävali*, les lingots, réchauffés au rouge-orange, passent trois fois à la première cannelure ébaucheuse (il y a trois paires de cylindres), deux fois dans chacune des deux suivantes, et deux fois dans la première dégrossisseuse. Ils sont alors réchauffés de nouveau, et passent une seule fois dans chacune des onze cannelures suivantes : dégrossisseuses et finisseuses. Il y a donc vingt passages en tout.

A *Essen*, chez M. *Krupp*, l'acier pour rails est coulé en lingots donnant quatre rails chacun; cette méthode a l'avantage de diminuer le déchet des bouts, déchet indépendant de la longueur du lingot.

Le laminage est précédé d'un martelage énergique.

Les rails de *Bochum* sont de qualité supérieure, mais aussi d'un prix élevé. Ils proviennent presque exclusivement de fontes du Cumberland, dont le prix de revient dépasse de plus de 80 p. 100 celui des fontes du pays traitées à *Essen* et à *Hœrde*. Les lingots sont martelés.

352. *Angleterre.* — La fabrication des rails *Bessemer* a pris en Angleterre un développement plus grand que partout ailleurs. L'activité du trafic sur ses innombrables voies ferrées, et la qualité souvent médiocre des rails anglais, y rendent plus nécessaire encore qu'ailleurs l'emploi d'une matière plus résistante, plus durable; et d'un autre côté, l'Angleterre a rencontré dans les hématites du Cumberland, une matière première très-pure, qui lui permet de se suffire à elle-même, de sorte qu'elle ne reste tributaire de l'étranger que pour la fonte additionnelle. Elle avait même cherché à s'affranchir de ce léger tribut, mais elle l'accepte maintenant. Par sa puissance maritime et commerciale, elle s'est trouvée d'ailleurs, comme toujours, appelée à fournir le nouveau produit à des lignes étrangères, et surtout aux chemins des États-Unis, qui ont adopté rapidement le rail *Bessemer*. Dès 1865, la maison *Brown*, de *Sheffield*, en a livré 8.000 tonnes aux chemins de la *Pensylvanie*, d'*Erié*, de *Philadelphie* à *Baltimore* et à l'*Ohio*, de *Chicago*, de *Philadelphie* à *Reading* et *Lehigh Valley*. La fabrication du *Bessemer* commence, du reste, à se développer aux États-Unis; mais comme leurs chemins de fer n'ont pas cessé de tirer d'Angleterre une grande partie de leurs rails en fer, il en sera de même sans doute, pendant longtemps encore, pour un produit sur lequel les frais de transport pèsent moins, en raison de sa plus grande valeur.

Malgré les ressources qu'offrent les usines spéciales, une des compagnie de chemins de fer les plus importantes de la Grande-Bretagne, celle du *London-and-North-Western*, n'a pas hésité à créer dans ses grands ateliers de *Crewe* une usine où elle produit elle-même l'acier *Bessemer* dont elle fait une grande consommation pour son matériel roulant et pour ses voies, mais surtout, cela va sans dire pour celles-ci.

La fonte, truitée, provient presque exclusivement des hématites rouge et brune du Cumberland. Elle est refondue au réverbère.

D'après M. *Gruner* (*), les lingots, pesant 230 à 250 kilog., sont réchauffés debout, dans un four à réverbère *Siemens*, à sole tournante. Dans le début, ils étaient martelés, mais aujourd'hui ils passent immédiatement aux dégrossisseurs oscillants de M. *Ramsbottom*. Il y a six ou sept passages aux dégrossisseurs, suivis d'un second réchauffage, et neuf ou dix passages aux finisseurs, disposés comme les laminoirs pour rails en fer.

A *Sheffield*, chez M. *J. Brown*, on passe au cubilot, et de là au convertisseur, un mélange de fontes du Derbyshire, et, assure-t-on, de Suède. La proportion de spiegel est faible, 4 p. 100 au plus; aussi la coulée est-elle faite presque immédiatement, sans rendre le vent; le

(*) Mémoire cité, p. 249.

lingot est martelé (il l'était du moins lors de ma visite, en septembre 1865), réchauffé, et laminé pour rail; les deux bouts sont sciés l'un après l'autre; le rail, dressé et refroidi, est mis de longueur par une raboteuse.

A *Dawlais* (pays de Galles), le lit de fusion (*) comprend $\frac{3}{4}$ d'hématite du Cumberland, et $\frac{1}{4}$ de minerai houiller grillé, pur et manganésifère. La fonte qui en provient est traitée au convertisseur avec poids égal de fonte d'hématite. La charge du convertisseur se compose de 4[t],5 de fonte; on y ajoute 250 à 500 kilogrammes de bouts de rails d'acier. L'addition du spiegel, de Westphalie, contenant en moyenne 8 p. 100 de manganèse, est de 6 à 7 p. 100. On s'attache à obtenir de l'acier doux, qui se lamine plus facilement et convient aussi bien pour rails que l'acier plus dur. La teneur en carbone est seulement de 0,15 p. 100. Ces rails se rapprochent donc plus de l'*homogenous metal*, que de l'acier véritable.

Dans l'origine, le lingot était d'abord martelé; on a jugé depuis, comme à *Grätz* et à *Crewe* qu'on pouvait obtenir, sans martelage, une qualité sinon tout à fait égale, du moins suffisante. Le lingot passe à trois paires de cylindres : 1° le blooming, à quatre larges cannelures tangentes; 2° l'ébaucheur, à sept cannelures également tangentes; 3° le finisseur, à cinq cannelures. La barre passe deux fois dans la dernière.

Quoique les lingotières cylindriques soient plus commodes pour la coulée, on préfère la forme prismatique, qui facilite le laminage.

353. *Service comparé des rails en fer et des rails Bessemer.* — Les observations faites en Angleterre, sur la manière dont se comportent les rails *Bessemer* sont si connues, qu'il est presque superflu de les reproduire; nous nous bornerons à rappeler l'exemple si souvent cité, de la station de *Camden Town* (*London-and-North-Western*), point sur lequel est concentré un mouvement énorme, surtout sur certaines voies. 52 rails provenant de lingots fondus à l'usine de M. *Bessemer*, à *Sheffield*, et laminés à *Crewe*, y ont été posés en mars 1862. A un rail d'acier placé sur une file correspondait, sur l'autre file de la même voie, un rail en fer, de sorte que les conditions étaient parfaitement identiques de part et d'autre. Deux de ces rails avaient été placés près du pont de *Chalk Farm*, le point le plus fatigué de tou

(*) M. *Gruner*, mémoire cité, p. 246.

le groupe des voies de *Camden*. En août 1865, l'un de ces rails a été enlevé pour être montré à *Londres* comme un témoin irrécusable de la valeur du *Bessemer* comparé au fer, et soumis à divers essais. Son *conjugué* en fer avait dû, en effet, être remplacé huit fois après retournement et désorganisation complète des deux faces, tandis que le rail d'acier, non-retourné, n'avait subi qu'une légère usure. Une table en acier était donc capable de faire encore un long service, après avoir subi les actions qui avaient détruit seize tables en fer.

Le second rail, maintenu en place, était encore en bon état, et non retourné, tandis que son opposé en fer avait été remplacé onze fois. (Ce nombre assignerait au fer une durée de cinq mois et demi; mais sa durée moyenne sur ce point est de quatre mois seulement.)

La vingt-troisième table en fer était presque usée lorsque ce second rail fut brisé par suite d'une violente collision entre deux machines; celle qu'il portait l'avait rompu en trois fragments, par un choc appliqué de la manière la plus défavorable, c'est-à-dire horizontalement. L'aspect même du rail brisé témoignait de sa grande résistance vive : le tronçon qui avait reçu le choc ne s'était séparé des deux autres qu'en prenant une flèche énorme (Pl. XXII, *fig.* 23).

354. *Influence du froid.* — D'après un renseignement communiqué par M. *Livisey* à la Société des ingénieurs civils de *Londres*, des rails trop durs, expédiés d'Angleterre aux États-Unis, auraient éprouvé, pendant un hiver rigoureux, des ruptures nombreuses; de là une certaine défiance à l'égard du procédé *Bessemer*, et l'attention serait ramenée sur le rail à tête d'acier. Cette défiance ne serait pas fondée; chaque jour le procédé donne plus régulièrement ce qu'on lui demande, et ce n'est pas à lui qu'il faut s'en prendre si ce qu'on lui demande n'est pas ce qui convient; ce qu'il y a de sûr, d'ailleurs, c'est que, si aux États-Unis, quelques ingénieurs refusent leur confiance au rail *Bessemer*, ils ne forment qu'une bien faible minorité. La réfection en rails d'acier des voies du chemin de l'*Hudson* a été, dit-on, résolue, et M. *Brydges*, directeur du Grand-Tronc canadien, insiste vivement pour l'application du rail *Bessemer* sur cette ligne. Loin de l'effrayer, la rigueur du climat est pour lui un motif de plus. Il y a plusieurs années, du reste, que M. *Ramsbottom* s'est préoccupé de l'influence du froid sur les rails *Bessemer*. Par un des jours les plus froids de l'hiver 1861-62, il en a essayé plusieurs au mouton, sans réussir à les briser.

Un rapport adressé le 3 mars 1868, par M. *H. Riddle*, au président du chemin d'*Érié*, qui est au premier rang aux États-Unis pour l'activité du trafic, contient des renseignements d'un haut intérêt sur l'insuffisance du fer, dans les conditions où il est placé sur cette ligne, et sur la supériorité, la nécessité même de l'acier, précisément sous ces rudes climats. Pendant le rigoureux hiver de 1867-68, qui a suspendu complétement l'entretien, la destruction des rails en fer supportés par un ballast gelé, dur comme le roc, a présenté une gravité sans exemple jusque-là. Les ruptures, les écrasements, les exfoliations de rails, et, comme conséquence inévitable, les ruptures de roues, d'essieux et les déraillements (*), sont devenus tellement fréquents, qu'il a fallu sur beaucoup de points réduire la vitesse des trains de voyageurs à 24 ou même à 20 kilomètres par heure. Pendant le mois de janvier on a remplacé 1.000 rails brisés et un beaucoup plus grand nombre encore de rails mis hors de service par l'écrasement ou l'altération des champignons ; et le mois de février a été plus désastreux encore.

« Par l'expérience de cet hiver, j'ai acquis, » dit M. *Riddle*, « la conviction que le fer, dans les conditions de poids et de qualité où nous en faisons usage, est hors d'état de supporter le trafic de notre ligne ; à une « telle situation, où faut-il chercher le remède ? Évidemment dans l'*emploi le plus large possible de l'acier*, — dans l'adoption d'un rail en fer plus « lourd et de meilleure qualité, — enfin dans la réduction du poids des « machines et des wagons, poids qui s'est accru dans ces dernières années « hors de toute proportion avec la constitution de la voie. »

Les rails *Bessemer*, de *Sheffield* (*Brown*), placés sur 16 kilomètres, se sont très-bien comportés ; un seul s'est brisé pendant l'hiver, et l'altération de leur profil est à peine sensible.

M. *Riddle* conclut, en définitive, que 25.000 tonnes de rails sont indispensables pour la réfection des voies en 1868, et il insiste de nouveau pour que l'acier entre dans ce chiffre « pour la plus large « proportion possible. » Témoignage d'autant plus significatif en faveur du *Bessemer*, que ce produit est frappé, aux États-Unis, d'un droit d'entrée très-élevé, presque égal à son prix en Angleterre.

L'introduction des rails *Bessemer* dans les États du nord (surtout au Canada) n'est donc pas seulement une question d'économie ; c'est

(*) Le déraillement désastreux qui a eu lieu le 15 avril 1868 sur le chemin d'*Érié* et qui a coûté la vie à un grand nombre de voyageurs, a eu pour cause première la rupture d'un rail en fer.

aussi une question de sécurité, dont les Américains ne font pas tout à fait aussi bon marché qu'on le répète tous les jours. Seulement, ils ne s'en préoccupent d'une manière sérieuse que quand ils ont pourvu au plus pressé. Il faut d'abord marcher, à tout prix; la sécurité vient ensuite.

355. Les rails en acier ont été souvent l'objet d'un reproche qui serait grave, s'il était fondé : la diminution de l'adhérence, par suite du poli des surfaces. L'expérience ne paraît pas justifier cette crainte. M. *Riggenbach*, ingénieur du matériel du Central suisse, dont le service comprend la traction sur la rampe du *Hauenstein* (Jura), m'a déclaré que la tendance au patinage n'avait été aggravée en aucune façon par l'introduction des rails en acier sur cette rampe de 0,022. Le fait constaté par cet habile ingénieur a d'autant plus d'importance qu'il s'agit ici de l'adhérence d'acier sur acier, les machines étant garnies de bandages de *Krupp*.

356. Plusieurs ingénieurs anglais affirment que la résistance à la traction est notablement moindre sur une voie en acier, que sur une voie en fer. Cette opinion ne repose jusqu'ici sur aucune expérience précise, mais elle est probable; les rails en acier ne prenant une flèche permanente que sous des charges beaucoup plus considérarables (363), et leur profil au roulement se maintenant presque intact, l'effort de traction doit par cela même être réduit dans une certaine mesure.

357. *Conditions de fabrication et de réception.* — Si les conditions imposées par les cahiers des charges pour la fabrication des rails en fer, obtenus par des opérations anciennes, bien connues, prêtent souvent à la critique, il est tout simple que pour le rail *Bessemer*, ces conditions se ressentent de la nouveauté d'un procédé qui est une véritable révolution métallurgique. Quoiqu'on retrouve bien caractérisées, dans cette opération, les phases et les réactions du puddlage, mais d'un puddlage d'une extrême énergie chimique et mécanique, on n'est pas bien fixé encore sur le rôle exact, sur l'action, favorable ou nuisible, de plusieurs des éléments mis en présence; et on ne l'est pas davantage sur la définition des qualités que doit posséder le métal fondu qui doit être converti en rails. Aussi, ces premiers cahiers des charges ne peuvent-ils être que des ébauches, que l'expérience modifiera; et certaines conditions un peu hasardées qui y sont inscrites entraîneraient parfois des difficultés, dans l'application, si elles n'étaient tempérées par une sage tolérance.

Cahier des charges du réseau de Paris à la Méditerranée. (Extrait.)

. . . .

Art. 4. Les rails seront exclusivement fabriqués par le procédé *Bessemer.*

Les opérations seront conduites de manière à donner des aciers de première qualité, à grain fin, compacte, homogène, et semblables aux échantillons qui seront remis à la compagnie par les fournisseurs, et agréés par l'ingénieur de la compagnie du chemin de fer.

Suivant les indications des commandes d'exécution, qui seront à venir aux fournisseurs, et au fur et à mesure des besoins, la fabrication sera dirigée de manière à obtenir des aciers d'un degré de densité différent, suivant l'emploi des rails.

L'acier fondu sera coulé en lingots de 0m,22 d'épaisseur sur 0m,20 de largeur, dans des lingotières en deux pièces, afin d'éviter toute conicité du solide.

Après leur fusion, les lingots seront examinés avec soin; ceux qui présenteraient des soufflures, des criques, des impuretés ou autres défauts que le laminage ne pourrait faire disparaître, seront rejetés.

Le travail du laminage sera conduit de manière à obtenir la forme parfaite du rail, des surfaces lisses et unies, et surtout à éviter le gauchissement qui se produit fréquemment à la sortie des laminoirs.

Les barres ou lingots qui présenteraient, soit extérieurement, soit intérieurement, des reprises ou solutions de continuité, seront rejetées.

Le barres devront être parfaitement droites dans toute leur longueur, sans gauche dans aucun sens, de manière à ce qu'elles puissent être employées sans dressage préalable. Elles seront dressées autant que possible à chaud, à la sortie des cylindres, sur une plaque en fonte, puis placées pour le refroidissement sur un châssis horizontal solidement établi. Le dressage à froid, s'il y a lieu, sera fait graduellement par pression, et non par des chocs.

Les barres seront affranchies aux deux extrémités, à une distance suffisante des bouts écrus pour que ces extrémités soient parfaitement saines. Les rails seront coupés proprement, soit à froid, au tour, au rabot, à la fraise ou à la machine à mortaiser; soit à chaud, en sortant des laminoirs.

Le coupage à la scie ou à la tranche, par le réchauffage des bouts, est formellement interdit. Lorsque les rails seront coupés à la scie à la sortie des cylindres, les sections seront ensuite dressées à l'outil.

L'opération du coupage et du dressage des sections sera conduite de manière à ce qu'il n'en résulte, par arrachement ou autrement, aucune altération des sections extrêmes.

Les plans des deux sections extrêmes devront être exactement perpendiculaires à l'axe de la barre.

Les bouts coupés devront être nettoyés de toute bavure, à l'outil ou au burin et à la lime, mais ils ne seront, sous aucun prétexte, parés au marteau.

Le perçage de l'âme et du patin sera fait au foret. La compagnie se réserve d'autoriser le perçage au poinçon suivant les circonstances.

. . . .

Épreuves (art. 5).

Les rails seront classés avec soin, par coulée de l'appareil *Bessemer*. Un lingot d'essai sera coulé à chaque opération, et ensuite laminé en une barre à section carrée de $0^m,04$ de côté. La section du lingot d'essai avant le laminage, sera à la section de la barre, dans le même rapport, que la section des lingots pour rails à la section des rails, soit environ $0^m,10 \times 0^m,10$. Les agents de la compagnie feront, sur cette barre d'essai, les épreuves qu'ils jugeront convenables, pour constater la qualité de l'acier, et pour s'assurer qu'il remplit bien les conditions exigées.

La compagnie se réserve, en outre, de faire couler, pour quelques opérations, un lingot pour rail pouvant donner au laminage une longeur de rail de $2^m,50$ au minimum, et de faire sur ce rail les épreuves suivantes :

1° La barre placée de champ sur deux appuis espacés de 1 mètre devra supporter pendant cinq minutes au milieu de l'intervalle des appuis et de la barre, un charge de 20.000 kilogrammes sans conserver après l'épreuve une flèche permanente de plus de $0^{mm},25$.

2° La même barre, placée dans les mêmes conditions, supportera, sans se rompre, une charge de 40.000 kilogrammes appliquée au milieu. On augmentera ensuite la charge jusqu'à la rupture.

3° Chacune des deux moitiés de la barre, placée sur deux appuis espacés de $1^m,10$, devra supporter sans se rompre le choc d'un mouton de 300 kilogrammes tombant de deux mètres au milieu de l'intervalle des appuis.

(Les conditions de l'établissement des supports sont les mêmes que pour les rails en fer (23).)

4° *Essai à la trempe pour les rails durs.* — On fera casser, soit un morceau de rail à une longueur de $0^m,20$ environ, soit un morceau de la barre d'essai ; ce morceau sera chauffé au rouge cerise et trempé dans un courant d'eau vive. Il devra prendre une trempe ferme ; les surfaces devront être blanchies, parfaitement décapées, et inattaquables à la lime. Si l'acier est de qualité convenable, il devra, pendant son immersion, produire un fort bourdonnement et des détonations, et le morceau devra se fendre en plusieurs endroits ; on le fera casser ensuite au milieu, pour apprécier le degré de la trempe.

Avec un morceau provenant du même rail, ou de la barre d'essai, on fera étirer une barre mi-plate, de $0^m,03$ de largeur sur $0^m,02$ d'épaisseur que l'on soumettra aux mêmes épreuves de trempe que le morceau dont il a été parlé ci-dessus.

Les résultats devront être identiques, sauf qu'après la trempe, le grain de la cassure présentera un tissu beaucoup plus fin que celui du même échantillon non trempé.

5° *Essais de l'acier sous forme d'outils.* — Avec un morceau du même rail ou de la barre d'essai, on fabriquera, soit des burins à main, soit des outils de tour, de machine à mortaiser ou à raboter. Ces outils, trempés dans les conditions ordinaires devront, sans s'émousser, s'ébrécher ou se refouler, attaquer la croûte des pièces coulées en fonte blanche.

Lorsque le rail aura satisfait à toutes ces épreuves, on fera sur les barreaux correspondants des essais au choc et à la flexion, et les résultats constatés devront être obtenus avec les barreaux des autres coulées pour lesquelles il n'aura pas été fait d'essai direct sur un rail, sauf une tolérance basée sur le degré de résistance du rail essayé.

Si la résistance, soit sur le rail, soit sur les barreaux d'essai, n'est pas obtenue, la coulée sera rejetée. Dans ce dernier cas, toutefois, l'usine pourra réclamer l'expérience directe sur un rail, et s'il remplit les conditions de résistance, la réception aura lieu de droit.

Art. 6.

. . . .

Jusqu'à leur présentation aux agents chargés de la réception provisoire, les rails devront être conservés en lieu sec et préservés de l'oxydation.

Les rails rebutés devront être cassés, ou marqués d'un signe indélébile.

La réception définitive aura lieu trois ans après la mise en service des rails. Cinq pour cent au moins des rails composant la fourniture, pris à divers moments de la fabrication au choix de la compagnie, seront placés par elle en des points qu'elle choisira sur les voies principales les plus fatiguées de son réseau. Ce choix des emplacements des sections d'essai ne sera soumis à aucune condition restrictive, soit quant au nombre des trains, soit quant à la déclivité de la ligne. A l'expiration des trois années de service de ces rails, on établira contradictoirement la proportion des rails avariés, et cette proportion sera appliquée à toute la fourniture, et déterminera la quantité de tonnes à rebuter.

Pour chaque tonne de rails ainsi rebutés, et sans tenir compte des recoupes utiles qu'on pourrait retirer, le fournisseur payera à la compagnie une indemnité de 315 francs, si la compagnie livre les vieux rails aux fournisseurs, et une indemnité de 195 francs, si elle préfère les conserver en tout ou en partie.

Art. 7. — Les rails neufs seront livrés sur wagon, à la gare la plus voisine des usines.

Art. 9. Leur prix sera de 315 francs la tonne; ce prix comprend la prime à payer à M. *Bessemer* (*).

Cahier des charges du chemin de fer d'Orléans. — Rail à double champignon (même profil que le rail en fer.) (Extrait.)

Art. 7.

. . . .

Les agents préposés à la réception, choisiront dans chaque série (provenant de la fabrication d'un ou plusieurs jours) un certain nombre de

(*) Cette prime, qui est de 50 fr. par tonne, est réduite à 25 fr. pour les rails.

barres (une pour cinquante au plus), pour les soumettre aux épreuves suivantes :

1° Chacun de ces rails placé de champ sur deux points d'appui espacés de 1m,10, doit supporter pendant cinq minutes, au milieu de l'intervalle des appuis, une pression de 16.000 kilog. sans conserver de flèche sensible après l'épreuve.

2° La même barre, dans la même position, doit supporter pendant cinq minutes sans se rompre, une charge de 35.000 kilog. On peut augmenter ensuite la pression jusqu'à la rupture.

3° Chacune des deux moitiés de barre placée de champ sur deux supports espacés de 1m,10, doit supporter sans se rompre le choc d'un mouton de 300 kilogrammes tombant de 2m,10 sur la barre et au milieu de l'intervalle des appuis, avec l'appareil ordinaire de la compagnie d'*Orléans*, et de 1m,50 avec l'appareil de la compagnie de la Méditerranée.

4° *Epreuves à la trempe.*—Cette épreuve se fera sur des carrés de 20 millimètres de côté, forgés avec une portion de rails. Ces carrés chauffés au degré convenable devront éclater à la trempe. Les carrés de 20 millimètres sur 30 millimètres devront également subir la trempe et présenter après cette opération une cassure nette et une texture à grain sensiblement plus fin.

Si l'une des barres essayées ne résiste pas aux épreuves, on les continuera sur un plus grand nombre de barres, et, si plus de 1/10 des barres essayées ne résiste pas, la série entière dont ces rails proviennent est rebutée.

. . . .

358. *Teneur en carbone.— Son influence sur la résistance à la rupture.*— Il y a, dans la fabrication des rails *Bessemer*, un élément essentiel à déterminer : c'est le degré de dureté ou de carburation, qu'il convient de donner au métal. Des observations assez prolongées pourront seules fixer ce degré, et permettre aux compagnies d'être plus explicites sur ce point dans leurs cahiers des charges. Jusqu'ici, l'on tâtonne, et le chemin de fer s'en rapporte un peu à l'usine, qui, elle, cherche surtout la facilité et l'économie de la fabrication.

Les qualités tendres craignent peu la chaleur. Leur réchauffage peut se faire presque comme celui du fer, obtenu par le puddlage. Elles sont, il est vrai, moins fluides, et deviennent plus facilement pâteuses à la coulée. D'un autre côté, moins la fonte est pure et plus les usines ont de tendance à livrer un produit peu carburé ; à dose égale de carbone, le métal est, en effet, d'autant moins soudable et (fait plus grave lorsqu'il s'agit de rails) d'autant plus aigre que la proportion des autres matières étrangères est plus considérable. Il faut, en somme, ramener la décarburation finale à un point tel que le champignon soit assez dur, et que le rail cependant ne soit pas trop cassant.

L'acier dur a une grande résistance statique, mais un faible allongement de rupture.

La fonte contient de 2,5 à 7 p. 100 de carbone; l'acier, de 0,375 à 2; le fer de 0,125 à 0,5. L'acier et le fer chevaucheraient donc, de sorte que la proportion de carbone ne serait pas absolument liée au double caractère différentiel de l'acier, c'est-à-dire la faculté de prendre la trempe et de se forger. A 1,5 de carbone l'acier est déjà très-dur. La proportion de 0,45 ou de 0,5 au plus, qui correspond à peu près au passage de l'acier au fer, paraît être la meilleure pour les rails; elle concilie convenablement la dureté, et la résistance vive. Cette teneur de 0,5 a été adoptée par M. *George Berkley* pour une commande considérable (22.000 tonnes) destiné au Great-Indian-Peninsula R.

Les séries des produits obtenus dans diverses usines, représentées par des numéros plus ou moins nombreux, ne sont pas exactement comparables, de sorte qu'on ne peut rien conclure de précis de leur simple rapprochement. Il est certain néanmoins, que le degré de dureté adopté pour les rails diffère notablement d'une usine à l'autre. Ainsi, à *Grätz*, les aciers sont classés en six numéros; le n° 1, le plus dur, correspond à une teneur en carbone de 1,5 p. 100, et le n° 6 est presque du fer doux. La commission du Sud autrichien (342) estime que le n° 5 $\frac{1}{2}$, correspondant à un acier extrêmement doux, est le plus convenable pour les rails. A *Terre-Noire*, au contraire, l'acier pour rails appartiendrait à la seconde des quatre classes, encore imparfaitement définies d'ailleurs, qu'on y produit jusqu'a présent; aussi, la coulée se fait-elle presque immédiatement (du moins, dans les opérations auxquelles j'ai assisté), après l'addition du spiegel. Le convertisseur n'est pas relevé. Comme exemple de teneur extrêmement faible en carbone, on peut citer un lingot pour rail, de *Dawlais* qui, d'après M. *Parry*, ingénieur de l'usine d'*Ebbw-vale*, en contenait seulement 0,15 p. 100 (*).

Les rails classiques de *Camden-Town* (353) n'ont pas été analysés. Dans l'opinion de quelques ingénieurs, ils sont plus carburés que la plupart de ceux que l'on fabrique aujourd'hui. S'il en est ainsi, ceux-ci ne donneront peut-être pas des résultats aussi satisfaisants. Il est à craindre que leur usure soit moins lente; et quant à la résistance vive transversale, les rails de *Chalk Farm* doivent satisfaire les plus exigeants.

(*) M. *Gruner*, mémoire cité, p. 247.

L'acier pour pièces de moulage, telles que les croisements (277), doit aussi être doux, moins cependant que le métal pour rails. La proportion de carbone peut s'élever à 0,75 p. 100. Au delà, l'acier posséderait à un plus haut degré encore, la dureté, particulièrement utile pour les appareils de la voie, mais ce serait aux dépens de leur résistance aux chocs. En deçà, sa température de fusion serait plus élevée, et les difficultés déjà sérieuses, contre lesquelles il faut lutter pour obtenir des pièces saines, seraient aggravées.

359. On sait, dès à présent, obtenir à peu peu près couramment avec la même fonte, un produit constant. Malgré la marche si précipitée de l'opération, ses caractères sont assez tranchés pour qu'un œil exercé n'ait pas besoin d'autres guides que l'aspect seul de la flamme. Il suffit pour suivre nettement les diverses phases de l'opération, pour règler la pression du vent, pour saisir le moment où doit être ajouté le spiegel en proportion fixée d'avance, enfin pour déterminer la durée, toujours très-courte, de la réaction entre le spiegel et le métal suraffiné.

L'analyse spectrale, introduite dans les ateliers, n'y subsiste plus guère, en général, que comme simple objet de curiosité.

Toutefois, grâce aux recherches de M. *Liellegg*, le spectroscope est devenu récemment, à *Grätz*, un très-utile auxiliaire; il permet de saisir l'instant précis où la décarburation est complète, et de fixer ainsi la proportion exacte de spiegel nécessaire pour obtenir un numéro déterminé. L'apparition de la raie si visible et si persistante du sodium dans le jaune du spectre indique le commencement de la décarburation. (La liaison de ces deux faits tient seulement, du reste, à ce que le spectre n'acquiert son développement complet que par la combustion du carbone.)

Aussitôt que cette raie, qui persiste jusqu'à la fin de l'opération, apparaît, les raies caractéristiques de l'oxyde de carbone se montrent aussi, principalement dans la bande verte, qui est le point classique d'observation. Les raies y sont plus brillantes, plus nettes, y apparaissent plus tôt et disparaissent plus tard que dans le jaune et le violet, ainsi que dans le rouge et le bleu où elles se manifestent aussi. Après le bouillonnement, leur intensité est à son maximum. Quatre ou cinq minutes avant la fin de l'opération, pour une charge de 3 tonnes environ, elles commencent à s'effacer. C'est lorsque la dernière a disparu qu'on ajoute le spiegel; quelquefois cependant cette addition est faite lorsqu'il reste encore une ou même deux raies dans la bande verte. L'essentiel, au surplus, est que la proportion de spiegel soit appropriée au choix du moment.

Ce caractère est beaucoup plus net et plus précis que les variations d'aspect de la flamme.

Il ne s'agit ici que des fontes au bois de Styrie, traitées à *Grätz ;* avec d'autres fontes, la règle variera peut-être dans ses détails ; mais il est très-probable que le procédé est susceptible d'une application générale.

On peut aussi (*) se guider au moyen de prises d'essai de la scorie, ce qui exige évidemment que la cornue soit couchée et le vent arrêté. La prise refroidie a une teinte d'autant plus foncée que l'opération est plus avancée, et c'est lorsque la scorie est presque noire à la surface et d'un vert clair dans la cassure qu'il convient d'ajouter la fonte décarburante.

360. Voici, d'après la société de *Terre-Noire* et *Bességes*, les résistances à la traction, et les allongements de rupture de ses aciers :

	RÉSISTANCE. — Kilogrammes par millimètre quarré.	ALLONGEMENTS à l'instant de la rupture. — Pour 100.
	kilog.	
Bessemer dur pour rails.	62	7,5
Id. dur pour essieux.	80	7,5
Id. doux en barres.	56	11,5
Fer ordinaire à grain.	36,5	13
Id. à nerf.	32.5	19

La supériorité de la résistance du métal pour essieux, malgré sa ductilité aussi grande que celle de l'acier pour rail, s'explique par un dosage différent des minerais. Dans les aciers provenant de fontes identiques, et différant seulement par le degré d'affinage, les allongements sont sensiblement en raison inverse des résistances.

La moyenne de neuf expériences de rupture par traction, faites sur les rails du Great-Indian (359), fabriqués chez M. *Brown*, a donné

(*) M. *Grüner*, mémoire cité, page 265.

70^{kil},52 par millimètre quarré, chiffre très-satisfaisant, pourvu qu'il ne coïncide pas avec une certaine aigreur du métal, ce qui, du reste, n'est pas probable.

M. *E. Vickers* a fait, en 1861, plusieurs expériences pour constater l'influence de la teneur en carbone sur la résistance. Les aciers sur lesquels il a opéré provenaient, non du convertisseur, mais du creuset. Il n'est pas moins utile de reproduire quelques-uns des résultats qu'il a obtenus, cette différence d'origine ne pouvant modifier l'élément qui nous occupe, c'est-à-dire l'influence de la proportion de carbone.

On opérait sur des barres calibrées, sur une longueur de 0^{m},355, au diamètre de 1 p. angl. = 2^{cent},54 ; les charges étaient appliquées au moyen d'un levier dont les bras étaient : : 1 : 20.

1	PROPORTION approximative de carbone. 2	POIDS spécifique. 3	CHARGE de rupture par millimètre quarré. 4	ALLONGEMENT proportionnel avant la rupture. 5	PRODUIT de la charge par l'allongement proportionnel. 6
	p. 100.	kilog.	kilog.	p. 100	
Fer de Suède (très-pur).	»	7.894	»	»	»
Fer d'où provenaient les aciers ci-dessous. . . .	»	7.861	»	»	»
Acier n° 2.	0,33	7.871	47,8	9,8	468,4
— 4.	0,42	7.867	53,4	9,8	523,3
— 5.	0,48	7.855	58,8	9,0	529,2
— 6.	0,53	7.855	66,9	8,0	535,2
— 8.	0,63	7.848	70,7	7,1	501,9
— 10.	0,74	7.847	71,5	4,9	350,3
— 12.	0,84	7.840	86,0	8,0	688,0
— 15.	1,00	7.836	94,1	7,1	668,1
— 20.	1,25	7.823	108,5	4,4	447,4

(L'acier *Bessemer* peut très-bien atteindre ces derniers chiffres de résistances. D'après M. *de Cizancourt*, ingénieur des mines (*), les aciers *Bessemer*, essayés à *Woolwich* par M. *E. Vilmot*, ont supporté également plus de 100 kilog. par millimètre quarré ; mais les allongements, qui devaient être très-faibles, ne sont pas indiqués.)

La résistance à la traction croît dont régulièrement avec la pro-

(*) *Annales des mines*, tome IV, 1863, page 268.

portion de carbone, mais seulement, d'après M. *Vickers*, tant que cette proportion ne dépasse pas 1,25 p. 100; au delà, elle diminue, dit-il, jusqu'à ce que le métal, devenu alors de la fonte, ne supporte plus qne $9^k,4$ à 10 kilogrammes.

L'auteur signale un fait qu'il est à propos de noter en passant, pour mettre en garde contre les comparaisons si souvent établies entre les résultats d'expériences faites dans des conditions différentes. Des barres dont la partie tournée à section réduite n'occupait qu'une très-petite hauteur, ont supporté, par unité de section, des charges beaucoup plus considérables que les précédentes. Il est évident que les chances d'existence d'un point faible, d'un petit défaut dans le métal, croissent avec la longueur du tronçon à section réduite. Mais d'après M. *Vickers*, cette longueur a une influence directe, inévitable sur la résistance. Il a remarqué, en effet, que plus le tronçon tourné est plus long, plus le métal s'étire, plus la section de striction est contractée.

Tout en diminuant, en général, quand la proportion de carbone augmente, les allongements de rupture suivent une marche peu régulière. Les produits de ces allongements par les résistances correspondantes, c'est-à-dire les résistances vives, varient indépendamment de la teneur en carbone (colonne 6).

Comme l'indique la colonne n° 3, ces expériences semblent infirmer l'opinion, généralement reçue, d'après laquelle le poids spécifique de l'acier fondu, non trempé, serait supérieur à celui du fer (349). Mais la contradiction n'est peut-être qu'apparente; elle tient sans doute à ce que l'acier provient de fers relativement purs, dont la pesanteur spécifique est plus grande que celle des fers impurs. Il faut comparer l'acier au fer même dont il dérive. C'est ce qu'a fait M. *Vickers;* il a opéré sur un fer très-pur, et il a constaté que le poids spécifique, maximum pour ce fer, décroît graduellement dans l'acier qui en provient, à mesure que la teneur en carbone s'élève. Mais, pour le fer impur, et le fer des rails est dans ce cas, ce poids peut s'abaisser à 7.644 kilog.; il est donc notablement inférieur à celui de l'acier, même à 1,25 p. 100 de carbone, provenant d'un fer beaucoup plus pur.

M. *Vickers* pense, en somme, que l'acier contenant de 0,63 à 0,75 p 1.00 de carbone est le plus convenable pour la plupart des applications, et en dehors des usages spéciaux qui réclament, ou une grande ductilité ou au contraire une grande dureté. Mais cette proportion est, en général, loin d'être atteinte dans les rails provenant du convertisseur.

Les résultats précédents sont d'accord avec ceux qu'on a obtenus en Suède, où le dosage du carbone est entré tout à fait dans la pratique des usines, et où il a, en effet, une importance toute spéciale en raison de la pureté du fer, dont les propriétés ne sont guère modifiées que par le carbone.

A 0,35 p. 100, le seul caractère qui distingue l'acier du fer, c'est-à-dire la propriété de prendre la trempe, commence à se manifester, et elle est très-prononcée à 0,8; 1,4 est la limite supérieure, qui ne s'applique même qu'à des usages peu nombreux.

361. *Inégalité des résistances à la rupture par traction et par compression.* — Les aciers *Bessemer* de l'usine de *Fagersta* (Suède), justement remarqués à la dernière exposition universelle (*), ont été l'objet de nombreuses expériences de la part de M. *Kirkaldy*. En opérant par flexion tranversale, il a constaté que la position de l'axe neutre à l'instant de la rupture varie avec la teneur en carbone. Cet axe est d'autant plus rapproché des fibres extrêmes comprimées que l'acier est plus dur; c'est-à-dire que le rapport des résistances à la rupture par compression et par extension, varie avec la dureté : la première résistance dépasse d'autant plus la seconde que le degré de carburation est plus élevé. Il est, du reste, tout naturel que l'acier, produit intermédiaire, se rapproche plus ou moins, suivant que ce degré s'abaisse on s'élève, soit du fer pour lequel les deux résistances élémentaires sont sensiblement égales, soit de la fonte, pour laquelle la résistance de rupture par compression l'emporte beaucoup sur l'autre. Mais, d'après M. *Kirkaldy*, la résistance à la compression, très-supérieure à la résistance à l'extension dans les aciers durs de *Fagersta*, lui deviendrait, non-seulement égale, mais même inférieure dans les aciers doux, qui cesseraient de se placer sous ce rapport entre la fonte et le fer, dans lesquels les deux résistances sont sensiblement égales lorsque l'expérience est faite de manière à éliminer le flambage, qui tend à faire attribuer à la résistance à la compression, une infériorité apparente.

(*) L'exposition de *Fagersta* comprenait une série d'échantillons indiqués comme ayant subi depuis 1 jusqu'à 50 corroyages sans se dénaturer, sans perdre la qualité d'acier. On sait que c'est là le côté faible de l'acier *Bessemer* qui, en général, perd sa nature par des corroyages répétés.

Il n'est pas étonnant, au surplus, que des aciers provenant, comme ceux de *Fagersta*, de fontes supérieures, échappent à cette imperfection. Les réchauffages étaient faits, d'ailleurs, au four à gaz.

M. *Fairbairn*, qui a fait de nombreuses expériences sur les meilleurs aciers *Bessemer* fabriqués en Angleterre, a constaté : 1° que leurs résistances à l'écrasement et à la rupture par traction sont en moyenne 156 kilog., et 74 kilog., soit : : 2,1 : 1. Ces expériences directes ont été confirmées par des ruptures par flexion ; 2° que la résistance à la traction est elle-même double de celle des meilleurs fers anglais ; 3° que les allongements de rupture par traction, très-variables d'ailleurs, sont en somme beaucoup moindres qu'on ne le supposait. La plus grande valeur obtenue par M. *Fairbairn*, 0,1437, est inférieure au chiffre moyen donné par les fers essayés, et la plus petite est seulement 0,0037.

Dans les rails en fer symétriques, la rupture se fait toujours dans la partie de la section qui est soumise à la traction (338) ; de sorte qu'en présence de l'infériorité de la résistance à cet effort dans l'acier, le profil à champignons inégaux serait plus défectueux encore avec ce métal qu'avec le fer (33).

362. *Résistance élastique.* — Le coefficient d'élasticité de l'acier fondu présente, comme celui du fer, auquel il est du reste peu supérieur, des variations d'une assez grande étendue, mais qu'aucune loi ne rattache aux autres propriétés mécaniques du métal. La trempe elle-même, qui a une si grande influence sur la résistance à la rupture et sur le point à partir duquel l'élasticité est altérée d'une manière sensible, n'influe pas sur le coefficient. Des tôles d'acier fondu de MM. *Petin* et *Gaudet* essayées au conservatoire des arts et métiers (*) ont donné des valeurs comprises : pour les aciers vifs, trempés ou non, entre $10^{10} \times 1,88$ et $10^{10} \times 2,16$; et pour les aciers doux, trempés ou non, entre $10^{10} \times 1,29$ et $10^{10} \times 2,12$. En opérant de son côté sur des lames d'acier fondu anglais de premier choix, pour ressorts d'horlogerie, trempées ou non, M. *Résal* (**) a obtenu des valeurs comprises entre $10^{10} \times 1,7$ et $10^{10} \times 2,18$, limites très-rapprochées de celles ($10^{10} \times 1,72$ et $10^{10} \times 2,11$), auxquelles M. *Wertheim* était arrivé.

Si donc on peut dire en pratique, que la résistance élastique de l'acier fondu est supérieure à celle du fer, cela doit s'entendre surtout des efforts plus considérables qu'exige l'altération notable de l'élasticité. Le coefficient est sensiblement le même, mais il persiste, dans

(*) *Annales des mines*, tome XIX, (1861) page 349, article de M. *Tresca*.
(**) *Annales des mines*, tome XIII, 1868, page 101.

l'acier, pour une étendue plus grande de l'échelle des charges. Si, à égalité de profil et de charge, un rail en acier fléchit moins qu'un rail en fer, c'est seulement sous des charges dépassant la limite *pratique* (22) de l'élasticité pour le second, et ne l'atteignant pas pour le premier (*).

363. La condition d'employer, pour obtenir du véritable acier par le procédé *Bessemer*, tout au moins une proportion considérable de fontes spéciales provenant de minerais aciéreux, n'a rien que de tout simple. Elle est commune à tous les procédés ; celui de M. *Bessemer* y est soumis comme les autres. Mais ce n'est pas seulement de l'acier, c'est-à-dire un métal capable de prendre la trempe, qu'on demande au convertisseur ; c'est surtout un produit fondu, parfaitement homogène, très-souvent plus voisin du fer doux que de l'acier ; il semble qu'alors rien ne s'opposerait à ce qu'on traitât par le procédé *Bessemer* des fontes provenant de minerais quelconques, pourvu qu'elles soient grises. Mais ces essais ont échoué ; le convertisseur, si propre à l'élimination du carbone, et du silicium qui est un des agents essentiels de l'opération, a moins de prise que le puddlage ordinaire sur les autres corps étrangers et notamment sur les plus tenaces et en même temps les plus nuisibles, le soufre et surtout le phosphore. Aussi ne peut-il traiter, sans opération préalable (365), que des fontes dans lesquelles ces deux corps n'entrent qu'en proportions très-faibles, mais sur lesquelles, du reste, on n'est pas d'accord. Ainsi, tandis qu'à *Hörde*, la teneur maximum en phosphore des fontes pour le *Bessemer* est fixée à 0,06 p. 100, on traite à *Neuberg*, des fontes qui, d'après M. *Tunner*, en contiennent 0,1 p. 100, et même plus, et qui donnent cependant un métal très-convenable pour les rails.

Quant au soufre, tandis que M. *Bessemer* regarde de même que pour le phosphore, 0,1 p. 100 comme une limite extrême, d'après M. *Tunner* la proportion de 0,2 p. 100 est encore admissible, du moins pour les fontes de Styrie. Les essais faits avec les fontes de *Turrach*, ont confirmé cette opinion. L'analyse d'un rail de *Dowlais*, a donné 0,10 p. 100 de soufre ; il ne renferme d'ailleurs que des traces de phosphore.

L'infériorité du convertisseur, relativement au four à puddler, en

(*) La valeur $10^{10} \times 3$, qui figure dans les divers recueils de tables, et qui s'appliquerait à « un acier fondu très-fin, trempé, recuit à l'huile, » sans aucune indication sur la provenance et sans garantie du nom de l'expérimentateur, paraît donc être une exception, pour ne pas dire une anomalie.

ce qui touche l'élimination des matières nuisibles, est un fait grave, surtout pour la fabrication des rails, qui doit tâcher de se contenter des fontes ordinaires : il convient de s'arrêter un instant sur ses causes. M. ***Bruno Kerl*** fait remarquer (*) que si le phosphore passait dans la scorie à l'état de phosphates de fer et de manganèse, ces sels seraient décomposés par le fer métallique sous l'influence de la haute température développée dans le convertisseur, de sorte que le phosphore retournerait au métal. Il en est de même du soufre, les sulfo-silicates dans lesquels il serait engagé étant également décomposés par le fer.

« La nature siliceuse de la scorie, » dit M. *Grüner*, « explique pourquoi « le phosphore ne peut être éliminé par le procédé *Bessemer*, tandis qu'il « l'est dans le puddlage et l'affinage au bas foyer. Pour que l'acide phosphorique puisse être retenu par les bases, il faut que la scorie soit ba- « sique, et non siliceuse (**). .

Ne pourrait-on pas, dès lors, chercher à donner à la scorie, par une addition convenable, de la chaux sans doute, la nature basique qui lui manque?

Cette question toute spéciale est du ressort de la métallurgie ; je l'ai soumise à mon collègue M. *Grüner*, et je ne puis mieux faire que de transcrire ici la réponse que je dois à l'obligeance de cet habile métallurgiste :

Paris, le 26 avril 1868.

. . . .

« *Berthier* a prouvé depuis longtemps que le phosphate de fer est décom- « posé à une haute température par le fer métallique. Or, dans la cornue « *Bessemer*, où la température est très-élevée et le mélange des matières « très-intime, cette réaction doit infailliblement se produire. Une partie du « phosphate échapperait cependant à l'action du fer si la scorie était très- « basique ; mais vous avez pu voir par les analyses que je cite que cet « effet ne se produit (ou plutôt ne commence à se produire) qu'après l'expul- « sion complète du carbone : jusque-là, l'oxyde de fer est sans cesse réduit « par le carbone et le silicium ; et lorsque ces deux éléments ont disparu, « alors l'oxyde de fer s'attaque aux parois de la cornue et les corrode très- « rapidement. On a donc toujours des scories plus ou moins siliceuses, qui « ne retiennent pas l'acide phosphorique.

« Il en est autrement au four de puddlage, surtout dans le puddlage *froid*;

(*) Handbuch der metallurgischen Hüttenkunde, t. III, p. 659. — *Arthur-Félix*, à *Leipzig*, 1864.

(**) De l'acier et de sa fabrication, p. 253.

« d'abord, le mélange est beaucoup moins intime et la température moins « élevée, en sorte que la réaction du fer sur le phosphate est beaucoup moins « énergique ; ensuite, et c'est là la raison principale, les parois et la sole « du fourneau sont en fonte et garnies d'oxyde de fer, et non formées par des « briques. Aussi longtemps que l'on a puddlé sur des soles en sable, l'ex- « pulsion du phosphore était impossible, on avait toujours des scories sili- « ceuses. Aujourd'hui, sur les soles refroidies et avec les parois en fonte (à « courant d'air ou à courant d'eau), on peut avoir des scories basiques, qui « se chargent d'acide phosphorique.

« Les additions de chaux seraient probablement plus énergiques que des « additions de minerais de fer et manganèse (tentées sans succès par M. Bes- « semer); mais le phosphate de chaux est également décomposé (en partie « du moins) par le fer, à haute température, en sorte que je n'espère pas « grand'chose non plus de ce réactif. On a, du reste, essayé dans le temps, « la chaux dans le mazéage ; elle produit une épuration partielle, mais les « scories deviennent plus pâteuses. Ce dernier effet ne serait pas à craindre « dans l'appareil *Bessemer*, à cause de la haute température, mais on aura « toujours à redouter la corrosion des parois, et la décomposition du phos- « phate par le fer.

« J'aimerais mieux essayer la chaux dans le four *Martin* (365), et je crois « que l'on devrait y arriver à un résultat plus favorable. Avec des décras- « sages successifs, et des additions successives aussi de chaux, on devrait « certainement arriver à l'élimination, au moins partielle, du phosphore. »

On sait que la manganèse est nuisible à l'acier, qu'il rend cassant. Si donc, comme l'expérience le prouve, la présence d'une certaine proportion de ce métal dans la fonte *principale* est utile, ce n'est que comme auxiliaire de l'opération. S'oxydant avant le carbone, il ralentit l'affinage. Il rend de plus la scorie plus fluide et plus facile à séparer, et diminue les projections. Dans l'intéressant mémoire cité plus haut (*), M. *de Cizancourt* cite l'exemple des fontes au bois de *Follonica* (Toscane) dont le traitement au convertisseur a pris une allure beaucoup plus régulière grâce à l'addition au lit de fusion d'une certaine proportion de minerai de manganèse très-pauvre. On sait, du reste, que dans le puddlage pour acier on ajoute souvent, au moment du bouillonnement, de l'oxyde de maganèse ; la scorie, rendue ainsi plus fluide, se dégage plus facilement sous le marteau.

364. *Nouveaux procédés à l'étude.* — M. *Bessemer*, qui a étudié les applications de sa grande et féconde conception avec une persévérance digne d'elle — et c'est tout dire — cherche depuis longtemps

(*) *Annales des mines*, tome IX, 1863, page 225.

à rendre le convertisseur abordable aux fontes ordinaires ; l'opération préparatoire à laquelle il les soumet est, en principe, une sorte de puddlage combiné avec l'injection de divers gaz, et l'emploi de réactifs variés. Mais nous n'avons pas à nous occuper ici de ces recherches, qui n'ont pas encore abouti à des résultats positifs.

En obtenant, à l'état de fusion, un produit plus ou moins complétement affiné, M. *Bessemer* a ouvert une voie que d'autres inventeurs cherchent comme lui à élargir encore, en s'affranchissant de l'onéreuse condition de la pureté des fontes. C'est presque toujours, en principe, au puddlage qu'ils reviennent, mais à un puddlage très énergique, poussé jusqu'à la fluidité du fer, au lieu de l'état pâteux de l'opération ordinaire, et prolongé pendant assez longtemps pour l'oxydation plus ou moins complète du phosphore et du soufre par l'oxygène de la scorie.

M. *Nystron*, à l'usine de *Gloucester* près *Philadelphie*, se contente de lancer l'air à la surface du bain.

M. *Richardson* injecte l'air dans le bain, et se rapproche sous ce rapport des conditions du *Bessemer*, tout en conservant pour l'élimination partielle du phosphore la supériorité relative du puddlage.

M. *Bérard* opère dans un four *Siemens* et fait passer dans la fonte d'abord un courant oxydant, puis un courant de gaz hydrocarburés destinés à enlever, par leur hydrogène, le soufre et le phosphore; mais le succès des tentatives faites à *Montataire* (Oise) paraît être médiocre.

Le procédé de M. *Pierre Martin* est fondé également sur l'emploi du générateur *Siemens*, cet instrument si précieux pour produire les hautes températures et régler les réactions par la composition de la flamme. Du fer et de la fonte, préalablement portés au rouge dans un four auxiliaire, sont mis en présence comme dans le creuset, tantôt seuls, tantôt avec addition de minerai riche. Le brassage n'est guère praticable, du moins au moyen de ringards en fer, qui entreraient presque immédiatement en fusion. A *Firminy* (Loire), on opère sur un mélange de fer et de fonte seulement. La sole, formée d'un mélange en volumes égaux de sable alumineux et magnésien, provenant des démoulages, et du même sable cru, résiste assez bien. Elle doit être réparée après chaque opération, mais elle n'est refaite complétement, dit-on, qu'au bout de trois semaines de marche. Elle est refroidie extérieurement par un jet de vapeur qui détermine, comme l'échappement des locomotives, un courant d'air continu. La marche de l'opération est constatée au moyen d'éprouvettes recueillies dans une sorte de cuiller, et qui sont refroidies et cassées pour observer le grain. C'est ainsi qu'on se guide pour l'addition de la fonte, qui se pratique comme dans le procédé *Bessemer*. La lenteur de la marche de l'opération, qui dure de huit à dix heures, se prête à un tâtonnement plus ou moins prolongé et permet de graduer les produits plus facilement que par le procédé *Bessemer ;* on ajoute souvent ainsi de la fonte à plusieurs reprises. Mais, malgré l'état de fluidité de la matière, l'homogénéité n'est pas complète, souvent même dans une pièce d'essai. Cela s'explique, le puissant brassage produit dans l'appareil *Bessemer*, par l'injection de l'air, faisant ici complétement défaut.

Jusqu'ici, M. *Martin* n'emploie, à *Firminy*, que des fontes supérieures. Elles proviennent de *Mokta-el-Hadid.* L'opération est-elle, comme on l'a dit, par le fait même de sa lenteur, plus propre que le procédé *Bessemer* à éliminer les corps étrangers? Aucun résultat positif n'est venu encore confirmer cette présomption. Il est naturel, d'ailleurs, d'opérer d'abord sur des fontes de choix, pour ne pas accumuler, dès le début, toutes les difficultés.

« Il n'a été fait » dit M. *Fabré*, ingénieur du matériel fixe au chemin de fer de la Méditerranée, « sur les rails en acier *Martin*, que des épreuves « d'usine qui les placent au même rang que le *Bessemer*, et même au-dessus. Ils paraissent avoir plus de roideur et plus de dureté. Leur résistance « au choc et à la pression est d'ailleurs très-suffisante. Le laminage semble « plus difficile, et la fabrication des lingots plus laborieuse. Je crois que, « pour ces deux motifs, le prix sera notablement supérieur à celui du « *Bessemer* (*). »

Cette appréciation semble indiquer que l'acier *Martin* fabriqué à *Firminy* était plus carburé que le métal *Bessemer* essayé par le service de la voie.

Il serait au surplus, prématuré de porter un jugement sur un procédé qui emprunte au générateur *Siemens* son seul caractère réel de nouveauté, mais qui est encore à l'état d'essai. On ne peut qu'attendre le résultat des études auxquelles M. *Martin* se livre à *Sireuil.* D'après cet ingénieur, on obtient ainsi méthodiquement, au four à réverbère, quatre produits distincts, ayant leurs applications spéciales : 1° l'acier fondu ; 2° fer fondu : 3° métal homogène ; 4° métal mixte

(*) Note communiquée par M. *Délerue*, ingénieur en chef de la voie au réseau de la Méditerranée.

(fonte malléable). C'est surtout au point de vue du traitement des vieux rails, auxquels il semble bien approprié, que ce procédé intéresse les chemins de fer. D'après l'auteur, les rails peuvent former les $\frac{2}{3}$ de la charge, mais pourvu sans doute qu'ils soient exempts de phosphore et de soufre.

M. *Parry* a fait, à *Ebbw-vale*, de nombreuses recherches pour approprier les fontes impures, et spécialement les fontes phosphoreuses et sulfureuses, au traitement par le procédé *Bessemer*. Le mode auquel il s'est arrêté comprend deux opérations préparatoires : 1° un puddlage ordinaire, qui épure le métal par l'action de la scorie basique (364); 2° une recarburation par refonte au cubilot avec un grand excès de coke. Il faudrait des fontes à bien bas prix, et de plus, un succès complet, pour qu'un traitement aussi compliqué pût constituer un procédé vraiment industriel. Il y a d'ailleurs, une difficulté : si le puddlage peut abaisser la teneur en phosphore à un degré admissible, il enlève aussi le silicium, de sorte que la fonte n'en contient plus assez pour passer au convertisseur. Il faut donc lui en restituer par l'addition d'une fonte spéciale très-siliceuse.

En somme, si le procédé est possible économiquement, ce n'est sans doute que dans des circonstances particulières, et qui se réaliseront rarement.

Telle est la conséquence à laquelle ont conduit les essais faits dans l'usine royale de *Königshütte* (Prusse), sur des fontes contenant jusqu'à 0,497 p. 100 de phosphore. Sans condamner d'une manière absolue le procédé *Parry*, la conclusion de ces expériences est que, dans les conditions où est placée l'usine de *Königshütte*, l'emploi des fontes du pays avec application préalable de ce procédé, ne peut lutter contre le traitement immédiat au convertisseur des fontes spéciales, malgré l'élévation de leur prix.

365. Le minerai oolithique du *Cleveland*, produit des fontes beaucoup trop phosphoreuses pour être traitées au convertisseur. Les maîtres de forge de la contrée s'efforcent de lutter contre cet obstacle et d'obtenir, par d'autres moyens, un produit affiné fondu. Quelques échantillons ont subi avec succès les épreuves ordinaires; mais il ne s'agit encore que de simples essais d'un procédé, tenu d'ailleurs secret.

366. Les essais si favorables des rails *Bessemer* ont quelque chose d'inquiétant pour les producteurs de fer, menacés ainsi dans un de leurs principaux débouchés. S'il ne s'agissait que de substituer en tout ou en partie, le convertisseur au four à puddler, il n'y aurait là, en somme, qu'un de ces changements d'outillage auxquelles l'industrie est soumise par le fait même de ses progrès. Mais telle n'est pas la situation pour les nombreuses usines dont l'existence même a pour base des minerais ordinaires, produisant des fontes impures, que les méthodes nouvelles n'ont pas encore réussi à convertir en métal fondu étirable.

Sans doute, le développement des voies de communication, l'abaissement des tarifs des chemins de fer et des canaux, permettent aux minerais riches et purs de franchir de très-grandes distances sans être grevés de frais excessifs. C'est grâce à cette expansion des minerais de choix que beaucoup d'usines, appliquant les procédés ordinaires, ont pu relever singulièrement la qualité de leurs produits. Mais un prix de revient admissible pour les minerais destinés seulement à améliorer le lit de fusion, où ils n'entrent qu'en faible proportion, serait souvent impossible lorsque ces minerais devraient être, au contraire, l'élément principal, n'admettant qu'à petite dose les minerais économiques.

D'un autre côté, il est vrai, c'est précisément la nature spéciale et la rareté relative des minerais propres à donner, au convertisseur ou au réverbère, le métal affiné fondu qui, limitant la production de ce métal, pourra permettre au fer ordinaire de se maintenir en concurrence avec lui sur le marché des chemins de fer.

On escompte souvent, en faveur du *Bessemer*, la chance de nouvelles réductions de prix (348), ne fût-ce qu'en se fondant sur l'époque prochaine où le brevet principal sera périmé. D'autres soutiennent, au contraire, qu'une élévation du prix de l'acier est plus probable, et cela d'autant plus que son succès sera plus complet, la cause d'abaissement qu'on allègue devant être compensée, et bien au delà, par l'inévitable renchérissement des minerais spéciaux. Si les réseaux étaient complets, s'il ne s'agissait que des réfections de voie, la quantité de matière neuve à produire annuellement serait peu considérable, la consommation réelle, déjà faible pour le fer, devant être bien moindre pour l'acier. Mais qui peut prévoir où s'arrêtera le développement des voies ferrées?

Les conjectures sur un tel sujet sont très-hasardées; mais on ne peut refuser à la seconde opinion, celle qui admet le renchérissement, une certaine vraisemblance. Le *Bessemer* n'a, du reste, contre lui, au point de vue économique, que cette condition de la spécialité, de la qualité des minerais, et peut-être réussira-t-on à s'en affranchir. Quant aux dépenses d'installation, si elles sont considérables, cet inconvénient est amplement compensé par une propriété précieuse de l'appareil : sa puissance de production.

Le succès du rail *Bessemer* est si éclatant, qu'il laisse peu de prise à la critique, même à la critique rendue plus clairvoyante par l'intérêt personnel menacé : aussi a-t-elle été rare, et timide. On a bien prétendu (*) que le rail en fer fabriqué avec le soin qu'on y apportait autrefois, mais dont on s'est déshabitué depuis, pourrait lutter avec avantage contre le *Bessemer*. Il est facile de le dire, il serait difficile de le prouver. Que l'on y tâche, du reste, rien de mieux. Si la lutte contre le redoutable rival qui menace de supplanter, au moins en partie, le rail en fer conduit à améliorer sa qualité, ce sera un service de plus rendu aux chemins de fer par la découverte de M. *Bessemer*.

(*) Voir le journal l'*Engineer* de 1866.

CHAPITRE XII.

ASSÈCHEMENT DE LA VOIE. — ASSAINISSEMENT DES TRANCHÉES ET DES REMBLAIS.

§ I. — Assèchement de la plate-forme.

367. *Fossés latéraux.* — Nous avons déjà insisté (**174**) sur l'importance capitale de l'assèchement de la voie. Il est nécessaire d'entrer dans quelques détails sur les moyens par lesquels on l'assure. L'assèchement des talus, c'est-à-dire, dans beaucoup de cas, la condition *sine quâ non* de la stabilité même des terrassements, tranchées et remblais, se rattache d'ailleurs intimement à celui de la plate-forme, et il est naturel de réunir les deux sujets dans un même chapitre.

Aux termes de l'article 7 du cahier des charges français :

« La compagnie devra établir le long du chemin de fer, les fossés ou ri-
« goles qui seraient jugés nécesssaires pour l'assèchement de la voie et
« pour l'écoulement des eaux. Les dimensions de ces fossés et rigoles sont
« déterminées par l'administration, suivant les circonstances locales, sur
« les propositions de la compagnie. »

En Allemagne, les instructions de la réunion de *Dresde* recommandent d'abaisser le plan d'eau de telle sorte qu'il ne puisse pas, même à son maximum de hauteur, être atteint par la gelée (*).

Le ballast doit, autant que possible, être parfaitement perméable; l'écoulement s'opère alors à la surface de la plate-forme, dont le profil en travers a été réglé en dos-d'âne, à pentes de 0,03 environ.

Mais cette perméabilité est souvent imparfaite; on ne peut alors compter sur le seul écoulement par infiltration, et il faut bien admettre aussi l'écoulement à la surface; on le facilite en réglant le ballast suivant de faibles pentes longitudinales, aboutissant à des *revers d'eau* transversaux.

(*) *Vereinbarungen, etc.*, art. 38.

La pente du plafond des fossés latéraux est généralement celle de la plate-forme elle-même, et sa largeur, $0^m,35$ environ (Pl. XXXIII, *fig.* 1 à 5). La profondeur et la largeur en gueule varient suivant la pente, et suivant le volume d'eau à débiter ; la section doit être relativement considérable dans les tranchées longues profondes, en palier, et à talus très-doux, surtout si aux eaux d'amont et à celles que la tranchée reçoit directement, s'ajoutent celles que fournissent des alternances de bancs perméables et de bancs imperméable affleurant sur les talus. La nature absorbante du terrain inférieur permet cependant quelquefois de réduire le débouché des fossés, qui peuvent alors dégorger inférieurement. Tel est le cas de la tranchée de *Clamart* (ligne de *Paris* à *Rennes*) ouverte dans le calcaire grossier ; des trous de sonde jettent l'eau dans la craie, qui l'absorbe.

Le cahier des charges français prescrit (art. 7) de ménager au pied de chaque talus du ballast, une banquette de $0^m,50$ de largeur au moins. Cette banquette, qui sert à la fois à protéger le fossé, à recevoir provisoirement les dépôts provenant du curage, et à la circulation des agents, était autrefois placée, dans les tranchées, au pied de leurs talus ; mais comme elle disparaissait bientôt par l'action des eaux et des éboulements, elle a été transportée de l'autre côté du fossé (*fig.* 3 à 5).

Sur beaucoup de chemins allemands, le ballast est encaissé dans la plate-forme, qui constitue ainsi les accotements, de sorte que l'eau doit être dirigée dans les fossés par des canaux qui traversent ces banquettes. Cette disposition réduit le cube du ballast ; mais elle présente plusieurs inconvénients : le ballast s'altère par son mélange avec la terre, l'entretien est plus difficile, l'assèchement plus imparfait ; l'économie est d'ailleurs médiocre ; aussi le *Koffersystem* est-il aujourd'hui très-peu usité.

La largeur en gueule des fossés, dans les tranchées, peut être réduite au moyen de revêtements appliqués, soit seulement du côté de la voie en terrain de roche, soit aussi vers les talus. Ces *murettes*, M, M (*fig.* 6), qui rendent le curage un peu plus difficile, sont tantôt en pierre sèche, tantôt à bain de mortier ; elles s'élèvent jusqu'au niveau du ballast, et remplacent ainsi la banquette exigée, dont la largeur est alors réduite à $0^m,40$ ou même à $0^m,30$. Elles empêchent l'entraînement du ballast par les eaux du fossé ; mais leurs principaux avantages sont la réduction de largeur de la tranchée, et l'économie d'un cube de déblai proportionnel à la profondeur ; c'est ordinairement à partir de 7 ou 8 mètres que leur application devient économique. Il est presque inutile d'ajouter que des barbacanes doivent être ménagées de distance en distance à la base des murettes en maçonnerie, pour établir la communication entre les fossés et la plate-forme.

En souterrain, les fossés sont souvent remplacés soit par un ou deux caniveaux en maçonnerie *c*, *c*, formant banquette du pied-droit (Pl. XXXV, *fig.* 2 et 3), soit par un aqueduc placé suivant l'axe. Au souterrain d'*Ivry* (chemin de ceinture de *Paris*) les caniveaux ont, malgré la pente de 0,10, une section considérable : $0^m,45$ en gueule, $0^m,30$ au plafond, et $0^m,85$ de profondeur. La murette soutenant le ballast a $0^m,30$ à la crête et $0^m,45$ au pied. Il n'y a d'ailleurs ni caniveaux ni aqueducs si le souterrain est sec par lui-même, et s'il ne reçoit pas d'eaux provenant de l'amont.

368. *Drainage de la plate-forme.* — Les fossés latéraux sont assez souvent insuffisants pour assurer l'asséchement de la voie en tranchée ; on a recours alors au drainage. La compagnie de l'Est français a été conduite à en faire usage sur une grande échelle ; je citerai quelques exemples de ces applications.

1° *Tranchée de Montégu.* — (Ligne de *Paris* à *Strasbourg*, kil. 356). Longueur du drainage, 240 mètres. Un drain de $0^m,06$ de diamètre intérieur est posé dans l'axe de l'entre-voie, à $0^m,80$ en contre-bas du niveau des rails, avec une pente de 0,004, qui est celle des rails eux-mêmes ; il vient déboucher au niveau du radier d'un aqueduc. La tranchée ouverte pour la pose des tuyaux avait $0^m,35$ de largeur au fond et $0^m,60$ en gueule ; elle a été remplie de pierres de diverses grosseurs, recouvertes d'un lit de mousse de $0^m,02$ à $0^m,03$ d'épaisseur, sur lequel repose le ballast.

Ce travail, exécuté à forfait au prix de 3 francs le mètre courant, et terminé dans le courant de l'année 1863, n'a encore été l'objet d'aucun entretien.

Les résultats sont très-satisfaisants ; avant le drainage, les terres argileuses composant le sous-sol de la tranchée se mêlant au ballast, rendaient la voie instable et d'un entretien difficile ; elle est rentrée depuis dans les conditions ordinaires.

La tranchée de *Laneuville* (même ligne, kilom. 358,9) a été drainée sur une longueur de 300 mètres. Le drain de $0^m,06$ de diamètre, posé à une profondeur de 1 mètre à $1^m,10$, avec une pente de 0,004, débouche dans un fossé à ciel ouvert.

Ce travail, exécuté à la même époque et au même prix que le précédent, a produit les mêmes effets.

La tranchée de ***Saint-Phlin*** (même ligne) a été drainée sur deux tronçons, l'un de 441 mètres, l'autre de 418 mètres; deux drains contigus, de $0^m,06$ posés au fond d'une fouille de $1^m,14$ à $1^m,20$, et en pente de 0,0037, débouchent, pour chaque tronçon, dans un aqueduc.

Le travail, exécuté en régie, a coûté $2^f,87$ le mètre. Terminé en 1861, il n'exige aucun entretien.

Son efficacité a été plus remarquable encore que celle des précédents, parce que le mal était plus grand.

« Avant son exécution, » dit M. l'ingénieur *Varroy*, attaché au contrôle, « il était presque impossible de maintenir les voies en bon état. Après un « jour de pluie ou après un orage, le sous-sol argileux se détrempait et se « mêlait au ballast; maintenant rien de semblable ne se produit. Les voies « sont en bon état et d'un entretien facile. »

La tranchée de ***Marainviller*** a été assainie de même sur une longueur de 659 mètres, dont 202 mètres par une seule file et 457 mètres par une double file de drains de $0^m,05$, en pente de 0,0033, et enfouis à $0^m,90$ en contre-bas du rail. Le prix moyen a été de $2^f,70$ par mètre. L'état de la voie a été notablement amélioré par ce travail.

§ II. — Consolidation et assainissement des talus des tranchées.

369. Il est presque inutile de dire que les profils types de tranchées, représentés par les *fig.* 3 à 6, Pl. XXXIII, n'ont rien d'absolu. Ainsi, dans les déblais terreux ou crayeux, l'inclinaison des talus à 45° des profils 3, 5 et 6 est réduite à 5 de base pour 4 de hauteur. Dans les mauvaises argiles, la base $1\frac{1}{2}$ du profil n° 4 est portée à 2, et même au delà. Par contre, cette base peut, suivant la solidité des terres, être réduite jusqu'à $\frac{1}{5}$ pour les talus de l'étage inférieur des profils 5 et 6. Ces types ne sont, en un mot, que des moyennes dont on s'écarte plus ou moins, d'après l'examen des conditions particulières à chaque cas. Il importe de ne pas s'exposer par la suite à des décapages considérables de talus, qui sont coûteux et assujettissants en cours d'exploitation. Une *bande à valoir* doit faire face à toutes les éventualités; l'acquisition de terrains complémentaires pour ce motif, serait une source de difficultés, et un esprit d'économie mal entendue irait directement contre son but.

370. Les causes destructives des talus des tranchées et des remblais sont ou seulement extérieures, ou extérieures et intérieures. Celles-ci, qui sont les plus graves, tiennent toujours à la présence de l'eau, et généralement à la présence de l'argile.

L'argile est également la cause principale des dégradations de surface; mais quand il ne s'agit, en somme, que de protéger les talus contre les agents atmosphériques, on y arrive sans trop de difficultés, et sans trop de dépenses.

Le sable aquifère est souvent, de tous les terrains, le plus difficile à consolider. M. *Bruère* (*), s'est servi avec succès, comme moyen provisoire, de fascines remplies de gravier posées rapidement par des ouvriers exercés, contre les sables mouvants, auxquels on peut ensuite appliquer les moyens de consolidation et d'assainissement définitifs.

En terrain de roche, les talus et les tranchées peuvent exiger une protection, même si la roche est saine, mais gélive; un simple placage suffit alors; des ouvertures doivent assurer l'écoulement de l'eau qui s'introduirait derrière ce placage.

Mais si la roche présente des fentes et des dislocations, les éboulements sont à craindre, surtout par suite de l'existence fréquente de veines et de poches remplies d'argile. Bien loin d'échapper à cet inconvénient, le granite, les porphyres, et en général les roches feldspathiques y sont sujets, au contraire, des blocs plus ou moins volumineux étant souvent séparés par de l'argile provenant de la décomposition de la roche elle-même. Les schistes argileux doivent être également suspects, surtout s'ils présentent des surfaces de glissement très-inclinées vers la tranchée. Ils sont d'ailleurs fréquemment fendillés et décomposés; l'action de l'eau, qui y pénètre facilement, est alors très-nuisible; aussi faut-il souvent purger les talus, trop roides, des tranchées schisteuses, et les amener ainsi graduellement à un état stable.

Dans les terrains meubles, la crête de la tranchée est souvent protégée par un fossé de ceinture appliqué seulement au talus d'amont si la surface des terres a une pente transversale à la tranchée, et qui

(*) *De la consolidation des talus.* Ce petit ouvrage, fruit d'une longue pratique, renferme beaucoup d'observations utiles. In-12 et atlas, 1862.

empêche les eaux de raviner le talus; ce fossé dégorge soit en dehors, soit dans la tranchée elle-même par des cunettes rampantes en maçonnerie. En proscrivant ces fossés d'une manière absolue (*) M. *Bruère* va peut-être trop loin; mais il met à juste titre les ingénieurs en garde contre les dangers que présentent les fossés qui ne sont pas parfaitement étanches. En terrain perméable, les *revers d'eau*, à faible pente transversale, 0,20 du côté la tranchée, (Pl. XXXIII, *fig.* 3 et 6), doivent être préférés; tandis que les fossés proprement dits peuvent être appliqués sans danger en terrain argileux, et encore à conditions de les placer à 1 mètre au moins de la crête du talus (*fig.* 4).

Pour un même rapport entre la base et la hauteur, l'inclinaison des talus varie, suivant qu'il y a ou non des banquettes. Elles sont destinées à retenir les terres entraînées, et qui viendraient obstruer le fond de la tranchée; on leur donne, à cet effet, une faible pente vers le talus. Elles versent leur eaux dans le fossé par des cunettes rampantes. Au reste, les conditions dans lesquelles leur emploi peut être motivé ne sont pas bien définies; les ingénieurs qui les adoptent et ceux qui les repoussent ne paraissent pas le faire toujours par suite d'idées bien arrêtées.

371. *Semis, plantations, gazonnage, revêtement des talus.* — La végétation consolide les talus, et de plus elle atténue l'action de l'eau, qu'elle divise, et dont elle diminue la vitesse. Les semis exigent un terrain ameubli sur une petite profondeur, et par suite, une inclinaison moindre que l'angle du talus naturel. La luzerne et le chiendent, avec leurs racines profondes et touffues, sont les meilleures, mais le terrain ne leur convient pas toujours. Le trèfle peut souvent être employé alors, quoique avec moins de succès. Les plantations, n'exigeant pas l'ameublissement, admettent des talus plus roides, mais elles protégent moins bien. Dans le voisinage des prairies, le gazonnage est souvent économique; mais les mottes posées à plat sont trop peu stables; placées par assises normales au talus, elles donnent des résultats beaucoup meilleurs.

Les revêtements en pierres sèches ont été souvent employés. Ils sont chers, et beaucoup d'ingénieurs contestent leur utilité.

« Il n'ont généralement, dit M. *Ledru*, qu'une utilité très-restreinte;

(*) Ouvrage cité *suprà*, page 44.

« et même, lorsqu'ils reposent simplement sur le terrain naturel sans « aucun moyen d'assèchement intérieur, ils sont plus dangereux qu'utiles « parce qu'ils retiennent les eaux dans les joints, et que ces eaux vont dé- « tremper le terrain sur lequel ils reposent. Ils sont presque toujours rem- « placés avantageusement par des revêtements en bonne terre végétale ga- « zonnée. »

Les ogives en pierre sèche, noyées de leur épaisseur dans les talus, auxquels elles offrent des points d'appui, se disloquent facilement;

Les voûtes en maçonnerie, superposées, sont quelquefois appliquées; on trouve un exemble de ce genre de consolidation sur la ligne de *Bologne* à *Pistoïa*, une des plus remarquables de l'Europe par la hardiesse de son tracé, et par l'importance, la variété et la difficulté de ses travaux d'art, exécutés avec beaucoup de talent par M. *Protche*. Le talus de la tranchée dite: *du Ladro* (kil. 67,7), ouverte à flanc de coteau dans la vallée du *Reno*, a reçu deux étages de voûtes en plein cintre de 4 mètres d'ouverture, et dont les pieds-droits se correspondent (Pl. XXXV, *fig.* 20). Les baies *b*, *b*, *b*, circonscrites par les voûtes, sont revêtues en pierre sèche.

372. Des murs de soutènement fort épais, contre-butés même par un radier établi sous la voie, sont souvent hors d'état de résister à l'énorme poussée exercée par des terres très-denses et très-aquifères. C'est ainsi que dans la tranchée aux abords du souterrain de *Charonne* (chemin de ceinture de *Paris*), il a fallu, après avoir constaté l'impuissance de ces moyens de soutènement, se décider à prolonger la voûte. En pareil cas, du reste, c'est-à-dire lorsqu'on a affaire à des causes de destruction internes, c'est elles-mêmes qu'il faut tâcher de combattre, plutôt que leurs effets souvent presque irrésistibles.

373. *Procédé de M. de Sazilly.* — Une cause très-fréquente de l'éboulement des talus est la présence de bancs argileux intercalés entre des bancs perméables. Leurs effets ont été analysés avec beaucoup de soin par M. *de Sazilly*, et il a déduit de ses observations un procédé d'assainissement qui n'est en réalité qu'une forme de drainage peu profond. Un banc argileux, recouvert seulement par des terres perméables, retient les eaux qui l'atteignent par infiltration directe. S'il existe au-dessus de lui d'autres couches argileuses intercalées entre des bancs perméables, il est atteint soit par les eaux que laisse passer la discontinuité des lits imperméables supérieurs, soit par celles qui s'infiltrent par les affleurements du banc perméable qui les recouvre immédiatement. Les talus d'une tranchée présentent alors une série *de bancs de suintement* superposés. Le suintement, s'opérant sur la tranche du lit argileux, le dégrade peu à peu, et il en résulte bientôt un encorbellement du banc perméable supérieur, qui s'éboule à son tour. C'est surtout à la suite des dégels que ces effets se manifestent avec le plus de gravité. Pendant la gelée, la congélation superficielle de la tranche du banc de suintement forme une sorte de barrage, d'obturateur, qui suspend l'écoulement. Pendant ce temps, l'eau s'accumule à l'intérieur, de sorte que quand le dégel a fait disparaître l'obstacle, il s'opère une véritable débâcle; les éboulements partiels recommencent de plus belle et produisent bientôt des éboulements en masse. M. *Bruère* conteste la gravité de cette influence spéciale de la gelée. Sa réalité est cependant bien établie; c'est surtout à elle que sont dus les effets nuisibles produits par des bancs de suintement, qui ne donnent à l'état de régime qu'une quantité d'eau à peine sensible. L'action de la sécheresse, sous laquelle l'argile se contracte et se fendille, la prédispose d'ailleurs à subir les effets nuisibles de l'eau, dès que celle-ci intervient.

Protéger la tranche des lits argileux contre l'action de la chaleur et de l'eau; assurer la permanence de l'écoulement même pendant la gelée, telles sont les conditions déduites par M. *de Sazilly*, de l'observation des faits que nous venons de rappeler sommairement. Une rigole R, R (Pl. XXXV, *fig.* 23), suivant exactement les ondulations du banc de suintement, est revêtue en briques *b*, *b*, *b*, posées à bain de mortier. Sa paroi intérieure affleurant la face supérieure du banc argileux, reçoit immédiatement les eaux qui s'en égouttent; le caniveau est garni de pierre cassée, et, pour empêcher l'obstruction, la pierre est recouverte de gazon à plat, avec l'herbe en dessous; s'il est trop cher, on peut, comme l'a fait M. *Bruère*, le remplacer par des paillassons grossiers. Tout le talus reçoit une chemise en terre végétale T, T, pilonnée sur une épaisseur de $0^m,25$ à $0^m,50$ mesurée normalement au talus; des redans relient cette chemise au massif. A chaque point bas, le caniveau dégorge latéralement, et les eaux sont dirigées vers le fossé par une cunette, suivant la ligne de plus grande pente du talus et établie, suivant les cas, en pierres, en gazon, ou en planches goudronnées.

371. *Drainage des talus.* — Quoique le procédé de M. *de Sazilly* ait donné de très-bons résultats, le drainage proprement dit, c'est-à-dire au moyen de tuyaux, lui est généralement préféré aujourd'hui. Il était naturel, en effet, d'étendre aux talus l'application faite avec succès à la plate-forme (368). Les tuyaux sont d'ailleurs moins sujets aux dérangements, aux dislocations que les rigoles de M. *de Sazilly*. L'auteur semble, d'un autre côté, par une tendance naturelle, avoir trop généralisé l'utilité de son procédé, parce qu'il attribuait aux actions extérieures, purement superficielles, dont il avait spécialement étudié les effets, une généralité qu'elles ne possèdent pas non plus. Le drainage, qui s'opère facilement à une certaine profondeur, et forme aussi pour ainsi dire une croûte assainie assez épaisse, est une solution intermédiaire entre le procédé de M. *de Sazilly* qui agit sur la surface (*), et les moyens auxquels on recourt lorsqu'il faut aller recueillir l'eau dans la masse même, pour augmenter dans une proportion plus ou moins grande l'épaisseur de la croûte assainie, et rendue stable.

Le drainage des talus a reçu, comme celui de la plate-forme, de nombreuses applications sur le réseau de l'Est français. Des drains secondaires de $0^m,036$ à $0^m,04$, enfouis à des profondeurs variables de $0^m,40$ à $0^m,80$, et dirigés suivant la ligne de plus grande pente des talus, aboutissent à des collecteurs de $0^m,06$ placés au pied des talus, parallèlement aux rails, et qui débouchent dans les fossés latéraux.

Dans la tranchée de *Virecourt* (ligne de *Blainville* à *Épinal*), 192 mètres de drains secondaires et $281^m,35$ de collecteurs assainissent 2.521 mètres quarrés de surface de talus.

Dans la tranchée de *Sourbourg* (ligne de *Strasbourg* à *Wissembourg*) 1.080 mètres quarrés de talus sont assainis par 280 mètres de drains secondaires et 540 mètres de collecteurs.

Le prix moyen par mètre courant de drain est $2^f,20$ tout compris.

Les talus, qui étaient autrefois dégradés et ravinés, et qui s'étaient même éboulés dans la tranchée de *Sourbourg*, se maintiennent parfaitement depuis l'exécution des travaux, faits en 1862.

Ce succès a déterminé la compagnie à recourir, en 1863 et 1864, au

(*) Il ne se prête guère à une application plus profonde, par suite même de l'entretien qu'il exige.

même mode d'assainissement pour une tranchée considérable et dans laquelle les moyens de consolidation avaient été primitivement appliqués sans succès : c'est la tranchée de *Loxéville* (ligne de *Paris à Strasbourg*, kilom. 275). Il convient d'entrer dans quelques détails sur ce travail, qui présente un intérêt réel par son importance et par son efficacité (Pl. XXXIV).

La tranchée de *Loxéville* a 1.450 mètres de longueur, et sa profondeur atteint en certains points 17 mètres ; elle traverse : 1° une couche de terre végétale d'épaisseur variable, mais toujours très-faible ; 2° un banc calcaire de 5 à 6 mètres extrêmement perméable, présentant des poches de 4 à 5 mètres de profondeur, où l'eau s'accumule ; et 3° des argiles très-compactes, se délitant à l'air.

Dès le principe, les ingénieurs chargés de l'exécution avaient reconnu la nécessité de prendre quelques mesures pour prévenir les éboulements. Le système adopté à cette époque consistait dans la construction d'ogives de 2 mètres d'ouverture appliquées sur toutes les surfaces suspectes des talus, et disposées en deux étages de 5m,50 et 5m,50 de hauteur, les pieds-droits de l'étage supérieur s'appuyant sur les clefs des arcs de l'autre (*fig.* 1 à 4).

Ce réseau se maintint convenablement pendant plusieurs années. Mais plus tard, et quoique l'ensemble ait résisté, des éboulements se produisirent en plusieurs points, et menacèrent de s'étendre. Il fallut donc aviser.

L'ensemble des opérations comprend : 1° les travaux préparatoires ; 2° le drainage.

Les travaux préparatoires consistent dans :

1° Le curage ou le rétablissement des fossés ouverts sur un développement total de 8.500 mètres, tant à la crête des talus qu'aux redans, et à leur base (*fig.* 1, et 5 à 25). Les derniers fossés ont été en outre garnis d'un perré qui maintient le ballast.

2° Un fossé maçonné et une banquette perreyée de 70 mètres de longueur, au-dessus de l'éboulement F (*fig.* 1, 3, et 14 à 17), un des plus considérables, afin d'empêcher les eaux du fossé supérieur de s'infiltrer dans le talus.

3° Un déversoir en maçonnerie, en moellons smillés, dans le talus de gauche, pour amener dans le fossé creusé au pied de ce talus, les eaux surabondantes du fossé du premier redan, lesquelles en s'accumulant sur ce point avaient plusieurs fois déterminé de graves éboulements.

4° La restauration des ogives qui n'avaient pas été tout à fait détruites. Quant à celles qui l'avaient été entièrement, elles n'ont pas été rétablies.

5° L'enlèvement des terres éboulées, qui se composaient en grande partie d'argiles feuilletées formant le sous-sol, et d'un cube total de 6.000 mètres.

Cela fait, on a exécuté le drainage suivant le système généralement adopté maintenant par la compagnie.

Les drains transversaux, de 0m,03 de diamètre intérieur, espacés de 2 mètres ou de 3 mètres suivant que la quantité d'eau à recueillir était présumée plus ou moins considérable, ont été posés à 1 mètre ou 1m,20 de profondeur et recouverts d'une couche de 0m,30 à 0m,40 d'épaisseur en pierres cassées à l'anneau de 0m,10 à 0m,15, sur lesquelles est placée une couche de mousse ; sur celle-ci de la terre végétale a été pilonnée par couches successives de 0m,20 ; un gazonnement en mottes également pilonnées recouvre le tout. Le plan, les élévations, et les profils en travers indiquent ces dispositions.

Les collecteurs, de 0m,06, débouchent dans les fossés au pied des talus par une courbe de 2 mètres de rayon environ (*fig.* 1 à 3). Le dernier tuyau est placé dans une bouche établie au moyen de deux gros moellons, dont l'inférieur forme cuvette, et qui peuvent être enlevés facilement pour visiter et nettoyer l'intérieur du drain.

Prix :

	francs.
Réparation et drainage de 5.700 mètres superficiels de tels. . . . Soit 1f,74 le mètre.	9.000
Curage et établissement de fossés, perrés, déversoir, rétablissement de 130 ogives.	3.000
Enlèvement de 6.000 mètres de terres éboulées.	1.500
Soit en tout 2f,37 par mètre superficiel.	13.500

375. Le drainage de la plate-forme et des talus, exécuté comme on vient de le voir, atteint généralement le but. Il est cependant insuffisant dans certains cas. La nature du terrain et l'abondance des eaux forcent parfois à opérer l'assainissement sur une épaisseur beaucoup plus grande. Il faut alors, au moyen de profondes saignées, aller chercher les eaux au sein même de la masse. La tranchée du ***Dockenberg***, entre ***Altkirch et Dannemarie***, sur la ligne de ***Paris à Mulhouse***, offre un exemple remarquable de ces cas très-difficiles, et des moyens relativement simples et économiques par lesquelles on peut les surmonter (Pl. XXXIII, *fig.* 7 à 15).

Cette tranchée traverse un terrain formé de sable, d'argiles et de marnes perméables, reposant sur du sable presque pur, superposé lui-même à des marnes imperméables.

Des éboulements s'y étant produits, comme on devait du reste s'y attendre, on a dû appliquer un système d'assainissement qui comprend :

1° Un drainage supérieur (*fig.* 7, 9, 10) qui s'étend, d'un côté sur toute la crête de la tranchée, et verse ses eaux, d'une part et surtout dans un petit ruisseau, de l'autre, dans le collecteur central inférieur, indiqué plus bas ;

2° Vers le milieu de la tranchée, et sur une longueur de 80 mètres, souvent atteinte par les éboulements, et à 1m,60 en contre-bas de la plate-forme, un système de contre-forts formant radier discontinu, et rachetés par des arceaux (*fig.* 7, 11) ;

3° Un système de galeries transversales, constituant le mode spécial d'assainissement, ouvertes vers le bas des talus, un peu au-dessous de la surface de séparation des sables et des marnes imperméables, et plongeant vers la voie. Ces galeries (*fig.* 7, 8) de 0m,80 de large et 1m,40 de haut sont, espacées de 10 mètres, et pénètrent plus ou moins dans la masse aquifère suivant son état et l'abondance des eaux. Leur longueur moyenne est de 10 mètres ; de leur extrémité intérieure partent des amorces de galeries longitudinales, qui, dans la partie la plus aquifère, se rejoignent et forment ainsi de chaque côté une galerie longitudinale de 250 mètres de longueur environ ; le fond de ces saignées a reçu une couche de 0m,25 de gravier, sur laquelle reposent, dans les galeries transversales, deux tuyaux de 0m,10. Ces tuyaux, dont les joints sont garnis de mousse, sont couverts d'une nouvelle couche de gravier, et tout le reste de la section est remblayé en pierres sèches. Les drains transversaux débouchent dans un collecteur à tuyaux de 0m,30, établis au fond d'une tranchée longitudinale ayant son plafond dans l'axe de la voie, à 2m,20 en contre-bas des rails. Le drain principal débouche dans le ruisseau, où il verse 6 à 700 litres par minute, même dans les saisons sèches.

376. Si le drainage proprement dit est récent, il n'en est pas de même des tranchées empierrées. M. *Séguin* aîné cite un exemple remarquable de leur application, par laquelle il a obtenu l'assainissement complet d'une tranchée très-ébouleuse.

« J'ai fait creuser, » dit-il, « dans la saison sèche, un fossé de 3 mètres de « profondeur au pied du talus. J'en ai fait remplir tout l'espace BC (Pl. XXXV, « *fig.* 24) de pierres rangées à la main, et recouvertes, de C en A, de terre « argileuse, afin que l'eau du fossé, coulant sur ce lit, ne puisse déposer « les matières terreuses qu'elle charrie, dans les interstices de l'amas de « pierres (*). »

377. *Tranchée ou galerie, à l'amont de la tranchée, atteignant un banc de glissement.* — Un procédé quelquefois appliqué pour maintenir les terres tendant à glisser sur un banc argileux incliné, plongeant vers la tranchée, consiste à ouvrir à l'amont une tranchée ou une galerie longitudinale, recevant les eaux, et asséchant ainsi un massif suffisant pour fonctionner en quelque sorte comme culée, et résister à la poussée des terres non asséchées. Ce moyen a été appliqué, par exemple, à la tranchée de *Grosslochgraben*, du chemin badois, ouverte à mi-côte dans un conglomérat argilo-calcaire, susceptible de se transformer en une véritable bouillie. On pouvait, à la rigueur, ouvrir la tranchée, mais elle ne tardait pas à se combler, et les mouvements se propageaient dans le terrain à de grandes distances. On ne trouva d'abord rien de mieux à faire que de pousser la fouille jusqu'à la limite du terrain susceptible de devenir coulant, et tout l'excédant de profondeur, variable de $3^m,60$ à $4^m,60$, fut remblayé en pierre cassée. Mais, malgré ce dispendieux travail, malgré la construction d'un énorme mur de soutènement à la base du talus, des mouvements inquiétants se manifestèrent, et il fallut en venir au moyen qui, appliqué de prime abord, eût sans doute suffi, c'est-à- dire au creusement d'une galerie recueillant les eaux à l'amont de la tranchée. Le même mode d'assainissement a été appliqué à la tranchée *du Greppo* (kil. 83 de la ligne de *Pistoïa*); elle était entièrement ouverte, lorsque des mouvements se manifestèrent; ils s'étendaient jusqu'à 150 mètres au delà de la crête du talus. On les arrêta au moyen d'une galerie longitudinale G, G, creusée à 20 mètres de profondeur, et de quelques amorces trans-

(*) *Des chemins de fer, de l'art de les tracer et de les construire*, 1839.
Au bout de près de trente ans, cet ouvrage est de ceux qu'on consulte encore avec intérêt et profit. Parmi ceux qui traitent du même sujet, combien en est-il dont on puisse en dire autant

versales A, A (Pl. XXXI, *fig.* 22). Les galeries ont été solidement boisées, ainsi que les puits P, P, et empierrées.

Nous n'insisterons pas davantage sur ce moyen, très-rationnel, mais coûteux dès qu'il faut atteindre une profondeur un peu grande. S'il est réellement nécessaire, il faut autant que possible le reconnaître de suite dès l'exécution de la tranchée, et l'appliquer avant que des mouvements aient pu se produire, au lieu d'y arriver tardivement en passant par la désastreuse filière des tâtonnements infructueux. Le talent de l'ingénieur consiste autant à accepter résolûment ce qui est indispensable, qu'à éviter ce qui est superflu. On sait combien l'équilibre des masses argileuses, une fois troublé, est quelquefois difficile à rétablir. Il a fallu souvent, après beaucoup de temps et d'argent dépensés en pure perte, renoncer à une lutte impossible, et se résigner à des déviations de tracé plus ou moins importantes.

378. Les chemins de fer se trouvent quelquefois compris dans des mouvements auxquels leur exécution a été tout à fait étrangère, et qui affectent de très-grandes étendues et de très-grandes épaisseurs de terrain. La ligne de *Lyon* à *Genève* , entre les stations de *Changy* et de la *Plaine*, offre un exemple de ce cas. Tout le coteau se déplace, heureusement avec une très-grande lenteur, en glissant selon toute apparence sur un banc argileux plongeant vers le Rhône, et placé à une profondeur inconnue. Dans de semblables circonstances, qui n'ont rien de menaçant pour la sécurité, il n'y a évidemment rien à faire que de prescrire, par mesure générale, le ralentissement de tous les trains.

§ III. — Remblais.

379. *Remblais.* — L'observation faite plus haut (369), au sujet des profils-types des tranchées, s'applique évidemment aussi aux remblais. Ainsi, lorsqu'ils sont formés de déblais et roches, l'inclinaison des talus (Pl. XXXIII, *fig.* 1 et 2) est portée à 45°. Au delà de 5 mètres de hauteur, la banquette, de 0m,55, au pied du ballast, est élargie. Cet élargissement est de 0m,02 ou 0m,05 par mètre de hauteur verticale, au delà des deux premiers mètres, suivant que le remblai est formé soit de déblais crayeux, soit de déblais argileux.

Les remblais sont, à certains égards, dans des conditions plus défavorables que les tranchées, puisque la cohésion des terres qui les constituent est détruite et ne se rétablit qu'avec une lenteur aggravée par le mode d'exécution des terrassements de chemins de fer. Mais, par contre, il faut, en tranchée, accepter le terrain tel qu'il est, avec toutes les difficultés inhérentes à sa nature et à sa manière d'être, et lutter contre ces difficultés. Il n'en est pas de même pour les remblais. Ici, les éléments ne sont pas imposés, du moins d'une manière absolue. Si la nature et l'état des déblais fournis par les tranchées inspirent des craintes, on peut, sinon renoncer complétement à leur emploi, du moins le restreindre et demander à des emprunts le complément nécessaire. Quelquefois même, la discussion des éléments de la question conduit, quoique pour de très-médiocres hauteurs, à préférer le viaduc au remblai. Quant à ces hauteurs de 70, 80 mètres, auxquelles il faut souvent franchir les vallées, l'ouvrage d'art peut seul y atteindre. L'énormité du cube et de l'emprise exclut le remblai, même dans les conditions les plus favorables sous le double rapport de la nature des terres qui le formeraient, et de la solidité du sol qui le supporterait.

D'après M. ***Bruère*** :

« Lors même que l'on ne serait pas parvenu à n'avoir que des terres « suffisamment sèches au déblai, les procédés de consolidation permet- « tront toujours d'employer pour la construction des remblais des terres « de toute espèce, quels que soient d'ailleurs leurs degrés de consistance (*). »

Il ne faudrait pas se fier outre mesure à cette assertion ; l'auteur tempère, il est vrai, ce qu'elle peut avoir de trop absolu en ajoutant :

« Les quantités de terres argileuses que l'on transporte des tranchées de- « vant être très-faibles, il en résulte que les remblais sont formés presque « exclusivement avec des terres saines. »

Ce qu'il y a de certain, au surplus, c'est que si les tranchées exigent parfois de difficiles travaux de consolidation et d'assainissement, qu'il était impossible d'éviter une fois le tracé fixé, il est presque toujours possible d'y échapper pour les remblais, sans doute au prix de dépenses parfois assez grandes, mais favorables, tout compte fait, à l'économie.

(*) *Consolidation des talus*, p. 44.

Si un remblai est établi sur un terrain mobile, comme l'argile ramollie par l'eau, la tourbe, la vase, ce terrain, inégalement chargé à la surface, se dérobe sous la charge, en se gonflant latéralement ; le remblai s'y enracine plus ou moins profondément, jusqu'à ce qu'un nouvel état d'équilibre se soit établi ; et des rechargements, d'autant plus dispendieux qu'il faut, en cours d'exploitation, les exécuter en ballast, doivent compenser ce tassement apparent.

Le mal est plus grand encore si le terrain présente une pente transversale prononcée, parce que le remblai glisse et se déplace en même temps qu'il s'affaisse.

En terrain solide, un dérasement avec redans suffit pour empêcher le glissement.

Il n'entre pas, au surplus, dans notre plan d'examiner ici les travaux de consolidation et d'assainissement que peut exiger la base sur laquelle le remblai doit être établi. Ils font partie de la construction même du chemin ; il ne s'agit en ce moment, comme pour les tranchées, que des mesures à prendre pour assurer la stabilité propre et l'équilibre définitif du remblai lui-même.

Nous le supposons d'ailleurs exécuté suivant les règles de l'art, avec la prudence qui exclut les désastres, et qui accepte seulement les causes de destruction auxquelles on peut opposer des moyens simples et économiques.

380. En remblai comme en tranchée, c'est surtout l'action de l'eau sur l'argile qu'il faut prévenir. Un remblai argileux peut parfaitement se maintenir ; mais il faut pour cela, avant tout, que l'argile ait été employée sèche. La glaise, soit ramollie par l'eau, soit gelée, donne lieu : dans le premier cas, à des éboulements plus ou moins immédiats ; dans le second, à des débâcles, souvent très-tardives, par suite de la lenteur du dégel dans une masse très peu conductrice de la chaleur.

Il y a, dans l'histoire des chemins de fer, beaucoup d'exemples de destructions partielles ou même totales, promptes ou lentes, de remblais, par suite de l'omission de cette précaution élémentaire.

Employée sèche, mais non protégée contre l'action de la chaleur, de la gelée, et des eaux pluviales, l'argile exposerait aussi à de graves mécomptes ; elle n'est pas, comme en tranchée, soumise à l'action des eaux provenant des terrains en place, mais aussi elle est livrée bien plus complétement à l'action directe des eaux pluviales. Dans un remblai fait au wagon, les mottes de glaise laissent entre elles de grands vides, dans lesquels l'eau s'introduit librement, en rendant la glaise glissante, et même coulante : la première condition est donc de protéger le corps du remblai argileux par une chemise qui l'isole.

Toutefois, cet isolement ne peut pas toujours être réalisé complétement ; quelques imperfections de détails, à peu près inséparables du mode même d'exécution des remblais, peuvent aggraver les conséquences d'un défaut de continuité ou d'imperméabilité de la chemise protectrice. Ainsi, quoique les terres de différentes natures fournies par la tranchée, se mélangent plus ou moins au déblai et au chargement, il arrive assez souvent cependant que ces différences de nature des couches superposées dans la tranchée, se retrouvent dans les couches du remblai, juxtaposées par éboulement ; une tranche perméable peut ainsi se trouver intercalée entre deux tranches argileuses, et de faibles infiltrations peuvent alors suffire pour déterminer des éboulements, surtout si le remblai a été mis à largeur par déchargement latéral.

L'action d'une sécheresse prolongée, et le tassement, suffisent d'ailleurs pour déterminer dans la chemise, des crevasses qui s'accroissent par l'ébranlement dû au passage des trains. Il faut donc recueillir les eaux qui ont pu traverser la chemise, et les empêcher de pénétrer dans la masse du remblai. Les chéneaux en bois empierrés de M. *Bruère* sont employés alors avec succès. La *fig.* 15, Pl. XXXV, représente le mode d'application au remblai de *la Largue*, vers la culée (côté de *Paris*) du viaduc du même nom (ligne de *Mulhouse*). Une file longitudinale, C, C, de ces chéneaux a été posée à 1 mètre en arrière des fissures, indices d'autant plus graves que des éboulements s'étaient produits peu de temps avant vers l'autre extrémité du viaduc (381). Cette file, formant une ligne brisée par des pentes et des contre-pentes de 0,03 (*fig.* 17), et ayant son plafond à une profondeur moyenne de $0^m,55$ au-dessous du ballast, débouche à chaque point bas dans un chéneau de même forme, mais avec couvercle en bois, suivant les inflexions de la ligne brisée du talus, à $0^m,70$ au moins en contre-bas de la surface.

381. Si la masse même du remblai a été profondément atteinte par les infiltrations, ces moyens superficiels sont insuffisants pour prévenir les éboulements. Il convient souvent alors de recourir simultanément et à un assainissement profond, et à une consolidation extérieure. Le remblai, aux abords du viaduc de *la Largue* (culée du côté de *Mulhouse*) offre aussi un exemple de la marche à suivre en pareil cas. Il avait été atteint sur ce point, où sa hauteur est de 15 mètres, par un éboulement d'une quarantaine de mètres de longueur, et de 2 mètres de largeur au sommet. Le double système (Pl. XXXV, *fig.* 16) comprend : 1° un filtre général en cailloux, de 0m,50 d'épaisseur, divisé en deux étages F, F', correspondant aux deux étages du talus, et destiné à assainir la masse non attaquée, en versant les eaux d'infiltration dans le fossé latéral par des chéneaux en bois *c*, *c*, *c*, espacés en moyenne de 10 mètres d'axe en axe ; 2° l'établissement d'un cavalier en terre pilonnée comprenant, d'une part, la restitution du profil primitif, et de l'autre, le contre-fort qui flanque ce profil.

Le remblai de ***Morcerf*** (ligne de ***Paris*** à ***Coulommiers***), qui présentait, mais avec plus de gravité, des conditions analogues, a été assaini également au moyen de deux étages de filtres longitudinaux, en substituant toutefois, aux caniveaux, des tuyaux de draînage.

382. Les galeries de mines peuvent évidemment être appliquées à l'assainissement, soit du corps du remblai, soit du terrain qui le supporte, comme à celui des tranchées (375). Le remblai d'***Iole***, sur la ligne de ***Pistoïa*** (kilom. 82,9) offre un exemple de cette solution coûteuse, et à laquelle on ne doit recourir que dans les cas où l'inefficacité des expédients plus simples est bien établie. Le système d'assainissement du remblai d'***Iole*** comprend (Pl. XXXV, *fig.* 22) : 1° un réseau de galeries blindées et empierrées, de 1m,20 sur 0m,80 dans œuvre ; 2° une galerie d'écoulement, muraillée ; 3° des rechargements latéraux, réduisant l'inclinaison du talus fixée d'abord à trois de base pour deux de hauteur, et flanqués, à leur base, d'un cavalier en terre pilonnée. Il suffit de signaler ici ce travail, qui sort du cadre dans lequel nous devons nous renfermer.

383. Le sable pur, fin et sec, est quelquefois, par suite de sa mobilité, une cause d'instabilité et même de destruction pour les remblais. Ce cas s'est présenté sur quelques lignes de Hongrie, lignes d'une exécution facile, mais qui ont dû être établies presque partout en remblai, peu élevé du reste, pour se placer au-dessus des hautes eaux. Le bas prix des terrains a permis de faire des emprunts latéraux peu dispendieux. Mais, sur plusieurs points, ces remblais, en sable pur, ont été complétement déplacés par le vent, qui les a accumulés çà et là sous forme de dunes. Une chemise peu épaisse, en terre suffit, au surplus, pour donner à ces remblais, dès le début, une stabilité qui croît avec le temps.

§ IV. — Souterrains.

384. L'exécution des souterrains présente souvent de grandes difficultés; mais ce qui est à peu près sans exemple, c'est que les difficultés surgissent après l'achèvement complet de l'ouvrage, et mettent son existence même en question, et cela malgré une construction irréprochable, et qui n'avait d'ailleurs présenté aucune circonstance particulière. Tel est cependant le cas du souterrain de ***Génevreuille***, près ***Lure*** (ligne de ***Paris*** à ***Mulhouse***). Il offre un exemple intéressant des difficultés inattendues contre lesquelles l'ingénieur peut avoir à lutter. Cet exemple est donc bon à citer; il se rattache d'ailleurs intimement au sujet de ce chapitre, par le remède opposé à un mal contre lequel on avait, pendant quelque temps, pu craindre de rester impuissant. Ce souterrain (Pl. XXXV, *fig.* 1 à 14), long de 620 mètres, traverse aux deux bouts des marnes irisées, et au milieu, une masse d'anhydrite ; il avait été revêtu suivant le type adopté pour les terrains assez solides, c'est-à-dire que le profil se composait d'une voûte en plein cintre sur pieds-droits verticaux, sans radier (*fig.* 2 et 3).

Au bout d'un certain temps, on remarqua que la plate-forme se soulevait graduellement, et forçait à abaisser d'autant la voie. Bientôt des écrasements se manifestèrent dans les pieds-droits. La cause était facile à trouver; l'exécution des travaux, et notamment des puits, avait troublé le régime des eaux souterraines ; celles-ci avaient envahi la masse gypseuse qui, en s'hydratant, se gonflait.

Ici encore, on commença par s'attaquer aux effets ; un radier R, R, fut construit, les pieds-droits furent renforcés (*fig.* 4 et 14), mais en vain ; le radier se soulevait et les pieds-droits s'écrasaient toujours.

On luttait, en effet, contre une force aussi irrésistible que la force d'expansion de la glace, c'est-à dire sans succès possible.

Heureusement, la masse gypseuse n'était encore envahie par l'eau qu'à une certaine profondeur en contre-bas du niveau de la voie. La plate-forme se soulevait en comprimant les pieds-droits; ceux-ci s'écrasaient et se fendaient, comme le fait un solide chargé debout, et trop court pour fléchir (*fig.* 1). Mais la destruction aurait suivi une marche bien autrement rapide, dès l'instant où l'eau aurait atteint la masse gypseuse contre les pieds-droits. Ceux-ci, en effet, auraient été soumis, de plus, à l'énorme poussée horizontale provenant du gonflement dans ce sens.

On avait donc fait d'abord fausse route. Mais on ne laissa pas le temps à l'eau de gagner le niveau du souterrain (*), et l'on chercha le remède où il était. Pour arrêter les progrès du gonflement, il fallait arrêter l'hydratation, et pour cela il n'y avait qu'un moyen : abaisser convenablement le plan d'eau, assainir la masse par un profond drainage.

La galerie d'assainissement, placée à 7 mètres au minimum en contre-bas du rail et en pente de 0,004 d'abord, puis de 0,002, a une longueur totale de 1.316 mètres, dont 472 dans le souterrain, et 100 mètres à ciel ouvert à l'extrémité d'aval (*fig.* 4).

Les *fig.* 5 à 9 représentent les profils en travers de la galerie souterraine, d'abord boisée, puis muraillée dans les marnes et dans le gypse. Le boisage des puits est indiqué par les *fig.* 12 et 13, et le blindage du prolongement à ciel ouvert de la galerie, par les *fig.* 10 et 11. Dans le gypse, le muraillement a été ajourné jusqu'à ce que tout mouvement ait cessé.

Ce travail, remarquable non en lui-même, mais par les circonstances toutes particulières auxquelles il a été appliqué, a réalisé tout ce qu'on pouvait en attendre, et assuré l'existence de l'ouvrage, qui semblait d'abord fort compromise.

Nous n'insisterons pas plus longuement sur le sujet de ce chapitre. Il faudrait, pour le traiter d'une manière à peu près complète, de longs développements dans lesquels nous ne saurions entrer ici. Quelques exemples de solutions appliquées avec succès à des cas déterminés sont, malgré leur insuffisance, plus instructifs que des considérations générales qu'il est souvent difficile, par suite de cette généralité même, d'appliquer aux circonstances très-variées qui se présentent dans la pratique.

(*) L'anhydite prend lentement les deux équivalents d'eau qui la constituent à l'état de chaux sulfatée. « On a observé, dit M. *Dufrénoy* (*a*), des variétés de chaux sulfatée dans « lesquelles la proportion d'eau est moins grande... Des exemples de cette nature sont « nombreux ; mais l'examen des échantillons qui les fournissent établit, de la manière « la plus certaine, qu'ils présentent un mélange d'anhydrite et de chaux sulfatée. Ils « appartiennent à du gypse formé par l'altération d'anhydrite, qui a absorbé de l'eau « à l'atmosphère ; et suivant que l'altération du dernier de ces sulfates est plus ou moins « complète, l'analyse donne une plus ou moins grande proportion d'eau. »

(*a*) *Traité de minéralogie*, tome II, page 378.

NOTES.

N° **84** (page 111).

Depuis que ces lignes sont écrites, l'entaillage des portées d'éclisses a été abandonné sur le réseau central d'*Orléans* (*).

N° **100** (page 126).

Le rapport $\frac{I' V}{I V'}$, toujours inférieur, comme on l'a vu, à 0,25 avec les éclisses, est naturellement beaucoup plus grand avec les coussinets-éclisses; ainsi, pour la voie à deux champignons de la Méditerranée, décrite page 120 et Pl. VI, *fig.* 32 à 36, on a :

		RAIL.	COUSSINETS-ÉCLISSES (la paire).
Poids du mètre linéaire.		$36^{kil.},42$	$43^{kil.},34$
Section.		$0^{m2},004.889.000$	$0^{m2},005.740$
Moment d'inertie I	Section pleine. . . .	0,000.009.414.300	0,000.006.987.400
	Id. dans l'axe du trou.	0,000.009.405.300	0,000.006.964.600
V.		$0^{m},0662$ (haut. $0^{m},132$)	0,07778 (hauteur $0^{m},1078$)
Rapport $\frac{I}{V}$	Section pleine. . . .	0,000.140.030.800	0,000.089.836
	Axe du trou.	0,000.140.169	0,000.088.000

C'est la section réduite qu'il faut prendre dans les coussinets-éclisses, les boulons étant au nombre de trois, de sorte que le trou du milieu occupe la section de rupture.

On a ainsi $\frac{I' V}{I V'} = 0,627$, rapport dont la grandeur relative n'est, du reste, qu'une conséquence de la section considérable qu'exigent la forme compliquée et le grand développement du coussinet-éclisse.

Il n'est pas inutile de noter, comme une imperfection secondaire, il est vrai, du coussinet-éclisse, que son axe de flexion théorique ne coïncide pas, comme cela a lieu pour l'éclisse proprement dite, avec l'axe de flexion du rail; l'écart est de $0^{m},04$.

N° **177** (page 214).

L'exemple de la Bavière a déterminé aussi la direction des chemins wurtembergeois à essayer la pose sur dés. Un premier essai, fait entre *Wasseral-*

(*) Voir aux Additions (page 515), les observations de M. *Nordling*, sur ce point.

fingen et *Goldshöfe*, est considéré comme satisfaisant, et l'on paraît disposé à étendre cette application.

Les dés ont des dimensions moindres qu'en Bavière : 0m,57 × 0m,57 de base et 0m,285 de hauteur. Cette moindre hauteur dérive, en partie, du mode d'attache des rails, fixés, non par des chevilles, mais par des vis à écrou, traversant le dé de part en part; ces vis ont 0m,017 de diamètre et les trous 0m,020

M. l'ingénieur *Morlok* a fait construire, pour forer les trous, une petite machine très-simple. Le dé, installé et solidement fixé sur un bâti par des vis de pression, est attaqué, en dessous, par un foret vertical, de sorte que le trou se cure de lui-même.

Cet appareil beaucoup plus précis que le burin, évite, de plus, les épaufrures, inévitables avec l'outil manœuvré à la main.

N° **198** (page 259).

Dans l'examen des divers systèmes des voies entièrement métalliques, on s'est borné soit à décrire avec quelques détails ceux qui semblent avoir des chances de succès, soit à discuter ceux auxquels le nom de leur auteur a donné une certaine consistance.

Il est juste de reconnaître que M. *Langlois*, de *Dreux*, a, un des premiers en France, tenté de réaliser l'idée des traverses métalliques, mais aucun des trois modes de réalisation qu'il a proposés ne semble satisfaisant. Dans les deux premiers, le rail a lui-même l'inclinaison, et est par suite non symétrique; dans le second et dans le troisième, la traverse limitée au bord extérieur du patin est beaucoup trop courte; dans le troisième, le rail est symétrique, mais l'inclinaison lui est donnée par une entaille faite dans la traverse. Les modes d'attache présentent d'ailleurs peu de garanties.

Ajoutons que le profil trop étroit, du fer *Zorès* adopté par M. *Langlois*, n'offre au rail dans le sens de sa longueur qu'une portée trop courte, et que la traverse n'a elle-même qu'une surface d'appui insuffisante sur le ballast. Il serait impossible de compter sur la stabilité d'une pareille voie, dans les parties franchies avec une vitesse un peu grande.

N° **237** (page 305).

Ce projet de règlement, approuvé et rendu exécutoire par une décision ministérielle, est maintenant en vigueur.

N° **240** (page 314).

L'annonce électrique des trains aux gardes-barrières subsiste sur plusieurs points du réseau de la Méditerranée, par exemple au passage à niveau de *Bois-le-Roi*. La sonnerie qui avertit le garde du départ de *Fontainebleau* des trains se dirigeant vers *Paris*, est manœuvrée par le stationnaire du poste *Tyer* de *Bois-le-Roi*.

Dès que ce stationnaire est avisé du départ de *Fontainebleau* d'un train se dirigeant vers *Paris*, il ferme le circuit et la sonnerie avertit le garde qu'il doit fermer ses barrières.

Du côté de *Paris*, les trains qui se dirigent vers *Lyon* étant aperçus à une grande distance par le garde du passage à niveau, il suffit, pour assurer la sécurité, que le garde se conforme aux prescriptions du règlement pour la surveillance de la voie.

L'avertissement électrique adressé aux gardes-barrières fonctionne également sur le Nord français; mais la fermeture du circuit est produite automatiquement par l'action du train lui-même sur une pédale, qui précède le passage de 2 kilomètres environ. L'appareil présente des détails ingénieux, sur lesquels nous reviendrons en traitant des signaux. Il suffira de dire ici que son caractère essentiel est de soustraire la pédale, déplacée par la première roue, à l'action des roues suivantes.

Sur le réseau de la Méditerranée, quelques appareils se composent simplement d'une sonnette, d'un fil de tirage et d'une pédale; mais celle-ci subit le choc de toutes les roues, circonstance très-défavorable à la conservation des organes, quelle que soit leur simplicité.

Les ingénieurs de la Méditerranée essayent aussi, sous une autre forme, d'assurer la fermeture des barrières en temps utile, par une communication électrique entre le garde et la station voisine. Au lieu de recevoir de la station l'ordre d'interdire la circulation transversale, c'est le garde qui en cas de doute, c'est-à-dire en cas de retard du train attendu, demande à la station s'il peut laisser engager le passage. Le défaut de réponse est interprété comme réponse négative; on écarte ainsi l'objection tirée, contre l'avis adressé au garde par la station, d'un dérangement possible de l'appareil ou d'un signal non perçu.

N^os **242** et **243** (pages 323 et 324).

La compagnie de l'Est a étudié récemment des types nouveaux de barrières, pivotantes et tournantes. Ils sont entièrement en fer à cornières; les poteaux-supports sont eux-mêmes en fer, et formés de tronçons de vieux rails *Vignole*, ce qui simplifie beaucoup les ferrures. La barrière pivotante a 4 ou 5 mètres d'ouverture, et s'ouvre en dehors de la voie.

Pour les routes fréquentées, les barrières roulantes sont les meilleures; elles peuvent se placer exactement à la limite du franc-bord normal de la voie, et permettent de réduire à son minimum la largeur de la traversée. Les voitures peuvent en approcher très-près sans gêner l'ouverture, et l'on peut au besoin les fermer très-rapidement devant une voiture qui se présente à contre-temps.

La compagnie a proposé d'appliquer ce type à toutes les routes fréquentées, et pour lesquelles une ouverture de 6 mètres est nécessaire. Les deux types précédents sont affectés aux passages de 4 et 5 mètres, auxquels étaient appliquées les barrières tournantes en bois. C'est l'excédant de prix des barrières roulantes, excédant qui est de près de 75 p. 100, qui empêche de généraliser davantage leur emploi.

Les nouveaux types, à la fois rigides et légers, ont été approuvés par l'Administration.

Les enfants montent souvent sur les barrières. Quelques accidents sont arrivés ainsi sur une barrière roulante du réseau de la Méditerranée; deux enfants ont eu l'un la tête, l'autre le bras meurtris entre la barrière et le poteau fixe. Dans l'un de ces cas, la manœuvre était faite par des personnes étrangères au service, tandis que le garde manœuvrait la barrière opposée. Quoiqu'on ne puisse en aucune manière rendre les compagnies responsables d'accidents de ce genre, la compagnie de la Méditerranée cherche à les prévenir, d'une part, en garnissant les barrières de toiles métalliques, de l'autre, en les fermant à clef, afin que le garde puisse seul les ouvrir. Voilà, certes, des précautions paternelles, et qu'on serait presque tenté, tout en approuvant l'intention, de trouver excessives!

N° **275** (page 367).

« Nous avons essayé à *Paris*, » dit M. l'ingénieur en chef *Chaperon*, « les « croisements en fonte moulée en coquille qu'on emploie beaucoup en Alle- « magne (fonte *Gruson*). Ils résistent très-bien, mais leur surface s'écaille « assez fréquemment, et ils sont assez chers. Provisoirement, nous nous en « tenons à nos croisements ajustés et formées de plusiers pièces (282). »

N° **360** (pages 478 et 479).

Deux pièces d'essai, tirées de rails *Bessemer* fabriqués aux États-Unis (Pennsylvania steel company à *Harrisburg*), ont cédé par traction, l'une à un effort de 90 kil. 92, et l'autre à un effort de 84 kil. 81 par millimètre quarré. Les allongements de rupture n'ont pas été observés. Pour le second échantillon seulement, le plus ductile, on a mesuré la section de striction; elle était à la section primitive :: 0,728 : 1.

ADDITIONS.

Les observations que la lecture d'un ouvrage suggère aux hommes spéciaux sont utiles à connaître, soit qu'elles confirment les idées de l'auteur, soit qu'il y ait quelque désaccord entre les unes et les autres. L'ingénieur en chef, si expérimenté, du réseau central d'*Orléans*, M. *Nordling*, a bien voulu me communiquer les remarques qui suivent; je les reproduis, et je reproduirai de même celles qui se présenteraient avec une pareille garantie.

Page 105. — *Nombre des boulons d'éclissage.*

Je me suis laissé dire qu'il ne fallait pas attacher à l'abandon des trois boulons par le Hanovre plus d'importance qu'à la condamnation des aiguilles symétriques sur les lignes de Hongrie (264).

Il serait intéressant de savoir ce que fait le Main-Weser.

J'ai appliqué trois boulons, de 1857 à 1860, aux lignes de *Moulins* et de *Bourges* à *Montluçon*, et n'ai jamais rien vu ni entendu depuis qui fût au désavantage de cette disposition à laquelle je n'ai renoncé (en septembre 1861) qu'à regret et par voie de transaction pour faciliter l'adoption du *Vignole* sur les lignes de M. *Morandière*, et éviter le double système de perçage dans la même usine (*Aubin*).

Mon personnel de pose regrette comme moi, les trois boulons qui facilitaient singulièrement la pose des quatre crampons sur les traverses de joint.

Page 111. — *Éclissage avec entailles.*

C'est en décembre 1857 que ce système avait été adopté pour concilier la prétendue facilité du laminage avec un bon éclissage. A cette époque, la compagnie du Nord ne possédait encore que 34 kilomètres de voie *Vignole* et celle-ci rencontrait, au sein de la compagnie d'*Orléans*, des préventions nombreuses et redoutables. Les uns craignaient que le champignon du Main-Weser ne se détachât, et le directeur de notre usine d'*Aubin* y voyait de grandes difficultés de laminage. Nous avons donc profité du prestige qui entourait le rail ministériel prussien pour faire triompher le système *Vignole*.

L'entaillage, difficile à organiser, a donné d'excellents résultats (voir *Hannoverische Zeitechrift* 1861, p. 78) et a été appliqué successivement aux deux voies principales de *Limoges* à *Périgueux*. Je n'y ai renoncé que parce qu'on m'accusait de plus en plus d'être un novateur.

Pages 136 et 203. — *Moyens d'attache.*

Le réseau central n'a jamais appliqué de plaque de joint. Selon nous, elle aggrave les conséquences d'une différence de hauteur entre les rails mal calibrés. Son absence n'a présenté jusqu'ici aucun inconvénient ; il est vrai que nous n'avons que du chêne et du hêtre.

Nous plaçons les encoches (contre le déplacement longitudinal) au milieu ou vers le milieu des rails, afin de réduire l'amplitude des oscillations dues à la dilatation qui tendent évidemment à la dislocation des crampons ou tirefonds.

Je n'ai jamais admis le percement d'avance des trous d'attache, en raison du surécartement à donner dans nos nombreuses courbes. Les tarières de 10 mille mètres seulement doivent toujours être appuyées contre le patin.

Pages 148, 149 et 154. — *Ligne de Bayonne.*

Ancien ingénieur de la voie de la compagnie du Midi, j'ai posé et entretenu la ligne de *Bayonne* jusqu'en 1856. Le *Brunel* employé se distinguait de celui d'*Auteuil* en ce que les patins étaient « barlowisés » c'est-à-dire arrondis à l'intérieur. J'incline à penser que cette disposition a fortement contribué à la formation des nombreuses fentes longitudinales dans les têtes.

Je n'ai pas remarqué d'ondulations provoquées par la dilatation une fois que les rails étaient fixés sur les longrines.

Pages 139, 154, 167 et 235. *Principe des supports longitudinaux. — Abandon du rail Barlow.*

Le rail *Barlow* a été, en effet, condamné au Midi, avec une précipitation au moins égale à son adoption. Je ne crois pas que son vice ait été élucidé. Mes impressions de l'époque sont consignées dans le *Recueil* de Hanovre, 1855, p, 218 et 1856, p. 133. Depuis, l'étude des tabliers métalliques m'a suggéré les réflexions suivantes :

A moins d'avoir des rails d'une résistance verticale exceptionnelle, comme celui de M. *Hartwich* (193), la charge des locomotives ne se répartit que très-imparfaitement. Si l'essieu est chargé de 12 tonnes, il faut que chaque traverse soit en état de supporter 12 tonnes, et quand bien même on viendrait à rapprocher les traverses, celles-ci ne seraient soulagées que sous le rapport de la durée de l'effort à subir et non sous le rapport de son intensité. Or les voies à supports longitudinaux peuvent être considérées comme des voies ayant des traverses infiniment rapprochées (*) ; les rails

(*) Une observation sur ce sujet : le point de départ de l'argumentation de M *Nordling* est bien le même que dans le texte (page 164). Mais « les voies à supports longitudi- « naux » ne peuvent être considérées « comme des voies ayant des traverses infiniment « rapprochées » ; pour que cette assimilation fût moins inexacte, il faudrait ajouter que ces traverses infiniment rapprochées sont non juxtaposées, mais continues.

C.

Barlow devaient donc être bourrés de façon à pouvoir supporter *partout* $\frac{12}{2}$ soit 6 tonnes. Cette condition est évidemment bien plus difficile à réaliser, et par suite plus onéreuse que celle de bien bourrer un certain nombre de points isolés (les traverses) et, en fait, elle n'était jamais parfaitement remplie. De là des flexions incessantes dans les rails. Les fentes longitudinales qui ont fait périr d'une façon tout à fait analogue les rails *Barlow* et *Brunel* ne sont-elles pas à mettre sur le compte de ces flexions?

J'incline à le penser et en tire un mauvais pronostic pour les supports longitudinaux en général et les supports composés en particulier. L'étonnant système de M. *Hartwich* seul semble échapper à cet ordre d'idées.

Page 215. — *Dés en pierre.*

Les dés en pierre semblent jouir d'un singulier retour de faveur.

M. *Buresch* m'a dit, il y a deux ans, qu'il comptait en faire usage sur le réseau d'*Oldenbourg*, et M. *de Klein*, à *Stuttgard*, m'a surpris le mois passé par la nouvelle que le Wurtemberg en avait fait ou allait en faire une commande considérable, les traverses étant devenues très-chères! Celles en chêne ne s'y payent cependant qu'un peu plus de 5 francs, et la préparation du hêtre, dont les forêts regorgent, n'a pas encore été essayée.

Pages 256 et 263. — *Courbes.*

Le réseau central n'emploie dans ses courbes que des rails de 5m,90 à côté du rail normal de 6 mètres. La longueur de 5m,96, qui multiplie le nombre des barres exceptionnelles et à laquelle plusieurs autres compagnies se sont tenues, paraît être une tradition irréfléchie du double champignon, où le sabotage préalable des traverses traçait en effet une limite plus étroite pour l'obliquité des joints.

La courbure des rails *Vignole*, au moyen de leur chute, est en usage au réseau central depuis 1861. Cette méthode ne laisse rien à désirer.

Sur la ligne du *Brenner*, on pose en ce moment dans les courbes de 300 mètres et au-dessous un nouveau genre de selles (trois par rail) avec une nervure longitudinale inférieure, entaillée dans la traverse, pour s'opposer au glissement transversal. On n'a pu me dire si cette innovation a été motivée par l'observation d'une nécessité empirique.

TABLE DES MATIÈRES

DU TOME PREMIER.

LIVRE Ier. — VOIE.

ERRATA DU TOME Ier.

Page 25, ligne 14 en montant, *au lieu de:* sous une charge de 10.000 kil., *lisez:* 20.000 kil.

— 72, ligne 11 en descendant, *au lieu de:* des roues enrayées, *lisez:* des roues conjuguées.

— 86, ligne 4 en montant, *au lieu de: fig.* 10 et 11, *lisez: fig.* 30 et 31.

— 92, ligne 8 en descendant, *au lieu de:* R =, *lisez:* R_1 =

— 96, tableau; titre de la cinquième colonne, *au lieu de:* valeur du minimum, *lisez:* valeur du maximum.

— *ib.* ligne 3 en montant, *au lieu de:* dans la section de rupture, *lisez:* dans les sections de rupture.

— 130, ligne 5 en descendant, *au lieu de:* aussi, *lisez:* ainsi.

— 154, ligne 3 en descendant, *au lieu de:* (171) *lisez:* (174).

— 163, ligne 16 en montant, *au lieu de:* peut être équarri en demi-roud, *lisez:* peuvent être équarris ou demi-ronds.

— 199, ligne 7 en descendant, le créosote, *lisez:* la créosote.

— 215, ligne 2 en montant, *au lieu de:* pieds-d'œuvre, *lisez:* pied-d'œuvre.

— 220, dernière ligne, tombée en pâte, à rétablir ainsi:

A certains égards, le serrage dans le sens transversal, étant déterminé.

— 282, ligne 20 en descendant, *au lieu de:* l'industrie, *lisez:* l'industriel.

— 304, ligne 16 en descendant, qu'ils ouvrent, *lisez:* qu'ils effacent.

— 322, ligne 17 en montant, *au lieu de:* de périodes, *lisez:* des périodes.

— 336, ligne 11 en montant, *au lieu de:* l'inclinaison de $0^m,012$ en pente, et $0^m,057$ en rampes, *lisez:* $0^m,012$ en pente, et $0^m,0057$ en rampe.

Planche XIX, *fig.* 3, *au lieu de:* croisement de 0,9, *lisez:* croisement de 0,09.

Paris. — Imprimé par E. Thunot et Ce, 26, rue Racine.

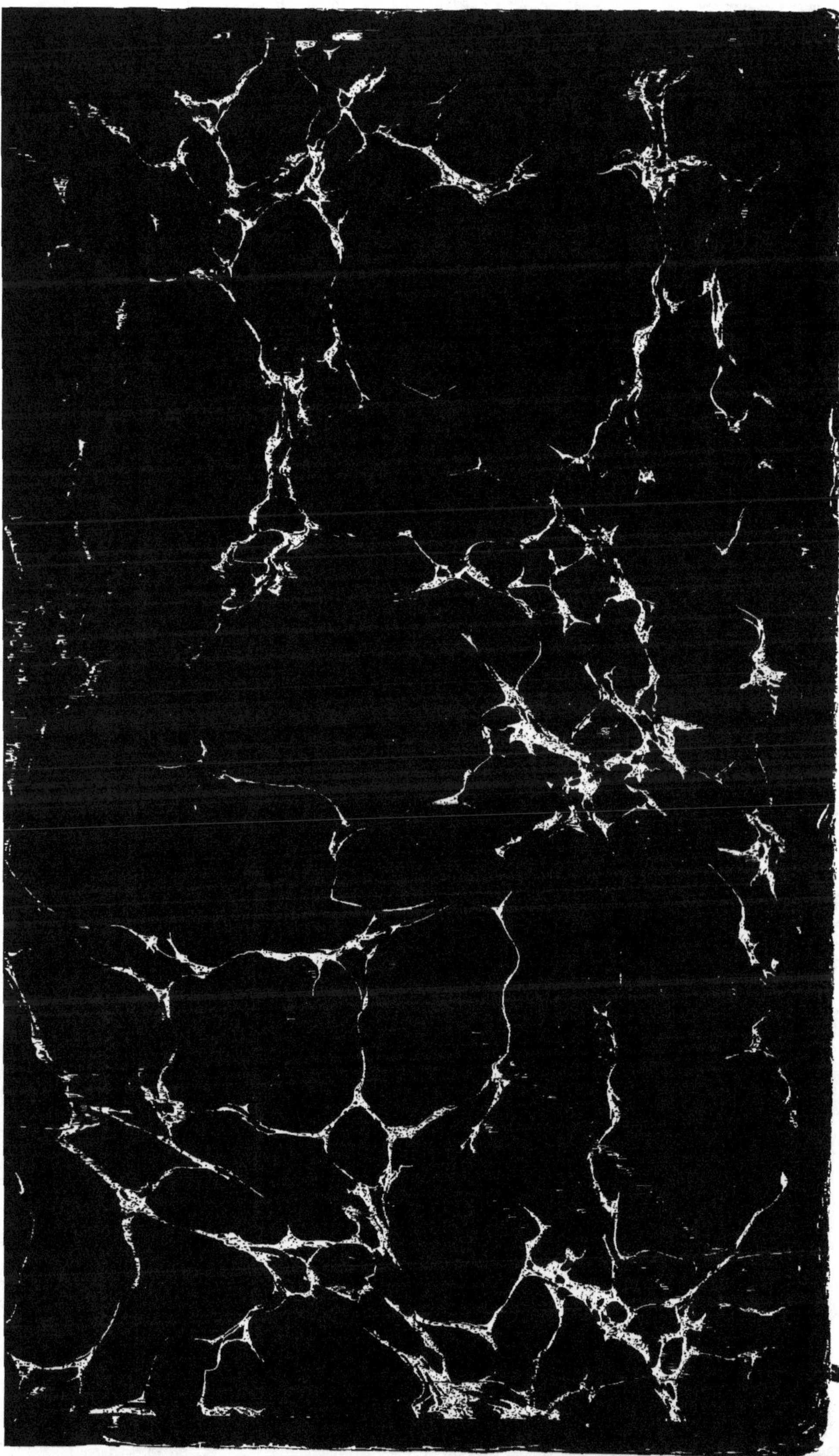

www.ingramcontent.com/pod-product-compliance
Lightning Source LLC
Chambersburg PA
CBHW031359210326
41599CB00019B/2823